Linguistische
Arbeiten 486

Herausgegeben von Hans Altmann, Peter Blumenthal,
Klaus von Heusinger, Ingo Plag, Beatrice Primus und Richard Wiese

Werner Scheibmayr

Niklas Luhmanns Systemtheorie und Charles S. Peirces Zeichentheorie

Zur Konstruktion eines Zeichensystems

Max Niemeyer Verlag
Tübingen 2004

Meiner Mutter und dem Andenken an meinen Vater,
Herrn Otto Scheibmayr (1923–1991),
ist diese Arbeit gewidmet.

Bibliografische Information der Deutschen Bibliothek

Die Deutsche Bibliothek verzeichnet diese Publikation in der Deutschen Nationalbibliografie; detaillierte bibliografische Daten sind im Internet über *http://dnb.ddb.de* abrufbar.

ISBN 3-484-30486-3 ISSN 0344-6727

Gedruckt auf alterungsbeständigem Papier.
Druck und Einband: Digital PS Druck AG, Birkach

Vorwort

Das vorliegende Buch ist die überarbeitete Fassung einer Dissertation mit demselben Titel, die im März 2002 an der Ludwig-Maximilians-Universität München eingereicht wurde. Dies ist auch der zeitliche Stand der hier verarbeiteten Literatur.

Zeichen- und Sytemtheorie faszinieren mich schon sehr lange, da sie als Universal- bzw. Supertheorien auf eine Vielzahl von Gegenständen überaus fruchtbar anwendbar sind. Dabei fällt auf, dass in der Praxis meist getrennt entweder mit der Zeichen- oder mit der Systemtheorie operiert wird, sehr selten aber mit einer Kombination von beiden. Zum anderen kann man auch bemerken, dass in beiden Disziplinen grundlagentheoretisch noch manches berichtigt werden muss, da sich gerade in so differenzierten Ansätzen Schwächen der Theoriebasis gravierend auf die praktische Anwendung auswirken. An diesen beiden Punkten setzt meine Arbeit an: Ich versuche, Niklas Luhmanns Systemtheorie und Charles S. Peirces Zeichentheorie zu einem neuen Zeichensystem zu kombinieren und dabei zugleich die jeweiligen Schwachpunkte zu eliminieren.

Unter allen, die zum Gelingen dieser Arbeit beigetragen haben, gilt mein Dank in erster Linie meinem Doktorvater, Herrn Prof. Dr. Georg Jäger, der mir dieses reizvolle Thema überlassen hat. In seinen Vorlesungen, Seminaren und Kolloquien lernte ich Zeichen- und Systemtheorie näher kennen und erhielt dabei eine exzellente Einführung, ohne die ich diese komplexe Materie in meiner Arbeit nicht hätte bewältigen können. Ich habe ihm als meinem akademischen Lehrer viel zu verdanken. Prof. Jäger gewährte mir vertrauensvoll bei der Bearbeitung des Themas großen Freiraum, stand mir aber auch jederzeit zur Verfügung, wenn ich seinen Rat oder seine Unterstützung brauchte.

Bedanken möchte ich mich auch bei Herrn Prof. Dr. Hans Altmann, der den Fortgang meiner Arbeit mit Interesse verfolgt und im persönlichen Gespräch stets sehr gefördert hat. Ihm als Mitherausgeber der Reihe „Linguistische Arbeiten" danke ich auch dafür, dass er sich für die Aufnahme meiner Arbeit in diese Reihe eingesetzt hat.

Herrn Prof. Dr. Christoph Bode danke ich für seine konstruktiven Anregungen, mithilfe derer ich die Arbeit noch um einige Aspekte bereichern konnte.

Mein Dank gebührt auch der Ludwig-Maximilians-Universität München für die Zuerkennung des „Stipendiums nach dem Gesetz zur Förderung des wissenschaftlichen und künstlerischen Nachwuchses", das mir die intensive und kontinuierliche Beschäftigung mit meinem Thema erlaubte.

Für ihre Unterstützung bei den Korrekturarbeiten und ihre konstruktive Kritik bedanke ich mich bei Herrn Dr. Wolfgang Beer, Frau Dr. Petra Riedl und Herrn Studiendirektor a. D. Hans Schober, dem ich als meinem ehemaligen Lehrer und nunmehr nahem Freund für weit mehr zu danken habe. Meinem lieben Freund Eric Danay M.A. danke ich sehr für seine unschätzbare Hilfe bei der Erstellung der Druckvorlage dieser Arbeit.

Ganz herzlich bedanke ich mich auch bei meiner Lebensgefährtin, Frau Dr. Petra Riedl, die mir nicht nur viele wertvolle Tipps für meine Arbeit gab, sondern mir immer auch in allen anderen Belangen hilfreich zur Seite stand.

Mein besonderer Dank gilt schließlich meiner Mutter, Frau Theresia Scheibmayr, die meinen gesamten Lebensweg mit großer Liebe und stetem Wohlwollen begleitete.

Inhaltsverzeichnis

1. Einleitung

Sowohl Charles S. Peirce (1839 – 1914) als auch Niklas Luhmann (1927 – 1998) haben mit ihrer Zeichen- bzw. Systemtheorie Universal- oder auch Supertheorien entwickelt. Derartige Theorien sind dadurch charakterisiert, dass es für den Objektbereich, den sie erschließen können, keine Begrenzung gibt: Sie sind auf alles anwendbar. Daraus folgt unter anderem, dass jede Supertheorie auch selbst ein Element der Menge ihrer Gegenstände ist, denn sie muss ja aufgrund ihrer Universalität nicht nur fremdreferentiell auf alles andere, sondern auch selbstreferentiell auf sich selbst anwendbar sein.

In dieser Arbeit möchte ich ausgewählte Theorieelemente von Luhmanns Systemtheorie und von Peirces Zeichentheorie einer kritischen Analyse unterziehen und sie dann konstruktiv aufeinander beziehen. Da nun jede dieser beiden Universaltheorien die jeweils andere erfassen können muss, stehen zwei Möglichkeiten der Darstellung zur Verfügung: Der gegenseitige Bezug der beiden Theorien kann entweder im Rahmen einer systemtheoretisch ausgerichteten Beobachtung auf differenzlogischer Basis oder einer semiotischen Darstellung auf triadisch-relationslogischer Grundlage hergestellt werden.

Ich werde versuchen, beiden Zugangsweisen insofern gerecht zu werden, als ich im ersten Großteil der Arbeit (Kap. 4 bis Kap. 6) Luhmanns Systemtheorie aus ihren eigenen Voraussetzungen heraus kritisch beobachte. Im zweiten Großteil der Arbeit (Kap. 8 und Kap. 9) werde ich dann Peirces Zeichentheorie darstellen. Die theoretischen Problemhorizonte, die hierbei behandelt werden, ergeben sich aus der Kritik an Luhmanns Systemtheorie, so dass Peirces Semiotik einer funktionalen Analyse hinsichtlich der systemtheoretisch gewonnenen Anforderungen unterworfen wird (Kap. 7).

Mit diesem Vorgehen verfolge ich mehrere Ziele:

Durch den Bezug von Peirce'scher Zeichen- und Luhmann'scher Systemtheorie soll ein detaillierter wissenschaftstheoretischer Vergleich dieser beiden Ansätze erarbeitet werden, wie er bislang noch nicht vorliegt. Ein derartiger Vergleich verspricht lohnend zu sein, da Niklas Luhmann einer der wirkungsmächtigsten Vertreter eines systemtheoretisch-operativen Konstruktivismus der jüngeren Vergangenheit ist und Charles Peirce immerhin als Begründer der modernen Zeichentheorie gilt. Sein Werk bildet die wohl bedeutendste Zäsur in der bisherigen Geschichte der Semiotik.

Der Schwerpunkt meiner Arbeit soll aber nicht darauf liegen, die beiden gewählten Universaltheorien in ihrer historisch authentischen Gestalt nur vorzustellen oder im kritischen Vergleich etwaige Parallelen oder Unterschiede im Theoriebau zu ermitteln. Sie sollen sich vielmehr gegenseitig so profilieren, dass ihre Schwachstellen und ihre Stärken deutlich hervortreten.

Auf der Grundlage dieses Befundes werde ich dann selektiv die kritisch überprüften und ggf. modifizierten Theorieelemente von Peirces Zeichen- und Luhmanns Systemtheorie so miteinander kombinieren, dass die jeweiligen Nachteile neutralisiert bzw. eliminiert und die Vorteile zusammengeführt werden. Hierbei geht es mir freilich nicht um eine historisch-kritisch getreue Übernahme von Peirces Zeichenmodell in Luhmanns systemtheoretisch-konstruktivistischen Rahmen, sondern um die Vorteile der formalen Kombination einer Zeichentheorie, wie sie sich von Peirce herleiten lässt, mit einer operativ-konstruktivistischen Systemtheorie, wie Luhmann sie entwickelt hat.

Das letztlich angestrebte Ziel dieser Kombination ist in einem theoretisch kohärent konstruierten Modell eines Zeichensystems[1] zu sehen, das in gleichem Maße den berechtigten Postulaten von Peirces Zeichen- und Luhmanns Systemtheorie gerecht wird.

Wenn man bei der Konstruktion eines Zeichensystems Theoriebausteine dieser beiden Ansätze selektiv kombiniert, ergeben sich daraus einige Vorteile:

Eine solche Kombination stellt einen Bezug zwischen Semiotik und Systemtheorie her, der für Peirce aus wissenschaftsgeschichtlichen Gründen in dieser Form nicht möglich war und den Luhmann zu wenig ausarbeitet: Er bezieht nämlich die Zeichentheorie nur am Rande in seine Überlegungen ein[2] und integriert sie nicht systematisch in seinen Theorieentwurf: Man kann Luhmanns Rezeption der Semiotik insgesamt als vergleichsweise oberflächlich und ihre Darstellung als inkonsistent bezeichnen, so dass eine semiotische Perspektivierung seiner Systemtheorie umso ertragreicher erscheint.

Sofern sich Luhmann überhaupt zur Semiotik äußert, arbeitet er mit Ferdinand de Saussures zweiwertigem Zeichen als Einheit von Signifikant und Signifikat, das Saussure allerdings nur für die *langue*, also das synchronisch-statische und geschlossene Zeichensystem, entwickelt hatte. Ausgerechnet diesen Zeichenentwurf integriert Luhmann in sein prozesshaft-dynamisches und prinzipiell unabschließbar offenes, operatives Beobachtungskonzept, wobei er offenbar übersieht, dass diese beiden Ansätze nicht kompatibel sind. Luhmann hat sich hier u. U. von einer vordergründigen Parallele blenden lassen, die im Zusammenhang mit seiner Rezeption von George Spencer Browns Logik stehen könnte: Saussures Zeichentheorie ist zwar ebenso differenzorientiert aufgebaut wie Spencer Browns Logik, weist aber darüber hinaus keine Eigenschaften auf, die eine kohärente Kombination mit Luhmanns sonstiger Systemarchitektur ermöglichen könnten. Ich werde im Verlauf der Arbeit darlegen, dass Peirces Zeichenkonzept deutlich besser für die Integration in ein prozesshaft operierendes System, wie es Luhmann entwickelt, geeignet ist.

In der Forschungsliteratur zu Peirce und Luhmann werden ebenfalls die Möglichkeiten zu Querverbindungen zwischen Zeichen- und Systemtheorie bei weitem nicht ausgeschöpft. In kybernetischen, konstruktivistischen oder allgemein systemtheoretischen Diskussionen wird selten auf die Semiotik Bezug genommen, und wenn überhaupt, dann meist nur punktuell und manchmal sogar fehlerhaft.[3] Auch in dem von Siegfried Schmidt propagierten ‚Radikalen Konstruktivismus' spielt die Semiotik abgesehen von vereinzelten Seitenblicken kaum eine Rolle.[4] Von den ‚klassischen' Vertretern des Radikalen Konstruktivismus

---

1 Wenn ich im Rahmen dieser Arbeit von einem ‚Zeichensystem' spreche, ist damit immer das von mir neu konstruierte Zeichensystem gemeint.

2 Er hat dem Zeichenbegriff und der Semiotik erst seit der *Wissenschaft der Gesellschaft* (1990) etwas stärkere Aufmerksamkeit geschenkt und ihnen im weiten Rahmen seines Gesamtwerks nur zwei Spezialuntersuchungen gewidmet, nämlich Luhmann 1992b (hier v. a. S. 62 – 68) und v. a. Luhmann 1993d.

3 Im Rahmen der von mir erfassten Literatur zur Systemtheorie im weiteren Sinne erwähnen nur Walter Bühl und Wolfram Köck Peirce punktuell, allerdings ohne die Beziehungen zwischen Systemtheorie und Semiotik weiter auszuarbeiten (Bühl 2000, 232, 244; Köck 1996, 83f.). Auch Alfons Bora und Sybille Krämer gehen kurz auf Peirces Zeichentheorie ein, wobei die engen Grenzen und auch gravierenden Missverständnisse in ihrer Peircerezeption nicht zu übersehen sind (Bora 1994, 313f.; Krämer 1996, 99f.).

4 Siegfried Schmidt kritisiert an der Semiotik einen engen Repräsentations- und Referenzbegriff, der mit seinem konstruktivistischen Ansatz nicht vereinbar sei (s. etwa Schmidt 1992c, 299, 314, 320;

bzw. der 2nd order cybernetics bezieht noch am ehesten Ernst von Glasersfeld die Zeichentheorie in seine Überlegungen mit ein,[5] während Heinz von Foerster einen derartigen Brükkenschlag nicht herstellt.

Dafür bemüht sich Søren Brier, aus semiotischer Warte Heinz von Foersters Kybernetik mit Peirces Semiotik zu einer neuen Form von „cybersemiotics" zu verbinden.[6]

Weniger detailliert, aber dafür auf breiterer Basis als Brier stellt Floyd Merrell Verbindungen zwischen Zeichentheorie, v. a. in der Peirce'schen Variante, und systemtheoretischen Überlegungen her: In seinen recht inspirierenden, thematisch weit gefächerten und ausgeprägt transdisziplinär ausgerichteten Studien kommt er auch auf die Werke von Gregory Bateson, George Spencer Brown, Heinz von Foerster, Ernst von Glasersfeld, Humberto Maturana und Francisco Varela sowie deren Konzepte von Information, Differenz,

---

Schmidt 1994a, 596f.; Schmidt 1994b, 13). Eine derartige Kritik scheint aber eher durch Schmidts mangelnde Rezeption der Semiotik als durch diese Disziplin selbst verursacht zu sein: vgl. Nöth 1998, 59: „Schmidts Vorwurf geht allerdings an der Realität der heutigen Semiotik vorbei, da der Gedanke von einer Welt der Referenzobjekte als einer außersemiotischen Realität in der Semiotik des 20. Jahrhunderts gar nicht vertreten wurde [...]." Wenn sich Schmidt eingehender zu semiotischen Fragen äußert (so etwa in Schmidt 1996c), schließt er sich meist den Positionen Helmuth Feilkes an (Feilke 1994). Um dessen Rezeption semiotischer Konzepte und Traditionen scheint es allerdings auch nicht besser bestellt zu sein, wenn er erstens in seinem Werk, das sich immerhin mit Zeichen, Sprache und „Common sense-Kompetenz" auseinander setzt, Peirce als einen der bedeutendsten Semiotiker, Pragmatiker und auch critical-common-sense-Theoretiker nicht einmal erwähnt, und er zweitens noch im Jahre 1997 mit Hinweis auf einen Forschungsbeitrag von 1976 (!!) schreibt: „Nun ist der »Zeichen«-Begriff ein altes Denkwerkzeug, das zudem wissenschaftlich abgenutzt und schlecht beleumundet ist. [...] Das »Zeichen«-Konzept steht in der Kritik für ein sozial steriles, statisches, repräsentationalistisches und für soziale Bezüge unempfindliches Kommunikationsverständnis, das der Dynamik einer empirisch-psychologischen Semantik nicht mehr angemessen ist." (Feilke/Schmidt 1997, 288 mit Anm. 55 auf S. 295f.) Dass keine einzige dieser negativen Charakteristika auf eine von Peirce hergeleitete Zeichentheorie auch nur ansatzweise zutrifft, werde ich im Laufe dieser Arbeit zeigen. Ich schließe mich gegen solche Positionen, wie sie Feilke einnimmt, der allgemeinen Einschätzung Winfried Nöths an: „Die Postmoderne benötigt somit keine neue Semiotik, sondern vielmehr ein tieferes Verständnis der Traditionen der Semiotik." (Nöth 2000, 44) Für weitere Beiträge von Autoren im Umkreis von Schmidts Radikalem Konstruktivismus s. neben Schmidts eigenen Werken die Arbeiten von Peter Hejl, Gerhard Roth oder Gebhard Rusch im Literaturverzeichnis (Kap. 12.3); s. auch Krohn 1996; für eine teilweise vernichtende Kritik am Radikalen Konstruktivismus s. Nüse 1995; für andere systemtheoretische Ansätze in der Literaturwissenschaft s. z. B. die Sammelbände von de Berg/Prangel 1993; Fohrmann/Müller 1996; Plumpe/Werber 1995 und vgl. de Berg 1997.

5 Von Glasersfeld greift im Zusammenhang mit seinen Überlegungen zu Sprache und Kommunikation auch auf die Semiotik zurück, wobei er mehr mit Saussures Zeichenmodell arbeitet, Peirce aber zumindest erwähnt; s. etwa von Glasersfeld 1987, 52 – 62, 72 – 77, 256; von Glasersfeld 1998b, 211ff.; zur Einführung in Ernst von Glasersfelds Radikalen Konstruktivismus s. auch seine übrigen im Literaturverzeichnis (Kap. 12.3) zusammengestellten Arbeiten incl. Richards/von Glasersfeld 1996.

6 s. Brier 1996, dort auch weitere Arbeiten dieses Autors; s. auch die von Brier herausgegebene Zeitschrift *Cybernetics & Human Knowing*; Brier wird mit seinem interdisziplinären Ansatz auch in Winfried Nöths *Handbuch der Semiotik* kurz erwähnt (Nöth 2000, 215); zu Heinz von Foersters kybernetischem Ansatz s. die Sammelbände von Foerster 1997; von Foerster 1999b; vgl. auch die anderen im Literaturverzeichnis (Kap. 12.3) genannten Titel Heinz von Foersters.

Kybernetik, Radikalem Konstruktivismus, Selbstreferenz, Rekursivität und Autopoiesis zu sprechen. Dabei geht er aber meist über punktuelle Beobachtungen von Berührungen oder gewissen Parallelen dieser Theorien nicht hinaus; Luhmanns Systemtheorie ist kein Gegenstand von Merrells Betrachtungen.[7]

Dafür greift Winfried Nöth in seinem *Handbuch der Semiotik* neben Luhmanns Kommunikationstheorie auch dessen Konzepte von Autopoiesis, Systemhaftigkeit, Systemstruktur und Selbstreferenz auf, wobei diese systemtheoretischen Elemente ziemlich unverbunden neben den eigentlich semiotischen Darstellungen in Nöths Buch stehen und kaum konzeptuell mit ihnen in Beziehung gesetzt werden.[8]

Ich werde nun im Folgenden, ähnlich wie Brier die Theorien von Peirce und von Foerster zu seinem neuen Konzept der „cybersemiotics" verbunden hat, die Zeichentheorie von Peirce und die Systemtheorie von Luhmann in einer Weise aufeinander beziehen, wie es bisher noch keine der beteiligten Disziplinen getan hat. Hierbei besteht die zentrale Neuerung darin, dass ich Peirces Zeichen als Element eines autopoietischen Systems nach Luhmann einsetze und verfolge, welche Konsequenzen sich daraus für den systemtheoretischen und semiotischen Theoriebau ergeben. Durch diese Konstruktion eines neuen Typs von Zeichensystem soll auch ein Beitrag für die stärkere interdisziplinäre Zusammenarbeit zwischen Zeichen- und Systemtheorie geleistet werden.

Aus der Perspektive eines solchen Zeichensystems kann dann auch eine stereotype Unterscheidung in der Semiotik relativiert werden, die besagt, dass Saussure das Zeichen in seiner Systemhaftigkeit dargestellt habe, während Peirce eher die Prozesshaftigkeit herausgearbeitet und dabei systematische Bezüge vernachlässigt habe.[9] Diese Unterscheidung ist sicher korrekt, wenn man sich auf eine historische Perspektive beschränkt und nur nach wirkungsgeschichtlich dominanten Ergebnissen dieser beiden Autoren fragt. Sie blendet aber aus, dass die Beurteilung der Systemhaftigkeit ganz von der Art des gewählten Systembegriffs abhängt. Die von Saussure betonte Systematizität des Zeichens gilt nämlich nur für das statische, rein synchrone und vollständig geschlossene System der *langue*, das er selbst entwickelt hat.

Jaques Derridas angebliche Radikalisierung von Saussures Zeichenbegriff hat dagegen mit ihren fragwürdigen Konzepten von *écriture*, *différance* und *trace* gezeigt, in welche Aporien man kommt, wenn man Saussures Zeichen aus der *langue* löst und in dynamische, prozesshafte Zusammenhänge überträgt. Und auch Luhmann scheitert an dem Versuch, Saussures Zeichenmodell in sein operativ prozessual aufgebautes System zu übernehmen (s. Kap. 6). In ein System von der Art, wie Luhmann es konstruiert, sind aber, wie ich zeigen will, Peirces Zeichen und sein Semiosebegriff vollkommen integrierbar. Somit lassen sich in einem gleichermaßen auf Peirce und Luhmann basierenden Zeichensystem Prozessualität und Systemhaftigkeit durchaus kombinieren und müssen nicht mehr je für sich zwei verschiedenen Bezugsautoren mit ihren Schulen zugesprochen werden.

---

7 s. etwa Merrell 1985; Merrell 1991, 88, 120; Merrell 1992, 205 – 209; Merrell 1995b, 27f, 34, 46, 135 – 145; Merrell 1996, 3, 30, 42, 55 – 59, 146 – 154; für eine knappe Charakterisierung von Merrells Leistungen s. Nöth 2000, 44.

8 Nöth 2000, 204, 208, 210f., 214, 235 – 240; Dass auch Nöths Behandlung von Luhmanns Systemtheorie aus semiotischer Warte nicht erschöpfend ist, zeigt sich nicht zuletzt daran, dass Nöth nur zwei Publikationen Luhmanns heranzieht und auswertet, nämlich die *Sozialen Systeme* und *Die Kunst der Gesellschaft* (s. Nöths Literaturverzeichnis, loc. cit., 591).

9 Nöth 2000, 62, 77, 208, 227.

Oliver Jahraus und Nina Ort sehen in den „Wechselwirkungen zwischen Luhmannscher Systemtheorie und Peircescher Zeichentheorie“ als einem „melting point von Theoriebausteinen ein neues Fundament für zukünftige Theoriebildungen“ und vermuten, dass die beiden genannten Universaltheorien „vielleicht *den* Konvergenzpunkt in der Entwicklung und Diskussion der derzeitigen Theorieavantgarde“[10] bilden. Falls diese Einschätzung und der damit verbundene recht hohe Anspruch zu Recht bestehen, bedarf es m. E. einer philologisch soliden und exakten Analyse von Peirces und Luhmanns Theorien, zu der auch meine Arbeit beitragen soll.

Erst auf einer derartigen Basis können dann künftig bei konkreten literatur- oder auch sprachwissenschaftlichen Fragestellungen zeichen- und systemtheoretische Positionen, die bisher meist getrennt angewandt wurden, stärker gemeinsam herangezogen werden. Da für alle konkreten Anwendungen eine möglichst problembereinigte und gediegene theoretische Basis als unerlässlich gelten darf und ich mit Jahraus und Ort der Meinung bin, dass die Zusammenführung von Semiotik und Systemtheorie zu einem Zeichensystem eine hohe Leistungsfähigkeit und ein reiches Anwendungspotenzial in Aussicht stellt, habe ich mich entschlossen, diese Arbeit rein grundlagentheoretisch auszurichten. Die Anwendung des hier konstruierten Zeichensystems auf konkrete literatur- und sprachwissenschaftliche Probleme muss nicht zuletzt aus Gründen des Umfangs künftigen Untersuchungen vorbehalten bleiben. Ich werde allerdings im Ausblick von Kapitel 11 auf einige weiterführenden Anschlussflächen hinweisen.

Abschließend noch einige Hinweise zum Aufbau der Arbeit:

In den Kapiteln 2 und 3 stelle ich sowohl Luhmanns Systemtheorie als auch Peirces Zeichentheorie kurz im Zusammenhang vor. Diese gedrängten Überblicksdarstellungen sind nicht als Einstieg in die Arbeit und die hier behandelten Theorien gedacht – dafür sind sie zumal für Leser, die der Thematik nicht so nahe stehen, viel zu komprimiert – und streben freilich keine vollständige Wiedergabe der beiden Universaltheorien an. Sie sollen vielmehr nur die Teile der jeweiligen Theoriearchitektur aufzeigen, die für die vorliegende Arbeit wesentlich sind.[11] Auf diese beiden Kapitel kann man zurückgreifen, wenn man sich den systematischen Kontext der Theoriebausteine, die ich ab Kapitel 4 detailliert diskutieren, analysieren und kritisch kommentieren werde, vergegenwärtigen möchte; insofern eignen sie sich eher für eine zusammenfassende Wiederholung am Ende der Lektüre als zum ersten Einstieg ins Thema. In den beiden synoptischen Kapiteln werde ich, soweit möglich, auf die jeweils korrespondierenden Kapitel der Detailanalyse verweisen, in denen dann auch die Belege aus der Primärliteratur und die Forschungsliteratur eingearbeitet sind.

Zur schnelleren Orientierung über die Ergebnisse der Arbeit habe ich an das Ende jedes Kapitels und z. T. auch Unterkapitels ein Fazit gestellt, in dem das jeweils Wichtigste zusammengefasst wird.

---

10 Alle drei Zitate aus Jahraus/Ort 2001, 1.

11 Wer sich darüber hinaus über die Vernetzung Luhmann'scher Theorieelemente informieren möchte, sei auf das Luhmannglossar von Baraldi u. a. 1998 und das Luhmannlexikon von Krause 1999 verwiesen. In beiden Werken wird durch zahlreiche Binnenverweise der dichte Zusammenhang der Theoriebausteine erschlossen. Einen knappen, aber recht guten Überblick über wichtige Theorieelemente gibt auch Konopka 1996, 12 – 15. Eine lesenswerte Einführung in Peirces Leben und Werk bietet Oehler 1993.

Mit der System-Umwelt-Unterscheidung, dem Elementbegriff und der Systemstruktur führe ich in Kapitel 4 die drei grundlegenden Theoriebausteine ein, die für die Konstruktion von autopoietischen bzw. rekursiven Systemen unerlässlich sind.

Kapitel 5 ist der Analyse von Luhmanns Sinnkonzept gewidmet. Hier werde ich auch Grundzüge von Luhmanns Form- und Medientheorie entfalten.

In Kapitel 6 werde ich Luhmanns Zeichenbegriff und seine Haltung zur Semiotik genau untersuchen. Damit leite ich zugleich über zum zweiten, semiotischen Großteil der Arbeit.

Die im engeren Sinne soziologischen Überlegungen Luhmanns, etwa zur funktionalen Ausdifferenzierung, Codierung und Programmierung gesellschaftlicher Teilsysteme, müssen bei all dem ausgeblendet werden. Auch auf die vielfach rezipierte Unterscheidung von Kommunikation und Bewusstsein werde ich nur am Rande, etwa bei der Behandlung der Sinnproblematik, eingehen.

Luhmann ist beim Aufbau seiner Theorie den Weg der Generalisierung und der anschließenden Respezifikation gegangen,[12] d. h. er hat einen allgemeinen Entwurf autopoietischer Systeme entwickelt, den er dann im Hinblick auf soziale Systeme von ausdifferenzierten Funktionssystemen bis hin zum umfassenden Gesellschaftssystem wieder spezifiziert hat. Diese Entwicklung kehre ich im ersten Großteil der Arbeit (Kap. 4 bis Kap. 6) insofern um, als ich aus den für mich einschlägigen Werken Luhmanns allgemeine Systemtheorie wieder ‚herausdestilliere', ohne mich dabei auf eine bestimmte Systemreferenz zu beschränken.

Bei diesem Vorgehen fallen gewichtige Schwachstellen auf, die in den bereits vorliegenden Untersuchungen zu Luhmann nicht beachtet oder zumindest nicht weiterverfolgt sind. Daher ist eine genaue und kritische Analyse der gewählten Theorieelemente im Rahmen meiner Arbeit nicht nur gerechtfertigt, sondern allein schon für eine fruchtbare Luhmannrezeption nötig. Da ich die selegierten Theoriebausteine anschließend für die Konstruktion meines Zeichensystems weiterverwende, ist ihre genaue Diskussion umso wichtiger.

Ich werde mich bemühen, alle aus Luhmanns Werken aufgegriffenen Theorieelemente so ausführlich vorzustellen, dass die Kapitel 4 bis 6 auch als kritische Einführung in die basalen Bausteine von Luhmanns Systemtheorie gelesen werden können.

Nach einer Zusammenfassung der Zwischenergebnisse in Kapitel 7 beginne ich in Kapitel 8 mit der funktionalen Analyse von Peirces Zeichentheorie: Die hierbei verfolgte Fragestellung ist aus den Ergebnissen gewonnen, die bei meinen systemtheoretischen Untersuchungen in den Kapiteln 4 bis 6 erzielt wurden. Ich lege also der Neukonstruktion eines Zeichensystems Luhmanns kritisch bereinigten systemtheoretischen Rahmen zugrunde, den ich dann mit Theorieelementen von Peirces Semiotik fülle und kombiniere.

Obwohl ich demnach Peirces Semiotik nicht gemäß ihrem internen Aufbau und nicht aus ihrer eigenen Systematik heraus darstelle, sondern aus einer systemtheoretischen Perspektive und Problemstellung heraus, können die semiotischen Kapitel 8 und 9 auch als Einführung in Peirces Zeichentheorie gelesen werden. Ich werde nämlich Peirces Theoriebausteine jeweils in ihrem größeren Kontext vorstellen und dabei auch auf seine Kategorienlehre, seinen Pragmatismus und seine evolutionäre Kosmologie zu sprechen kommen. Selbstverständlich weise ich auch bei Peirce kritisch darauf hin, wenn ich bei der Konstruktion meines neuen Zeichensystems von seinen Originalkonzeptionen abweiche.

---

[12] SoSy, 32; Eine Liste der abgekürzt zitierten Texte von Niklas Luhmann ist im Literaturverzeichnis (Kap. 12.1.1) zusammengestellt.

2. Luhmanns Systemtheorie im Überblick

Luhmann hat seine Systemtheorie auf einer differenztheoretischen Basis entwickelt, d. h. seine Theorie setzt Differenz als primär und Identität erst als davon abgeleitetes Phänomen an. Der Bezugsautor, an dessen Differenztheorie sich Luhmann anlehnt, ist George Spencer Brown, der 1969 mit seinen *Laws of Form* einen differenzlogischen Formenkalkül vorgelegt hat. Ebenfalls von Spencer Brown hat Luhmann sein Beobachtungskonzept übernommen, gemäß dem Beobachten das Treffen einer Unterscheidung zum Zwecke der Bezeichnung der einen (und eben nicht der anderen) Seite dieser Unterscheidung ist. Dieses Beobachtungskonzept ist mit der Differenztheorie insofern eng verschränkt, als es in ihm keine Bezeichnung ohne Unterscheidung geben kann.

Die Leitdifferenz, an der sich die Systemtheorie orientiert, ist die Differenz zwischen System und Umwelt. Diese Differenz zerteilt einen vormals undifferenzierten Raum, den Spencer Brown ‚unmarked state' und Luhmann ‚Welt' nennt, in zwei kontradikorische Seiten: Alles, was nicht System ist, ist Umwelt, und umgekehrt. Welt bezeichnet bei Luhmann also die Einheit der Differenz von System und Umwelt, ist selbst ein differenzloser Begriff und kann operativ nicht erreicht, sondern nur als Horizont thematisiert werden.

Die Frage, wie die Grenze zwischen den Differenzbegriffen System und Umwelt etabliert wird, beantwortet Luhmann seit seinem zuerst 1984 erschienenen Werk *Soziale Systeme* mit der Theorie selbstreferentieller bzw. autopoietischer Systeme. Basal selbstreferentielle Systeme (re)produzieren sich selbst, indem sie die Elemente, aus denen sie bestehen, rekursiv aus den Produkten ihrer eigenen früheren Systemoperationen herstellen, sie bauen somit eine Grenze zu ihrer Umwelt auf und differenzieren sich dadurch selbst aus der Umwelt als der anderen Seite ihrer Form aus. Während das System mehr Ordnung aufweist, ist die Umwelt immer komplexer als das System. Da es bei dieser Form keine der beiden Seiten ohne die andere gibt, kann Luhmann, wie bereits gesagt, Differenz als primär ansetzen, auf deren Basis eine erst nachmalige Identitätsbildung ermöglicht wird. Elementare oder basale Selbstreferenz ist also eine spezielle Art, die System-Umwelt-Differenz zu etablieren, durch die sich das System operativ gegen seine Umwelt schließt (s. Kap. 4.1).

Da nun selbstreferentielle Systeme immer nur rekursiv eigene Elemente an eigenen Elementen anschließen und nur so die grenzkonstitutive Differenz zur Umwelt bilden können, hängt die Frage nach der Art des sich selbstreferentiell ausdifferenzierenden Systems entscheidend von der Art der Elemente ab: Die Beschaffenheit der Systemelemente bzw. -operationen muss also näher geklärt werden. Nach Luhmann ist die Umwelt eines Systems dynamisch und turbulent, so dass die Systeme ihre Elemente verzeitlichen müssen, um erfolgreich an eine derartig unruhige Umwelt gekoppelt bleiben zu können, also die selbstreferentielle Autoreproduktion fortsetzen zu können. Als derartig temporalisierte Elemente fungieren Ereignisse, die an den Zeitpunkt ihrer jeweiligen Gegenwart fixiert sind. Wenn diese ereignishaften Elemente bereits mit dem Zeitpunkt ihres Entstehens wieder verschwinden, sie also nicht dauerhaft sind, ergeben sich daraus drei gewichtige Konsequenzen:

Die Elemente sind erstens nicht unabhängig von den Operationen des Systems präexistent, sondern sie werden zu Systemelementen erst durch ihre rekursive Relationierung mit Vorgänger- und Nachfolgeereignissen.

Da selbstreferentielle Systeme ihre Grenze zur Umwelt und damit sich selbst nur durch die Relationierung ihrer Elemente erhalten können und diese Elemente zeitpunktfixierte Ereignisse sein sollen, muss zweitens in basaler Selbstreferenz die rekursive Anschlussfähigkeit eines jeden Elements gewährleistet sein. Andernfalls käme die Autopoiesis des Systems zum Erliegen, und das System hörte auf zu existieren.

Der rekursiv relationierende Anschluss der Elemente darf drittens nicht beliebig sein, da das System sonst nicht erfolgreich und gezielt mit der Turbulenz, der Dynamik und der höheren Komplexität seiner Umwelt umgehen könnte, sondern die Systemoperationen immanent entropisch wären, indem intern alle möglichen Anschlussereignisse unabhängig von den Umweltirritationen immer die gleiche Auftretenswahrscheinlichkeit hätten (s. Kap. 4.2).

Das System muss also die Relationierung der Elemente konditionieren, d. h. es muss Systemstrukturen einrichten, welche die jeweiligen Anschlussmöglichkeiten der Ereignisse regeln. Diese Systemstrukturen können nur durch die Systemelemente aufgebaut und dann wiederverwendet, verändert oder auch wieder abgebaut und vergessen werden. Systemereignisse und -strukturen sind dabei komplementär zueinander, da die Strukturen nur durch die ereignishaften Elemente konkret existieren und die Elemente nur durch die Strukturen sinnhafte und gerichtete Anschlussfähigkeit und spezifizierten Wert bekommen. Diese komplementäre Kombination von Struktur und ereignishaften Elementen verleiht dem System dynamische Stabilität und die Möglichkeit einer erfolgreichen Evolution in ihrer ebenfalls dynamischen Umwelt, an die es strukturell gekoppelt ist. Indem Strukturen in kontingent-selektiver und daher auch historisch veränderbarer Weise die Relationierung der Elemente konditionieren, ermöglichen sie den Aufbau von geordneter Binnenkomplexität. Diese repräsentiert die Redundanzen, Erwartungen und geregelten Zusammenhänge, mittels derer das System Irritationen, die aus der Umwelt oder auch von ihm selbst stammen, flexibel bearbeiten kann.

Da selbstreferentielle Systeme ihre Grenzen zur Umwelt operativ nicht überschreiten können, sondern an die Umwelt nur strukturell gekoppelt sind, können diese Systeme Irritationen aus der Umwelt nur intern mit den eigenen Elementen gemäß den Konditionen der eigenen Strukturen bearbeiten: Selbstreferentielle Systeme sind strukturdeterminiert, d. h. nicht die Umwelt determiniert ihre Operationsweise, sondern nur die im Laufe der Systemgeschichte aufgebaute Systemstruktur (s. Kap. 4.3).

Bei der Konzeption seiner Theorie basal selbstreferentieller Systeme ist Luhmann maßgeblich von dem Werk der Biologen Humberto Maturana und Francisco Varela beeinflusst, die das Modell der Autopoiesis zur Erklärung lebender Systeme entwickelt haben. Luhmann unterscheidet drei Gruppen autopoietischer Systeme, nämlich biologische bzw. organisch-lebende Systeme, die bei Maturana und Varela im Zentrum stehen, psychische und soziale Systeme, auf die Luhmann als Soziologe hauptsächlich fokussiert; lebende Systeme werden bei ihm nur am Rande behandelt. Das Differenzierungskriterium innerhalb der autopoietischen Systeme ist für Luhmann Sinn. Psychische und soziale Systeme bezeichnet Luhmann zwar zusammen als Sinnsysteme, definiert sie aber jeweils als eigenständige selbstreferentielle und damit operativ geschlossene Systeme mit je eigenen Systemelementen, nämlich Gedanken bzw. Kommunikationen; ein konstitutives Element für ein spezifisches Sinnsystem gibt Luhmann nicht an.

Sinn ist vielmehr das gemeinsame Medium, durch das psychische und soziale Systeme trotz ihrer selbstreferentiell-operativen Geschlossenheit gekoppelt werden können. Sinn ist die Einheit der Differenz von Aktualität und Potenzialität, wobei Aktualität die jeweils durch psychische oder soziale Operationen selegierte Form bezeichnet, durch deren Bildung andere, eben nicht gewählte Möglichkeiten virtualisiert werden: Dieser virtualisierte Bereich verweist auf weitere Möglichkeiten erneuter Selektion, präsentiert sich also als Medium für immer neue Formbildungen. Dadurch wird Sinn selbst zum unerreichbaren Horizont, da er als Einheit von Aktualisierung und Virtualisierung mit jeder Aktualisierung, also Formbildung, auch weitere Möglichkeiten aufzeigt und damit mediale Qualität aufweist: Sinn regeneriert mit jeder notwendig selektiven Aktualisierung die Einheit seiner konstitutiven Differenz, ist also unendlich. Für psychische und soziale Systeme als Sinnsysteme ist Sinn darüber hinaus eine differenzlose und unnegierbare Kategorie, da ausnahmslos alle Operationen von Sinnsystemen im Medium Sinn stattfinden, der immer nur auf neue Möglichkeiten von Formbildungen im eigenen Medium verweist.

Die jeweiligen Formbildungen im gemeinsamen Medium Sinn müssen psychische und soziale Systeme als selbstreferentiell geschlossene Systeme mit ihren eigenen Operationen, also Gedanken bzw. Kommunikationen, vollziehen. Als Medium kann Sinn jedoch keiner der beiden Systemarten als privilegiertem Träger zugerechnet werden und dient eben deshalb als Medium der strukturellen Kopplung von psychischen und sozialen Systemen (s. Kap. 5).

Sinn ist also das Universalmedium psychischer und sozialer Systeme, und als solches kann Sinn auch nur sehr allgemein beschrieben werden. Die Definition des Mediums Sinn als Einheit der Differenz von Aktualität und Potenzialität ist allerdings zu abstrakt und allgemein, um bereits strukturbildend im obigen Sinne wirken zu können. Sinn muss also noch spezifiziert und präzisiert werden, damit Sinnsysteme die oben als notwendig ausgewiesenen Strukturen aufbauen können, mittels derer sie die Relationierungen ihrer Elemente konditionieren, die nur so gerichteten und qualifizierten Anschlusswert gewinnen.

Als erstes und grundlegendes Orientierungsschema kann die Leitdifferenz von System und Umwelt dienen. Auf der Ebene der basalen Selbstreferenz der Systemelemente wird diese Differenz operativ erzeugt, indem durch den rekursiven Anschluss der Elemente die Grenze zwischen System und Umwelt etabliert wird. Sinnsysteme können nun auf der Innenseite der System-Umwelt-Differenz, also in sich, diese Unterscheidung wieder eintreten lassen und dann intern mit dieser Unterscheidung operieren, d. h. ihre Beobachtungen an dieser Differenz orientieren. Die Figur des Wiedereintritts einer Unterscheidung in das von ihr bereits Unterschiedene nennt Luhmann gemäß Spencer Brown ein re-entry.

Durch das re-entry der System-Umwelt-Unterscheidung in das System selbst gewinnt das System auf einer noch relativ undifferenzierten, aber umso wichtigeren Stufe des Strukturgewinns ein Zuordnungsschema für die beiden kontradiktorischen Seiten System und Umwelt. Während die basale Selbstreferenz die Grenze zur Umwelt nur erstellt und aufrechterhält, kann sich das System nach dem re-entry an der System-Umwelt-Differenz orientieren, somit die Unterscheidung zwischen Selbstreferenz und Fremdreferenz einrichten und die Welt entsprechend beobachten.

Da System und Umwelt differenztheoretisch begründet sind, jede der beiden Größen also keine für sich stehende Identität aufweist, sondern immer nur eine Seite der Form ihrer Unterscheidung ist, kann es Selbst- oder Fremdreferenz immer nur mit dem unmarkierten Mitlaufen der jeweils anderen Seite geben. Wenn nun die System-Umwelt-Differenz auf der Systemseite ein re-entry vollzieht und als entsprechende Unterscheidung den Beobachtungen des Systems zugrunde gelegt wird, spricht Luhmann von Reflexion. Mittels der selbstreferentiellen Reflexion kann das System seine eigene Identität thematisieren und über Selbstbeschreibungen auch semantisch fixieren. Die Voraussetzungen für eine reflektierte Beobachtung der eigenen Einheit und Identität sind also erst nach der zweifachen Anwendung einer Differenz gegeben: Erst nach dem re-entry fallen Selbstreferenz und Systemreferenz zusammen, und nur so ist Reflexion möglich.

Auch auf der fremdreferentiellen Seite des re-entry, also auf der Umweltseite, kann das System Einheiten ausdifferenzieren, indem es die Umwelt mit der Unterscheidung von ‚dies – anderes' beobachtet. Durch die Anwendung dieser noch relativ unspezifizierten Differenz emergiert die Sachdimension von Sinn, die eben auf der Unterscheidung von ‚dies – anderes' aufbaut. Indem das System nach dem re-entry der Leitunterscheidung von System und Umwelt sowohl in der Umwelt Einheiten ausdifferenzieren, als auch sich selbst im Unterschied zu diesen Einheiten reflektieren kann, gewinnt es zugleich die Möglichkeit, den Aufbau geordneter Binnenkomplexität und damit der nötigen Systemstrukturen an dieser Differenz zu orientieren.

Luhmann unterscheidet insgesamt drei Sinndimensionen, nämlich Sach-, Sozial- und Zeitdimension, die alle bei jeder Aktualisierung von Sinn zusammen gegeben sind, also nur analytisch getrennt werden können. Auch die Sinndimensionen sind differenztheoretisch entwickelt, da jede Sinndimension auf einer spezifischen Unterscheidung basiert, die Sachdimension, wie gesagt, auf der von ‚dies – anderes', die Sozialdimension auf der von ‚ego – alter' und die Zeitdimension auf der von ‚vorher – nachher'.

Da das System durch reflektierte Selbstreferenz seine Identität beobachten kann, kann es sich so auch als ego der Sozialdimension konstituieren, wenn es in seiner Umwelt ein ebenfalls Sinn prozessierendes, selbstreferentielles System ausdifferenziert, das es als alter ego ansieht. Die Erwartungen und Erwartungserwartungen, die ego und alter bezüglich einander aufbauen und einander zuschreiben können, wirken ebenfalls strukturbildend.

Die konstitutive Differenz der Zeitdimension ‚vorher – nachher' ist bereits in die basale Selbstreferenz der Systemelemente eingeschrieben, da die Elemente ja als zeitpunktfixierte Ereignisse definiert sind, deren rekursiver Anschluss in der Zeit gewährleistet werden muss. Wenn das System nun zusätzlich seine eigenen Operationen und Prozesse mit der Unterscheidung von ‚vorher – nachher' beobachtet, spricht Luhmann von Reflexivität. Durch Reflexivität kann das System das autopoietische Kontinuum der basalen Selbstreferenz diskontinuieren, so intern Episoden bilden und eigene Prozesse beobachten. Das reflexive Beobachtungsschema kann nicht nur selbst-, sondern wiederum auch fremdreferentiell verwendet werden, um auch der Umwelt Prozesse und Episoden zuzuschreiben. Diese reflexive Konstitution von Einheiten in der Zeitdimension geht wieder mit dem Aufbau von Binnenstruktur einher, da die Abgrenzung der Prozesseinheiten und deren selbst- oder fremdreferentielle Zuschreibung geregelt werden müssen (s. Kap. 5.3.4).

Als erster Schritt zum Aufbau einer Systembinnenstruktur ist also die Auflösung der zirkulären, rekursiven Selbstreferenz nötig, die auf der basalen Ebene der Elemente gegeben ist: Indem durch Reflexion und Reflexivität distinkte Einheiten in den drei Sinndimensionen gebildet und diese selbst- oder fremdreferentiell dem System bzw. der Umwelt attribuiert werden können, löst sich die Tautologie der basalen Selbstreferenz auf, sie wird asymmetrisiert. Die Instanz, welche die Konditionen dieser Asymmetrisierung regelt, ist die Systemstruktur. Die System-Umwelt-Unterscheidung gibt dafür eine Zurechnungsform mit zwei Seiten vor, die zwar grundlegend für weiteren Komplexitätsaufbau im System ist, aber zur Erklärung der Entstehung differenziert konditionierender und ihrerseits konditionierter Strukturen noch nicht ausreicht.

Dafür müssen noch weitere Theorieelemente eingeführt werden, welche die Mechanismen des Strukturaufbaus und zugleich die Konstitution näher spezifizierter Sinneinheiten erklären. Die rekursiven Anschlüsse der ereignishaften Systemelemente finden in der linearen Sequenz des selbstreferentiellen Prozesses statt. Aus dem Gesamtbereich möglicher Anschlussereignisse muss dabei immer eine kontingente Auswahl getroffen werden, d. h. die gewählte Relationierung der Elemente ist immer selektiv. Diese Selektionen müssen sich im Laufe der Systemgeschichte bewähren, sind also in Entstehung und Wandel dem evolutionären Schema von Irritation, Variation, Selektion und (Re)Stabilisierung unterworfen. Aus den evolutionär bewährten, d. h. erfolgreich wiederholten Relationierungsmustern entstehen die Systemstrukturen, die künftige Anschlussmöglichkeiten der Systemelemente regeln.

Während die Existenz der Systemelemente aufgrund ihrer Ereignishaftigkeit auf einen Zeitpunkt fixiert ist, sie also flüchtig und irreversibel sind, besteht die Hauptleistung der Systemstrukturen darin, dennoch Reversibilität und damit Wiederholbarkeit in der Zeitdimension zu ermöglichen. Die Möglichkeit der Konstitution von Wiederholungen kann als emergente Systemeigenschaft nur den Strukturen zugerechnet werden, da ereignishafte Elemente an sich nie wiederholbar sind. Diese strukturermöglichte Wiederholbarkeit ist entscheidend für die Konstitution von konkreter bestimmten, vertrauten, wiederverwendbaren und damit gezielt anschlussfähigen Sinneinheiten.

Wiederholung kann wegen der Ereignishaftigkeit der Elemente immer nur zu unterschiedlichen Zeiten und in je anderen Kontexten stattfinden. Dennoch muss die wiederholte Sinneinheit immer als dieselbe behandelt werden, da dies die Voraussetzung der Identität des Wiederholten ist. Die Theoriebausteine, mit denen die Konstitution von Identitäten durch Wiederholung in immer unterschiedlichen Situationen erfasst werden können, hat Luhmann wieder, allerdings mit Modifikationen, von Spencer Brown rezipiert: Es handelt sich um die Kombination von Kondensierung und Konfirmierung, bei der die Kondensierung durch Reduktion und Abstraktion den sinnhaften Identitätskern konstituiert, auf den bei den Wiederholungen trotz jeweiliger Kontextwechsel rekursiv zurückgegriffen werden kann. Konfirmierung ermöglicht die nötige Kompatibilität der kondensierten Sinneinheit mit jeder neuen Situation ihrer Wiederholung.

Die durch die Kombination von Wiederholung, Kondensierung und Konfirmierung erstellten Identitäten sind nun nicht mehr wie Ereignisse an singuläre Situationen gebunden, sondern können generalisiert werden. Durch die Wiedererkennbarkeit und Wiederverwendbarkeit generalisierter Sinneinheiten gewinnt das System Redundanz, d. h. die Wahrscheinlichkeit dessen, was im Zusammenhang mit einem gegebenen Element erwartet werden kann, wird berechenbar. Die durch generalisierte Sinneinheiten hervorgebrachte Redundanz muss im Systemgedächtnis festgehalten werden, damit das System rekursiv die Konsistenz kondensierender und konfirmierender Identitätsbildung prüfen kann, was für die Ausbildung stabiler Erwartungen und bewährten Wissens nötig ist.

Durch das Zusammenspiel der eben genannten Theoriebausteine entstehen also spezifizierte Sinneinheiten, die zum einen eine geordnete, im Laufe der Systemgeschichte entstandene Binnenkomplexität aufweisen, und deren Kombinatorik zum anderen entsprechend eingeschränkt ist: Diese Einheiten zeichnen sich durch strukturierte Anschlussmöglichkeiten aus, verwirklichen also die Komplementarität von Element und Struktur, indem sie zwar jeweils ereignishaft auftreten, dabei aber gleichzeitig die Systemstruktur aktualisieren, indem sie nur gemäß den Konditionen ihrer Verwendung relationiert werden können. Derartige Sinneinheiten können in allen drei Sinndimensionen selbst- und fremdreferentiell wie auch in Reflexion und Reflexivität zum differenzierten Aufbau strukturierter Binnenkomplexität verwendet werden, mit der das System die Irritationen, die aus einer dynamischen und komplexeren Umwelt stammen, bearbeiten kann (s. Punkt 2 in Kap. 8.2.4 und Kap. 9.5).

Da selbstreferentielle Systeme und damit auch psychische und soziale Systeme als Sinnsysteme mit allen oben erwähnten Implikationen operativ geschlossen sind, können sie die Realität nicht, wie sie unabhängig von den Systemoperationen ist, erkennen, sondern sie nur mittels ihrer Operationen konstruieren. Deshalb bezeichnet Luhmann seine Systemtheorie auch als operativen Konstruktivismus.

Wie oben ausgeführt, können selbstreferentielle Systeme ihre Grenze zur Umwelt, ihre eigenen Elemente, Strukturen und generalisierten Sinneinheiten nur rekursiv operierend selbst hervorbringen. Dabei müssen sie sich auf allen Prozessebenen an Differenzen orientieren, die sie selbst kontingent selegiert haben und für die es daher keine Entsprechung in der Umwelt gibt. Das System ist lediglich an seine Umwelt strukturell gekoppelt, d. h. das System versucht seine Strukturen so einzurichten, dass es durch die Irritationen aus der Umwelt in seiner Autopoiesis möglichst wenig beeinträchtigt wird. Die Umwelt kann also die Strukturbildung nur auslösen, nicht aber spezifizieren oder gar determinieren; dies kann nur das System selbst. Es hängt sogar ausschließlich vom System ab, was überhaupt als Irritation gilt, da erstens die Umwelt keine Irritation erfährt, wenn sie eine solche im System auslöst, und zweitens Irritationen nur systemrelativ gemäß den etablierten Strukturen und Erwartungen des Systems definiert und bearbeitet werden können. Demnach können auch die Widerstände, gegen die sich ein System evolutionär zu bewähren hat, keinem direkten Kontakt mit der Realität der Umwelt entstammen, sondern sie entstehen erst, wenn im System Erwartungen enttäuscht wurden, und Konsistenzprüfungen im Gedächtnis gescheitert sind: Es handelt sich also um Widerstände unter den Systemoperationen, was dem Postulat der operativen Geschlossenheit selbstreferentieller Systeme entspricht.

Da also weder die Umwelt direkt auf das System einzuwirken noch das System operativ auf die Umwelt auszugreifen vermag, kann das Bild, welches das System fremdreferentiell von der Umwelt aufbaut, keine realistische Erkenntnis oder eine sachadäquate Repräsentation, sondern nur systemabhängige Konstruktion sein (s. Punkt 1 in Kap. 8.3.9).

Luhmann hat Sinnsysteme nicht als spezifische autopoietische Systeme mit einem eigenständigen Element entworfen, so dass bei ihm auch Zeichen nicht die operativen Elemente von Sinnsystemen sein können, obwohl Luhmann Sinn und Sinnelementen eine Verweisungsstruktur zuspricht. Überhaupt koppelt Luhmann seinen gesamten systemtheoretischen Entwurf sehr stark von semiotischen Theorien ab, die er wegen ihrer referentiellen Bindung an eine zeichenextern und -unbhängig existierende Realität für nicht vereinbar mit seinen operativ konstruktivistischen Positionen hält. Sinn und dessen symbolische Generalisierungen sollen Teilfunktionen des Zeichens übernehmen und zugleich dessen inkompatible Implikationen ausblenden.

Immerhin unterzieht Luhmann das Zeichen einer Formanalyse: Zeichen werden von ihm in Anlehnung an Ferdinand de Saussure als Formen definiert, deren zwei unterschiedene Seiten das Bezeichnende und das Bezeichnete sind. Diese Differenz können Sinnsysteme zur Beobachtung ihrer selbst oder der Umwelt benutzen, was aber weder das Zeichen noch seine konstitutive Differenz mit irgendeinem privilegierten Status im Rahmen der Luhmann'schen Systemtheorie versieht (s. Kap. 6).

An diese unkritische, lediglich paraphrasierende und entsprechend meiner Darstellungszwecke selektiven Synopse wesentlicher Elemente der Luhmann'schen Systemtheorie möchte ich nun noch einen Überblick über die Peirce'sche Zeichentheorie anschließen, bevor ich ab Kapitel 4 die beiden Theorien kritisch analysiere und aufeinander beziehe.

3. Peirces Zeichentheorie im Überblick

3.1 Biographische und editorische Präliminarien

Da bei Peirce anders als bei Luhmann besondere Schwierigkeiten biographischer und editorischer Natur gegeben sind, die sich auf die Darstellung seiner Theorien stark auswirken, stelle ich der Synopse über die Zeichentheorie entsprechende Vorbemerkungen voran, so dass dieser Überblick zwangsläufig thematisch etwas weiter ausgreift als der korrespondierende Luhmann-Teil (Kap. 2).

Niklas Luhmann war von 1968 an Professor für Soziologie an der Universität Bielefeld. Sein recht umfangreiches Werk, das neben vielen Monographien eine hohe Zahl von Einzelbeiträgen umfasst, ist, abgesehen von einigen mittlerweile aus dem Nachlass edierten Schriften, von ihm selbst veröffentlicht worden. Dabei konnte Luhmann über einen langen Zeitraum hin kontinuierlich seine Systemtheorie als Universaltheorie entwickeln und mit denselben Theoriebausteinen verschiedenste Themenbereiche behandeln.

Ganz anders ist die Lage bei Charles Sanders Peirce: Er hatte in seinem Leben, abgesehen von einzelnen Lehraufträgen, nie länger eine feste Stelle an einer Universität. An der 1876 gegründeten Johns-Hopkins-Universität war er zwar seit 1879 Dozent für Logik, allerdings wurde bereits im Januar 1884 sein Vertrag aus ungeklärten Gründen nicht verlängert. Nachdem Peirce Ende 1891 dann auch noch seine Stelle im United States Coast and Geodetic Survey, wo er seit 1859 angestellt war, enttäuscht über die mangelnde Anerkennung seiner dortigen wissenschaftlichen Arbeit aufgegeben hatte, lebte er bis zum Ende seines Lebens zurückgezogen in teilweise großer Armut. Seine einzigen Einkünfte bezog er für wissenschaftliche Artikel, Beiträge und Rezensionen, die er als bezahlte Auftragsarbeiten verfasste, und aus finanziellen Hilfen, die ihm Freunde, darunter v. a. William James, zukommen ließen.

Wegen der fehlenden institutionellen Verankerung an einer Universität und der überaus angespannten finanziellen Lage konnte Peirce in seinem gesamten Leben nur eine einzige Monographie veröffentlichen, nämlich 1878 die *Photometric Researches. Made in the Years 1872 – 1875*, ein Werk zur Astrophysik. Alle anderen umfangreicheren Werke konnte Peirce aus finanziellem oder zeitlichem Druck entweder nicht fertigstellen oder nicht bei einem Verleger unterbringen. Deswegen gibt es von Peirce als einem der bedeutendsten amerikanischen Philosophen keine einzige von ihm selbst veröffentlichte philosophische Monographie. Und daher wurde auch sein überaus umfangreiches Werk, ganz anders als das Luhmanns, zu seinen Lebzeiten in kaum nennenswertem Maße rezipiert.[1]

Die immerhin ca. 800 kleineren Publikationen, die Peirce selbst in Zeitschriften, Wörterbüchern, Lexika und Enzyklopädien veröffentlicht hatte, wurden bestenfalls in der je ein-

[1] Anschauliche Darstellungen von Peirces Leben und Werk geben Corrington 1993, 1 – 26; Oehler 1993, 9 – 40, 152f. (Zeittafel); s. auch die knappen Hinweise bei Pape 1989, 32 – 34; Pape 1998, 2016 – 2019; Rohr 1993, 12f. Die umfassendste neuere deutsche biographische Darstellung bietet Walther 1989. Eine fiktive Autobiographie erstellt auf biographisch-historischer Basis Ketner 1998.

schlägigen Spezialforschung, keinesfalls aber von einer größeren wissenschaftlichen Öffentlichkeit zur Kenntnis genommen. Dazu kommt, dass zumindest ein kleiner Teil der etwa 80 000 Seiten unveröffentlichter Manuskripte aus dem Nachlass überhaupt erst ab 1931 durch die Edition der *Collected Papers of C. S. Peirce*[2] zugänglich wurde. So wichtig diese Ausgabe für Peirces verzögerte Wirkungsgeschichte auch war und z. T. heute noch ist, wird doch zu Recht kritisiert, dass sie nicht chronologisch, sondern thematisch gegliedert ist, und so Teile zusammenhängender Texte aus ihrem Kontext gerissen und mit gewisser Willkür neu kombiniert werden. Dadurch wird die historische Entwicklung von Peirces Denken eher verschleiert als transparent gemacht. Zudem mussten einige Datierungen korrigiert werden, zuvor schon publizierte Texte und unpubliziertes Material wurden nicht klar geschieden, die Ausgabe deckt nur einen geringen Teil des Gesamtwerks ab, und die ausgewählten Texte sind z. T. auch noch gekürzt.[3]

Peirces Manuskripte wurden 1966 von der Harvard University Library auf Mikrofilm ediert und 1967 von Richard Robin in einem kommentierten und nummerierten Katalog zusammengefasst, den er 1971 noch durch ein Supplement für neu gefundene Manuskripte erweiterte.[4]

Den für die Erforschung von Peirces Zeichentheorie recht wichtigen Briefwechsel von Peirce mit der Engländerin Victoria Lady Welby hat Charles Hardwick 1977 unter dem Titel *Semiotic and Significs* ediert.[5]

Seit 1982 werden vom Peirce-Edition-Project an der Indiana University – Purdue University at Indianapolis Peirces Schriften unter dem Titel *Writings of Charles S. Peirce. A Chronological Edition* herausgegeben, eine auf ca. 30 Bände angelegte, moderne historisch-kritische, allerdings noch immer selektive Ausgabe, welche die *Collected Papers* ersetzen soll.[6]

---

2 Die Bände 1 bis 6 der *Collected Papers* erschienen in den Jahren 1931 – 1935, die Bände 7 und 8 1958. Die *Collected Papers* werden gewöhnlich mit der Abkürzung CP, gefolgt von der Bandzahl und dem durch Dezimalpunkt getrennten Paragraphen, zitiert, also z. B. CP 5.402 (an dieser Stelle ist die berühmte pragmatische Maxime formuliert: s. Punkt 1 in Kap.8.2.8); s. Literaturverzeichnis, Kap. 12.2.1.

3 Zur Kritik an den *Collected Papers* s. Pape 1989, 35; Rohr 1993, 25; Scherer 1984, 18; Schönrich 1990, 24, Anm. 15.

4 Nach den Nummern dieses Katalogs werden die Manuskripte auch zitiert und zwar üblicherweise in der Form MS, gefolgt von der Nummer des Katalogs, also z. B. MS 318 (ein auf 1907 datiertes, für die Zeichentheorie wichtiges Manuskript); s. Robin 1967, Robin 1971 und das Literaturverzeichnis, Kap. 12.2.2.

5 Der Briefwechsel wird nach dieser Ausgabe zitiert, und zwar meist mit dem Kürzel S&S, gefolgt von der durch Komma abgetrennten Seitenzahl, also z. B. S&S, 85f. (aus dieser Stelle ist unten in Kap. 3.2 zitiert); s. Literaturverzeichnis, Kap. 12.2.2; Der Briefwechsel zwischen Peirce und Lady Welby (1837 – 1912) begann 1903 im Zusammenhang mit einer Rezension, in der Peirce Lady Welbys Buch *What is meaning?* besprochen hatte, und dauerte bis 1911, wobei sich die beiden allerdings nie persönlich kennen lernten.

6 Diese Ausgabe wird meist mit dem Kürzel W, gefolgt von der Bandzahl und der durch Komma abgetrennten Seitenzahl, zitiert, also z. B. W 2, 49 – 59 (diese Seiten enthalten Peirces Schrift *On a New List of Categories* von 1867); s. Literaturverzeichnis, Kap. 12.2.1.

3.2 Peirces Semiotik und ihr philosophischer Rahmen

Aus den genannten Gründen konnte Peirce seine Philosophie nie zusammenhängend darstellen oder in entsprechenden Veröffentlichungen darlegen.[7]

Entsprechend ist in der Peirce-Forschung auch umstritten, ob in Peirces Werk überhaupt eine kohärente Gesamtphilosophie greifbar ist oder ob es sich nur um mehr oder weniger unzusammenhängende Einzeltheoreme handelt, die zu unterschiedlichen Zeiten in unterschiedlichen Kontexten mit unterschiedlichen theoretischen Schwerpunkten, Fragestellungen und Interessen entwickelt worden sind.[8]

Unabhängig von dieser Frage, die zu beantworten hier nicht der Ort ist, lassen sich vier theoretische Hauptelemente in Peirces Philosophie benennen, die in jedem Fall systematisch eng miteinander verflochten sind: Es sind dies die Kategorienlehre, die Zeichentheorie, der Pragmatismus und die Kosmologie, welche die Konzepte von Tychismus, Synechismus bzw. Kontinuität und Evolution umfasst. Da ein vertieftes, systematisch und historisch-philologisch korrektes Verständnis der Peirce'schen Semiotik nur möglich ist, wenn man ihre Verbindungen zu den anderen drei Pfeilern von Peirces Philosophie berücksichtigt, werde ich seine Zeichentheorie, so knapp es geht, in deren Zusammenhang stellen. Dies kann nur selektiv geschehen, ganz zu schweigen von einer Vielzahl von Disziplinen, zu denen sich Peirce als Naturwissenschaftler und Universalgelehrter geäußert hat und die hier völlig unerwähnt bleiben müssen.

Wie weit das Feld ist, das Peirce nach eigener Einschätzung aus semiotischer Perspektive untersucht hat, zeigt eine Äußerung aus einem Brief, mit dem Peirce am 23. 12. 1908 auf einen Brief von Lady Welby vom 4. 12. 1908 geantwortet hat:

> „But I smiled at your speaking of my having been „*kindly* interested" in your work, as if it were a divergence – I should say a *deviation*, from my ordinary line of attention. Know that from the day when at age of 12 or 13 I took up, in my elder brother's room a copy of Whately's „*Logic*", and asked him what Logic was, and getting some simple answer, flung myself on the floor and buried myself in it, it has never been in my power to study anything, - mathematics, ethics, metaphysics, gravitation, thermodynamics, optics, chemistry, comparative anatomy, astronomy, psychology, phonetics, economic, the history of science, whist, men and women, wine, metrology, except as a study of semeiotic;" (S&S, 85f.)

Dieser Brief, den Peirce im Alter von 69 Jahren im Rückblick auf etwa 56 Jahre seines Lebens geschrieben hat, zeigt deutlich, in welch großem Spektrum möglicher Kontexte und über welch lange Zeitspanne hin Peirce seine Überlegungen zur Zeichentheorie angestellt hat. Zudem ließe sich Peirces Aufzählung etwa noch durch Theologie, Kosmologie, Evolutionstheorie oder Ästhetik erweitern.

---

[7] Für knappe Darstellungen der editorisch bis heute schwierigen Situation s. Pape 1989, 34f.; Rohr 1993, 24 – 26; Scherer 1984, 18f.; Schönrich 1990, 24f.

[8] Zur Diskussion dieser Frage in der Peirce-Forschung s. Fairbanks 1981; Hausman 1993, VII, XIII – XVII, 1 – 19; Pape 1989, 32 – 37; Scherer 1984, 8 – 15; Fairbanks und Hausman gehen bei Peirces Philosophie von einer insgesamt kohärenten Gesamtarchitektur aus; Pape und auch Scherer halten am systematischen Charakter von Peirces Philosophie trotz deren Modifikation im Laufe der Zeit fest.

Für Kategorienlehre, Pragmatismus und Kosmologie als drei Grundpfeiler Peirce'scher Philosophie gibt es Texte, die im Laufe der Rezeptions- und Wirkungsgeschichte durch die Forschung als klassische Darstellungen dieser Konzepte durch Peirce etabliert wurden.[9]

Vergleichbar klassische oder systematisch-konsistente Darstellungen speziell zur Semiotik gibt es aus Peirces Feder nicht, was zum Teil an den oben umrissenen biographischen Umständen liegen mag. Ein wesentlicher Grund liegt aber wohl auch darin, dass gerade die Semiotik, wie auch der oben zitierte Brief belegt, für Peirce eine Universaltheorie und Grundlagenwissenschaft war, mit der er während seines gesamten wissenschaftlichen Lebens in unterschiedlichsten Kontexten arbeitete und die er entsprechend adaptierte und modifizierte, aber nie in einer systematischen Gesamtdarstellung zusammenfasste.[10]

Trotz aller dieser Einschränkungen werde ich versuchen, wie im vorhergehenden Kapitel zu Luhmann nun eine möglichst knappe Darstellung der vier wesentlichen Theoriebausteine Peirce'scher Philosophie zu geben, wobei Kategorienlehre, Pragmatismus und Kosmologie nur so weit vorgestellt werden, wie es ein angemessenes Verständnis der Zeichentheorie erfordert. Wie schon im korrespondierenden Luhmann-Teil (Kap. 2) werde ich nach Möglichkeit auf die Kapitel der Arbeit verweisen, in denen die einzelnen Theorieelemente dann genauer expliziert und problematisiert werden; diesen späteren Kapiteln bleiben auch wieder die Belege aus der Primärliteratur und die Diskussion der Sekundärliteratur vorbehalten.

3.2.1 Kategorienlehre: Erstheit, Zweitheit und Drittheit

Ich beginne diesen Überblick mit der Darstellung der Kategorien, da Peirces Definition des Zeichens und dessen Subklassifikationen ohne seine Kategorienlehre kaum verständlich sind. Peirce reduziert die zehn Fundamentalkategorien, die Aristoteles aufgestellt hatte, bzw. die zwölf Fundamentalkategorien, wie sie Immanuel Kant in seiner Kategorientafel dargestellt hatte, auf drei Kategorien, die er Erstheit, Zweitheit und Drittheit nennt.

Diese drei Kategorien bilden die logische, phänomenologische und ontologische Grundstruktur des Seins. Sie sind demnach einerseits selbst real und machen andererseits die Welt so erfahrbar, wie sich diese selbst mittels der Kategorien darstellt. Die Kategorien sind

---

[9] Als ‚klassisch' dürfen folgende Texte gelten: Der 1867 gehaltene und 1868 publizierte Vortrag *On a New List of Categories* und das Buchfragment *A Guess at the Riddle* von 1887/88 (früher datiert auf 1890) für die **Kategorienlehre**; die Artikelserie *Illustrations of the Logic of Science* von 1877/78 in *The Popular Science Monthly* für den **Pragmatismus** (zur Interpretation dieser Artikel s. Corrington 1993, 29 – 49); die *Harvard-Vorlesungen* von 1903 für die Verbindung von **Pragmatismus und Kategorienlehre**; die Artikelserie 1905 – 1907 in *The Monist* für die Umbenennung seines Pragmatismus in **Pragmatizismus** und dessen Verbindung zum **Synechismus** (s. hierzu Corrington 1993, 49 – 72); die Artikelserie 1891 – 1893 in *The Monist* für Naturphilosophie und **Kosmologie** (mit den Konzepten zu **Tychismus, Synechismus und Evolution**).

[10] Allerdings finden sich wesentliche Ausführungen Peirces zu seiner Zeichentheorie z. B. in der Artikelserie von 1868/9 im *Journal of Speculative Philosophy* im Zusammenhang mit erkenntnistheoretischen Fragestellungen (s. hierzu Corrington 1993, 76 – 96), in dem bereits hervorgehobenen Briefwechsel mit Lady Welby aus den Jahren 1903 – 1911, im *Syllabus of Certain Topics of Logic* von 1903, der auf den Manuskripten MS 477, 478, 539 und 540 basiert, und in einem auf das Jahr 1907 datierten Manuskript (MS 318).

dabei irreduzibel, d. h. keine Kategorie kann auf eine der beiden anderen zurückgeführt werden, und vollständig, d. h. es gibt über sie hinaus keine Ordnung, die nicht als eine Kombination der drei analysiert werden könnte. Jede jeweils höhere Kategorie impliziert die je niedrigere Kategorie, d. h. Zweitheit impliziert Erstheit und Drittheit impliziert Zweitheit und Erstheit, wobei die je niedrigere Kategorie durch das Implikationsverhältnis eben nicht aufgehoben wird. Die Kategorien sind in jedem Phänomen immer zusammen gegeben, so dass sie nur durch Abstraktion und für heuristische Zwecke voneinander getrennt werden können; nur die Drittheit als oberste Kategorie kann nicht mehr abstrahiert werden.

Die Kategorien können auch als Relationsklassen dargestellt werden, wobei die Erstheit den monadischen, die Zweitheit den dyadischen und die Drittheit den triadischen Relationen entspricht. Diese sind ebenfalls untereinander irreduzibel, und alle höherstufigen Relationen sind in Kombinationen triadischer Relationen auflösbar (s. die Punkte 2 bis 5 in Kap. 8.2.2).

Als monadische Relation ist Erstheit die Kategorie der bloßen Möglichkeit, der Unterscheidungslosigkeit, undifferenzierter positiver Qualitäten oder unmittelbarer Empfindungen. Für die Erstheit konkrete Beispiele anzugeben ist kaum möglich, da diese als aktuale Ereignisse oder wirkliche Dinge den Bereich bloßer Möglichkeit bereits verlassen hätten (s. Punkt 1 in Kap. 8.2.2).

Konkrete Realisierung einer Möglichkeit und wirkliche Existenz sind schon dyadische Relationen und kommen somit ausschließlich der Zweitheit zu: Dieser Kategorie werden also die harten empirischen Fakten, alle bloßen Differenzen und Reaktionen oder der Widerstand der Wirklichkeit zugerechnet. Da die Zweitheit wegen ihrer absoluten Konkretheit räumlich und zeitlich immer exakt fixiert ist, kann sie allgemeine Möglichkeiten der Erstheit zwar verkörpern, aber nie erschöpfen. Erstheit ist also in ihrer vagen Unbestimmtheit ebensowenig auf Zweitheit reduzierbar wie diese ihre dyadische Existenz oder Differenz selbst darstellen bzw. vermitteln kann (s. Punkt 1 in Kap. 8.1.3).

Vermittelnde Unterscheidung und Darstellung fällt als triadische Relation in die dritte Kategorie: Drittheit setzt ein Erstes und ein Zweites zueinander in Relation, so dass die dyadische Relation nicht einfach nur für sich besteht, sondern in einem Dritten erst repräsentiert oder konstituiert wird. Triadische Relationen dieser Art liegen beim Wahrnehmen, Denken, Erkennen und in allem Regelhaften vor. Drittheit ist als Kategorie des Gesetzmäßigen unbestimmt und allgemein und bedarf zur Realisierung ihrer Regeln konkret existierender Anwendungsfälle der Zweitheit, die ihrerseits die Erstheit als die Kategorie der Möglichkeit implizieren und selektiv aktualisieren. Da jede Darstellung von etwas als etwas Repräsentation und somit Drittheit ist, kann Drittheit nicht wie die beiden anderen Kategorien abstrahiert werden, da jeder Versuch einer abstrahierenden Darstellung immer noch Darstellung wäre, und somit die Drittheit kategorial unhintergehbar bleibt (s. Punkt 4 in Kap. 8.1.1, Kap. 8.2.1 und vgl. Kap. 9.3).

Das Paradigma für die Drittheit als Kategorie der Repräsentation ist das Zeichen, das Peirce als genuine Triade definiert. Die Semiotik als allgemeine Zeichentheorie hat im Rahmen von Peirces Philosophie ihren Gegenstand also kategorial in der Drittheit.

3.2.2 Zeichentheorie

Das Zeichen ist bei Peirce eine genuine Triade bestehend aus dem Repräsentamen, dem Objekt und dem Interpretanten. Das Repräsentamen ist das materielle Zeichenmittel, welches das Objekt als seinen Gegenstand für jemanden in gewisser Weise repräsentiert. Der Interpretant ist die Instanz, die das Repräsentamen als in gewisser Weise für das Objekt stehend interpretiert. Die drei Komponenten des Zeichens sind kategoriale Relata der Drittheit, d. h. sie bedingen sich funktional gegenseitig, so dass erstens keines der Relata fehlen kann, ohne dass das Zeichen seine kategorial konstitutive Form verlöre, und es zweitens keines der Relata ausserhalb eines Zeichens geben kann. Die konstitutive Struktur des triadischen Zeichens besteht also darin, dass das eine Relat von einem zweiten Relat im Hinblick auf ein gemeinsames drittes Relat interpretiert wird. Immer wenn diese Struktur gegeben ist, liegt auch ein Zeichen vor. Durch die Relationierung derartiger triadischer Zeichen entsteht ein Zeichenprozess, der auch Semiose genannt wird (s. Kap. 8.1.1).

Obwohl das Zeichen als genuine Triade bestehend aus den genannten Komponenten kategorial stets zur Drittheit gehört, sind die drei Kategorien doch innerhalb der Drittheit des Zeichens einer wiederholten Selbstanwendung fähig, d. h. alle drei Kategorien können innerhalb der Drittheit des Zeichens iteriert werden, so dass jede der drei Zeichenkomponenten gemäß den drei kategorialen Aspekten subklassifiziert werden kann. Dies bestätigt auch die oben behauptete enge Verbindung von Kategorienlehre und Zeichentheorie. Die folgende Tabelle zeigt die Anwendung der Kategorien auf den Repräsentamen-, Objekt- und Interpretantenbezug und nennt die entsprechenden Zeichensubklassen (s. Kap. 8.2.3 bis Kap. 8.2.6):

Kategorie	**Repräsentamen-bezug**	**Objekt-bezug**	**Interpretanten-bezug**
Erstheit	Qualizeichen	Ikon	Rhema
Zweitheit	Sinzeichen	Index	Dikent
Drittheit	Legizeichen	Symbol	Argument

Das Qualizeichen thematisiert die qualitative Beschaffenheit des Repräsentamens, in der die Möglichkeit, als Zeichen verwendet zu werden, steckt. Die im Qualizeichen zeichenkonstitutive Qualität muss eine rein positive Qualität im Sinne einer monadischen Relation sein und kann noch nicht verwirklicht sein, da das Qualizeichen ein Subzeichen der Erstheit ist (s. Punkt 1 in Kap. 8.2.3).

Erst das Sinzeichen kann die allgemeine Qualität eines Qualizeichens konkret verkörpern. Es muss eine in jeder Hinsicht bestimmte Existenz aufweisen, da es kategorial der Zweitheit zugehört. Jedes im Interpretationsprozess aktual auftretende Repräsentamen ist also ein Sinzeichen (s. Punkt 2 in Kap. 8.2.3).

Das Legizeichen bezeichnet den von einzelnen Aktualisierungen unabhängigen regelhaften Aspekt eines Repräsentamens. Da das Legizeichen kategorial der Drittheit korrespondiert, bedarf seine Allgemeinheit und Gesetzmäßigkeit einer konkreten Verwendung, die wiederum nur durch das Sinzeichen geleistet werden kann. Die Sinzeichen, die gesetzmäßige Anwendungsfälle von Legizeichen sind, werden Replika genannt (s. Punkt 3 in Kap. 8.2.3 und Kap. 8.2.4).

Das Ikon hat die Möglichkeit, seinen Objektbezug durch eine seiner Qualitäten herzustellen, die es mit dem Objekt gemeinsam hat und in der es ihm daher ähnelt. Da ikonische

Zeichen aber der Erstheit angehören, können für sie noch keine bereits spezifizierten Objekte benannt werden (s. Punkt 1 in Kap. 8.2.5).

Indices sind entsprechend ihrer kategorialen Zweitheit mit ihren Objekten über eine existentielle dyadische Relation tatsächlich verbunden und haben somit immer ein vollständig bestimmtes Objekt. Jedenfalls werden sie in ihrem Interpretanten so dargestellt (s. Punkt 2 in Kap. 8.2.5).

Das Symbol bezeichnet sein Objekt über eine situationsunabhängige allgemeine Regel, die im Interpretanten den Objektbezug des Symbols bestimmt. Alle konventionellen Zeichen wie z. B. Sprachzeichen sind demnach Symbole. Im Verhältnis von Sprach- und Zeichentheorie ist letztere bei Peirce ersterer hierarchisch übergeordnet, da Sprache formal unter die triadische Zeichendefinition fällt und als spezifische Zeichensubklasse beschrieben werden kann (s. Punkt 3 in Kap. 8.2.5).

Rhemata sind für ihren Interpretanten Zeichen bloßer Möglichkeit, sie sind unvollständig und daher auch nicht aussage- oder wahrheitsfähig (s. Punkt 1 in Kap. 8.2.6).

Dikentische Zeichen können aufgrund ihrer vollständigen Bestimmtheit konkrete Aussagen machen oder Bestimmungen treffen, über deren Wahrheit oder Falschheit zwar befunden werden kann, wofür das Dikent aber keine Gründe angibt (s. Punkt 2 in Kap. 8.2.6).

Erst das Argument als Subklasse zeichenhafter Drittheit kann Gründe und gesetzmäßige Zusammenhänge angeben, indem sein Interpretant alle beteiligten Komponenten unter eine gemeinsame Regel stellt (s. Punkt 3 in Kap. 8.2.6).

Da das Zeichen als ganzes der Drittheit zugerechnet wird, ist es auch bei der Selbstanwendung der Kategorien am reinsten in den Fällen der Drittheit der Drittheit verkörpert, also im Legizeichen, Symbol und Argument. Die anderen Subzeichenklassen der Erstheit der Drittheit und der Zweitheit der Drittheit sind entsprechend degenerierte Fälle der Drittheit des Zeichens (s. Punkt 5 in Kap. 8.2.2). Dafür ist in den Fällen von Qualizeichen, Ikon und Index die Nähe zum Objekt größer. Da die Kategorien reale Grundstrukturen der Welt sind und das Zeichen sich entsprechend kategorial differenzieren lässt, ist es genau diese differenzierbare Zeichenstruktur, durch deren Vermittlung die Welt so erfahrbar wird, wie sie sich selbst darstellt. Die gemäß den Kategorien konstituierte und beschreibbare Welt wird über Zeichen und nur über sie zugänglich.

Diesem Ansatz entsprechend kann auch die Erkenntnistheorie nur semiotisch aufgebaut sein: Sensorische Erfahrung, Wahrnehmung, Denken, wissenschaftliche Forschung und auch Kommunikation sind ihrer relationalen Struktur nach triadisch und als interpretierende Zeichenprozesse beschreibbar. Da aber Zeichen schon immer dann vorliegen, wenn ihre triadische Struktur verwirklicht ist, können Zeichen nicht auf wahrnehmende oder reflektierend erkennende Systeme beschränkt werden, sondern sie durchdringen auch die Natur. Peirces Ansatz ist also pansemiotisch, da das gesamte Universum als kontinuierliches Netzwerk von Zeichen gedacht wird, in dem potenziell alles zum Zeichen oder Zeichenobjekt werden kann. Somit wäre es inadäquat, Zeichen von Nichtzeichen strikt zu trennen oder bedeutungshafte von bedeutungslosen Objekten zu unterscheiden, da erkannte oder potenziell erkennbare Objekte immer Zeichenobjekte und damit bedeutungstragend sind: Sein, Erkennbarkeit und Erkenntnis fallen mit Zeichen-Sein zusammen (s. die Punkte 1 und 3 in Kap. 8.3.1, 2 in Kap. 8.3.9 und 3 in Kap. 8.3.10).

Das erkennende Bewusstsein kann in diesem pansemiotischen Rahmen nicht als Subjekt der Ursprung der eigenen Erkenntnis sein, es ist vielmehr eine Schnittstelle von eigendynamischen, kontinuierlichen Semiosen, an denen es partizipiert und deren Zeichen es seinerseits eigenen Gesetzmäßigkeiten gemäß relationiert. Das Selbst ist also nicht die Ursache, sondern eher ein Produkt zeichenhaften Operierens, eine Inferenz in stets umfassendere Zeichenprozesse. Deren Regelhaftigkeit kann es erkennen, indem es versucht, die Drittheit seiner eigenen Zeichenrelationierung analog zu der Drittheit der universalen Semiosen zu gestalten (s. Punkt 4 in Kap. 8.3.1).

Da nämlich die den Erkenntnisprozess tragenden Zeichenprozesse und die Zeichenprozesse in der Natur in gleicher Weise kategorial bestimmt sind, ist die Ordnung des Universums potenziell erkennbar, indem die Regeln der semiotischen Drittheit des Erkenntnisprozesses und die ebenfalls kategorialer Drittheit entsprechenden Gesetze des Zeichenuniversums in strukturelle Korrespondenz gebracht werden können. Wenn diese Korrespondenz erreicht ist, liegt eine vollständige Selbstrepräsentation des Universums vor, die eine Konvergenz aller verschiedenen Zeichenprozesse und damit einen allgemeinen Konsens impliziert, in dem es keine Interpretationsbedürftigkeit und keinen Dissens mehr gibt (s. Punkt 3 in Kap. 8.2.7, Kap. 8.3.8 und die Punkte 2 in Kap. 8.3.9 und 3 in Kap. 8.3.10).

Die Drittheit des Zeichens bzw. der kategorialen Verfassung der Welt insgesamt ist die einzige Ebene, welche die Kontinuität, die für diese kosmologisch-teleologische Konvergenz bis zur Korrespondenz nötig ist, ermöglicht. Denn die konkrete Aktualität der Zweitheit existiert immer nur ereignishaft und die Erstheit kann als monadische Relation keine kontinuitätsstiftenden Relationen herstellen, sondern nur ermöglichen. Um zu sehen, wie diese Kontinuität im Zeichenprozess selbst verwirklicht wird, muss man einen Blick auf den Relationierungsmodus der drei Zeichenbestandteile werfen (s. Punkt 4 in Kap. 8.1.2).

Die drei Zeichenkomponenten werden so relationiert, dass das Repräsentamen als Erstes in einem solchen Verhältnis zu seinem Objekt als Zweitem steht, dass es den Interpretanten als Drittes dazu bestimmen kann, seinerseits wieder in eine triadische Relation zu demselben Objekt einzutreten. In dieser zweiten Triade fungiert der ehemalige Interpretant als Repräsentamen, hat also einen funktionalen Wechsel in der Zeit mitgemacht. Um diese anschließende Triade zu vervollständigen ist ein weiterer Interpretant nötig, für den dann wieder dasselbe gilt wie für den ersten. Daraus folgt, dass es keine isolierten Einzelzeichen geben kann, und dass alle Semiosen kontinuierlich und potenziell sogar unendlich sind. Kohärenz stiftend für die jeweilige Semiose ist dabei auch, dass jedes neue, aus dem vorhergehenden Interpretanten gewonnene Repräsentamen auf dasselbe Objekt bezogen wird, weshalb die Semiose auch erkenntniserweiternd ist (s. Punkt 5 in Kap. 8.1.1 und Kap. 8.1.2)

Für die zunehmende Konvergenz der Zeichenprozesse bis hin zum regulativen Telos allgemeiner Korrespondenz muss der kontinuierliche Zeichenprozess über diesen internen Bedeutungszuwachs des Objekts hinaus aber auch gerichtet ablaufen. Wie der Zeichenprozess diese Richtung gewinnen und auch ein zumindest vorläufiges Ende erreichen kann, zeigt eine weitere Korrelierungsmöglichkeit zwischen den drei Zeichenbestandteilen und den Kategorien:

Das Repräsentamen als Erstes des Zeichens bildet in seiner reinen Möglichkeit, Bestandteil einer Semiose zu sein, die Erstheit im Zeichen und kann daher auch unter dieser Perspektive nicht weiter differenziert werden (s. die Einleitung zu Kap. 8.2.7).

Das Objekt als Zweites des Zeichens kann dagegen zweifach thematisiert werden, nämlich als unmittelbares und als dynamisches Objekt. Das unmittelbare Objekt ist der Aspekt des Objekts, wie es im Zeichen selektiv repräsentiert wird, und ist daher auch vom Zeichen abhängig. Das dynamische Objekt ist das Objekt, wie es unabhängig von seiner selektiven Darstellung im Zeichen existiert. Es ist zwar im Zeichenprozess nur über seine verschiedenen Repräsentationen als unmittelbares Objekt erkennbar, geht aber in diesen Thematisierungen nicht auf: In dieser Hinsicht transzendiert es das Zeichen und kann daher in einer genuin dyadischen Relation zu ihm stehen. Diese Zweitheit ist im unmittelbaren Objekt zur Erstheit degeneriert, da das unmittelbare Objekt ja Komponente des Zeichens ist, ihm daher nicht dyadisch gegenüberstehen kann, sondern zeichenintern nur eine Möglichkeit, durch die Semiose näher bestimmt zu werden, ist (s. die Punkte 1 in Kap. 8.3.1, 3 in Kap. 8.3.5, 1 und 2 in Kap. 8.3.7).

Der Interpretant als Drittheit des Zeichens repräsentiert die höchste Stufe der Semiotizität und kann unter drei Perspektiven betrachtet werden, da es von der Drittheit aus zwei Degenerationsebenen gibt (s. Kap. 8.2.7). Der unmittelbare Interpretant ist die zur Erstheit degenerierte Regelhaftigkeit des Interpretanten: Er stellt die allgemein mögliche, aber noch nicht aktualisierte Wirkung des Repräsentamens im Sinne einer noch völlig vagen Gefühlsqualität dar (s. Punkt 1 in Kap. 8.2.7). Der dynamische Interpretant als Zweitheit des Interpretanten aktualisiert diese Möglichkeit hin zur konkreten Ereignishaftigkeit: Er ist der tatsächliche Effekt, den das Repräsentamen z. B. als psychische oder physische Reaktion auslöst (s. Punkt 2 in Kap. 8.2.7). Der finale Interpretant entspricht der Drittheit und repräsentiert somit die Regel, nach der die bestimmte Wirkung des dynamischen Interpretanten eintritt. Anders ausgedrückt: Der finale Interpretant ist eine Verhaltens- oder Handlungsgewohnheit und kann deshalb auch einen Zeichenprozess abschließen, ohne selbst wieder gemäß dem Prinzip der unendlichen Semiose (s. o.) in ein seinerseits interpretationsbedürftiges Repräsentamen transformiert zu werden (s. Punkt 3 in Kap. 8.2.7).

Wegen der Allgemeinheit, die der finale Interpretant auf der Ebene der Drittheit haben muss, kann er aber nicht auf die Gewohnheiten von Einzelinterpreten reduziert werden, sondern muss diese umfassen: Er gibt also die allgemeinen Regelmechanismen an, gemäß denen sich bei jedem Interpreten unter denselben bestimmten Umständen dieselbe bestimmte Wirkung des Zeichens einstellen würde. Dieser ‚ultimative' finale Interpretant repräsentiert somit den künftigen Konsens aller Interpreten, der in der Erkenntnis der Wahrheit konvergiert und mit der Selbstrepräsentation des Universums (s. o.) identisch ist. Im finalen Interpretanten wird die Realität des entsprechenden dynamischen Objekts transparent, da es trotz seiner Zweitheit dem Zeichen gegenüber auf dieses keine Wirkungen mehr ausüben kann, die der finale Interpretant nicht schon regelhaft zu erfassen imstande wäre.

Die bereits gegenwärtig realen Gewohnheiten der Interpreten stellen im Vergleich zum zukünftigen Sein des ultimativen finalen Interpretanten als idealen Grenzwerts nur erfahrungsweltliche Vorwegnahmen dar, die geändert werden können und immer möglichem Dissens unterliegen, also weder endgültig noch völlig allgemein sind. Sie sind aber dennoch unverzichtbar, da nur durch sie aktuelle Semiosen zumindest vorläufig abgeschlossen werden können und da sie aufgrund der Kontinuität aller Zeichenprozesse notwendige Vorstufen bei der Evolution des ultimativen finalen Interpretanten sind (s. Punkt 3, v. a. 31 in Kap. 8.2.7).

In diesen Ausführungen sind auch die Beschränkungen, die dem zeichenhaften Erkenntnisprozess auferlegt sind und ihm eine bestimmte Richtung hin zum finalen Interpretanten zu geben vermögen, schon implizit benannt. Die erste Beschränkung liegt in der Zweitheit, die zwischen dem dynamischen Objekt und dem Zeichen besteht, und durch die das dynamische Objekt die Semiose initiieren oder auf sie einwirken kann. Wenn die Diskrepanz zwischen den Wirkungen des zeichentranszendenten dynamischen Objekts und dessen selektiver Thematisierung als unmittelbares Objekt im Zeichen zu groß wird, tritt durch den Widerstand des dynamischen Objekts eine Irritation ein. Diese zieht eine Modifikation der bisherigen Interpretationsgewohnheit des ‚vorläufig-finalen' Interpretanten nach sich, die so lange verändert wird, bis die Irritation behoben, also das dynamische Objekt mittels seiner zeichenhaften Wirkungen besser erkannt worden ist (s. Kap. 8.3.7 und Kap. 8.3.8).

Die zweite Beschränkung liegt in dem Dissens, der in der Interpretationsgemeinschaft stets möglich ist, bis der finale Interpretant erreicht ist. Da der finale Interpretant allgemein sein muss, kann er nicht durch einen Einzelnen verwirklicht werden, sondern nur durch die unbegrenzte Gemeinschaft der um Erkenntnis Bemühten: Erst wenn es in dieser umfassenden Gemeinschaft keinen Dissens und keine Interpretationsbedürftigkeit mehr gibt, und kein irritierender Widerstand mehr durch das dynamische Objekt auftritt, ist der finale Interpretant erreicht, da die Gesetze der Drittheit, nach denen das gesamte Zeichenuniversum geregelt wird, in der umfassenden Regel dieses Interpretanten repräsentiert sind (s. Punkt 3 in Kap. 8.3.10).

Zweck dieses Kapitels war es, wesentliche Elemente und Klassifikationen von Peirces Semiotik vorzustellen und deren enge Verflechtung mit seiner Kategorienlehre aufzuzeigen: Das Zeichen, dessen triadische Struktur kategorial mehrfach subklassifiziert werden kann, macht das Universum, das selbst kategorial und semiotisch aufgebaut ist, nicht nur erfahrbar, sondern auch so erkennbar, wie sich dieses selbst darstellt. Von dieser kategorial bestimmten Zeichentheorie gibt es auch eine Reihe wesentlicher Verbindungen zu Peirces Pragmatismus, denen ich im nächsten Abschnitt nachgehen möchte.

3.2.3 Pragmatismus

Peirces Philosophie des Pragmatismus untersucht, wie die Menschen zu ihren Überzeugungen und ihren Vorstellungen von der Realität kommen und wie sie den Dingen ihre Bedeutung beimessen (zur Verbindung von Semiotik und Pragmatismus s. Kap. 8.2.8).

Derartige Prozesse beginnen nach Peirce nicht an einem Nullpunkt, sondern setzen immer schon Vorurteile voraus. Diese haben sich etwa als Instinkte evolutionär im Laufe der Phylogenese herausgebildet oder stammen als meist unreflektierte, handlungsleitende Überzeugungen bzw. als empirisch bewährte Gewohnheiten aus der Ontogenese, in die auch der kommunikativ aus der Gemeinschaft übernommene Common sense eingeht. Diese Überzeugungen und Gewohnheiten werden erst dann Gegenstand von Zweifel und Reflexion, wenn eine irritierende Einwirkung auftritt, die nicht erfolgreich z. B. durch eine Erklärung oder einen Handlungsmechanismus aufgelöst werden kann. Wenn diese Irritation durch Forschungen und Untersuchungen letztlich doch erfolgreich geklärt wird, stellt sich eine neue Überzeugung und Gewohnheit ein, und zwar auf einem höheren Erkenntnisniveau, da nun auch die vormals irritierende Einwirkung erklärt werden kann: Der Zweifel ist beseitigt und durch eine umfangreichere positive Erwartung ersetzt, die künftig handlungsleitende Überzeugung und Gewohnheit wird also von einer allgemeineren Regel gesteuert.

Pragmatische Erkenntnis ist also das Wissen bzw. die Erwartung, wie sich etwas verhalten wird: Die Realität und die Bedeutung der Dinge entsprechen der Summe ihrer Gewohnheiten, d. h. ihrer erfahrbaren Wirkungen. Demnach ist der Pragmatismus keine Objekt- oder Referenztheorie, sondern eine Bedeutungstheorie, die ihre Begriffe von Objekten in Konditionalsätzen formuliert, die angeben, welche Konsequenzen bzw. Wirkungen zu erwarten sind, wenn etwas Bestimmtes gegeben ist. Somit ist die Perspektive des Pragmatismus nicht vergangenheits-, sondern zukunftsorientiert. Die entsprechenden Erwartungen stehen allerdings immer unter fallibilistischem Vorbehalt, da erstens unsicher ist, ob das Potenzial dynamischer Wirkungen der Objekte bereits ausgeschöpft und adäquat in den pragmatischen Regeln abgedeckt ist. Zweitens ist auch Dissens möglich, ob die Regeln richtig aufgestellt und von allen anzuerkennen sind: In jeder pragmatischen Regel müssen in einem Konditionalsatz, der die pragmatische Erkenntnis formuliert, die Protasis und die Apodosis Bedeutung stiftend zueinander in Relation gesetzt werden. Daher könnten die bedingenden Inhalte der Protasis, die daraus folgenden Inhalte der Apodosis und auch die logische Beziehung dieser beiden Satzteile jeweils angezweifelt werden.

An dieser Stelle kann man gut zeigen, wie Peirces Pragmatismus und seine Semiotik einander im Begriff der Bedeutung begegnen: Der Protasis, welche die gegebenen Bedingungen formuliert, entspricht im Zeichen das Repräsentamen, der Apodosis, welche die aufgrund der Bedingungen zu erwartenden Wirkungen benennt, entspricht das Objekt als die Summe der mit dem Repräsentamen verbundenen Konsequenzen. Und die bedeutungskonstitutive Verknüpfungsregel von Protasis und Apodosis ist im Zeichen der Interpretant, der als Drittes die Relation zwischen Repräsentamen und Objekt herstellt und damit erst die Zeichentriade vervollständigt. Die Quelle der Irritation ist semiotisch formuliert das dynamische Objekt, dessen Wirkungen Zeichen seiner Realität sind. Wenn dessen Dynamik ausgeschöpft ist, d. h. die vollständige Kenntnis seiner möglichen Wirkungen in den entsprechenden unmittelbaren Objekten repräsentiert ist, liegt auch die vollständige Kenntnis der Realität des dynamischen Objekts im finalen Interpretanten vor.

Dieser semiotischen Erkenntnistheorie entspricht im Pragmatismus die Bildung der *final opinion*, die als zukünftiges Ziel unendlicher Forschung einer unbegrenzten Gemeinschaft den idealen Grenzwert der Wahrheit darstellt. Im Konsens dieser *final opinion* konvergieren alle bis dahin divergenten Untersuchungen, da in ihr Erkenntnis und Realität korrespondieren, indem die Summe der möglichen Wirkungen des Objekts und damit seine Realität erkannt sind. Da in der *final opinion* allgemeiner und letzter Konsens über die Erkenntnis der Realität herrscht, sind in ihr auch die beiden oben genannten fallibilistischen Vorbehalte hinfällig. Die Zukunftsorientierung des Pragmatismus zeigt sich also auch in seinem Begriff der Realität, die nicht als die präexistente Ursache der Erkenntnis angesehen wird, sondern als das in der Zukunft liegende Ziel der Forschung: Real ist das, was als Ergebnis zukünftigen Konsenses bestehen bleiben wird (s. Punkt 3 in Kap. 8.3.10).

Der Pragmatismus ist nicht nominalistisch oder gar psychologistisch zu verstehen, da sein Begriff der Realität unabhängig von Einzelmeinungen ist: Erstens können die Menschen in der Forschung zwar ihre Fragen stellen, aber nicht determinieren, welche Konsequenzen sie als Antworten bekommen. Semiotisch betrachtet liegt dies an der Zweitheit, die zwischen dem erkennenden Zeichenprozess und dem dynamischen Objekt besteht, dessen Wirkungen Zeichen von Semiosen sind, deren Ursprung nicht im erkennenden Zeichenprozess liegt. Daher kann deren Wirklichkeit auch nicht vom Erkenntnisprozess abhängen. Zweitens ist die *final opinion* wie auch der finale Interpretant allgemein, gehört kategorial also ebenfalls der Drittheit an, und hebt als umfassender Konsens ohnehin alle Einzelmeinungen in sich auf.

Peirces Konzept pragmatischer Forschung, dass alle Einzelmeinungen *in the long run* zum Konsens der *final opinion* hin konvergieren können, dass die Bildung positiver Erwartungen durch Induktion möglich ist und so letztlich Wahrheit und Realität erkennbar werden, ist eine regulative Idee. Sie basiert auf der Voraussetzung, dass das Universum nicht aus isolierten Fakten und Ereignissen besteht, sondern dass in ihm allgemeine und kontinuierliche Prozesse ablaufen. Diese Allgemeingültigkeit und Kontinuität, die kategorial, wie in Kapitel 3.2.2 gezeigt, in die Drittheit fallen, müssen gegeben sein, damit die Regeln der Erkenntnisprozesse in Korrespondenz zu den Regeln des Universums gebracht werden können, bzw. pragmatisch gesprochen, damit die jeweiligen Einzelgewohnheiten koordiniert werden können. Peirce spricht metaphorisch auch unbelebter Materie Gewohnheiten zu, die allerdings keine Veränderungsmöglichkeiten mehr haben, so dass sie zu festen Naturgesetzen erstarrt sind.

In diesem Kapitel wollte ich Grundaussagen zu Peirces Pragmatismus zusammenstellen und darlegen, wie groß die Nähe zu seiner Lehre von den Kategorien und Zeichen ist (s. Kap. 8.2.8): Die Möglichkeit, sich durch die pragmatische Methode der Erkenntnis der Realität anzunähern, basiert darauf, dass die Wirkungen der Dinge als gesetzmäßige Zeichen ihrer Realität adäquat interpretiert werden, was wiederum durch die kontinuierliche Realität der Drittheit im Universum ermöglicht wird. Da die Kontinuität sowohl für die Semiotik als auch für den Pragmatismus zentral ist, werde ich im folgenden Abschitt darstellen, welchen Stellenwert dieses Theorieelement als Synechismus im Rahmen von Peirces Kosmologie hat.

3.2.4 Kosmologie

Peirce geht von einer Evolution des gesamten Kosmos aus, und zwar so, dass von Chaos und Zufall her seine Ordnung zu immer größerer Regelmäßigkeit hin zunimmt. Kategorial ausgedrückt bedeutet dies, dass die unbestimmten Möglichkeiten der Erstheit dazu tendieren, sich zur konkreten Existenz der Zweitheit zu aktualisieren. Diese erst zufälligen Ereignisse der Zweitheit haben wiederum die Tendenz zur Drittheit, d. h. es halten sich evolutionär nur die Arten von Ereignissen, die wiederholt auftreten, dabei Gesetzmäßigkeiten ausbilden und sich generalisieren können. Evolution besteht demnach in der Zunahme von Drittheit im Kosmos (s. Punkt 5 in Kap. 8.3.4).

Dabei ist sowohl die tendenzielle Entwicklung von der Erstheit über die Zweitheit zur Drittheit kontinuierlich als auch die Ausbreitung der Gesetze, deren Gültigkeit somit immer mehr zunimmt. Nach diesem evolutionären Schema sind auch die Naturgesetze entstanden, die also weder unveränderlich noch notwendig sind. Determination durch absolut notwendige Gesetze ist auch deswegen ausgeschlossen, weil die in der Zweitheit aktualisierbaren Möglichkeiten der Erstheit nicht in der Drittheit aufgehoben werden können. Nach Peirces Konzept des Tychismus ist dementsprechend der aus unaufhebbarer Erstheit und Zweitheit kommende Zufall im Universum real und hat stets das Potenzial, die in ihrer Vagheit allgemeinen Gesetze der Drittheit zu ändern. Es handelt sich dabei aber eben nur um eine Änderung und nicht um ein plötzliches Außer-Kraft-Setzen: Denn, wie auch im Pragmatismus für menschliche Erkenntnis gezeigt, kann jede an sich zufällige Irritation von einer noch allgemeineren Regel umfasst werden, so dass durch den absoluten, irreduziblen Zufall ein weiterer evolutionärer Schritt zu noch größerer Drittheit bzw. Gesetzmäßigkeit ausgelöst werden kann (s. Punkt 2, v. a. 2c in Kap. 8.2.2).

Peirces Konzept des Synechismus besagt, dass trotz des Tychismus im Universum ein allgemeiner, kontinuierlicher Zusammenhang herrscht. Das zugrunde liegende Kontinuum besteht nämlich nicht aus punktuellen, isolierten und distinkten Einzelelementen, sondern jedes Einzelereignis ist in das Feld des kontinuierlichen Zusammenhangs integriert, so dass es weder im Kontinuum noch für das Kontinuum einen absoluten Anfang oder ein Ende geben kann (s. Punkt 4 in Kap. 8.1.2).

Diese kosmisch-evolutionäre Kontinuität ermöglicht auch die pragmatische Konvergenz von Erkenntnis und Realität des Universums und eine analoge Korrelation der Regeln des Denkens mit der Ordnung der Natur, da der Übergang von der Außenwelt über die Wahrnehmung bis zur kognitiven Auswertung kontinuierlich ist. Nur aufgrund dieser allgemeinen Kontinuität sind Erkenntnis und die Korrespondenz von Regeln möglich, während völlig isolierte und individuelle Ereignisse oder Dinge unerkennbar wären.

Der Prozess, der selbst kontinuierlich ist und der auch die kontinuierlichen Übergänge trägt, ist der Zeichenprozess. Indem nämlich das Universum als von Zeichen erfüllt oder sogar aus Zeichen bestehend gedacht wird und der Erkenntnisprozess beginnend bereits mit der Wahrnehmung als Zeichenprozess beschreibbar ist, kann das Repräsentamen in einem Erkenntnisprozess als Schnittstelle zwischen internen und externen Semiosen verstanden werden: Intern ist es Relat der Zeichentriade und extern wird es als bedeutungshafte Einwirkung des dynamischen Objekts verrechnet, dessen gesetzmäßige ‚Gewohnheiten' es in vollständiger Repräsentation zu erkennen gilt (s. Kap. 8.3.7).

Bei der Einschätzung, ob die vollständige Selbstrepräsentation des Universums im finalen Interpretanten bzw. die pragmatisch endgültige Erkenntnis in der *final opinion* tatsächlich realisierbar ist, hat Peirce selbst geschwankt, indem er dieses regulative Ziel an manchen Stellen optimistisch für erreichbar hielt, manchmal aber auch am bleibenden fallibilistischen Vorbehalt allen Erkenntnissen gegenüber festhielt. Konvergenz kann zwar bei unendlichen kontinuierlichen Reihen eintreten, ist aber keine notwendige Eigenschaft von ihnen und wegen der Irreduzibilität von Erstheit und Zweitheit bzw. der vagen Allgemeinheit der Drittheit kann die Vollständigkeit und abgeschlossene Kohärenz der Erkenntnis nicht bewiesen werden (s. die Punkte 3d und 3l in Kap. 8.2.7, 12 in Kap. 8.2.8 und 3d in Kap. 8.3.10).

Damit dürfte am Ende dieses umfangreicheren Einführungskapitels zu Peirce deutlich geworden sein, dass dessen Zeichentheorie keine isolierte Stellung in seinem Denken einnimmt, sondern in engem theoretischen Zusammenhang mit den drei anderen großen Komplexen seiner Philosophie, nämlich Kategorienlehre, Pragmatismus und Kosmologie, steht und ohne die entsprechenden Querverbindungen nicht adäquat rezipiert werden kann.

4. Basiselemente von Luhmanns Theoriearchitektur

Nachdem ich beide Universaltheorien je für sich im Zusammenhang vorgestellt habe, werde ich in diesem Teil die tragenden Bausteine von Luhmanns Theoriearchitektur in kritischer Analyse näher untersuchen. Ich beginne mit der Differenz zwischen System und Umwelt (Kap. 4.1), da Luhmann mit dieser Leitdifferenz den Gegenstand seiner Theorie, nämlich Systeme, überhaupt erst definiert. Daran schließen sich Kapitel über Systemelemente (Kap. 4.2) und -strukturen (Kap. 4.3) an, womit dann alle zur generellen Beschreibung autopoietischer Systeme unverzichtbaren Theorieelemente eingeführt sein werden.

4.1 Die System-Umwelt-Differenz als Leitdifferenz der Systemtheorie

> „Ein System ist seine Differenz zur Umwelt, ist eine grenzdefinierende, grenzerhaltende Ordnung." (SA 2, 211)

4.1.1 Die Unterscheidung von System und Umwelt

Es ist für Luhmanns Systemtheorie bezeichnend, dass sie auf einer Differenz aufbaut, nämlich auf der Differenz zwischen System und Umwelt, und nicht auf der Identität von Systemen an sich. Wie das oben gewählte Zitat von 1975 zeigt, verbindet bereits der ‚frühe' Luhmann schon vor der so genannten autopoietischen Wende[1] System- und Differenztheorie zur Konstitution seiner Gegenstände, der Systeme, indem er zwei unterschiedliche Differenzen kombiniert:[2] Die eine ist die bereits erwähnte Differenz zwischen System und Umwelt, die andere die zwischen Identität und Differenz. Diese Differenzen werden nun so kombiniert, dass man, um die Identität eines Systems bilden und bezeichnen zu können, die Differenz des Systems zu seiner Umwelt bilden muss. Das Bilden einer Unterscheidung mit der Bezeichnung einer der beiden Seiten dieser Unterscheidung nennt Luhmann in Anschluss an George Spencer Brown Beobachten[3].

Systeme sind also bei Luhmann keine ontologischen Größen oder positiv an und für sich existierende Objekte, sondern sie sind die bezeichnete Seite einer Zwei-Seiten-Form, deren andere, unbezeichnete Seite die Umwelt ist.[4] Sowohl System als auch Umwelt sind füreinander unverzichtbare Formkorrelate, da jeweils das eine genau das ist, was das andere nicht

---

1 Als Beginn dieser Wende, die auch Luhmann als Paradigmawechsel bezeichnet, setzt man allgemein das 1984 erschienene Werk *Soziale Systeme* an; mehr dazu in Kap. 4.1.4.

2 SoSy, 26f.; zur detaillierten Behandlung der System-Umwelt-Differenz bei Luhmann s. etwa SoSy, 35 – 39, 242 – 285; GdG, 60 – 78.

3 s. etwa WissdG, 68 – 121 (= Kap. 2: Beobachten); Boris Henning weist aus mathematischer Sicht darauf hin, dass „zwischen den *Laws of form* und ihrer Anwendung [bei Luhmann, meine Ergänzung] eine beträchtliche Lücke klafft." (Henning 2000, 194)

4 Zu Luhmanns Formentheorie allgemein s. Kap. 5.4.

ist. Das System kann als Einheit von einem Beobachter nur bezeichnet werden, wenn er es von seiner Umwelt als notwendigem Negativkorrelat unterscheidet. Die beiden Seiten der System-Umwelt-Differenz sind also wie die gesamte Verwendung dieser Unterscheidung beobachterabhängig, so dass ein System immer nur von einem Beobachter relativ zu seiner Umwelt definiert werden kann und keine ‚Identität an sich' hat.[5]

4.1.2 Die Grenze zwischen System und Umwelt: Selbstreferentielle Geschlossenheit

In dem an den Anfang des Kapitels 4 gestellten Zitat wird das System als „grenzdefinierende, grenzerhaltende Ordnung" bezeichnet. Hier wird die Grenze zwischen System und Umwelt also nicht durch einen externen Beobachter, sondern vom System selbst gezogen. Die Systeme, die dazu in der Lage sind, sind rekursive, basal selbstreferentielle oder auch autopoietische Systeme (s. auch Kap. 4.2.3). Bei dieser Art von Systemen liegt es besonders nahe, die Systemseite der System-Umwelt-Differenz als die markierte Seite zu bezeichnen, da nur sie die operative Innenseite sein kann, welche die Grenze zur Umwelt definiert und aufrechterhält: Basal selbstreferentielle Systeme reproduzieren sich selbst durch die rekursive Relationierung ihrer Elemente und können so ihre eigene Grenze zu ihrer Umwelt produzieren, also selbst ihre eigene System-Umwelt-Differenz etablieren, ohne dass der oben eingeführte externe Beobachter mit seinen u. U. willkürlich getroffenen Unterscheidungen dafür nötig wäre.[6] Durch diesen rekursiven Anschluss der Elemente bauen diese Systeme die Grenze zur Umwelt allerdings erst nur auf und reproduzieren sich dadurch gleichzeitig selbst, können aber nicht schon allein dadurch ihre eigene, operativ vollzogene System-Umwelt-Unterscheidung beobachten und müssen dies auch nicht: dazu sind noch komplexere Vorkehrungen nötig.[7]

Die durch basale Selbstreferenz erstellte Grenze ist eine operative Grenze, d. h. die Art der vom System operativ verwendeten Elemente legt die Grenze fest. Diese kann eben deshalb nie durch Systemoperationen überschritten werden, da jede Operation die Grenze nur verschieben oder neu definieren könnte und somit immer auf der markierten Innen-, d. h. Systemseite der System-Umwelt-Differenz stattfinden muss. Diesen Umstand, der operativ die diskontinuierliche Grenze zur Umwelt etabliert, bezeichnet Luhmann als operative oder selbstreferentielle Geschlossenheit eines autopoietischen Systems, das operativ nie in seine

---

[5] SoSy, 244, 289; WirtdG, 9, 330f.; GuS 3, 266f.; WissdG, 276; GdG, 61f., 433.

[6] GuS 4, 28; SA 6, 26 – 28; Wenn Klaus Hempfer auf die Differenz von System und Umwelt Bezug nehmen möchte, dabei aber von der „Relation von System und Umwelt" spricht (Hempfer 1990, 21), liegt ein doppeltes Missverständnis vor, da die Differenz zwischen System und Umwelt genau dadurch konstituiert wird, dass es operativ keine Relationen zwischen System und Umwelt gibt, sondern nur zwischen Systemelementen. Dass es sich dabei nicht nur um einen terminologischen Ausrutscher handelt, sondern sogar um ein gewichtiges Missverständnis, zeigt sich daran, dass Hempfer in der Kombination der System-Umwelt-Differenz mit der Element-Relation-Unterscheidung einen theoretischen Widerspruch zu sehen glaubt, anstatt darin adäquaterweise die theoretische Basis basal selbstreferentieller Systeme zu erkennen, die sich eben durch rekursive Relationierung ihrer Elemente aus der Umwelt ausdifferenzieren und reproduzieren (s. Hempfer 1990, 26; zutreffend zu diesem Zusammenhang Gromitsaris 1992, 134f.).

[7] WissdG, 311, 482; als Mindestvoraussetzung für diese komplexeren Beobachtungen muss das System erst ein re-entry vollziehen (s. hierzu Kap. 4.1.3).

relative Umwelt ausgreifen kann, sie aber dennoch als Formkorrelat braucht.[8] Wenn Luhmann z. B. soziale Systeme durch Kommunikationen als Elemente definiert, werden alle Kommunikationen diesem System zugerechnet, aber eben nur Kommunikationen, alles Übrige fällt in die relative Systemumwelt. Daraus folgt, dass soziale Systeme zwar über ihre Umwelt kommunizieren können, aber nie mit ihr, da dies ihre konstitutive Grenze aufheben würde.[9]

4.1.3 Das re-entry der System-Umwelt-Differenz

Wenn nun die Grenze zwischen einem basal selbstreferentiellen System und seiner Umwelt nicht nur operativ definiert, sondern auch beobachtet werden soll, muss die System-Umwelt-Differenz ein zweites Mal angewandt werden, und zwar als Beobachtungsunterscheidung. Wenn diese Differenz in das System, das bereits operativ die System-Umwelt-Grenze und damit -Unterscheidung etabliert, noch einmal eintritt, mit anderen Worten, das System selbst mit der System-Umwelt-Differenz beobachtet, liegt ein re-entry vor, ein Wiedereintritt der Unterscheidung in das durch sie bereits Unterschiedene.[10]

Erstens kann das System selbst erst nach dem re-entry seine Identität und Einheit beobachten, indem es sich selbst im Rahmen dieser Unterscheidung als System bezeichnet. Zum anderen kann das System dann auch selbst seine Grenze zur Umwelt regeln, indem es durch eigene Operationen bezeichnen kann, was als systemkonstitutives Element anzusehen ist und was nicht.[11] Man sieht an dieser Stelle gut, wie die Autoreproduktion des Systems mit der Definition der Systemelemente und dem Erhalt der Grenze zusammenhängt, da einerseits die Art der Elemente das System und seine Grenze zur Umwelt definiert und andererseits die systeminterne Handhabung der Systemgrenze über die potenzielle Zugehörigkeit

---

8 Luhmann 1990a, 7; SA 5, 38; WissdG, 276; KdG, 110; SA 6, 16f.; GdG, 63.

9 Zu Recht weist Luhmann (SoSy, 53) darauf hin, dass nicht entschieden werden kann, ob die Grenze zum System oder zur Umwelt gerechnet werden soll, da es sich bei der System-Umwelt-Differenz um eine kontradiktorische, rein dyadische Unterscheidung handelt, innerhalb deren Form es keine dritte Position, etwa für die Grenze, gibt: Sofern man nämlich die basal selbstreferentielle Autoreproduktion des Systems beobachtet, ist man auf der Innenseite der Form, der Rest ist Umwelt: „Die Differenz selbst ist, logisch gesehen, etwas Drittes." (loc. cit.; s. auch Luhmann 1990b, 129; WissdG, 303); Dietrich Schwanitz (1990, 121) weicht in seinem Beitrag, der Luhmann weitgehend kritiklos referiert, dabei allerdings nicht frei von Missverständnissen ist, hiervon ab: Er rechnet die Grenzen dem System zu und sieht darin einen Unterschied zum Dekonstruktivismus, der die Grenzen als „etwas logisch Drittes" (loc. cit.) behandelt. Abgesehen davon, dass Schwanitz damit unmarkiert die oben zitierte Position Luhmanns verlässt und so einen hier nicht vorhandenen Unterschied zwischen Systemtheorie und Dekonstruktivismus konstruiert, verwechselt er die Konstitution und Kontrolle der Grenze durch das System mit der Zugehörigkeit der Grenze zum System. John Mingers kritisiert Luhmanns Abweichung von Maturanas und Varelas biologischem Grenzkonzept, gemäß dem die Grenze aus spezifischen Grenzelementen besteht, was bei Luhmann nicht der Fall ist (Mingers 1995, 149).

10 Zu diesem re-entry sind nach Luhmann nicht alle autopoietischen Systeme in der Lage, sondern nur psychische und soziale Systeme. Nur diese zwei Systemarten operieren gemäß Luhmann auch mit Sinn, so dass es einen Zusammenhang zwischen re-entry-Fähigkeit und sinnhafter Operationsweise eines Systems zu geben scheint (GdG, 45f.; s. hierzu näher Kap. 5.3.3).

11 SoSy, 560; SA 6, 13.

von Elementen entscheidet.[12] So reproduzieren sich z. B. soziale Systeme durch Kommunikationen als systemspezifische Elemente und können kommunikativ entscheiden, was als Kommunikation gilt und was nicht, und eben dies zieht die Grenze zur Umwelt der sozialen Systeme. Diese können somit zwar nicht mit der Umwelt kommunizieren, wohl aber über sie. Da diese Thematisierungen der Umwelt aufgrund der selbstreferentiellen Geschlossenheit sozialer Systeme nur durch Kommunikationen realisiert werden können und Kommunikationen nicht außerhalb der operativen Grenze sozialer Systeme vorkommen können, ist das kommunikativ konstituierte Bild der Umwelt ein Konstrukt, für das es außerhalb des Systems keine Entsprechungen gibt.[13]

Da das System nach dem re-entry also die Wahl hat, sich selbst oder die Umwelt zu thematisieren bzw. sich selbst oder der Umwelt etwas zuzuschreiben, z. B. ein Ereignis oder eine bestimmte Selektion, kann die wiedereingetretene System-Umwelt-Differenz als grundlegende Orientierungsstruktur für die Operationen des Systems fungieren.[14]

Zweitens kann nach dem re-entry das System die System-Umwelt-Differenz auch in seine Umwelt projizieren und so in seiner Umwelt andere Systeme mit je ihren Umwelten beobachten.[15] Dies ist das Vorgehen des oben erwähnten externen Beobachters, der also selbst ein System in der Umwelt des beobachteten Systems ist. Da jedes System genau seine spezifische Umwelt als Negativkorrelat seiner Form hat und jedes beobachtete System ebenso in der Umwelt des beobachtenden Systems verortet ist wie das beobachtende in der des beobachteten, können die Umwelten verschiedener Systeme nie dieselben sein.[16] Ebenso kann kein System kontrollieren, wie die anderen Systeme in seiner Umwelt ihre jeweilige System-Umwelt-Differenz erstellen und behandeln, so dass nicht zuletzt durch die Systeme in der Umwelt eines Systems dessen Umwelt dynamisch wird.[17]

4.1.4 Die System-Umwelt-Differenz und Selbstreferenz – ein Paradigmawechsel?

Ich möchte nun diese komplexeren Möglichkeiten, die durch das re-entry der System-Umwelt-Differenz entstehen, wieder ausblenden[18] und zum Verhältnis zwischen rekursiv-auto-

---

[12] SoSy, 54, 266; RdG, 41; s. auch Luhmann 1990b, 129 – 132.

[13] Zu Luhmanns operativem Konstruktivismus s. Luhmann 1988 und Punkt 1 in Kap. 8.3.9; Die völlige Beliebigkeit dieser Konstrukte soll durch bestimmte Eigenschaften der Umwelt (s. Kap. 4.1.8) und das Konzept der strukturellen Kopplung (s. Kap. 4.3.4) ausgeschlossen werden.

[14] Luhmann 1990a, 10, 12; s. hierzu auch Punkt 1 in Kap. 5.3.4; Da das re-entry sowohl System als auch Umwelt thematisierbar macht, erschließt es als Horizont für die Systemoperationen die Welt als Einheit dieser Differenz (s. hierzu Kap. 4.1.7 und Kap. 5.3.3).

[15] Luhmann schreibt noch 1981 in SA 3, 164, dass ein System in seiner Umwelt andere Systeme mit deren Umwelt „vorfinden" kann, eine Formulierung, die mit seinem späteren Konstruktivismus nicht kompatibel ist, da basal selbstreferentielle Systeme ihre Umwelt selbst konstruieren müssen und daher in ihr gar nichts „vorfinden" können.

[16] SA 3, 164; SoSy, 55, 249, 256f., 263; SA 6, 89; GdG, 600f.; zutreffend hierzu Nassehi 1992, 56; Da Klaus Hempfer den formalen Zusammenhang zwischen System und Umwelt und Systemen in der Umwelt eines Systems nicht richtig erfasst, geht seine diesbezügliche, scharfe Kritik an Luhmann vorbei (Hempfer 1990, 24 – 26).

[17] WissdG, 563; RdG, 537.

[18] Ich komme darauf auch ab Kap. 5.3.3 ausführlicher zurück.

poietischen Systemen und der System-Umwelt-Unterscheidung zurückkommen. Wie in der Einleitung zu diesem Kapitel bereits kurz angesprochen, wird Luhmanns Anschluss an die Theorie selbstreferentieller Systeme in der Systemtheorie als Paradigmawechsel bezeichnet, auch von Luhmann selbst.[19] Michael Buchholz etwa spricht von einem „radikalen Wechsel der Leitbegriffe“, bei dem „nicht mehr auf die System/Umwelt-Differenz gesetzt“[20] wird, und nach Gerhard Wagner und Heinz Zipprian löst das Paradigma der Selbstreferenz das der System-Umwelt-Differenz ab.[21]

Freilich kann man nicht bestreiten, dass Luhmanns Anschluss an die Theorie selbstreferentieller Systeme tiefgreifende Modifikationen seiner Theoriearchitektur zur Folge hatte, aber gerade im Hinblick auf die System-Umwelt-Differenz sind die Konsequenzen keineswegs so radikal und dramatisch, wie Luhmanns Selbstaussage vom ‚Paradigmawechsel‘ oder die Stimmen von Buchholz, Wagner und Zipprian glauben lassen möchten. Der Zusammenhang ist bei autopoietischen Systemen nämlich so eng, dass einerseits nicht selbstreferentiell operiert werden kann, ohne dass eine System-Umwelt-Grenze etabliert wird, und andererseits ohne Selbstreferenz keine System-Umwelt-Differenz beobachtbar wäre. Dass auch Luhmann selbst trotz seiner Redeweise vom Paradigmawechsel diesen engen Zusammenhang sieht, lässt sich mit zwei, zeitlich weit auseinander liegenden Stellen aus den Jahren 1984 und 1997 belegen:

> „Sie [selbstreferentielle Systeme, meine Ergänzung] konstituieren und sie erhalten sich durch Erzeugung und Erhaltung einer Differenz zur Umwelt, und sie benutzen ihre Grenzen zur Regulierung dieser Differenz. Ohne Differenz zur Umwelt gäbe es nicht einmal Selbstreferenz, denn Differenz ist Funktionsprämisse selbstreferentieller Operationen.“ (SoSy, 35)[22]

Hier sieht man gut die Interdependenz zwischen den Theoriebausteinen Selbstreferenz und System-Umwelt-Differenz, die nicht hierarchisiert werden kann, so dass man auch besser nicht von einem Paradigmawechsel sprechen sollte.

> „Als Systeme würde ich einen Komplex von Operationen definieren, der die Fähigkeit hat, sich selbst durch die eigene Reproduktion von der Umwelt abzugrenzen. Also eine Operation, die in der Sequenz des Anschließens weiterer Operationen an zufällig entstandene Anfangsoperationen die Fähigkeit hat, eine Differenz zwischen System und Umwelt zu produzieren.“ (Luhmann in: Simon, Fritz [Hg.] 1997, 131)

---

[19] SoSy, 18f., 26.

[20] Beide Zitate aus Buchholz 1993, 111.

[21] Wagner/Zipprian 1992, 395; s.auch Starnitzke 1992, 73f.

[22] Helmut Willke nimmt auch auf diese Stelle aus den *Sozialen Systemen* Bezug, schließt allerdings aus ihr, dass „die *Differenz von System und Umwelt* [...] der Autopoiese eines Systems als konstitutive Bedingung der Selbstkonstituierung vorausgeht.“ (Willke 1987, 256) Davon kann m. E. keine Rede sein, da in den Operationen des Systems die basal selbstreferentielle Schließung und die Grenzziehung zur Umwelt gleichursprünglich sind: Da jedes System speziell seine relative Umwelt hat und sich rekursive Systeme durch die Relationierung ihrer Elemente aus ihrer Umwelt ausdifferenzieren, kann die System-Umwelt-Differenz der entsprechenden Autopoiesis nicht vorausgehen; einem ähnlichen Missverständnis wie Willke unterliegt Konopka 1996, 12. An dieser Stelle einen Beobachter einzuführen würde das Problem auch nicht lösen, da für dessen Operationen dasselbe gälte. Die von Luhmann angesprochene Funktionsprämisse kann nur in der Bedingung der Möglichkeit zur Differenzbildung überhaupt liegen.

Auch an dieser Stelle wird deutlich, dass Selbstreferenz nicht ablaufen kann, ohne eine System-Umwelt-Differenz zu installieren, oder auch, dass die operativ selbstreferentielle Schließung eines Systems eine spezifische Art ist, die Differenz zur Umwelt zu erstellen.[23] Das System-Umwelt-Paradigma wird also nicht ersetzt oder abgelöst, sondern eher gleichberechtigt mit dem der Selbstreferenz kombiniert. Damit geht auch konform, dass Luhmann noch lange nach der Integration der Theorie selbstreferentieller Systeme die System-Umwelt-Differenz weiterhin zur Leitunterscheidung der Systemtheorie erklärt, was er nach einem eigentlichen ‚Paradigmawechsel' gar nicht könnte.[24]

4.1.5 Der Realitätsstatus von Systemen

Nach diesen Überlegungen zum re-entry der System-Umwelt-Unterscheidung und zur engen Verbindung von basaler Selbstreferenz und System-Umwelt-Differenz möchte ich noch zu einem Vorwurf Stellung nehmen, der Luhmann bezüglich einiger Aussagen zum Realitätsstatus von Systemen gemacht wurde.[25] Die Realität selbstreferentieller Systeme kann gemäß den obigen Ausführungen nur im operativ rekursiven Anschluss ihrer Elemente aneinander und der damit erreichten Ausdifferenzierung aus der Umwelt liegen. Wenn Luhmann nun auch soziale Systeme mit Kommunikationen als konstitutiven Systemelementen als basal selbstreferentielle Systeme definiert, so sind die Aussagen über die Reali-

---

[23] vgl. auch Luhmann 1990a, 2f.: Das wesentlich Neue in der Theorie autopoietischer Selbstreferenz ist, dass das System auch die Elemente, aus denen es besteht, selbst durch die rekursive Vernetzung eben dieser Elemente konstituiert; dies verleiht dem Elementbegriff eine zentrale Stellung (s. Kap. 4.2).

[24] „Außerdem arbeitet die Systemtheorie selbstverständlich mit ihrer eigenen Leitunterscheidung, der Unterscheidung von System und Umwelt." (RdG, 24) „Auch die Theorie der operativ geschlossenen Systeme ist eine Theorie des Unterschieds von System und Umwelt." (RdG, 43) Das zweite Zitat zeigt in Verbindung mit dem Anfangszitat dieses Kapitels von 1975, dass Luhmann eher innerhalb des System-Umwelt-Paradigmas sein Hauptaugenmerk auf basal selbstreferentielle Systeme richtet, als dass er das Paradigma überhaupt gewechselt hat; knapp und zutreffend hierzu Lübbe 1991, 126, Anm. 1. Johannes Berger äußert sich unentschlossen, indem er einerseits die These vom Paradigmawechsel übernimmt (Berger 1987, 132f.) und andererseits gut den interdependenten Zusammenhang von basal selbstreferentieller Schließung und Grenzziehung zur Umwelt herausarbeitet (Berger 1987, 150, Anm. 2). Detlef Krause betont zwar auch die Kontinuität Luhmann'schen Denkens, bleibt aber der Vorstellung eines Paradigmawechsels zu stark verhaftet (Krause 1999, 69 – 72, 162f. s. v. „Paradigmawechsel"); eine Zusammenstellung drei verschiedener Leitunterscheidungen der Systemtheorie bietet auch Willke 1987, 250 – 255; Da ich aus den genannten Gründen eher Kontinuität als einen Paradigmawechsel sehe, werde ich mich auch bei der Wahl meiner Belegstellen aus Luhmanns Werken nicht auf die Zeit seit den *Sozialen Systemen* beschränken, sondern auch frühere Werke heranziehen, gerade um damit auch die Kontinuität aufzuzeigen.

[25] Die umstrittenen Aussagen finden sich in den *Sozialen Systemen*: „Die folgenden Überlegungen gehen davon aus, daß es Systeme gibt. [...] Der Systembegriff bezeichnet also etwas, was wirklich ein System ist [...]." (SoSy, 30) „Unsere These, daß es Systeme gibt, kann jetzt enger gefasst werden: Es gibt selbstreferentielle Systeme." (SoSy, 31) Starke Kritik an diesen Aussagen übt Hempfer 1990, 18 – 23; eine eingehende Diskussion, allerdings ohne Bezug auf Hempfer, bietet Nassehi 1992, 43 – 70.

tät selbstreferentieller Systeme erst einmal nichts anderes als Kommunikationen, für die ein soziales System als beobachterdefinierende Systemreferenz angegeben werden kann. Und da die Realität dieses kommunizierenden sozialen Systems vom Anschluss weiterer Kommunikationen abhängt, bestätigt z. B. Klaus Hempfers vernichtende Kritik paradoxerweise genau das, was sie kritisiert, da sie eben durch kommunikativen Anschluss die Realität des Systems mitkonstituiert, indem sie die operative Grenze zur (nichtkommunikativen) Umwelt aufrechterhält. Man kann also nicht von einer Reontologisierung des Systembegriffs bei Luhmann sprechen.

Ebenso greift Hempfers Kritik nicht, Luhmann würde im Unterschied zu Maturana und Varela „Eigenschaften der Theorie zu Eigenschaften des Gegenstandes" machen und Objekt- und Metaebene nicht scheiden[26], da erstens Luhmann seine Systemtheorie explizit als Supertheorie ausweist, für die es aufgrund ihres Universalanspruches konstitutiv ist, in sich selbst als Gegenstand einbezogen zu sein[27]. Dies gilt nicht für Maturanas und Varelas Autopoiesis-Theorie, die nur für lebende Systeme konstruiert ist und daher keine Supertheorie darstellt, so dass Hempfers Vergleichsgrößen nicht auf derselben Ebene angesiedelt sind. Zweitens liegt gar keine Vermengung von Objekt- und Metaebene vor, da in sozialen Systemen die für eine Metahaltung nötige Reflexivität nur durch Kommunikation über Kommunikation erreicht werden kann. Dies liegt aber bei einer kommunikativen Äußerung über die Realität von Systemen gar nicht vor: Dabei handelt es sich vielmehr um ein spezifisches Thema der Kommunikation, das eine kontingent selektive Differenz in der Sachdimension von Sinn darstellt, wobei sowohl für Selbst- als auch Fremdbeobachtung von Systemen das re-entry der System-Umwelt-Differenz vorausgesetzt ist (vgl. Punkt 1 in Kap. 5.3.4).

4.1.6 Komplexität

Ein weiteres Thema, das Luhmann auch im Zusammenhang der System-Umwelt-Differenz behandelt, ist das der Komplexität, das ich nun problematisieren möchte.[28] Luhmann definiert Komplexität über die Differenz von Element und Relation, wobei Komplexität dann vorliegt, wenn nicht mehr stets jedes Element mit jedem anderen relationiert werden kann, sondern die Relationen zwischen den Elementen nur noch in kontingenter Selektion hergestellt werden können. Die Differenzform von Komplexität ist also die Unterscheidung von vollständiger und selektiver Relationierbarkeit der Elemente. Dass soziale Systeme mit Kommunikationen als konstitutiven Elementen Binnenkomplexität aufweisen, also in sich nicht jede mögliche Kommunikation jederzeit mit jeder anderen verknüpfen können, leuchtet ein, aber wie ist Luhmanns Aussage zu verstehen, die Umwelt sei immer komplexer als das entsprechende System?[29]

Luhmann definiert den Elementbegriff über eine Systemreferenz, indem ein Element die operativ verwendete, für das System nicht weiter dekomponierbare Letzteinheit darstellt,

---

[26] Hempfer 1990, 21 (Zitat) und 22f.; vgl. Maturana/Varela 1987.

[27] SoSy, 19, 650f., 660; s. auch Khurana 2000, 328f.

[28] Für zusammenhängende Behandlungen des Komplexitätsthemas bei Luhmann s. SA 2, 204 – 220; SoSy, 45 – 51; SA 5, 59 – 77; WissdG, 364 – 373; GdG 134 – 144.

[29] s. z. B. SoSy, 47, 249.

mit der das System seine Grenze zur Umwelt zieht.[30] Da er eine entsprechende, systemunabhängige Definition des Elementbegriffs nicht bietet[31], bleibt die Frage unbeantwortet, welche Elemente in der Umwelt zur Relationierung überhaupt gegeben sein sollen: Wenn die Umwelt mehr Elemente umfassen soll als das System[32], liegen hier offenbar zwei verschiedene, nicht genügend explizierte und differenzierte Elementbegriffe vor, was keine Möglichkeiten zum Komplexitätsvergleich zwischen System und Umwelt eröffnet.

Zusätzlich postuliert Luhmann für eine Größe, die als komplex bezeichnet werden soll, dass sie eine Einheit, „eine zusammenhängende Menge von Elementen"[33] sein soll. Auch hier scheinen wieder Vorstellungen von Systemen durchzuschlagen, die auf die Umwelt zwar angewandt werden, aber nicht auf sie übertragbar sind. Da nämlich die Umwelt anders als Systeme keine Grenzen, sondern nur Horizonte hat, kann sie weder eine Einheit sein noch eine Menge darstellen, deren Elemente (welche? s. o.) zusammenhängen.

Selbst die Lösung, der Umwelt alle möglichen Zustände und Ereignisse, die eben nicht Systemelemente sind, als Elemente zuzurechenen, scheidet als unbefriedigend aus, da dann erstens die Aussage, die Umwelt sei komplexer als das System, das ja in seiner basal selbstreferentiellen Operationsweise nur genau eine einzige Art von Element verwenden und relationieren kann, gänzlich ohne differenzierten Erkenntniswert wäre. Zweitens bliebe ungeklärt, wie derartig heterogene Elemente in der Umwelt überhaupt relationiert werden sollten, vom Postulat, diese Elemente sollten eine „zusammenhängende Menge" (loc. cit.) oder gar eine „umfassende Einheit"[34] bilden, ganz zu schweigen. Man könnte nun freilich auf Systeme in der Umwelt eines Systems verweisen, deren Komplexität ein Beobachter mit der des ‚Ausgangssystems' vergleichen könnte. Da aber die Elemente der verglichenen Systeme qualitativ unterschiedlich sein müssen, da sie sonst nicht in ihrer jeweiligen Umwelt, sondern im System selbst vorkämen, fehlt dem externen Beobachter der eigentliche Vergleichsmaßstab, der Begriff der Komplexität wird „multidimensional, so dass man die Möglichkeit verliert, Komplexität nach größer oder kleiner zu vergleichen"[35], wie Luhmann selbst sieht: Welcher Beobachter wollte auch entscheiden, ob die Komplexität in psychischen Systemen durch die theoretisch möglichen Relationierungen aller möglichen Gedanken als Systemelementen größer oder kleiner ist als in sozialen Systemen? Beobachtbar ist im Verhältnis von Systemen freilich, wie die Systeme bei ihrer Kopplung jeweils die Struktur ihrer Binnenkomplexität modifizieren.

---

[30] SA 2, 209; WissdG, 364.

[31] Luhmann behauptet zwar, durch die Definition von Komplexität über die Element-Relation-Differenz werde der Begriff Komplexität auch auf Nichtsysteme anwendbar (SoSy, 45f.), bindet den Elementbegriff aber an derselben Stelle an bestimmte Systemreferenzen (vgl. auch SoSy, 601: „Damit ist natürlich nicht geleugnet, daß der Elementbegriff ein System voraussetzt und umgekehrt."). Dadurch fällt der Elementbegriff für die Umwelt als Nichtsystem weg, Luhmanns Behauptung bleibt nur eine unbewiesene Behauptung und der Komplexitätsvergleich von System und Umwelt hat keine Basis mehr; vgl. auch Walter Bühls scharfe Kritik an Luhmanns Komplexitätsbegriff (Bühl 2000, 244 – 246).

[32] SA 2, 210.

[33] SoSy, 46; vgl. SA 5, 62.

[34] WissdG, 366; Von dieser ‚Lösung' scheint sich Luhmann aufgrund der zu großen qualitativen Streuung der Elemente, die zum Verlust der Vergleichbarkeit führt, später zu distanzieren (GdG, 137; vgl. die größere Unbekümmertheit noch in SoSy, 249).

[35] GdG, 137.

Komplexität ist ein Beobachtungs- und Beschreibungsbegriff, der demnach eine bestimmte Systemreferenz und entsprechende System-Umwelt-Differenz braucht, von der aus der Komplexitätsvergleich durchgeführt werden kann. Da der externe Beobachter hier mit den eben erwähnten Schwierigkeiten behaftet ist und daher ausscheidet, kann noch das System selbst nach dem re-entry der System-Umwelt-Unterscheidung Beobachter sein und in einer Kombination von Selbst- und Fremdbeobachtung den Komplexitätsvergleich zwischen sich selbst und seiner Umwelt durchführen.[36] Da das System aber basal selbstreferentiell geschlossen ist, muss das Bild, das es von seiner Umwelt inklusive deren Komplexität hat, ein Konstrukt sein, das es durch Fremdbeobachtung und -beschreibung mit eigenen Operationen aufgebaut hat: Alle Elemente und deren tatsächliche und potenzielle Relationen und damit auch die Komplexität, die das System seiner Umwelt attribuiert, sind eine konstruktive Beobachtungsleistung des Systems, die zum einen von der Binnenkomplexität des Systems abhängt und für die es zum anderen, wie Luhmann häufig betont, in der Umwelt keine Entsprechung geben kann.[37] Daraus folgt erstens, dass die beobachtete und der Umwelt attribuierte Komplexität analog zur Systembinnenkomplexität wächst[38] und daher nicht größer als diese sein kann, und zweitens, dass es gemäß Luhmanns Konstruktivismus paradoxerweise dann, wenn das System der Umwelt eine größere Komplexität zuschreibt, für genau diese Beobachtung in der Umwelt keine Entsprechung gibt.

Luhmanns Konzeption des Komplexitätsgefälles zwischen System und Umwelt ist also v. a. wegen des nicht genügend spezifizierten und differenzierten Elementbegriffs und wegen des ungeklärten Beobachterstatus unbefriedigend. Theoretisch einfacher und zugleich unproblematischer ist es, bei der Beschreibung des System-Umwelt-Verhältnisses auf den Komplexitätsbegriff zu verzichten, was freilich nicht daran hindert, innerhalb von Systemen das Verhältnis von Systemelementen und deren Relationierbarkeit mit dem Begriff der Binnenkomplexität zu beobachten.[39] Wenn die Umwelt ohne Bezug auf den Element- oder Komplexitätsbegriff nur als dynamische und turbulente Quelle von Irritationen für das System, als Bereich mit Überschusskapazitäten für Unerwartetes beschrieben wird[40], vermeidet man in der Systemtheorie die oben angesprochenen Probleme. Denn für die Umwelt müssen dann keine komplexitätsstiftenden Elemente und Relationen angegeben werden, und man bleibt zugleich im konstruktivistischen Rahmen, indem sowohl Irritation als auch Erwartung über die Differenz von System und Umwelt definiert werden können.

Wenn nun schon fraglich ist, ob überhaupt und wie man hinsichtlich der Umwelt von Systemen von Komplexität sprechen kann, so ist erst recht auffällig, wenn Luhmann auch der Welt Komplexität zuspricht: „Auch die Welt ist komplex."[41] Um diesem Problem nach-

---

[36] WissdG, 368f.; GdG, 136; zum re-entry s. Kap. 4.1.3.

[37] s. z. B. WissdG, 81; GdG 65f.

[38] s. in diesem Sinne WissdG, 365.

[39] Auch Helmut Willke kritisiert Luhmanns Komplexitätskonzept: Für ihn kann die Umwelt keine Komplexität aufweisen, sondern für ein System nur Kontingenz und Unordnung darstellen. Komplexität tritt demnach nur in Systemen auf, so dass es im Verhältnis von System und Umwelt nur um den Aufbau von geordneter Binnenkomplexität aus Kontingenz gehen kann und im Verhältnis zwischen Systemen um Komplexitätstransformation (Willke 1987, 260 – 262); Weiteres zu Willkes These s. im Kapitel 4.1.8.

[40] vgl. hierzu knapp SA 2, 28 (bezüglich Interaktionssysteme als einfacher Sozialsysteme); SoSy, 476f.

[41] GdG, 138; vgl. SA 2, 211f.; SA 5, 62.

gehen und den Unterschied zwischen Welt und Umwelt bei Luhmann darstellen zu können, möchte ich im nächsten Kapitel Luhmanns Weltbegriff kurz vorstellen.

4.1.7 Der Weltbegriff

Luhmann konzipiert Welt als differenzlosen Begriff, der die Einheit der Differenz von System und Umwelt bezeichnet. Anders formuliert: Die Grenze zwischen System und Umwelt zerteilt die Welt als vormals undifferenzierten Raum in zwei kontradiktorische Seiten.[42] Günter Thomas hat den Weltbegriff bei Luhmann untersucht und drei verschiedene Verwendungsweisen von ‚Welt' ermittelt:

1. Welt als differenzloser Letztbegriff, der die Einheit aller System-Umwelt-Differenzen bezeichnet (W_1)[43],
2. Welt als jeweilige Einheit je systemrelativer System-Umwelt-Differenzen (W_2)[44],
3. Welt, die mit Anklängen an den naiven Realismus als ‚wirkliche Welt' bezeichnet wird (W_3).[45]

Thomas zeigt ähnlich, wie Armin Nassehi dies für den Realitätsstatus von Systemen getan hat[46], auf, dass der ‚naive' Weltbegriff W_3 als systemrelative Welt W_2 der System-Umwelt-Unterscheidung in der Systemtheorie verstanden werden kann:

Die Voraussetzungen, dass ein System selbst diesen ‚naiven' Begriff einer wirklichen Welt W_3 überhaupt bilden kann, sind bereits ziemlich vielfältig: Das System muss in seinen rekursiven Operationen ein re-entry der System-Umwelt-Unterscheidung durchführen, um mittels Selbst- und Fremdbeobachtung sich selbst, seine Umwelt und eben diese Differenz überhaupt bezeichnen zu können. Um in einem nächsten Schritt auch noch die Einheit dieser Differenz mit dem Begriff ‚Welt' bezeichnen zu können, muss das kommunizierende System im Medium der Sprache eine bestimmte Form, eben den Begriff ‚Welt', kondensieren und konfirmieren. Die Aussagen über die ‚wirkliche Welt' W_3 sind also Aussagen eines bereits basal selbstreferentiell aus der Umwelt ausdifferenzierten, geschlossenen und schon recht komplexen Systems und hängen in ihrem Wirklichkeitsstatus von den realen Operationen dieses Systems ab. Deshalb kann auch die ‚wirkliche Welt' W_3 nur ausgehend von einer bestimmten Systemreferenz bezeichnet werden, kann also unter den zweiten Weltbegriff W_2, der eine je systemrelative Welt als Einheit von diesem System und seiner spezifischen Umwelt meint, subsumiert werden.

Während Thomas die Weltbegriffe W_2 und W_3 zu Recht als kombinierbar ansieht, weshalb ich im Folgenden nur noch von W_2 mit automatischer Implikation von W_3 sprechen werde, hält er den Weltbegriff W_1 für damit nicht kompatibel, da für die Beobachtung von W_1 als Einheit aller Differenzen keine Systemreferenz mehr angegeben werden könne.[47]

---

[42] SoSy, 283 – 285; WissdG, 268; GdG, 46ff., 145ff.; vgl. Kap. 4.1.1.
[43] SoSy, 106, 283.
[44] SoSy, 284.
[45] SoSy, 30; s. Thomas 1992, 327 – 354.
[46] Nassehi 1992, 43 – 70; s. o. Kap. 4.1.5.
[47] Thomas 1992, 342 – 344.

Mit diesem Problem hängt auch die Frage zusammen, ob man den Weltbegriff als multizentrisch oder azentrisch ansehen will.[48]

Insofern, als jedes System, das über die oben genannten Voraussetzungen verfügt, die Welt als die relative Einheit seiner spezifischen System-Umwelt-Differenz bezeichnen kann, wird der Weltbegriff multizentrisch: Da jeder Weltbegriff von einer anderen System-Umwelt-Differenz her gebildet wird, entstehen umso mehr perspektivische Weltzentren, je mehr Systeme diese Bezeichnung operativ vollziehen.[49] Die Bezeichnung der Welt als Einheit muss also einerseits durch die rekursiven Operationen eines bereits ausdifferenzierten Systems realisiert werden, kann aber andererseits weder der Selbst- noch der Fremdbeobachtung des Systems zugerechnet werden, da die Welt als Einheit der Differenz immer beide Seiten, System und Umwelt, umfasst. Ein System, das in der Lage ist, die Welt als Einheit seiner Differenz zur Umwelt zu bezeichnen, muss paradoxerweise diese Einheit gerade durch seine operative Ausgrenzung aus der Umwelt bereits verletzt haben.

In jedem Fall ist diese systemrelative Welt W_2 als Einheit dessen, was ein System über Selbst- und Fremdbeschreibung konstituiert, eine Konstruktion des Systems. Wenn man diesen multizentrischen Weltbegriff zugrunde legt, kann man die Frage nach der Komplexität der Welt[50] folgendermaßen beantworten: Da die Welt W_2 immer ein systemrelatives Konstrukt ist, hängt die ihr zugeschriebene Komplexität von der Selbst- und Fremdbeobachtungskapazität, also der Binnenkomplexität des Systems ab. Bei einem multizentrischen Weltbegriff kann man der Welt also Komplexität zusprechen, die aber in der jeweiligen Systemkomplexität ihr exaktes Korrelat hat, weil sie eben systemrelativ ist.

System und Umwelt sind die zwei Seiten einer Form, deren Einheit die Welt bezeichnet. Da in dieser Differenzform weder System noch Umwelt voneinander unabhängig präexistent sind, sondern beide zugleich ihren gemeinsamen Ursprung erst bei ihrer Differenzierung durch eine Beobachtung gewinnen, existieren immer beide Seiten der Differenz gleichzeitig: Obwohl System und Umwelt als die zwei Seiten ihrer Form strikt getrennt sind, haben sie immer eine gemeinsame Chronologie.[51] Deshalb kann auch auf den Weltbegriff W_2 die Differenz ‚vorher – nachher' der Zeitdimension nicht angewandt werden, da die zwei kontradiktorischen Seiten der System-Umwelt-Differenz immer gleichzeitig gegeben sind, so dass auch die Welt als Einheit dieser Differenz stets gegenwärtig sein muss.

Darin liegt der Unterschied zu dem Weltbegriff W_1 als Einheit aller Differenzen, dem die Zeitdimension mit der Unterscheidung ‚vorher – nachher' eingeschrieben ist und der nur azentrisch verstanden werden kann. Dies soll ein kurzer Blick auf die differenz- und formentheoretische Basis, die Luhmann für diesen Weltbegriff von George Spencer Brown übernommen hat, zeigen:

---

[48] Luhmann bezeichnet die Welt ohne nähere Erklärung bald als azentrisch (SoSy, 14), bald als multizentrisch (SoSy, 284), was sich allerdings nicht so ohne weiteres kombinieren lässt, da das negierende Fremdpräfix *a-* in ‚azentrisch' nicht besagt, dass es kein bestimmtes oder einheitliches Zentrum gibt, sondern dass es gar kein Zentrum gibt, was zugleich auch die Existenz vieler Zentren aussschließt. Dieser Widerspruch wird weder bei Luhmann noch in der Sekundärliteratur bemerkt oder bereinigt; meinen Lösungsvorschlag s. u.

[49] SoSy, 658; GdG, 154; vgl. Nassehi 1992, 67; dies entspricht dem Weltbegriff W_2 von Thomas, wobei jedes System seine relative Welt W_2 – zumal als Beobachter erster Ordnung – als ‚wirkliche Welt' W_3 behandeln kann.

[50] s. o. am Ende von Kap. 4.1.6.

[51] SoSy, 254; RdG, 440f.

Durch die System-Umwelt-Differenz entsteht eine Zwei-Seiten-Form, deren Systemseite als operative Seite in Anlehnung an Spencer Brown der ‚marked space' und deren Umweltseite der ‚unmarked space' ist; der Zustand vor der Einführung dieser Differenz wird als ‚unmarked state' bezeichnet und soll der Welt entsprechen.[52] Dieser formale Begriff von Welt als unmarked state impliziert notwendig die Zeitdimension, da er „die Welt **vor** jeder Unterscheidung"[53] bezeichnet. Wenn es von dieser Welt W_1 heißt, sie sei die Einheit aller Differenzen, so ist dies so zu verstehen, dass in ihr alle Differenzen aufgehoben sind: Die Welt W_1 ist einwertig und in doppeltem Sinne differenzlos, da es erstens nichts gibt, was außerhalb ihrer in Differenz zu ihr gesetzt werden könnte, und es zweitens auch in ihr keine Differenzen gibt, da sie als unmarked state zeitlich allen Unterscheidungen vorausgeht.

Wenn es in der Welt W_1 als unmarked state keine Differenzen gibt, kann diese Welt erstens nicht mehr multizentrisch, sondern nur noch azentrisch sein und kann zweitens keine Komplexität haben, da es in ihr keine unterschiedenen Elemente zur vollständigen oder selektiven Relationierung gibt.[54]

Der Unterschied zwischen den Weltbegriffen W_1 und W_2, der von Luhmann nirgends markiert wird, liegt also darin, dass W_1 anders als W_2 die zeitliche Differenz ‚vorher – nachher' impliziert, was wiederum die gewichtigen Unterschiede von Azentrizität bzw. Multizentrizität und von fehlender bzw. attribuierbarer Komplexität zur Folge hat. Die Differenz liegt aber nicht, wie Thomas meint, darin, dass nur die Welt W_1 nicht beobachtet werden kann, W_2 dagegen schon. Thomas übersieht dabei, dass die Welt als Einheit von Differenzen an sich grundsätzlich unbeobachtbar ist, sie kann lediglich mit dem Begriff ‚Welt' als Sinnkondensat in der Sachdimension von Sinn bezeichnet werden. Dies leuchtet für die Welt W_1 unmittelbar ein, da sie keine Differenzen und daher auch keinen Beobachter enthält. Aber auch in der Welt W_2 kann kein System seine Welt oder die eines anderen Systems als Einheit beobachten, da es selbst in beiden Fällen Teil der Welt ist und so gleichzeitig Selbst- und Fremdbeobachtung durchführen müsste, wollte es eben die Einheit von System und Umwelt als Welt beobachten. Die gleichzeitige operative Besetzung beider Seiten einer Form ist im Formenkalkül aber ausgeschlossen. Man kann

---

52 Luhmann legt sich terminologisch klar fest, wenn er sagt: „Wir wollen künftig, um diese beiden Begriffe auseinanderzuhalten, von unmarked state sprechen, wenn der unterscheidungslose Weltzustand gemeint ist, und von unmarked space, wenn der Gegenbegriff zu marked space gemeint ist." (KdG, 52, Anm. 63) vgl. GuS 4, 94; Da der unmarked state durch jede Differenz in einen marked und unmarked space zerteilt wird, liegt bei Luhmann eine Unschärfe vor, wenn er die Welt einmal als unmarked state (GdG, 154) und einmal als unmarked space (GdG, 148) bezeichnet: Die Welt kann nie nur unmarked space sein, da sie als Einheit der Differenz von System und Umwelt auch das System, also den marked space, umfassen muss und daher nur unmarked state sein kann; Luhmann hält hier die Begriffe nicht auseinander, sondern scheint Welt und Umwelt bzw. unmarked state und unmarked space zu verwechseln; zur Kritik hieran s. auch Filippov 2000, v. a. 383 – 386.

53 KdG 51, Anm. 63 (Hervorhebung von mir).

54 Die Welt W_1 ist als unmarked state, „in dem nichts zu sehen ist und nicht einmal von einem ‚Raum' gesprochen werden könnte," (KdG, 51) noch ohne jede Differenz und gewissermaßen leer. Daher ist es zwar zutreffend, dass in ihr jede Bestimmung bzw. Differenzziehung kontingent ist (SA 2, 211), aber unzutreffend, dass ihre Komplexität unbestimmt ist (loc. cit.): Wenn in der Welt W_1 „nichts zu sehen ist", gibt es auch keine Elemente und Relationen und folglich ist die Komplexität genau bestimmbar: Sie ist gleich null; vgl. Henning 2000, 160.

lediglich durch die Verwendung einer anderen Unterscheidung die gesamte Form bezeichnen.

Diese eindeutige und auch wesentliche Differenz zwischen den Weltbegriffen W_1 und W_2 bedeutet aber nicht, dass sie nicht kompatibel sind. Gerade weil der Weltbegriff W_1 durch den Zeitindex ein zusätzliches Merkmal hat, kann er W_2 in sich aufnehmen: Die Welt als Einheit aller Differenzen ist der azentrische unmarked state, welcher der multizentrischen Welt zeitlich vorausgeht und „die Differenzen aller Einzelsystemperspektiven"[55] aufheben kann.

Luhmanns Schwäche liegt hier nicht in einer Inkompatibilität, sondern in der völlig ungenügenden Begriffsdifferenzierung, die sich im folgenden Zitat auf engstem Raum zeigt:

> „Sofern die Welt für alle Beobachter (für jede Wahl einer Unterscheidung) dieselbe ist, ist sie unbestimmbar. Sofern sie bestimmbar ist, ist sie nicht für alle Beobachter dieselbe, weil Bestimmung Unterscheidungen erfordert." (GdG, 155)

Die unbestimmbare Welt, die für alle Beobachter dieselbe ist, kann nur der unmarked state von W_1 sein, in dem alle Unterscheidungen, egal mit welcher Systemreferenz sie gebildet sind, aufgehoben sind. Die bestimmbare, aber je unterschiedliche Welt muss dem multizentrischen Weltbegriff W_2 entsprechen, da die hier jeweils konstituierten Welten nicht kongruent sein können. Formulierungen wie die eben zitierte haben gewiss eine spielerische Note und rhetorische Leichtigkeit, sind aber hinsichtlich einer differenzierten Klärung der Begriffe eindeutig kontraproduktiv.

Diese störende Inkonsistenz des Weltbegriffs zeigt sich auch in weiteren Aussagen, die Luhmann über die Welt macht: Wenn er z. B. die Welt als „unermeßliches Potential für Überraschungen"[56] bezeichnet, kann man erstens fragen, welche Welt denn gemeint sei, und zweitens, wer hier überrascht wird. Die Welt W_1 kann man schnell ausscheiden, da es im unmarked state weder für Überraschungen noch für Überraschte Raum gibt, zumal ja der unmarked state selbst nicht einmal ein Raum ist. Bliebe noch die multizentrische Welt W_2: Hier könnte man ein bereits ausdifferenziertes System als den Überraschten einsetzen, aber wie sollte dieses System von der Welt, der es ja selbst angehört, überrascht werden? Überraschung ist wie auch Irritation, Variation oder Information ein Begriff, der nur relational zu Systemstrukturen bestimmbar ist.[57] Systemstrukturen sind als Erwartungsstrukturen immer selektiv aufgebaut, da sie weder das System noch die Umwelt vollständig abbilden können. Demnach stellt sowohl das System als auch die Umwelt ein Überschusspotenzial für Unerwartetes dar, welches das System überraschen kann. Wenn also sowohl das System als auch dessen Umwelt das System überraschen können, dann kann man freilich auch die Welt als Einheit der Differenz von System und Umwelt als Überraschungspotenzial bezeichnen, aber was ist damit gewonnen? Für die optimale Aufrechterhaltung der Autopoiesis des Systems ist es überaus wichtig, dass das System die Irritation entweder sich selbst oder der Umwelt attribuiert, um ggf. entsprechend seine Strukturen ändern zu können. Entscheidend ist also, die Überraschung genau einer der beiden Seiten der System-Umwelt-Form zuschreiben zu können; dass die Überraschung in der Welt stattfindet, ist dagegen völlig klar, denn wo sollte sie auch sonst stattfinden als in dieser umfassenden Einheit der System-

---

[55] SoSy, 106.
[56] GdG, 46.
[57] vgl. hierzu Kap. 4.3.2.

Umwelt-Differenz? Dadurch, dass Luhmann hier mit dem undifferenzierten Weltbegriff operiert, bleibt er weit hinter einer möglichen und ungleich ausbaufähigeren Differenz, nämlich der von Selbst- und Fremdattribuierung[58] der Überraschung, zurück. Im Übrigen lässt der Kontext der oben zitierten Stelle erneut eine Verwirrung der Begriffe ‚Welt' und ‚Umwelt' bei Luhmann vermuten.

Zwei weitere überaus problematische Verwendungen des Weltbegriffs finden sich im fünften Band der *Soziologischen Aufklärung*, wo es heißt:

> „Die Welt bleibt stets der „unmarked state", der sich nur dadurch beobachten läßt, daß er in sich eine Ausdifferenzierung, also Formbildung, also Grenzbildung toleriert." (SA 5, 29)

und in der *Wissenschaft der Gesellschaft*, wo Luhmann schreibt:

> „Es muß vorausgesetzt werden, daß die Welt (was immer das ist) das Unterscheiden toleriert und daß sie je nachdem, durch welche Unterscheidung sie verletzt wird, die dadurch angeleiteten Beobachtungen und Beschreibungen auf verschiedene Weise irritiert." (WissdG, 93)

Diese Stellen bergen mehrere Schwierigkeiten: Erstens ist es in sich widersprüchlich, dass der unmarked state der Welt dadurch beobachtbar werden soll, dass seine konstitutive Unterscheidungslosigkeit durch Ausdifferenzierung u. a. aufgehoben wird. Freilich gibt es ohne Differenzbildung keine Beobachtung, aber das, was sich dieser differenzierenden Beobachtung stets entzieht, ist genau der unmarked state, der eben durch sie bereits aufgehoben und verletzt ist: Die Welt als unmarked state kann als Einheit nicht beobachtet, aber paradoxerweise so bezeichnet werden.[59]

Wenn zweitens der unmarked state einen unterscheidungslosen Zustand vor jeder Differenzierung bezeichnet und daher jede in ihn eingeführte Differenz kontingent sein muss, ist nicht klar, wie die Welt als unmarked state überhaupt fähig sein sollte, irgendeine Unterscheidung, Differenz, Form oder Grenze nicht zu tolerieren. Worauf sollte diese ‚Intoleranz' und der dafür nötige Widerstand denn gründen?[60] Wenn ferner die Welt das Unterscheiden tolerieren soll, so ist für die Systemseite als der markierten Seite der Differenz, deren Einheit die Welt bildet, ganz klar, dass sie das Unterscheiden toleriert: Es vollzieht ja selbst operativ diese Unterscheidung und erhält genau dadurch seine Autopoiesis, seine Grenze und somit auch sich selbst aufrecht. Eine Unterscheidung, die von der die Operationen selektiv konditionierenden Systemstruktur nicht zugelassen wird, tritt gar nicht auf und braucht folglich auch nicht toleriert zu werden. Wenn die Umweltseite, also das formale Korrelat des Systems, als unmarked space den gesamten Rest des vormaligen unmarked state, der eben nicht das System ist, umfasst, müsste die Umwelt ein ebenso leerer ‚Raum' wie der vormalige unmarked state sein. Denn bloß dadurch, dass sich aus diesem das System ausdifferenziert hat, hat sich im korrelierenden unmarked space noch gar nichts ereignet, so dass unter diesen Umständen aus der Umwelt eigentlich kein Widerstand und keine

---

[58] Diese wesentliche Fähigkeit eines Systems, reflektiert zwischen Selbst- und Fremdattribuierung unterscheiden zu können, setzt das re-entry der System-Umwelt-Unterscheidung (s. Kap. 4.1.3) voraus, zu dem nur Sinnsysteme, also psychische und soziale Systeme, fähig sind; zur überaus hohen Bedeutung des re-entrys und dessen Verhältnis zu Sinn s. Kap. 5.3.3 und vgl. Kap. 5.3.4.

[59] Zur grundsätzlichen Unbeobachtbarkeit der Welt s. GdG, 54, 57.

[60] vgl. die Kritik von Lohmann 1994, 216.

Intoleranz erwachsen kann.[61] Es sei denn, Luhmann unterstellt entgegen seiner formentheoretischen Basis der Welt und damit auch der jeweiligen Umwelt doch bestimmte präexistente Eigenschaften; dies führt zum nächsten Problem.

Es bleibt nämlich drittens völlig offen, wie die Welt die je unterschiedliche Art, auf die sie verletzt wird, mit je unterschiedlichen Irritationen beantworten können soll: Diese Vorstellung einer konditionierten Antwort oder Reaktion der Welt würde nämlich immer voraussetzen, dass es Differenzen, Strukturen oder ganz allgemein Prädispositionen in der Welt gibt, die allen jeweiligen Differenzierungen bereits vorausliegen und je nach gewählter Unterscheidung unterschiedlich reagieren können.[62] Dies ist zumindest für die Kontingenz der Differenzbildung in der Welt W_1 als unmarked state ausgeschlossen und in der Welt W_2, die durch verschiedene System-Umwelt-Differenzen multizentrisch ist, kann die Irritation anschlussfähig nur noch entweder der jeweiligen System- oder Umweltseite zugerechnet werden. Irritationen gibt es nämlich nur mit bestimmten Systemreferenzen, d. h. es müssen aus der Welt bereits Systeme ausdifferenziert sein, so dass die Quelle der Irritation nicht mehr der Welt als Einheit zugerechnet werden kann, obwohl sich auch die Irritation freilich nur in der Welt ereignen kann.

Auch hier drängt sich also wie schon oben bei der Besprechung der Welt als „Potential für Überraschungen" der Verdacht auf, Luhmann trenne nicht scharf genug zwischen Welt und Umwelt: Dieser Verdacht erhärtet sich, wenn man zusätzlich folgende Aussagen Luhmanns heranzieht, in denen nun plötzlich die Umwelt statt wie oben noch die Welt die beobachtenden, grenzziehenden und differenzierenden Operationen des Systems tolerieren muss:

> „Und an dessen Stelle [des klassisch-griechischen periéchon, meine Ergänzung] tritt die operative Bewährung in einem binär codierten System, dessen Umwelt kein periéchon ist, also keinen Halt gibt, sich andererseits aber auch nicht alles gefallen läßt." (WissdG, 211)

> „Die Umwelt scheint zwar die Systemoperationen zu tolerieren, sonst würden sie gar nicht vorkommen [...]." (WissdG, 344)

> „Sie [autopoietische Systeme, meine Ergänzung] arbeiten, anders gesagt, ausschließlich mit Innenbeleuchtung – aber dies natürlich in einer Umwelt, die ihrer Reproduktion Beschränkungen auferlegt." (SA 6, 110)

> „Es [Bewusstsein als autopoietisches System, meine Ergänzung] verfügt über die Bedingung der Möglichkeit von Kognition: Geschlossenheit seiner eigenen Autopoiesis in einer Umwelt, die nicht Beliebiges zuläßt." (SA 6, 111)

---

[61] Genau dies sieht Spencer Browns Formkalkül in den *Laws of form* auch vor: Bei ihm bleiben sogar beide Seiten einer Unterscheidung leer und eigenschaftslos (Henning 2000, 160).

[62] Dabei macht es keinen Unterschied, ob man diese ‚Prädispositionen' der Welt realistisch als fest vorgegeben oder als Produkte evolutionärer Veränderungen ansieht, da die Präsuppositionen in beiden Fällen bereits gegeben sein müssen, wenn sie systemischen Differenz- und Formbildungen im Sinne einer Reaktion spezifische Formen der (In-)Toleranz bzw. der Irritation entgegenbringen sollen. Der evolutionäre Ansatz hat allerdings den Vorteil, das System-(Um-)Welt-Verhältnis in interdependenter Dynamik beschreiben zu können. Dies ändert aber nichts an der fehlenden Konsistenz von Luhmanns Position hinsichtlich des Weltbegriffs.

Diese Stellen zeigen überdeutlich, dass Luhmann hier die Umwelt in die Theoriestelle einsetzt, die oben noch die Welt innehatte. Da Welt und Umwelt aber nicht dasselbe bezeichnen, ist diese Begriffsverwendung inakzeptabel, und da der Weltbegriff mit den eben ausgeführten formalen und theoretischen Schwierigkeiten behaftet ist, ist im zuletzt diskutierten Verwendungszusammenhang von Toleranz und Irritation der Umweltbegriff vorzuziehen.

Es bleibt nun in diesem umfassenden Kapitel über die System-Umwelt-Differenz in einem letzten Abschnitt darzustellen, welche Eigenschaften Luhmann der Umwelt basal selbstreferentieller Systeme zuschreibt.

4.1.8 Die Eigenschaften der Umwelt

Luhmann postuliert, wie eben angeführt, dass die Umwelt die Systemoperationen tolerieren muss, ihnen aber Beschränkungen auferlegt, indem sie nicht Beliebiges zulässt und sich nicht alles gefallen lässt. Diese Postulate implizieren, dass es eine Schnittstelle von System und Umwelt gibt, an der es ggf. zum Widerstand der Umwelt gegen die Systemoperationen kommt, denn ‚Intoleranz' und Beschränkungen implizieren eindeutig die Möglichkeit der Umwelt zum Widerstand.

Daraus resultieren zwei Fragen, nämlich erstens, wie man sich diesen Widerstand im Falle basal selbstreferentiell geschlossener Systeme vorzustellen hat, und zweitens, aufgrund welcher Eigenschaften die Umwelt überhaupt manches tolerieren, manchem aber Widerstand entgegensetzen kann.

Hinsichtlich der ersten Frage äußert sich Luhmann im Rahmen seiner konstruktivistischen Erkenntnistheorie eindeutig: Die Realität der Umwelt kann nicht an deren Widerstand erkannt werden, da es in basal selbstreferentiellen Systemen Widerstand nur unter den Systemoperationen gibt:

> „Aber der Übergang zu einer Theorie operativ geschlossener Systeme erzwingt eine andere Lokalisierung des Widerstandes. Der Widerstand kann nicht in der Außenwelt, sondern nur im System selbst liegen. [...] Die Operationen eines Systems finden Widerstand an anderen Operationen desselben Systems. [...] *Jeder* Fall von Widerstand ist ein Problem im Verhältnis systemspezifischer Operationen zueinander." (GuS 4, 168)

Die Behauptung, die Umwelt könne das Bild, das sich ein System von der Realität macht, weder negativ durch Widerstände noch positiv durch Instruktionen determinieren, ergibt sich zwar konsequent aus Luhmanns Konstruktivismus. Wenn es aber Widerstände ausschließlich unter den Operationen des geschlossenen Systems geben soll, die gesamte systemrelativ erfahrene Realität nur durch interne Widerstände konstituiert wird und operativ geschlossene Systeme gar keinen Kontakt zur Umwelt haben können[63], bleibt völlig unge-

[63] s. Aussagen wie: „Alles, was als Realität erfahren wird, ergibt sich aus dem Widerstand von Kommunikation gegen Kommunikation, und nicht aus einem Sichaufdrängen der irgendwie geordnet vorhandenen Außenwelt." (GdG, 95f.) oder „Widerstand gegen etwas – das ist ihre [der modernen Gesellschaft, meine Ergänzung] Art, Realität zu konstruieren. Sie kann als operativ geschlossenes System ihre Umwelt nicht kontaktieren, also Realität auch nicht als Widerstand der Umwelt erfahren, sondern nur als Widerstand von Kommunikation gegen Kommunikation." (GdG, 864f.) vgl. auch GuS 4, 96, 99; KdG, 242f.; GdG, 33, 127, 1126f.

klärt, wie die Umwelt die oben postulierten Beschränkungen und ihre teilweise ‚Intoleranz' dem System gegenüber geltend machen soll.

Selbst wenn man Luhmanns Konstruktivismus konzediert, dass es Irritationen, die daraus konstruierten Informationen und letztlich die konstituierte Realität nur in Korrelation mit bestimmten Systemstrukturen bzw. -erwartungen gibt, bleibt als Mindestanforderung doch bestehen, dass es eine Schnittstelle zwischen System und Umwelt gibt. Dort müsste das System zumindest das Ereignis, das einer dynamischen Umwelt zugerechnet, vom System als Irritation aufgenommen und dann operativ aufgelöst wird, registrieren können. Wenn die Umwelt die Realitätskonstruktion des Systems schon nicht instruieren, ihr aber nach Luhmanns oben zitierten Aussagen Beschränkungen auferlegen kann, wäre diese Schnittstelle auch der Ort, an dem der dafür erforderliche Widerstand auftreten müsste.[64] Für diese Schnittstelle gibt es aber aufgrund der strikten Betonung der Systemgrenze und der reinen Zweiwertigkeit der System-Umwelt-Differenz keinen Platz in Luhmanns Systemarchitektur.[65]

Dieses Manko scheint Luhmann zwar zu sehen, er kann es aber nicht lösen. Folgende Aussagen stehen nämlich im klaren Widerspruch zu seinen Äußerungen über die Kontaktlosigkeit und Geschlossenheit basal selbstreferentieller Systeme:

> „Kein Zweifel also, daß die Außenwelt existiert, und ebenso wenig ein Zweifel daran, daß ein wirklicher Kontakt mit ihr möglich ist als Bedingung der Wirklichkeit der Operationen des Systems selbst. Nur die Unterschiedenheit dessen, was existiert, wird durch den Beobachter hinzuimaginiert." (SA 5, 40)

In der *Wissenschaft der Gesellschaft* steht zu lesen:

> „Das System ist Einwirkungen seiner Umwelt ausgesetzt, aber es kann sie nur aufnehmen und in eigene Prozesse einschleusen, wenn es sie an den eigenen Operationen unterscheiden, nämlich als Störung der Autopoiesis, als Schwierigkeit der Fortsetzung wahrnehmen kann." (WissdG, 307)

An der ersten Stelle ist von Kontaktlosigkeit keine Rede mehr, ja im Gegenteil, „wirklicher Kontakt" gilt nun sogar als Bedingung für die Realität der Systemoperationen. Und gemäß dem zweiten Zitat kann das System nun „Einwirkungen seiner Umwelt [...] aufnehmen", wobei Luhmann leider verabsäumt mitzuteilen, wie das bei einer basal selbstreferentiell erstellten Grenze vor sich gehen soll. Ferner müssen diese Einwirkungen der Umwelt hier doch wohl eine Art Widerstand darstellen, denn aus welchem anderen Grunde sollte das System sie im Rahmen seiner bisherigen Operationsweise sonst als Störungen und Schwierigkeiten ansehen?

Die Tragweite dieser ungelösten Widersprüche zwischen kontaktloser Geschlossenheit und beschränkendem, Widerstand bietendem Kontakt wird noch größer, wenn man Stellen heranzieht, an denen Luhmann den nicht beliebigen Kontakt zur Umwelt nicht nur voraus-

---

64 An diesen Widerständen könnte das System zumindest erkennen, was die Umwelt nicht zulässt, wenn es auch daran nicht erkennen kann, wie die Umwelt beschaffen ist; s. auch Lohmann 1994, 216 – 219 und den guten Beitrag von Hayles 1993 zu dieser Art von „constrained constructivism".

65 Das unbefriedigend bzw. gar nicht gelöste Problem von Grenzziehung und Koordination mit der Umwelt kritisiert auch Ganßmann 1986, 150 – 153 v. a. hinsichtlich des Interpenetrationskonzeptes.

setzt, sondern bestimmte Eigenschaften der Umwelt zur Bedingung der Möglichkeit basal selbstreferentieller Systeme erklärt. Dies führt zur zweiten eingangs gestellten Frage, nämlich welche Eigenschaften Luhmann der Umwelt selbstreferentieller Systeme zuschreibt, aufgrund derer sie manches tolerieren und manches eben nicht.

Die Anforderungen, die Luhmann an die Umwelt autopoietischer Systeme stellt, sind relativ hoch und differenziert: Die Umwelt darf nämlich nicht beliebig strukturiert oder gar strukturlos, chaotisch oder entropisch sein, wenn die Bildung und Aufrechterhaltung eines basal selbstreferentiellen Systems möglich sein soll, „weil es [das System, meine Ergänzung] in einer solchen Umwelt keine „innen" überzeugenden Bewährungen und, evolutionär gesehen, keinen Bestand gewinnen kann."[66] Dafür ist vielmehr nötig, „daß die Umwelt durch ihre Konstanten hinreichend garantiert, dass eine Jetzt-Reaktion adäquat auf Zukunft vorbereitet"[67], und „daß es [das System, meine Ergänzung] die Selbstreproduktion unter angenommenen, weitgehend konstanten oder wiederholt vorkommenden Umweltbedingungen durchführen kann."[68]

Die Umwelt soll also, um es zusammenfassend und zugleich weiterführend zu sagen, **bereits** zumindest teilweise geregelte Strukturen und Konstanten aufweisen, **bevor** ein basal selbstreferentielles System entstehen kann.[69] Dieses angenommene Zeitverhältnis geht aus folgender Stelle klar hervor:

> „Ebenso unbestreitbar ist, daß in einer völlig entropischen Welt ohne Diskontinuitäten keine Wissenschaft, ja überhaupt kein Beobachten sich entwickeln könnte. Nur in einer **schon** diskontinu-

---

[66] SoSy, 146; vgl. SoSy, 31 und 236: „Die Welt muß einerseits dicht genug strukturiert sein, damit es nicht reiner Zufall ist, ob sich übereinstimmende Sachauffassungen herausbilden; [...] Und andererseits muß es, auf eben der gleichen Grundlage, verschiedene Beobachtungen geben, verschiedene Situierungen, die laufend ungleiche Perspektiven und inkongruentes Wissen reproduzieren." Der hier verwendete Weltbegriff ist wieder sehr problematisch, da es sich eindeutig nicht um die Welt als unmarked state handeln kann, beim multizentrischen Weltbegriff zwar die Inkongruenz der Beobachtungen gegeben ist, aber die – wohl als gegeben vorausgesetzte – ‚dichte Struktur der Welt' nicht hergeleitet werden kann: Wäre diese nämlich doch für alle Systeme gleich, fiele eine wichtige Basis der Multizentrizität weg.

[67] GdG, 215.

[68] SA 6, 15; Die Wiederholungen spezifischer Irritationen aus der Umwelt „lenken die Strukturentwicklung in bestimmte Richtung" (*sic* in GdG, 119): Diese Aussage Luhmanns setzt voraus, dass es in der Umwelt dynamische und bereits differenzierte Ereignisse gibt, deren wiederholtes Auftreten ihrerseits durch eine gewisse konstante Regelmäßigkeit konditioniert ist, da sie sonst die Strukturentwicklung des Systems nicht „lenken" könnten. Wie diese Lenkung ablaufen soll, obwohl ein geschlossenes System von der Umwelt nicht instruiert werden kann (vgl. WissdG, 518), verrät Luhmann nicht.

[69] Da diese für Systeme postulierten Rahmenbedingungen der Umwelt wohl auch für Luhmann verdächtig nach den ganz herkömmlichen Naturgesetzen klingen, betont er explizit: „Man kommt damit nicht auf das Postulat einer entgegenkommenden Rationalität oder Gesetzlichkeit der Natur zurück, aber Erkenntnis im besonderen und Systemverhalten im allgemeinen setzt strukturierte und in ausreichendem Maße zugriffsfeste Komplexität voraus." (SoSy, 146) Erstaunlicherweise hat Luhmann, nachdem und obwohl er seine Systemtheorie zum operativen Konstruktivismus ausgebaut hatte, mit der Annahme von Naturgesetzen weniger Schwierigkeiten: 1997 äußert er sich folgendermaßen: „Es gibt gewisse Naturgesetzmäßigkeiten." (Luhmann in: Simon, Fritz [Hg.] 1997, 178)

ierten Welt ist ein distanznehmendes Unterscheiden als Operation möglich." (WissdG, 303, Hervorhebung von mir)

Luhmann stellt diese hohen Anforderungen an die Umwelt in der Sach- wie in der Zeitdimension zwar auf, legt aber nicht adäquat dar, woher die notwendigen Strukturen und Konstanten in der Umwelt stammen, und was die notwendigen Kontaktmöglichkeiten eröffnen könnte (s. o.). Auch wenn es einleuchtet, dass die Autopoiesis eines Systems eine Umwelt braucht, in der sich die Strukturen, welche die Relationierungen der Systemelemente selektiv regeln, bewähren können, d. h. in der keine Beliebigkeit herrscht, stellt es ein erhebliches Manko dar, dass Luhmann diese Eigenschaften im Rahmen seines Theoriebaus zwar nennt, aber nicht herleitet.

Wenn man dennoch Luhmanns Postulat einer mindestens zum Teil strukturierten und konstanten Umwelt als berechtigt ansieht, werden wieder andere Umweltkonzepte fraglich: Beispielsweise scheidet Helmut Willkes Konzept aus, die Welt bzw. die Umwelt – auch Willke trennt nicht scharf zwischen den Begriffen! – generell als „Chaos kontingenter Ereignisse" und „als Unordnung, als reine Kontingenz"[70] anzusehen, da eine solche Umwelt genau die Entropie und Strukturlosigkeit impliziert, die Luhmann zu Recht ausschließt.

Problematisch wird aber auch Luhmanns eigene formentheoretische Basis: Wie in Kapitel 4.1.7 bereits angesprochen, bleibt nach der Ausdifferenzierung des Systems aus dem unmarked state die Umwelt als unmarked space völlig unbestimmt. Da dies aber mit der Forderung nach einer strukturierten und nicht beliebigen Umwelt nicht kompatibel ist, kann man daraus nur folgern, dass entweder Luhmann den von Spencer Brown entlehnten Formenkalkül nicht richtig mit seiner Systemtheorie kombiniert hat[71], oder dass sich ein basal selbstreferentielles System nie aus einem unmarked state ausdifferenzieren kann. Wenn man die von Dirk Baecker vorgeschlagene Unterscheidung zwischen Distinktion und Differenz[72] aufgreift, kann die Unterscheidung von System und Umwelt nie eine Distinktion sein, solange man an der Forderung nach einer bereits strukturierten Umwelt festhält: Diese Umwelt muss dann als ein Raum gedacht werden, der von einer Vielzahl von Differenzen im Baeckerschen Sinne bestimmt ist. Zwischen diesen verschiedenen Differenzen müssen zudem Relationen bestehen, und zwar in gewisser Weise konditionierte Relationen, da sonst die Rede von einer strukturierten Umwelt keinen Gegenstand hätte. Wieder wird man weder von Luhmann noch von Baecker aufgeklärt, wie sich die Genese einer derartigen Umwelt aus dem Formenkalkül herleiten lässt.

Nicht nachvollziehbar ist im Rahmen der bisherigen Ausführungen auch eine Aussage, die Luhmann in der *Wissenschaft der Gesellschaft* macht:

---

[70] Willke 1987, 252 bzw. 261; dazu weiter unten mehr.

[71] Den Nachweis dafür zu erbringen bemüht sich Boris Henning (Henning 2000, s. hier v. a. 160, 194).

[72] Die Distinktion unterscheidet etwas Bestimmtes (marked space) von etwas Unbestimmtem (unmarked space), die Differenz unterscheidet etwas Bestimmtes (marked space) von etwas anderem Bestimmten (marked space) und enthält zweimal einen unmarked space: daraus folgt, dass die Distinktion eine Zwei-Seiten-Form ist, während man in der Differenz vier Seiten unterscheiden kann, da sie eine Kombination zweier Distinktionen ist (Baecker 1992, 224f.).

> „Die Umwelt kann in dieser Weise, weil sie keine Unterscheidungen enthält, nie »instruieren«." (WissdG, 518)[73]

Es gibt zwei Möglichkeiten, Luhmanns Behauptung, die Umwelt enthalte keine Unterscheidungen, aufzufassen, und beide Möglichkeiten erweisen die Behauptung als falsch. Man könnte erstens ‚Unterscheidung' als Nomen acti im Sinne von ‚Unterschied' verstehen, dann wäre aber die Rede von einer unterscheidungslosen Umwelt nicht vereinbar mit der Forderung nach einer nicht beliebig strukturierten Umwelt, die in sich selbstverständlich eine große Anzahl von Unterschieden und Unterscheidungen voraussetzt. Zweitens könnte man ‚Unterscheidung' als Nomen actionis verstehen, was auch der -ung-Suffigierung im Deutschen mehr entspräche: Wenn es in diesem zweiten Sinne in der Umwelt keine Unterscheidungen geben sollte, hieße das zwangsläufig, dass in der Umwelt des Systems kein einziges anderes System vorkäme, denn dies würde durch seine Operationen oder Beobachtungen automatisch Unterscheidungen vornehmen. Diese Konsequenz scheidet aber aus, da gerade nach Luhmann zu den Bedingungen der Entstehung z. B. psychischer oder sozialer Systeme die Existenz anderer Systeme in deren Umwelt gehört.

Außerdem bietet die Annahme weiterer Systeme in der Umwelt eines Systems eine Möglichkeit, dessen Umwelt als strukturiert ansehen zu können; aber auch diese Variante ist nicht frei von Schwierigkeiten.

Helmut Willke hatte an Luhmann kritisiert, dass die Umwelt eines Systems nicht komplex sein könne, sondern als reine Kontingenz aufzufassen sei, allerdings mit der Einschränkung, dass es durch Systeme in der Umwelt eines Systems schon Räume von geordneter, d. h. strukturierter Komplexität gäbe:

> „Die Umwelt selbst, ohne Systeme in ihr, ist für das System purer Zufall." (Willke 1987, 261)[74]

Obwohl ich Willkes skeptische Position hinsichtlich der Komplexität der Umwelt teile, sehe ich in diesem Ansatz doch einige Probleme: Erstens bleibt die Frage nach den Möglichkeiten von Systememergenz offen: Wenn nämlich eine – nach Willke durch Systeme! – strukturierte Umwelt die Bedingung für die Entstehung von Systemen bildet, ist nicht zu sehen, woran sich die Evolution dieser Systeme anfänglich orientiert haben sollte, solange es keine anderen Systeme gab.[75] Anders ausgedrückt: „Die Umwelt selbst, ohne Systeme in ihr" könnte es gerade nach Willke für ein System weder als puren Zufall noch sonst wie geben, da in dieser Umwelt kein System emergiert wäre und es somit auch diese Umwelt als Formkorrelat gar nicht gäbe.

Wenn zweitens ungeachtet dieser evolutionären Schwierigkeiten alles, was das System durch Fremdbeobachtung und -beschreibung der Umwelt als geordnet und strukturiert zuschreiben können soll, systemisch zu verstehen sein soll – und das muss es nach Willke

---

[73] Die hier behauptete Unfähigkeit der Umwelt, das System zu instruieren, steht im Widerspruch zu der Aussage in GdG, 119, spezifische wiederholte Umweltirritationen könnten die Strukturentwicklung des Systems lenken.

[74] Zu Willkes Position s. auch oben Kap. 4.1.6 am Ende; vgl. Nassehi 1992, 68 – 70.

[75] Auch Luhmann umgeht dieses Problem, wenn er schreibt: „Ein solches System kann nun in seiner Umwelt Systeme-in-einer-Umgebung vorfinden, beobachten, beschreiben." (SA 3, 164); Die Frage nach der Herkunft der Systeme, die hier einfach ‚vorgefunden' werden, bleibt leider unbeantwortet.

ja, da die nicht systemische Umwelt „purer Zufall" ist –, setzt dies einen denkbar weiten Systembegriff voraus, der aber weder bei Luhmann noch bei Willke vorliegt. Luhmann und Willke definieren die Struktur eines Systems als die Art und Weise, in der ein System die Relationierung seiner Elemente mit einer gewissen Dauerhaftigkeit konditioniert.[76] Wenn Willke also zur Erklärung alles Strukturierten in der Umwelt ausschließlich auf Systeme zurückgreift, müsste er für jeden geregelten Zusammenhang, den ein System der Umwelt zuschreibt, ein spezifisches Element angeben, was ihm aber nicht möglich ist.

Selbst wenn man von den ersten beiden Einwänden absieht, bleibt noch folgendes Problem als drittes: Wenn man hinsichtlich der Systeme in der Umwelt eines Systems nur betont, dass diese vermittels ihrer Binnenstruktur auch der Umwelt die für die Systembildung und -bewährung nötige Struktur geben, blendet man eine weitere Konsequenz, die sich aus deren Existenz ergibt, völlig aus: Sofern es sich bei den Systemen in der Umwelt ebenfalls um selbstreferentielle Systeme handelt, kann das Ausgangssystem nicht regeln, kontrollieren oder hierarchisieren, wie diese Systeme ihr Verhältnis zu ihrer Umwelt gestalten. Insofern nimmt also nicht die Struktur der Umwelt zu, sondern ihre Turbulenz.[77] Wenn diese durch Systeme in der Umwelt ausgelöste Turbulenz sogar so groß ist, dass die „Intersystembeziehungen Zufallscharakter haben"[78], lässt sich die These, man könne die notwendige Struktur der Umwelt von den Systemen in der Umwelt herleiten, nicht halten.

Völlig unabhängig von diesen drei Problemkreisen bleibt nach wie vor ungeklärt, wie der bei all dem vorausgesetzte Umweltkontakt basal selbstreferentiell geschlossener Systeme überhaupt hergestellt werden soll.

Luhmann versucht, diese Frage mithilfe der Konzepte von struktureller Kopplung und Interpenetration zu beantworten.[79] Da ich auf diese Theorieelemente in Kapitel 4.3.4 noch näher eingehen werde, sollen hier einige kurze kritische Hinweise genügen.

Strukturelle Kopplung liegt vor, wenn sich ein System wiederholt spezifizierten Irritationen ausgesetzt sieht, deren Ursache es seiner Umwelt zuschreibt, und versucht, seine Strukturen so zu gestalten, dass es die Irritationen erwarten und operativ optimal auflösen kann.

> „Von strukturellen Kopplungen soll dagegen die Rede sein, wenn ein System bestimmte Eigenarten seiner Umwelt dauerhaft voraussetzt und sich strukturell darauf verläßt [...]." (RdG, 441)

Dass sich Erwartung und Irritation nur gegenseitig und systemrelativ definieren lassen, wurde oben bereits erwähnt, und auch Luhmann arbeitet diesen Zusammenhang bei der

---

[76] s. Kap. 4.3.

[77] s. auch Kap. 4.1.3 am Ende und folgende Stellen bei Luhmann: *„In bezug auf Umwelt kann und muß dagegen vorausgesetzt werden, daß es in der Umwelt Systeme gibt, deren Umwelt nicht durch das System (unserer Systemreferenz) geregelt werden kann.*" (GuS 2, 276, Hervorhebung von Luhmann) „Aber die Systeme in der Umwelt des Systems sind ihrerseits eigendynamische Einheiten, und ob Ereignisse, die diese Systeme produzieren, einem anderen System konvenieren, ist Zufall [...]." (WissdG, 563) Ferner muss sich ein System „auf eine Umwelt einstellen, in der selbstreferentielle Systeme Turbulenzen erzeugen, die von keiner Stelle aus kontrolliert und erst recht nicht hierarchisch in Ordnung gebracht werden können." (RdG, 537)

[78] WissdG, 563.

[79] Zur Interpenetration s. z. B. SoSy, 286 – 345; zur strukturellen Kopplung, auf die sich Luhmann in den 90ern stärker verlagert hat, s. z. B. WissdG, 163 – 166; RdG, 440 – 495; GdG, 92 - 120.

Frage nach der Irritierbarkeit eines Systems heraus.[80] Bezeichnenderweise benennt er aber weder die Art und Weise, wie das System durch Umweltereignisse oder -eigenarten überhaupt irritiert werden kann, noch den (theoretischen) Ort, wo dies in einem rekursiv geschlossenen System erfolgen soll: Hier tritt wieder das Problem der Schnittstelle auf, das ich oben schon im Zusammenhang mit dem Thema ‚Widerstand aus der Umwelt' behandelt habe. Der Begriff der Schnittstelle ist hier nicht im Sinne von Input-Output-Modellen zu verstehen, die auf konstruierende, basal selbstreferentielle Systeme ohnehin nicht anwendbar wären: Die Frage, was das System irritiert, ist bei diesen nämlich relational aufgelöst und steht auch gar nicht im Vordergrund. Die Frage muss vielmehr lauten, wie das System irritiert wird. Gerade Luhmann, der eine konsequente Umstellung von Was- auf Wie-Fragen fordert, kann diese für die strukturelle Kopplung wichtige Frage im Rahmen seiner Theoriearchitektur nicht beantworten.

Bei der Interpenetration liegt dasselbe Problem vor, da Interpenetration ein Spezialfall von struktureller Kopplung ist, nämlich strukturelle Kopplung zwischen Systemen:

> „Er [der Begriff ‚Interpenetration', meine Ergänzung] bezeichnet ein Verhältnis zwischen Systemen, die (im Unterschied zum Fall der Systemdifferenzierung) füreinander Umwelt bleiben, bei denen aber die *Eigenkomplexität und Variabilität des interpenetrierenden Systems für den Aufbau eines anderen Systems zur Verfügung gestellt wird.*" (GuS 2, 276)

Hier liegen also die Eigenarten, die das System in der Umwelt erwartet und zum Aufbau von Eigenkomplexität nutzt, in der Komplexität eines Systems in der Umwelt. Wiederum erfährt man nicht, wie einem basal selbstreferentiellen System etwas aus der Umwelt „zur Verfügung gestellt werden" kann. Wenn es sich nämlich um fremdreferentiell konstituierte und der systemischen Umwelt zugeschriebene Eigenkomplexität handelt, ist diese fremde Eigenkomplexität eine eigene Konstruktion, so dass sich das System diese letztlich selbst zur Verfügung stellen würde. Wenn man aber – entgegen Luhmanns Konstruktivismus! – davon ausgehen wollte, dass dieser systemintern konstruierten Eigenkomplexität eines anderen Systems in der Umwelt etwas entspricht, stellt sich sofort wieder die unbeantwortete Frage nach den Kontaktmöglichkeiten und der Schnittstelle zwischen Systemen, die „füreinander Umwelt bleiben".

Fazit: Bei Luhmanns systemtheoretischer Leitunterscheidung zwischen System und Umwelt liegen die Probleme v. a. in der Behandlung der Komplexität von System und Umwelt (Kap. 4.1.6), in der mangelnden Differenzierung und Präzision des Weltbegriffs (Kap. 4.1.7) und in der Konzeption der Systemumwelt (Kap. 4.1.8), wobei sich diese drei Problemfelder v. a. im Umweltbegriff überschneiden. Die Umwelt soll für das System einerseits aufgrund ihrer Ereignishaftigkeit und Dynamik ein Potenzial für Unabsehbares und Unerwartetes sein, andererseits aber durch ihre bzw. durch die ihr erfolgreich zugeschriebene Struktur den Aufbau und den Erhalt von geregelten Systemstrukturen ermöglichen. Luhmanns Begriff der Differenzform von System und Umwelt ist zweiwertig und somit trennt die operativ basal selbstreferentiell konstituierte Grenze System und Umwelt als die zwei zwar korrelierenden, aber stets kontradiktorischen Seiten einer Form. Daher kann Luhmann Probleme der System-Umwelt-Relation, wie Widerstand, Irritation oder Kopp-

[80] RdG, 442f.

lung, nicht befriedigend lösen, da dies einer dritten Stelle in der Funktion einer Schnittstelle bedürfte. Wie sich diese Problemfelder darbieten, wenn man sie unter Peirces semiotischer Perspektive betrachtet, werde ich in Kapitel 8.3 zeigen.

4.2 Der Elementbegriff

Der Zusammenhang zwischen System und Element ist uns bisher schon bei der Thematisierung der System-Umwelt-Grenze (Kap. 4.1.2), bei der Frage nach dem Paradigmawechsel in Luhmanns Systemtheorie (Kap. 4.1.4) und bei der Diskussion des Komplexitätsbegriffs (Kap. 4.1.6) begegnet. In diesen Kapiteln mussten Theoriebausteine wie ‚Element' oder ‚Selbstreferenz' vorausgesetzt werden, obwohl sie noch nicht explizit eingeführt waren. Dies soll nun nachgeholt werden.[81]

4.2.1 Systemelemente

Luhmann definiert Systeme dadurch, dass sie mit bestimmten Elementen operieren und sich so von der Umwelt abgrenzen, und Elemente dadurch, dass sie in bestimmten Systemen verwendet werden: Insofern ist das Verhältnis von System und Element interdependent, indem es erstens Elemente nur in den Systemen gibt, die diese Elemente verwenden, und zweitens diese Systeme nur durch ihre spezifischen Elemente gebildet werden und aus ihnen bestehen.[82]

Daraus folgt, dass ein System nicht auf bereits vorhandene Elemente zurückgreifen kann, wenn es mit ihnen operieren will. Die Elemente müssen im System und durch es selbst erst produziert werden, sie sind ihrer operativen Verwendung im System nicht präexistent. Systemelemente sind demnach keine Einheiten, die dem System ontologisch vorgegeben wären, sondern Funktionseinheiten, die im System und nur in ihm erst konstituiert werden und dadurch ihrerseits dem System konkrete Existenz verleihen.[83]

---

[81] Ich werde in diesem Kapitel die Zusammenhänge der Theorieelemente ‚Element', ‚Relation', ‚Rekursivität', ‚Ereignis' und ‚Anschlussfähigeit' allgemein, also ohne spezielle Systemreferenz behandeln. Sowohl bei Luhmann als auch in der Forschungsliteratur werden diese Theoriebausteine meist bereits im Hinblick auf psychische oder soziale Systeme eingeführt; für Luhmanns etwas allgemeinere Aussagen zum Thema s. etwa GuS 1, 235 – 245; SoSy, 41 – 44, 57 – 65, 76 – 79; RdG, 38 – 54; SA 6, 12 – 25; Luhmann 1997, 69 – 77.

[82] Zur Interdependenz von System und Element s. GuS 2, 29; SoSy, 182f., 600f.; Die strikte theoretische Anbindung des Elementbegriffs an den Systembegriff zeigt auch folgende Stelle: „Elemente sind Elemente nur für die Systeme, die sie als Einheit verwenden, und sie sind es nur durch diese Systeme." (SoSy, 43) Da es also nach Luhmann Elemente explizit nur in Systemen gibt, kann der Umwelt keine Komplexität zugesprochen werden, solange man wie Luhmann Komplexität über Relationierungsmöglichkeiten von Elementen definiert; vgl. Kap. 4.1.6.

[83] SoSy, 42, 49f., 58f., 292; WirtdG, 35; GdG, 65f.; vgl. Ganßmann 1986, 148f.; Gilgemann 1986, 110; Kneer/Nassehi 1991, 345; Nassehi 1992, 51; Thomas 1992, 331f.

Elemente sind somit operative Letzteinheiten, die für ein bestimmtes System spezifisch sind, zumal sie in ihm als Elemente erst hervorgebracht werden. Dies impliziert keineswegs die Aussage, dass Systemelemente überhaupt nicht in weitere Bestandteile dekomponierbar wären – dies hängt allein von einem Beobachter ab, der immer weitere Differenzierungen vornehmen kann – , sondern nur, dass die Elemente auf der Ebene der Systemoperationen die kleinsten Funktionseinheiten bilden. Daher können erstens die potenziell beobachtbaren Einzelkomponenten im System nicht die Funktion des Gesamtelements erfüllen, so dass zweitens das System operativ nicht durch die Auflösung seiner Elemente etwas erreichen kann, sondern nur durch deren variable Verwendung.[84]

Da die Elemente aufgrund der oben angesprochenen Interdependenz von System und Element jeweils systemspezifisch sind, definiert ihre Art auch die Art des Systems: Ein System, das mit Kommunikationen als Elementen operiert, ist ein kommunikatives oder soziales System, ein System, das mit Gedanken operiert, ist ein Bewusstseinsystem usw. Luhmann betont in diesem Zusammenhang, dass die Elemente, die ein System verwendet, ausreichend ähnlich bzw. gleichartig sein müssen.[85] Wenn Luhmann dabei darauf insistiert, das System habe „sich an diejenige Typik der Elemente zu halten, die das System definiert“[86], klingt dies so, als ob das System eine Alternative hätte, sich also auch an Elemente von anderer „Typik“ halten könnte. Dies ist aber ausgeschlossen, da jedes Element, das vom System verwendet, d. h. konstituiert wird, gleichzeitig das System definiert, wie Luhmann ja selbst hervorhebt. Da das System die Elemente nicht nur verwendet, sondern selbst herstellt und damit sich selbst reproduziert, hat sich das System nicht an bestimmte Elemente zu halten, sondern kann, solange es operiert und damit existiert, gar nicht anders, als genau diese Art von Elementen zu reproduzieren. Dass die Elemente ähnlich oder gleichartig sind, ist nichts, worauf das System bei seinen Operationen besonders achten müsste, sondern ist eine Konsequenz, die sich zwingend aus den elementaren Operationen des Systems selbst ergibt.[87]

Wenn nun bestimmte Elemente nur in bestimmten Systemen konstituiert werden, die ihrerseits aus nur diesen Elementen bestehen, können diese Systeme die für ihre Reproduktion nötigen Elemente nur aus eben ihren Elementen herstellen, da ihnen gar nichts anderes zur Verfügung steht.[88] Damit aber die Elemente aus Elementen produziert werden können, müssen sie miteinander verknüpft werden.

4.2.2 Die Relationierung der Elemente

Da die Elemente als operative Letzteinheiten im System erst konstituiert werden und nicht präexistent sind, kann man in Luhmanns Systemtheorie nicht die Elemente als primär bzw. der Relationierung vorgegeben und deren Relationen als nur sekundär und akzessorisch

[84] GuS 1, 241; SoSy, 43; Luhmann 1990a, 4; SA 5, 71; KdG, 168.
[85] SoSy, 67, 607.
[86] SoSy, 61.
[87] Richtig hierzu Luhmann 1997, 71.
[88] „Die Systeme produzieren die Elemente, aus denen sie bestehen, durch die Elemente, aus denen sie bestehen.“ (WirtdG, 49)

ansehen.[89] Da vielmehr die Elemente nur durch die Verknüpfung mit anderen Systemelementen entstehen, wird jedes Element überhaupt nur durch seine Relationierung zu einem Element, weshalb „Elementsein und Element-einer-Relation-Sein“[90] identisch sind. Element und Relation sind also interdependent, da zum einen für jedes Systemelement gilt, dass es erst zu einem Element als Funktionseinheit des Systems durch seine Relationierung mit anderen Elementen wird, und zum anderen keine Relationierungen hergestellt werden können, wenn nicht durch sie auch die zu relationierenden Elemente produziert werden. Formentheoretisch ausgedrückt heißt dies, dass Element und Relation zwar nur als Differenz operativ wirksam sein können, dass aber für beide Seiten der Differenz die Einheit der Differenzform konstitutiv ist: Wie bei der System-Umwelt-Unterscheidung kann es keine der beiden Seiten einer Form für sich allein geben.[91]

Ein System, das die Elemente, aus denen es besteht, durch die Relationierung eben dieser Elemente selbst herstellt, ist ein rekursiv operierendes System.[92]

4.2.3 Rekursivität bzw. basale Selbstreferenz

Rekursivität liegt dann vor, wenn ein System zur Produktion seiner Elemente auf die bisherigen Produkte seiner eigenen Systemoperationen, also wieder die eigenen Elemente, zurückgreift. Dabei ist die Operation eines Systems eben als die Reproduktion der systemspezifischen Elemente definiert:[93]

> „Rekursivität heißt: das Ergebnis von Operationen als Ausgangspunkt nehmen für den Anschluß weiterer Operationen desselben Typs.“(WissdG, 321)

Da es nun, wie in Kapitel 4.2.1 gezeigt, bestimmte Elemente nur in bestimmten Systemen gibt und diese Systeme nur aus ihren Elementen bestehen, führen die Operationen eines rekursiven Systems nicht nur zur Reproduktion der Elemente, sondern auch zur Autoreproduktion des Systems.[94]

Um diese gleichzeitige Autoreproduktion der Elemente und des Systems aufrecht zu erhalten, können die Systemoperationen immer nur auf eigene Produkte Bezug nehmen, weshalb die Rekursivität des Systems auch als Selbstreferenz bezeichnet wird. Luhmann unterscheidet drei Formen der Selbstreferenz, nämlich basale Selbstreferenz, Reflexivität und Reflexion[95], wobei im gegenwärtigen Zusammenhang nur die basale Selbstreferenz ein-

---

89 SA 6, 172; Daraus darf man allerdings nicht wie Boris Henning schließen, dass Systeme aus Relationen bestünden (Henning 2000, 167). Sie bestehen aus rekursiv relationierten Elementen (s. auch Kap. 4.2.3).

90 SoSy, 605.

91 SoSy, 41; zu Luhmanns Formentheorie s. auch Kap. 5.4.

92 Luhmann 1982, 44f.; WissdG, 275, 282; Luhmann 1997, 70.

93 GuS 2, 33f.; SoSy, 79; Luhmann 1986, 77; RdG, 440; KdG, 84.

94 WirtdG, 52; RdG, 44.

95 SoSy, 600 – 602; vgl. Miller 1987, 190 – 193; s. auch Kap. 5.3.4; zur Selbstreferenz bei Luhmann s. Gripp-Hagelstange 1991; einen umfassenden Überblick über Selbstreferenz und Autopoiesis gibt Mingers 1995; mehr nach dem Titel als nach dem tatsächlichen Inhalt ist Baecker 1986

schlägig ist; die beiden anderen Arten werde ich in Kapitel 5.3.4 im Zusammenhang mit den drei Sinndimensionen Luhmanns vorstellen.

Die rekursive Selbstreferenz des Systems bezeichnet Luhmann als basal, da die Einheiten, die auf dieser Ebene aufeinander Bezug nehmen, die Elemente als grundlegende operative Letzteinheiten sind. Diese ermöglichen erst die Autoreproduktion bzw. Autopoiesis des Systems:[96]

> „Ein System kann man als selbstreferentiell bezeichnen, wenn es die Elemente, aus denen es besteht, als Funktionseinheiten selbst konstituiert [...].“ (SoSy, 59)

Da die Eigenkonstitution der Funktionseinheiten durch die rekursive Relationierung der Elemente vollzogen wird, bezeichnen basale Selbstreferenz und Rekursivität denselben theoretischen Zusammenhang.[97]

Daraus, dass jedes Element, wie bereits in Kapitel 4.2.2 erwähnt, nur durch die Relationierung mit anderen Systemelementen überhaupt zum Element werden kann, sich das System also allein durch rekursive Operation produziert und laufend reproduziert, ergeben sich einige Konsequenzen:

Erstens folgt aus der notwendig rekursiven Verknüpfung der Elemente, dass die Operationsform eines rekursiv operierenden Systems nur die eines Prozesses sein kann: Alle jeweils aktuellen Elemente stehen nämlich notwendig in einer Relation mit Inaktuellem, indem sie einerseits rekursiv auf frühere und damit nicht mehr aktuelle Systemelemente Bezug nehmen und andererseits zugleich Relationierungsmöglichkeiten für nachfolgende und damit noch nicht aktuelle Elemente anzeigen müssen.[98] Durch diese stets notwendige Relation zu vorhergehenden und nachfolgenden Elementen entsteht ein Prozess, dem alle Elemente angehören müssen, so dass alle Systemelemente immer auch Prozesselemente sind.[99]

Da es somit kein Element ausserhalb des rekursiven Prozesses geben kann, operiert ein rekursives System zweitens stets in Abhängigkeit von seiner Vergangenheit: Jedes Element, das aktuell den Systemprozess fortsetzt, kann als neues Produkt nur rekursiv an den Produkten, die im Rahmen der bisherigen Systemgeschichte konstituiert wurden, anschließen:

---

einschlägig, da Selbstreferenz in seiner Gesamtparaphrase der *Sozialen Systeme* eine nur nebengeordnete Rolle spielt.

96 Dabei ist allerdings wieder zu betonen, dass es diese Elemente ohne ihre selbstreferentiell-rekursive Relationierung gar nicht gäbe, so dass auch die basale Selbstreferenz auf einer operativen Differenz basiert, nämlich der von Element und Relation (vgl. Kap. 4.2.2).

97 Dies formuliert Luhmann auch explizit: „Während mit Rekursivität nur die basale Selbstreferenz des autopoietischen Prozesses bezeichnet ist, zielt der Begriff der Reflexivität auf eine Unterscheidung höherer Ordnung.“ (WissdG, 333) Da sowohl bei Luhmann selbst als auch in der einschlägigen Forschung meist nicht deutlich genug zwischen den verschiedenen Arten der Selbstreferenz unterschieden wird und oft nur pauschal von selbstreferentiellen Systemen die Rede ist, sollte man entweder die gemeinte Art der Selbstreferenz spezifizieren oder von Rekursivität sprechen, wenn man die basale Selbstreferenz auf der Elementebene bezeichnen möchte. Der bisher weit verbreitete Usus undifferenzierter Bezeichnungen hat nur unnötige Verwirrung und Unklarheit zur Folge.

98 KdG, 209.

99 SoSy, 67, 199.

„Als rekursiv bezeichnet man einen Prozeß, der seine eigenen Ergebnisse als Grundlage weiterer Operationen verwendet, also das, was weiterhin unternommen wird, mitbestimmt durch das, was bei vorherigen Operationen herausgekommen ist." (SA 5, 44)

Die Systemvergangenheit bestimmt also die Summe der Möglichkeiten, an denen das jeweils aktuelle Element anschließen kann: Rekursive Systeme sind immer historische Systeme.[100]

Wenn ferner die Elemente ausschließlich im historischen Prozess eines rekursiven Systems entstehen, folgt daraus drittens, dass die Einheit oder Identität eines bestimmten Elements nur im Rahmen einer Abstraktion zu beobachten ist. Denn um die Einheit des Elements beobachten zu können, muss man es genau aus dem rekursiv organisierten Prozess lösen, in dem es entsteht: Das Element gewinnt seine Identität ja erst aus der rekursiven Vernetzung mit anderen Systemelementen zu einem bestimmten Zeitpunkt der Systemgeschichte, so dass eine isolierte Betrachtung eben den Zusammenhang aufhebt, der für das Element konstitutiv ist.[101]

Da viertens jedes Element in prozessual rekursivem Zusammenhang mit den anderen Systemelementen steht, kann kein Element den Beginn oder das Ende des Prozesses, dem es selbst angehört, beobachten, da paradoxerweise das rekursive Relationsnetz anderer und damit vorgängiger Elemente bereits als Bedingung der Möglichkeit auch des Anfangs vorausgesetzt werden muss und andererseits jede Beobachtung des Endes genau den Prozess fortsetzt, dessen Ende ja beobachtet werden soll.[102]

Zwei weitere Konsequenzen der rekursiven Operationsweise basal selbstreferentieller Systeme betreffen die System-Umwelt-Differenz:

Erstens erneuert ein rekursives System dadurch, dass es neue eigene Elemente immer aus bisherigen eigenen Operationen reproduziert, mit jeder weiterführenden relationierenden Operation die Differenz zwischen dem, was als Funktionseinheit Elementarbestandteil des Systems ist, und was nicht.[103] Anders ausgedrückt: Durch die rekursiven Vor- und Rückgriffe auf künftig anschlussfähige bzw. bereits vergangene Elemente schließt sich das System gegenüber seiner Umwelt, aus der es seine funktionalen Letzteinheiten eben nicht übernehmen kann, operativ ab. Es konstituiert durch die rekursive Relationierung der Systemelemente seine Grenze zur Umwelt: Diesen Mechanismus bezeichnet Luhmann als rekursive, operative oder selbstreferentielle Schließung des Systems, die ich vorgreifend schon in Kapitel 4.1.2 unter dem Thema der System-Umwelt-Grenze besprochen habe.[104]

---

[100] WirtdG, 344; WissdG, 277; RdG, 49; GdG, 140, 883; Schneider 1994, 161.

[101] RdG, 434f., 441; Wenn Gerhard Wagner und Heinz Zipprian behaupten, Selbstreferenz sei „untrennbar an das Paradigma der Identität gebunden" (Wagner/Zipprian 1992, 397), übersehen sie den Umstand, dass in rekursiven Systemen die Beobachtung der Identität von Einzelelementen nur als isolierende Abstraktion möglich ist: Die Identität ist nur als Einheit einer Differenz zu sehen, nämlich der Differenz zwischen dem vorhergehenden und dem folgenden Element des Systemprozesses, so dass das zugrunde liegende Paradigma konsequent das der Differenz ist. Luhmann verfolgt in seiner Antwort auf Wagner und Zipprian nicht diese Argumentationslinie, sondern reagiert erstaunlich ausweichend (s. Luhmann 1993a).

[102] SA 5, 49; RdG, 44.

[103] RdG, 44, 53.

[104] SoSy, 602; Luhmann 1986, 77; WissdG, 83, 276, 481; zum Zusammenhang zwischen den Differenzen von Element/Relation und System/Umwelt s. auch Gromitsaris 1992, 134f.; Baecker

Zweitens muss aufgrund der rekursiven Schließung das Bild, welches das System von seiner Umwelt hat, eine Konstruktion ausschließlich aus den Operationen des Systems sein, da das System einerseits nie operativ in seine Umwelt ausgreifen kann und andererseits als historisches System (s. o.) zwar von seiner eigenen Geschichte, aber nicht von der Umwelt determiniert ist. Daher muss es alles, was es auf dem Hintergrund der eigenen Erwartungsstrukturen als Irritation betrachtet, mittels eigener, bewährter rekursiver Operationen bearbeiten und aufzulösen versuchen.[105] Wenn man nun die Umwelt eines Systems als turbulent und dynamisch ansieht (s. Kap. 4.1.8), muss das System in der Lage sein, flexibel mit den Schwankungen der Umwelt umzugehen, um seine rekursive Autoreproduktion aufrechterhalten zu können:

> „Erhaltung ist in einer komplexen und fluktuierenden Umwelt nur möglich, wenn das System selbst dynamisch wird." (GuS 1, 235)[106]

Die nötige Eigendynamik kann ein System dadurch erreichen, dass es seine Elemente verzeitlicht, also mit Ereignissen als Elementen operiert.

4.2.4 Ereignishafte Elemente und ihre Anschlussfähigkeit

Wenn die Elemente eines Systems zu Ereignissen temporalisiert werden, ist der Zeitraum ihrer Aktualität auf einen Moment beschränkt und ihre Existenz auf genau einen Zeitpunkt fixiert: Ereignishafte Elemente verschwinden sogleich mit dem Zeitpunkt ihres Auftretens wieder.[107] Das Nervensystem inklusive des Gehirns und damit auch die Wahrnehmung, psychische Systeme und soziale Systeme operieren nach Luhmann alle mit ereignishaften Elementen[108], so dass diese Konzeption für alle Arten von autopoietischen Systemen bedeutsam ist.

Ein System, das mit ereignishaften Elementen operiert, reduziert den Zeitraum, der für die Durchführung einer Systemoperation notwendig ist, auf das Minimum, das dieses spezielle System mit seinen spezifischen Elementen leisten kann. Wenn ferner die zur rekursiven Relationierung verwendeten Elemente nur Ereignisse sind, dann ist auch die Binnen-

---

1992, 230 – 232; Christiane Benders diesbezügliche Kritik an Luhmann ist begrifflich inkonsistent und lässt auf eine nicht allzu genaue Luhmannrezeption schließen (Bender 1989, 35 – 40): So heißt es beispielsweise loc. cit., 38, Luhmann nehme nicht auf eine Kommunikationstheorie Bezug!

105 WissdG, 527, 544; GdG, 790; Wie schon in Kapitel 4.1, hier v. a. in den Kapiteln 4.1.7 und 4.1.8 mehrfach kritisiert, lässt Luhmann auch in diesem Zusammenhang völlig offen, an welcher theoretischen Stelle er die „Umwelteinwirkungen auf das System, die es selbstverständlich in jedem Augenblick in riesigen Ausmaßen gibt," (GdG, 790) in einem rekursiv geschlossenen System verortet und woran sich rekursiv organisierte Operationen bewähren sollen. Dass das Konzept der strukturellen Kopplung in der Luhmann'schen Ausprägung diese Anforderungen nicht trägt, habe ich bereits kurz erwähnt (s. Kap. 4.1.8) und werde dies auch noch genauer begründen (s. Kap. 4.3.4).

106 s. auch SoSy, 394.

107 GuS 1, 241f.; SoSy, 102; SA 5, 116; RdG, 50; Luhmann 1997, 74.

108 SA 5, 114; WissdG, 524; KdG, 173, 252; GdG, 52; s. auch Schwanitz 1990, 108, 110f.

komplexität eines entsprechenden Systems temporalisiert,[109] da Komplexität ja über die Differenz von Element und Relation definiert ist (s. Kap. 4.1.6). Durch die Verwendung ereignishafter Elemente und folglich den Aufbau von nur temporalisierter Komplexität erreicht ein System ein Maximum an Flexibilität und Variationsreichtum, mit dem es seine rekursive Autoreproduktion bzw. Autopoiesis in einer dynamisch veränderungsreichen Umwelt aufrechterhalten kann. Dadurch nämlich, dass jedes Ereignis in der Gegenwart seiner Aktualität auch schon wieder vergeht, eröffnet es immer neue Relationierungsmöglichkeiten, mit denen ggf. neu auftretende und als relevant angesehene Irritationen schnellstmöglich bearbeitet werden können.

Diese Flexibilität erreicht ein System, das durch die Temporalisierung seiner Komplexität die Zeitdimension in seinen Operationsmodus integriert, nach Luhmann dadurch, dass in ihm ein Element „seine Relationen wechseln und nacheinander in verschiedenen Konstellationen verknüpft sein“[110] kann. Diese Position ist insofern problematisch, als das erwähnte Element ja nur ein Ereignis ist, das aufgrund seiner zeitpunktfixierten Existenz nur ein einziges Mal auftritt, irreversibel ist und keine Dauer hat. Da Ereignisse aufgrund des ihnen immanenten Zeitindex auch niemals wiederholt werden können, kann ein ereignishaftes Element weder „seine Relationen wechseln“ noch „in verschiedenen Konstellationen verknüpft“ werden, da eben dies Dauerhaftigkeit bzw. Wiederholbarkeit erfordern würde. Diese Inkohärenz zeigt sich bei Luhmann auch an weiteren Stellen, wenn er einerseits zu Recht die zeitliche Einmaligkeit, Irreversibilität und Unwiederholbarkeit von Ereignissen bzw. Systemoperationen betont[111] und andererseits wieder Dauerhaftigkeit oder Wiederholbarkeit impliziert.[112] Um Unklarheiten dieser Art zu vermeiden, sollte man Wiederholbarkeit auf elementarer Ebene einheitlich ausschließen und Wiederholung nur als Konstruktion auf der Strukturebene des Systems verorten. Dort sind die Theoriebausteine ‚Kondensierung‘, ‚Konfirmierung‘, und ‚Generalisierung‘, die ich in Punkt 2 von Kapitel 8.2.4 vorstellen werde, notwendig, um die Möglichkeit der Wiederholung in temporalisierten Systemen zu konstituieren.

In Systemen, die mit ereignishaften Elementen operieren, ist also jede Operation an einen einzigen Zeitpunkt gebunden, unwiederholbar und irreversibel. Daher gilt das, was oben zu Systemelementen und deren Relationierung im allgemeinen gesagt wurde (s. Kap.

---

[109] SoSy, 77.

[110] GuS 1, 238.

[111] SoSy, 102; WissdG, 37; RdG, 49f.; SA 5, 42; SA 6, 31; GdG, 140.

[112] So behauptet Luhmann etwa in den *Sozialen Systemen*, dass „jede Operation aus den Anschlussmöglichkeiten auf sich selbst zurückschließt“ (SoSy, 123). Dieser Rückschluss ist aus zwei Gründen unmöglich: Erstens müsste die Operation dazu sich selbst und ihre Anschlußmöglichkeiten beobachten können; diese Beobachtung könnte nur in der Zeit vollzogen werden, die einer Operation als Ereignis aber per definitionem nicht zur Verfügung steht. Zweitens wäre dieser Rückschluss kausaler Natur und gerade nach Luhmann „kann es auf der Ebene der Elemente *keine kausale Zirkularität* geben“ (SoSy, 608), weil ein ereignishaftes Element bereits verschwunden ist, wenn sich seine Folgen aktualisieren: Deshalb kann sich eine Operation nicht durch die Beobachtung dessen selbst bestimmen, was aufgrund ihres Auftretens ermöglicht wird. Eine derartige Beobachtung bestimmter Operationen kann nur die Reflexivität des rekursiven Systemprozesses leisten (vgl. Punkt 3d in Kap. 5.3.4). In der *Kunst der Gesellschaft* spricht Luhmann von der „Wiederverwendbarkeit von Ereignissen“ (KdG, 84): Diese würde Iterierbarkeit voraussetzen, die Luhmann selbst für Ereignisse explizit ausschließt, und ist daher nicht möglich.

4.2.2 und Kap. 4.2.3), in sogar noch verschärfter Form für ereignishafte Elemente: Auch diese können unabhängig von ihrer rekursiven Relationierung mit anderen Ereignissen nicht entstehen, treten also nie allein auf, stellen keine Einheit an sich dar und ihre Identität ist nur durch ihre Differenz von ihrem Vorgänger- und Nachfolgeereignis bestimmbar. Die Verschärfung liegt darin, dass der rekursiven Reproduktion von Ereignissen aufgrund ihrer zeitpunktfixierten Existenz auch noch ein Zeitindex eingeschrieben ist: Ereignisse sind nur als die Einheit der Differenz von vorher und nachher beobachtbar, so dass jedes Ereignis im rekursiven Anschluss zeitlich sowohl zurück- als auch vorgreifen muss.[113]

Deshalb ist jedes Ereignis auch eine Mischung von Bestimmtheit und Unbestimmtheit: Es ist hinsichtlich seiner aktuellen Existenz als Anschlussereignis an das Vorgängerelement vollständig bestimmt, aber noch unbestimmt hinsichtlich seines künftigen Nachfolgeereignisses: Jedes Element muss zwar weiterführende Anschlussflächen aufweisen, da sonst die rekursive Autoreproduktion des Systems zum Erliegen käme, kann aber selbst den konkreten Anschluss nicht spezifizieren:[114] Insofern stehen die Ereignishaftigkeit der Elemente, deren Anschlussfähigkeit, Rekursivität und Autopoiesis des Systems in engstem Zusammenhang.

Da jedes Ereignis nur für einen Moment existiert, muss der Anschluss zum Nachfolgeereignis schnell und mit hoher Sicherheit stattfinden, da ein System instabil wird, wenn der Anschlusswert eines Elements für die rekursive Autoreproduktion nicht klar genug ist.[115]

Die Zeitdimension ist also auf der operativen Systemebene den rekursiven Anschlüssen der Einzelereignisse implizit. Deshalb können und müssen Systeme mit ereignishaften Elementen ihre Eigenzeit konstituieren, da sie die rekursive Autoreproduktion ihrer Elemente und damit ihrer selbst nur in der Zeit vollziehen können.[116] Erst dadurch, dass das rekursive Anschließen von momentanem Ereignis zu Ereignis Zeit braucht, gewinnt das System die Dauerhaftigkeit, die seinen Elementen als Ereignissen fehlt.

Wenn ein System konkret nur auf der Ebene seiner Elemente existiert (s. Kap. 4.2.1), diese Elemente aber nur Ereignisse sind, dann kann ein derartiges System keinen stabil dauerhaften Bestand haben, da jedes Ereignis bei seinem Auftreten schon wieder verschwindet, so dass auch das System als ganzes lediglich eine je momenthafte Existenz haben kann: Bei jeder Operation mit ereignishaften Elementen reaktualisiert sich für das System das Problem der Diskontinuität und die Gefahr des möglichen Zerfalls seines Bestands.[117] Damit ein System also im Rahmen dieser endogenen Unruhe zumindest eine dynamische Stabilität aufrechterhalten und die laufende Selbsterneuerung seiner ereignishaften Elemente und damit seiner selbst gewährleisten kann, muss es ständig das jeweils aktuelle Element durch ein neues anderes ersetzen, oder anders ausgedrückt: Jedes ereignishafte Element muss zugleich mit seinem Auftreten weiterführende Anschlussmöglichkeiten anzeigen, denn da jedes Ereignis nur als Einheit der Differenz von vorher und nachher beschrieben werden kann, wäre ein Ereignis, an das nach seinem Auftreten nicht rekursiv angeschlossen wird oder zumindest angeschlossen werden kann, selbst kein Elementar-

---

113 Luhmann 1990a, 10f.; SA 5, 102; WissdG, 37; KdG, 37; SA 6, 58; GdG, 1009; s. auch Schmid 1987, 26.

114 SoSy, 62, 80; Thomas 1992, 331.

115 GuS 1, 244; SoSy, 502; WirtdG, 21.

116 GuS 1, 23, 295; SoSy, 390, 472, 608; SA 5, 108.

117 GuS 1, 245; SoSy, 78, 394f., 508; Luhmann 1986, 83f.; RdG, 47; KdG, 84; Baecker 1992, 232.

ereignis des Systems. Deshalb sind ereignishaft und rekursiv operierende Systeme grundsätzlich ateleologisch, da jedes Element des weiterführenden Anschlusses durch ein weiteres Element bedarf, der Systemprozess also immer aufs Neue eröffnet und nie von sich aus abgeschlossen wird. Die Kontinuität des Systems kann wegen der Diskontinuität seiner Elemente nur durch deren rekursive Anschlussfähigkeit gewährleistet werden:[118]

> „Systeme, die diesen Bedingungen genügen, also nur aus Ereignissen bestehen, die im Entstehen schon wieder verschwinden, müssen jeweils neue, jeweils andere Ereignisse produzieren – oder sie hören auf zu existieren. Sie müssen, kann man auch sagen, Anschlußfähigkeit organisieren können." (SA 5, 114f.)

Die Notwendigkeit, ständig neue Anschlussflächen für die rekursive Autoreproduktion schaffen zu müssen, ist also der Preis, den ein System zu zahlen hat, wenn es durch die Operation mit ereignishaften Elementen seine Binnenkomplexität temporalisiert, um möglichst flexibel mit einer dynamischen Umwelt umgehen zu können.

Wenn ein System über Binnenkomplexität verfügt, bedeutet dies, dass es nicht mehr jedes Element mit jedem anderen relationieren kann, sondern eine kontingente Selektion der Relationierungen durchführen muss: Der Zwang zur Selektion ist eine notwendige Folge von Komplexität.[119] Da aber allein aus der Tatsache der Systemkomplexität und der notwendigen Selektivität der Systemoperationen noch nicht folgt, welche Relationierungen denn nun selegiert werden sollen, muss das System intern die Anschlussbedingungen konditionieren, gemäß denen bestimmte ereignishafte Elemente rekursiv nur mit bestimmten anderen Elementen relationiert werden können und eben nicht mit beliebigen anderen. Die Ebene des Systems, die diese Konditionierung geordneter rekursiver Anschlüsse vornimmt, ist die der Struktur.

Fazit: Im Theoriebaustein des Elements überschneiden sich bei Luhmann die Differenzen von System und Umwelt und von Element und Relation: Sowohl System und Element als auch Element und Relation sind interdependent, indem Systeme konkret und aktuell nur aus ihren Elementen bestehen (Kap. 4.2.1) und diese Elemente nur durch ihre Relationierung mit andern Systemelementen konstituiert werden, für die wieder dasselbe gilt (Kap. 4.2.2). Der rekursive Bezug der Elemente aufeinander erstellt das System und schließt es gleichzeitig mit einer Grenze operativ gegen die Umwelt ab, wobei die Flexibilität, mit der das System seine Umweltirritationen bearbeiten kann, durch die Verwendung ereignishafter Elemente maximiert wird (Kap. 4.2.3). Die ereignishafte Operationsweise erfordert gesicherte Anschlussfähigkeit der Elemente, da sonst die in sich ateleologisch angelegte Autoreproduktion des Systems zum Erliegen käme (Kap. 4.2.4). Inwiefern in einem auf Peirces Zeichenmodell basierenden Zeichensystem vergleichbare Konstellationen gegeben sind, werde ich in Kapitel 8.1 darstellen.

---

[118] SoSy, 28, 77 – 79, 392; WirtdG, 22; Luhmann 1009a, 9f., 13 mit Anm. 33; KdG, 252 – 254; GdG, 52; Gilgemann 1986, 113.

[119] SA 2, 206; SoSy, 48; RdG, 43; vgl. Kap. 4.1.6; Willke 1987, 258 – 260.

4.3 Konditionierung und Struktur

Der Vorteil der ereignishaften Operation eines Systems liegt, wie gezeigt, darin, dass es die unterschiedlichen Irritationen aus seiner dynamischen Umwelt sehr schnell und flexibel bearbeiten kann. Wenn aber intern zu allen Zeitpunkten unterschiedslos alle möglichen Anschlussereignisse gleichwertig wären, verlöre das System erstens diesen Flexibilitäts- und Tempovorteil, da es dann in jedem Fall einen passenden Anschluss erst bestimmen müsste.[120] Durch diese Unbestimmtheit des Anschlusses würde zweitens das System nicht nur instabil und unsicher, sondern würde letztlich sogar seinen autoreproduktiven Prozess einstellen und zerfallen, da jedes Anschlussereignis gleich wahrscheinlich und damit das System entropisch wäre, sich also aufgrund des Fehlens unterschiedlich qualifizierter Anschlussmöglichkeiten nicht zusammenhängend rekursiv reproduzieren könnte.[121]

Da nun in einem System mit temporalisierter Komplexität nicht mehr alle Elemente mit allen anderen zugleich relationiert werden können und die Beliebigkeit der Anschlüsse aus den eben genannten Gründen verhindert werden soll, muss das System die Bedingungen für seine rekursiven Anschlüsse regeln. Diese Bedingungen werden durch Konditionierungen festgelegt und durch Strukturen auf Dauer gestellt.[122]

4.3.1 Konditionierung

Um die oben genannten negativen Konsequenzen vermeiden zu können, muss das System den durch seine Komplexität gegebenen Bereich von Möglichkeiten einschränken, damit der Spielraum zur Herstellung bestimmter rekursiver Relationen reduziert wird. Dafür müssen im System Bedingungen aufgestellt werden, unter welchen Umständen welche Anschlüsse gewählt werden können und welche nicht, d. h. die Anschlussmöglichkeiten müssen konditioniert werden. Die Konditionierung setzt also die Wenn-Dann-Regeln fest, gemäß denen das System nur noch bestimmte Relationen zwischen bestimmten Elementen herstellen kann. Konditionierungen müssen dabei als hochselektive Ausschlussregeln fungieren, da die weit überwiegende Zahl von Möglichkeiten ausgeblendet werden muss, damit das ereignishaft operierende System mit dem gebotenen Tempo möglichst präzise vorselegierte Anschlüsse realisieren kann.

Da es also aufgrund der Systemkomplexität immer weit mehr Möglichkeiten gibt, als die Konditionierung jeweils zulassen darf, stellt diese notwendig eine stark reduktive Selektion dar, die wegen der überschießenden anderen Möglichkeiten kontingent ist, also auch anders ausfallen könnte. Auch wenn die Konditionierung lediglich kontingente Bedingungen aufstellt, ist sie dennoch für Systeme zum Aufbau von geordneter Binnenkomplexität unverzichtbar, da Komplexität Selektionsnotwendigkeit bedeutet und die Selektion wiederum zur

---

[120] vgl. SoSy, 80; Genau genommen hätte das System für diese Bestimmung gar keine Zeit, da jedes Ereignis nur für einen Moment existiert und daher während der Bestimmung der rekursive Zusammenhang abreißen würde.

[121] SoSy, 62, 79f., 383, 392f., 417f., 502.

[122] Für allgemeine Aussagen Luhmanns über Konditionierung und Struktur s. SoSy, 44f., 73f., 382 – 394.

Vermeidung von Entropie geregelt werden muss:[123] Um Beliebigkeit auszuschließen, werden in der Systemkonditionierung die Bedingungen bzw. Kriterien definiert, gemäß denen bestimmte rekursive Anschlüsse nur realisiert werden können „unter der Voraussetzung, daß etwas anderes der Fall ist bzw. nicht der Fall ist".[124]

Die Konditionierung regelt also die Anschlussmöglichkeiten für die Elementarebene des Systems. Da das System nur aus seinen Elementen und deren basal selbstreferentiellem, rekursivem Zusammenhang besteht (s. Kap. 4.2), kann es auch die Konditionierungen nur durch seine eigenen Operationen aufbauen und aktualisieren, so dass auch Konditionierungen immer selbstreferentiell verfasst sind.[125] Da die elementaren Operationen des Systems Ereignisse ohne Bestand sind (s. Kap. 4.2.4), die Regeln der Konditionierung aber zumindest von relativer Dauer sein und auch für wiederholte Anwendung zur Verfügung stehen müssen, können die Konditionierungsregeln selbst nicht der Elementarebene zugerechnet werden. Den Konditionierungen zumindest eine gewisse Dauer verleihen zu können, ist eine der Leistungen von Systemstrukturen.[126]

4.3.2 Die Leistungen von Systemstrukturen

Eine wesentliche Aufgabe der Strukturen ist es, die in den Konditionierungen festgelegten Bedingungen für die Anschlussmöglichkeiten zu fixieren. Sie decken sich also darin mit der Funktion der Konditionierungen, dass auch sie durch eine selektive Einschränkung der im System zugelassenen Relationen die Vielzahl kombinatorischer Möglichkeiten verringern.[127]

Die Anschlussfähigkeit der Elemente wird dadurch, dass sie von den Strukturen hochselektiv behandelt wird, spezifiziert, so dass die Elemente hinsichtlich ihres Anschlusswerts qualifiziert und kategorisiert werden können. Erst aufgrund dieser Spezifikationen und Kategorisierungen, die von den Strukturen erstellt und für die Dauer ihrer Gültigkeit auch in der Zeit festgehalten werden, kann in den zuvor kontingenten Raum beliebiger Relationierungen ein stark restriktiver Rahmen verbleibender, passender Anschlussmöglichkeiten eingeführt werden. Dadurch, dass Strukturen festschreiben, dass bestimmte Elemente nur noch mit bestimmten anderen im rekursiven Anschluss relationiert werden können, stellen sie eine „Vorselektion des Selegierbaren"[128] dar und verhindern so den entropischen Zerfall des Systems.[129]

---

[123] SoSy, 45, 185f., 291; WissdG, 405; KdG, 304.

[124] SoSy, 44; s. auch SoSy, 537; WissdG 404; GdG 230.

[125] SoSy, 296; Willke 1994, 105.

[126] Obwohl der Zusammenhang zwischen Konditionierung und Struktur sehr eng ist, und obwohl Luhmann beide Theoriebausteine verwendet, arbeitet er deren starke Verknüpfung nicht heraus.

[127] SoSy 383f., 387; RdG, 41; Luhmann 1994a, 409; SA 6, 27; vgl. Baecker 1986, 250; Schwanitz 1990, 110; Baecker 1992, 232; Gromitsaris 1992, 136; Willke 1987, 260f.; Willke 1994, 101–104.

[128] SoSy, 74; Diese „Vorselektion" besteht in der „*Exklusion* anderer bereitgehaltener (systemmöglicher) Möglichkeiten" (SoSy, 388), wobei das von der Struktur Ausgeschlossene grundsätzlich mehr ist als das, was zugänglich bleibt, indem „Strukturen wenige unter vielen möglichen Relationen auszeichnen." (SA 2, 207) vgl. SoSy, 383; WissdG, 392; GdG, 431, 437.

[129] Merten 1982, 33; Da die Strukturbildung also durch die gezielte Ausrichtung der Anschlußmöglichkeiten im System für die Aufrechterhaltung von dessen rekursiver Autoreproduktion absolut

Durch diese hochselektive Spezifikation passender und möglicher Anschlüsse konstituiert die Struktur also die Qualität der Elemente, die diese für die rekursive Verwendung im Systemprozess brauchen: Der rekursive Prozess kommt nämlich nicht durch beliebige Relationierungen unspezifizierter Elemente zustande, sondern nur durch selektiv geordnete, eben strukturierte Anschlüsse.[130]

Neben den Prozessen wird auch der Aufbau geordneter Binnenkomplexität erst durch die Strukturen eines Systems ermöglicht, da Komplexität der Selektion bedarf und nur die Strukturen durch geordnete und relativ dauerhafte Selektion qualifizierte und spezifizierte Elemente konstituieren, die nur noch gemäß den Regeln der Konditionierungen relationiert werden können.[131] Wenn die Strukturen regeln, welches Element gegeben sein muss, damit ein bestimmter Anschluss rekursiv ermöglicht wird, dann kann man Strukturen auch als Erwartungsstrukturen ansehen, die anzeigen, welche Anschlüsse bei einer gegebenen Ausgangslage zu erwarten sind. Da aber beim Aufbau der geordenten Binnenkomplexität immer mehr Möglichkeiten ausgeschlossen als selegiert werden, können diese Erwartungsstrukturen immer auch enttäuscht werden.

Diese Enttäuschungen manifestieren sich im System als Zufälle oder Irritationen, also Ereignisse, die in den hochselektiven Systemstrukturen nicht vorhersehbar bzw. zu erwarten sind. Ob ein Ereignis als Zufall bzw. Irritation wirkt oder nicht, ist also nur relativ zu den Systemstrukturen zu beantworten, die aufgrund ihrer Differenziertheit und Komplexität mit diesen Ereignissen rechnen und sie verarbeiten können oder eben nicht.[132] Ein System, das seine Autoreproduktion in einer dynamischen Umwelt aufrechterhalten soll, kann nicht im Sinne einer Punkt-für-Punkt-Entsprechung für jedes mögliche Umweltereignis eine spezielle Vorkehrung treffen, sondern muss auch die Umweltereignisse mithilfe schematisierender und generalisierender Strukturen bearbeiten.[133] Dabei können freilich viele Ereignisse eintreten, die strukturell nicht abgedeckt sind und die daher auf dem Hintergrund entsprechender Systemstrukturen als Irritation wirken. In komplexen Systemen können derartige Irritationen auch ohne Einwirkung von außen rein intern auftreten, da die von den Strukturen vorgenommenen Selektionen zulässiger Relationierungen erstens kontingent und zweitens hochgradig exklusiv sind, so dass Systemereignisse, die sich aus den überhaupt gegebenen Möglichkeiten heraus aktualisieren, ohne strukturell abgesichert zu sein, als interne Irritationen wirken.[134]

---

notwendig ist, kann man Dietrich Schwanitz nur widersprechen, wenn er den Begriff der Struktur als zweitrangig ansieht (Schwanitz 1990, 120).

[130] GuS 1, 238, 243; SoSy, 42, 482; RdG, 43.

[131] WissdG, 368.

[132] SoSy, 75, 250f., 390f., 504, 508; RdG, 555.

[133] GuS 1, 244; Luhmann behandelt diesen Zusammenhang unter dem Titel ‚Komplexitätsgefälle zwischen Umwelt und System' (s. z. B. SoSy, 249 – 252), was ich aus den in Kapitel 4.1.6 genannten Gründen nicht tun will. Es sei auch zum wiederholten Male darauf hingewiesen, dass in der gesamten bisher vorgestellten Systemtheorie Luhmanns noch immer nicht die erforderliche Schnittstelle, an der das System Umweltereignisse überhaupt registrieren könnte, eingeführt ist.

[134] Willke 1994, 103f.; Strukturen sind also erfahrungsbasierte Handlungs- und Entscheidungsgewohnheiten, die auch als Erwartungsschemata für zukünftige Ereignisse dienen, und zwar unabhängig davon, ob die gewohnheitsbildenden Irritationen dem System selbst oder dessen Umwelt zugerechnet werden (Luhmann 1990a, 8).

Das Risiko, in seiner selektiven Strukturbildung die wichtigsten oder günstigsten Möglichkeiten zugelassener Anschlussmöglichkeiten zu verfehlen und sich somit dauernd externen oder internen Irritationen ausgesetzt sehen zu müssen, besteht also grundsätzlich für ein komplexes System.[135] Um mit diesem Risiko flexibel umgehen und es minimieren zu können, braucht das System die Möglichkeit, seine Strukturen in der Zeit zu ändern. Diese Möglichkeit gewinnt das System durch die Kopplung seiner Strukturen an die ereignishafte Operationsweise auf seiner Elementarebene.

4.3.3 Das Verhältnis von Systemstrukturen und ereignishaften Systemelementen

Das Verhältnis von Strukturen und Elementen kann als zirkulär oder komplementär beschrieben werden:[136] Einerseits müssen nämlich, wie in Kapitel 4.3.2 gezeigt, die ereignishaften Systemoperationen für eine geordnete Anschlussfähigkeit mittels der Strukturen erst spezifiziert und qualifiziert werden, da andernfalls das Ende der Autopoiesis des Systems droht. Andererseits existieren die Strukturen aktuell nur durch die ereignishaften Systemelemente, sie werden nur durch deren Relationierung aufgebaut, benutzt, aktualisiert, in Erinnerung gerufen oder vergessen. Die Strukturen haben also nur eine operative Existenz, indem und während sie für die Regelung der rekursiven Anschlussfähigkeit herangezogen werden. Daraus, dass also die Systemereignisse einen strukturierten Anschluss brauchen und die Strukturen nur in ihrer operativen Verwendung existieren, folgt ein zirkuläres, gegenseitiges Abhängigkeitsverhältnis. Luhmann exemplifiziert dies in Bezug auf das zirkuläre Verhältnis von Wissen und Erkenntnis: „Die Struktur (Wissen) leitet die Operation (Erkennen), die die Struktur bestätigt oder modifiziert.“[137]

Aus dieser Zirkularität kann allerdings nicht geschlossen werden, dass Elemente und Strukturen auf derselben Ebene der Systembildung lägen. Das ist sogar von vornherein ausgeschlossen, denn wenn Strukturen bloß Relationen von ereignishaften Elementen wären, würden sie wegen deren nur momenthafter Existenz zugleich mit ihnen verschwinden, was aber verhindert werden muss, da sonst wieder der entropische Zerfall des Systems droht. Die Strukturen müssen also auf einer anderen Ebene relativ zeitbeständig fixiert

---

[135] GuS 1, 238; SoSy, 47, 411; Dieses Risiko kann auch nicht dadurch umgangen werden, dass das System die Zahl oder Differenziertheit seiner Strukturen beliebig erhöht, da dann die Wahl der im Einzelfall zu aktualisierenden Struktur über Konditionierungen auf höherer Ebene festgelegt werden muss. Dies kann zwar so eingerichtet werden, darf aber operativ keinesfalls so viel Zeit in Anspruch nehmen, dass der durch die Strukturierung angestrebte und erreichte Tempovorteil verloren geht.

[136] Dem Thema ‚Struktur und Ereignis‘ haben Rainer Greshoff und Georg Kneer einen Sammelband gewidmet (Greshoff/Kneer, 1999), in dem diese Problematik in „theorievergleichender Perspektive“, die u. a. Max Weber, Niklas Luhmann, Jürgen Habermas, Michel Foucault oder auch die objektive Hermeneutik umfasst, behandelt wird; s. hier u. a. Greshoff 1999, 20 – 23; Martens 1999, 83f.; Schneider 1999, 143 – 146, 157 zu ‚Struktur und Ereignis‘ bei Luhmann.

[137] WissdG, 79; s. auch SoSy, 62, 478, 503f.; WissdG 130; RdG, 37, 45f., 63; Luhmann 1994a, 408f.; SA 6, 12, 76; GdG, 430f.; Luhmann 1997, 74; Diese unauflösliche Interdependenz von Struktur und Ereignis arbeitet Gripp-Hagelstange 1991, 81f. zu wenig heraus.

werden, damit sie als stark einschränkende Selektion zugelassener Relationierungsmöglichkeiten für eine wiederholte Aktualisierung ihrer selbst zur Verfügung stehen.[138]

Aufgrund der Flüchtigkeit der Ereignisse und der relativen Beständigkeit der Strukturen kann man diese beiden Theorieelemente auch als komplementär ansehen: Während ereignishafte Operationen in der Zeit irreversibel sind, ermöglichen Strukturen die Konstruktion von Reversibilität und von Wiederholungen. Die Wiederholung eines konkreten ereignishaften Elements bleibt zwar ausgeschlossen,[139] aber aufgrund der selektiven Spezifikation und Kategorisierung der Elemente durch die Strukturen entsteht die Möglichkeit, einen bestimmten kategorisierten Typus von Ereignis zu wiederholen, wobei die Konstruktion und Identifikation dieses Typus eine Leistung der Strukturen ist.[140] Elemente und Strukturen sind noch in einer weiteren Hinsicht komplementär: Während sich aus der Ereignishaftigkeit der Elemente der laufende Zerfall des Systems und daher der Zwang zur dauernden Selbsterneuerung ergibt, konstituieren die Strukturen stabile, gerichtete Anschlussmöglichkeiten für die Elemente, so dass sich nur aus der Kombination von beidem eine zumindest dynamische Stabilität des Systems herleiten lässt.[141]

Trotz ihrer relativen Dauerhaftigkeit haben Strukturen wegen ihres zirkulären Verhältnisses zu den ereignishaften Systemoperationen einen Zeitindex in sich, sie sind also nicht wie platonische Ideen in unveränderlicher Stetigkeit gegeben, sondern in der Zeit entstanden. Sie sind die historischen Produkte bisheriger Systemoperationen, die sie aufgebaut, bestätigt, verändert haben oder auch wieder löschen können, indem jedes Ereignis eine bestimmte Struktur aktualisiert, die dann im Gegenzug die speziellen Anschlussmöglichkeiten dieses Ereignisses regelt. Diese Aktualisierungen sind wegen der Zeitpunktfixiertheit der Ereignisse jeweils historisch einmalig und irreversibel, so dass das System zunehmend von den bisher strukturell vorgenommenen Selektionen und den Erfahrungen in den bisherigen Prozessen, also, kurz gesagt, von seiner Geschichte abhängig wird. Diese Form der Abhängigkeit ist, wie bereits am Ende von Kapitel 4.3.2 angesprochen, riskant, da die Irritierbarkeit, die Identifikation von Problemen und die Definition von Relevanzkriterien im System an bisher zwar bewährte, aber dennoch historisch kontingente Strukturen gekoppelt wird.[142]

Dadurch, dass die historisch im Laufe der Systemgeschichte entstandenen Strukturen selektiv die Bedingungen jeweiliger Anschlussmöglichkeiten im System fixieren, ist das System strukturdeterminiert. Daher ist zum einen jeder historische Zustand des Systems allein durch eigene Operationen entstanden, die immer nur im Rahmen der von der Systemstruktur zugelassenen Relationierungsmöglichkeiten vollzogen wurden. Zum anderen ist das strukturelle Resultat der eigenen bisherigen Systemgeschichte der notwendige operative

---

[138] Für die relativ zeitbeständige Fixierung der Strukturen braucht das System ein Gedächtnis, das die Strukturen für ihre jeweilige Aktualisierung bereit hält oder sie, falls sie nicht mehr verwendet werden, vergisst (GuS 4, 62; vgl. GdG, 44: „[...] das Gedächtnis konstruiert Strukturen nur für momentanen Gebrauch zur Bewährung von Selektivität und zur Einschränkung von Anschlußfähigkeit."); zur neueren Gedächtnisforschung s. Schmidt 1996b.

[139] Zur Diskussion dieses Problems s. Kap. 4.2.4.

[140] SoSy 73, 472, 608; GdG, 883.

[141] SoSy, 383f., 393f.; SA 5, 43.

[142] SA 2, 207; SoSy, 185, 426, 504; RdG, 49, 555; Luhmann 1994a, 409; SA 6, 27; Dass rekursiv operierende Systeme immer historische Systeme sind, habe ich in Kapitel 4.2.3 schon als eine Konsequenz der Rekursivität angesprochen.

Ausgangspunkt für die jeweilige Fortsetzung der rekursiven Autoreproduktion. Auch wenn das System beim Strukturaufbau interne und externe Irritationen berücksichtigt, kann es wegen seiner operativen Geschlossenheit (s. Kap. 4.2.3) seine Strukturen immer nur selbst aufbauen, differenzieren und modifizieren. Obwohl die Umwelt eine Quelle von Irritationen für das System darstellt, kann sie doch die Art und Weise, wie das System die Irritationen bearbeitet, weder direkt spezifizieren noch gar determinieren. Das können nur die Strukturen des Systems, die ja auch die Irritationen erst als solche konstituieren; deshalb operieren rekursive Systeme ausschließlich strukturdeterminiert.[143]

Weil nun, wie oben ausgeführt, die determinierenden Strukturen historisch entstanden sind und weil das Verhältnis von Strukturen und ereignishaften Elementen zirkulär und komplementär ist, können die Strukturen auch in der Zeit durch die Operationen geändert werden: Die Strukturdeterminiertheit eines Systems schließt dessen Möglichkeit zur dynamisch flexiblen Veränderung nicht aus, so dass auch ein strukturdeterminiertes System eine für seinen Erhalt günstigere Struktur einrichten kann, falls ihm relevante Irritationen dazu Anlass geben. Die Strukturänderung kann als eine evolutionäre Transformation beschrieben werden, wobei die bisherige Struktur die Erwartungsmatrix darstellt, in Relation zu der sich die Irritationen zeigen, das irritierende Ereignis stellt die zu bearbeitende Variation dar und die neu konstituierte Struktur repräsentiert den modifizierten Selektionsmodus, der das ehemalige Variationsereignis bereits berücksichtigt, so dass sich das System als Ganzes auf einer neuen Ebene restabilisieren kann.[144]

So wichtig diese Möglichkeit evolutionären Strukturwandels für die Berücksichtigung relevant geänderter interner oder externer Bedingungen auch ist, so wichtig ist es auch, dass die Änderung der Strukturen immer nur diskontinuierlich vollzogen wird und dabei stark restriktiven Konditionierungen unterworfen ist. Eine zu schnelle, zu häufige oder gar beliebige Strukturänderung könnte die Stabilität des Systems gefährden, da dessen operativ rekursive Autoreproduktion dann von Strukturen determiniert werden müsste, die selbst durch einen hohen Grad von Kontingenz markiert und deshalb kaum noch in der Lage wären, als wirksame Selektion die Kontingenz bei der Relationierung der Elemente entscheidend zu reduzieren. Manche Strukturen stellen sich im Laufe der Systemgeschichte sogar als so wesentlich heraus, dass das System diese Strukturen durch Traditionsbildung oder Latenz schützt. In diesem Fall wird die historisch bedingte Entstehung der Strukturen verdeckt, indem sie unter Normalbedingungen weder für Anzweiflung noch für Änderung zur Disposition gestellt werden.[145]

Die diskontinuierliche und konditionierte evolutionäre Änderung von Systemstrukturen dient also dazu, bei der strukturdeterminierten rekursiven Autoreproduktion die Strukturen flexibel so gestalten zu können, dass sie optimal interne oder externe Irritationen und Variationen bearbeiten und integrieren können. Da die Entstehung und der Stellenwert interner Irritationen in Kapitel 4.3.2 bereits angesprochen wurde, bleibt im nächsten Abschnitt noch

---

[143] WissdG, 279, 281, 326, 467f., 564; KdG, 301; vgl. aus der Sicht der Hirnforschung Roth 1987, 400; Auch in diesem Kontext bleibt allerdings das ungelöste Problem bestehen, welchen Einfluss die Eigenschaften der Umwelt auf das System und seine Strukturierung denn nun genau nehmen (s. Kap. 4.1.8).

[144] SoSy, 394; WissdG, 368, 554 – 564; RdG, 241f.

[145] SoSy, 184f., 298, 448f., 459; SA 5, 68f.

das Verhältnis von Systemstrukturen und Umwelt, der die externe Irritation zugerechnet wird, zu diskutieren.

4.3.4 Das Verhältnis von Systemstrukturen und Umwelt

Das letzte Kapitel hat gezeigt, dass im System nur die Strukturen evolutionär bewährungspflichtig sind und nicht die Ereignisse, da letztere eine nur zeitpunktfixierte Existenz haben, so dass sie die für eine Änderung oder Bewährung nötige Dauerhaftigkeit nicht aufweisen. Das System ist also nur auf seiner Strukturebene wegen deren relativer Dauerhaftigkeit an die dynamischen Ereignisse der Umwelt gekoppelt, weshalb Luhmann die Koevolution von System und Umwelt auch als strukturelle Kopplung bezeichnet.[146]

Mit diesem Ergebnis kann man das Theorieelement der strukturellen Kopplung, das ich schon kurz am Ende von Kapitel 4.1.8 kritisch erwähnt habe, mit genaueren Vorgaben analysieren: Ein wesentlicher Faktor für den Bestand des Systems ist die evolutionäre Bewährung der Systemstrukturen in einer Umwelt, die nach Luhmann ein dynamisches, aber nicht entropisches Potenzial für Überraschungen darstellt, das dem System Beschränkungen auferlegt, indem es nicht Beliebiges toleriert (s. Kap. 4.1.8). Auf diesem Hintergrund lautet nun die präzisierte Frage nach dem theoretischen Stellenwert der strukturellen Kopplung: Welchen Beitrag leisten die nicht beliebigen Eigenschaften und die Dynamik der Umwelt hinsichtlich der evolutionären Bewährung, Änderung oder Anpassung der Strukturen?[147]

Beim Versuch, aus Luhmanns Schriften eine kohärente Antwort auf diese Frage zu bekommen, wird man mit ähnlichen Unklarheiten und Problemen konfrontiert, wie ich sie auch am Ende von Kapitel 4.1.7 und im Kapitel 4.1.8 herausgearbeitet habe: Sie betreffen wieder die Möglichkeiten des Kontakts und des Widerstandes zwischen System und Umwelt, diesmal speziell im Hinblick auf deren strukturelle Kopplung.

Bereits bei der Frage nach den Möglichkeiten der Strukturanpassung an eine sich dynamisch verändernde Umwelt legt Luhmann drei verschiedene Positionen vor, die kaum ineinander überführbar sind:

1. Die Unmöglichkeit der Anpassung

In seiner ersten Position scheidet Luhmann die Möglichkeit der Anpassung des Systems an die Umwelt wegen dessen operationaler Geschlossenheit schlicht aus:

> „Das System kann nicht in seiner Umwelt operieren, kann die eigenen Operationen daher auch nicht benutzen, um die Umwelt auf Widerstand hin zu testen, sich ihr anzupassen [...].“ (SA 6, 17)

> „Es [das System, meine Ergänzung] kann sich [der Umwelt, meine Ergänzung] nicht anpassen.“ (WissdG, 29)

Dass ein rekursiv operierendes System nicht in seiner Umwelt operieren kann, weil es mit jeder Anschlussoperation gerade seine Grenze zur Umwelt rekonstituiert, ist im Rahmen

[146] SoSy, 472; SA 6, 16f.; zur strukturellen Kopplung bei Luhmann generell s. RdG, 440 – 495.

[147] Dass auch Luhmann hier einen Zusammenhang sieht, zeigt seine Auffassung, dass ein System zur Ordnung der Relationen seiner ereignishaften Elemente Strukturen aufbauen müsse, „soweit die Umwelt das ermöglicht“ (GuS 1, 241).

des bisherigen Theoriebaus nicht zu bestreiten.[148] Da sich die Frage der Anpassung aber nicht auf die operative Ebene, sondern auf die strukturelle bezieht, trifft Luhmanns Argument gerade auf dem Hintergrund seiner eigenen Theorie nicht das eigentliche Problem. Trotz der etwas schiefen Argumentation ist aber auch der Stelle aus der *Soziologischen Aufklärung* implizit, dass Luhmann die Möglichkeit der Anpassung generell ausschließt: Denn ein rekursives System kann ja nur durch eigene Operationen seine Strukturen ändern, auch im Sinne einer Anpassung. Wenn aber Luhmann explizit ausschließt, dass die Operationen zur Anpassung benutzt werden können, dann fällt diese Möglichkeit sowohl für die Ereignis- als auch für die Strukturebene weg, was die in ihrer Knappheit umfassende Stelle aus der *Wissenschaft der Gesellschaft* ohnehin postuliert.

2. Angepasstheit als Voraussetzung
In Luhmanns zweiter Position wird der Vorgang der Anpassung nicht mehr problematisiert, sondern sein Ergebnis, also die Angepasstheit oder das Angepasst-Sein der Strukturen, als Bedingung dafür vorausgesetzt, dass das System seine rekursive Autoreproduktion überhaupt fortsetzen kann:

> „[...] es [das System, meine Ergänzung] ist immer schon angepaßt. [...] Und wenn die Angepaßtheit, aus welchen Gründen auch immer, nicht mehr gegeben ist, hört das System auf zu operieren." (WissdG, 29)[149]

In dieser Position wird die Frage nach der Entstehung dieser Angepasstheit nicht gestellt, sondern sie wird nur zur Bedingung erklärt, dass ein bestimmtes System überhaupt emergieren und sich dann erhalten kann. Dennoch wird die Möglichkeit einer dynamischen Anpassung offenbar ausgeschlossen, denn dann müsste das System nicht aufhören zu operieren, „wenn die Angepaßtheit [...] nicht mehr gegeben ist", sondern es könnte im Unterschied zu dieser sehr statischen Vorstellung von nur zwei oppositionellen Zuständen versuchen, bei einer relevanten Veränderung seiner Umwelt seine Anpassung durch eine Strukturänderung zu erhalten. Von dieser Möglichkeit ist hier aber nicht die Rede – ganz im Gegensatz zu Position 3.

3. Die Notwendigkeit der Anpassung
In der dritten Position, die Luhmann bezieht, wird im Unterschied zu Position 1 die Möglichkeit der Strukturänderung und -anpassung nicht bestritten, sondern sogar zur Notwendigkeit erklärt. Und im Unterschied zu Position 2 wird Angepasstheit nicht als statischer Zustand einfach vorausgesetzt, sondern die Anpassung muss vom System durch reaktive und flexibel adaptive Strukturänderungen dynamisch vollzogen und aufrechterhalten werden:

> „[...] es [das System, meine Ergänzung] muß in gewissem Umfange auch die eigenen Strukturen ändern können, um sich wechselnden Umweltverhältnissen anpassen zu können." (GuS 1, 235)

> „Auf dieses Problem [der Anpassungsfähigkeit, meine Ergänzung] reagiert das System nicht durch Strukturen schlechthin, sondern durch Flexibilität der Strukturen und durch Steuerung ihrer Selektion." (SoSy, 392)[150]

---

[148] vgl. v. a. Kap. 4.1.2 und Kap. 4.2.3.
[149] s. auch WissdG, 281; GdG, 433, 446.

Es besteht hier also für das System zugleich die Möglichkeit und die Notwendigkeit, sich den dynamisch wechselnden Verhältnissen seiner Umwelt durch die Änderung seiner Strukturen anzupassen, die sich dann evolutionär bewähren müssen.[151]

Im Rahmen dieser drei Positionen möchte ich für die dritte Partei ergreifen, allerdings mit einer Modifikation, die Luhmann selbst nur ansatzweise vornimmt, die aber m. E. konsequenter betont werden muss. In der *Wissenschaft der Gesellschaft* heißt es:

> „Es kommt, mit anderen Worten, im Laufe der Evolution nicht zu einer ‚besseren' Anpassung der Gesellschaft an ihre Umwelt, sondern die Anpassung wird nur bewahrt trotz Änderung der Strukturen." (WissdG, 344)

Wesentlich ist mir hier zunächst, die Betonung stärker auf die Bewahrung der Anpassung zu legen: Denn dies integriert das sinnvolle Postulat aus Position 2, nämlich dass der Zustand des Angepasst-Seins bereits eine Voraussetzung für die Emergenz und den Erhalt eines Systems ist, und vermeidet zugleich die unnötige Konsequenz, dass es nur die zwei kontradiktorischen Möglichkeiten von Angepasstheit und Existenz des Systems bzw. Unangepasstheit mit Destruktion des Systems gibt. Die modifizierte Position 3 eröffnet einen instabilen, aber nur transitorischen Zwischenzustand, in dem das System versucht, seine Anpassung an relevant veränderte Umweltbedingungen durch entsprechende Strukturänderungen zu erhalten und sich so zu restabilisieren. Erst wenn dies misslingt, wirken die geänderten Umweltverhältnisse destruktiv, und das System kann nicht mehr operieren. Damit scheidet auch Position 1 in ihrer Absolutheit aus, wobei Luhmann aber zu Recht darauf hinweist, dass der flexible und dynamische Erhalt der Anpassung nicht gleichbedeutend ist mit einer Anpassung, die sich evolutionär immer mehr optimiert.[152]

Eine Anmerkung scheint mir zum letzten Zitat aus der *Wissenschaft der Gesellschaft* noch nötig zu sein: Wenn Luhmann von einer Bewahrung der Anpassung **trotz** der Strukturänderungen spricht, denkt er offenbar zu einseitig nur an Änderungen, die von internen Irritationen ausgelöst wurden und denen die Umwelt zumindest keinen destruktiven Widerstand bietet, wie auch immer dieser Widerstand gedacht werden soll. Wenn man nämlich die Perspektive auf externe Irritationen durch veränderte Umweltverhältnisse richtet, muss man formulieren, dass die Bewahrung der Anpassung nur **wegen** entsprechender Strukturänderungen möglich ist. Da ich in diesem Kapitel den Schwerpunkt auf die Strukturgestaltung des Systems im Verhältnis zu seiner Umwelt lege, möchte ich das Thema der Anpassung folgendermaßen resümieren:

Weil sich die Verhältnisse in der Umwelt dynamisch verändern können, müssen sich gerade wegen der strukturellen Kopplung des Systems an die Umwelt auch die Systemstrukturen ändern können, damit das System seine Anpassung zumindest aufrechterhalten kann: Das System kann sich also entgegen Luhmanns Position 1 anpassen, Angepasstheit ist entgegen Position 2 kein statischer Zustand, sondern muss dynamisch aufrechterhalten werden, wo-

---

[150] s. auch SoSy, 47,478f.

[151] Die Möglichkeit, diesem Postulat gerecht zu werden, ist von der Komplementarität von Ereignissen und Strukturen im System getragen, die in ihrer Kombination dem System keine statische, sondern eine dynamische Stabilität geben und unter geregelten Konditionen Änderungen zulassen (vgl. Kap. 4.3.3).

[152] vgl. auch GdG, 446, 568.

bei die Bewahrung der Anpassung zwar zu einer evolutionären Bewährung der entsprechenden Strukturen, aber nicht automatisch zu deren Optimierung führt (modifizierte Position 3).

Die Schwierigkeit dieses Resümees liegt in seiner Einleitung durch die Subjunktion „weil“: Diese behauptete Kausalbeziehung führt nämlich zum nächsten Problemkreis im System-struktur-Umwelt-Verhältnis, nämlich dem der Kausalitäts- und Wirkungszusammenhänge bei der strukturellen Kopplung.

Auch bei diesem Thema lassen sich Luhmanns Aussagen zu drei divergenten Positionen zusammenfassen:[153]

1. Es gibt Kausalitätszusammenhänge.

Gemäß dieser Position 1 lässt die strukturelle Kopplung von System und Umwelt Wirkungs- und Kausalitätszusammenhänge zu:

> „Infolge der Einrichtung struktureller Kopplungen wirken Kausalitäten also entweder irritierend (störend, perturbierend) oder destruktiv.“ (SA 6, 16f.)

Die bisher schon oft angesprochene extern verrechnete Irritation des Systems wäre demnach als kausale Einwirkung der Umwelt zu verstehen, wobei die „Einrichtung struktureller Kopplungen“ offenbar die Bedingung der Möglichkeit derartiger Einwirkungen darstellt. Die Art dieser Kausalität lässt sich noch präzisieren, nämlich dass die Umwelt auch eine der Ursachen für die Strukturänderung in einem strukturdeterminierten System sein kann:

> „Der Begriff ‚determiniert‘ besagt also nicht, daß alle Ursachen für Veränderungen durch das System selbst ausgewählt und bestimmt werden können [...].“ (WissdG, 279)

Wenn demnach nicht alle Ursachen dem System zugerechnet werden können, müssen einige Ursachen für systeminterne strukturelle Veränderungen von der Umwelt als der anderen Seite einer Zwei-Seiten-Form „ausgewählt und bestimmt werden“: Der Mechanismus, der diesen Wirkungszusammenhang ermöglicht, wäre wieder die strukturelle Kopplung, da das System „auf der Ebene seiner Strukturen keineswegs unabhängig von der Umwelt“[154] sein soll, die für das System somit „kausale Relevanz“[155] hat.

---

[153] Man könnte auch noch eine vierte Position anführen, die aber nicht direkt die strukturelle Kopplung betrifft, sondern generell recht unverbunden in Luhmanns Entwurf steht: Demnach können trotz operativ erstellter Systemgrenzen „auf Realitätsebenen physikalischer Art [...] Einflüsse durchlaufen.“ (SA 6, 24) Man erfährt von Luhmann nicht, wohin diese Einflüsse laufen, was oder wen sie beeinflussen und wie z. B. ein Kommunikationssystem physikalische Einflüsse überhaupt registrieren oder „in bezug auf Materie oder Energie dagegen offen sein“ (loc. cit.) könnte; die Verbindung des zuvor strikt Getrennten gelingt Luhmann auch auf diese Weise nicht.

[154] WissdG, 305; Luhmann konstatiert auch in RdG, 43f., „daß intensive Kausalbeziehungen zwischen Systemen und ihren Umwelten bestehen und daß Interdependenzen kausaler Art für das System strukturell notwendig sind.“ s. auch Luhmann 1990a, 13; vgl. SoSy, 52: „Eine Grenze trennt also Elemente, nicht notwendigerweise auch Relationen; sie trennt Ereignisse, aber kausale Wirkungen läßt sie passieren.“ s. auch GdG, 130; Eine derartige Position ist mit Luhmanns Konzept der Rekursivität inkompatibel, da Luhmann hier implizit Relationen von Systemelementen mit Nicht-System-Ereignissen zulässt, während sonst Systemelemente allein durch die

2. Es gibt keine Kausalitätszusammenhänge.
Diese Aussagen kollidieren mit Luhmanns Position 2, in der das diametrale Gegenteil vertreten wird: Hier werden Wirkungs- und Kausalzusammenhänge zwischen System und Umwelt im Rahmen der strukturellen Kopplung völlig ausgeschieden, da die gekoppelten Bereiche System und Umwelt die immer gleichzeitig existierenden Seiten einer Form sind. Gleichzeitigkeit schließt aber Kausalität aus, weil diese die zeitliche Abfolge von vorausgehender Ursache und nachfolgender Wirkung voraussetzt:

> „Ferner bezeichnet der Begriff der strukturellen Kopplung immer ein Verhältnis der Gleichzeitigkeit (so wie auch System und Umwelt immer gleichzeitig existieren). Was gleichzeitig existiert, entzieht sich aber einer kausalen Beeinflussung [...].“ (SA 6, 31)

> „Der Begriff der strukturellen Kopplung bezeichnet ein Verhältnis der Gleichzeitigkeit, also kein Kausalverhältnis.“ (WissdG, 39)[156]

Folgt man dieser formentheoretisch ausgerichteten Argumentation, sind alle Aussagen bezüglich einwirkender Kausalitäten oder kausaler Relevanz in Position 1 hinfällig, die Luhmann aber bemerkenswerterweise z. T. in denselben Werken macht.

3. Der Kausalitätszusammenhang ist interdependent.
Position 3 stellt gewissermaßen eine erweiterte Fassung von Position 1 dar, indem sie zwar bei der strukturellen Kopplung kausale Einwirkungen der Umwelt auf das System zugesteht, aber nur so, dass die Wirkung der Ursache von den Strukturen des betroffenen Systems gemäß dessen Strukturdeterminiertheit mitbestimmt wird:

> „Man muß der Tatsache Rechnung tragen, daß Wirkungen nur durch den Mitvollzug auf seiten des die Wirkungen erleidenden Systems zustande kommen können.“ (SA 6, 122)

> „Es gibt keinen direkten Kausalzugriff der Umwelt auf das System ohne Mitwirkung des Systems.“ (SoSy, 478)

Hier wird also nicht wie in Position 2 die Möglichkeit von Wirkungen oder der Kausalität bei strukturellen Kopplungen generell bestritten, sondern nur die Möglichkeit, dass die kausalen Einwirkungen der Umwelt unmittelbare Konsequenzen im System hätten, die von der Systemstruktur unabhängig wären.

---

rekursive Relationierung mit anderen Systemelementen überhaupt erst konstituiert werden. Auch das Konzept der Mehrsystemereignisse (s. z. B. WissdG, 37f., 88f, 594; RdG 441) würde ausscheiden, da Ereignisse hier explizit durch Grenzen getrennt werden.

[155] RdG, 440; vgl. WissdG, 564; SA 6, 15, 122; Konkrete Beispiele für derartige kausal relevante Wirkungszusammenhänge durch strukturelle Kopplung gibt Luhmann in GdG, 119: „Dauerirritationen eines bestimmten Typs, etwa die wiederholte Irritation eines Kleinkindes durch die Auffälligkeiten der Sprache oder die Irritation einer auf Landwirtschaft beruhenden Gesellschaft durch Wahrnehmung klimatischer Bedingungen **lenken die Strukturentwicklung in bestimmte Richtung, weil** diese Systeme sehr spezifischen Irritationsquellen ausgesetzt sind und sich **daher** dauernd mit ähnlichen Problemen beschäftigen.“ (Hervorhebungen von mir)

[156] vgl. WissdG, 56 – 59.

Strukturelle Kopplung an Umweltereignisse wird also bei der externen Verrechnung von Systemirritationen vorausgesetzt, die freilich nur in Relation zu den historisch kontingenten Strukturen des Systems als Irritationen fungieren und die aufgrund der Strukturdeterminiertheit nur gemäß den Regeln und Vorgaben der Struktur bearbeitet werden können.[157] Auch die in Position 2 festgestellte Gleichzeitigkeit von System und Umwelt kann in diese Lösung integriert werden, da ein Umweltereignis ja im System synchron als strukturrelative Irritation auftreten kann. Deren Bearbeitung kann von der Umwelt nicht instruiert oder determiniert werden, im System aber dennoch eine strukturelle Anpassung an die geänderten Umweltverhältnisse bewirken.[158]

Diese Lösung scheint von den drei angebotenen Varianten die ausgewogenste zu sein. Man müsste in Abweichung von Position 2 also Kausalität in der strukturellen Kopplung zulassen, sie aber in Präzisierung von Position 1 auf System und Umwelt gleichermaßen verteilen: Nur weil in der Umwelt ein bestimmtes und nicht beliebiges Ereignis auftritt, kann dieses Ereignis auf der Folie der Systemstrukturen überhaupt als Irritation fungieren: Dies ist der unverzichtbare Anteil der Umwelt an der Kausalität struktureller Kopplungen. Es gilt aber zugleich, dass nur deshalb, weil das System aufgrund der Selektivität seiner Strukturen ein Ereignis überhaupt als Irritation bemerken kann, dieses Ereignis im System strukturabhängige Wirkungen auslösen kann: Diesen zur Ermöglichung von Kausalität notwendigen Beitrag leistet das System, so dass sich die Interdependez von System und Umwelt also nicht nur allgemein in der Einheit der Differenz ihrer Form zeigt (s. Kap. 4.1.1), sondern speziell auch hinsichtlich der Kausalität ihrer strukturellen Kopplung.

Damit ist aber genau genommen nur die Frage beantwortet, als was das System Umweltereignisse registrieren kann, nämlich als Irritationen, aber nicht die Frage, wie dieses Registrieren überhaupt vor sich geht. Dieser Befund bestätigt ein Manko, das ich schon häufiger kritisiert habe und das auch die genauere Diskussion von struktureller Kopplung, Anpassung, Kausalität und Irritation nicht beheben konnte: Es gibt in Luhmanns Theorie keinen Ort für eine Schnittstelle zwischen System und Umwelt, obwohl eine solche Schnittstelle für die befriedigende Lösung der genannten Probleme nötig wäre.

Fazit: Das Theorieelement der Systemstruktur ist ein unverzichtbarer Bestandteil in Luhmanns Theoriearchitektur, da Strukturen die Konditionen für die gerichtete rekursive Anschlussfähigkeit der ereignishaften Elemente dauerhaft fixieren und so die komplexitätsbedingt übergroße Zahl gegebener Möglichkeiten durch eine starke restriktive Selektion wirksam reduzieren (Kap. 4.3.1 und Kap. 4.3.2). Dabei verleiht die komplementäre Kombi-

---

[157] Auch die systemrelative Definition von Irritationen hält Luhmann nicht konsequent durch: „Einerseits ist dann klar, daß alles Operieren des Systems Zufuhr von Irritationen aus der Umwelt voraussetzt. [...] Es gibt Unsicherheit, Kontingenz, Alternativität, Negativität im System dadurch, daß die Umwelt komplex und intransparent ist und in das System hineinwirkt." (Luhmann in: Simon, Fritz [Hg.] 1997, 143f.) Wenn die Umwelt in das System „hineinwirken" kann (wie sie das bei rekursiv geschlossenen Systemen macht, bleibt offen) und so dem System Irritationen „zuführen" kann, ist hier die Genese der Irritationen offenbar weder systemintern noch systemrelativ, sondern nach dem klassischen Ursache-Wirkungs-Schema gedacht, das Luhmann sonst vehement bekämpft. Da das Thema ‚Strukturelle Kopplung und Kausalität', wie dargelegt, bei Luhmann recht inkonsistent entfaltet ist, kann man auch die eben zitierte Aussage wohl kaum lediglich als eine etwas sorglose Formulierung abtun.

[158] vgl. RdG, 442f.

nation von ereignishaften, irreversiblen Elementen und relativ dauerhaften, Wiederholung ermöglichenden Strukturen dem System dynamische Stabilität, wobei die Strukturen einerseits ein historisch kontingentes Produkt bisheriger Operationen sind, andererseits aber auch für die Dauer ihrer Gültigkeit die operativen Sequenzen und Prozesse des Systems determinieren. Die Systeme müssen versuchen, ihre Anpassung an die dynamische Umwelt, an die sie strukturell gekoppelt sind, zu erhalten, indem sie ihre Strukturen wechselnden internen oder externen Verhältnissen evolutionär durch Eigentransformation dynamisch anpassen (Kap. 4.3.3). Die bei der strukturellen Kopplung auftretende Kausalität ist gleichmäßig auf System und Umwelt verteilt, da ohne spezielles Umweltereignis im System keine Wirkung auftritt und jedes Umweltereignis seine Wirkung nur gemäß der Strukturdeterminiertheit des Systems entfalten kann (Kap. 4.3.4). Ob die Zeichentheorie das in Luhmanns Systemtheorie bislang ungelöste Problem der System-Umwelt-Schnittstelle lösen kann, und welche Rolle Strukturen in einem Zeichensystem spielen, werde ich in den Kapiteln 8.2, 8.3.7 und 8.3.8 diskutieren.

5. Luhmanns Sinnkonzept

Für alle autopoietischen Systeme sind die Theoriebausteine, die ich in den Kapiteln 4.1 bis 4.3 vorgestellt habe, gleichermaßen charakteristisch wie unverzichtbar: Sie alle operieren mit ereignishaften Elementen, die sich im rekursiven Anschluss und in strukturell konditionierter Relationierung reproduzieren und so die Grenze des Systems zur Umwelt konstituieren und aufrechterhalten. Man kann nun diese abstrakte Ebene der generellen Theorie autopoietischer Systeme konkretisieren und somit in der Beobachtung unterschiedliche Realisationen von Autopoiesis differenzieren.

Luhmann unterscheidet dabei drei Arten autopoietischer Systeme, nämlich psychische Systeme, soziale Systeme und lebende Systeme, wobei er bei der Bezeichnung des letzten Typs schwankt und auch von Leben, biologischen Systemen, neurophysiologischen Systemen oder auch nur vom Gehirn spricht.[1] Innerhalb dieser Dreiergruppe nimmt Luhmann eine weitere Unterscheidung vor, indem er die psychischen und sozialen Systeme als „Sinnsysteme“[2] ausdifferenziert. Dies wird auch in der folgenden Definition deutlich:

> „Als System würde ich einen Komplex von Operationen definieren, der die Fähigkeit hat, sich selbst durch die eigene Reproduktion von der Umwelt abzugrenzen. Also eine Operation, die in der Sequenz des Anschließens weiterer Operationen an zufällig entstandene Anfangsoperationen die Fähigkeit hat, eine Differenz zwischen System und Umwelt zu produzieren. Das mag man in der Biologie mit räumlichen Vorstellungen machen, in der Soziologie oder Psychologie mit Sinn.“ (Luhmann in: Simon, Fritz [Hg.] 1997, 131)

Hier nennt Luhmann wichtige Merkmale rekursiv selbstreferentieller Systeme, zählt dabei die drei Disziplinen auf, die es mit selbstreferentiellen Systemen zu tun haben, und führt Sinn als Differenzkriterium zwischen Soziologie und Psychologie auf der einen und der Biologie auf der anderen Seite ein. Diese Binnendifferenzierung der autopoietischen Systeme nimmt Luhmann schon früh in seinem Werk vor, um seinen eigenen Untersuchungsgegenstand, die sozialen Systeme, präzisieren und die Biologie aus seinem Theoriebau ausschließen zu können.[3]

---

[1] SoSy, 296f.; Luhmann 1986, 77; Luhmann 1990a, 2, 16; SA 5, 53, 114; GuS 4, 60; SA 6, 171; Luhmann 1997, 70; Luhmann in: Simon, Fritz [Hg.] 1997, 186.

[2] Diesen Terminus verwendet Luhmann mehrfach, wenn er psychische und soziale Systeme zugleich bezeichnen möchte (z. B. SoSy, 64f., 96f., 99).

[3] GuS 2, 31; SoSy, 64, 92, 143, 297; Luhmann 1986, 81; Luhmann 1990a, 2; WissdG, 306; Luhmann war zu seinem Konzept der Autopoiesis v. a. durch die biologischen Untersuchungen von Humberto Maturana und Francisco Varela inspiriert worden (s. etwa Maturana 1985 oder Maturana/Varela 1987). Auch wenn sein Schwerpunkt auf den sozialen Systemen und auch deren Verhältnis zu den psychischen Systemen liegt, verliert Luhmann die Biologie nicht völlig aus den Augen. Das Verhältnis der drei autopoietischen Systemarten zu den zwei Sinnsystemarten in Luhmanns Theoriebau ist auch erwähnt bei Konopka 1996, 15; Miller 1987, 197; Starnitzke 1992, 74, 78.

Am Sinnbegriff setzt Luhmann also in seiner Systemtheorie eine wesentliche Spezifikation an, nämlich die hinsichtlich psychischer und sozialer Systeme als Sinnsysteme.[4] Da auch in literatur- und sprachwissenschaftlichen Untersuchungen der Focus mehr auf diesen beiden Systemen als auf den biologischen liegt, werde ich im Folgenden Luhmanns Differenzierungsschema aufgreifen und seinen Sinnbegriff analysieren. Bevor ich aber kläre, inwiefern Sinn ein Supersystem für Bewusstsein und Kommunikation überflüssig machen soll (Kap. 5.2) und was Luhmann genauer mit ‚Sinn' bezeichnet (Kap. 5.3 bis Kap. 5.5), werde ich dem Begriff des Sinnsystems nachgehen (Kap. 5.1). Luhmann macht nämlich keineswegs deutlich, was er damit eigentlich genau meint.[5] Soll ‚Sinnsystem' nur eine Kurzbezeichnung für ein ‚Sinn verwendendes System, das entweder ein psychisches oder ein soziales System sein kann' darstellen oder sollen Sinnsysteme ein eigenständiger Typus autopoietischer Systeme sein mit eigener System-Umwelt-Grenze, mit eigenen ereignishaften und rekursiv reproduzierten Elementen und eigenen Systemstrukturen, welche die Anschlussfähigkeit der Elemente spezifizieren und konditionieren?

5.1 Der Status von Sinnsystemen

Es gibt einige Indizien dafür, dass die zweite angesprochene Variante durchaus von Luhmann gemeint sein könnte. Er spricht nämlich speziell auch Sinnsystemen Merkmale zu, die in seiner Theorie typisch für rekursive, basal selbstreferentielle Systeme sind:

Erstens sieht er gerade in Sinnsystemen das Prinzip der Autopoiesis exemplarisch verwirklicht:

> „Die Selbstbeweglichkeit des Sinngeschehens ist Autopoiesis par excellence." (SoSy, 101)[6]

Zweitens haben Sinnsysteme ihre spezifische Grenze zur Umwelt, nämlich eine Sinngrenze:

> „Sinngrenzen sind nicht nur eine äußere Haut, die wie ein Organ unter anderen gewisse Funktionen erfüllt. Sie ordnen vielmehr die Elemente, aus denen das System besteht und die es reproduziert, dem System zu." (SoSy, 266)

Drittens sind Sinnsysteme selbstreferentiell geschlossen:

> „Sinn trägt sich selbst, indem er seine eigene Reproduktion selbstreferentiell ermöglicht." (SoSy, 141)

> „Kein sinnkonstituierendes System kann also der Sinnhaftigkeit aller eigenen Prozesse entfliehen. Sinn aber verweist auf weiteren Sinn. Die zirkuläre Geschlossenheit dieser Verweisungen erscheint in ihrer Einheit als Letzthorizont allen Sinnes: als *Welt*." (SoSy, 105)[7]

---

[4] Für grundlegende, längere Darstellungen des Sinnkonzepts s. SoSy, 64f., 92 – 147; GdG, 44 – 59.

[5] Den Status von Sinnsystemen hinterfragt auch Greshoff 1997, v. a. 223 – 231 und 240f.

[6] vgl. KdG, 175.

Luhmann gibt nicht explizit an, welche Art von Selbstreferenz er meint. Von den drei Formen der Selbstreferenz, die Luhmann unterscheidet, nämlich basale Selbstreferenz bzw. Rekursivität, Reflexivität und Reflexion, ist aber mit ziemlicher Sicherheit die basale Selbstreferenz gemeint.[8]

Viertens ist die Komplexität von Sinnsystemen temporalisiert,[9] Sinn ist basal instabil und kann nur ereignis- und prozesshaft aktualisiert werden:

> „Das Sinnprozessieren ist vielmehr ein ständiges Neuformieren der sinnkonstitutiven Differenz von Aktualität und Möglichkeit." (SoSy, 100)[10]

Fünftens dürfen die Anschlüsse bei diesem Sinnprozessieren nicht beliebig sein, Sinnsysteme brauchen also eine Struktur:

> „Die Differenz aktuell/potentiell ist die Form, in der Sinn möglich wird. Daher muss die andere Seite der Aktualität, die Potentialität, strukturiert werden, damit sie vom jeweils Aktuellen aus zugänglich ist. Und je kürzer die Dauer der Aktualität, desto schneller muß der Zugriff erfolgen, desto mehr spezifizierte Struktur muß im Bereich des Nächstmöglichen angeboten werden." (SA 5, 108)[11]

Mit diesen Merkmalen von Autopoiesis, Grenze, selbstreferentieller Geschlossenheit, Ereignis- und Prozesshaftigkeit und Struktur könnte man das, was Luhmann als Sinnsystem bezeichnet, tatsächlich für einen eigenständigen Systemtyp halten. Es fehlt aber noch eine Angabe und zwar eine zentrale: Was soll das definierende Systemelement bzw. die konstitutive Operation eines Sinnsystems sein?

An einer Stelle deutet Luhmann das erforderliche Element zumindest an:

> „Auf dieser Grundlage [der Autopoiesis, meine Ergänzung] kann dann jedes (wie immer kurze) Ereignis Sinn gewinnen und Systemelement werden. [...] Sinn gewährleistet somit denjenigen Eigenschaftskomplex, der für die Bildung von Systemelementen notwendig ist, nämlich die Möglichkeit, sich durch Beziehung auf andere Systemelemente bestimmen zu lassen." (SoSy, 101)

Die gegenseitige Bestimmung durch andere Systemelemente entspricht der ateleologischen rück- und vorgreifenden Anschlussfähigkeit, die für Elemente rekursiv selbstreferentieller Systeme konstitutiv ist. Die Systemelemente, von denen hier die Rede ist, könnten also tatsächlich Elemente eines autopoietischen Sinnsystems sein.

---

7 vgl. SoSy, 95, 97, 142f., 494.

8 s. etwa GuS 1, 17: „Jeder Sinn enthält damit eine Art Anschließbarkeitsgarantie für weiteres Erleben und Handeln und eine Garantie für Rekurrenz [...]." oder GuS 2, 31: „Sinn selber ist als Basis für Kommunikation immer auch selbstreferentiell gebaut; erfordert Selektion von Anschlußoperationen [...]." Die Betonung des Anschlusses an diesen Stellen ist nur gerechtfertigt, wenn es um basale Selbstreferenz geht. Das zweite Zitat stützt auch die These, dass das Sinnsystem im Vergleich zu Kommunikationssystemen eigenständig sein könnte, da Sinn als „selbstreferentielle Basis" für Kommunikation eingeführt wird; zur Reflexion und Reflexivität bei Luhmann s. die Punkte 1d und 3d in Kap. 5.3.4.

9 SoSy, 97.

10 s. auch den weiteren Kontext in SoSy, 97 – 101.

11 s. auch GuS 2, 31; SoSy, 94.

Wenn man sich aber vor Augen hält, wie viele und genaue Angaben Luhmann bezüglich der Elemente psychischer und sozialer Systeme, nämlich Gedanken bzw. Kommunikationen, macht, wird man allerdings stutzig, denn Luhmann erwähnt die Elemente der angenommenen Sinnsysteme nie wieder und benennt sie auch an keiner Stelle, von näheren Angaben ganz zu schweigen.[12] Wenn man zudem berücksichtigt, dass Luhmann ‚Sinn' in seinen Werken zunächst v. a. phänomenologisch und in den 1990er Jahren immer stärker formanalytisch und gemäß der Medium-Form-Differenz behandelt (s. Kap. 5.4 und Kap. 5.5), aber nicht mit spezifischer Systemreferenz entwickelt, muss man wohl zu dem Schluss kommen, dass Luhmann unter ‚Sinnsystem' doch keinen eigenständigen Typus autopoietischer Systeme versteht.

Diese theoretische Entscheidung ist Luhmann freilich unbenommen, aber damit fallen alle fünf oben genannten Bestimmungen von Sinn, die an Systemhaftigkeit erinnern, in sich zusammen und werden einem Begriff attribuiert, der letztlich leer bleibt: Sie setzen nämlich alle genau das systemspezifische Element voraus, das Luhmann nicht vorlegt, und ohne Element gibt es auch keine Autopoiesis, keine Grenzkonstitution, keine Selbstreferenz, keinen Prozess und keine Struktur.[13] Die oben zitierten Merkmale, die Luhmann Sinn und dem vermeintlichen Sinnsystem zuspricht, sind damit im wörtlichen Sinne gegenstandslos.

5.2 Sinn und Supersystem

Die Ergebnisse des letzten Kapitels haben gezeigt, dass ‚Sinnsystem' keinen Systemtyp sui generis bezeichnet, so dass man von diesem irreführenden Begriff entweder ganz lassen oder ihn mit der gebotenen Vorsicht nur als eine vereinfachende Sammelbezeichnung für psychische und soziale Systeme verwenden sollte.

---

[12] Das Desiderat eines passenden Elements scheint auch Dirk Baecker aufgefallen zu sein; er schreibt: „Sinnverweisungen sind die Elemente, die sowohl in sozialen Systemen (als Kommunikationen) wie auch in psychischen Systemen (als Gedanken und Vorstellungen) als Operationen verwendet werden, um die Systeme im rekursiven Vor- und Rückgriff auf ihre eigenen Elemente zu reproduzieren." (Baecker 1992, 259) Wenn aber Sinnverweisungen als Elemente in sozialen und psychischen Systemen operativ verwendet werden, kann von einer strikten Trennung der beiden Systemarten nicht mehr die Rede sein. Der Vorschlag läuft eher auf die Bildung eines integrativen Supersystems hinaus, das Baecker freilich so nicht konstruiert und das Luhmann explizit ausschließt; dazu gleich mehr in Kap. 5.2. Auch Rainer Greshoff macht sich auf die Suche nach einem Element für Sinnsysteme und versucht, die *„sinnhafte (Herstellung und) Verarbeitung von Information*" (Greshoff 1997, 230) als Element einzusetzen, kommt aber zu dem Gesamtergebnis, dass Luhmanns Begriff des Sinnsystems entweder gar nicht trägt oder zu stark an einer psychischen Systemreferenz orientiert ist.

[13] Zur zentralen Stellung des Elementbegriffs in Luhmanns Autopoiesistheorie s. Luhmann 1990a, 3; Jan Künzler kritisiert Luhmanns Sinnkonzeption dahin gehend, dass Sinn rein differenziell aufgebaut sei und daher keine Struktur zur Verhinderung entropischer Anschlüsse haben könne (Künzler 1989, 109 – 118, hier v. a. 111f.). Die Zitate zeigen, dass Luhmann schon an die nötige Strukturierung der Anschlussmöglichkeiten gedacht hat. Sein Konzept greift aber wegen der fehlenden Systemhaftigkeit von Sinn nicht. Man muss Künzlers Kritik also noch grundsätzlicher ansetzen.

Das Theorieelement ‚Sinn‘ dient Luhmann zur Konstruktion einer „Theorie, die im Ansatz des Sinnbegriffs psychische und soziale Systeme, Bewußtsein und Kommunikation untergreift und auf eine basale Selbstreferenz zurückbezieht“[14]. Was auch immer mit dieser verschwommenen Formulierung genau gemeint sein mag, es bleibt festzuhalten, dass es psychische und soziale Systeme gemeinsam im Unterschied zu den organischen Systemen mit Sinn zu tun haben sollen. Diese Gemeinsamkeit wird jedoch nicht durch ein eigenes Sinnsystem hergestellt, obwohl, wie gezeigt, einige Positionen Luhmanns eindeutig, aber unvollständig und fehlerhaft in diese Richtung weisen.

An anderen Stellen betont Luhmann allerdings explizit, dass gerade aufgrund seiner Sinnkonzeption kein Supersystem, das Kommunikation und Bewusstsein umfasst, benötigt wird:

> „Personale Systeme und soziale Systeme sind nicht durch ein umfassendes Supersystem zusammengehalten [...]. An die Theoriestelle, wo dies vorgesehen war, tritt jetzt der Sinnbegriff [...].“ (GuS 2, 282)

> „Es gibt, anders gesagt, kein autopoietisches Supersystem, daß [sic!] beide [Kommunikation und Bewusstsein, meine Anmerkung] als Einheit integrieren könnte.“ (SoSy, 367)

> „Das Zusammenspiel von Bewußtseinssystemen und Kommunikationssystemen vollzieht sich also nicht durch Bildung eines Supersystems, das Operationen vollziehen könnte, die nach den strukturellen Determinationen dieses Systems bewußte und kommunikative Operationen integrieren könnten.“ (SA 6, 47)

Diese Aussagen bestätigen neben den oben aufgezeigten Inkonsistenzen, dass Sinn definitiv nicht systemhaft konzipiert ist, was es allerdings umso unverständlicher macht, warum Luhmann ihm dann die im letzten Kapitel referierten und kritisierten Merkmale zuspricht.

Was bei den letzten beiden Zitaten auffällt, ist, dass das angesprochene Supersystem psychische und soziale Systeme bzw. deren spezifische Operationen als Einheit integrieren können sollte. Dies wäre m. E. bei der Konstruktion eines entsprechenden Supersystems gar nicht nötig: Wenn Luhmann lebende, psychische und soziale Systeme als autopoietische Systeme zusammenfasst, bedeutet das ja auch nicht, dass sie deswegen operativ zu einer Einheit zusammengeschlossen werden, sondern nur, dass man ihnen gemeinsame formale Merkmale wie basal selbstreferentielle Geschlossenheit, rekursive Autoreproduktion oder notwendige Strukturhaftigkeit zuspricht.

Der explizite Ausschluss eines Supersystems, das Kommunikation und Bewusstsein umfassen könnte, tritt überdies in Kollision mit einer anderen Position Luhmanns:

> „Aber die komplexeren Fragestellungen kommen auf, wenn man sieht, daß die Verbindung zwischen zwei Systemen immer nur über die Bildung eines neuen Systems möglich ist.“ (Luhmann in: Simon, Fritz [Hg.] 1997, 171)

Wenn also Sinn kein System bildet, Systeme aber nur durch neue Systembildung verbunden werden können, dann kann gemäß dieser Variante eigentlich auch das „Zusammenspiel von Bewußtseinssystemen und Kommunikationssystemen“ nicht durch Sinn vollzogen werden.

---

[14] SoSy, 143.

Als Resümee der letzten beiden Kapitel kann man wohl festhalten, dass das Verhältnis von Systemhaftigkeit und Sinn bei Luhmann inkonsequent, widersprüchlich und insgesamt nur unbefriedigend behandelt ist. Dieses Verhältnis und seine ungelösten Probleme werde ich jetzt allerdings wieder ausblenden und der eingangs in Kapitel 5 zurückgestellten Frage nachgehen, was Luhmann mit ‚Sinn' denn eigentlich genauer bezeichnet.

5.3 Die Phänomenologie von Sinn

Luhmanns Beschreibung von Sinn ist anfangs v. a. phänomenologisch ausgerichtet[15] und enthält drei wesentliche Aspekte:
1. Sinn ist die Einheit der Differenz von Aktualität und Potenzialität (Kap. 5.3.1).
2. Sinn ist differenzlos und unnegierbar (Kap. 5.3.2).
3. Sinn bildet für Systeme, die ihn verwenden, die Weltform (Kap. 5.3.3).

Was ist mit diesen Merkmalen genauer gemeint und wie integriert Luhmann einen derartig konzipierten Sinn in seine Theorie rekursiver Systeme? Diese Fragen möchte ich beantworten, indem ich die drei oben genannten Aspekte jeweils näher ausführe und sie dabei kritisch auf andere Theorieelemente von Luhmanns Entwurf beziehe. Anschließend werde ich noch die drei Sinndimensionen, die Luhmann unterscheidet, vorstellen und dabei auch seine Konzepte von ‚Reflexion' und ‚Reflexivität' einbinden (Kap. 5.3.4).

5.3.1 Sinn als Einheit der Differenz von Aktualität und Potenzialität

Dieser erste Aspekt steht im Zusammenhang mit einem bereits behandelten Thema, nämlich der Komplexität[16] (Kap. 4.1.6): Keine Aktualisierung von Sinn ist imstande, gleichzeitig alle Möglichkeiten von Sinn auszuschöpfen. Daher ist jede Aktualisierung von Sinn notwendig selektiv und eröffnet gerade durch ihre spezifische Selektivität ein neues Potenzial sinnhafter Möglichkeiten. Die Differenz zwischen dem jeweils selegierten aktuellen Sinn und den eben dadurch virtualisierten weiteren Möglichkeiten ist nie schon vorgegeben, sondern sie wird bei der jeweiligen Aktualisierung erst konstituiert. Damit ist jeder aktualisierte Sinn das historische Produkt einer kontingenten Wahl, und da Luhmann Sinn eben als die Einheit der Differenz von Aktualität und den dadurch eröffneten Möglichkeiten definiert, konstituiert sich diese Einheit der Unterscheidung mit jeder Aktualisierung neu, dieser Prozess kommt von sich aus nie zu einem Ende.[17]

Deshalb ist nach Luhmann dem Sinn eine Verweisungsstruktur eigen, indem jede Aktualisierung auf mehr verweist, als in ihr selbst momentan aktuell ist: Verwiesen wird immer

[15] GuS 2, 280; SoSy 93; Luhmann untersucht etwa ab 1990 Sinn verstärkt formanalytisch und unter der Perspektive der Medium-Form-Differenz (WissdG, 109f.; s. dazu Kap. 5.4 und Kap. 5.5). Das bedeutet aber nicht, dass er die phänomenologische Beschreibung von Sinn dadurch ersetzt und diese seither eingestellt hätte (s. etwa GdG, 49).

[16] vgl. Konopka 1996, 16 und Bender 1989, 28 – 31, die sich mit ihrer Kritik am Luhmann'schen Sinnbegriff allerdings hart an der Grenze des Missverständnisses bewegt.

[17] SoSy, 94 – 111; SA 5, 23; GdG 47, 54f., 142.

auf weitere, momentan inaktuelle, gerade durch das je Aktuelle virtualisierte Möglichkeiten von Sinn. Jeder dieser Verweise unterliegt der oben angesprochenen historischen Kontingenz und Selektivität im Rahmen der Gesamtkomplexität von Sinn.[18]

Mit diesem ersten Aspekt von Sinn sind nun einige Probleme verbunden: Sie beginnen schon mit dem Verhältnis von Sinn und Komplexität. Wie in Kapitel 4.1.6 ausgeführt, definiert Luhmann Komplexität in der Form der Unterscheidung von kompletter und selektiver Relationierung von Elementen. Er behält diese Definition explizit auch bezüglich seiner Sinnkonzeption bei,[19] benennt aber keine Elemente von Sinn, was er allerdings tun müsste, um überhaupt eine konsistente Verbindung von Sinn und Komplexität herstellen zu können.[20] Um nun diese Verbindung nicht völlig ins Leere laufen zu lassen, könnte man die sinnhafte Komplexität auf die Elemente der Sinnsysteme (d. h. der psychischen bzw. sozialen Systeme), also Gedanken bzw. Kommunikationen, beziehen. Das ginge zwar insoweit, als psychische und soziale Systeme über die erforderliche Binnenkomplexität verfügen.

Allerdings lässt sich diese Überlegung nicht weiter verfolgen, ohne eine gewichtige Konsequenz in Kauf nehmen zu müssen: Wenn man die Komplexität von Sinn an die Binnenkomplexität elementarer Operationen basal selbstreferentiell geschlossener Systeme koppelt, verliert Sinn seinen Status als Differenzmerkmal zwischen psychischen und sozialen Systemen auf der einen Seite und den übrigen autopoietischen Systemen auf der anderen Seite. Denn bei dieser Argumentation träfe die Komplexitätsform von Sinn ebenso auf lebende Systeme bzw. auf alle autopoietischen Systeme zu, die überhaupt Binnenkomplexität und somit notwendige Selektivität aufweisen. Da diese Konsequenz der Luhmann'schen Theoriearchitektur widerspricht, bleibt nur der Schluss, dass die Relation von Komplexität und Sinn in der von Luhmann gebotenen Form nicht tragbar ist.

Die nächsten Schwierigkeiten ergeben sich, wenn man die angegebene Verweisungsstruktur von Sinn näher betrachtet:

> „Sinn besagt, daß an allem, was aktuell bezeichnet wird, Verweisungen auf andere Möglichkeiten mitgemeint und miterfaßt sind. Jeder bestimmte Sinn meint also sich selbst und anderes." (GdG, 48)

Diese Verweisungsstruktur realisiert sich dadurch, dass von jeder Aktualität aus eine der Möglichkeiten, die sie selbst erst eröffnet, als Anschluss gewählt werden muss:

> „Und Sinn haben heißt eben: daß eine der anschließbaren Möglichkeiten als Nachfolgeaktualität gewählt werden kann und gewählt werden muß [...]. Die Differenz von Aktualität und Möglichkeit erlaubt mithin eine zeitlich versetzte Handhabung und damit ein Prozessieren der jeweiligen Aktualität entlang von Möglichkeitsanzeigen." (SoSy, 100)

Bei Formulierungen wie „anschließbar" und „Nachfolgeaktualität" kann man hellhörig werden und sich an Luhmanns theoretische Konzeption der Rekursivität erinnert fühlen

---

[18] Luhmann betont bis in sein Spätwerk immer wieder gerade die Verweisungsstruktur von Sinn: GuS 1, 35, 246f.; GuS 2, 279; SoSy, 93, 142; WissdG, 683; KdG, 173f.; GdG, 48f.

[19] GdG, 142.

[20] Wie schon bei der Kritik der Umweltkomplexität (s. Kap. 4.1.6) und der angenommenen Systemhaftigkeit von eigenständigen Sinnsystemen (s. Kap. 5.1) stellt die fehlende Angabe spezifischer Elemente das entscheidende Manko dar, das den gesamten Entwurf fragwürdig macht.

(Kap. 4.2.3 und Kap. 4.2.4): Hier sind nämlich schon alle Merkmale, die oben dem Sinn zugesprochen wurden, entfaltet, nämlich zeitlicher Prozesscharakter, Historizität, Selektivität des jeweils Aktuellen, die notwendigerweise immer auch auf ein neues Potenzial weiterer Anschlussmöglichkeiten für Nachfolgeereignisse verweist. Und auch die Identität eines jeweils aktuellen Elements kann nur als Einheit einer Differenz beschrieben werden, nämlich seiner Differenz zu seinen Vorgänger- und Nachfolgeereignissen. Dass es sich bei dieser ‚Hellhörigkeit' nicht um eine beliebige Assoziation handelt, zeigt folgende Stelle:

> „Sinn kann nur durch »nichttriviale Maschinen« realisiert werden, die ihren eigenen Output als Input verwenden und dadurch unberechenbar werden." (KdG, 175, Anm. 17)

Den „eigenen Output als Input" zu verwenden, also die eigenen Produkte zur Grundlage jeder Neuproduktion zu machen, ist genau das zentrale Merkmal von Rekursivität. Damit ist zwar gezeigt, dass das ‚Prozessieren von Sinn' und Rekursivität in ihrer theoretischen Anlage deutliche Parallelen aufweisen, was aber noch nicht bedeutet, dass das Sinnkonzept mit dem der Rekursivität ohne weiteres kompatibel ist.

Wenn man sich die ausgeprägte Nähe des Sinns zur Rekursivität vor Augen hält, kann man erstens wie schon oben bei der Problematisierung der Komplexität stark bezweifeln, ob Sinn überhaupt noch als Differenzkriterium innerhalb der autopoietischen Systeme dienen kann, da doch alle autopoietischen Systeme rekursiv operieren.[21] Zweitens ist Rekursivität wie auch Komplexität an die Theoriestelle des Elements gekoppelt, die bei Sinn nicht besetzt ist: Was also mit „Nachfolgeaktualität" des Sinns oder sinnspezifischem „Output" konkret gemeint sein soll, bleibt damit offen. Es ist also auch hier das Fehlen des Elements, das die Kompatibilität von Sinn mit Merkmalen der Rekursivität in Frage stellt.[22] Drittens repräsentiert Rekursivität den operativen Mechanismus der elementaren Autoreproduktion des Systems, während Sinn, wie in Kapitel 5.1 gezeigt, über keine eigenen Operationen verfügt.

Dies ist bei allen Parallelen von Sinn und Rekursivität nicht nur ein zusätzlicher bedeutender Unterschied, sondern führt zu einer weiteren Schwierigkeit hinsichtlich des Verweisungskonzepts von Sinn: Wie soll Sinn, ohne selbst operieren zu können, in der Lage sein,

---

[21] Luhmann äußert sich in der *Wissenschaft der Gesellschaft* selbstkritisch hinsichtlich einer rein phänomenologischen Beschreibung von Sinn. Er sucht eine Verbindung zwischen ereignishaftem Beobachten und Sinn herzustellen: „Aber wenn man den Ausführungen des Textes folgt, lassen sich auch Gründe dafür angeben, daß ein zeitlich auf Ereignisse verkürztes Beobachten die Welt de-simultaneisiert und dann, wenn es sich trotzdem anschlußfähig fortsetzen will, jene Differenz von aktueller Wirklichkeit und weiteren Möglichkeiten erzeugt, die in der Form von Sinn erscheint." (WissdG, 109f., Anm. 56) Auch hier ist implizit von der rekursiven, basalen Selbstreferenz die Rede, und wenn in deren Ereignishaftigkeit und Anschlussfähigkeit die „Form von Sinn erscheint", kann Sinn kein Differenzkriterium innerhalb rekursiv operierender Systeme sein, sondern erscheint dann bei allen binnenkomplexen rekursiven Systemen.

[22] Welches Theorieelement bei dieser ‚Doppelung' zeitlich primär sein und für das andere werkgenetisch Pate gestanden haben mag, ist an dieser Stelle unwichtig. Es ist aber anzunehmen, dass das zeitlich frühere Sinnkonzept durch Luhmanns Kontakt mit der Theorie autopoietischer Systeme in den 1980ern entsprechend in Richtung Rekursivität transformiert worden ist. Die konsistentere Variante ist allerdings mit Sicherheit die der Rekursivität, da hier der nötige operative Elementbegriff theoretisch integriert ist.

auf etwas zu verweisen?[23] Auch wenn sich jeder aktualisierte Sinn einer Selektion verdankt und ein neues, von ihm selbst notwendig differentes Potenzial eröffnet, er seine Identität also durch Differenz gewinnt, kann er diese Differenz doch selbst nicht beobachten und damit kann er auch nicht auf sie verweisen. Diese Beobachtung und dieser Verweis wären nur durch Operationen möglich, und zwar durch zeitlich nachfolgende Operationen, aber da Sinn über keine Operationen verfügt, hat er eben auch nicht die Möglichkeit zur Beobachtung und zum Verweis.[24] Zudem ist es ein Unterschied, ob aktualisierter Sinn weitere Möglichkeiten nur eröffnet oder ob er auch selbst zugleich auf sie verweist: Im ersten Fall kann nur ein Beobachter den Verweis auf die anderen Möglichkeiten durchführen, im zweiten Fall wird der Verweis dem aktualisierten Sinn selbst zugerechnet.[25]

Bereits der erste Aspekt von Sinn, nämlich seine Definition als Einheit der Differenz von Aktualität und Potenzialität, bereitet also in seinem Verhältnis zu Komplexität, Rekursivität und Verweisungsstruktur nicht unerhebliche Schwierigkeiten.

5.3.2 Die Differenzlosigkeit und Unnegierbarkeit von Sinn

Wollen wir nun den zweiten genannten Aspekt, die Differenzlosigkeit und Unnegierbarkeit von Sinn, näher betrachten. Dieser Aspekt hängt mit dem ersten zusammen: Denn wenn Sinn als die Einheit der Unterscheidung von Aktualität und Potenzialität definiert ist, kann diese Einheit nicht mehr von etwas anderem unterschieden werden, ohne dass wieder Sinn aktualisiert würde. Die Wahl jeder beliebigen Differenz entspricht nämlich einer selektiven Aktualisierung, die alles nicht Selegierte virtualisiert, und eben dadurch regeneriert sich die Form von Sinn, ohne dass es dazu eine Alternative gäbe. Auch durch Negation von Sinn entsteht keine Sinnlosigkeit, da ja auch Negationen Sinn haben. Insofern ist bestimmter Sinn nur durch Sinnproduktion negierbar und somit ist Sinn als solcher unnegierbar. Diese Merkmale der Differenzlosigkeit und der Unnegierbarkeit gelten allerdings nur für die Sinnsysteme, d. h. psychische und soziale Systeme.[26]

Man könnte nun diesen zweiten Aspekt des Luhmann'schen Sinns einfach dadurch ablehnen, dass man ihn – durchaus zu Recht – als Konsequenz der Sinndefinition ansieht und

---

[23] Bei der hier postulierten Verweisungsfunktion könnte man auch an das Verweisen von Zeichen denken, jedenfalls scheint Luhmann das befürchtet zu haben. Er grenzt die Verweisungsstruktur von Sinn explizit gegen die des Zeichens ab (SoSy, 107); Näheres hierzu in Kap. 6.

[24] Die in der phänomenologischen Beschreibung von Sinn fehlende ereignishafte Operativität veranlasst auch Peter Fuchs zur Kritik (Fuchs 1993, 52, 62 – 66).

[25] vgl. folgende zwei Sinndefinitionen: „[...] immer beruht Sinn auf der Differenz von aktual vollzogenem Inhalt und Verweisung auf (letztlich unendlich viele) weitere Möglichkeiten." (WissdG, 683)
„Man kann deshalb sagen, daß Sinn durch die Unterscheidung von Aktualität und Potentialität (oder: von Wirklichkeit in momentaner Gegebenheit und Möglichkeit) konstituiert wird." (KdG, 174) Bei diesen Definitionen wird die Aktualitätsseite der Unterscheidungsform von Sinn konstant gehalten, auf der anderen Seite aber der Verweis auf Möglichkeiten durch die bloße Möglichkeit ersetzt. Diese beiden Variationen sind logisch nicht gleichwertig, da ein Verweis eine mindestens zweistellige Relation erfordert, Möglichkeit aber nur eine einstellige Relation ist.

[26] GuS 1, 64f.; GuS 2, 279; SoSy, 93, 96f., 110; Luhmann 1990a, 26; SA 5, 23; KdG, 61, 66; GdG, 49.

man diese aufgrund ihrer oben entfalteten Problematik nicht übernimmt; damit fielen auch alle ihre Konsequenzen weg. Diesen Weg möchte ich allerdings nicht beschreiten, sondern halte es für interessanter, einen Blick auf die Kritik zu werfen, die Luhmanns Konzept der Differenzlosigkeit und Unnegierbarkeit von Sinn erfahren hat.

Alois Hahn und Georg Lohmann haben sich der Problematik der Sinnlosigkeit bzw. des Sinnverlusts bei Luhmann gewidmet.[27] Mit unterschiedlicher Argumentation kommen beide zu dem Ergebnis, dass das Phänomen der Sinnlosigkeit auf der Ebene der Selbstbeschreibung eines Systems anzusiedeln sei. Diese Selbstbeschreibung kann das System durch Reflexivität und Reflexion[28] anfertigen und darin einen zeitlichen Abschnitt oder seine gesamte Existenz als sinnlos bezeichnen. Dieser Fall könnte z. B. auftreten, wenn das System nicht mehr in der Lage ist, seiner reflexiven oder reflektierten Selbstbeschreibung Konsistenz oder Kohärenz zu verleihen. Diese selbstbeschreibende Bezeichnung als sinnlos stellt zwar eine Beobachtung auf höherer Ebene dar, hätte aber nach Luhmanns Definition auch Sinn, obwohl sie diesen ihrem Gegenstand, also z. B. einer bestimmten Phase oder der Gesamtexistenz, explizit abspricht.[29]

Anstatt nun diese kontraintuitive Konsequenz der Sinndefinition zu kritisieren, kann man fragen, wie denn unter diesen Umständen Sinnhaftigkeit dennoch aufrechterhalten werden soll. Die Antwort liegt bereits nahe: Da die Ebenen der Reflexivität und Reflexion aus den genannten Gründen ausscheiden, bleibt nur noch Rekursivität übrig, ein Befund, der nach den bereits erzielten Ergebnissen nicht überrascht: Die große Nähe von Sinn zu den rekursiven Operationen psychischer und sozialer Systeme ist uns schon mehrfach begegnet, war nie frei von Problemen und ist es auch diesmal nicht.

Die Ebene der rekursiven Autoreproduktion der Systemelemente soll also die Ebene sein, auf der bei sinnhaft operierenden Systemen differenzlos und unnegierbar stets Sinn produziert wird.[30] Da Luhmann dem Sinn schon Eigenschaften der Rekursivität zugesprochen hat, könnte man nun umgekehrt prüfen, ob und inwiefern die Merkmale der Differenzlosigkeit und der Unnegierbarkeit exklusiv nur Sinn zukommen oder ob man sie auch bei den rekursiven Systemoperationen beobachten kann: Letzteres würde den Sonderstatus, den Luhmann dem Sinn zuerkennt, deutlich in Frage stellen. Ich möchte dazu zwei Zitate von Luhmann heranziehen:

> „Formal ist der Code deshalb möglich, weil Sinn ohnehin eine differenzlose, ihre eigene Negation einschließende Kategorie ist. Jedenfalls werden die Operationen des Denkens und Kommunizierens durch keine Negation von Sinn unterbrochen, sondern nur durch das Aufhören des Denkens und Kommunizierens." (GuS 3, 352)

---

[27] Hahn 1987; Lohmann 1987.

[28] Reflexivität und Reflexion bilden mit Rekursivität die drei Formen der Selbstreferenz: Reflexivität liegt vor, wenn das System eigene Prozesse zum Gegenstand seiner Beobachtungen macht, Reflexion, wenn es sich selbst in seiner Gesamtheit bzw. Identität zum Gegenstand seiner Beobachtungen macht; s. hierzu die Punkte 1d und 3d in Kap. 5.3.4.

[29] vgl. GdG, 51f.

[30] In diesem Punkt schließt sich Alois Hahn explizit Luhmann an (Hahn 1987, 157f.), und auch Georg Lohmann sieht die Rekursivität als basale Ebene der Sinnproduktion an (Lohmann 1987, 170 – 173).

> „Es gibt, weil die Autopoiesis der Kommunikation immer auch über Negation laufen kann, keine unnegierbaren Positionen. Nur die Sinnhaftigkeit als solche, die Positivität und Negativität übergreift, ist eine unnegierbare Kategorie; was nichts anderes heißt, als daß eine sinnhafte Autopoiesis nur fortgesetzt werden kann oder aufhören muß." (WissdG, 321)

Im ersten Zitat wird die Differenzlosigkeit und Unnegierbarkeit von Sinn deutlich an die rekursive Autoreproduktion von Bewusstsein bzw. Kommunikation gekoppelt. Bei genauerem Hinsehen fällt allerdings auf, dass man mit dieser Art von Argumentation auch die Differenzlosigkeit und Unnegierbarkeit von Bewusstsein und Kommunikation herleiten könnte: Es werden nämlich weder die „Operationen des Denkens" durch die Negation eines Gedankens unterbrochen, noch die des Kommunizierens durch die Negation einer Kommunikation: Da ein psychisches System ja einzig Gedanken als rekursive Operationen zur Verfügung hat und ein soziales System nur Kommunikationen, sind für die beiden Systemarten Gedanken bzw. Kommunikationen ebenso differenz- und alternativenlos nötig, wie Luhmann es für Sinn behauptet. Genauso ist Bewusstsein und Kommunikation ‚an sich' für psychische bzw. soziale Systeme unnegierbar, da sie ja zur Negation wieder Bewusstsein bzw. Kommunikation benutzen müssten: Diese sind nämlich definitionsgemäß ihr einziger und somit auch differenzloser Operationsmodus und können daher als solcher auch nicht negiert werden.

Diese Perspektive löst auch den fehlerhaften Ebenenwechsel auf, den Luhmann im zweiten Zitat implizit macht: Während er bei der Negierbarkeit von Kommunikation noch von kommunikativen Einzelpositionen spricht, wechselt er beim Sinn die Ebene, wenn er „Sinnhaftigkeit als solche" betrachtet: Ebenso wie durchaus jede als bestimmter Sinn aktualisierte Sinnofferte negiert werden kann, kann auch jeder einzelne Gedanke oder jede einzelne Kommunikation negiert werden. Aber genauso, wie nach Luhmann „Sinnhaftigkeit als solche" für Sinnsysteme unnegierbar und differenzlos sein soll, ist auch ‚Kommunikation als solche' für Kommunikationssysteme und ‚Bewusstsein als solches' für Bewusstseinssysteme unnegierbar und differenzlos. Man könnte im zweiten Zitat also ohne jede Veränderung des Inhalts und seiner Konsequenzen auch sagen, dass eine bewusstseinsförmige oder kommunikative „Autopoiesis nur fortgesetzt werden kann oder aufhören muß".

Hat sich oben schon herausgestellt, dass Luhmann offenbar bei Sinn inkonsequent mit Merkmalen rekursiv operierender Systeme arbeitet, so zeigt sich nun, dass Merkmale, die Luhmann eigentlich exklusiv dem Sinn zuspricht, auch auf rekursiv autopoietische Systeme übertragbar sind. Dadurch wird der Sonderstatus und überhaupt die Rolle von Sinn in Luhmanns Theoriebau immer undurchsichtiger.

5.3.3 Sinn als Weltform

Obwohl dieser dritte Aspekt ebenfalls mit den ersten beiden Aspekten und deren Problemhaltigkeit eng verknüpft ist, möchte ich auch dieses Thema für sich vorstellen und kritisieren. Luhmann geht wieder von der Differenzlosigkeit von Sinn für Sinnsysteme aus: Derentwegen können sie sowohl sich selbst als auch ihre Umwelt nur sinnhaft beobachten, so dass Sinn die Differenz von System und Umwelt umfasst.[31] Und da die Einheit der Differenz von System und Umwelt die Welt ist, wird Sinn zu der Form, in der Sinnsysteme die Welt zumindest als Horizont beobachten können und müssen:

> „Nicht alle Systeme verarbeiten Komplexität und Selbstreferenz in der Form von Sinn; aber für die, die dies tun, gibt es *nur* diese Möglichkeit. Für sie wird Sinn zur Weltform und übergreift damit die Differenz von System und Umwelt." (SoSy, 95)[32]

> „Wohlgemerkt: die Umwelt kann durch Sinnsysteme nur, aber auch das ist innenbedingt, in der Form von Sinn erfahren und bearbeitet werden. Das gilt auch für physische, chemische, organische Systeme der Umwelt, die selbst nicht unter der Form von Sinn operieren. Sinnsysteme *in der Umwelt* sind ein Sonderfall [...]." (SoSy, 147)[33]

Da diesen Überlegungen wieder das Theorem der Differenzlosigkeit zugrunde liegt, wie v. a. das erste Zitat zeigt, treten auch wieder ähnliche Schwierigkeiten und Konsequenzen wie schon oben auf: Auch das Merkmal, Weltform zu sein, kann man Kommunikation bzw. Bewusstsein als den elementaren Operationsformen sozialer bzw. psychischer Systeme zuschreiben. Denn diese Systeme können sowohl Systembezüge, d. h. Selbstreferenz, als auch Umweltbezüge, d. h. Fremdreferenz, nur kommunikativ bzw. bewusstseinsmäßig vollziehen, auch für sie „gibt es *nur* diese Möglichkeit": So betrachtet sind auch Kommunikation und Bewusstsein „Weltformen", welche die Differenz von System und Umwelt übergreifen.

Nun ist freilich weiterführend zu fragen, wieso ausgerechnet soziale und psychische Systeme bzw. Kommunikation und Bewusstsein ihre Operationen vor dem Horizont der Welt vollziehen können. Diese Eigenschaft haben psychische und soziale Systeme nur, weil sie die Unterscheidung zwischen System, also sich selbst, und Umwelt nicht nur operativ vollziehen und sich nicht nur durch basale Selbstreferenz zur Umwelt hin abschließen. Die basale System-Umwelt-Unterscheidung kann nämlich bei diesen Systemtypen darüber hinaus auf der Systemseite wieder eintreten, also ein re-entry vollziehen,[34] so dass Bewusstsein und Kommunikation ihre Beobachtungen an dieser Differenz orientieren können:

---

[31] In diesem Punkt liegt ein Missverständnis in Klaus Hempfers Kritik an Luhmanns Konzept von ‚Sinn als Weltform' vor: Er meint, Luhmann wolle Sinn der Umwelt als „Leistung" (Hempfer 1990, 31) zusprechen. Dies deckt sich allerdings nicht mit Luhmanns Texten. Gemeint ist nur, dass Sinnsysteme auf der Basis von Sinn zwar nur intern operieren können (wo auch sonst?), gleichzeitig aber wegen der Differenzlosigkeit von Sinn auch ihre Aussenseite, die Umwelt, nur sinnhaft behandeln können; s. hierzu das zweite der folgenden Zitate.

[32] vgl. WissdG, 110; GdG 54f., 57, 142f.

[33] vgl. WissdG, 306.

[34] s. hierzu auch Kap. 4.1.3.

„Die Differenz System/Umwelt kommt zweimal vor: als *durch* das System *produzierter* Unterschied und als *im* System *beobachteter* Unterschied." (GdG, 45)

Das re-entry der Leitunterscheidung System-Umwelt in das System ist also die entscheidende Theoriestelle dafür, dass Bewusstsein bzw. Kommunikation über Selbst- bzw. Fremdreferenz sowohl System als auch Umwelt beobachten können und somit die Welt als Einheit dieser Differenz zum Horizont haben. Luhmann stellt nun einen Zusammenhang zwischen diesem re-entry und Sinn her:

„Das für das System selbst sichtbare Resultat dieser Konsequenzen des re-entry soll im Folgenden mit dem Begriff »Sinn« bezeichnet werden." (GdG, 46)

Dies gibt dem Sinnkonzept wieder eine deutlich andere Wendung: Hier ist von Systemhaftigkeit oder Autopoiesis des Sinns (s. Kap. 5.1) keine Rede mehr und auch die Unterscheidung von Aktualität und Potenzialität (s. Kap. 5.3.1) steht nicht mehr im Vordergrund, sondern Sinn ist hier ein vom re-entry abgeleitetes Phänomen. Dieses Phänomen tritt nur in Systemen auf, die aufgrund ihrer „Reflexionskapazität"[35] zu dem re-entry der System-Umwelt-Unterscheidung in der Lage sind, also in psychischen und sozialen Systemen. Diese Systeme ziehen also ihre Systemgrenze nicht nur durch basale Selbstreferenz (s. Kap. 4.1.2), sondern können die Grenze mit deren beiden Seiten auch beobachten und thematisch zum Gegenstand ihrer Operationen machen.[36]

Mit diesem theoretischen Zusammenhang liegt ein wirklich tragfähiges Differenzkriterium zwischen sozialen und psychischen Systemen auf der einen und den übrigen autopoietischen Systemen auf der anderen Seite vor, allerdings bildet dieser Zusammenhang nicht die Hauptargumentationslinie für Luhmanns Sinnkonzept, sondern wird jeweils eher am Rande erwähnt als breit vorgestellt.[37] Anstatt diesen Ansatz, der im Rahmen der bisher vorgestellten Sinnkonzeption Luhmanns eindeutig der konsistenteste und befriedigendste ist, weiter auszubauen, belastet Luhmann ihn eher mit Schwierigkeiten.

Das oben dargestellte Abhängigkeitsverhältnis von re-entry-Fähigkeit eines Systems und Sinn ist sowohl eindeutig als auch plausibel: re-entry-Fähigkeit ist die Voraussetzung dafür, dass sich Sinn als Konsequenz bzw. Resultat einstellen kann. Dieses Verhältnis dreht Luhmann allerdings auch um, was freilich die Vorteile dieser Lösung verspielt und wieder bei den ungelösten Problemen der Sinnkategorie endet:

„For meaning-based conscious and social systems the autopoietic mode of meaning gives the possibility of „reentry", i.e., of presenting the difference of system and environment within the system." (Luhmann 1990a, 12)

---

[35] Luhmann 1993d, 62; Der Begriff der **Reflexion**skapazität ist hier durchaus wörtlich zu nehmen, denn Reflexion kommt nach Luhmann als eine Form der Selbstreferenz genau dadurch zustande, wenn das System seinen Beobachtungen die Differenz von System und Umwelt zugrunde legt (SoSy, 601; s. auch Punkt 1d in Kap. 5.3.4).

[36] SoSy, 64, 96; Luhmann 1993d, 61f.; GdG, 45f.

[37] Zumindest in einem schwachen argumentum e silentio kann man darauf hinweisen, dass Luhmann an den meisten Stellen, an denen er das re-entry thematisiert und eine Querverbindung zur Sinnkategorie möglich oder sogar zu erwarten gewesen wäre, den hier vorgestellten Zusammenhang nicht herstellt (s. z. B. WissdG 311, 482; KdG, 206; GdG, 182).

Problematisch an dieser Stelle ist wieder die angebliche, theoretisch aber nicht abgedeckte Autopoiesis von Sinn (s. Kap. 5.1) und vor allem der Umstand, dass Sinn nun die Möglichkeit des re-entry erst eröffnen soll, anstatt sich umgekehrt diesem zu verdanken. Abgesehen von dieser deutlichen Widersprüchlichkeit im Theoriebau leitet Luhmann nicht her, durch welche seiner Eigenschaften Sinn das re-entry denn ermöglichen soll, und nach meinen bisherigen Untersuchungen des Sinnkonzepts ist auch stark daran zu zweifeln, ob die notwendige Herleitung in konsistenter Form möglich wäre.

An einer anderen Stelle wird die Verbindung von Sinn und re-entry zwar nicht explizit angesprochen, es ist aber dennoch aufschlussreich, dieses Zitat unter dieser Perspektive zu lesen. Es ist im Folgenden zwar nur von Kommunikationssystemen als Sinnsystemen die Rede, aber alle Aussagen sind mutatis mutandis auch auf Bewusstseinssysteme übertragbar:

> „Communication systems develop a special way to deal with complexity, i.e., introducing a representation of the complexity of the world into the system. I call this representation of complexity „meaning" – avoiding all subjective, psychological, or transcendental connotation of the term. The function of meaning is to provide access to all possible topics of communication." (Luhmann 1990a, 146)

Abgesehen von der fragwürdigen Verbindung von Sinn und Komplexität (s. Kap. 5.3.1) und den Unklarheiten des Luhmann'schen Weltbegriffs (s. Kap. 4.1.7) liegt ein interessantes Problem darin, dass Sinn der Kommunikation Zugang zu allen möglichen Gegenständen, also den Welthorizont eröffnen soll. Diese Gegenstände können bei einer zumindest operativ bereits bestehenden Unterscheidung von (Kommunikations-)System und Umwelt ja nur je einer der beiden Seiten zugerechnet werden. Um also Zugang zur Gesamtheit dieser Gegenstände haben zu können, muss das System bereits ein re-entry der System-Umwelt-Differenz vollzogen haben: Die unausgesprochene Voraussetzung, dass bereits ein re-entry stattgefunden hat, muss gewährleistet sein, damit Sinn die ihm hier zugesprochene Funktion überhaupt erfüllen kann. Auch dies legt wieder nahe, eher das re-entry als primär und zentral und Sinn bestenfalls als sekundär und abgeleitet anzusehen, als dem Sinn den gleichen hohen Stellenwert zu geben, wie Luhmann es tut.[38]

5.3.4 Die drei Sinndimensionen

Luhmann unterscheidet im Gesamtphänomen Sinn drei Dimensionen, nämlich die Sach-, Sozial- und Zeitdimension:

> „Hier liegt der Grund dafür, daß wir auch die *Dekomposition des Sinnes schlechthin* nicht nur als Differenz, sondern als *Dekomposition in Differenzen vorfinden.* Wir werden diesen Befund durch den Begriff *Sinndimensionen* bezeichnen und unterscheiden *Sachdimension, Zeitdimension und*

---

[38] Auf ein Letztes sei noch hingewiesen: Luhmann spricht im obigen Zitat von Sinn als systeminterner Repräsentation von Weltkomplexität. Wie schon bei dem Begriff des Verweises verwendet Luhmann auch mit „representation" wieder einen – von sozialen oder politischen Aspekten dieses Begriffs abgesehen – semiotischen Terminus. Wie Sinn als Repräsentation zu denken sei, zumal Luhmann Sinn und Zeichen explizit trennt (SoSy, 107), ist nicht ohne weiteres ersichtlich. Der Zusammenhang von Zeichen und Sinn ist also noch zu klären (s. Kap. 6, hier v. a. Kap. 6.4).

Sozialdimension. Jede dieser Dimensionen gewinnt ihre Aktualität aus der Differenz zweier Horizonte, ist also ihrerseits eine Differenz, die gegen andere Differenzen differenziert wird.“ (SoSy, 112)[39]

Die Dekomposition von Sinn in drei Dimensionen, die Luhmann hier anspricht, kann nur für analytische oder heuristische Zwecke vollzogen werden, denn bei jeder Aktualisierung des Phänomens Sinn treten alle drei Dimensionen zusammen auf. Das bedeutet freilich nicht, dass in Sinnsystemen wie psychischen oder sozialen Systemen bei der Aktualisierung von Sinn die drei Dimensionen im Bewusstsein oder in der Kommunikation thematisiert werden müssen. Es besagt nur, dass immer ein bestimmtes Sinnsystem (Sozialdimension) zu einem bestimmten Zeitpunkt seiner rekursiven Autoreproduktion (Zeitdimension) einen bestimmten Gegenstand (Sachdimension) bewusstseinsmäßig oder kommunikativ behandeln muss.[40]

In dem obigen Zitat spricht Luhmann auch an, dass die drei Sinndimensionen ebenso differenzbasiert sind wie das Gesamtphänomen Sinn selbst. Luhmann beschreibt Sinn ja phänomenologisch als die Einheit der Differenz von Aktualität und Potenzialität (s. Kap. 5.3.1) und analog stellt auch jede Sinndimension die Einheit einer dimensionsspezifischen Differenz dar, wie ich unten in den Punkten 1 bis 3 noch näher ausführen werde. Diese dimensionsspezifischen Differenzen weisen für die jeweilige Sinndimension dieselbe Universalität auf, die auch der Sinn als ganzer hat. Denn die Dimensionen schließen in ihrem jeweiligen Bereich keinen Bezug auf den sachlichen, sozialen oder zeitlichen Aspekt der Welt aus.

Jede dimensionsspezifische Differenz kann auf jede beliebige Sinnaktualisierung in einem weiteren Differenzierungsschritt erneut angewandt werden. Dadurch lässt sich die Welt gemäß den drei Sinndimensionen potenziell unendlich ausdifferenzieren. Hierbei wendet jede Sinndimension ihr eigenes Differenzschema an, so dass es nach Luhmanns Differenztheorie keinen einheitlichen Beobachterstandpunkt geben kann, der unterschiedlich ausdifferenzierte Weltperspektiven wieder in sich integrieren könnte.[41]

Nach diesen allgemeineren Ausführungen zu den Sinndimensionen werde ich diese nun in den Punkten 1 bis 3 einzeln vorstellen, wobei ich freilich auch auf die Querverbindungen zwischen ihnen hinweisen werde.

1. Die dimensionsspezifische Differenz der Sachdimension liegt in der Unterscheidung von ‚dies – anderes‘: Mit dieser Unterscheidung kann universell jeder mögliche Weltgegenstand behandelt werden, der aber dadurch überhaupt erst gewonnen wird, dass er von etwas anderem unterschieden wird:

---

[39] vgl. GuS 1, 35; GuS 2, 283; GdG, 1136.

[40] SoSy, 127; GdG, 1137; Eine vergleichbare Konstellation tritt auch in Peirces Zeichen und einem damit konstruierten Zeichensystem auf: Auch sein triadisches Zeichen ist nur analytisch dekonstruierbar (s. Kap. 8.1.1) und jede Darstellung eines bestimmten Zeichensystems (Sozialdimension) muss zu jedem bestimmten Zeitpunkt der Semiose (Zeitdimension) einen bestimmten Objektbezug haben (Sachdimension).

[41] SoSy, 112, 132 – 135; Diesem zweiwertig differenztheoretischen Denken steht Peirces Ansatz gegenüber, der auf einer triadischen Relationslogik aufbaut und in seinen Konzepten des finalen Interpretanten bzw. der *final opinion* und seinem Wahrheits- und Realitätsbegriff zumindest regulative Ideen anbietet, die diese Integrationsleistung in Kombination mit Peirces Synechismus theoretisch erbringen könnten (s. die Punkte 4 in Kap. 8.1.2, 3 in Kap. 8.2.7, Kap. 8.2.8 und Punkt 3 in Kap. 8.3.10).

„Von *Sachdimension* soll die Rede sein im Hinblick auf alle *Gegenstände sinnhafter Intention* (in psychischen Systemen) oder *Themen sinnhafter Kommunikation* (in sozialen Systemen). [...] Die Sachdimension wird dadurch konstituiert, daß der Sinn die Verweisungsstruktur des Gemeinten zerlegt in »dies« und »anderes«." (SoSy, 114)[42]

a) Die Einheit jedes Gegenstandes oder Themas der Sachdimension verdankt sich also der Unterscheidung von anderen möglichen Gegenständen oder Themen, ist also nicht originär, sondern eine differenzbasierte Beobachtungsleistung. Wie diese Einheiten ausdifferenziert werden, ist jeweils eine Frage kontingenter Selektion, wobei der Differenzierungsgrad potenziell unendlich „ins beliebig Große und ins beliebig Kleine"[43] reichen kann. Wie weit auch immer die Differenzierung getrieben wird und welche Unterscheidungen auch getroffen werden, die Sachdimension verliert nie ihre dimensionsspezifische Universalität. Denn alles nicht Aktualisierte wird auf der Potenzialitätsseite der Sinnform virtualisiert und bleibt dort stets als Möglichkeitsraum für weitere Selektionen zugänglich.
b) Die jeweils rekursiv anschließenden Operationen eines Sinnsystems dürfen aber keine beliebigen Selektionen aus diesem virtualisierten Potenzial vornehmen, da die Anschlüsse sonst entropisch und somit unstrukturiert wären. Dies hätte den orientierungslosen Zerfall der Autopoiesis dieses Sinnsystems zur Folge.[44] Vielmehr müssen die als bestimmte Einheiten ausdifferenzierten Gegenstände und Themen als „Beschränkungen von Kombinationsmöglichkeiten in der Sachdimension"[45] fungieren und sollen damit auch Funktionen der konditionierenden Systemstruktur abdecken.[46]
c) Die primäre Differenz der Sachdimension ‚dies – anderes' kann nach dem re-entry der System-Umwelt-Unterscheidung in das operierende Sinnsystem mit der Differenz ‚System – Umwelt' bzw. vom System aus formuliert ‚innen – außen' kombiniert werden. Diesen Zusammenhang macht Luhmann allerdings nicht deutlich, sondern er verschleiert ihn eher, wenn er die erstgenannte Differenz ‚dies – anderes' einfach durch die anderen beiden ersetzt:

„In der *Sachdimension* [...] gibt es das »innen« im Unterschied zum »außen« der Form. Die systemtheoretische Fassung spricht von System und Umwelt." (GdG, 1136)[47]

Durch dieses re-entry bekommt ein Sinnsystem in der Sachdimension zusätzlich zur Ausdifferenzierung bestimmter Einheiten auch die Möglichkeit, diese Einheiten und überhaupt die sachliche Selektion von Sinn einer dieser beiden komplementären, kontradiktorischen Formseiten zuzurechnen. Wird eine Sinnaktualisierung der Umwelt zugerechnet, spricht

---

42 vgl. GuS 1, 35; GuS 2, 283; Hier postuliert Luhmann für Sinn wieder eine Verweisungsstruktur, die aus dem Sinn allein heraus nicht herleitbar ist (vgl. Kap. 5.3.1).

43 SoSy, 132; vgl. GuS 1, 37f.

44 vgl. Kap. 4.3 und s. SoSy, 571: „Dabei geht es nicht nur um die allgemeine und unbrauchbare Sinn- und Weltkontingenz; nicht nur darum, daß alles auch anders möglich wäre."

45 SoSy, 115; vgl. SoSy, 109.

46 Hier zeigt sich wieder die Nähe von Sinn zur rekursiven Operationsweise, Konditionierung und Strukturierung basal selbstreferentieller Systeme, wobei Luhmann diesen Bezug bei den einzelnen Sinndimensionen auch nicht konsistenter herleitet als beim Gesamtphänomen Sinn (s. meine Kritik in Kap. 5.1 bis Kap. 5.3.3).

47 vgl. SoSy, 114, 632; GdG, 441f.; Diese Unstimmigkeit und Inkonsequenz entspricht ganz der Art, wie Luhmann das Verhältnis von Sinn und re-entry generell behandelt (vgl. Kap. 5.3.3).

Luhmann von externaler Attribution bzw. Erleben, rechnet das System die Sinnselektion sich selbst zu, liegt interne Attribution bzw. Handeln vor.[48]

Erst durch die gestaffelte Kombination dieser zwei Differenzformen der Sachdimension, nämlich ‚dies – anderes' und ‚System – Umwelt' bzw. ‚innen – außen', bekommt ein Sinnsystem also die Möglichkeit, bestimmte Einheiten (‚dies') zu bilden und diese dann sich selbst, also der System- oder Innenseite, oder der Umwelt, also der Außenseite, zuzurechnen. Mit anderen Worten, das System gewinnt so die Fähigkeit, gezielt zwischen Selbst- und Fremdreferenz zu unterscheiden: Im Falle der Selbstreferenz oder Selbstbeobachtung ist die Systemseite die operativ markierte Beobachtungsseite, im Falle der Fremdreferenz bzw. Fremdbeobachtung ist es die Umweltseite. In beiden Fällen werden die Beobachtungsoperationen freilich vom Sinnsystem vollzogen.[49]

Wenn ein Sinnsystem dadurch gleichermaßen zur Selbst- wie zur Fremdreferenz in der Lage ist, wird es autologisch, da es selbst in der Summe seiner Gegenstände vorkommt. Es wird auch sachlich universell, da es keinen möglichen Weltgegenstand gibt, der durch die Einheit der Differenz von Selbst- und Fremdreferenz in ihm nicht erfasst werden könnte.

d) Selbstreferenz bzw. -beobachtung liegt also dann vor, wenn ein Sinnsystem sich selbst nach dem unverzichtbaren re-entry von anderen Einheiten in der Sachdimension unterscheiden und als bestimmte Einheit bezeichnen kann. Diese Form der Selbstbeobachtung nennt Luhmann auch Reflexion:

> „Und wenn diese Möglichkeit [die des re-entry, meine Ergänzung] erreicht ist, kann das System auch sich selbst als Einheit (im Unterschied zur Umwelt) bezeichnen. Das ist eine besondere Art von Selbstbeobachtung. Wir werden sie Reflexion nennen." (WissdG, 83f.)[50]

Reflexion ist neben Rekursivität (s. Kap. 4.2.3) und Reflexivität (s. u. Punkt 3d) eine der drei Formen von Selbstreferenz, die Luhmann unterscheidet. Nur im Falle der Reflexion, also der selbstreferentiellen Beobachtung des Systems in sich und durch sich selbst, fallen Selbst- und Systemreferenz zusammen. Denn in der Rekursivität richtet sich die Selbstreferenz auf die Systemelemente, in der Reflexivität auf die Systemprozesse.[51]

Wenn durch Reflexion die Einheit bzw. die Identität des Systems im System selbst beobachtet wird, kann diese Einheit nicht ursprünglich sein. Denn ihre Beobachtung basiert auf der Unterscheidung ‚dies – anderes', wobei das ausdifferenzierte ‚dies' mit der Systemseite der System-Umwelt-Unterscheidung gleichgesetzt, also an eine weitere Differenz

---

[48] SoSy, 123f.

[49] „Wir werden im Folgenden die Systemtheorie als Theorie der Unterscheidung von *System und Umwelt* verstehen, wobei auf der Seite des Systems ein re-entry vollzogen werden kann, wenn das System selbst, also in eigenen Operationen, zwischen Selbst- und Fremdreferenz unterscheidet." (GdG, 59) vgl. SoSy, 63; GuS 3, 266f.; WissdG, 83f., 199, 406, 545f.; RdG, 52f.; GuS 4, 60; KdG, 271, 458, 467, 487; SA 6, 22; GdG, 45, 51, 87, 879f.

[50] vgl. SoSy, 601f.; WissdG, 363, 544; SA 6, 13 mit Anm. 1.

[51] „Als Reflexion bezeichnen wir somit den Fall, in dem Systemreferenz und Selbstreferenz zusammenfallen. Ein System orientiert die eigenen Operationen an der eigenen Einheit." (SoSy, 617) vgl. SoSy, 601f.; WirtdG, 128; WissdG, 481; KdG, 396; Sowohl Reflexion als auch Reflexivität setzen Rekursivität voraus, da ohne den basal selbstreferentiellen Anschluss immer neuer Elemente die Autopoiesis des Systems zum Erliegen käme und somit keine Beobachtungsoperationen mehr möglich wären.

gekoppelt wird. Die Einheit bzw. Identität, die sich das System reflexiv selbst zuschreibt, ist also eine differenzbasierte Konstruktion in der Sachdimension.[52]

Eine Selbstbeschreibung des Systems liegt vor, wenn das Sinnsystem die Ergebnisse seiner Reflexion semantisch fixiert, z. B. in der schriftlichen Form von Texten.[53]

Der Vorteil reflexiver Selbstbeobachtung und -beschreibung ist darin zu sehen, dass das Sinnsystem seine eigene Einheit und Identität für sich darzustellen in der Lage ist. An dieser Darstellung kann es sich dann orientieren und mit ihr operieren, indem es sie in weitere Relationen einbringt. Dieser Zugewinn ist allerdings mit einigen wesentlichen Einschränkungen verbunden:

Die selbstbeobachtete, reflektierte Identität des Systems ist nicht nur, wie oben gesagt, eine differenzbasierte, sondern auch eine selektive Konstruktion, da die Selbstbeobachtung in einem binnenkomplexen System wie einem Sinnsystem nicht alle Elemente, Relationen und Strukturen erfassen kann. Zudem muss das System, das sich selbst beobachtet, eben während der Reflexion weiteroperieren, und da jede Beobachtung ihr eigener blinder Fleck ist, kann das System ohnehin nie seine aktuell operierenden Teile zeitgleich beobachten oder beschreiben.[54] Aus diesen Gründen kommt es bei jeder Selbstbeobachtung und Selbstbeschreibung zu einer hochgradigen Komplexitätsreduktion, Selbstsimplifikation und hochselektiven Konstruktion.

Diese Konstruktion könnte eben wegen ihrer Selektivität immer auch anders ausfallen, ist also kontingent, so dass prinzipiell jede selbst- oder fremdreferentielle Beschreibung eines Systems mit einer abweichenden Beschreibung konfrontiert werden könnte. Daraus folgt zum einen, dass ein Sinnsystem durch seine kontingenten Selbstbeschreibungen irritiert werden und diese Irritation nutzen könnte, um über sich selbst neue Informationen zu gewinnen oder interne Inkonsistenzen festzustellen. Zum anderen ergeben sich daraus für das System Polykontexturalität und Hyperkomplexität, da einerseits die Beobachtungsergebnisse bezüglich des Systems je nach Beobachterstandpunkt unterschiedlich und nicht mehr in einer Gesamtbeobachtung integrierbar sind, und andererseits die eigene Komplexität wegen dieser divergierenden Beobachtungen für das System zum Problem wird.[55]

e) Die eben in Punkt 1d dargestellten Zusammenhänge sind mutatis mutandis auch auf die Fremdreferenz, also die Beobachtung der Außenseite der System-Umwelt-Unterscheidung nach dem re-entry übertragbar. Auch auf der Umweltseite können in simplifizierender Komplexitätsreduktion und hochselektiver Konstruktion bestimmte Einheiten mithilfe des Unterscheidungsschemas ‚dies – anderes' ausdifferenziert werden. Diesen Einheiten wird dann weiterhin komplexitätsreduzierend ihre Identität so zugeschrieben, als ob sie in der Umwelt auch ohne die differenzbasierte operative Beobachtungs- und Konstruktionsleistung des Systems existierten: Sie werden durch wiederholte Beobachtung, die zu ihrer

---

52 GuS 3, 226f.; RdG, 498.

53 „Unter Selbstbeobachtung soll daher immer nur eine im System auf das System gerichtete Operation verstanden werden und unter Selbstbeschreibung die Anfertigung eines entsprechenden Textes." (GdG, 887) vgl. SoSy, 234, 618; RdG, 53f., 339, 500; GdG, 880; Am Rande sei darauf hingewiesen, dass sich Luhmann keineswegs immer bemüht, seine Termini ‚Selbstreferenz'. ‚Selbstbeobachtung', ‚Reflexion' und ‚Selbstbeschreibung' in klarer und eindeutig differenzierter Weise anzuwenden.

54 Zur Behandlung dieses Problems bei Peirce s. Punkt 3 in Kap. 9.1.

55 s. SoSy, 50f., 89, 620, 624; WirtdG, 33, 126, 263f.; GuS 3, 226f.; WissdG, 469f.; RdG, 74f., 497f.; KdG, 394, 401; SA 6, 35; GdG, 886, 891f., 1094.

Kondensierung, Konfirmierung und damit Generalisierung führt (vgl. Punkt 2 in Kap. 8.2.4), zu Gegenständen der Sachdimension ‚reifiziert'. Diese werden dann im System so behandelt, als ob sie unabhängig von den Fremdbeobachtungen wären, mit denen das System selbst sie konstruiert.[56]
2. Die dimensionsspezifische Unterscheidung der Sozialdimension ist nach Luhmann in der Differenz ‚ego – alter (ego)' zu sehen, also darin, welche anderen Sinnsysteme ein bestimmtes Sinnsystem außer sich selbst (ego) noch beobachtet:

> „In der Sozialdimension schließlich [...] geht es um die Unterscheidung von Ego und Alter [...]." (GdG, 1136)[57]

Luhmann behandelt die drei Sinndimensionen zwar als gleichrangig, aber die Sozialdimension setzt die Unterscheidungen der Sachdimension in gewisser Weise voraus. Denn ein Sinnsystem muss erst in der Sachdimension über die Fähigkeit der Reflexion verfügen, um die eigene Einheit und Identität beobachten, bezeichnen und anschließend als ‚ego' in die Differenz der Sozialdimension einzubringen zu können. Auch die Sinnsysteme, die ‚ego' in seiner Umwelt jeweils als ‚alter' ausdifferenziert, werden wohl zuerst in der Umwelt als bestimmte Einheiten (‚dies') der Sachdimension beobachtet, die vom Sinnsystem erst dann als ‚alter ego' in der Sozialdimension angesehen werden, wenn es ihnen dieselben Möglichkeiten zur reflektierten Selbst- und Fremdreferenz und zur kontingenten Sinnselektion zuschreibt, die es selbst aufweist.[58]
a) Die auf diese Weise jeweils als alter ego konstituierten Sinnsysteme können dann zur Vereinfachung von Zurechnungen personalisiert und als bestimmte Systemreferenzen identifiziert werden. Dabei wird die differenzbasierte Konstruktion dieser sozialen Identitäten ausgeblendet, so dass alter ego wie eine beobachtungsunabhängige, ‚an sich' bestehende Einheit behandelt und zu einer Person mit festem Namen verdichtet wird. So kommt es in der Sozialdimension zu derselben selektiven, komplexitätsreduzierenden und vereinfachenden Schematisierung wie in der Sachdimension.[59]
b) Wenn die Sozialdimension des Sinns auf diese Weise etabliert ist, kann jeder Gegenstand oder jedes Thema der Sachdimension daraufhin befragt werden, ob andere Sinnsysteme (alter) ihren Sinn ebenso konstituieren wie ego oder anders. Die Sozialdimension weist also darauf hin, dass an jedem aktualisierten Sinn eine Diskrepanz verschiedener Systemperspektiven möglich ist.[60] In dieser Sinndimension kann also jede Beobachtung der Sachdimension daraufhin analysiert werden, wer, d. h. welches Sinnsystem, diese Beobachtung mit welchen Voraussetzungen gemacht hat und ob diese Beobachtung für andere Sinnsys-

---

[56] „Wenn man den ursprünglichen Sinn von »res« im Auge hat, könnte man von »Reifikation« sprechen. Es geht um die Konstitution externer Referenzen, die von der Art, wie man über sie spricht, unabhängig sind." (GdG, 244, Anm. 98) Lat. ‚res' bedeutet ‚Sache, Ding, Gegenstand', so dass Luhmann mit ‚Reifikation' die Verdinglichung bzw. Vergegenständlichung eines Konstrukts meint.

[57] vgl. GuS 1, 35; SoSy, 119f.

[58] vgl. GuS 1, 38; zur Möglichkeit und zu den Voraussetzungen der Konstitution eines ‚alter ego' für ein Zeichensystem s. Punkt 3 in Kap. 9.1.

[59] vgl. oben Punkt 1d und s. SoSy, 125f.

[60] GuS 1, 174; GuS 2, 283; SoSy, 119, 161f.

teme positiv anschlussfähig ist oder nicht, d. h. ob sie Konsens oder Dissens zu erwarten hat.[61]
c) Wegen der kontingent selektiven Komplexitätsreduktion, die mit jeder Sinnaktualisierung verbunden ist,[62] kann man freilich nicht von vornherein von einem Konsens in der Sozialdimension ausgehen.[63] Andererseits darf ego auch nicht davon ausgehen müssen, dass alle anderen Sinnsysteme (alter) zu jeder Sinnofferte egos eine divergierende Position einnehmen, da sonst kein konditionierter Anschluss und kein strukturierter Prozess zustande käme. Das ist allerdings auch nicht anzunehmen, da die Systeme zum einen ja alle an ihre Umwelt strukturell gekoppelt sind und untereinander in einem Interpenetrationsverhältnis stehen, so dass sich Erwartungen bzw. Erwartungs-Erwartungen etablieren können.[64] Zum anderen fungieren die Gegenstände und Themen der Sachdimension ja als „Beschränkungen von Kombinationsmöglichkeiten" (s. o. Punkt 1b) und in der Sozialdimension kann die Beliebigkeit der Meinungen zusätzlich durch die Zuschreibung und Wertung von Hierarchie oder Kompetenz reduziert werden.[65]
3. Das primäre Differenzschema der Zeitdimension ist in der Unterscheidung ‚aktuell – inaktuell' zu sehen. Diese Unterscheidung kann auf der Seite des Inaktuellen kombiniert werden mit der Differenz von ‚vorher – nachher' bzw. ‚Vergangenheit – Zukunft', die gleichbedeutend ist mit der Differenz von ‚nicht mehr aktuell – noch nicht aktuell':

> „Zeit konstituiert sich mithin durch eine doppelte Unterscheidung, nämlich durch die Unterscheidung Aktualität/Inaktualität und, im Bereich der Inaktualität, Zukunft und Vergangenheit je nach dem, ob noch Einflußmöglichkeiten in Aussicht stehen oder nicht." (SA 5, 116)[66]

Formentheoretisch (s. Kap. 5.4) lassen sich diese Zusammenhänge auch anders formulieren: Die Zeitdimension lässt sich beschreiben als eine Zwei-Seiten-Form der Unterscheidung ‚vorher – nachher' bzw. ‚Vergangenheit – Zukunft', während das Aktuelle, d. h. die Gleichzeitigkeit bzw. die Gegenwart, die Einheit dieser Differenz bildet. Dies lässt sich auch auf die ereignishaften Elemente, mit denen ein System rekursiv operiert (s. Kap. 4.2), übertragen: Das jeweils operativ aktuelle Ereignis stellt die Einheit der Differenz zwischen dem bereits vergangenen Ereignis, an das es rekursiv anschließt, und dem noch zukünftigen

---

[61] WissdG, 111, 114.

[62] Dass die Verbindung von Komplexität und Sinn bei Luhmann unbefriedigend gelöst ist, habe ich in Kapitel 5.3.1 gezeigt. Dieses Manko wirkt sich auch auf die einzelnen Sinndimensionen aus, braucht aber nicht jedesmal erneut kritisiert zu werden.

[63] Peirce vertritt eine Konsenstheorie der Wahrheit und der Realität, wobei der Konsens nicht als gegenwärtig verwirklicht gilt, sondern in den Konzepten der pragmatischen *final opinion* bzw. im semiotischen (ultimativen) finalen Interpretanten eine in die Zukunft verlegte regulative Idee darstellt (s. Punkt 3 in Kap. 8.2.7, Kap. 8.2.8 und Punkt 3 in Kap. 8.3.10).

[64] Zur Darstellung und Kritik dieser Theorieelemente s. Kap. 4.1.8 und 4.3.4; Die theoretischen Schwächen und Mängel von Luhmanns Interpenetration und struktureller Kopplung wirken sich also auch negativ auf die Sozialdimension des Sinns aus, da sie hierauf angewandt werden müssen.

[65] GuS 1, 175; SoSy, 633; Hierarchien und Kompetenzen sollen in der Sozialdimension demnach strukturierende Funktion haben. In Kapitel 5.1 habe ich allerdings bereits gezeigt, dass Luhmann für Sinn allgemein eine Strukturierung zwar postuliert, aber nicht herleiten kann. Diese Kritik lässt sich auf die Sozialdimension von Sinn ebenso übertragen wie auf die Sachdimension (s. o. Punkt 1b).

[66] vgl. GdG, 901.

Ereignis, das im Systemprozess rekursiv an es anschließen wird, dar. Somit kann in der Zeitdimension an jedem Ereignis die Unterscheidung zwischen vorher und nachher getroffen werden, und erst die beiden Seiten dieser Unterscheidungsform können dann über die je ereignishafte Gegenwart hinaus „in die Vergangenheit und in die Zukunft hinein verlängert“[67] werden.

a) Wenn auf diese Weise die Sonderhorizonte Vergangenheit und Zukunft etabliert sind, kann über die Vergangenheit Wiederholung konstruiert bzw. Redundanz aufgebaut und über die Zukunft Varietät hervorgebracht werden.[68] Daher kann ein Sinnsystem in diesem zeitlichen Doppelhorizont zwar bestimmte Erwartungen aufbauen, aber nie sicher sein, ob die in der Vergangenheit kontingent selektiv konstruierten Redundanzen und Identitäten der Sach- und Sozialdimension auch in der Zukunft noch gültig und positiv anschlussfähig sind oder ob in der noch nicht bestimmten und daher für Varietät offenen Zukunft in der Sachdimension ein Wandel bisheriger Einheiten eintritt und wie sich in der Sozialdimension Konsens oder Dissens hinsichtlich bestimmter Fragestellungen und Beobachtungen verändern werden.[69] Durch die Kopplung der Sach- und der Sozial- an die Zeitdimension entsteht also immer eine gewisse Unsicherheit der Erwartungen, die aber im System durch die Unterscheidung von konstanten und variablen Faktoren bearbeitet werden kann.[70]

b) Die Zeitdimension entsteht also durch eine Kombination mehrerer Differenzen: Bei der ersten Unterscheidung ‚aktuell – inaktuell‘, tritt in das Inaktuelle die Differenz vorher – nachher ein, die in die Sonderhorizonte Vergangenheit und Zukunft verlängert werden kann. Dabei bildet die Aktualitätsseite der ersten Differenz stets die operative Gegenwart eines Sinnsystems, da dessen Operationen zeitpunktfixierte Ereignisse sind, die im Moment ihrer Aktualisierung auch schon wieder verschwinden. Sie selbst haben also keine eigene Vergangenheit und können nicht in die Zukunft ausgedehnt werden.

Da aber auch jede Beobachtungsoperation eines Sinnsystems ereignishaft stattfindet, kann sie nicht stattfinden und sich gleichzeitig selbst beobachten: Daher ist die operative Gegenwart eines Sinnsystems stets dessen blinder Fleck, so dass die Zeit nur mit den Differenzschemata der Inaktualitätsseite, also vorher – nachher bzw. Vergangenheit – Zukunft beobachtet werden kann; die jeweilige Gegenwart ist als die operativ markierte Seite der zeitlichen Differenzform im System unbeobachtbar.[71]

---

67 SoSy, 116; vgl. GuS 1, 35, 236f.; SoSy, 117; SA 5, 110; GdG, 53.

68 Die Konstruktion von Wiederholung ist eine Frage der Strukturebene eines Systems (s. Kap. 4.3.3 und die Punkte 8 in Kap. 8.2.1und 1g in Kap. 8.2.4) und der Aufbau von Redundanzen bzw. generalisierten Identitäten und Bezugsgrößen geht einher mit Kondensierung und Konfirmierung (s. Punkt 2 in Kap. 8.2.4).

69 Auch das Bild, das sich ein Zeichensystem nach Peirce von seiner Umwelt macht, ist historisch als redundantes, kondensiertes und konfirmiertes Ergebnis abduktiver, deduktiver und induktiver Schlussprozesse aufgebaut worden (s. Kap. 8.3.5, Kap. 8.3.8, hier v. a. Punkt 5, und Kap. 8.3.9) und unterliegt wegen seiner Selektivität und des allgemeinen Tychismus (s. Punkt 2c in Kap. 8.2.2) einer in der Zukunft stets möglichen Varietät.

70 vgl. SoSy, 125, 421; GdG, 53, 149, 1073.

71 „Die Gegenwart ist die Einheit der Differenz von Vergangenheit und Zukunft. Sie katapultiert sich als Zeit des Beobachters der Zeit selbst aus der Zeit hinaus. Sie ist die Zeit, in der man keine Zeit hat, weil alles, was man als Zeit erfassen kann, schon vergangen oder noch zukünftig ist.“ (GdG, 1074) vgl. SA 5, 124; GdG, 901, 903; zu ‚blinden Flecken‘ in Peirces Semiotik und Pragmatismus s. die Punkte 1a und 1d in Kap. 8.2.7, 7 in Kap. 8.2.8 und 2b in Kap. 8.3.9.

c) Die in der Sachdimension angesetzte Unterscheidung von System und Umwelt ist eine Form, deren zwei Seiten sich gegenseitig definieren und daher stets gleichzeitig gegeben sein müssen. Wegen dieser in der Sachdimension gegebenen Gleichzeitigkeit kann das System in der Zeitdimension nie beobachten, was sich zeitgleich in der Umwelt ereignet. Denn jeder darauf gerichtete systeminterne Beobachtungsprozess braucht Zeit, um eine ereignishafte Operation an die andere rekursiv anzuschließen, woraus die Eigenzeit des Systems resultiert. Die Zeitdimension ist also in jedes rekursiv operierende System konstitutiv integriert, da mit jeder neuen Aktualisierung eines ereignishaften Elements sich auch die Gegenseite der Zeitform, also die Inaktualität mit ihren zwei Horizonten Vergangenheit und Zukunft, regeneriert.

In dieser operativen Eigenzeit laufen alle Systemprozesse, also die Relationierungen der ereignishaften Elemente ab. Die Anschlussregeln für die Elemente bzw. der Relationierungsmodus werden von den Systemstrukturen bestimmt, woraus sich die für ereignishaft rekursiv operierende Systeme typische Kombination von Dynamik und Stabilität ergibt.[72]

d) Aus der Zeitdimension kann auch die dritte Art von Selbstreferenz, die Luhmann neben Rekursivität (s. Kap. 4.2.3) und Reflexion (s. o. Punkt 1d) bildet, hergeleitet werden, nämlich die Reflexivität. Unter Reflexivität versteht Luhmann prozessuale Selbstreferenz: Das ‚Selbst', auf das sich die Beobachtung hier richtet, ist nicht wie bei der Rekursivität das Systemelement oder wie bei der Reflexion das gesamte System, sondern ein Prozess, der entweder im System oder auch in dessen Umwelt abläuft:

> „Als reflexiv wollen wir einen Prozeß bezeichnen, der auf sich selbst oder auf einen Prozeß gleicher Art angewandt wird." (WissdG, 333f.)[73]

Damit ein Prozess die Einheit seiner selbst oder eines anderen Prozesses beobachten kann, muss er sich in einer Phase seines Ablaufs auf diesen Prozess als sein Beobachtungsobjekt richten und ihn dabei von anderen Prozessen unterscheiden können.

Auch für die Reflexivität gilt, dass gerade aktuelle Prozesse in der Zeitdimension für sich selbst blinde Flecke bilden, während vergangene Prozesse reflexiv analysiert und künftige Prozesse geplant bzw. erwartet werden können.

Durch Reflexivität können auch kontinuierliche rekursive Prozesse diskontinuiert werden, indem sie in Episoden oder bestimmte Ablaufschemata mit einem geplanten oder erwarteten Anfang, Zwischenverlauf und Ende unterteilt werden. Dies ist aber nur auf der reflexiven Ebene möglich und nicht auf der rekursiven, da hier die kontinuierliche Relationierung der Elemente weiterlaufen muss, damit die Autoreproduktion des Systems und dadurch auch seine Grenze zur Umwelt aufrechterhalten werden.

Wenn man die in der Zeitdimension angesiedelte Reflexivität mit der System-Umwelt-Unterscheidung der Sachdimension koppelt, kann ein Sinnsystem nicht nur seine eigenen Prozesse beobachten, sondern Prozesse auch seiner Umwelt zuschreiben oder dort bestimmte Sequenzen erwarten und diese Abläufe dann ebenso beschreiben, kategorisieren, diskontinuieren usw. wie seine eigenen. Dabei stellt sich freilich in der Sozialdimension die

---

[72] GuS 1, 23, 235; GdG, 215, 820; zur Frage nach den Kausalitäts- und Zeitverhältnissen zwischen Umweltereignissen und ihrer Darstellung in einem Zeichensystem s. Punkt 4 in Kap. 8.3.7.

[73] vgl. SoSy, 601: „Von Reflexivität soll immer dann die Rede sein, wenn ein Prozeß als das Selbst fungiert, auf das die ihm zugehörige Operation der Referenz sich bezieht." s. auch SoSy, 210, 610, 612; WissdG, 334.

Frage, ob andere Sinnsysteme diese Prozesse auch beobachten, wie sie sie beobachten und ob sich Konsens erzielen lässt oder nicht.

Resümierend kann man festhalten, dass Luhmanns phänomenologische Beschreibung von Sinn problemhaltig ist, da sie in erkennbarer Nähe zum Konzept der Rekursivität steht, ohne allerdings mit ihm völlig kompatibel zu sein. Die Theoriebausteine Sinn und Rekursivität sind nicht ausreichend aufeinander abgestimmt bzw. gegeneinander ausdifferenziert, so dass Sinn in der bisher analysierten Form kein überzeugendes Differenzkriterium innerhalb des Bereichs autopoietischer Systeme bilden kann. Ein plausibles Kriterium könnte eher die unterschiedliche re-entry-Fähigkeit der verschiedenen autopoietischen Systeme darstellen. Manche Schwierigkeiten, die Luhmann bei seinem eigenen Sinnbegriff nicht beheben kann, setzen sich auch in die drei Sinndimensionen hinein fort, die allerdings. abgesehen von der allgemeinen Sinnproblematik bei Luhmann, zusammen mit Reflexion und Reflexivität als zwei Formen der Selbstreferenz differenzierte und auch leistungsfähige Beobachtungsmöglichkeiten eröffnen. Anhand ihrer lassen sich nämlich bestimmte Einheiten konstruieren, die – entweder dem System oder dessen Umwelt zugerechnet – zu einer Grundorientierung in der Welt beitragen.

5.4 Luhmanns Formentheorie und die Form von Sinn

Etwa ab der *Wissenschaft der Gesellschaft* von 1991 erweitert Luhmann seine phänomenologische Beschreibung von Sinn, indem er Sinn einer Formanalyse[74] unterzieht und ihn in die Medium-Form-Unterscheidung (s. Kap. 5.5) integriert.

Ich möchte nun zeigen, wie Luhmann die Verbindung zwischen der Phänomenologie des Sinns und diesen zwei neuen theoretischen Ansätzen herstellt, und dabei beobachten, ob und wie sich diese Verbindung auf die oben ermittelten Probleme bei der phänomenologischen Beschreibung von Sinn auswirkt. Des weiteren werde ich Luhmanns Formentheorie und seine Medium-Form-Unterscheidung kurz allgemein vorstellen und sie gleich möglichst stark auf die Sinnproblematik beziehen. Mit diesem Hintergrund werde ich dann kritisch entfalten, inwiefern Sinn ein gemeinsames Medium für psychische und soziale Systeme sein soll (s. Kap. 5.6).

Zuerst aber zur Verbindung von Phänomenologie und Form von Sinn:

> „In der Sprache der Formanalyse kann man Sinn auch definieren als Einheit der Differenz von Aktualität und Potentialität im Erleben oder Kommunizieren, also als Form dieser Unterscheidung. Das ist nur eine andere Fassung für das, was die Phänomenologie beschreibt. Der Begriff der Zwei-Seiten-Form bringt aber besser zum Ausdruck, daß die Innenseite der Form, nämlich der jeweils aktualisierte Sinn, nur Sinn macht im Hinblick auf die Möglichkeit, andere Möglichkeiten zu

---

[74] Die Verbindung von Sinn- und Formbegriff wird bereits in der *Soziologischen Aufklärung 5* von 1990 kurz erwähnt (SA 5, 108); zu den allgemeinen beobachtungs- und formentheoretischen Grundlagen, die v. a. von George Spencer Brown stammen, s. etwa Luhmann 1993c; vgl. Fuchs 1993, 72 – 77; Filippov 2000, 383 – 386; Martens 2000, 258 – 260.

aktualisieren, und daß dies dynamische, aus Operationen (Ereignisse) bestehende Systeme voraussetzt." (Luhmann 1993d, 62f.)

In diesem Zitat sind mehrere wesentliche Aspekte vereint: Erstens ist die Entsprechung von Phänomenologie und Formanalyse explizit angesprochen und tatsächlich wird Sinn nach wie vor als „Einheit der Differenz von Aktualität und Potentialität" definiert. Zweitens wird durch den Hinweis auf „Erleben und Kommunizieren" Sinn weiterhin an psychische und soziale Systeme gekoppelt – soweit also noch nichts Neues. Luhmann nennt aber auch zwei Vorteile der Formanalyse, die über die bloße Phänomenologie von Sinn hinausgehen: Der erste besteht darin, dass durch die stärkere Einbindung in die Formentheorie deutlicher wird, dass eine Seite einer Zwei(!)-Seiten-Form nie allein zu haben ist, sondern eben immer nur als die Gegenseite der zweiten Seite der Form: Genau dieser Zusammenhang ist uns in Kapitel 4.1.1 bei der Diskussion der System-Umwelt-Unterscheidung schon begegnet. Der zweite Vorteil liegt nach Luhmann in der Implikation, dass die Benutzung der Sinnform ereignishafte Systemoperationen, und zwar entweder psychischer oder sozialer Systeme, benötigt.[75] Inwiefern die Theorie der Form von Sinn dies impliziert, führt Luhmann an dieser Stelle nicht aus. Das möchte ich nun mit einem knappen Blick auf seine allgemeine Formentheorie nachholen.

Bei Luhmann setzt der Begriff der Form eine Unterscheidung voraus, welche die zwei Seiten der Form differenziert und sie durch eine Grenze trennt. Die eine Seite der Form ist demnach genau das, was von der anderen Seite nicht abgedeckt wird, und kann daher nur in Relation bzw. in der Differenz zu der anderen Seite bestimmt werden. Bei jeder Operation kann immer nur eine Seite bezeichnet werden, keine Operation kann zugleich auf beiden Seiten der Form vollzogen werden, wodurch die an sich symmetrisch gebaute Form operativ asymmetrisiert wird: Durch die Kopplung einer Form an eine Operation sind die beiden Seiten im Moment ihrer Benutzung nicht funktional äquivalent.

Die Einheit von formbildender Unterscheidung und Bezeichnung der einen Seite dieser Form nennt Luhmann Beobachtung. Formen gibt es also nicht ‚an sich', sondern nur in Abhängigkeit von einer Beobachtung in diesem Sinne. Während die beobachtende Operation also nur auf einer Formseite stattfindet, bezeichnet der Begriff ‚Form' simultan beide Seiten einer Form: ‚Form' meint also immer Zwei-Seiten-Form bzw. die Einheit der Differenz ihrer beiden Seiten, nie nur eine Seite allein. Wenn nun in einem zeitlichen Prozess von Systemoperationen die Beobachtung von der einen Seite der Form auf die andere wechseln, also die Grenze zwischen den Seiten überschritten werden soll, kann dies immer nur durch eine jeweilige Anschlussoperation in der Zeit geschehen, da ja keine Beobachtung simultan auf beiden Formseiten stattfinden kann. Durch diese Grenzüberschreitung verteilt sich die (A-)Symmetrie und die funktionale Valenz der beiden Seiten jeweils um, da immer die Seite die markierte ist, auf der die beobachtende Operation vollzogen wird.[76]

Was bedeutet dies nun in Bezug auf die Form von Sinn? Luhmann benennt die zwei Seiten der Sinnform mit Aktualität und Potenzialität, wobei erstens durch diese Bezeichnungen schon impliziert ist, welche Seite durch die je aktuelle Beobachtungsoperation markiert wird: Es ist die Aktualitätsseite, deren Sinn je gegenwärtig erlebt oder kommuni-

---

[75] s. KdG, 173f., 224f.; GdG, 49f., 54f., 142, 199f.

[76] Zu diesen allgemeinen formentheoretischen Zusammenhängen bei Luhmann s. SA 5, 17 – 19; KdG, 49 – 51, 109 – 111; GdG, 60 – 62, 1148.

ziert wird, die sich aber immer ausschließlich der Differenz zu ihrer Gegenseite verdankt. Denn zweitens ist damit auch gesagt, dass es den jeweils aktualisierten Sinn nur mit einer simultanen Virtualisierung anderen Sinns geben kann, da ja die Potenzialität die stets mitgeführte zweite Seite der Sinnform ist.

Wenn ferner bei einem Operationsprozess die Grenze zur Potenzialität überschritten werden soll, d. h. eine neue, bislang nur virtuell gegebene Sinnmöglichkeit selegiert und aktualisiert werden soll, bedarf es dazu einer Operation in der Zeit: Denn ohne diesen dynamischen Wechsel der Ereignisse bliebe man immer auf derselben Seite der Form, da die Form selbst nicht dynamisch ist. Insofern setzt die Benutzung der Sinnform dynamische, ereignishafte Systemoperationen voraus, wie Luhmann im obigen Zitat ausführt. Bei jeder dieser selektiven Grenzüberschreitungen und Neuaktualisierungen von Sinn wechselt die als Aktualität markierte Seite und damit verändert sich auch immer die Potenzialitätsseite, z. B. schon rein dadurch, dass der zuvor aktualisierte Sinn nun nicht mehr aktuell ist, dafür aber erneut im virtualisierten Raum der Möglichkeiten zur Verfügung steht. Daraus folgt, dass die Form von Sinn, also die Einheit der Differenz von Aktualität und Potenzialität, nie zur reinen Aktualität verdichtet werden kann, sondern immer als ganze Zwei-Seiten-Form regeneriert, völlig unabhängig davon, welche Möglichkeit durch eine beobachtende Unterscheidungsoperation gerade selektiv aktualisiert wird. Anders ausgedrückt, die Form von Sinn kann auf der Aktualitätsseite ein re-entry durchführen, also in das durch sie bereits Unterschiedene wieder eintreten. Dies kann sie allerdings nur auf der Aktualitätsseite, da diese Seite als die operative Seite der Differenz markiert ist und eben nur hier die an sich statische Form der Form dynamisiert werden kann.[77]

Wie wirken sich nun diese neuen Perspektiven auf die in Kapitel 5.3 herausgestellten Probleme der phänomenologischen Sinnbetrachtung aus?

Auch durch die Formanalyse von Sinn, wie Luhmann sie durchführt, wird Sinn nicht als tragfähiges Differenzkriterium zwischen psychischen und sozialen Systemen einerseits und den übrigen autopoietischen Systemen andererseits erwiesen. Denn die Form von Sinn, also die Einheit der Differenz von Aktualität und Potenzialität, stellt die notwendige Anschlussbedingung für die Aufrechterhaltung der Autopoiesis aller binnenkomplexer, ereignishaft und rekursiv operierender Systeme dar: Wenn nicht jedes momenthaft aktuelle, ereignishafte Systemelement mögliche Anschlüsse eröffnet, kommt jede Autopoiesis zum Erliegen, nicht nur die von Bewusstsein und Kommunikation.[78]

Ebenfalls kann die Problematik der postulierten Verweisungsstruktur in der Formentheorie nicht gelöst werden, im Gegenteil, sie zeigt noch deutlicher, wo die Schwierigkeit liegt. Die Aktualitätsseite der Sinnform ist nur deswegen markiert, weil sie die in der vorausgesetzten Unterscheidung bezeichnete Seite ist. Da diese Beobachtung aber die eine Seite nur bezeichnen kann, weil sie eben nicht simultan auch die andere Seite bezeichnet, ist die Einheit der Form der blinde Fleck der Beobachtung. Daher kann die aktuelle, bezeichnete

---

77 vgl. SA 5, 63, 108; RdG, 174; KdG, 173 – 175, 224f.; GdG, 50, 55f., 58.

78 „Geht man vom Sinnbegriff aus, ist als erstes klar, daß Kommunikation immer ein selektives Geschehen ist." (SoSy, 194) vgl. GdG 866, 1136; Die Selektivität von Kommunikation ergibt sich allerdings auch, wenn man nicht vom Sinnbegriff ausgeht: Kommunikationssysteme sind nämlich nach Luhmann (binnen-)komplexe Systeme und deswegen ist bereits ihre ereignishaft rekursive Autoreproduktion notwendig selektiv. Der entscheidende Punkt ist also wieder die Binnenkomplexität (**eines jeden** basal selbstreferentiellen Systems!) und nicht das angebliche Differenzierungskriterium Sinn.

Seite der Form auf ihre Gegenseite nicht verweisen, diese ist nur automatisch mitgegeben[79], und auch die jeweilige Beobachtung kann den Verweis nicht leisten, da sie lediglich ihre Seite bezeichnet. Den Verweis könnte nur eine andere Operation herstellen, die gerade nicht in und mit dieser Form operiert, sondern sie beobachtet. Dies wäre dann eine Beobachtung zweiter Ebene, die aber mit der Verweisungsstruktur, wie sie Luhmann dem Sinn zuschreibt, nicht gemeint ist.

Positiv ist dagegen festzuhalten, dass die phänomenologische Beschreibung von Sinn als Einheit der Differenz von Aktualität und Potenzialität durch die Einbettung in die Formentheorie nicht nur auf eine breitere theoretische Basis gestellt wird, sondern dieser Zusammenhang in dem Konzept der Zwei-Seiten-Form auch anschaulicher und zugleich logisch formaler (!) aufgezeigt wird. Auch die Verknüpfung mit der dynamisch ereignishaften Operationsweise rekursiver Systeme ist hier besser geglückt als in der rein phänomenologischen Beschreibung.

5.5 Luhmanns Medientheorie und Sinn als Medium

Im nächsten Schritt möchte ich herausarbeiten, wie die Verbindung zwischen dem eben dargestellten Formkonzept von Sinn zu der Theorie von Sinn als Medium hergestellt wird. Auch hier werde ich zuerst einen Blick auf die allgemeine Medientheorie Luhmanns werfen:[80] Der Begriff des Mediums wird nicht für sich allein definiert, sondern ist Teil eines Begriffspaars, nämlich des Paars Medium und Form. Anders ausgedrückt, Medium und Form werden gegenseitig voneinander unterschieden und bilden somit ihrerseits die zwei Seiten einer Form, nämlich der Form ihrer Differenz:

> „Also ist auch die Unterscheidung von Medium und Form eine Form." (GdG, 198)[81]

Wenn nun Medium und Form als die zwei Seiten einer Form angesehen werden sollen, ergeben sich daraus entsprechend der in Kapitel 5.4 dargestellten Formentheorie einige Konsequenzen:[82]

---

[79] Die Potenzialität wird als die andere Seite der Form, wie Luhmann zutreffend sagt, bei jeder Aktualisierung appräsentiert, sie ist immer „co-präsent" (GdG, 54); vgl. GdG 199.

[80] Mit Luhmanns Medientheorie ist hier nicht sein Konzept der Verbreitungsmedien oder der symbolisch generalisierten Kommunikationsmedien gemeint, sondern in diesem Kontext speziell die Medium-Form-Unterscheidung; für längere Darstellungen von Luhmanns Medientheorie s. v. a. KdG, 165 – 214; GdG, 190 – 315; Wie Luhmann selbst oft betont, ist er zur theoretischen Beschäftigung mit der Medium-Form-Unterscheidung durch das Werk von Fritz Heider angeregt worden, der in den 1920er Jahren anhand seiner Ding-Medium-Unterscheidung wahrnehmungs- und erkenntnistheoretische Überlegungen angestellt hat. Sybille Krämer vermutet neben dieser Anregung auch einen Einfluss der semiotischen Unterscheidung von Zeichenträger und Zeichenbedeutung (Krämer 1998b, 77f.), worin man ihr sicher nicht beipflichten wird, wenn man Luhmanns späte und nur sehr oberflächliche Rezeption der Semiotik bedenkt (s. Kap. 6).

[81] vgl. KdG, 174.

Wie jede Form existiert auch diese Form nur, wenn sie in einer Beobachtung benutzt wird: Die Unterscheidung von Medium und Form hat also kein ontologisches Korrelat, sondern ist eine Beobachtung, die von den jeweils Differenzen bildenden Operationen eines Systems abhängt.[83]

Jede Form ist eine Zwei-Seiten-Form, so dass sich ihre beiden Seiten gegenseitig bedingen und definieren: Entsprechend kann es keine Formen ohne zugehöriges Medium geben und auch kein Medium, das man nicht von seinen Formen unterscheiden kann.[84]

Bei einer Form ist jeweils nur die Seite markiert, die durch Systemoperationen bezeichnet wird: Diese operative Seite ist bei der Medium-Form-Unterscheidung immer nur die Formseite. Hierfür ist z. B. schon bezeichnend, dass auch die Medium-Form-Unterscheidung operativ eben nur als Form gebildet werden kann, aber nicht etwa als Medium. Außerdem bildet jede beobachtende Operation automatisch eine Form, allerdings notwendigerweise in einem Medium. Während also die Formseite immer durch eine beobachtende Operation markiert ist, können Medien nie an und für sich beobachtet werden: Man kann sie nur daran erkennen bzw. daraus erschließen, dass sie für verschiedene Möglichkeiten kontingenter Formbildung zur Verfügung stehen. Das Medium kann allerdings bei keiner dieser Formkonstitutionen verbraucht werden, sondern es regeneriert jedesmal wieder mit: Das tut es zwangsläufig, da das Medium ja als die Gegenseite der Form definiert ist, so dass es gar keine Formbildung ohne Reproduktion des Mediums geben kann: Die Gesamtform der Unterscheidung von Medium und Form muss also bei jeder Formbildung ein re-entry auf der Formseite der Differenz vollziehen.[85] Die dauernde Regeneration des Mediums kann man aber neben diesem formanalytischen Argument auch mit der genaueren Beschreibung bzw. Definition der beiden Formseiten, Medium und Form, herleiten, die ich nun nachtragen werde.

Sowohl für das Medium als auch für die Form sind Elemente konstitutiv, wobei die Differenz zwischen den beiden Seiten durch die Kopplungsart dieser Elemente hergestellt wird:

> „Diese Unterscheidung [die von Medium und Form, meine Ergänzung] setzt den Begriff des Elements voraus und behandelt zwei verschiedene Möglichkeiten der Kopplung von Elementen. Lose gekoppelt bilden sie ein Medium, fest gekoppelt bilden sie eine Form." (Luhmann 1993d, 64)

Die Elemente sind auf beiden Seiten dieselben, sie unterscheiden sich nur durch ihre lockere bzw. striktere Kopplung, an der man jeweils ihre Medialität bzw. vollzogene Formung beobachten kann.[86] Dadurch, dass mit dieser Konzeption beide Seiten über den Element-

---

[82] Wenn die Unterscheidung von Medium und **Form** ihrerseits eine **Form** ist, muss diese Differenz bereits auf der **Form**seite ein re-entry gemacht haben, da sonst der **Form**begriff nicht in sich selbst wieder vorkommen könnte; dies sei hier nur erwähnt, ohne die logischen Konsequenzen weiter zu verfolgen (s. KdG 169, 174; GdG, 59).

[83] WissdG, 185; KdG, 166; GdG, 195f.

[84] WissdG, 185; SA 6, 44; GdG, 199.

[85] WissdG, 181; KdG, 168, 171, 180; GdG, 198, 210; Auch dass das re-entry nur auf der Formseite vollzogen werden kann, weist diese Seite als die operativ markierte aus.

[86] „Ein Medium besteht in lose gekoppelten Elementen, eine Form fügt **dieselben** Elemente dagegen zu strikter Kopplung zusammen." (GdG, 198; Hervorhebung von mir) vgl. WissdG, 53f., 183, 399; KdG 167 – 169; GdG 59; Baecker 1992, 247; Spangenberg 1992, 98f.

begriff definiert werden, kann man auch das obige formenanalytische Ergebnis anschaulich bestätigen, dass es einerseits Formen nur in einem Medium geben kann: Denn welche Elemente sollten in der Form fest gekoppelt werden, wenn nicht die losen Elemente des Mediums? Andererseits sieht man auch gut die Unmöglichkeit, auf das Medium an sich zuzugreifen, denn dessen Spezifikum besteht genau in der lockeren Kopplung, die sich als solche jedem automatisch eine Form bildenden und damit strikte Kopplung herstellenden operativen Zugriff entziehen muss. Die operativ markierte Formseite entsteht durch eine bestimmte feste Kopplung von Elementen, während die mediale Seite im Unterschied dazu den Raum nicht gewählter Kopplungsmöglichkeiten bildet. Dabei kann keine Formbildung von allen Möglichkeiten, die das Medium zur Kopplung bereit hält, zugleich Gebrauch machen,[87] so dass jede Form die kontingente Selektion einer speziellen festen Kopplung ist.[88]

Wegen der kontingenten Selektivität der Formbildung bleiben immer ungenutzte Möglichkeiten übrig bzw. werden durch die Entkopplung der Elemente, die bei der vormaligen Formbildung benutzt wurden, wieder neue Möglichkeiten eröffnet: Dadurch bleibt das Medium als Gegenseite der Form immer erhalten, bei dem Wechsel der Kopplungsart der Elemente regeneriert immer die gesamte Zwei-Seiten-Form.

Die Formseite der Differenz ist dabei als operative Seite immer fester, stärker und durchsetzungsfähiger als die nur lockere und widerstandslose Elementmenge des Mediums. Dafür ist das Medium in der Zeit stabiler, d. h. dauerhafter und weder konsumier- noch zerstörbar, während Formen in der Zeit vorläufiger, flüchtiger und auflösbar sind.[89] Die formentheoretische Begründung dafür liegt darin, dass in jeder speziellen Form als je aktuelle operative Seite der Gesamtform die Elemente zwar fest gekoppelt sein müssen, sich diese Kopplung bei jeder selektiven Neuaktualisierung der Formseite aber auflöst: Die spezielle Form löst sich zwangsläufig bei jedem re-entry auf, während das Medium als nicht näher spezifizierter Raum möglicher Elementkopplungen immer erhalten bleibt, gerade weil auf dessen Seite kein re-entry möglich ist und keine auflösbaren Kopplungen vorhanden sind.

Bei der Definition der beiden Seiten der Differenzform von Medium und Form hat also der Theoriebaustein des Elements eine zentrale Stellung: Elemente kommen aber nicht nur auf beiden Seiten der Medium-Form-Unterscheidung vor, sondern diese Differenz ist auch auf die Elemente selber anwendbar. Die Elemente eines Mediums sind nämlich immer Formen in einem anderen Medium, das bereits auf einer unteren Ebene als Substrat für

[87] KdG, 169; GdG, 196; Dieser Zusammenhang von Kontingenz und Selektion ist uns bereits bei der Diskussion der Komplexität, v. a. der Binnenkomplexität, begegnet (s. Kap. 4.1.6) und ist auch hier wieder an den Theoriebaustein des Elements und dessen selektive Relationierung bzw. Kopplung geknüpft.

[88] Hinsichtlich der kontingenten Selektion lässt sich noch eine interessante Beobachtung anfügen: Nach Luhmann ist die Selektivität der Form einmal an ihr selbst sichtbar (WirtdG, 303), ein anderes Mal zeigt das mediale Substrat die Kontingenz aller festen Formbildungen auf (WissdG, 331): In anderem Kontext begegnet hier wieder das bei Luhmann ungelöste Problem des Verweises von einer Formseite auf die andere, der hier in bezeichnend inkonsequenter Weise beiden Seiten zugeschrieben wird. Dies ist falsch und richtig zugleich, je nach Beobachterstandpunkt: Für die formbildende Beobachtung erster Ordnung ist beides falsch, da sie nur auf der einen Seite stattfindet, welche die andere gerade nicht beobachtet, und für eine Beobachtung zweiter Ordnung ist beides richtig, allerdings nur simultan, da hier die Gesamtform Gegenstand der Beobachtung ist.

[89] WirtdG, 306; WissdG, 183; Luhmann 1994a, 412 – 417; KdG 170f.; SA 6, 44; GdG, 200.

Formbildung zur Verfügung stand. Medien sind demnach auch auf ihrer elementaren Ebene nicht ‚an sich' greifbar, sondern nur ihre Elemente, die aber lediglich Formen in einem anderen Medium sind.[90]

Es ist nun im Weiteren zu fragen, inwiefern dieses Konzept der Medium-Form-Differenz in sich problematisch ist und wie gut sich diese Unterscheidung auf die Sinnproblematik beziehen lässt. Zwei große Probleme ergeben sich aus der engen Kopplung von Medium und Form an den Elementbegriff:

Die erste Schwierigkeit ergibt sich aus einer bislang nicht erwähnten näheren Spezifikation des Elementbegriffs, den Luhmann für Medien und Formen zugrunde legt: Die Elemente sollen nämlich „verzeitlicht und auf die Existenzweise von Ereignissen reduziert"[91] sein und zugleich als solche ereignishaften Elemente im Medium massenhaft als Selektionspotenzial zur Kombination und Rekombination, d. h. zur variablen Formbildung, zur Verfügung stehen.[92] Alle zuletzt genannten Anforderungen sind allerdings mit der Ereignishaftigkeit von Elementen nicht kompatibel. Ereignisse unterliegen nämlich einem strengen zweiwertigen Code, nämlich dem des Stattfindens oder des Nicht-Stattfindens in der Zeit, und ihre Existenz ist im Falle ihres Stattfindens auf den Moment ihrer operativen Gegenwart reduziert (s. Kap. 4.2.4).[93]

Somit können Ereignisse nicht massenhaft vorhanden sein, da sie die hierfür nötige Dauerhaftigkeit nicht haben. Aus demselben Grund ist es auch nicht möglich, Ereignisse als solche zu rekombinieren, zumal sie aufgrund ihrer nur zeitpunktfixierten Existenz nicht wiederholt werden können (s. auch hierzu Kap. 4.2.4). Drittens können Ereignisse kein mediales Potenzial bilden, weil dieses genau dadurch definiert ist, eben nicht ereignishaft aktualisiert zu sein. Wenn aber die Elemente des Mediums nicht ereignishaft sind, dann können es die der Form auch nicht sein, da die Elemente auf beiden Seiten der Medium-Form-Unterscheidung explizit dieselben sein sollen. Aber auch unabhängig davon kann man zeigen, dass auch die Elemente der Formseite keine Ereignisse sind: Diese Seite kann

---

[90] WissdG, 187; Luhmann 1994a, 412; KdG 172; GdG, 1148; vgl. Schieweck 1992, 149 – 152; Luhmann greift zur Veranschaulichung dieses Zusammenhangs gern zu dem Beispiel der Sprache, wo jede Position der Abfolge Geräusche – Worte – Sätze – Erzählungen/Mythen – Texte sowohl als Medium als auch als Form dienen kann (s. z. B. KdG, 172). Dabei tritt allerdings eine Schwierigkeit auf, wenn Luhmann „*Worte* als Medium, als lose gekoppelte Menge von Elementen" (KdG 199) einführt: Das Problem liegt in der angeblichen Kopplung und darin, dass das Wort ‚Wort' im Deutschen zwei verschiedene, auch semantisch differenzierte Pluralformen hat: ‚Worte' meint die Verwendung von Worten im Zusammenhang und damit in fester Kopplung, ‚Wörter' dagegen Einzelwörter ohne Zusammenhang und damit auch ohne jede Kopplung. Die für das Medium angeblich typische Eigenschaft der losen Kopplung tritt hier also gar nicht auf, so dass man die lose Kopplung eher durch Ungebundenheit ersetzen müsste, was Luhmann später ansatzweise auch tut (z. B. in GdG, 200, wo er auch den Plural ‚Wörter' verwendet!).

[91] SA 6, 44.

[92] WirtdG, 305; WissdG, 398; GdG, 200.

[93] Luhmann weist selbst explizit darauf hin, dass Ereignishaftigkeit von Elementen mit deren Akkumulation, Sammlung und Aufbewahrung im System nicht kompatibel ist, und zwar mit einer bemerkenswerten Begründung: Das massenhafte Vorhandensein der Elemente würde einen so großen und komplexen Selektionsbereich bilden, dass das System zu einer koordinierten Selektion nicht mehr fähig wäre. Wieso sich dieser Zusammenhang bezüglich der Selektion aus den massenhaft vorhandenen Elementen eines Mediums ändern sollte, erklärt Luhmann freilich nicht (Luhmann 1990a, 9).

zwar nur in ereignishaften Operationen beobachtet werden, woraus aber nicht folgt, dass sie selbst ein Ereignis ist. Ein wesentlicher Unterschied liegt z. B. darin, dass ein Ereignis keine Dauer hat und nicht wiederholt werden kann, eine Formseite aber sowohl beliebig lang als auch beliebig oft beobachtet werden kann, was man dann als Kondensierung und Konfirmierung der Form bezeichnet (s. Punkt 2 in Kap. 8.2.4); Ereignisse selbst dagegen können weder kondensiert noch konfirmiert werden. Wenn die Form auch jeweils nur temporär existieren mag,[94] ist sie doch selbst nicht in derselben Weise ereignishaft wie die sie konstituierende Beobachtung. Luhmanns versuchte Übertragung der Ereignishaftigkeit von den formbildenden Systemoperationen auf die Medium-Form-Unterscheidung ist demnach in keiner Hinsicht konsistent.

Auch die zweite Schwierigkeit hängt mit der engen Kopplung der Medium-Form-Differenz mit dem Theoriebaustein des Elements zusammen. Bevor ich darauf aber näher eingehe, werde ich erst nachtragen, wie Luhmann das Medium-Form-Konzept auf Sinn überträgt: In der phänomenologischen Beschreibung war Sinn als Einheit der Differenz von Aktualität und Potenzialität bezeichnet worden. Diese beiden Aspekte wurden dann bei der Formanalyse als die beiden Seiten der Differenzform von Sinn übernommen. Nun werden die zwei Seiten Aktualität und Potenzialität mit den zwei Seiten der Medium-Form-Differenz gekoppelt, indem die Aktualität der Formseite mit den fest gekoppelten Elementen zugeordnet wird und die Potenzialität der medialen Seite mit den lose bzw. gar nicht gekoppelten Elementen:

> „Die feste Kopplung ist das, was gegenwärtig [...] realisiert ist. Die lose Kopplung liegt in den dadurch nicht festgelegten Möglichkeiten des Übergangs vom einen zum anderen.“ (GdG, 200)[95]

> „Die Form Sinn ist mithin Medium und Form zugleich, und zwar so, daß das Medium seinerseits nur als Prozessieren von Form aktualisiert werden kann.“ (KdG, 174)

Man sieht also, dass das anfangs nur phänomenologisch formulierte Sinnkonzept auch durch die Verbindung mit Formanalyse und Medientheorie im wesentlichen Kern nicht transformiert wird, sondern dass es vielmehr eine durchlaufende Linie gibt, die von verschiedenen Ansätzen her perspektiviert wird.

So glatt sich mit dieser Disposition auch die formale Anbindung des Sinnkonzepts an die Medientheorie vollziehen lässt, eröffnet diese Verbindung doch ein neues, gravierendes Problem: Luhmann hatte den Elementbegriff explizit zur Voraussetzung der Medium-Form-Unterscheidung erklärt, deren Seiten sich nur durch die Kopplungsart derselben Elemente unterscheiden. Die entscheidende Frage lautet nun, welche speziellen Elemente das spezielle Medium Sinn und dessen Formen bilden. Ein spezifisches Element ist für jedes spezifische Medium zu fordern, „weil unterschiedliche Elemente unterschiedliche Medien bilden“[96], wie Luhmann selbst feststellt.[97] Zweitens wäre zu fragen, in welchem anderen Me-

---

[94] GdG, 197.
[95] vgl. auch GdG, 53, 199.
[96] Luhmann 1994a, 412.
[97] Die zwingende Frage nach den medienspezifischen Elementen von Sinn kann nicht durch Luhmanns Aussage beantwortet werden, Elemente eines Mediums seien immer Konstruktionen eines beobachtenden Systems (KdG, 167; vgl. WissdG, 399). Da nämlich nach Luhmanns Theorie basal selbstreferentieller Systeme und gemäß seinem operativen Konstruktivismus Systeme ausschließ-

dium die spezifischen Sinnelemente denn ihrerseits Formen wären. Beide Fragen bleiben bei Luhmann unbeantwortet, die Elemente des Mediums Sinn werden nicht spezifiziert, so dass an dieser zentralen Stelle die Kombination des Theorieelements Sinn mit der Theorie von Medium und Form scheitert. Bei der Analyse des Status von Sinnsystemen (s. Kap. 5.1) war es das Fehlen eines systemspezifischen Elements, das die mögliche und von Luhmann sogar angedeutete Konstitution eigenständiger Sinnsysteme ausschloss, und nun ist es das Fehlen eines medienspezifischen Elements, das eine konsistente Konzeption von Sinn als Medium verhindert.[98]

Ein zweiter Problemkreis ist mit dem Zusammenhang zwischen Systemoperationen und Medientheorie verbunden. Unstrittig ist, dass es einer (beobachtenden) Systemoperation bedarf, um in einem Medium Formen zu bilden. Die Operation eines Systems definiert Luhmann als die rekursive „Reproduktion der ereignishaften Elemente"[99] des Systems, sie besteht also in der Aufrechterhaltung der basalen Selbstreferenz durch die Herstellung rekursiver Anschlüsse. Diesen Zusammenhang kombiniert Luhmann folgendermaßen mit seiner Medientheorie:

> „Das System operiert in der Weise, daß es das eigene Medium zu eigenen Formen bindet, ohne das Medium dabei zu verbrauchen [...]." (GdG, 197)

Die Operation des Systems, also die rekursive Reproduktion anschlussfähiger ereignishafter Systemelemente, geschieht durch Formbildung im systemeigenen Medium. Wesentlich an der zitierten Formulierung ist die Verwendung des Wortes „eigen", denn dies besagt, dass ein System durch seine spezifischen Operationen aus den Elementen des systemspezifischen Mediums systemspezifische Formen bildet. Diese Lesart stimmt auch damit überein, dass die jeweilige Formbildung die feste Kopplung derselben Elemente darstellt, die im Medium lose oder, besser gesagt, gar nicht gekoppelt sind.[100]

Dies besagt allerdings nicht, dass die systemspezifischen operativen Letztelemente mit den systemspezifischen Medienelementen zusammenfallen. Wie die Kritik an der Ereignishaftigkeit der Medienelemente gezeigt hat, dürfen sie das auch gar nicht. Die Elemente systemeigener Medien und Formen sind vielmehr Konstruktionen, die das System durch eigene Operationen erstellt und dann im eigenen Prozess durch die Kombination von Kon-

---

lich intern etwas konstruieren können, gilt diese Aussage immer und nicht nur für Medienelemente. Sie ist aber genau deswegen zu unspezifisch, um den inhaltlich unbesetzten, aber aus definitorischen Gründen notwendigen Theoriebaustein des spezifischen Medienelements von Sinn konkret ausfüllen zu können.

[98] Wie bereits bei der Diskussion der Sinnsysteme ist es auch hier wieder Dirk Baecker, der das Problem klar sieht, es aber nicht lösen kann: Er schlägt „Sinnverweisungen" (Baecker 1992, 248) als Elemente des Mediums Sinn vor, die er allerdings auch als operative Elemente von Sinnsystemen einsetzt (s. Kap. 5.1 und Baecker 1992, 259). Dagegen ist erstens zu sagen, dass Elemente eines Mediums nie in identischer Form auch operative Elemente eines Systems sein können, da Systemoperationen die Kopplungsart der Elemente verändern, selbst aber nicht aus diesen Elementen bestehen. Zweitens lädt er sich durch den Verweisungsbegriff all die Probleme der angeblichen Verweisungsstruktur von Sinn auf, die weder im Zusammenhang mit der Phänomenologie noch mit der Formanalyse noch mit der Medienkonzeption von Sinn gelöst werden konnten und daher im jeweiligen Kontext von mir bereits kritisiert wurden.

[99] SoSy, 79; vgl. WissdG, 271; GdG, 70.

[100] WissdG, 53; KdG, 167, 169; GdG, 198.

densierung und Konfirmierung zu generalisierten Identitäten verdichtet, die im Systemgedächtnis für wiederholten Gebrauch zur Kombination und Rekombination, also zur variablen Formbildung, operativ zur Verfügung stehen.[101] Wie bei allen anderen systemrelativen Konstruktionen gibt es nach Luhmanns operativem Konstruktivismus auch bei diesen medialen Konstruktionen in der Umwelt nichts, was ihnen entspricht. Das System konstituiert sich also sein eigenes Medium operativ selbst, um es dann zur Bildung eigener Formen zu nutzen.[102]

Da das System durch keine seiner formbildenden Operationen die Möglichkeiten seines Mediums erschöpfen kann, stellt die theoretische Kombination von basaler operativer Selbstreferenz mit der Medium-Form-Differenz eine Reformulierung des Themas Binnenkomplexität aus doppelter Perspektive dar (vgl. Kap. 4.1.6). Der Begriff der **Binnen**komplexität erinnert daran, und dies ist für die folgende Problematik entscheidend, dass alle bislang aufgezeigten Zusammenhänge an die Operationen eines basal selbstreferentiell geschlossenen Systems gekoppelt sind und daher ausnahmslos auf der Innenseite der System-Umwelt-Differenz zu verorten sind.[103] Da das Medium Sinn laut Luhmann aber von Sinnsystemen, also sowohl von psychischen als auch sozialen Systemen, benutzt werden soll, stellt sich die Frage, wie innerhalb der eben dargestellten Theoriedisposition eines dieser Systeme überhaupt Formen in einem nicht systemspezifischen Medium bilden können soll:

> „Alle Formenbildung im Medium Sinn muß deshalb systemrelativ erfolgen." (GdG, 51)

> „Das letzte für Sinnsysteme nicht transzendierbare Medium ist deshalb der Sinn. Aber Formenbildungen in diesem Medium müssen als Systemoperationen vollzogen werden – sei es als Dirigierung bewußter Aufmerksamkeit, sei es als Kommunikation." (GdG, 59)

Hier liegt der Fall vor, dass zwei unterschiedliche, jeweils basal selbstreferentiell geschlossene Systemtypen in demselben Medium operieren sollen, das demnach keiner der beiden Systemarten als spezifisches Medium zugerechnet werden kann. Diese Konstellation ist zwar für Luhmanns Konzept der strukturellen Kopplung von Bewusstsein und Kommunikation im gemeinsamen Medium Sinn zentral, dennoch ist sie im oben dargestellten Theoriebau nicht vorgesehen, genauer gesagt, sogar ausgeschlossen. Denn Sinn könnte demnach eben keine spezifische Konstruktion auf der Innenseite eines speziellen Systems sein und unterläuft damit alle oben aufgestellten Postulate, v. a. aber die Definition der Systemoperation selbst, die ja unter Aufrechterhaltung der rekursiven Anschlussfähigkeit „das eigene Medium zu eigenen Formen" binden soll. Wenn außerdem die medialen Elemente systeminterne Konstruktionen sind,[104] denen systemextern nichts entspricht, kann es eigentlich

---

[101] Die hier erwähnten Theorieelemente werden in Punkt 2 von Kapitel 8.2.4 eingeführt und näher erläutert; vgl. KdG, 167.

[102] Diese Herleitung ist auch konform mit einer Position Michael Gieseckes, gemäß der man Medien nur „in bezug auf bestimmte Systemtypen" definieren bzw. man nicht „von Medien ohne die Identifizierung von Systemen und Ereignistypen sprechen" kann (beide Zitate aus Giesecke 1987, 286).

[103] vgl. auch GdG, 199, wo Luhmann die Unterscheidung von Medium und Form ausdrücklich an die Operationen autopoietischer Systeme bindet.

[104] KdG, 167.

kein Medium geben, das zugleich von zwei verschiedenen Systemen verwendet wird: Dieses Medium müsste nämlich in identischer Form sowohl im System als auch in dessen Umwelt lokalisiert werden. Damit scheidet Sinn als gemeinsames Medium von Bewusstsein und Kommunikation eigentlich schon aus.

In der zweiten zitierten Stelle ist übrigens die Aussage auffällig, Formenbildungen müssten **als** Systemoperationen, nämlich **als** Bewusstsein oder **als** Kommunikation vollzogen werden. Dies fällt deswegen auf, weil man an den hier fett markierten Stellen statt ‚als' die Verwendung von ‚durch' erwartet hätte: Formen werden durch (beobachtende) Systemoperationen gebildet. Dies ist keine philologische Spitzfindigkeit, weil die vorliegende Formulierung etwas deutlich anderes bedeutet. Wenn nämlich die Formbildung als Systemoperation vollzogen wird, dann entspricht die gebildete Form der Operation und kann somit auch nur aus dem spezifischen Medium der Operationen gebildet worden sein. Konkret wäre dies dann z. B. eine kommunikative Form, die im spezifischen Medium sozialer Systeme als Kommunikation gebildet worden wäre. Damit liegt aber genau nicht mehr der strittige Fall der Formbildung in einem nicht systemspezifischen Medium, nämlich Sinn, vor. Vielmehr sind die Verhältnisse der ‚unkritischen' systemspezifischen Konstellation, in der medientheoretisch das Problem der Binnenkomplexität reformuliert ist (s. o.), einfach auf Sinn als Medium gespiegelt worden, ohne dass Luhmann den geänderten Bedingungen durch neue theoretische Herleitungen irgendwie Rechnung getragen hätte.

Ähnliche Probleme ergeben sich auch aus einer weiteren Aussage Luhmanns:

> „Schließlich ist zu beachten, daß nicht das mediale Substrat, sondern nur die Formen im System operativ anschlußfähig sind. Mit den formlosen, lose gekoppelten Elementen kann das System nichts anfangen." (GdG, 201)

Hier ist es schon fast schwierig, eine Teilaussage zu finden, die man nicht kritisieren könnte: Wieso sollen Elemente eines Mediums, die doch selbst immer als Formen in einem anderen Medium definiert sind, formlos sein? Wieso soll das System mit den lose gekoppelten Elementen eines Mediums nichts anfangen können, wenn das System doch ausschließlich in einem derartigen medialen Substrat durch seine Operationen immer neue Formen bilden kann? Vor allem ist aber zu fragen, inwiefern Formen „im System operativ anschlußfähig" sein sollen: Operative Anschlussfähigkeit kommt in Luhmanns Systementwurf eigentlich nur den ereignishaften Systemelementen zu, durch deren rekursive Relationierung die basal selbstreferentielle Geschlossenheit und damit die System-Umwelt-Grenze aufrechterhalten wird. Wenn man also die operativen Systemelemente selbst als Formen ansehen will, so sind diese Formen **als** (!) Systemoperationen tatsächlich anschlussfähig, wobei freilich diese Betrachtung wieder nur zur medientheoretischen Reformulierung der Binnenkomplexität rekursiver Systeme führt. Da Luhmann im letzten Zitat aber nicht von Systemelementen als Formen spricht, sondern von Formen im Medium Sinn, bleibt völlig unklar, wie diese in einem System, genauer gesagt, sogar in zwei verschiedenen Systemtypen, operativ anschlussfähig sein könnten.

Zusammenfassend kann man für die Kapitel 5.4 und 5.5 wohl festhalten, dass die Verbindung der Phänomenologie von Sinn mit der formen- und medientheoretischen Analyse von Sinn formal gut gelungen ist, sie aber wegen der fehlenden Spezifikation eines eigenen Elements des Mediums Sinn inhaltlich nicht genügend gefüllt ist. Durch dieses Manko ist die Konzeption von Sinn als Medium zum Scheitern verurteilt. Außerdem sind weder die formen- noch die medientheoretische Beschreibung von Sinn konsequent und konsistent genug mit anderen einschlägigen und tragenden Theoriebausteinen der Luhmann'schen Systemtheorie verknüpft.

5.6 Sinn als Medium von Bewusstsein und Kommunikation

Nach Luhmann unterscheiden sich psychische und soziale Systeme von anderen autopoietischen Systemtypen dadurch, dass nur sie sinnhaft operieren und sie im gemeinsamen Medium Sinn strukturell gekoppelt sind.[105] Obwohl ich die Probleme von Luhmanns Konzept der strukturellen Kopplung bereits kritisiert habe (s. Kap. 4.1.8 am Ende und v. a. Kap. 4.3.4), die Problematik von Sinn als ungenügendem Differenzierungskriterium innerhalb der autopoietischen Systeme mehrfach angesprochen und auch auf die Schwierigkeit der Nutzung eines gemeinsamen Mediums durch unterschiedliche Systeme hingewiesen habe (s. Kap. 5.3 bis Kap. 5.5), möchte ich dennoch in diesem Kapitel kritisch darstellen, wie Luhmann speziell bei Bewusstsein und Kommunikation die gemeinsame Verwendung des Mediums Sinn konzipiert. Dabei ist zu prüfen, ob Luhmann bei der Explikation dieses speziellen Zusammenhangs eventuell durch Zusatzangaben manche der allgemein ermittelten Schwierigkeiten aus dem Weg räumen kann, oder ob sich vielmehr neue Probleme einstellen.

Luhmann definiert Sinn als das gemeinsame Medium psychischer und sozialer Systeme:

> „Sinn dient als Medium der Kommunikation, aber auch als Medium des Bewußtseins. Die Spezifik dieses Mediums kann nur sehr allgemein erfaßt werden, wobei nicht schon die psychische oder soziale Systemreferenz vorausgesetzt werden kann." (KdG, 224)[106]

Luhmann hatte die „Spezifik" von Sinn durchgängig als die Einheit der Differenz von Aktualität und Potenzialität definiert und dies phänomenologisch, formanalytisch und medientheoretisch herzuleiten versucht. Ich habe schon öfter darauf hingewiesen, dass keine Herleitung dieses Konzeptes Sinn als ein geeignetes Differenzierungskriterium gegenüber anderen binnenkomplexen autopoietischen Systemtypen liefert[107] (s. Kap. 5.3 und Kap. 5.4): Der Begriff Sinn ist mit dieser Definition so „allgemein erfaßt", dass er auf alle solchen Systeme angewandt werden könnte.

---

[105] Auch Siegfried Schmidt vertritt die These, dass die je basal selbstreferentiell geschlossenen Systeme von Bewusstsein und Kommunikation durch Medien gekoppelt sind, wobei er von einer anderen theoretischen Basis als Luhmann ausgeht, nämlich vom Radikalen Konstruktivismus; s. Schmidt 1992b, 439; Schmidt 1992c, 306 – 308; Schmidt 1998, 55 – 72, hier v. a. 65f.; zum Zusammenhang von Sinn, Bewusstsein und Kommunikation siehe auch Baecker 1992, v. a. 246 - 252.

[106] vgl. GuS 2, 279; SoSy, 93, Anm.3; GdG, 199.

[107] Allerdings sei nochmals auf ein anderes, deutlich konsistenter konzipierbares Differenzkriterium hingewiesen, nämlich die re-entry-Fähigkeit der System-Umwelt-Differenz, die tatsächlich nur bei psychischen und sozialen Systemen zu beobachten ist (s. Kap. 5.3.3).

Anhand einer derartigen Sinnkonzeption können also psychische und soziale Systeme nicht plausibel von anderen basal selbstreferentiellen Systemen unterschieden werden. Daher ist in einem nächsten Schritt zu prüfen, ob sich etwa die autopoietische Operationsweise dieser beiden Systemtypen von anderen Operationsmodi unterscheiden lässt und so das Spezifische der Sinnsysteme ermittelt werden kann:

„Als Universalmedium aller psychischen und sozialen, aller bewußt und kommunikativ operierenden Systeme regeneriert Sinn mit der Autopoiesis dieser Systeme anstrengungslos und wie von selbst." (GdG, 51)

Dieser postulierte Zusammenhang lässt sich m. E. allerdings nicht ganz so anstrengungslos herleiten: Denn wenn Sinn mit der Autopoiesis psychischer und sozialer Systeme – und nur mit diesen! – regenerieren soll, müsste an der autopoietischen Operationsweise dieser beiden Systemarten etwas Spezifisches sein, was im Unterschied zu anderen Arten der Autopoiesis eine automatische Koproduktion von Sinn ermöglicht. Das einzige gemeinsame Spezifikum, das Luhmann für psychische und soziale Systeme über die allgemeine autopoietische Funktionsweise hinaus benennen kann, besteht darin, dass beide im Medium Sinn operieren. Damit sind wir aber wieder beim Ausgangsproblem angekommen, da Sinn hier wieder genau die Erklärungslast aufgebürdet bekommt, die er nicht tragen kann. Es liegt letztlich eine zirkuläre Argumentation vor, wenn das Spezifikum psychischer und sozialer Systeme durch Sinn erklärt werden, und das Spezifische von Sinn auf der autopoietischen Operationsweise eben dieser Systeme basieren soll.[108]

Dieselben unklaren Abhängigkeitsverhältnisse begegnen wieder, wenn Luhmann versucht die Frage zu beantworten, ob Sinn die Voraussetzung für Kommunikation und Bewusstsein ist oder ob vielmehr diese Systemtypen die Voraussetzung für Sinn darstellen. Für beide Positionen, die sich freilich in ihrer postulierten Kausalität diametral widersprechen,[109] gibt es bei Luhmann Belege:

Folgende Stellen sprechen dafür, psychische und soziale Systeme als primär und Sinn erst als Folgeerscheinung ihrer Operationen anzusehen:

„Die Co-evolution [psychischer und sozialer Systeme, meine Ergänzung] hat zu einer gemeinsamen Errungenschaft geführt [...]. Wir nennen diese evolutionäre Errungenschaft »Sinn«." (SoSy, 92)

„Sinn ist demnach ein *Produkt* der ihn benutzenden Operationen [...]." (GdG, 44)

„Daß Sinn als »Eigenbehaviour« bestimmter Systeme entsteht und reproduziert wird, ergibt sich daraus, daß diese Systeme (also: Bewußtseinssysteme und Sozialsysteme) ihre Letztelemente als

[108] Diese Zirkularität kann durchbrochen werden, wenn man die re-entry-Fähigkeit der System-Umwelt-Differenz als Spezifikum psychischer und sozialer Systeme zwischenschaltet und Sinn zu deren abgeleitetem Epiphänomen erklärt. Diese Lösung bedeutet aber eine starke Relativierung des theoretischen Stellenwerts von Sinn (s. Kap. 5.3.3).

[109] Dass die Behandlung von Kausalität bei Luhmann recht problematisch ist, wurde schon bei der Untersuchung der strukturellen Kopplung in Kapitel 4.3.4 deutlich.

Ereignisse produzieren, die zeitpunktbezogen entstehen und sofort wieder zerfallen, die keine Dauer haben können und jeweils zum ersten und zum letzten Male vorkommen." (GdG, 52)[110]

Wenn Sinn also ein **Produkt** ist, eine evolutionäre **Errungenschaft**, die als »**Eigenbehaviour**« bestimmter Systeme evolutionär in der Zeit **entsteht**, müsste man diese Systeme, eben psychische und soziale Systeme, und ihre jeweilige ereignishafte Operationsweise als primär ansehen, damit Sinn als sekundäres Phänomen überhaupt erst entstehen kann.[111]

Das genau umgekehrte Begründungsverhältnis lässt sich allerdings folgenden Aussagen Luhmanns entnehmen:

„Sie [psychische und soziale Systeme, meine Ergänzung] haben sich, wenn man so sagen darf, am Sinn ausdifferenziert. Sinn ist die eigentliche »Substanz« dieser emergenten Ebene der Evolution." (SoSy, 141)

„It leads to a sharp distinction between meaning and life as different kinds of autopoietic organization, and meaning-using systems again have to be distinguished according to whether they use consciousness or communication as a mode of meaning-based reproduction." (Luhmann 1990a, 2)

„Das allgemeinste Medium, das psychische und soziale Systeme ermöglicht und für sie unhintergehbar ist, kann mit dem Begriff »Sinn« bezeichnet werden." (KdG, 173)

Wenn hier Sinn als »**Substanz**« bzw. Medium psychische und soziale Systeme bzw. deren Differenzierung erst **ermöglicht** und die autopoietische Reproduktionsweise von Bewusstsein und Kommunikation bereits **sinn-basiert** ist, so muss Sinn den psychischen und sozialen Systemen doch logisch und kausal vorausgehen. Diesmal ist der Sinn also primär und psychische bzw. soziale Systeme sind demnach die abgeleiteten, sekundären Erscheinungen. Diese beliebige Verkehrung der Begründungsverhältnisse ist symptomatisch für Luhmanns fehlende konzeptionelle Abstimmung der Theoriebausteine Sinn und System, die ich bereits unter anderen Fragestellungen herausgearbeitet habe (s. Kap. 5.1 und Kap. 5.2): Auch Luhmanns konkrete Ausführungen zu Sinn und Bewusstsein bzw. Kommunikation lösen diese Probleme nicht, sondern bestätigen sie nur aus anderer Perspektive.

Dies gilt nicht nur für die Relation von Sinn und System, sondern auch für das Verhältnis von Sinn zu den spezifischen Medien bzw. Operationsformen von Bewusstsein und Kommunikation.

Einerseits soll Sinn als gemeinsames Medium von psychischen und sozialen Systemen fungieren, andererseits reproduzieren sich diese Systemtypen nur durch die Verwendung ihres je eigenen Mediums:

---

[110] An dieser Stelle ist auch bemerkenswert, wie die Entstehung von Sinn als Eigenbehaviour erklärt wird, nämlich mit der Ereignishaftigkeit der Systemelemente: Diese ist keineswegs spezifisch für psychische und soziale Systeme, sondern gilt für alle temporalisierten autopoietischen Systeme, so dass diese Erklärung bei näherem Hinsehen gar keine ist.

[111] Die Untersuchungen zum Zusammenhang zwischen dem re-entry der System-Umwelt-Unterscheidung und Sinn in Kapitel 5.3.3 haben gezeigt, dass Sinn nicht nur allgemein von der Operationsweise eines Systems, sondern sogar von diesem re-entry abhängig ist, also gewissermaßen eine Ableitung zweiter Stufe darstellt (GdG, 46); freilich hatte Luhmann auch schon das genaue Gegenteil behauptet (Luhmann, 1990a, 12).

> „Sinn kann sich in eine Sequenz einfügen, die am körperlichen Lebensgefühl festgemacht ist und dann als Bewußtsein erscheint. Sinn kann sich aber auch in eine Sequenz einfügen, die das Verstehen anderer involviert und dann als Kommunikation erscheint." (SoSy, 142)

> „Beide [psychische und soziale Systeme, meine Ergänzung] verwenden ein je verschiedenes Medium ihrer Reproduktion: Bewußtsein bzw. Kommunikation." (SoSy, 367)

Wie sich Sinn in die operativen Sequenzen zweier verschiedener, basal selbstreferentiell geschlossener Systeme „einfügen" können soll und sich die betreffenden Systeme dennoch zugleich nur über ihre je systemspezifischen Medien reproduzieren, wird auch für das konkrete Verhältnis von Sinn, psychischen und sozialen Systemen nicht entfaltet. Es bleibt bei den letztlich inkonsistenten Behauptungen und Postulaten, die ich aus allgemeiner Warte bereits in Kapitel 5.5 kritisiert habe und die Luhmann auch nicht durch zusätzliche Argumente stützt oder plausibler macht.[112]

Auch bei der Frage nach der Operationsform von psychischen und sozialen Systemen treten analoge Probleme auf: Wenn nach Luhmann Systemoperationen als rekursive Reproduktion der ereignishaften Systemelemente definiert sind, dann leuchtet unmittelbar ein, dass der Operationsmodus psychischer Systeme in der Reproduktion von Bewusstsein durch dessen basal selbstreferentielle Anschlussfähigkeit besteht und die Operationsform sozialer Systeme entsprechend in der Reproduktion von Kommunikation:

> „Im Ergebnis unterscheiden psychische und soziale Systeme sich danach, ob Bewußtsein oder Kommunikation als Operationsform gewählt wird." (SoSy, 142)

Umso erstaunlicher ist es aber dann, wenn für dieselben Systemarten plötzlich Sinn als gemeinsame „Operationsform"[113] benannt wird:

> „Sinn ist ein Operationsmodus spezifischer Systeme, nämlich des Bewußtseins und des Gesellschaftssystems [...]." (WissdG, 306)

Im ersten Zitat unterscheiden sich psychische und soziale Systeme gerade durch ihre Operationsform, was mit dem Konzept basal selbstreferentieller Systeme völlig harmoniert. Im zweiten Zitat dagegen verfügen dieselben Systeme über einen gemeinsamen Operationsmodus, wobei Luhmann weder plausibel ausführt, wie diese Gemeinsamkeit zustande kommt, noch, wie Sinn ein Operationsmodus sein soll, wenn Operationen systemspezifische Elemente reproduzieren:[114] Sinn bildet, wie wir gesehen haben, nach Luhmann kein System (s. Kap. 5.1).

Die speziellen Ausführungen, die Luhmann zum Verhältnis von Sinn, Bewusstsein und Kommunikation macht, können also die Vorbehalte, die in den früheren Kapiteln gegen sein Sinnkonzept entstanden sind, nicht zerstreuen. Es wiederholen sich vielmehr in der

---

[112] In der Verwendung des gemeinsamen Mediums Sinn durch die je geschlossenen psychischen und sozialen Systeme sieht auch Michael Schmid eine Schwierigkeit in Luhmanns Theoriebau (Schmid 1987, 40f.).

[113] GdG, 47.

[114] Der enge Zusammenhang von Operationsweise und Systemhaftigkeit wird auch ganz deutlich, wenn Luhmann der Sprache eine Systemhaftigkeit sui generis abspricht mit der Begründung, sie verfüge über keine „eigene Operationsweise" (GdG, 112).

konkreten Anwendung dieselben Probleme, die bereits im allgemeinen Theoriekonzept begegnet waren.

Fazit: Sinn ist bei Luhmann eine überaus problemhaltige Kategorie: Er bildet kein System sui generis, obwohl ihm Luhmann viele Merkmale zuspricht, die genau dies erwarten lassen (Kap. 5.1). Vielmehr soll Sinn ein Supersystem, das Bewusstsein und Kommunikation umfassen würde, ersetzen und überflüssig machen (Kap. 5.2). Dabei ist aber weder die phänomenologische (Kap. 5.3) noch die formenanalytische (Kap. 5.4) noch die medientheoretische (Kap. 5.5) Konzeption von Sinn, so gut diese drei Ansätze auch formal miteinander harmonieren, mächtig genug, um die dafür nötige Integrationsleistung erbringen zu können. Zugleich erweist sich Sinn in der von Luhmann gebotenen Definition als ein nicht geeignetes Differenzkriterium innerhalb der autopoietischen Systeme. Die Einbindung des Theorieelements Sinn in die übrige Theoriarchitektur rekursiv operierender, basal selbstreferentieller Systeme ist insgesamt inkonsistent, da es mit anderen Theoriebausteinen wie Komplexität, Rekursivität oder auch Medialität zu wenig abgestimmt und zugleich nicht genügend gegen sie ausdifferenziert ist. Gerade die fehlende Benennung eines spezifischen Sinnelements wirkt sich mehrfach kontraproduktiv aus, und auch die von Luhmann postulierte Verweisungsstruktur von Sinn lässt sich nicht kohärent nachweisen. Der Frage, ob sich die Merkmale von Luhmanns Sinnbegriff in einem auf Peirces Zeichenbegriff basierenden Zeichensystem herleiten lassen, werde ich in Kapitel 9 nachgehen.

6. Luhmanns Zeichenbegriff

Luhmann arbeitet bei seiner Sinnkonzeption mit ursprünglich semiotischen Begriffen wie „Verweis“ und „Repräsentation“, so dass es nahe liegt, an die Analyse seines Sinnbegriffs die Untersuchung seines Zeichenbegriffs anzuschließen. Dabei ist allerdings nicht nur nach dem speziellen Verhältnis von Sinn und Zeichen zu fragen (Kap. 6.4), sondern grundsätzlich zu klären, wie Luhmann das Verhältnis zwischen Systemtheorie und Semiotik sieht.[1]

Was die Beziehung zwischen Sinn und Zeichen angeht, so unterscheidet Luhmann einerseits klar zwischen der Verweisungsstruktur von Sinn und der Zeichenstruktur: Während er Selbstreferenz (s. Kap. 5.1) und Universalität (s. Kap. 5.3.3) als Eigenschaften von Sinn ansieht, spricht er eben diese Merkmale dem Zeichen explizit ab. Es gibt nach Luhmann kein selbstreferentielles Zeichen, das sich selbst bezeichnet, sondern nur Zeichen, die etwas anderes bezeichnen, und auch kein universelles Zeichen als Weltform.[2] Sinn soll dabei dem Zeichen übergeordnet sein, da nur ein sinnvolles Zeichen überhaupt als solches fungieren kann,[3] Sinn selbst aber kein Zeichen ist.[4]

---

[1] Nach vereinzelten Bemerkungen zum Zeichen und zur Zeichentheorie in den *Sozialen Systemen* tritt die Semiotik erst ab der *Wissenschaft der Gesellschaft* etwas mehr in Luhmanns Gesichtskreis (hierfür ist auch bezeichnend, dass der Begriff ‚Repräsentation‘ bei ihm bis dahin nahezu ausschließlich im sozialen oder politischen Sinne verwendet wird); Luhmann geht in nur zwei Publikationen näher und in größerem Zusammenhang auf die Semiotik ein (Luhmann 1992b; Luhmann 1993d).

[2] Diese Auffassung hängt freilich vom verwendeten Zeichenmodell ab: Bei Peirce muss ein Zeichen neben dem fremdreferentiellen Objektbezug immer auch selbstreferentiell sein (s. die Punkte 4c in Kap. 8.1.2 und 2 in Kap. 8.3.7), und mit dem Konzept des ultimativen finalen Interpretanten (s. die Punkte 31 in Kap. 8.2.7 und 3 in Kap. 8.3.10) ist nichts anderes als ein universelles Weltzeichen bzw. die Selbstrepräsentation des Zeichenuniversums gemeint.

[3] Damit steht im Widerspruch, dass Sinnlosigkeit ein Phänomen sei, das es nach Luhmann nur bei Zeichen gebe und in einer „Verwirrung von Zeichen“ (SoSy, 96) bestehe. Wenn ein Zeichen seine Funktion nur erfüllen kann, wenn es Sinn hat (SoSy, 107), dann gibt es zwei Möglichkeiten: Entweder ist das sinnlose Zeichen gar nicht mehr als Zeichen kenntlich, dann gibt es Sinnlosigkeit aber auch nicht für Zeichen. Oder das Zeichen fungiert trotz seiner Sinnlosigkeit noch als Zeichen, dann kann aber Sinn nicht der für Zeichen „fundierende Sachverhalt“ (SoSy, 107) sein; vgl. auch Punkt 3 in Kap. 9.3 zur Diskussion der Sinnlosigkeit von Zeichen bei Peirce.

[4] SoSy, 107; Diese Stelle greift auch Alfons Bora auf, wobei seine Ausführungen auf eine oberflächliche Rezeption sowohl von Luhmann als auch der Semiotik schließen lassen (Bora 1994, 313f.): Die Zeichentriade von Peirce besteht für Bora aus Signifikant – Signifikat – Referent, was Peirce weder der Terminologie noch der Sache nach auch nur in Ansätzen entspricht: Seine Zeichentriade besteht aus Repräsentamen – Objekt – Interpretant, wobei die Stelle des Objekts weder mit dem Signifikat noch mit dem Referenten deckungsgleich ist. Die – formentheoretisch ausgeschlossene – Auflösung des Saussure‘schen Signifikats zugunsten des Signifikanten wird völlig unkritisch Derrida nacherzählt. Zuletzt wird die angeblich ausschließliche Fremdreferenz des Zeichens gegen die dominante Selbstreferenz sozialer und psychischer Systeme verrechnet, wobei Bora mehreres übersieht: In Peirces Ansatz vermittelt jedes Zeichen zwangsläufig zwischen Selbst- und Fremdreferenz (s. die Punkte 4c in Kap. 8.1.2 und 2 in Kap. 8.3.7) und gerade psychische und soziale Systeme sind aufgrund ihrer re-entry-Fähigkeit zu einer internen Beobachtung

Andererseits führt Luhmann Zeichen und Sinn wieder eng zusammen, wenn er sagt, das Zeichen vermittle „die Sachdimension und die Sozialdimension von Sinn“[5]. Weiterhin macht es etwas stutzig, dass Luhmann an anderen Stellen dem Zeichen und der Zeichentheorie genau die Universalität zuerkennt, die er ihnen bereits abgesprochen hatte.[6] Eine derartige Ambivalenz tritt auch an anderen Stellen auf, indem Luhmann Zeichen- und Systemtheorie einmal scharf trennt und dann wieder auf bedeutende Parallelen, die er zu erkennen glaubt, hinweist:

Einmal schließt er die Existenz einer Metatheorie aus, die Semiotik und Systemtheorie integrieren könnte, er selbst entscheidet sich dafür, mit den Unterscheidungen von System/Umwelt bzw. Medium/Form zu arbeiten, und zwar explizit gegen die semiotische Alternative von Signifikant/Signifikat – dies jedenfalls hält Luhmann für die Alternative, welche die Semiotik zu bieten hat –, und er hält es für notwendig, in konstruktivistischen Theorieansätzen die semiotische Leitunterscheidung ‚Zeichen/Bezeichnetes‘ durch die Unterscheidung von System und Umwelt zu ersetzen, nicht etwa sie mit ihr zu kombinieren.[7]

Dann rückt er genau diese Unterscheidungen, die er eben noch völlig getrennt hatte, wieder in denkbar große Nähe, wenn er die Formen von Sinn, Zeichen, System/Umwelt und Medium/Form als besondere Formen zusammenfasst, „die auf Grund einer basalen Eigenschaft der Selbstimplikation zueinander passen und sich wechselseitig interpretieren können“[8]. Und weil Luhmann die Semiotik wegen der Unterscheidung von Bezeichnendem und Bezeichnetem als differenzbasiert ansieht, müsse sie seiner Meinung nach „einer Theorie operativ geschlossener Systeme zugeordnet werden“[9]: In diesem Falle wäre die oben von Luhmann noch abgestrittene Nähe von Semiotik und Systemtheorie sogar so groß, dass in der Tat keine Metatheorie zu ihrer Verbindung nötig wäre, da nämlich die gesamte Semiotik ohnehin unter die Systemtheorie subsumiert werden könnte.[10]

Zu derartigen widersprüchlichen Bewertungen des Verhältnisses von Semiotik und Systemtheorie tritt noch der Verdacht hinzu, Luhmann habe speziell in der Semiotik die

---

von Selbst- und Fremdreferenz fähig. Außerdem vergleicht Bora hier Zeichen als Systemelemente mit Systemen, was ohnehin ein unzulässiger Ebenenwechsel ist.

[5] KdG, 279; vgl. dazu auch Kap. 6.3; zu den Sinndimensionen bei Luhmann s. Kap. 5.3.4.

[6] s. Luhmann 1993d, 46; GuS 4, 29.

[7] Luhmann 1994a, 405f.; Luhmann 1994b, 7; Wenn aber die System-Umwelt-Differenz nicht mit semiotischen Unterscheidungen kombiniert werden, sondern diese ersetzen soll, wie kann dann das Zeichen die Sozial- und Sachdimension von Sinn vermitteln (KdG, 279), wo doch Sinn bei Luhmann ein an Systemoperationen gebundenes Phänomen ist? Zur Lösung dieser Probleme bei Peirce s. Kap. 6.3 und Kap. 8.3.

[8] Luhmann 1993d, 65; Luhmann hebt die autologische Konstitution der semiotischen Wissenschaft hervor, die selbst im Bereich ihrer Bezugsobjekte auftritt, da der Zeichenbegriff reflexiv auf sich selbst anwendbar ist und somit die Semiotik zu einer Universaltheorie wird (Luhmann 1993d, 60). Diese Universalität und autologische Fundierung bilden eine starke Parallele zur Systemtheorie (Luhmann 1990a, 16); vgl. Punkt 3 in Kap. 6.1 und Kap. 6.4; zur Autologie und Universalität der Semiotik bei Peirce s. die Punkte 3 in Kap. 8.3.1, 1 in Kap. 9.1 und 2 in Kap. 9.3.

[9] Luhmann 1993d, 49.

[10] Die Ergebnisse der Kapitel 8 und 9 sprechen dafür, dass eine Systemtheorie, wie Luhmann sie entwickelt, eher unter die Semiotik subsumiert werden sollte, da diese die größere Problemlösungskapazität und somit die höhere theoretische Mächtigkeit aufweist. Aber die metatheoretische Frage nach der Hierarchisierbarkeit von Systemtheorie und Semiotik steht hier nicht zur Diskussion.

Grundpositionen der ‚Klassiker' Saussure und Peirce[11] nur unzulänglich rezipiert: So schreibt Luhmann beispielsweise:

> „Man analysiert mit mehr pragmatistischen oder mit mehr strukturalistischen Theoriepräferenzen, also im Anschluß an Peirce bzw. an Saussure, die Differenz von Bezeichnendem und Bezeichnetem." (KdG, 286)[12]

Dabei übersieht Luhmann offenbar völlig, dass in Peirces Zeichentheorie, sei sie nun pragmatisch bzw. pragmatistisch ausgerichtet oder nicht, Saussures Differenz zwischen Bezeichnendem und Bezeichnetem gar nicht vorkommt, oder dass z. B. auch Peirces früher und bedeutender Rezipient Charles Morris nicht mit einem zweiwertigen Zeichen operiert. Luhmann scheint nicht bemerkt zu haben, dass Peirces Semiotik nicht primär auf statischer Systemhaftigkeit und Differenzen basiert wie die Semiologie Saussures, sondern bei ihm vielmehr Relationen, v. a. dreistellige, den Ausgangspunkt bilden.[13]

Auch wenn Luhmann die pragmatisch orientierte Semiotik von Peirce gegen die strukturalistische Zeichentheorie von Saussure absetzt und sie dadurch charakterisiert, dass bei ihr „der Akzent auf der Intention des Sprechers, auf den »speech acts« von Austin und Searle"[14] liege, erfasst er den Kern von Peirces (pragmatischer) Semiotik nicht richtig: Hier liegt der Schwerpunkt keineswegs produktionsästhetisch auf der Intention, also sprechakttheoretisch nicht auf dem illokutionären Akt, sondern vielmehr rezeptionsästhetisch auf der Wirkung eines Zeichenprozesses, also sprechakttheoretisch auf dem perlokutionären Akt: Denn ein Zeichen ist für Peirce nur ein Zeichen, wenn es über den Interpretanten als solches wirkt und interpretiert wird (s. die Punkte 3c und 5 in Kap. 8.1.1 und Kap. 8.2.7), und nicht schon, wenn es als solches intendiert sein mag.

---

[11] Luhmann beschränkt sich fast ausschließlich auf diese beiden klassischen Theoretiker der Zeichentheorie: „Die Namen und Theorieprogramme sind bekannt: Peirce und »semiotics« und Saussure und »semiologie«." (Luhmann 1993d, 46) Darüber, dass die Bandbreite von „Namen und Theorieprogrammen" auch in der ‚klassischen' Semiotik deutlich größer ist, informiert das neuere Handbuch von Winfried Nöth (Nöth 2000, 59 – 130). Luhmann hält sich allerdings nicht an den von ihm selbst aufgemachten Unterschied zwischen den Schulen der Semiotik und der Semiologie (den auch Ludwig Jäger überaus stark betont [Jäger 1986, 10 – 13; Jäger 1994, 300 – 302]; vgl. auch Merrell 1992, 3 – 38, 39ff. passim), wenn er die von Saussure in die **Semiologie** eingeführte Unterscheidung von Signifikant und Signifikat (Saussure 1967, 19, 76 – 79) als die in der **Semiotik** übliche Unterscheidung ansieht (KdG, 65), eine Einschätzung, die man übrigens generell stark bezweifeln kann, oder wenn er in Bezug auf Saussure gleichbedeutend von Semiologie und Semiotik spricht (WissdG, 52); eine recht lässige Gleichsetzung von Semiologie und semiotics auch in WissdG, 99.

[12] vgl. auch den theoriegeschichtlich nicht gedeckten Transfer der Saussure'schen Unterscheidung von Zeichen und Bezeichnetem in die amerikanischen semiotics in WissdG, 99. Abgesehen davon unterscheidet Saussure nicht Zeichen und Bezeichnetes, sondern Bezeichnendes und Bezeichnetes (Saussure 1967, 78f.), ein Unterschied, auf den auch Luhmann manchmal Wert legt (s. hierzu Kap. 6.1).

[13] Diesen Unterschied betonen auch Nina Ort und Markus Peter und arbeiten Negativkonsequenzen heraus, die sich aus der Wahl eines dyadischen, differenzbasierten Zeichenmodells bei Luhmann ergeben (Ort/Peter 1999); vgl. Kap. 8.1.1.

[14] RdG, 36.

Es zeichnen sich also schon bei recht flüchtiger Betrachtung von Luhmanns Zeichen- und Semiotikverständnis Inkonsistenzen, Widersprüche und eine gewisse oberflächliche Rezeption ab, so dass ich im Folgenden Zeichen und Zeichentheorie bei Luhmann detaillierter untersuchen und v. a. folgende Problemfelder behandeln möchte:

1. Was versteht Luhmann unter Zeichen? In erster Annäherung könnte man sagen, das Zeichen bildet gemäß Luhmanns Formanalyse die Einheit der Differenz von Bezeichnendem und Bezeichnetem (s. Kap. 6.1).
2. Welchen Stellenwert hat das Bezeichnete – ist es ein reines Formkorrelat im Zeichen oder bezieht es sich auch auf einen externen Referenten (s. Kap. 6.2)?
3. Wenn das Zeichen eine Form sein soll, bedarf es einer (beobachtenden) Operation, welche die Zeichenform benutzt und von einem System vollzogen wird: In welcher Relation stehen Zeichen, Operation und System zueinander (s. Kap. 6.3)?
4. Bei der Beantwortung von Frage 3 spielen psychische und soziale Systeme als Sinnsysteme eine hervorgehobene Rolle. Deswegen und wegen der am Anfang dieses Kapitels aufgezeigten Widersprüche ist erneut und zusammenfassend die Frage nach dem Verhältnis von Zeichen und Sinn zu stellen (s. Kap. 6.4).

Bevor ich mich diesen Punkten näher zuwende, möchte ich in einem Exkurs das Zeichenmodell von Ferdinand de Saussure kurz vorstellen, da dieses Modell fast allen zeichentheoretischen Überlegungen Luhmanns zugrunde liegt.

Exkurs: Das Zeichenmodell von Ferdinand de Saussure

In diesem Abschnitt geht es mir nicht um eine kritische oder gar vollständige Saussure-Exegese, sondern nur um eine weitgehend deskriptive Zusammenstellung der Saussure'schen Positionen, die als Hintergrundinformationen für Luhmanns Zeichenanalyse wichtig sind. Zu behandeln sind v. a. die Unterscheidungen von *langue* und *parole* und von Synchronie und Diachronie, die Zeichendefinition, die Arbitrarität des Zeichens und Saussures Wertelehre. Diese Synopse ist umso wichtiger, als Luhmann selbst Saussures Positionen oft recht verkürzt wiedergibt oder auch nur andeutet.[15] Er begnügt sich meist damit, als generellen Beleg lediglich Saussures Namen anzuführen, benennt aber in der Regel weder das Werk, auf das er sich beruft, noch weist er die Stellen nach, mit denen er arbeitet.[16]

---

[15] Für neuere, knapp zusammenfassende Gesamtdarstellungen von Saussures Sprach- und Zeichentheorie mit weiterführender Literatur s. z. B. Larsen 1998, v. a. 2040 – 2052; Nöth 2000, 71 – 77; Stetter 1996, 422 – 431; Obwohl ich mich in meiner Untersuchung entschlossen habe, nicht mit Saussures, sondern mit Peirces Zeichenmodell zu arbeiten, geht es mir hier nicht um den schon oft bemühten Vergleich zwischen Saussure und Peirce bzw. zwischen einem zwei- und einem dreistelligen Zeichenbegriff: s. hierzu z. B. Köller 1977; Larsen 1998, 2068f.; Merrell, 1995a, 1 – 14; Nöth 2000, 137 – 141; Stetter 1979; Vigener1979; einen kritischen Kommentar zu Saussures *Cours de linguistique générale* hat Roy Harris 1987 vorgelegt; zur Rezeption von Saussures Konzepten s. die Arbeiten von Ludwig Jäger, Martin Krampen, Svend Erik Larsen, Christian Stetter, Gerhard Vigener und Peter Wunderli im Literaturverzeichnis (Kap. 12.3); s. auch Eschbach 1986.

[16] So findet sich in den beiden Beiträgen, die Luhmann speziell der Zeichentheorie widmet (Luhmann 1992b, Luhmann 1993d) kein einziger bibliographischer Hinweis auf die benutzten Saussu-

Da bei Saussure die Quellen- und Editionslage nicht gerade eindeutig und übersichtlich ist, ist kaum zu rekonstruieren, auf welche Texte Luhmann bei seinen Ausführungen nun im Einzelnen zurückgreift. Zumindest an zwei Stellen zitiert Luhmann Saussure wörtlich,[17] und zwar zweimal dieselbe Passage aus dem *Cours de linguistique générale*, und hier benutzt Luhmann eine nicht näher spezifizierte Ausgabe „Paris 1973". Daraus kann man zumindest ersehen, dass Luhmann erstens aus dem Saussure'schen Werk wohl nur den Text des *Cours* rezipiert hat und er zweitens nicht mit einer der maßgeblichen Ausgaben dieses Textes gearbeitet hat.[18] Luhmanns Saussurebild basiert also letztlich auf der keinesfalls authentischen, aber wirkungsgeschichtlich dominanten Ausgabe des *Cours* von 1916.[19] Da mir in diesem Exkurs speziell an den Hintergründen von Luhmanns Saussurebild gelegen ist, werde auch ich meiner folgenden Darstellung des Saussure'schen Zeichenmodells den Text dieser Ausgabe in der deutschen Übersetzung von Herman Lommel[20] zugrunde legen, allerding wohl wissend, damit zwar den wirkungsgeschichtlich bedeutsamen, aber nicht den historisch authentischen Saussure zu referieren.

Ein wichtiges Anliegen Saussures ist es, einen eigenständigen und klar umrissenen Objektbereich für die Sprachwissenschaft zu definieren.[21] Da ihm der Gesamtbereich der mensch-

---

re-Quellen, obwohl auf diesen Autor oft zurückgegriffen wird. Diese Art zu zitieren kritisiert Walter Bühl zu recht sehr scharf als Anführen bloßer „Autoritätszitate" und „Name-dropping" (beides in Bühl 2000, 228) ohne eingehende Diskussion angegebener Stellen.

17 SoSy, 112 und mit demselben Zitat WissdG, 376.

18 Der Inhalt des erst 1916 postum herausgegebenen *Cours* stammt aus drei Vorlesungen, die Saussure zwischen 1907 und 1911 gehalten hatte, und ist aus den Vorlesungsmitschriften von Studenten zusammengestellt, geht also nicht direkt auf Saussure selbst zurück. Dass die Ausgabe von 1916, die von Charles Bally und Albert Sechehaye unter Mitarbeit von Albert Riedlinger besorgt wurde, philologischen und historisch-quellenkritischen Ansprüchen nicht genügt und nicht den ‚authentischen' Saussure wiedergibt, ist schon länger bekannt. Die momentan maßgeblichen kritischen Standardausgaben stammen von Tullio de Mauro (1972) und Rudolf Engler (1968, 1974); Hinweise zur historisch-philologisch korrekten Rekonstruktion des ‚authentischen' Saussure z. B. auch bei Jäger 1975; Jäger 1976; Jäger 1986; Stetter 1979, hier v. a. 124f.; s. auch die Einleitung zu Roy Harris' Saussure-Kommentar (Harris 1987, VII – XVII).

19 Damit steht Luhmann nicht allein: Auch Ernst von Glasersfeld, einer der Begründer des ‚Radikalen Konstruktivismus', rezipiert Saussure mittels dieser Ausgabe (s. z. B. von Glasersfeld 1998b, 212ff.) und Ranulph Glanville greift ebenso auf sie zurück (Glanville 1984, 655): Glanville bezieht Positionen von Saussure und der 2nd order cybernetics aufeinander, wobei er sich selbst als nicht kompetent in der Saussure'schen Linguistik bezeichnet (loc. cit.). Dies stellt er hinsichtlich der Werkgenese des *Cours* gleich unter Beweis, indem er zwar anmerkt, es handle sich um Vorlesungsskripten, diese aber fälschlich in die 1890er datiert statt korrekterweise zwischen 1907 und 1911. Und wenn er das Saussure'sche Zeichen an die Operationen eines Beobachters koppelt (loc. cit., 656 – 659), missachtet er Saussures strikte Trennung von Diachronie und Synchronie bzw. *parole* und *langue* und verabsäumt zu betonen, dass der Beobachter nur ein Beobachter zweiter Ordnung sein kann. Auch Michael Giesecke legt die Ausgabe von 1916 bzw. deren deutsche Übersetzung zugrunde, allerdings in bewusster Entscheidung und mit der überzeugenden Begründung, eben dieser Text sei „der Katalysator der modernen Linguistik geworden." (Giesecke 1987, 291f., Anm. 1)

20 Zitiert als ‚Saussure 1967' nach der zweiten Auflage der deutschen Übersetzung von 1967 (zuerst 1931).

21 Saussure 1967, 9 – 27; Harris 1987, 14 – 32.

lichen Rede zu kompliziert für eine einheitliche wissenschaftliche Erfassung scheint, versucht er den spezifischen Gegenstand der Sprachwissenschaft durch ein Verfahren zu konstituieren, das Michael Giesecke zutreffend als Komplexitätsreduktion beschreibt.[22] Diese Komplexitätsreduktion vollzieht Saussure, indem er binäre Oppositionsschemata bildet, deren eine Seite jeweils aus dem Kernbereich der Sprachwissenschaft ausgeschlossen wird. Die andere Seite wird dann mithilfe der nächsten Dichotomie weiter differenziert, bis die Sprache (frz. *langue*) als ausschließlich intern geregeltes und rein synchrones System übrig bleibt, als dessen Elemente die arbiträren Zeichen benannt werden. Auf dem Weg zu diesem Ergebnis werden die Binärschemata von *langue* und *parole*, innerem und äußerem Bereich der Sprachwissenschaft und Syn- und Diachronie benutzt.[23] Diese Begriffspaare werde ich nun genauer vorstellen.

Die Unterscheidung von parole *und* langue[24]

Da Saussure die Gesamtheit der menschlichen Rede (frz. *language*) als einen zu heterogenen und vielschichtigen Gegenstand der Sprachwissenschaft ansieht, unterteilt er sie in zwei Teile, das Sprechen (frz. *parole*) und die Sprache (frz. *langue*):

Der *parole* werden die kommunikative Verwendung der Sprache und der konkrete individuelle Sprachgebrauch mit all seinen zufälligen Variationen zugerechnet. Sie ist der *langue* gegenüber historisch primär, in ihr findet das Lernen einer Sprache und deren Entwicklung statt und sie umfasst alle operativen Aspekte der Sprache in der Zeit. Aus diesen Gründen bildet sie einen offenen Raum heterogener Merkmale.

Die *langue* stellt dagegen die Summe der sprachlichen Konventionen einer Sprachgemeinschaft dar; sie ist somit nicht individuell, sondern eine soziale Institution. Sie ist ein durch Kollektivgewohnheit geregeltes, homogenes System von Elementen, den Zeichen, in dem von einer operativen Verwendung abgesehen wird. Als solches bildet sie für Saussure im Vergleich zur *parole* den wichtigeren und wissenschaftlich einheitlicher erfassbaren Teil der *language*:

> „Indem man die Sprache vom Sprechen scheidet, scheidet man zugleich: 1. das Soziale vom Individuellen; 2. das Wesentliche vom Akzessorischen und mehr oder weniger Zufälligen." (Saussure 1967, 16)

Damit ist eine eindeutige Wertung und Entscheidung ausgesprochen, nämlich den Bereich der *parole*, also die konkrete, operative Sprachverwendung, in einem ersten Differenzierungsschritt aus der eigentlichen Sprachwissenschaft auszuschließen, deren „einziges Objekt die Sprache [also die *langue*, meine Ergänzung] ist"[25].

---

22 Giesecke 1987, 269 – 273.

23 Dies ist jedenfalls die Argumentationsfolge, die in Saussure 1967 vorliegt. Das Schema, das Saussure selbst zeichnet, ist weniger differenziert (Saussure 1967, 117) und Giesecke verändert ohne erkennbaren Grund oder Vorteil die Reihenfolge (Giesecke 1987, 272).

24 Saussure 1967, 9 – 24, 91; Harris 1987, 33 – 36.

25 Saussure 1967, 24; vgl. auch loc. cit., 23, 123 („Die sprachliche Tatsache ist vollständig bestimmt nur, wenn sie abgegrenzt ist, losgetrennt von allem, was sie in der gesprochenen Reihe umgibt.") und loc. cit., 91, wo die Binarität sogar in Form einer Subtraktion formuliert wird: „Die Sprache ist für uns die menschliche Rede abzüglich des Sprechens."

Der äußere und der innere Bereich der Sprachwissenschaft[26]
Innerhalb dieser so bestimmten Sprache differenziert Saussure nun weitere Aspekte aus, die nur zum äußeren Bereich der Sprachwissenschaft gehören sollen, nicht aber zu ihrem inneren Bereich: Dieser soll allein gebildet werden durch eine systematische Ordnung, die mit rein systeminterner Struktur und völlig autonomer Gesetzmäßigkeit zu entwickeln ist.[27] Daher müssen Aspekte der Sprachforschung wie Ethnologie, Politik, Institutionen oder Geographie ausgeschlossen werden, da sie nicht in einem einheitlichen systemischen Zusammenhang erfasst werden können und von unterschiedlichen Regeln bestimmt sind.

Die Unterscheidung von Diachronie und Synchronie[28]
Die nächste dichotomische Unterscheidung nimmt Saussure in der Zeitdimension vor, indem er zwei Zeitachsen unterscheidet, die wegen der Gesamtkomplexität der *language* und der großen Zahl sprachlicher Elemente wissenschaftlich streng getrennt werden müssen. Die Diachronie ist dabei die Achse der zeitlichen Abfolge, also der Differenz von vorher und nachher. Die Synchronie dagegen ist die Achse gleichzeitig gegebener Beziehungen zwischen den Systemelementen, also die Achse der jeweiligen, statisch für sich betrachteten Gegenwart.

Mit dieser begrifflichen Trennung umfasst die diachrone Achse die Vorgänge historischer Veränderungen und Entwicklungen, also den Sprachwandel und die Abfolge von Änderungen der sprachlichen Einzelelemente. All diese Veränderungen setzen „tätige Kräfte"[29] voraus, die den Wandel erst bewirken. Sie bedürfen also der konkreten operativen Verwendung der Sprache in der *parole*, so dass Diachronie und *parole* über die beiderseits konstitutive Operativität gekoppelt sind.[30] Aufgrund dieser Kopplung findet in der diachronen Achse auch die Entstehung und Entwicklung der Kollektivgewohnheit statt, welche die Sprachverwendung regelt. Die Herausbildung und der Wandel sprachlicher Konventionen und Traditionen werden also nicht ins Sprachsystem übernommen, sondern den zufälligen und kontingenten Prozessen der Geschichte zugerechnet. Saussure sieht nämlich in den Faktoren, die den diachronen Wandel der Sprache bewirken, eine zufällige, spontane, unsystematische und „blinde Macht"[31], die ihre Wirkungen nicht im Allgemeinen des Systems, sondern nur an isolierten Sonderfällen zeigt.

Aus diesen Gründen differenziert Saussure diachrone Betrachtungen als gesonderten Zweig der Sprachwissenschaft aus, während die Synchronie der *langue* den eigentlichen Kern der Sprachwissenschaft bildet. Sie untersucht als Achse gleichzeitiger Relationen sprachliche Zustände als die Ergebnisse diachroner Entwicklungen.[32] Diese synchrone

---

26 Saussure 1967, 24 – 27; Harris 1987, 37 – 40.

27 „[...] die Sprache ist ein System, das nur seine eigene Ordnung zuläßt." (Saussure 1967, 27) Da die Sprache ein System sui generis ohne jeden Bezug zu seiner Umwelt sein soll, entspricht sie auch in Luhmanns Sinne einem geschlossenen System (SoSy, 22).

28 Saussure 1967, 93 – 119; Harris 1987, 87 – 102.

29 Saussure 1967, 110.

30 „Da wir nun dieses doppelte Einteilungsprinzip besitzen, können wir hinzufügen, daß alles Diachronische in der Sprache nur vermöge des Sprechens diachronisch ist." (Saussure 1967, 117) Die entscheidende Gemeinsamkeit von *parole* und Diachronie liegt in der Operativität, die eine konkrete selektive Sprachverwendung impliziert und notwendig in der Zeit stattfindet.

31 Saussure 1967, 106; vgl. auch loc. cit., 110, 113, 119.

32 „Der gegebene Zustand einer Sprache ist immer das Erzeugnis historischer Faktoren [...]." (Saussure 1967, 84)

Perspektive hält Saussure für wissenschaftlicher, da sie ihren Gegenstand als System simultan gegebener und geordneter Werte beschreibbar macht, indem sie sich nur auf augenblickliche und statische Sprachzustände zu einem bestimmten Zeitpunkt richtet. Entsprechend werden bei synchroner Analyse die sprachlichen Kollektivgewohnheiten nur in ihrer je momentanen Gesetzmäßigkeit erfasst:

> „Das synchronische Gesetz ist lediglich Ausdruck einer bestehenden Ordnung und stellt einen vorhandenen Zustand fest. [...] Die Diachronie setzt dagegen tätige Kräfte voraus, die eine Wirkung hervorrufen." (Saussure 1967, 110)

Der operative Sprachgebrauch ist also vollständig aus der synchronen Betrachtung der *langue* ausgeblendet und in die Diachronie der *parole* abgedrängt. Dies zeigt auch Saussures Vergleich der Sprache mit einer Schachpartie:[33] Die einzelnen Züge, bei denen Figuren bewegt werden, stellen Operationen dar, die als Veränderungen analog in den Bereich der Diachronie fallen, während die jeweiligen Spielzustände als statische Konstellationen mit der Synchronie korrespondieren. Auch in diesem Vergleich tritt die Hierarchisierung der beiden Zeitachsen klar zutage, die zugunsten der synchronen Zustände ausfällt.[34] Somit macht dieser in der Zeitdimension angesiedelte nächste Schritt der Komplexitätsreduktion des Gesamtphänomens der *language* die *langue* zum Gegenstand rein synchroner Forschung:

> „Die Sprache ist ein System, dessen Teile in ihrer synchronsichen Wechselbeziehung betrachtet werden können und müssen." (Saussure 1967, 103)

> „[...] denn die Sprache ist ein System von bloßen Werten, das von nichts anderem als dem augenblicklichen Zustand seiner Glieder bestimmt wird." (Saussure 1967, 95)

In diesen Definitionen tritt die reine Synchronizität, Autonomie, Isolierung und Geschlossenheit[35] des Sprachsystems klar hervor.

---

[33] Saussure 1967, 104 – 106.

[34] „Die hervorgerufene Veränderung gehört keinem der beiden Zustände an: jedoch nur die Zustände sind von Wichtigkeit." (Saussure 1967, 105) vgl. auch loc. cit., 107: „Es ist nämlich klar, daß die synchronische Betrachtungsweise der anderen übergeordnet ist, weil sie für die Masse der Sprechenden die wahre und einzige Realität ist."

[35] Giesecke 1987, 271, 273; Diese Geschlossenheit scheint fraglich zu sein, wenn Saussure sagt: „[...] aber die sprachlichen Zeichen sind zahllos." (Saussure 1967, 86) Man kann allerdings aus dieser Stelle nicht auf eine Offenheit des Systems schließen, da Saussure in diesem Kontext nicht zwischen Syn- und Diachronie unterscheidet und auch die *parole* nicht ausgeschlossen ist: Es geht hier um die Möglichkeit von Sprachveränderung, also in Saussures Sinne letztlich um eine Frage der Diachronie, in der die zitierte Feststellung prinzipiell zutreffend ist. Dass Saussure die Sprache als *langue* sehr wohl als Menge mit einer endlichen Zahl von Elementen, also als geschlossenes System, ansieht, die *parole* dagegen als offene Reihe beliebiger Elemente, ergibt sich eindeutig aus den ‚Gleichungen', die er in Saussure 1967, 23 zur Veranschaulichung aufstellt; vgl auch Larsen 1998, 2046, der sich etwas zu unpräzise bezüglich der Unendlichkeit von sprachlichen Elementen äußert; differenzierter hierzu Nöth 2000, 73 im Anschluss an Peter Wunderli (Wunderli 1981).

Am Ende dieser dreifachen Komplexitätsreduktion,[36] bei der die konkrete, operative Sprachverwendung (*parole*), ‚externe' Rahmenbedingungen und die diachrone Achse zeitlicher Veränderungen ausdifferenziert wurden, bleibt für die wissenschaftliche Erforschung ein Sprachbegriff übrig, der zusammenfassend folgendermaßen charakterisiert werden kann:

Die Sprache (*langue*) wird als statisches, geschlossenes, nicht operatives und rein synchrones System definiert. Der Wert bzw. die Geltung der einzelnen Systemelemente wird durch eine interne, von allen anderen Faktoren isolierte formale Ordnung bestimmt. Als Elemente einer so verstandenen Sprache, also der *langue* und nicht der *parole*, führt Saussure nun die Zeichen ein.

Saussures Zeichenbegriff[37]

Das Zeichen wird als Element der Sprache benannt, aber nur insofern, als Sprache als synchrones System im obigen Sinne verstanden wird. Das Zeichen stellt bei Saussure eine Verbindung zwischen einem Lautbild und einer Vorstellung dar, bzw. zwischen Bezeichnendem (Signifikant) und Bezeichnetem (Signifikat). Das Zeichen als Ganzes ist somit die Einheit einer Differenz von zwei Seiten, es hat eine dyadische Binnenstruktur. Dennoch braucht man drei Termini, um beide Seiten und die Einheit ihrer Differenz bezeichnen zu können:

> „Ich nenne die Verbindung der Vorstellung mit dem Lautbild das Zeichen [...]. Ich schlage also vor, daß man das Wort Zeichen beibehält für das Ganze, und Vorstellung bzw. Lautbild durch Bezeichnetes und Bezeichnung (Bezeichnendes) ersetzt;" (Saussure 1967, 78f.)

Die Seite des Lautes stammt letztlich von einer physiologischen, die der Vorstellung von einer psychologischen Basis her, so dass das Zeichen zwei unterschiedliche Bereiche zueinander in Beziehung setzt. Beide Seiten dürfen aber nicht als konkrete physiologisch-psychologische Vorgänge gedacht werden, da die Zeichen Elemente der synchronen *langue* sein sollen. Diese umfasst ja keine konkreten und individuellen operativen Prozesse, sondern stellt eine statische, kollektive, soziale Einrichtung dar. Sowohl Signifikant als auch Signifikat dürfen also nicht konkret substanzhaft verstanden werden, sondern nur als abstrakte, formale mentale Konzepte.[38]

---

[36] Das Verfahren dieser Reduktion ist ein jeweils binär differenzierendes Ausschlussverfahren, bei dem durch die Bildung dichotomischer Oppositionen immer nur ein Wert anschlussfähig weitergeführt werden kann, der Rest aber den ausdifferenzierten Rejektionswert bildet. Ohne diese Komplexitätsreduktion wäre für Saussure das Phänomen der Sprache wissenschaftlich nicht erfassbar: „[...] denn dieses System ist ein komplizierter Mechanismus; man kann es nur durch Nachdenken fassen; sogar diejenigen, welche es täglich gebrauchen, haben keine Ahnung davon." (Saussure 1967, 86; vgl. auch loc. cit., 90) Der so konstituierte Objektbereich ist also ein Gegenstand für Beobachtungen zweiter Ordnung, nicht aber ein operative Raum für Beobachter erster Ordnung.

[37] Saussure 1967, 76 – 82, 132 – 135; Harris 1987, 55 – 78.

[38] Da das Signifikat keinen außersprachlichen Referenten bezeichnen (s. u. Punkt 2), sondern nur eine allgemeine Vorstellung sein soll, siedelt Saussure es im Mentalen an. Bezüglich des Signifikanten schreibt Saussure: „[...] seinem Wesen nach ist es keineswegs lautlich, es ist unkörperlich, es ist gebildet nicht durch seine stoffliche Substanz, sondern einzig durch die Verschiedenheiten, welche sein Lautbild von allen anderen trennen." (Saussure 1967, 142)

Da die Einheit des Zeichens als die Verbindung zwischen Signifikant und Signifikat definiert ist, müssen immer beide Seiten simultan gegeben sein, damit man von einem Zeichen sprechen kann. Diese interdependente Untrennbarkeit der zwei Komponenten des Zeichens veranschaulicht Saussure mit einem Blatt Papier, dessen Vorder- und Rückseite auch nicht voneinander getrennt werden können, egal wie man das Blatt auch zerschneiden mag.[39]

Wenn das Zeichen in diesem Sinne eine untrennbare Verbindung von Signifikant und Signifikat bilden soll, muss man aber berücksichtigen, dass es diese Verbindung nicht zwischen Entitäten herstellt, die der Zeichenbildung gegenüber präexistent wären: Beide Seiten werden zugleich mit der Zeichenkonstitution erst geschaffen. Saussure geht davon aus, dass die zwei heterogenen Selektionsräume – die Laute und die Vorstellungen –, in denen Signifikant und Signifikat gebildet werden, durch zwei unbestimmte und amorphe Kontinua gebildet werden:

> „Psychologisch betrachtet ist unser Denken, wenn wir von seinem Ausdruck durch Worte absehen, nur eine gestaltlose und unbestimmte Masse. [...] Die lautliche Masse ist ebensowenig etwas fest Abgegrenztes und klar Bestimmtes;“ (Saussure 1967, 133)

In diesen beiden heterogenen, getrennten und voneinander abgegrenzten kontinuierlichen Selektionsräumen entstehen erst durch die Zeichenbildung diskrete, geformte und geordnete Einheiten, eben die Zeichen.[40] Dieser Ordungs- und Formgewinn aus dem zuvor Vagen und Gestaltlosen wird dadurch erreicht, dass die Zeichen beide Kontinua gleichzeitig segmentieren und durch diese Artikulation abgegrenzte Signifikanten auf der Lautseite und ebenso definite Signifikate auf der Vorstellungsseite bilden. Sowohl die zwei Zeichenkomponenten als auch das Zeichen als Einheit sind somit gleichursprünglich und in gleichem Maße bestimmt.

Aus dieser theoretischen Disposition ergeben sich einige wichtige Konsequenzen:

1. Wenn die Zeichenbildung zugleich Form- und Ordnungsbildung ist, dann ist sie im wörtlichen Sinne ein kreativer Akt, da sie die spezifischen Elemente des Sprachsystems selbst erst schafft. Sie konstituiert durch ihre Artikulation vormaliger Kontinua Produkte, die vor ihr nicht existierten und die es ohne sie auch nicht gäbe.[41] Artikulation und Relativität stellten somit zwei wesentliche Aspekte der Zeichenbildung dar.
2. Da bei der komplexitätsreduzierenden Definition des isolierten synchronen Sprachsystems, die ich oben dargestellt habe, alle externen Rahmenbedingungen der Sprache ausgeblendet wurden, muss bei der Artikulation der Kontinua völlige Autonomie herrschen. Das Ergebnis der zeichenhaften Segmentierung der Laute und Vorstellungen ist also notwendig immer eine formale Ordnung sui generis, die nicht durch externe Faktoren determiniert

[39] Saussure 1967, 134.

[40] Bei der Zeichenbildung kommt es nicht zu einer Überschreitung der Grenze zwischen den heterogenen Bereichen, sondern zu einer Verbindung zweier unterschiedlicher, getrennt bleibender, aber im Zeichen aufeinander bezogener Seiten: „[...] es findet also weder eine Verstofflichung der Gedanken noch eine Vergeistigung der Laute statt [...]. Die Sprachwissenschaft arbeitet also auf dem Grenzgebiet, wo Elemente von zweierlei Natur sich verbinden [...].“ (Saussure 1967, 134)

[41] Saussure 1967, 139; vgl. auch loc. cit., 143f.: „[...] die Sprache enthält weder Vorstellungen noch Laute, die gegenüber dem sprachlichen System präexistent wären, sondern nur begriffliche und lautliche Unterschiede, die sich aus dem System ergeben.“

wird und in keiner Korrespondenzrelation mit einer eventuell unabhängig von ihr existierenden ‚Ordnung der Dinge' steht. Das Zeichen hat also nicht die Funktion, Außersprachliches zu repräsentieren oder referentiell darauf hinzuweisen.[42] Besonders für das Signifikat bedeutet dies, dass es nie mit einem außersprachlichen Referenten zusammenfallen kann.
3. Aufgrund der in Punkt 2 genannten Bedingungen, v. a. wegen der Isolation und der Autonomie des Sprachsystems, kann auch das Verhältnis der im Zeichen aufeinander bezogenen Laut- und Vorstellungssegmente nicht durch etwas Systemexternes motiviert sein: Das Verhältnis zwischen Signifikant und Signifikat ist arbiträr:[43]

> „Das Band, welches das Bezeichnete mit der Bezeichnung verknüpft, ist beliebig; und da wir unter Zeichen das durch die assoziative Verbindung einer Bezeichnung mit einem Bezeichneten erzeugte Ganze verstehen, so können wir dafür auch einfacher sagen: das sprachliche Zeichen ist beliebig." (Saussure 1967, 79)

Diese Beliebigkeit bzw. Arbitrarität des Zeichens stellt neben der Artikulation und der Relativität ein weiteres zentrales Kennzeichen des Saussure'schen Zeichens dar. An folgender Stelle koppelt Saussure die Beliebigkeit und Relativität der Zeichen konstituierenden, simultanen doppelten Artikulation der Kontinua mit der Arbitrarität der zeicheninternen Relation zwischen Signifikant und Signifikat:

> „Nicht nur sind die beiden Gebiete, die durch die Tatsache der Sprache miteinander verbunden werden, unbestimmt und gestaltlos, sondern auch die Wahl, welche irgendeinen Abschnitt der Lautmasse irgendeiner Vorstellung entsprechen läßt, ist völlig beliebig." (Saussure 1967, 134)

Aus diesem Arbitraritätspostulat ergeben sich weitere Konsequenzen:
a) Die Bedeutung eines Zeichens kann unter diesen Umständen nur durch die rein interne Relation zwischen Signifikant und Signifikat konstituiert, nicht aber durch externe Faktoren wie einen Referenten determiniert werden.
b) Die Artikulation der Kontinua und damit das Verhältnis von Signifikant und Signifikat oder, anders gesagt, die Bedeutung des Zeichens ist also nicht aus einer systemexternen Ordnung ableitbar und ist in diesem Sinne arbiträr. Daraus folgt, dass die Arbitrarität sich auf die zeicheninterne Bedeutungskonstitution bezieht und nicht auf die referentielle Bezeichnung eines externen Objekts. Die Möglichkeit zur Referenz war dem Zeichen ja schon oben in Punkt 2 abgesprochen worden. Die Beliebigkeit des Zeichens meint also nicht, dass ein feststehendes, ggf. referentielles Signifikat durch einen arbiträr gewählten Signifikanten bezeichnet werden kann, sondern bezieht sich auf das reziprok beliebige Zuordnungsverhältnis von Signifikant und Signifikat.
c) Wenn das Zeichen in diesem Sinne als arbiträr definiert ist, dann können nur die konventionellen Zeichen, deren Bedeutung durch eine Kollektivgewohnheit in der menschlichen Kultur und Gesellschaft festgelegt ist, erfasst werden. So genannte natürliche Zeichen, bei denen die Relation zwischen Signifikant und Signifikat durch eine Ähnlichkeitsbezie-

[42] „Das sprachliche Zeichen vereinigt in sich nicht einen Name und eine Sache, sondern eine Vorstellung und ein Lautbild." (Saussure 1967, 77)

[43] Zum Problem der Arbitrarität und Konventionalität des Zeichens s. Nöth 2000, 336 – 341; s. auch Saussure 1967, 79 – 82, 88; bei Peirce wäre in diesem Kontext auf das Legizeichen und das Symbol zu verweisen (s. Punkt 3 in Kap. 8.2.3, Kap. 8.2.4 und Punkt 3 in Kap. 8.2.5).

hung oder ein Kausalverhältnis, also auch durch externe Faktoren, motiviert ist, müssen aus der Betrachtung ausgeschlossen werden.[44]

d) Gerade bei arbiträren Zeichen liegt es nahe zu fragen, wie es denn ohne natürliche Motivation zu einer speziellen Zuordnung von Signifikant und Signifikat kommt, also wie die Bedeutung der Zeichen herzuleiten ist. Nach Saussure ist zwar jeder synchrone Zustand, also auch die momentane Bedeutung eines Zeichens, das Ergebnis einer diachronen Entwicklung und in der diachronen Achse ließen sich Entstehung und Entwicklung bestimmter sprachlicher Traditionen, Konventionen oder Gewohnheiten erklären. Die diachronen Hintergründe haben aber keinen Erklärungswert für die synchrone Beschreibung und Analyse, da all diese Aspekte bei der Definition des synchronen Sprachsystems ausgeblendet wurden, somit nicht systemimmanent sind und daher als irrelevant für die Erklärung der synchronen Zeichenbedeutung angesehen werden müssen.[45] Die allein relevante, systemimmanente Herleitung der Zeichenbedeutung gewinnt Saussure aus seiner Wertelehre.

Saussures Lehre vom sprachlichen Wert[46]

Zur Veranschaulichung dessen, was Saussure mit ‚Wert' meint, kann man seinen Vergleich der Zeichenbildung mit dem Zerschneiden eines Blatts Papier aufgreifen:[47] Es sollen sich beim Zerteilen einer Seite z. B. die drei Stücke A, B, C mit ihren jeweiligen Vorder- und Rückseiten a/a', b/b' und c/c' ergeben und diese sollen drei unterschiedlichen Zeichen mit ihren untrennbar verbundenen Signifikanten und Signifikaten entsprechen.[48] Dann stellt z. B. das Verhältnis der Seiten a und a' das Verhältnis von Signifikant a zu Signifikat a' dar, also die Bedeutung des Zeichens A. Daneben gibt es aber noch das Verhältnis der Teile A, B und C zueinander und dieses definiert den jeweiligen Wert eines einzelnen Teils bzw. Zeichens:

> Bei der Bedeutung eines Zeichens „dreht sich alles nur um die Beziehung zwischen Lautbild und Vorstellung innerhalb des Wortes selbst, das dabei als ein selbständiges, für sich bestehendes Ganzes betrachtet wird. Nun zeigt sich aber noch eine ganz unvorhergesehene Seite der Sache: einerseits nämlich erscheint uns innerhalb des Zeichens die Vorstellung wie das Gegenstück des Lautbilds und andererseits ist das Zeichen selbst, d. h. die Beziehung, welche die beiden Bestandteile verbindet, ebenfalls und ebensosehr das Gegenstück der anderen Zeichen der Sprache." (Saussure 1967, 136)

Es gibt also bezüglich des Zeichens zwei Arten von Relationen: Die eine ist zeichenintern, besteht aus der Relation zwischen Signifikant und Signifikat und bildet die Bedeutung des Zeichens. Die andere ist zeichenextern (aber systemintern), besteht aus der Relation eines

---

[44] So bemüht sich Saussure, den sprachlichen Sonderstatus von Onomatopoietika und Ausrufen, die man mit Peirces Terminologie als ikonische Zeichen bzw. Indices bezeichnen könnte (s. die Punkte 1 und 2 in Kap. 8.2.5), wegzudiskutieren, allerdings mit einer wenig überzeugenden Argumentation (Saussure 1967, 79 – 82).

[45] In der bereits erwähnten Analogisierung mit einer Schachpartie schreibt Saussure: „[...] um diese Stellung zu beschreiben, ist es ganz unnütz, zu berichten, was auch nur zehn Sekunden vorher sich abgespielt hat." (Saussure 1967, 106).

[46] Saussure 1967, 132 – 146; Harris 1987, 114 – 123.

[47] s. o. den Punkt ‚Saussures Zeichenbegriff' und Saussure 1967, 134, 137.

[48] Die Zahl der Teile ist hier beliebig mit drei angegeben, sie könnte aber im System beliebig groß sein, solange es sich um eine endliche Zahl in einer geschlossenen Menge handelt.

Zeichens zu den anderen Zeichen desselben Systems und bildet den Wert des Zeichens in diesem System. Da das Zeichen die Einheit der Differenz zwischen Signifikant und Signifikat herstellt, bestehen diese externen Relationen auch zwischen den jeweiligen Zeichenkomponenten.

Dies ermöglicht erst die Anwendung einer allgemeinen Wertelehre, die immer zwei unterschiedliche Relationstypen impliziert, nämlich den Vergleich mit Ähnlichem und das Auswechseln gegen Unähnliches: Der Vergleich mit Ähnlichem kann im Zeichensystem hinsichtlich der Zeichen, der Signifikanten und der Signifikate durchgeführt werden. Diese gleichen sich dadurch, dass sie alle zu demselben System bzw. derselben Zeichenseite gehören, sind aber nicht identisch, sondern nur ähnlich, weil sie sich alle voneinander unterscheiden müssen. Der Wechsel mit Unähnlichem besteht im Zeichen aus der Verbindung von Signifikant und Signifikat, die ja aus heterogenen Kontinua gewonnen sind. Damit entspricht die Unähnlichkeitsrelation der Zeichenbedeutung und die Ähnlichkeitsrelation dem Zeichenwert.

Saussure betrachtet das sprachliche Zeichensystem als *langue*, also als statisches, nicht dynamisch-operatives, geschlossenes, synchrones System, bei dem von allen externen Faktoren, die in *parole* und Diachronie eine Rolle spielen, abgesehen werden muss. Wenn man nun in einem derartigen System den Stellenwert eines Zeichens A ermitteln will, kann die erforderliche rein systeminterne Bestimmung nur durch den Vergleich mit den anderen Zeichen und die Angabe eine negativen Differenzrelation erfolgen: A ist genau das, was B und C nicht sind. Auf diese Weise kann der Wert von A im System formal exakt bestimmt, aber nie substanziell gefüllt werden. Dies gilt für alle Zeichen des Systems und deren jeweilige Signifikanten und Signifikate, die als die zwei Seiten eines Zeichens von dieser negativ formalen Werterelation automatisch mitbetroffen sind: Jedes Signifikat deckt genau das Segment aus dem Kontinuum des Denkens ab, das nicht von den anderen Signifikaten des Systems besetzt ist, und für die korrespondierenden Signifikanten gilt mutatis mutandis dasselbe.[49]

Diese auf das sprachliche Zeichensystem übertragene Wertelehre zieht weitere Folgen nach sich:

1. Kein Einzelzeichen kann bedeutungshaft aus seinem systematischen Zusammenhang isoliert werden, da jedes Zeichen nur eine systemabhängige, negativ relational bestimmte Differenzform ist und keine positive Substanz: Das Zeichen ist eine bedeutungsunterscheidende Form, keine bedeutungstragende Substanz.[50] Da jedes Zeichen also nur systemrelativ formal bestimmt ist, hängt seine Identität von der Summe seiner Differenzrelationen im System ab. Daher kann es auch nicht aus dem System isoliert werden, ohne seinen Voraussetzungszusammenhang und damit seine Identität und Bedeutung zu verlieren: Ein isoliertes Zeichen hätte weder Bedeutung noch eigenständige Existenz.[51]

---

49 „So ist der Wert von jedem beliebigen Glied begrenzt durch das, was es umgibt." (Saussure 1967, 138) Mit dieser negativ differentiellen Definition des Zeichenwerts wird auch besser verständlich, warum Saussure die Sprache als „nichts anderes als ein System von bloßen Werten" (Saussure 1967, 132) bezeichnet.

50 „Die Sprache ist eine Form und nicht eine Substanz." (Saussure 1967, 146; vgl auch loc. cit., 134)

51 Saussure 1967, 145, 155 und 143f.: „[...] in der Sprache aber gibt es nur Verschiedenheiten ohne positive Einzelglieder. Ob man Bezeichnetes oder Bezeichnendes nimmt, die Sprache enthält we-

2. Wenn es ohne das systematische Relationsgefüge die Zeichen als Systemelemente nicht gäbe, dann muss die Ebene der Relationen der Ebene der Elemente vorgeordnet sein. Denn die Identitäten der Elemente sind ja nur relational durch formale Negativdifferenzen definierbar:[52] Erst die Konjunktion der Negationen aller anderen Systemelemente erlaubt die Bildung der Identität eines Zeichens, da sie dessen Wert im geschlossenen System der *langue* exakt festlegt. Die Exaktheit basiert auf der Geschlossenheit, da nur durch sie die Konjunktion der differentiellen Negationen eine endliche Reihe und somit einen genau fixierbaren Wertzusammenhang ergibt. Damit bildet die *langue* einen nach Werten eindeutig strukturierten, statischen Systemzustand, während in der *parole* aufgrund ihrer Operativität und Offenheit keine entsprechende Wertstruktur auszumachen ist. Relationalität und Differentialität machen also zwei weitere Zentralbegriffe der Saussure'schen Zeichentheorie aus.
3. Die Differentialität des systematischen Wertzusammenhangs ist der Arbitrarität der Zeichenbedeutung vorgeordnet; sie ist deren Ermöglichungsgrund. Wenn nämlich das Zeichen die bedeutungskonstitutive, arbiträre Verbindung eines Signifikanten mit einem Signifikat ist, und die einheitstiftende Identität des Zeichens von dessen Wert im System abhängt, dann ist die arbiträre Bedeutung des Zeichens von der relationalen Differentialität seines Wertes abhängig.[53] ‚Wert' ist somit ein Zentralbegriff der Saussure'schen Zeichentheorie: Erst die systeminternen Wertdifferenzen schaffen eine autonome, exakt strukturierte Ordnung von Zeichen, die aufgrund ihrer Statik selbsttragend ist. Es werden ja keine präexistenten, bereits positiv bedeutungshaften Zeichen zu einem System zusammengefügt, sondern das negativ differentielle Wertesystem konstituiert erst die Zeichen mit ihrer Bedeutung.

Fazit: Saussures zweiwertiges Zeichenmodell ist entwickelt für das statisch geschlossene, synchrone und nicht operative System der *langue*, deren strukturiertes Wertrelationsgefüge erst die bedeutungskonstitutive, nicht aber referentielle Verbindung von Signifikant und Signifikat im Zeichen ermöglicht. Das Zeichen ist eine systemrelative Form, keine positive Substanz. Artikulation, Arbitrarität, Relationalität und Differentialität sind neben der dyadischen Binnenstuktur wesentliche Merkmale des Saussure'schen Zeichens. Doch nun auf dem Hintergrund dieses Exkurses zu Luhmanns zeichentheoretischen Ausführungen.

---

der Vorstellungen noch Laute, die gegenüber dem sprachlichen System präexistent wären, sondern nur begriffliche und lautliche Verschiedenheiten, die sich aus dem System ergeben."

52 Der Begriff der negativen Definition darf im Hinblick auf die simultane Segmentierung der zwei Kontinua durch das Zeichen durchaus wörtlich genommen werden. Saussure sagt hinsichtlich der Zeichen: „Ihr bestimmtestes Kennzeichen ist, daß sie etwas sind, was die anderen nicht sind." (Saussure 1967, 139f.) Die anderen Zeichen begrenzen also den Raum jedes spezifischen Zeichens und bestimmen so seine Identität durch Differenz; vgl. Stetter 1996, 426.

53 Saussure 1967, 136, 141, 155 und 144: „Nur dieses System [von Werten, meine Ergänzung] stellt die im Inneren jedes Zeichens zwischen den lautlichen und psychischen Elementen bestehende Verbindung her."

6.1 Die Form des Zeichens

Luhmanns Zugang zur Zeichentheorie führt über eine Formanalyse des Zeichens.[54] Da eine Form bei Luhmann immer als eine Zwei-Seiten-Form definiert ist (s. Kap. 5.4), müssen auch beim Zeichen die zwei Seiten der Unterscheidung und als Drittes die Einheit der Unterscheidung benannt werden. Luhmann kritisiert, die Semiotik habe bei dieser Benennung viel terminologische Verwirrung angerichtet, da sie zu wenig auf eine präzise Differenzierung und Bezeichnung der Seiten geachtet habe:

> „Um das zu vermeiden, muß man den Unterschied zwischen dem Zeichen als unterscheidender Form und dem dadurch Unterschiedenen, dem Bezeichnenden und dem Bezeichnetem, im Auge behalten." (Luhmann 1993d, 59)[55]

Luhmann plädiert also dafür, den Begriff des Zeichens allein für die gesamte Zwei-Seiten-Form zu reservieren und die beiden Seiten dieser formalen Unterscheidung mit den Begriffen ‚Bezeichnendes' bzw. ‚Bezeichnetes'[56] zu benennen. Wenn man sich allerdings Luhmanns eigene Begriffsverwendung ansieht, stellt man fest, dass gerade ihm die Kritik an einem unbekümmerten semiotischen Terminologiegebrauch nicht sonderlich zusteht:

An manchen Stellen hält Luhmann seine eben dargestellte terminologische Entscheidung durchaus aufrecht und bezeichnet konsequent die beiden differenzierten Formseiten des Zeichens als Bezeichnendes und Bezeichnetes und die Einheit dieser Differenz als Zeichen.[57] An anderen Stellen dagegen, die in derselben Schaffensperiode formuliert und z. T. sogar in denselben Werken zu finden sind, unterläuft Luhmann selbst genau die Verwechslung von Bezeichnendem und Zeichen, die er der Semiotik vorhält: Hier weist er die Unterscheidung von Zeichen und Bezeichnetem als den Gegenstand der Zeichentheorie aus,[58]

---

54 „In diesem Sinne unterziehen wir den Begriff des Zeichens (und damit die Semiologie) einer Formanalyse." (Luhmann 1993d, 48) Man beachte hier die Gleichsetzung der Semiologie mit der gesamten Wissenschaft vom Zeichen, während an anderen Stellen damit nur die von Saussure abgeleitete Tradition gemeint ist (s. Kap. 6).

55 s. auch loc. cit., Anm. 31 und mit derselben Kritik an den „ständigen Verwechsungen von Bezeichnendem und Zeichen" (GdG, 208, Anm. 31) Luhmann 1994a, 411, Anm. 13; Es sei auch hier darauf hingewiesen, dass Luhmann wieder zu Unrecht der gesamten Zeichentheorie die Verwendung der Saussure'schen Unterscheidung von Bezeichnendem und Bezeichnetem unterstellt (vgl. meine Kritik in Kap. 6). Auch Peirce schwankt terminologisch zwischen ‚Zeichen' und ‚Repräsentamen', was bei ihm aber keine konzeptionell negativen Folgen hat (s. Punkt 2 in Kap. 8.1.1).

56 Exakt denselben Differenzierungsvorschlag hatte bereits Saussure gemacht (Saussure 1967, 78f.; s. auch im Saussure-Exkurs den Abschnitt „Saussures Zeichenbegriff"). Luhmann verwendet auch dessen Ausdrücke ‚signifiant' und ‚signifié' für das Bezeichnende und das Bezeichnete (Luhmann 1992b, 65; Luhmann 1993d, 49, Anm. 13, 50; KdG, 286; GdG, 208) bzw. deren eingedeutschte Bezeichnungen ‚Signifikant' und ‚Signifikat' (Luhmann 1994a, 411 mit Anm. 13; KdG, 65); vgl. auch Ort/Peter 1999, 42.

57 Luhmann 1992b, 65f.; Luhmann 1993d, 48, Anm.9, 49, 52; Luhmann 1994a, 411; GuS 4, 38, Anm. 19; KdG, 286; GdG, 209, Anm. 32.

58 s. z. B. GuS 4, 29: „Wir nennen nur noch die semiotische Unterscheidung von Zeichen und Bezeichnetem [...]." Hier muss „Zeichen" durch ‚Bezeichnendes' ersetzt werden, wenn man Luh-

wobei der Terminus ‚Zeichen' das ‚Bezeichnende' verdrängt und die Einheit der Differenz der beiden Formseiten unbezeichnet bleibt.[59]

Aus dieser Schwankung kann man schließen, dass Luhmann terminologische Ansprüche erhebt, die er selbst zu erfüllen nicht imstande zu sein scheint. Gravierender aber ist, dass damit noch tiefer gehende, konzeptionelle Unterschiede verbunden sind. Ob diese weiteren, recht problematischen Konsequenzen von Luhmann auch bedacht waren, ist freilich stark zu bezweifeln. Luhmann schreibt hinsichtlich seiner Kombination von Formanalyse und Zeichen:

> „Zur Bezeichnung der Zwei-Seiten-Form des Zeichens brauchen wir also drei Begriffe: Bezeichnendes, Bezeichnetes und Zeichen. Man kann den Grundgedanken des Konzepts formulieren, indem man definiert: Ein Zeichen ist die Differenz von Zeichen und Bezeichnetem (so wie: ein System ist die Differenz von System und Umwelt [...])." (Luhmann 1993d, 49)

Hier geht Luhmann erst konsequent von den drei Begriffen, die unterschieden werden sollen, aus: Bezeichnendes und Bezeichnetes als die zwei Seiten der Form, deren Einheit durch ‚Zeichen' benannt wird. In der Definition, die er unmittelbar anschließt, bleiben aber nur noch zwei Begriffe übrig, nämlich Zeichen und Bezeichnetes, das Bezeichnende fällt weg: Aus einer Begriffstriade ist eine Dyade geworden.

Erhellend für diese plötzliche Veränderung ist der Vergleich mit der System-Umwelt-Unterscheidung: Ein System ist als eine Seite der System-Umwelt-Differenz tatsächlich genau seine Differenz von der Umwelt als der anderen Formseite (s. auch Kap. 4.1.1). Demnach ist die Analogie von System und Zeichen falsch gewählt, da das System eine Formseite, das Zeichen dagegen die Einheit der Differenz seiner Form darstellt. Die Theoriestelle des Zeichens nähme bei richtiger Analogie die Welt als Einheit der Unterscheidung von System und Umwelt ein. Demnach müssten bei zutreffender Formanalogie System und Bezeichnendes einander zugeordnet werden.

Konzeptionelle Fehler wie diese erklären auch, warum Luhmann die begriffliche und theoretische Ausrichtung der Semiotik manchmal als drei- und manchmal als zweistellig bezeichnet,[60] ohne dass er das bei ihm letztlich immer zugrunde liegende zweiwertige Zeichenmodell Saussures verlassen hätte.

Allerdings versucht Luhmann, auch Anschluss an Peirces dreistelliges Zeichenmodell zu gewinnen, indem er das Zeichen, also die Einheit der Unterscheidung von Bezeichnendem

---

manns terminologischer Direktive treu bleiben will; vgl auch Luhmann 1992b, 63; WissdG, 99; RdG, 128; Luhmann 1993d, 49, 58; Luhmann 1994b, 7; GdG, 902.

[59] Von dieser etwas peinlichen Abweichung von einer selbst vorgegebenen terminologischen Entscheidung kann Luhmann auch nicht durch den Hinweis ablenken, die erforderliche terminologische Konsequenz sei „im Deutschen aus rein sprachästhetischen Gründen schwierig" (Luhmann 1993d, 59, Anm. 31); vgl. mit nahezu gleichem Wortlaut GdG, 209, Anm. 32; erstens dürften fachsprachlicher Terminologiegebrauch und Sprachästhetik in recht vielen Fällen kaum in Einklang zu bringen sein und zweitens muss man sich auch durch Luhmanns eigenen systemtheoretischen Jargon nicht unbedingt sprachästhetisch befriedigt fühlen. Drittens liegt eine einfache und in der Saussureforschung längst eingeführte Lösung vor, nämlich in der durchaus konsequent durchführbaren Unterscheidung und Verwendung der Termini ‚Zeichen', ‚Signifikant' und ‚Signifikat'.

[60] Für die Behauptung einer triadischen Begriffsausrichtung in der Semiotik s. z. B. Luhmann 1992b, 65; GuS 4, 38, Anm. 19; für die dyadische Struktur des Zeichens s. z. B. KdG, 65, 284, 286, wo der Stellenwert des Zeichens in aporetischen Fragen offen gelassen wird.

und Bezeichnetem, mit Peirces Interpretanten gleichsetzt.[61] Diese Gleichsetzung kann aber theoretisch nicht konsistent vollzogen werden, da Peirces Konzept nicht wie das von Saussure oder Luhmann auf einer Differenztheorie aufbaut, sondern auf der Relationenlogik: Der Interpretant konstituiert eine dreistellige Relation zwischen dem Repräsentamen, dem Objekt und sich selbst. Dabei sind diese drei Komponenten, deren Einheit durch den Begriff des Zeichens benannt wird, kategoriale Relate, d. h. keines der drei existiert ohne die Relation zu den beiden anderen. Der Interpretant bildet also auf keinen Fall die Einheit einer Differenz, sondern ist ein gleichwertiges Relat in einer triadischen Relation: Er ist selbst Komponente des Zeichens und nicht das Zeichen als Einheit der drei Relate (s. Kap. 8.1.1). Abgesehen davon ist der Interpretant eines Zeichens ein dynamisches Moment im zeitlichen Prozess der Semiose (s. Kap. 8.1.2), während eine Form keinen Zeitindex in sich hat, sondern lediglich operativ benutzt wird oder eben nicht. Luhmanns Versuch, auf diese Weise einen Brückenschlag zwischen Saussures und Peirces Zeichenkonzept herzustellen und das Ergebnis in seine Formentheorie einzubinden, ist aus diesen Gründen zum Scheitern verurteilt.

Aber Luhmann geht sogar noch weiter, indem er den auf diese Weise falsch verstandenen Interpretanten mit seinem Beobachterkonzept gleichsetzt bzw. ihn durch dieses ersetzen will.[62] Auch hier liegen keine theoretischen Parallelen vor, die dieses Vorgehen als gerechtfertigt erscheinen ließen: Beobachten ist nach Luhmann die Verwendung einer Unterscheidung zur Bezeichnung der einen Seite dieser Unterscheidung und nicht der anderen. Auch dem Beobachtungskonzept liegt also eine exklusive Differenztheorie zugrunde, die zwei kontradiktorische Seiten trennt. Die bezeichnete Seite ist nach Luhmann die durch die Beobachtung markierte Seite, während die andere Seite die unmarkierte und unbeobachtete Außenseite darstellt. Im Falle des Zeichens wäre die Seite des Bezeichnenden die markierte Seite, da hier die bezeichnende (!) und damit zugleich markierende Beobachtungsoperation stattfindet. Dann kann die Seite des Bezeichneten nur noch die unmarkierte Außenseite bilden.[63]

Diese theoretische Disposition ist auf Peirces Interpretantenkonzept überhaupt nicht übertragbar. Denn der Interpretant vervollständigt die Zeichentriade und stellt dabei eine Relation zwischen Repräsentamen und Objekt her, bildet also gerade keine unmarkierte Außenseite, die durch das Bezeichnete besetzt wäre, selbst wenn man dies mit großen Einschränkungen und nur hypothetisch zu Peirces Zeichenobjekt analog setzen wollte. Wo Luhmann auf strikte Trennung durch Differenz setzt, steht bei Peirce die Verbindungen schaffende Relation im Vordergrund, so dass aufgrund der Inkompatibilität der Theoriebausteine auf dieser Ebene weder Gleichsetzung noch Ersetzung möglich ist.[64]

---

[61] Luhmann 1992b, 65; Luhmann 1993d, 52f.; GuS 4, 38, Anm. 19.

[62] Luhmann 1992b, 65; Luhmann 1993d, 52f.

[63] Luhmann 1993d, 53, 58; mehr dazu unten in den Kritikpunkten 4 und 5.

[64] Einen geradezu bedenklichen Höhepunkt terminologischer und konzeptioneller Verwirrung erreicht Luhmann in Luhmann 1992b, 65: Hier setzt er wieder Bezeichnendes und Zeichen in eins, nur um die beiden Begriffe anschließend zu unterscheiden, und das Dritte des Zeichens wird unterschiedslos als Beobachter, Interpretant, Zeichen und pragmatischer Aspekt bezeichnet. Dabei kann, wie eben gezeigt, der Interpretant weder als Form noch als Beobachter verstanden werden, während das Zeichen als Form aufgrund deren fehlender Operativität weder Beobachter noch pragmatischer Aspekt noch Interpretant sein kann.

Bei seiner Formanalyse des Zeichens hätte Luhmann also besser Abstand von so wenig tragfähigen Querverbindungen genommen und stattdessen versuchen sollen, die Verbindung von Zeichenbegriff und Formentheorie wenigstens formal (!) kohärent zu gestalten. Bei dieser Verbindung ist tatsächlich der von Luhmann zwar geforderte, aber selbst nicht konsequent eingehaltene Weg der befriedigendste, für die Zeichenform mit ihren zwei Seiten die drei Begriffe ‚Zeichen', ‚Bezeichnendes' und ‚Bezeichnetes' zu verwenden. Inwiefern diese begriffliche Disposition über die Terminologie, die schon Saussure zu Beginn des 20. Jahrhunderts eingeführt hatte, hinausgehen und der Semiotik, die angeblich „eine komplexere Tiefenstruktur benötigt"[65], eben diese verleihen sollte, wird durch Luhmanns Zeichenkonzept nicht deutlich.

Aus Luhmanns formanalytischem Ansatz[66] ergibt sich noch eine Reihe von Beobachtungsmöglichkeiten und Kritikpunkten, die ich im Folgenden entfalten möchte:

1. Nach Luhmann ist eine Form immer eine Zwei-Seiten-Form, so dass es die eine Seite nicht ohne die jeweils andere geben kann. Entsprechend müssen auch die Formkorrelate des Zeichens, das Bezeichnende und das Bezeichnete, immer zusammen gegeben sein, ohne dass eine der beiden Seiten wegfallen könnte:

> „Es kann nicht nur Bezeichnendes ohne Bezeichnetes geben. Die Unterscheidung, und damit das Zeichen, würde kollabieren, hätte sie nur eine Seite. Form ist immer Zwei-Seiten-Form." (Luhmann 1993d, 51)[67]

In diesem Kontext spricht sich Luhmann auch explizit gegen postmoderne oder auch dekonstruktivistische Theorieoptionen aus: Man könne nicht, wie Roland Barthes dies versucht habe, die Zwei-Seiten-Form des Zeichens auf das Bezeichnende allein reduzieren und das Bezeichnete dagegen streichen.[68] Diese gegen Barthes gerichtete, formentheoretisch konsequent hergeleitete Kritik könnte man ohne Einschränkung auch auf Jaques Derridas dekonstruktivistische Saussurerezeption und seine Konzepte von *différance*, *écriture* und *trace* ausweiten.

2. Formen existieren nach Luhmann nicht an sich, sondern nur dann, wenn sie von den Operationen eines Beobachters verwendet werden.[69] Wenn aber die Form eines speziellen

---

[65] GdG, 208, Anm. 31; vgl. Saussure 1967, 78f.

[66] Für allgemeine Ausführungen zu Luhmanns Formentheorie s. Kap. 5.4.

[67] s. auch Luhmann 1992b, 66; Luhmann 1993d, 50, 65; Luhmann 1994b, 7; für die Untrennbarkeit der Verbindung vgl. im Saussure-Exkurs den Abschnitt „Saussures Zeichenbegriff"; bei Peirce ist die Drittheit des Zeichens ebenfalls irreduzibel, indem immer alle drei Zeichenkomponenten als kategoriale Relata vorhanden sein müssen (s. Punkt 3 in Kap. 8.1.1).

[68] Luhmann 1993d, 58f.; Es sei darauf hingewiesen, dass Luhmann noch 1992 denselben theoretischen Zusammenhang, wieder mit Bezug auf Barthes, anspricht, ohne die geringste Kritik zu äußern: „Und es [das Bezeichnete, meine Ergänzung] kann in den späteren Entwicklungen der Semiologie dann auch schlicht weggelassen werden [...]." (Luhmann 1992b, 64) Man hat sogar den Eindruck, dass Luhmann eher affirmativ von der „Problematisierung der Referenz" (Luhmann 1992b, 63) spricht. Die verschärfte kritische Position, die Luhmann ab 1993 einnimmt, ist zweifellos die theoretisch präzisere und die in ihrer formalen Konsequenz korrekte Variante; zur problematischen Gleichsetzung von Signifikat und Referent s. auch Kap. 6.2.2.

[69] Zum Zusammenhang von Zeichen und Operation s. auch Kap. 6.3.

Zeichens von der Unterscheidung, die ein Beobachter trifft, abhängt, dann muss die gegenseitige Zuordnung der beiden Formseiten beobachterabhängig sein und kann weder präexistent noch natürlich oder ‚sachlich-objektiv' motiviert sein:[70] Dies ist Luhmanns formen- und beobachtungstheoretische Variante von Saussures Arbitrarität des Zeichens. Wenn man an Saussures Postulat der prinzipiellen Willkürlichkeit von Zeichen überhaupt festhalten will,[71] dann sollte man aber auch beachten, worin genau die Willkürlichkeit besteht: Sie ist in der Ausdifferenzierung einer spezifischen Zeichenform zu sehen, also darin, wie die Verbindung von Bezeichnendem und Bezeichnetem im Zeichen als Einheit dieser Unterscheidung hergestellt wird. Ganz auf Saussures Linie formuliert Luhmann folgerichtig:

> „Die Notwendigkeit einer willkürlichen Zuordnung bezieht sich nur auf das Verhältnis von Bezeichnendem und Bezeichnetem." (Luhmann 1993d, 56)[72]

Da sich die Willkürlichkeit also auf das Verhältnis, auf die Beziehung bzw. die Relation von Bezeichnendem und Bezeichnetem bezieht, meint sie ein wechselseitig willkürliches Zuordungsverhältnis der beiden interdependenten Formseiten: Zeichenkonstitution ist bei Saussure immer eine simultane Form- und Differenzbildung auf beiden Seiten des Zeichens. Daher ist es falsch, die Arbitrarität nur der Seite des Bezeichnenden zuzurechnen, indem man wie Luhmann sagt:

> „Das Bezeichnete kann willkürlich bezeichnet werden [...]." (Luhmann 1992b, 63)[73]

Hier wird dem Bezeichneten implizit ein der Zeichenform präexistenter und stabiler Status zuerkannt, der gleich bleibt, auch wenn die willkürliche Bezeichung durch unterschiedliche Signifikanten variiert. Genau dies ist aber auch bei Luhmanns Formentheorie ausgeschlossen, da die eine Seite einer Form durch die Veränderung der anderen immer mitbetroffen ist, denn die beiden Seiten sind zueinander komplementär. Auch bei Saussure ist die Zeichenbildung eine simultane Formbildung auf der Signifikanten- und der Signifikatsseite, so dass auch bei ihm eine nur einseitige Veränderbarkeit und arbiträre Zuordnung zu einer stabilen anderen Seite ausgeschlossen ist.[74]

---

[70] WissdG, 99f.; KdG, 280.

[71] Zur Arbitrarität des Zeichens s. im Saussure-Exkurs den Abschnitt „Saussures Zeichenbegriff", dort v. a. die Punkte 3a bis 3d; Wenn man von der grundsätzlichen Arbitrarität der Zeichen ausgeht, muss man alle Zeichen aus der Zeichentheorie ausschließen, bei denen das Verhältnis von Bezeichnendem und Bezeichnetem als natürlich dargestellt werden kann: Peirces ikonische Zeichen und Indices als Klassen degenerierter Zeichen (s. die Punkte 1 und 2 in Kap. 8.2.5) dürften in diesem Modell gar nicht zu den Zeichen gerechnet werden. Luhmann ist in diesem Punkt inkonsequent, indem er sich einerseits Saussures Arbitraritätspostulat formentheoretisch anschließt, andererseits aber auch bestimmte Erscheinungen als „Naturzeichen" (Luhmann 1993d, 54) anerkennt, die man in Peirces Terminologie genau als ikonische Zeichen oder Indices bezeichnen würde (Luhmann 1993d, 54f., 67; KdG, 281); Näheres hierzu s. Kap. 6.2.2.

[72] In diesem Sinne auch RdG, 128; GdG, 209, Anm. 32; vgl. Saussure 1967, 79, 88 und 134, wo Saussure die Bildung der Zeichenform mit der simultanen Formbildung auf der Vorder- und der Rückseite beim Zerschneiden eines Blattes Papier veranschaulicht.

[73] Demselben Missverständnis unterliegt auch Sybille Krämer (Krämer 1998b, 77, mit Anm. 19).

[74] Dafür spricht auch, dass Saussure die Bedeutung des Zeichens, also das zeicheninterne Verhältnis von Bezeichnendem und Bezeichnetem, dem Wert des Zeichens, also dem rein differentiellem

Aber auch an Stellen, wo Luhmann die Willkürlichkeit des Zeichens in zutreffender Übereinstimmung mit Saussure auf das wechselseitige Verhältnis von Bezeichnendem und Bezeichnetem bezieht, verlässt er Saussure, ohne dies zu markieren. Er behauptet nämlich, die willkürlich gebildete Form des Zeichens sei als Einheit von der Tradition ihrer operativen Verwendung abhängig: Erst die wiederholte, redundante und damit traditionsbildende Verwendung mache das Zeichen zu einer unterscheidbaren Einheit.[75] Diese Auffassung deckt sich mit Luhmanns theoretischer Kopplung von Formen an die Operationen eines Beobachters, der die Formen nutzt und sie so in der Zeit ggf. traditionsbildend kondensiert und konfirmiert.[76]

Diese Konzeption weicht aber weit von Saussure ab, auf dessen Zeichenmodell sich Luhmann immerhin beruft. Saussure hat sein Zeichenmodell für die *langue*, also das abstrakte synchrone Zeichensystem, entwickelt und nicht für die Diachronie und die *parole*, also nicht für die Bereiche des Sprachwandels und der konkreten Sprachbenutzung.[77] Genau in diese beiden Bereiche fallen aber Tradition und die Operationen eines Beobachters, so dass Luhmann hier Saussures Zeichen auf Bereiche überträgt, für die es nicht konzipiert wurde. Die Stabilität der willkürlichen Zeichenform leitet Saussure selbst demnach auch nicht von der Traditionsbildung ab, sondern aus seiner Wertelehre.[78] Die *langue* als abstraktes Sprachsystem repräsentiert nicht die Formen, mit denen ein Beobachter erster Ordnung operiert, sondern stellt die Formen dar, die ein Beobachter zweiter Ordnung als systematisch gegeneinander ausdifferenzierte Formen beobachtet. Und nur dieser Beobachter zweiter Ordnung kann sehen, dass die durch gegenseitige Differenzen gebildeten Zeichen Formeinheiten bilden, deren Seiten zueinander in einem reziprok willkürlichen Verhältnis stehen.[79] Saussure erklärt also als Beobachter zweiter Ordnung die Fixierung von Zeichen als differenten Einheiten innerhalb des Systems der *langue*, während Luhmann diese Erklärung auf die Ebene der *parole* und des Beobachters erster Ordnung verschiebt, allerdings ohne diesen wesentlichen Unterschied zu Saussure herauszuarbeiten.

3. Die beiden Seiten einer Form sind bei Luhmann aus zwei Gründen funktional asymmetrisch: Erstens kann die beobachtende Operation, welche die Form verwendet, immer nur auf einer Seite stattfinden, die dadurch markiert wird. Der zweite Grund liegt darin, dass das re-entry der Form meist nur auf einer der beiden Seiten vollzogen werden kann:

> „Im Normalfall sind Formen so gebaut, daß ein re-entry nur auf der einen Seite (nämlich der Innenseite der Form) in Betracht kommt, da die andere Seite als unmarked state nur der Abgrenzung

---

Stellenwert des Einzelzeichens im Zeichensystem, unterordnet (Saussure 1967, 140, 143f.; s. auch im Saussure-Exkurs den Abschnitt „Saussures Lehre vom sprachlichen Wert", dort v. a. Punkt 3).

75 Luhmann 1993d, 56; GdG, 209, Anm. 32.

76 Zu Kondensierung und Konfirmierung und deren Kombinierbarkeit mit Peirces Semiotik s. Punkt 2 in Kap. 8.2.4.

77 Saussure 1967, 13 – 18, 80, 93 – 96; Saussure erkennt also die Bedeutung der historischen Herausbildung sozialer Traditionen und gesellschaftlicher sprachlicher Konventionen durchaus an, rechnet sie aber der Diachronie zu und nicht dem synchronen Zeichensystem. Diese Verortung unterscheidet sich klar von Luhmanns operativem Modell (vgl. im Saussure-Exkurs den Abschnitt „Saussures Zeichenbegriff", dort v. a. den Punkt 3d).

78 Saussure 1967, 132 – 146; s. auch im Saussure-Exkurs den Abschnitt „Saussures Lehre vom sprachlichen Wert".

79 Willkür als Problem des Beobachters zweiter Ordnung ist auch angesprochen in WissdG, 99f.

halber mitgeführt wird. Das gilt, prototypisch, für die Unterscheidung von System und Umwelt, die nur im System und nicht in der Umwelt vollzogen werden kann." (RdG, 174)[80]

Im Falle des Zeichens finden die Operationen immer auf der Seite des Bezeichnenden statt und nur auf dessen Seite kann das re-entry der Form des Zeichens vollzogen werden.[81] Durch dieses re-entry der Zeichenform auf der Signifikantenseite kann sowohl das Zeichen als Einheit als auch seine beiden unterschiedenen Seiten, das Bezeichnende und das Bezeichnete, durch einen Signifikanten benannt werden. Dadurch wird nicht nur die Seite des Bezeichnenden zur immer markierten Innenseite der Zeichenform, sondern das Zeichen wird autologisch, es kann reflexiv zu seinem eigenen Gegenstand werden:

> „Wir nennen nur noch die semiotische Unterscheidung von Zeichen und Bezeichnetem, die als Unterscheidung selbst durch ein Zeichen bezeichnet wird und die, wiederum in genau diesem Sinne der Selbstanwendung, vollständig ist. Wir erkennen an dieser Struktur die gezielte *Universalität* des Geltungsanspruchs [...]."(GuS 4, 29)[82]

Luhmann leitet hier auf der Basis seiner eigenen Theorie der Form und deren re-entry folgerichtig die Universalität der Semiotik her und spricht sie ihr explizit zu, obwohl er ihr sonst die Berechtigung zum Universalitätsanspruch aberkennt.[83]

4. Wenn nun die Seite des Bezeichnenden als marked space immer die operative Innenseite der Zeichenform ist, dann muss das Bezeichnete als unmarked space die Außenseite bilden.[84] Hierbei gilt es allerdings einen Unterschied zu beachten, den Luhmann nicht anspricht und der doch im Vergleich mit den anderen Formen gegeben ist, zu denen Luhmann die Form des Zeichens in Beziehung setzt. Es sind dies die Formen von Aktualität/Potenzialität, Form/Medium und System/Umwelt.[85] Bei diesen Formen sind die jeweiligen Außenseiten, also Potenzialität, Medium und Umwelt, als unmarked space tatsächlich nicht näher bestimmt oder spezifiziert.

Dies ist auf das Bezeichnete nicht analog übertragbar, da das Bezeichnende ja nicht etwas Unbestimmtes bezeichnet, sondern speziell sein Bezeichnetes. Dieses wird ja eben wegen der Bezeichnung durch seinen Signifikanten im Zeichen zu einem bestimmten Signifikat.[86] Da bei Saussure die Differenzen schaffende Formbildung des Zeichens immer

---

80 Zum re-entry der System-Umwelt-Unterscheidung s. auch Kap. 4.1.3; Im obigen Zitat muss es statt „unmarked state" korrekt „unmarked space" heißen: s. hierzu KdG, 52, Anm. 63 und Kap. 4.1.7.

81 RdG, 174, Anm. 20; Luhmann 1993d, 63.

82 Offenkundig liegt hier wieder die terminologische Inkonsequenz vor, die ich oben bereits kritisiert habe: An beiden Verwendungsstellen muss es statt „Zeichen" ‚Bezeichnendes' heißen; vgl. in der Sache und der fehlenden terminologischen Präzision ähnlich Luhmann 1993d, 58.

83 vgl. Kap. 6; zur Autologie und Universalität des Zeichens bei Peirce s. die Punkte 3 in Kap. 8.3.1, 1 in Kap. 9.1 und 2 in Kap. 9.3.

84 Luhmann 1993d, 58, 60.

85 Luhmann 1993d, 64f.; s. auch Kap. 6.

86 „Die Struktur der Unterscheidung von Bezeichnendem und Bezeichnetem entspricht diesen Anforderungen, indem sie vom Bezeichnenden her das Bezeichnete als bestimmt erscheinen läßt (obwohl es nicht bestimmt »ist«)." (Luhmann 1993d, 63; vgl. auch loc. cit., 65) Auf dem Hintergrund von Saussures Wertelehre erscheint das Bezeichnete nicht nur als bestimmt, es ist im relati-

simultan Signifikant und Signifikat betrifft und die einzelnen Zeichen wiederum über ihren Wert im statischen und geschlossenen Zeichensystem eindeutig definiert sind, ist das Bezeichnete automatisch immer genauso bestimmt wie das Bezeichnende. Offenbar hat Luhmann Saussures Wertelehre entweder nicht rezipiert oder nicht übernommen (vgl. oben Kritikpunkt 2), so dass er hier ausgehend von seiner Formentheorie eine falsche Analogie herstellt.[87]

Eine formenanalytisch befriedigendere Lösung dieses Problems bietet Dirk Baecker an:[88] Er schlägt vor, zwischen Distinktion und Differenz zu unterscheiden, wobei die Distinktion etwas Bestimmtes (marked space) von etwas Unbestimmten (unmarked space) unterscheidet, die Differenz dagegen etwas Bestimmtes (marked space) von etwas anderem Bestimmten (marked space): Demnach ist die Distinktion eine Zwei-Seiten-Form, während die Differenz eine Vier-Seiten-Form ist, da die beiden unterschiedenen marked spaces jeweils ihren unmarked space als Formkorrelat benötigen. In dieser Terminologie ist das Zeichen eine Differenz, deren beide Formseiten, also Bezeichnendes und Bezeichnetes, marked spaces sind, die einander in der Einheit des Zeichens als Formkorrelate zugeordnet sind. Kombiniert man dies mit Saussures Wertelehre, sieht man, dass die simultane Bestimmung der beiden Seiten als marked spaces nur dadurch möglich ist, dass deren jeweilige unmarked spaces durch die anderen Zeichen im System der *langue* vollständig abgedeckt sind. Die gegenseitige differentielle Bestimmung aller Zeichen lässt in Saussures statisch-geschlossenem Zeichensystem keinen Raum für etwas Unbestimmtes.

5. Wenn ein Beobachter erster Ordnung mit der Zeichenform operiert, dann operiert er nach Luhmann immer auf der Seite des Bezeichnenden, das er vom Bezeichneten als anderer Formseite unterscheiden muss. Wenn nun ein Beobachter zweiter Ordnung nicht mit dem Zeichen operieren, sondern die Form des Zeichens beobachten will, dann muss er das Zeichen als Ganzes von etwas anderem unterscheiden: Dieses bildet dann die Außenseite des Zeichens als Gesamtform. Nachdem in Punkt 4 das Bezeichnete als unmarked space bzw. Außenseite innerhalb der Zeichenform problematisiert wurde, stellt sich nun als Nächstes die Frage, was denn die Außenseite des Zeichens als formaler Einheit von Bezeichnendem und Bezeichnetem bildet.[89] Luhmann beantwortet diese Frage, indem er die Welt zur Au-

---

onalen Gefüge des statischen Zeichensystems sogar exakt bestimmt, genau so wie das Bezeichnende. Luhmanns eingeklammerter Zusatz, das Bezeichnete sei dennoch nicht bestimmt, ist nur verständlich, wenn man an die – bei Saussure ausgeschlossene – Möglichkeit der Referenz auf ontologisch feststehende Entitäten denkt. Luhmanns formanalytischer Ansatz dürfte diese Möglichkeit aber eigentlich nicht zulassen (vgl. Kap. 6.2).

[87] Auch bei Peirce ist das unmittelbare Objekt eines spezifischen Sinzeichens als dessen aktuelles kategoriales Relatum als bestimmt anzusehen, lediglich sein Verhältnis zu einem eventuell existierenden dynamischen Objekt kann im Laufe der Semiose pragmatisch immer präziser dargestellt werden (s. die Punkte 2 in Kap. 8.1.3, 1 in Kap. 8.3.1, 3 in Kap. 8.3.5, 1 und 2 in Kap. 8.3.7 und Kap. 8.3.8).

[88] Baecker 1992, 224f.; vgl. auch Kap. 4.1.8.

[89] Bei einer Form gibt es also gewissermaßen zwei Außenseiten: Die eine ist die operativ unmarkierte Außenseite innerhalb der Form und die andere ist die Außenseite der Form selbst (Luhmann 1993d, 60f.). Je nach Beobachtungsperspektive kann also auch nicht entschieden werden, ob eine Form, z. B. die Zeichenform, als eine Einheit oder eine Differenz aufzufassen ist (KdG, 286): Für sich betrachtet ist sie eine Einheit, nämlich die ihrer beiden unterschiedenen Seiten. Um diese Ein-

ßenseite der Zeichenform erklärt.[90] Ich habe bereits einige Schwierigkeiten von Luhmanns Weltbegriff aufgezeigt (s. Kap. 4.1.7) und auch in diesem Kontext treten Probleme auf:

Erstens steht diese Position mit zwei anderen im Widerspruch: Nach Luhmann soll nämlich zum einen die Welt der unmarked state sein, der durch die Zeichenform gespalten wird.[91] Wenn ‚Welt' aber den unterscheidungslosen Zustand vor jeder Differenzbildung meint,[92] dann kann sie nicht die Außenseite der Zeichenform sein, weil die Außenseite der Form gerade nicht durch diese gespalten wird. Andererseits kann das Zeichen als Form auch nicht die Welt im obigen Sinne spalten, da aus der Welt bereits ein operierendes System ausdifferenziert sein muss, das beobachten und so die Zeichenform überhaupt benutzen kann. Die beiden Positionen sind also nicht nur in sich widersprüchlich, sondern beide nicht mit Luhmanns sonstigem Theorie- und Begriffsgebäude vereinbar.

Zum anderen stützt Luhmann selbst im gleichen Kontext die Auffassung, die Welt könne nicht die Außenseite des Zeichens sein: Denn wenn die Welt weder mit Grenzen noch als Form noch „mit etwas auf der anderen Seite der Grenze gedacht werden"[93] kann, dann kann sie selbst auch nicht die Außenseite von etwas, z. B. dem Zeichen, sein, da dieses eben auf der anderen Seite einer Grenze situiert werden müsste.

Zweitens soll laut Luhmann bei jeder operativen Verwendung der Zeichenform, die ja auf der Seite des Bezeichnenden stattfindet, auf der anderen Seite der unmarked state mitgeführt werden: So werde bei der Verwendung von Zeichen die Simultanpräsenz der Welt gewährleistet.[94] Offensichtlich verwechselt Luhmann hier die beiden Außenseiten einer Form, indem er den unmarked state der Welt hier statt des Bezeichneten von der ‚äußeren' zur ‚inneren' Außenform macht. Demnach fielen die Welt als die Außenseite des Zeichens und das Bezeichnete als die Außenseite des Bezeichnenden zusammen, was freilich eine absurde Konsequenz wäre, da dann alle Signifikanten dasselbe bezeichnen würden, nämlich einen völlig undifferenzierten Zustand. Abgesehen davon ist diese Lösung formanalytisch ohnehin nicht zulässig und kann von Luhmann kaum konsequent durchdacht worden sein.

Drittens konzipiert Luhmann die Welt als generell unerreichbar bzw. unzugänglich für Zeichen.[95] Zugleich sieht er die Position, dass „die Welt uns nur durch Zeichen bekannt und vertraut sei"[96] als eine konstruktivistische Erkenntnistheorie an. Auch hier kann man zweifache Kritik äußern: Zum einen ist gerade für eine konstruktivistische Erkenntnistheorie wie diejenige Luhmanns die Welt unerreichbar und kann eben nicht „bekannt und vertraut" werden, wie auch immer ein konstruierender Beobachter mit Zeichen operieren mag. Zum anderen muss die Auffassung, die Welt werde nur durch Zeichen bekannt, nicht notwendig zu einer solchen konstruktivistischen Position führen, wie Luhmann sie vertritt (s. Punkt 1 in Kap. 8.3.9). Peirces pansemiotischer Ansatz zeigt viemehr, wie Konstruktivismus und Repräsentationstheorie miteinander zu verbinden sind: Dadurch, dass Peirce das gesamte Universum als kategorial strukturiert und aus Zeichen bestehend ansieht (s. Punkt 3 in Kap.

---

heit aber beobachtbar zu machen, muss sie von etwas unterschieden werden und dies macht sie zur Differenz; s. auch Ort/Peter 1999, 42f.

90 Luhmann 1993d, 61.

91 Luhmann 1993d, 60.

92 So ist die Welt jedenfalls explizit definiert, z. B. in KdG, 51f., Anm. 63.

93 Luhmann 1993d, 61.

94 Luhmann 1993d, 63.

95 Luhmann 1993d, 63 – 65.

96 Luhmann 1993d, 46.

8.3.1), wird für ihn durch Zeichenschlüsse die Welt letztlich so erkennbar, wie sie sich selbst mittels kategorial differenzierter Zeichen darstellt. Dies entspricht keineswegs einer rein konstruktivistischen Erkenntnistheorie, wie Luhmann sie entwickelt, sondern stellt eine eigenständige Kombination aus konstruktivistischen und repräsentationalistischen Elementen dar (s. Kap. 8.3.8 und die Punkte 2 in Kap. 8.3.9 und 3 in Kap. 8.3.10).

Zusammenfassend kann man festhalten, dass Luhmanns Formanalyse des Zeichens terminologisch inkonsequent ist und zwischen einem dyadischen und einem triadischen begrifflichen Ansatz schwankt. Diese Feststellungen enden nicht in einem Streit um Worte oder Terminologiegebrauch, sondern zeigen konzeptionelle Inkonsistenzen, die an einem überzeugenden Einbau des Zeichenbegriffs in Luhmanns restliche Theorie stark zweifeln lassen. Luhmann baut seinen Zeichenbegriff auf Saussures Zeichenmodell auf, von dem er allerdings mehrfach mit negativen Konsequenzen abweicht. Seine Peirce-Rezeption ist recht oberflächlich und nicht frei von Widersprüchen.

6.2 Der Stellenwert des Bezeichneten

Das vorige Kapitel hat bereits gezeigt, dass bei Luhmann nicht nur der Status des Bezeichnenden, sondern auch der des Bezeichneten schwankt: So war z. B. in den Kritikpunkten 4 und 5 bereits die Stellung des Bezeichneten als Formaußenseite des Zeichens zu problematisieren. Daher möchte ich nun weitere Äußerungen Luhmanns zu diesem Zeichenbestandteil zusammenstellen und kritisch prüfen.

Nach Luhmann geht die traditionelle Semiotik davon aus, dass es zwischen Zeichen und Außenwelt eine Beziehung gibt, in der das Bezeichnete einem real vorhandenen Referenten entspricht. Dieser Glaube an die Möglichkeit derartiger Referenzen sei später problematisiert und aufgegeben worden, wobei Luhmann bei der Datierung dieses Umdenkprozesses schwankt: Einmal datiert er die Abkopplung des Zeichens von der Referenz auf die Realität der Außenwelt ins ausgehende 18. Jahrhundert,[97] benennt sonst aber Saussure als denjenigen, der in der Geschichte der Semiotik „die Differenz von Zeichen und Bezeichnetem als rein semiotisch erkennen und jede externe Referenz kappen“[98] wird. Wenn man von dieser unklaren historischen Fixierung einmal absieht, möchte man erwarten, dass Luhmann selbst bezüglich des Bezeichneten eine in sich stimmige Position einnimmt, die dem Signifikat die Möglichkeit zur Referenz im obigen Sinne eindeutig abspricht. Dem ist aber nicht so: Luhmann stellt drei verschiedene Varianten des Bezeichneten vor, die nicht ineinander überführbar sind. Denn erstens soll das Bezeichnete, wie formanalytisch auch zu erwarten ist, ein rein zeicheninternes Formkorrelat sein (Kap. 6.2.1), zweitens wird es mit einem realen Sachverhalt in der Außenwelt identifiziert (Kap. 6.2.2) und drittens soll es dem Sinn

---

[97] GuS 4, 94f.

[98] GdG, 995 (Man beachte auch hier die von Luhmann angeprangerte und doch selbst vollzogene Verwechslung von Zeichen und Bezeichnendem.); vgl. Luhmann 1992b, 63; GdG, 182, 217, 1126f.

entsprechen (Kap. 6.2.3). Diese drei heterogenen und untereinander inkompatiblen Varianten werde ich nun einzeln vorstellen und kritisieren.

6.2.1 Das Bezeichnete als zeicheninternes Formkorrelat

Luhmann behandelt das Zeichen als Form. Eine Form besteht mit ihren beiden Seiten nur, wenn ein Beobachter von ihr operativen Gebrauch macht. Bei einer derartigen Kopplung von Formanalyse und Beobachtungstheorie kann weder dem Zeichen als Gesamtform noch dem Bezeichnenden oder dem Bezeichneten als den beiden Seiten der Form ontologisch etwas entsprechen. Alle drei Formbegriffe sind also rein beobachterabhängig zu denken (s. auch Kap. 5.4). Aus einem solchen Ansatz folgt, dass das Bezeichnete kein Korrelat außerhalb der Zeichenform haben kann, es also mit keinem realen, unabhängig vom Zeichen existierenden Referenten in der Umwelt korrespondieren kann. Entsprechend gibt es für Luhmann Referenz nicht für das Zeichen, sondern nur im Zeichen, und zwar vom Bezeichnenden zum Bezeichneten:

> „In der Form des Zeichens, das heißt im Verhältnis vom Bezeichnenden zum Bezeichneten, gibt es Referenzen: Das Bezeichnende bezeichnet das Bezeichnete. Die Form selbst (und nur sie sollte man Zeichen nennen) hat dagegen keine Referenz; sie fungiert nur als Unterscheidung und nur dann, wenn sie faktisch als solche benutzt wird." (GdG, 208)[99]

Wenn in dieser Konzeption die Bezeichnungsrelation vom Signifikanten zum Signifikat als Referenz bezeichnet wird, dann fallen Bezeichnetes und Referent des Zeichens zusammen. Dies birgt zwei Probleme:

Erstens wird ‚Referenz' als semiotischer Terminus im Allgemeinen für genau die Relation zwischen Zeichen bzw. Bezeichnendem und realen Gegenständen oder Sachverhalten der Außenwelt verwendet,[100] die Luhmann in seinem Modell ausschließen will. Damit sind terminologische Verwirrung und entsprechende Missverständnisse vorprogrammiert:[101] Wenn Luhmann selbst die Existenz referenzloser Zeichen ausschließt,[102] will er ja gerade nicht sagen, dass das Signifikat eines jeden Zeichens einen realen Referenten in der Außenwelt hat. Er meint damit vielmehr, dass das Bezeichnete als eine Seite der Zwei-Seiten-

---

[99] s. auch Luhmann 1993d, 50f., 62; Luhmann 1994a, 411; GuS 4, 94f.; KdG, 280; In WissdG, 52 verengt Luhmann das Spektrum der Semiotik unnötig und unzutreffend auf „innersprachliche (linguistische) Differenzen", spricht damit aber den Zeichen auch generell die Möglichkeit zu externer Referenz ab.

[100] s. z. B. Bußmann 1990, 632f., s. v. Referent, Referenz (1); Homberger 2000, 432f., s. v. Referens (2), Referenz (1); Nöth 2000, 152f.; zur Problematik der Referenz allgemein siehe auch den von A. W. Moore herausgegebenen Sammelband *Meaning and Reference* (A. W. Moore 1993), der u. a. auch Beiträge von Gottlob Frege, Bertrand Russell, Willard Quine und Hilary Putnam enthält.

[101] Dies beginnt bereits bei Luhmann selbst. Er setzt den Begriff der Semantik mit „der Beziehung auf das Bezeichnete, der «Referenz» der Zeichen" (Luhmann 1992b, 65) gleich: Diese deutliche Ausrichtung auf die Zeichenreferenz gilt allerdings nur für die Referenzsemantik (Bußmann 1990, 634, s. v. Referenzsemantik; Homberger 2000, 435, s. v. Referenzsemantik), nicht für alle semantischen Ausrichtungen (Nöth 2000, 152ff.). Zweitens verwechselt Luhmann hier wieder Bezeichnendes und Zeichen.

[102] s. z. B. Luhmann 1994b, 7; GdG, 208 mit Anm. 31; s. auch Kritikpunkt 1 in Kap. 6.1.

Form des Zeichens zwar nie weggelassen werden kann, dass ihm aber auch nie etwas außerhalb der Zeichenform entspricht. Diese Implikation liegt aber bei der gewöhnlichen Verwendung des Terminus ,Referenz' gänzlich fern und kann nur berücksichtigt werden, wenn man Luhmanns Formentheorie und seinen Konstruktivismus kennt.

Zweitens fällt in diesem Konzept die terminologische und theoretische Differenz zwischen Bezeichnetem und Referent weg. Diese Differenz ist aber in der Semiotik bewusst und auch zu Recht aufrechterhalten worden, wenn auch die entsprechende Problematik unterschiedlich behandelt wurde: So schließt z. B. Saussure Referenz auf reale, unabhängig existierende Sachverhalte aus[103] und benutzt auch konsequenter als Luhmann den Terminus ,Referenz' nicht; Morris unterscheidet zwischen Designat und Denotat[104] und Peirce zwischen unmittelbarem und dynamischem Objekt[105]. Das hinter terminologischen Differenzierungen dieser Art liegende Problem ist für Luhmann nicht einfach dadurch zu lösen, dass er nur die begriffliche Unterscheidung einebnet, indem er Bezeichnetes und Referent in eins setzt. Wenn er aber aus den oben genannten form- und beobachtungstheoretischen oder auch aus allgemein konstruktivistischen Gründen das Problem der Referenz im herkömmlichen Sinne als gelöst oder auch als gar nicht gegeben ansieht,[106] dann wäre es sicher besser, auch die Termini ,Referent' und ,Referenz' auszublenden und nur von der Beziehung zwischen Bezeichnendem und Bezeichnetem im Zeichen zu sprechen.

Das letzte Zitat zeigt, dass Luhmann den Begriff ,Referenz' in einem weiteren Sinne verwendet und damit z. B. die Relation zwischen den beiden Seiten einer Form bezeichnet. Wenn er nun Referenz mit diesem weiten Begriffsumfang dem Zeichen als Form abspricht, so führt dies wieder zur Frage nach der Außenseite der Zeichenform als Ganzer: Diese ,äußere' Aussenseite des Zeichens kann nach Luhmann nicht referentiell erfasst werden.

Saussure hatte dieses Problem mit seiner Wertelehre des Zeichens behandelt: Jedes Einzelzeichen ist im statischen System der *langue* nur seine Differenz zu allen anderen Zeichen des Systems, es ist nichts positiv oder substanziell Gegebenes, sondern eine reine Differenzform.[107] Wenn aber der Wert jedes Einzelzeichens nur durch die Konjunktion seiner

---

[103] Saussure 1967, 77, 134f., 143f.

[104] Morris 1988, 22f.; Das Designat bezeichnet in dieser Unterscheidung das zeicheninterne Objekt, das Denotat einen realen Gegenstand oder Sachverhalt, so dass jedes Zeichen zwar ein Designat hat, aber kein Denotat haben muss.

[105] Das unmittelbare Objekt meint das Objekt als internes Zeichenrelat, das dynamische ein zeichentranszendentes, unabhängig vom Zeichen existierendes Objekt, das aber nur vermittels unmittelbarer Objekte jeweils selektiv thematisierbar ist (s. die Punkte 1 in Kap. 8.3.1, 3 in Kap. 8.3.5, 1 und 2 in Kap. 8.3.7).

[106] So z. B. in WissdG, 183f.; Hier unterstellt Luhmann der semiotischen Erkenntnistheorie, von Erkenntnis nur dann zu sprechen, „wenn das, was sie bezeichnet, so existiert, wie sie es bezeichnet (oder wenigstens annähernd so)." Diese nach naivem ontologischem Realismus klingende Charakterisierung entspricht Peirces semiotisch-pragmatischem Erkenntnisbegriff nicht: Bei ihm ist nicht Existenz das Objekt der Erkenntnis, sondern die Realität und diese ist als regulative Idee für eine unbegrenzte Anzahl von Forschern in eine unendliche Zukunft verlegt und entspricht keinesfalls einer bereits gegenwärtig existenten Gegebenheit (s. Punkt 3 in Kap. 8.3.10). Die pragmatische Semiotik vertritt nicht, wie Luhmann meint, eine Objekt- und Referenztheorie, sondern ihre Erkenntnis richtet sich auf die einem angenommenen Objekt zugeschriebene Bedeutung, die in der Summe der mit seinem Begriff verbundenen Konsequenzen besteht (s. Kap. 8.2.8).

[107] Saussure 1967, 134, 143, 146; s. auch im Saussure-Exkurs den Abschnitt „Saussures Lehre vom sprachlichen Wert".

Negationen aller anderen Zeichen des Systems bestimmt werden kann, dann steht in Saussures Wertelehre jedes Zeichen in – negierender – Relation zu allen übrigen Zeichen: Diese Negativrelationen decken die Außenseite des Zeichens in System vollständig ab. Diese Art von Relation wäre nun nach Luhmanns Terminologie auch eine Referenz, und zwar eine Referenz des Zeichens als Gesamtform zu seiner ‚äußeren' Aussenseite hin, deren Möglichkeit von Luhmann generell bestritten wird.[108]

Man sieht also, dass Luhmanns Rede von der Referenzlosigkeit des Zeichens ihren Grund darin hat, dass er Saussures Wertelehre kommentarlos übergeht und zugleich einen ungewöhnlich weiten Referenzbegriff verwendet. Die entscheidende und mit Saussures Zeichenmodell inkompatible Umakzentuierung liegt darin, dass Luhmann Saussures Zeichenbegriff aus dem statisch geschlossenen und nach Wertigkeiten eindeutig strukturierten System der *langue* löst und ihn – entspechend der diachronen *parole* – an die operative und dadurch nicht mehr systemhafte Verwendung durch einen Beobachter knüpft.

Doch noch einmal zurück zu dem Problem der Referenz im herkömmlichen Sinne: Die theoretischen und terminologischen Unterscheidungen von Peirce und Morris zwischen unmittelbarem und dynamischem Objekt bzw. Designat und Denotat zeigen, dass ein Zeichen zwar immer ein Objekt hat, dass dieses Objekt aber keineswegs einem Referenten im Sinne eines externen und unabhängig vom Zeichen existierenden Gegenstands oder Sachverhalts korrespondieren muss. Die Existenz dynamischer Objekte bzw. Denotate bzw. Referenten ist für ein Zeichen also nicht konstitutiv, die Möglichkeit ihrer Existenz und einer bestimmten Bezugnahme auf sie wird aber zumindest von Peirce und Morris auch nicht ausgeschlossen.[109]

Auch bei Luhmann finden sich Stellen, die in diese Richtung weisen: Wenn ein System mit Zeichen operiert, kann und muss es aufgrund der zwei Seiten der Zeichenform stets zwischen Selbst- und Fremdreferenz unterscheiden, wobei das Bezeichnende als operative Innenseite der Selbstreferenz und das Bezeichnete der Fremdreferenz entspricht. Dafür ist es aber keine erforderliche Voraussetzung, dass in der Systemumwelt das existiert, worauf durch das Bezeichnete fremdreferentiell Bezug genommen wird. Ebenso wenig kann aufgrund der operativen Geschlossenheit und der Strukturdeterminiertheit des Systems die Umwelt einen bestimmten Zeichengebrauch oktroyieren oder auch nur nahe legen.[110]

Zwei Anmerkungen zu dieser Position scheinen mir angebracht: In den Fällen, in denen Zeichen nur unmittelbare Objekte bzw. Designate, aber keine dynamischen Objekte bzw. Denotate haben, ist es möglich, im Zeichenprozess diese Objekte gezielt als rein interne Konstruktionen zu behandeln, die eben nicht unbedingt fremdreferentiell der Umwelt attri-

---

[108] Luhmann kommt dieser Saussure'schen Position an einer Stelle sehr nahe, wenn er schreibt: „Alle Zeichen bezeichnen die Ordnung der Zeichen." (KdG, 280) Diese Äußerung lässt sich aber nicht generell für Luhmanns Zeichentheorie auswerten, da sie im Kontext der politischen Ordnung und des Zeremoniells der Gesellschaft des 17. Jahrhunderts steht.

[109] Differenzierungen dieser Art, wie sie v. a. Peirce in bereits recht elaborierter Weise vorlegt, zeigen auch, dass Luhmanns Einschätzung grundsätzlich falsch ist, dass ein semiotischer Ansatz zur Bedeutungstheorie „die Bedeutung von Zeichen daran mißt, daß sie auf etwas anderes verweisen, das ihre Zeichenfunktion rechtfertigt." (KdG, 50) Im Falle bloßer Designate oder unmittelbarer Objekte muss die Zeichenfunktion nicht durch den Verweis auf etwas anderes gerechtfertigt werden, sondern sie wird im entsprechenden Interpretanten schlicht vollzogen.

[110] Luhmann 1993d, 50 – 52; GdG, 208f. und in Bezug auf Sprache WissdG, 52.

buiert werden müssen. Den Vorteil dieser Differenzierung vergibt Luhmann, wenn er das Bezeichnete automatisch an die Fremdreferenz bindet.

Zweitens impliziert der von Luhmann angesprochene Umstand, dass die externe und zeichenunabhängige Existenz des Bezeichneten keine notwendige Voraussetzung für die Verwendung eines Zeichens ist, an und für sich keineswegs, dass die Möglichkeit dieser Existenz ausgeschlossen werden muss. Peirce und Morris beziehen diese Möglichkeit mit den Konzepten des dynamischen Objekts und des Denotats sogar explizit in ihre Zeichentheorie mit ein. Dies ist allerdings bei einer konsequenten Berücksichtigung des systemtheoretischen operativen Konstruktivismus Luhmanns nicht möglich: Hier ist explizit ausgeschlossen, dass den Unterscheidungen, Beobachtungen, Konstruktionen oder Formverwendungen des Systems in der Umwelt etwas entspricht.[111] Die Existenz des Bezeichneten als eines zeichenunabhängigen und externen Sachverhalts oder Gegenstands ist also für Luhmann nicht nur keine Voraussetzung für den Zeichengebrauch, sondern die Möglichkeit dieser Existenz muss als Konsequenz aus Luhmanns Konstruktivismus sogar notwendig ausgeschlossen werden. Damit schließt sich der Kreis zum Anfang des Kapitels: Im Rahmen von Luhmanns Theoriegebäude kann das Bezeichnete eigentlich nur ein zeicheninternes, beobachterabhängiges Formkorrelat sein, dem in der Umwelt nichts wie ein Referent, ein dynamisches Objekt oder ein Denotat entsprechen kann.

Umso erstaunlicher ist mit diesem Hintergrund, dass sich bei Luhmann eine Reihe von Aussagen finden lässt, in denen er mit dem Bezeichneten einen Referenten im herkömmlichen Sinne meint, also einen realen, zeichenunabhängigen Sachverhalt in der Umwelt. Diese mit Luhmanns Konstruktivismus, Formanalyse und Beobachtungstheorie vollständig inkompatible Position werde ich im folgenden Kapitel vorstellen.

6.2.2 Das Bezeichnete als zeichenexterner, realer Sachverhalt

> „Mit Zeichen ist der Hinweis auf etwas nicht Anwesendes gemeint." (KdG, 280)

Dieser einfache Satz ist im Rahmen von Luhmanns bisherigen zeichentheoretischen Aussagen gar nicht so leicht zu verstehen. Wenn Zeichen nach Luhmann keine Referenz haben, können sie auch nicht auf etwas hinweisen. Somit ist die Aussage entweder gegenstandslos oder Luhmann meint hier statt „Zeichen" wieder das ‚Bezeichnende'. Das Bezeichnende weist freilich auf das Bezeichnete hin. Da nach Luhmann aber das Bezeichnete als Formkorrelat des Bezeichnenden immer simultan mit diesem gegeben sein muss,[112] kann mit dem „nicht Anwesenden" eigentlich nicht das Bezeichnete gemeint sein. Dasselbe gilt auch, wenn man an Peirces unmittelbares Objekt denkt, das in jeder Zeichentriade als kategoria-

---

[111] s. z. B. SA 5, 41, 50f.; vgl. auch Punkt 1 in Kap. 8.3.9; Auf diesem Hintergrund parallelisiert Luhmann auch eine semiotische Sprachtheorie, die externe Referenz ausschließt, mit seiner konstruktivistischen Theorie autopoietischer Systeme (Luhmann 1993d, 51). Da Luhmann aber diese Art von semiotischer Sprachtheorie von derselben Basis her entwickelt wie seine Systemtheorie, nämlich von der Formanalyse und der Differenz- bzw. Beobachtungstheorie her, handelt es sich eigentlich nicht um eine auffällige Parallele, sondern lediglich um eine notwendige und direkte Konsequenz aus Luhmanns theoriebautechnischen Entscheidungen.

[112] s. Kap. 6.1, v. a. Kritikpunkt 1.

les Relatum unverzichtbar und aus diesem Grunde immer anwesend ist (s. Punkt 1 in Kap. 8.3.1). Verständlich wird der Satz erst, wenn man das nicht Anwesende mit einem zeichenexternen Referenten in der Umwelt identifiziert, der bei der Verwendung des Zeichens tatsächlich nicht anwesend sein muss. Damit ist aber genau die Position erreicht, die bei Luhmann eigentlich ausgeschlossen sein müsste, nämlich dass ein Bezeichnendes einen Referenten als tatsächlich existenten Gegenstand oder Sachverhalt bezeichnen kann.

Man muss aber nicht immer derartige interpretatorische Umwege gehen, um zu sehen, dass Luhmann an einigen Stellen das Bezeichnete mit einem externen Referenten gleichsetzt: So müssen bei ihm Bewusstsein oder Kommunikation bezüglich der „Zeichenhaftigkeit der Sprache" „das Bezeichnende (Worte) vom Bezeichneten (Dinge)"[113] unterscheiden können und durchschauen, „daß die Worte *nicht* die Gegenstände der Sachwelt *sind*, sondern sie nur *bezeichnen*"[114]. An diesen Stellen wird das Bezeichnete explizit mit „Dingen" und „Gegenständen der Sachwelt" in eins gesetzt, es entspricht also einem Referenten als zeichenunabhängig existierendem Gegenstand der Umwelt.

Ganz in diesem Sinne sieht Luhmann oft die Funktion von Zeichen darin, etwas zu bezeichnen, das unabhängig von ihnen in der Umwelt vorhanden ist. Obwohl Luhmann oben von der „Zeichenhaftigkeit der Sprache" ausgegangen war, spricht er ihr diese an anderen Stellen wieder ab: Sprache habe nicht die Funktion der Zeichen, „als Hinweis auf etwas, das unabhängig von der Sprache existiert" zu dienen oder „auf etwas Vorhandenes hinzuweisen"[115]. Auch wenn man Luhmanns Inkonsequenz hinsichtlich der Zeichenhaftigkeit der Sprache ausblendet, ist an diesen Stellen doch offensichtlich, dass er hier das Bezeichnete mit dem Referenten im herkömmlichen Sinne gleichsetzt.

Dieser Befund lässt sich auch in Kontexten bestätigen, in denen Luhmann die Willkürlichkeit der zeicheninternen Relation von Bezeichnendem und Bezeichnetem[116] vorstellt und diskutiert: Die Arbitrarität des Zeichens steht bei Saussure in einem Erklärungszusammenhang mit der systemhaft strukturierten Differentialität des Zeichens, die das Zeichen ein rein formaler Unterschied im System sein lässt, nicht aber eine positive Substanz an sich. Da Saussure das Zeichensystem also als formale Ordnung sui generis definiert, scheidet eine natürliche Motivation für die Bezeichnung eines bestimmten Signifikats aus. Dies müsste bei Luhmann aus konstruktivistischen, formanalytischen und beobachtungs-

---

[113] Beide Zitate aus GdG, 112.

[114] GdG, 218.

[115] Beide Zitate aus SoSy, 137; In SA 6, 80 wird die der Sprache abgesprochene Zeichenfunktion durch das Beispiel veranschaulicht, dass „das Wort „Apfel" wirklich Äpfel „draußen" bezeichne und ihr Auffinden erleichtere". Auch hier wird dem Zeichen implizit die Bezugnahme auf einen realweltlichen Referenten unterstellt. In WissdG, 51f. charakterisiert Luhmann die semiotische Sprachtheorie so, dass in ihr die Sprache ein „System von Zeichen für außersprachliche Sachverhalte" sei. Dies gilt wieder am ehesten für referenzsemantische Ansätze, keinesfalls aber für die gesamte Semiotik: Bei Peirce z. B. sind Sprachzeichen hinsichtllich ihres Objektbezugs Symbole, d. h. ihr Objektbezug muss sich keineswegs auf einen „außersprachlichen Sachverhalt" beziehen, sondern er hängt ganz von der kontingenten Regel ab, die im Interpretanten eben diese bestimmte Relation zwischen Repräsentamen und Objekt steuert. Das Objekt muss dabei kein außersprachliches oder überhaupt zeichenexternes dynamisches Objekt sein (zu Peirces Symbol s. Punkt 3 in Kap. 8.2.5).

[116] s. hierzu auch Kritikpunkt 2 in Kap. 6.1.

theoretischen Gründen auch so sein.[117] Er schreibt, erneut unter Verwechslung von Zeichen und Bezeichnendem:

> „Zwischen Zeichen und Bezeichnetem besteht keine natürliche Verbindung – wie zum Beispiel die Verfärbung der Blätter und die Veränderung der Lufttemperatur den kommenden Winter anzeigen." (KdG, 281)

Die Relation von Blätterfärbung, sinkenden Temperaturen und Jahreszeitenwechsel wird hier von Luhmann offenbar als natürlicher Zusammenhang anerkannt, was für einen Konstruktivisten schon erstaunlich genug ist. Im Kontext von Luhmanns Zeichentheorie ist aber wichtiger, dass er derartige Zusammenhänge, gerade weil er sie als natürlich ansieht, nicht als Zeichenrelation behandeln will. Als Zeichen fasst Luhmann hier nur Bezeichnungsrelationen auf, bei denen das Verhältnis von Signifikant und Signifikat als arbiträr beschrieben werden kann.[118]

Dieser sehr enge Zeichenbegriff steht im deutlichen Widerspruch zu einer anderen Position, in der Luhmann auch natürliche Verweisungszusammenhänge explizit als Zeichen akzeptiert:

> „In einem wenig ausdifferenzierten Sinne gibt es zwar schon »Naturzeichen« im Sinne einer Extrapolation aus Wahrnehmungen. Man sieht, wohin der Hase läuft; Position und Bewegung dienen als Zeichen für etwas noch nicht Sichtbares. Und so sieht man auch an der Form der Wolkenbildung ein Gewitter heranziehen. Ohne Zusammenhänge, die im Bezeichneten zu vermuten sind, hätte keine Zeichentechnik evoluieren können." (Luhmann 1993d, 54f.)

Hier akzeptiert Luhmann die im obigen Zitat noch abgelehnten „Naturzeichen" nicht nur, sondern er erklärt sie sogar zur evolutionären Voraussetzung differenzierterer, arbiträrer Zeichenverwendungen. Es ist offensichtlich, dass an dieser Stelle das Bezeichnete, in dem „Zusammenhänge zu vermuten sind", mit einem realweltlichen Referenten wie dem Ziel eines laufenden Hasen oder einem Gewitter gleichgesetzt wird. Referenz im Sinne der Bezugnahme auf reale, zeichenunabhängige Gegenstände oder Sachverhalte kann demnach nicht durch arbiträren Zeichengebrauch ersetzt werden, dieser stellt nur eine in seinen Möglichkeiten allerdings stark erweiterte Variante der Zeichenverwendung dar.[119] Mit dieser Perspektive stellt sich Luhmann in direkten Widerspruch zu seinen sonstigen zeichentheoretischen Postulaten.

---

[117] s. auch Kap. 6.1.

[118] Peirces Zeichenbegriff ist deutlich weiter: Das von Luhmann genannte Beispiel kann als Index interpretiert werden, also als ein Zeichentyp, bei dem die Relation zwischen Repräsentamen (hier: Blätter und Temperatur) und Objekt (hier: kommender Winter) im Interpretanten als natürlich und tatsächlich existent dargestellt wird. Da die Objektrelation im Index kategorial der Zweitheit entspricht, liegt zwar ein degeneriertes, aber aufgrund der triadischen Grundstruktur doch vollständiges Zeichen vor (s. Punkt 2 in Kap. 8.2.5).

[119] Bei Peirce implizieren die Zeichentypen, die kategorial entsprechend der Drittheit ausdifferenziert sind, bei ihrer Verwendung die jeweils kategorial niedrigeren Stufen: Legizeichen, Symbole und Argumente implizieren Sinzeichen, Indices und dikentische Zeichen, die im Gebrauch wiederum der Qualizeichen, ikonischen Zeichen und Rhemata bedürfen. Eine gänzliche Abkopplung bestimmter Zeichentypen ist bei ihm demnach kategorial ausgeschlossen (s. Punkt 2 in Kap. 8.2.2 und Kap. 8.2.3 bis Kap. 8.2.6).

Hinsichtlich der Differenzierung unterschiedlicher Zeichen- und Bezeichnungstypen ist auch Luhmanns Symbolbegriff noch eines kurzen Seitenblicks wert:

> „Ein Symbol wäre danach eine Selbstbezeichnung des Zeichens. Symbolische Zeichen sind demnach nicht nur Wegweiser, die auf etwas anderes hinweisen. Sie sind nicht nur Träger einer bezeichnenden Referenz, also nicht nur Materialisation des Bezeichnenden, sondern sie enthalten zugleich einen Hinweis auf die eigene Funktion, auf den Einheit erst stiftenden Sinn des Zeichens;" (Luhmann 1993d, 67)

Dieser Stelle kann man entnehmen, dass Luhmann neben den symbolischen Zeichen auch „Wegweiser" und die „Materialisation des Bezeichnenden" als Zeichenaspekte oder -typen ansieht. Wenn man diese Stelle mit Peirces Semiotik im Hintergrund liest, wird man unschwer im Wegweiser einen Index und in dem Materialaspekt des Bezeichnenden ein Ikon erkennen. Beim Index wird die Relation zwischen Repräsentamen und Objekt im Sinne der kategorialen Zweitheit als natürliche, existente oder kausale Beziehung dargestellt, beim Ikon im Sinne der Erstheit als qualitative, materielle Gemeinsamkeit. In beiden Zeichenklassen liegt also kein arbiträres Verhältnis von Repräsentamen und Objekt vor, sondern deren Relation bzw. materielle Qualität wird in ihrem Interpretanten als wirklich und unabhängig von der Darstellung im Zeichen existierend bzw. möglich dargestellt (s. die Punkte 1 und 2 in Kap. 8.2.5). Wenn Luhmann also derartige Konstellationen sowie »Naturzeichen« in seinem Zeichenkonzept zulässt, kann keine Rede mehr davon sein, dass die referentiellen Aspekte des Zeichens völlig ausgeblendet werden könnten. In all diesen Fällen hat das Bezeichnete als zeicheninternes Objekt nämlich nicht nur den Status eines reinen Formkorrelats, sondern muss mit einem relationalen oder qualitativen Bezug zur Umwelt interpretiert weden. Nur im Symbol, das Luhmann als Spezialfall innerhalb der Zeichen anspricht, wird der Objektbezug des Repräsentamens ausschließlich innerhalb des Zeichens hergestellt, weil es – nach Peirce – in der eigenen Gesetzmäßigkeit des Symbols so geregelt ist (s. Punkt 3 in Kap. 8.2.5). In diesem Sinne ist Luhmann zuzustimmen, dass das Symbol erst selbst seine eigene Einheit vollständig stiften muss und kann: Die Regel, die in ihm Repräsentamen und Objekt relationiert, kann tatsächlich im Sinne Saussures arbiträr gewählt werden.

Wie die Ergebnisse dieses Kapitels zeigen, schließt Luhmann inkonsequenterweise die Referenz von Zeichen auf reale Gegenstände der Umwelt keineswegs ganz aus seiner Zeichentheorie aus. Vielmehr identifiziert er an manchen Stellen sogar Bezeichnetes und realweltlichen Referenten und führt an anderen Stellen eine Binnenklassifizierung der Zeichen ein, die referentielle „Naturzeichen" ebenso zulässt wie arbiträre Symbole. Diese verschiedenen Ansätze führt Luhmann nicht zu einem kohärenten Ganzen zusammen, sondern sie stehen widersprüchlich und unverbunden neben seinem sonstigen konstruktivistisch-beobachtungstheoretischen Zeichenbegriff (s. Kap. 6.1). Dazu tritt aber noch ein dritter, wieder ganz anders ausgerichteter Aspekt.

6.2.3 Das Bezeichnete als Sinn

Dieser Position liegt wieder die zuerst angenommene und dann wieder abgelehnte Zeichenhaftigkeit der Sprache (s. Kap. 6.2.2) zugrunde. Von dieser sagt Luhmann:

> „Sprache ist ein Medium, das sich durch Zeichengebrauch auszeichnet. Sie benutzt akustische bzw. optische Zeichen für Sinn." (SoSy, 220)[120]

Aus dieser und den anderen in der Anmerkung genannten Stellen geht hervor, dass Luhmann zumindest bei sprachlichen Zeichen die Seite des Bezeichnenden mit akustischen oder optischen Einheiten und die Seite des Bezeichneten mit Sinn besetzt. Diese Besetzung entspricht keiner der beiden bisherigen Varianten: Sinn als Bezeichnetes kann bei Luhmann kein Referent im traditionellen Sinne (Kap. 6.2.2) sein, da er Sinn als systemspezifische Erscheinung, die mit den Operationen psychischer oder sozialer Systeme zusammenhängt, definiert (s. Kap. 5, hier v. a. Kap. 5.6). Und auf das Bezeichnete als zeichenrelatives und -internes Formkorrelat (Kap. 6.2.1) kann Sinn keinesfalls reduziert werden, da er ja auch bei jeder bewussten oder kommunikativen Operation aktualisiert werden soll.

Wie kann man sich also erklären, dass Luhmann das Bezeichnete mit Sinn gleichsetzt? Das Bezeichnete ist bei Luhmann in jedem Fall das Formkorrelat des Bezeichnenden in der Zwei-Seiten-Form des Zeichens. Als derartiges Korrelat muss das Bezeichnete vom Signifikanten als etwas genau Bestimmtes bezeichnet werden, da es dessen exakte Formgegenseite darstellt.[121] Sinn, der ja als Einheit von Aktualität und Potenzialität selbst eine Zwei-Seiten-Form ist (s. Kap. 5.4), kann niemals ein derartig bestimmtes Bezeichnetes sein. Sinn ist als universale Weltform (Kap. 5.3.3) bei Luhmann eine gänzlich unspezifizierte Form, weil er als differenzloser Letztbegriff alles Aktualisierte und alles dadurch Virtualisierte umfasst. Gerade die Formseite der Potenzialität macht die für das Bezeichnete erforderliche Bestimmtheit für Sinn unmöglich. Eine weitere absurde Konsequenz aus der Gleichsetzung von Bezeichnetem und Sinn wäre übrigens, dass alle Signifikanten dasselbe unbestimmte und universale Signifikat, nämlich Sinn, hätten.[122] Eine Gleichsetzung des Bezeichneten mit Sinn als kompletter Zwei-Seiten-Form ist also nicht möglich.

Man könnte nun versuchen, Luhmanns Ansatz so zu retten, dass man ihm unterstellt, an den entsprechenden Stellen nicht Sinn als Gesamtform, sondern nur die Seite des aktualisierten Sinns gemeint zu haben. Dann müsste man aber das Bezeichnete als operativ unmarkierte Seite des Zeichens mit der operativ markierten Seite der Sinnform gleichsetzen:

---

[120] Vgl. auch SoSy, 137, wo Sprache als Kommunikationsmedium für Luhmann „an akustische bzw. optische Zeichen für Sinn gebunden" ist. In RdG, 254f. basieren Sprache und Schrift auf der Differenz von Zeichen und Sinn; vgl. auch GdG, 213, wo die Unterscheidungsseite des Zeichens auf akustische Zeichen, also Laute, reduziert ist, während die andere Seite unverändert mit Sinn besetzt bleibt. Es sei hier nur am Rande bemerkt, dass in Luhmanns Medientheorie (s. Kap. 5.5) ein Medium nicht über Operationen verfügt und daher eigentlich weder von irgendetwas Gebrauch machen noch sich durch einen Gebrauch von etwas „auszeichnen" noch etwas benutzen kann: „Sprache hat keine eigene Operationsweise [...]." (GdG, 112) Wie soll sie dann Zeichen verwenden?

[121] Luhmann 1993d, 63; vgl. auch Kritikpunkt 4 in Kap. 6.1.

[122] Ein ähnliches Problem ist bereits im Verhältnis der Begriffe des Bezeichneten und der Welt in Kritikpunkt 5 von Kap. 6.1 aufgetreten. Dies unterstreicht wohl zusätzlich die besonderen Schwierigkeiten, die Luhmann mit dem Bezeichneten hat.

Das Bezeichnete wäre dann gleichzeitig Formseite zweier verschiedener Formen und müsste operativen Zugriffen einerseits völlig entzogen sein und diese andererseits ausschließlich auf seiner Seite zulassen. Abgesehen davon, dass diese paradoxen Konsequenzen von Luhmann nirgends auch nur angedeutet sind, sind sie auch gänzlich unplausibel, wenn man die Verweisungsstruktur des Zeichens und die angebliche Verweisungsstruktur von Sinn (s. Kap. 5.3.1 und 5.4) heranzieht: Im Zeichen verweist das Bezeichnende auf das Bezeichnete und bei Sinn soll der jeweils aktualisierte Sinn auf die dadurch virtualisierten Möglichkeiten verweisen. Wenn man nun das Bezeichnete und den aktualisierten Sinn in eins setzt, dann müsste das Bezeichnete des Zeichens zum Bezeichnenden des Sinns werden. Wie dieser funktionale und operationale Wechsel auf der Seite des Bezeichneten vonstatten gehen soll, ist nicht herzuleiten, so dass auch dieser ‚Rettungsversuch' zum Scheitern verurteilt ist.

Neben diesen Gegenargumenten tritt noch ein weiteres Problem auf: Luhmann sieht an manchen Stellen die Formen von Sinn und des Zeichens als analog strukturiert an:[123] Wenn aber diese Zwei-Seiten-Formen hinsichtlich ihres Baus und ihrer Implikationen in ihrer Gesamtheit parallelisiert werden können, dann kann nicht die eine Gesamtform (Sinn) mit nur einer Seite der anderen Gesamtform, also mit dem Bezeichneten im Zeichen, gleichgesetzt werden. Entweder ist die Analogie der Formen falsch oder die Zuordnung von Sinn und Bezeichnetem kann nicht so vollzogen werden, wie Luhmann es vorschlägt.[124]

Die Untersuchungen der Kapitel 6.2.1 bis 6.2.3 haben Luhmanns unterschiedliche Versuche, das Bezeichnete der Zeichenform zu charakterisieren, nicht nur als untereinander inkompatibel, sondern auch als in sich inkonsistent erwiesen: Keine der drei Varianten hält einer kritischen Überprüfung stand. Dabei harmoniert das erste Konzept, das Bezeichnete als rein zeicheninternes Formkorrelat zu behandeln, trotz seiner deutlichen Schwächen noch am besten mit Luhmanns sonstigem Theoriegebäude.

6.3 Zeichen, Operation und System

Im Laufe der bisherigen Argumentation bin ich auf den Zusammenhang zwischen dem Zeichen als Form und den Operationen, die von einem beobachtenden System vollzogen werden und die diese Form benutzen müssen, schon kurz eingegangen (s. Kap. 6.1, hier v. a. die Kritikpunkte 2 und 3 und Kap. 6.2.1). Jetzt werde ich näher darlegen, wie Luhmann die Konstellation von Zeichen, Operation und System theoretisch entwirft.

Nach Luhmann existiert ein Zeichen nur, wenn einer Beobachtung die zeichenspezifische Unterscheidung von Bezeichnendem und Bezeichnetem zugrunde gelegt wird. Die Beobachtung, die also gleichzeitig mit dem Gebrauch der Zeichenform diese auch erst

[123] Luhmann 1993d, 63 – 65; diese Analogisierung widerspricht freilich der strikten Trennung von Sinn und Zeichen, die Luhmann sonst vornimmt; s. auch Kap. 6 und Kritikpunkt 4 in Kap. 6.1.

[124] Gegen die Analogie spricht das Ergebnis des Kritikpunkts 4 in Kap. 6.1 und gegen die Zuordnung sprechen die Gegenargumente dieses Kapitels, so dass sich die beiden Konzepte nicht nur widersprechen, sondern auch jedes für sich genommen inakzeptabel ist.

konstituiert, muss operativ von einem System vollzogen werden.[125] Luhmann behandelt also Zeichen nicht als die operativen Elemente eines Systems, sondern als Formen, die von den Operationen eines System benutzt werden können. Diese Trennung macht er am Beispiel der Sprache deutlich: Während Sprache mit ihrer Zeichenhaftigkeit kein System bildet, können die Operationen psychischer oder sozialer Systeme sprachliche Formen verwenden: Sprache hängt also von Bewusstsein und Kommunikation ab:

> „Wir weisen nur darauf hin, daß wir hiermit Grundvoraussetzungen der Saussureschen Linguistik widersprechen: Sprache hat keine eigene Operationsweise, sie muß entweder als Denken oder als Kommunizieren vollzogen werden; und folglich bildet Sprache auch kein eigenes System." (GdG, 112)[126]

Freilich ist es Luhmann unbenommen, Zeichen und Sprache auf diese Weise in seine Theorie autopoietischer Bewusstseins- und Kommunikationssysteme integrieren zu wollen. Allerdings stellt dieses Konzept keine solche Abweichung von „Grundvoraussetzungen" der Saussure'schen Zeichentheorie dar, wie Luhmann sie sich offenbar vorstellt. Für Luhmanns Argumentation ist eine „eigene Operationsweise" für Systeme konstitutiv, wogegen bei der Definition rekursiv selbstreferentiell operierender und geschlossener Systeme auch nichts einzuwenden ist.

Gerade diese Position geht aber an Saussures Systembegriff völlig vorbei, und zwar so vollständig, dass nicht einmal von einem Widerspruch die Rede sein kann. Saussures Systembegriff baut nämlich überhaupt nicht wie der Luhmann'sche auf Operationen auf, im Gegenteil, aus Saussures Zeichensystem sind Operationen völlig ausgeschlossen: Saussures System sprachlicher Zeichen ist rein synchron angelegt, statisch, geschlossen und besteht aus simultan gegebenen, rein formalen Differenzen in einem bestimmten Systemzustand:

> „Die Sprache ist ein System, dessen Teile in ihrer synchronischen Wechselbeziehung betrachtet werden können und müssen." (Saussure 1967, 103)

Das Zeichensystem der *langue* beinhaltet also selbst keine Operationen, diese gibt es ausschließlich im Bereich der konkreten, prozesshaften und sich diachron verändernden Sprachverwendung, also in der *parole*.[127] Diese kann für Saussure gerade deshalb nicht als System beschrieben werden, weil in ihr die Operationen von Beobachtern erster Ordnung,

---

[125] Luhmann 1993d, 48, 53; GuS 4, 95; GdG, 208.

[126] Luhmann spricht die starke Anbindung von Sprache bzw. allgemein Zeichen an Sinnsysteme, also psychische und soziale Systeme, auch in Luhmann 1993d, 56 und KdG, 50 an. Wenn aber Zeichen und Sinnsysteme in einen engen Zusammenhang gebracht werden, dann sind Zeichen und Sinn nicht so strikt trennbar, wie Luhmann an anderen Stellen meint; vgl. Kap. 6 und auch 6.4.

[127] Saussure 1967, 16 – 19, 22, 91, 93 – 96 und 104 – 106, wo Saussure die klare Trennung von Syn- und Diachronie bzw. *langue* und *parole* durch den etwas problematischen Vergleich mit einer Schachpartie veranschaulicht; s. auch im Saussure-Exkurs die Abschnitte „Die Unterscheidung von *parole* und *langue*" und „Die Unterscheidung von Diachronie und Synchronie". Wenn Ort und Peter hinsichtlich des Saussure'schen Zeichens von Zeichenprozessen, Zeichenbeobachtern und -benutzern sprechen, die nicht Teil des Zeichens seien, rezipieren sie Saussures Gedanken nicht völlig korrekt (Ort/Peter 1999, 43): Der Zeichenbeobachter und -benutzer ist nicht nur keine Zeichenkomponente, sondern noch nicht einmal Teil des Systems der *langue*: Er kann nur Beobachter zweiter Ordnung sein.

die konkret mit den Sprachzeichen operieren, stattfinden. Da also aus Saussures Systembegriff die prozessuale Operativität, die bei Luhmann Systeme erst konstituiert, definitorisch ausgeschlossen ist, gibt es zwischen diesen beiden Systemmodellen keinerlei Überschneidungen. Aufgrund dieser zwei letztlich inkommensurablen Paradigmen läuft Luhmanns Argumentation, mit der er Saussure zu widersprechen glaubt, eigentlich ins Leere: Die Kopplung von Systemhaftigkeit und spezifischer Operativität der Sprachzeichen ist schlicht ein anderes Modell, das mit dem von Saussure nicht verwandt ist. Saussures Zeichensystem ist ein statischer, formaler Zusammenhang von Differenzen, der von einem Beobachter zweiter Ordnung beobachtet, aber als solcher nicht von einem Beobachter erster Ordnung operativ verwendet werden kann.[128]

Es ist freilich ganz und gar nicht zu beanstanden, dass Luhmann einen anderen Systembegriff vertritt. Dass er sich aber die weit reichenden konzeptionellen Unterschiede offenkundig nicht klar genug vergegenwärtigt hat, obwohl er Saussures Zeichenmodell entlehnt und es fast ausschließlich seinen eigenen semiotischen Reflexionen zugrunde gelegt hat, ist sehr wohl zu kritisieren. Wie weit Luhmanns Missverständnisse in diesem Punkt gehen, zeigt auch seine Kombination der Medium-Form-Unterscheidung mit der Differenz von *langue* und *parole*:

> „Sie [die Unterscheidung von Medium und Form, meine Ergänzung] ersetzt auch, oder ergänzt jedenfalls, Saussures Unterscheidung von »langue« und »parole«." (GdG, 195, Anm. 9)

Luhmann definiert ein Medium als lose oder gar nicht gekoppelte Menge von Elementen und eine Form als strikte Kopplung von Elementen (s. Kap. 5.5). Diese Differenzierung ist mit der Unterscheidung von *langue* und *parole* nicht vereinbar, da es keine Entsprechungen gibt:[129] Die *langue* ist nach Saussures Wertelehre ein statisch fixiertes System formaler Differenzen, in dem jedes Zeichen durch die Konjugation seiner Negationen von allen anderen Systemzeichen exakt definiert und positioniert ist. Die *langue* ist also keine lose oder auch gar nicht gekoppelte Menge von Elementen und demnach auch kein Medium. Sie ist als geschlossenes Gesamtsystem ein strikt gekoppelter Verband von Elementen, also eher eine Form. Da sie aber als Form ohne Wechsel in die *parole* nicht für Operationen zur Ver-

---

[128] Winfried Nöth weist zu Recht darauf hin, dass Saussures Zeichentheorie stärker die Systemhaftigkeit der Zeichen betont, während Peirces Semiotik stärker prozesshaft ausgerichtet ist (Nöth 2000, 62, 77, 208, 227). Dabei verfolgt Nöth aber das Problem nicht bis zur erforderlichen Tiefe: Im Rahmen von Peirces philosophischem Synechismus (s. Punkt 4 in Kap. 8.1.2) wäre die Konstruktion eines statisch geschlossenen Systems im Sinne Saussures zwar möglich, würde mit den restlichen Theorieelementen aber schlecht harmonieren. Denn dieses System müsste prozessual aus den kontinuierlichen universellen Zeichenprozessen völlig isoliert werden und könnte diesen bestenfalls als Zeichenobjekt dienen (was sich damit deckt, dass die *langue* nur von einem Beobachter zweiter Ordnung beobachtet werden kann). Der entscheidende Schritt besteht nun für mich darin, Luhmanns prozessual orientierten Systembegriff zu übernehmen und mit Peirces ebenfalls prozessual zu verstehendem Zeichen als Systemelement zu kombinieren und so ein dynamisches Zeichensystem zu gewinnen (zur Konstruktion eines derartigen Zeichensystems s. die Kapitel 8 und 9). Auf dieser Basis stünden sich dann Peirces Semiotik und die Systemhaftigkeit des Zeichens nicht mehr so unverbunden gegenüber wie beim bloßen Vergleich zwischen Saussures Zeichensystem und Peirces Semiotik.

[129] s. im Saussure-Exkurs die Abschnitte „Die Unterscheidung von *parole* und *langue*" und „Saussures Lehre vom sprachlichen Wert".

fügung steht, sondern nur von einem Beobachter zweiter Ordnung beobachtet werden kann, ist sie auch mit Luhmanns Formbegriff keinesfalls gleichzusetzen. Weitere Implikationen wie die Unbeobachtbarkeit des Mediums oder der Umstand, dass die Elemente eines Mediums Formen in einem anderen Medium sind, können ebenfalls nicht mit Saussures Entwurf in Einklang gebracht werden.

Auch die *parole* als Form in Luhmanns Sinne beschreiben zu wollen, ist problematisch: Saussure hatte sein Modell des sprachlichen Zeichens für das geschlossene System der *langue*, das statisch nach synchronen Werten strukturiert ist, entwickelt. Dieses Zeichenmodell will Luhmann offenbar ohne Modifikationen auf den offenen Bereich der *parole* übertragen, um die Analogie zu seinem Formbegriff herstellen zu können: Denn die Elemente sollen auf der Medien- und auf der Formseite ja dieselben sein. Diese implizite Übertragung ist aber aus zwei Gründen sehr problematisch: Erstens verlieren nach Saussure die Zeichen durch die konkrete Verwendung in der *parole* genau die strikte Kopplung, die ihnen der systematische Wertzusammenhang in der *langue* gibt und die nach Luhmann im Gegensatz dazu erst die operative Verwendung kennzeichnet. Durch diesen Wechsel von der *langue* in die *parole* verlieren die Zeichen zweitens ihren systematisch ausdifferenzierten Systemwert und somit auch ihre bestimmte Bedeutung, so dass die Zeichen in der *langue* und in der *parole* nicht nach demselben Modell beschrieben werden können. Damit ist aber ein Grundpostulat von Luhmanns Medium-Form-Differenz nicht erfüllt.

Luhmanns Versuch, Saussures Zeichenmodell aus dessen statischer Systemstruktur zu lösen und unverändert in ein prozessual operatives System einzubinden, scheitert also genauso, wie Jaques Derridas angebliche Radikalisierung des Saussure'schen Zeichenbegriffs.[130]

Doch von dieser Kritik aus Saussure'scher Vergleichsperspektive wieder zurück zu den Positionen Luhmanns: Wenn es Zeichen nur im operativen Gebrauch durch Systeme gibt, dann können Zeichen nur innerhalb der Grenzen der sie verwendenden Systeme existieren, nicht aber in der Umwelt.[131] Wenn es die Form des Zeichens nur in Systemen gibt, dann können bestimmte Zeichenformen zwar im System durch wiederholten Gebrauch stabilisiert werden, aber kein reales referentielles Korrelat in der Umwelt haben (s. auch Kap. 6.2). Durch den Zeichengebrauch wird somit eine Welt konstruiert, die keinen Wahrheitsanspruch erheben kann, da sie aufgrund des jeweiligen Beobachterstandpunkts der verschiedenen Systemoperationen in Hinblick auf ihre kontingent selektiven Voraussetzungen immer auch dekonstruiert werden kann.[132] Da die Verwendung von Zeichen zur Bezeichnung von etwas also immer auf den jeweiligen Beobachter zurück verweist, vermitteln Zeichen für Luhmann „die Sachdimension und die Sozialdimension von Sinn“[133]: Der Zeichenbe-

---

[130] Negative Konsequenzen, die für Luhmanns Abweichung von Saussures Systembegriff und Wertelehre bezeichnend sind, habe ich bereits in Kap. 6.1 und 6.2 besprochen: Sie betreffen v. a. eine zu wenig präzise Bestimmtheit und Bestimmbarkeit des Bezeichneten.

[131] Luhmann 1993d, 48, 61.

[132] Auch Realität kommt nicht den Inhalten der zeichenhaften Konstruktionen zu, sondern liegt nur in der „Faktizität dieses Prozessierens“ (Luhmann 1993d, 46) der Zeichen; vgl. GuS 4, 95: „Im Zeichengebrauch wird also eine Welt konstruiert, die aber nicht ausschließt (weil sie alles, also auch den Zeichengebrauch, einschließt), daß andere Zeichensysteme eine andere Welt konstruieren würden.“

[133] KdG, 279; Hier werden Zeichen und Sinn in einen sehr engen theoretischen Zusammenhang gebracht, den Luhmann an anderen Stellen wieder bestreitet (vgl. Kap.6); zu den Sinndimensionen

nutzer ist nämlich automatisch ein Beobachter und als solcher kann er von einem Beobachter zweiter Ordnung daraufhin beobachtet werden, wie er beobachtet.[134] Und da die Art seiner Beobachtungen dabei als kontingent erwiesen wird, muss die Sachdimension des Sinns eng an die Sozialdimension, in der unterschiedliche Beobachter differenziert werden können, gekoppelt werden, und jede zeichenhafte Weltkonstruktion kann auf ihre Beobachtungsvoraussetzungen hin befragt werden.

Diese Konsequenzen scheinen sich auf den ersten Blick direkt aus Luhmanns konstruktivistischer Theorie basal selbstreferentiell geschlossener Systeme zu ergeben. Zwei Fragen bleiben aber offen: Systeme sollen nach Luhmann an eine Umwelt strukturell gekoppelt sein, die nicht alle Systemoperationen toleriert, nicht Beliebiges zulässt und so bei der Strukturbildung des Systems zumindest mittelbar mitwirkt (s. Kap. 4.1.8 und Kap. 4.3.4). Daher stellt sich als Erstes die Frage, ob die zeichenhafte Weltkonstruktion des Systems tatsächlich völlig kontingent und vollständig dekonstruierbar sein muss, wie Luhmann schreibt. Oder könnten bei der strukturellen Kopplung auch bestimmte, Zeichen benutzende Operationen nicht toleriert und evolutionär im Laufe der Zeit ausgeschlossen werden? Stellt das bei Luhmann freilich nur inkonsequent und fehlerhaft entwickelte Modell der strukturellen Kopplung nicht einen Mechanismus dar, der zwar keine unmittelbare Erkenntnis von Realität und Wahrheit ermöglicht, aber doch keine völlige Kontingenz im Umweltverhältnis zulässt? Falls dies so ist, müsste sich diese Konstellation auch auf manche Zeichen benutzenden und Welt konstruierenden Operationen auswirken.

Zweitens hängt das Problem der vollständigen Dekonstruierbarkeit von zeichenhaft konstituierten Welten mit einer weiteren inkonsequenten Position Luhmanns zusammen: Es korreliert mit der Frage, ob man nur arbiträre Zeichen akzeptieren oder auch „Naturzeichen" wie Indices und ikonische Zeichen zulassen will (s. Kap. 6.2.2). Die Klasse der letztgenannten Zeichen wird ja im System selbst so behandelt, als ob die Relation zwischen Bezeichnendem und Bezeichnetem, oder korrekter in Peirces Terminologie, zwischen Repräsentamen und Objekt eben nicht kontingent sei (s. die Punkte 1 und 2 von Kap. 8.2.5). Hier repräsentiert die mit dem Objektbezug zusammenhängende Weltkonstruktion zwar auch weder Wahrheit noch Realität, sie kann aber auch wegen des nicht arbiträren Objektbezugs nicht vorbehaltlos und vollständig dekonstruiert werden: Das Akzeptieren von „Naturzeichen" impliziert also einen Verzicht auf völlige Dekonstruierbarkeit der Zeichenwelt. Im größeren Kontext von Peirces Zeichentheorie hängt diese Frage auch mit der

---

bei Luhmann s. Kap. 5.3.4; Auch in Peirces Zeichenmodell können Sach- und Sozialdimension gekoppelt werden, indem der Objektbezug des Repräsentamens in der Sachdimension nur über den Interpretanten hergestellt werden kann (s. Punkt 3 in Kap. 8.1.1. und Kap. 8.2.7). Jeder Objektbezug hängt also auch von seinem Interpretanten ab, dessen spezifische Interpretations- und Repräsentationsweise auf der Strukturebene, z. B. durch seinen finalen Interpretanten, eines bestimmten Zeichensystems determiniert wird (s. Punkt 3 in Kap. 8.2.7). Da der finale Interpretant als systemspezifische Interpretations- und Verhaltensgewohnheit zusammen mit andern strukturellen Merkmalen auch die Grenzen dieses Zeichensystems in der Sozialdimension bestimmt (s. Kap. 8.3.1), können auch bei Peirce die Sach- und die Sozialdimension einer Darstellung über deren Objekt- und Interpretantenbezug in einen engen Zusammenhang gebracht werden. Gegen eine völlige Kontingenz und Dekonstruierbarkeit der Repräsentationen spricht bei Peirce u. a. die semiotische Version von ‚struktureller Kopplung' an die Umwelt des Zeichensystems, die ich in Kapitel 8.3.8 entwickle.

[134] Luhmann 1993d, 54; KdG, 279f.

Doppelung des Objekts in das zeicheninterne unmittelbare und das zeichentranszendente dynamische Objekt zusammen. Dieses Doppelmodell des Objekts könnte mit einer in sich konsistenten Fassung der struktuellen Kopplung verbunden werden und die in Frage stehende Kontingenz zeichenhafter Weltkonstruktion neu perspektivieren (s. Kap. 8.3.1 und Kap. 8.3.5 bis Kap. 8.3.9).

Hier lohnt sich noch ein weiterer Seitenblick auf die ganz anders aufgebaute Zeichentheorie von Peirce: Bei ihm sind Zeichen nicht nur auf der Innenseite von Systemen zu verorten, sie sind aufgrund ihrer triadischen Struktur im wörtlichen Sinne universell, d. h. es gibt sie nach Peirce im gesamten Universum. Damit kann die Frage der Grenzkonstitution bei Peirce nicht so beantwortet werden, wie bei Luhmann. Bei ihm kann nicht das Zeichen als Systemelement die Grenze definieren, da es universell ist. Die Grenze kann nur dadurch festgelegt werden, dass bestimmt wird, an welchen universellen Zeichenprozessen ein System teilhaben kann und an welchen nicht. Darüber entscheidet neben anderen strukturellen Merkmalen der jeweilige finale Interpretant, der mit seiner zeichenkonstitutiven Relationierungskapazität immer innerhalb eines Systems liegen muss und somit die Grenze operativ definiert (s. Kap. 8.3.1). Luhmann hatte aus seinem konstruktivistischen Konzept die Konsequenz gezogen, man müsse von Was- auf Wie-Fragen umstellen. Peirces Theorie lässt innerhalb des Zeichens beide Fragen zu, indem die Frage nach dem unmittelbaren Objekt und ggf. nach dessen Verhältnis zu einem dynamischen Objekt das ‚Was' und die Frage nach der speziellen Regelhaftigkeit des finalen Interpretanten das ‚Wie' der Bedeutungskonstitution beantwortet: Insofern trifft es auf Peirces Zeichen zu, dass es im Laufe der Semiose (Zeitdimension) in seiner dreistelligen Relationalität die Sachdimension (Bereich des ‚Was') und die Sozialdimension (Bereich des ‚Wie') vermittelt.

Oben war von der Stabilisierung von Zeichenformen durch wiederholten Gebrauch die Rede. Diesen Gedanken führt Luhmann noch weiter aus: Wenn Zeichen wiederholt benutzt werden, dann kondensiert ihre Form nicht nur, sondern sie wird auch konfirmiert, d. h. sie wird zu einer mit unterschiedlichen, aber nicht beliebigen Kontexten kompatiblen Einheit verdichtet.[135] Diese Art der Zeichenverwendung schafft Redundanz: Wenn ein bestimmtes Zeichen gegeben ist, kann nämlich erwartet werden, welche eingeschränkten Anschlussmöglichkeiten zur Verknüpfung mit anderen Zeichen dann noch möglich sind. Somit verweist ein gegebenes Zeichen voraus auf die weiteren Zeichen, die zeitlich nach ihm als Anschluss möglich sind, und zugleich zurück, auf die Zeichen, die zu seiner eigenen Aktualisierbarkeit gegeben sein mussten. Durch dieses ständige „Vor- und Zurückgreifen des Prozesses auf noch nicht/nicht mehr im Zentrum stehende Zeichen"[136], durch diese notwendigen Vor- und Rückverweise wird die Zeichenverwendung rekursiv. Wegen des mit der kondensierenden und konfirmierenden Zeichenwiederholung verbundenen Redundanzaufbaus müssen dabei „Erwartungen gerichtet, müssen Anschlußmöglichkeiten eingeschränkt werden"[137]. Sonst wäre die Zeichenverwendung struktur- und kontextlos und somit entropisch.

Obwohl Luhmann den Gedanken nicht weiter verfolgt, bedeutet dieser Zusammenhang nichts anderes, als dass die Zeichenverwendung wie die Operationen eines Systems konditioniert und strukturiert werden muss (s. Kap. 4.3 und vgl. Kap. 8.2). Oben war bereits von

---

[135] Luhmann 1993d, 46; zu Kondensierung und Konfirmierung s. Punkt 2 in Kap. 8.2.4.

[136] Luhmann 1993d, 56, Anm. 25.

[137] Luhmann 1993d, 56; s. dort auch S. 57.

einem möglichen Ansatz, die zur Konstitution eines Zeichensystems notwendige Grenze zur Umwelt herzuleiten, die Rede. Nun ergibt sich aus Luhmanns eigener Argumentation ein Konzept für die nötige Strukturierung des Zeichensystems. Man müsste jetzt nur noch ereignishafte und sich rekursiv selbst konstituierende und prozessierende Zeichen als Systemelemente einsetzen, um den Grundanforderungen zur Konstruktion eines autopoietischen Zeichensystems zu genügen (s. Kap. 4.1 bis Kap. 4.3 und die Einleitung zu Kap. 5; vgl. Kap. 8.1).

Gemäß Luhmanns Modell können die Operationen sozialer oder psychischer Systeme die Form der Zeichen benutzen, um durch Signifikanten bestimmte Signifikate „für Zwecke der Kommunikation oder des Denkens“[138] zu bezeichnen. Dieses Verhältnis müsste man beim Bau eines rekursiv selbstreferentiell operierenden Zeichensystems umkehren: Die Operationen des Zeichensystems müssten dazu dienen können, die Funktionen von Bewusstsein und Kommunikation zu übernehmen; die Operationen von psychischen und kommunikativ-sozialen Systemen müssten sich als unterschiedliche Arten der Zeichenverwendung beschreiben lassen (vgl. Kap. 9).

Hinsichtlich der redundanten und im rekursiven Zusammenhang stehenden Zeichen fügt Luhmann im Anschluss an Joseph Simon[139] eine Unterscheidung an:

> „Entweder ist das Zeichen interpretationsbedürftig, verweist also auf weiteren Zeichenbedarf, für den dasselbe gilt. Oder es ist unmittelbar verständlich, oder jedenfalls so weit verständlich, daß man sich handelnd darauf stützen, einen Einsatz riskieren kann. Unmittelbarkeit des Verstehens ist aber immer nur situativ, also nur zeitpunktgebunden erreichbar und man kann nicht verhindern, daß im nächsten Moment Zweifel, Rückfragen, Interpretationsnotwendigkeiten auftauchen.“ (Luhmann 1993d, 47)

An diese Stelle kann man mit gewissen Einschränkungen direkt mit Peirces pragmatischer Semiotik anschließen: Die erste Einschränkung betrifft die postulierte Unmittelbarkeit des Verstehens, die bei Peirce – im wörtlichen Sinne – kategorisch ausgeschlossen ist. Denken und Verstehen fallen bei Peirce kategorial in den Bereich der Drittheit, sind also immer eine geregelte Vermittlung, Repräsentation oder Darstellung von etwas als etwas und somit nie unmittelbar.[140] Eine zweite Einschränkung ist hinsichtlich Peirces Konzept der *final opinion* bzw. des ultimativen finalen Interpretanten als regulativer Idee der Erkenntnis bzw. Grenzwerts des Verstehens zu machen: Beim hypothetischen Erreichen der *final opinion* bzw. des ultimativen finalen Interpretanten wäre nach Peirce auch der Zustand der vollständigen Selbstrepräsentation des Zeichenuniversums erreicht, so dass dann eben nicht mehr „im nächsten Moment Zweifel, Rückfragen, Interpretationsnotwendigkeiten auftauchen“ könnten.[141] Vor diesem Zustand gilt allerdings immer der pragmatisch fallibilistische Vorbehalt, den sinngemäß auch Luhmann anspricht. Mit der Bereitschaft, aufgrund des Zeichenverstehens handelnd einen „Einsatz zu riskieren“, kann man den vorläufigen finalen Interpretanten jeder Semiose als geregelte pragmatische Handlungsgewohnheit oder auch als reflek-

---

[138] Luhmann 1993d, 56.
[139] Simon 1989.
[140] s. Kap. 8.1.1; vgl. auch Daube-Schackat 1987, 19 – 24, der ebenfalls auf die Mittelbarkeit und rekursive Genese von Erkenntnis, Verstehen und Wissen gemäß Peirces Drittheit hinweist.
[141] s. auch Oehler 1990, 46; Oehler 1994, 46.

tierte Überzeugung korrespondieren lassen (s. Punkt 3 in Kap. 8.2.7, Kap. 8.2.8 und Punkt 3 in Kap. 8.3.10).

Rückblickend kann man festhalten, dass die bei Luhmann auftretenden Schwierigkeiten v. a. daraus resultieren, dass er bei der Integration von Saussures Zeichenmodell in seine sonstige Theoriearchitektur nicht genügend auf Kompatibilität geachtet, sondern vielmehr wesentliche Unterschiede übersehen oder auch übergangen hat. Hinsichtlich der Grenzkonstitution, der ereignishaften Operationsweise und des Aufbaus einer konditionierenden Struktur haben sich aber bereits interessante Anschlussmöglichkeiten für Peirces Zeichenbegriff und Möglichkeiten zur Konstruktion eines eigenständigen Zeichensystems gezeigt. Mit Einschränkungen gibt es sogar Berührungen mit einer semiotisch-pragmatischen Erkenntnistheorie.

6.4 Zeichen und Sinn

Das bei Luhmann recht problematische Verhältnis von Zeichen und Sinn habe ich bereits mehrmals erwähnt: Luhmann ist bei der Einschätzung dieses Verhältnisses im Allgemeinen sehr inkonsequent und widersprüchlich (s. v. a. Kap. 6) und sein Versuch, das Bezeichnete mit Sinn gleichzusetzen, kann als gescheitert angesehen werden (s. Kap. 6.2.3). Da Sinn bei Luhmann aber ein Zentralbegriff ist und sich v. a. in Kapitel 6.3 Möglichkeiten zur Konstruktion eines eigenständigen Zeichensystems aufgetan haben, möchte ich die bisherige Untersuchung des Verhältnisses von Zeichen und Sinn noch etwas ausweiten.[142]

Als Einstieg dienen mir dabei Stellen, an denen Luhmann selbst Zeichensysteme bzw. Zeichen prozessierende Systeme erwähnt: Obwohl Luhmann offenkundig Zeichen nur als Formen und nicht als operative Systemelemente ansieht, spricht er doch von Zeichensystemen.[143] Diese Bezeichnung ist zumindest vom formalen Begriffsaufbau her analog zu den Determinativkomposita ‚Kommunikationssystem' oder ‚Bewusstseinssystem' gebildet, und diese sind als autopoietische Systeme konzipiert und bilden zusammen die Sinnsysteme. Der Zusammenhang zwischen Zeichen- und Sinnsystem könnte durchaus als enger aufgefasst werden, als Luhmann dies normalerweise ausführt:

> „Systeme, die im Medium Sinn operieren und dadurch gehalten sind, Verweisungen auf sich selbst und auf die Umwelt zu beachten und simultan zu prozessieren, können als Zeichen-prozessierende Systeme beschrieben werden, die sich darauf beschränken können, sich nur mit Bezeichnendem zu befassen, weil dank der Form des Zeichens Bezeichnetes dadurch immer mitgeführt wird." (Luhmann 1993d, 65)[144]

---

[142] Den folgenden Ausführungen liegt v. a. Luhmanns Argumentation in Luhmann 1993d, 60 – 66 zugrunde.

[143] GuS 4, 95.

[144] Wenn man die auch bei Luhmann angesprochene Debatte um die Repräsentationsfähigkeit und die Referenz der Zeichen und den Status des Bezeichneten (s. Kap. 6.2) berücksichtigt, wird man nicht bestätigen, dass sich die Semiotik bisher darauf beschränkt hätte, „sich nur mit Bezeichnendem zu

Die „Systeme, die im Medium Sinn operieren", können noch differenzierter benannt werden: Es sind die Bewusstseinssysteme und die Kommunikationssysteme (s. Kap. 5.6), die entsprechend der Gleichsetzung im obigen Zitat als „Zeichen-prozessierende Systeme" anzusehen sind. Luhmann rückt also die Theorieelemente Sinn, Bewusstsein, Kommunikation und Zeichen hier in einen bei ihm ungewohnt engen Zusammenhang, und meine Frage lautet nun, mit welcher Argumentation er zu dieser Position kommt:

Ihren Anfang nehmen Luhmanns Überlegungen in der Beobachtung, dass im Sinne einer ersten Parallele sowohl der Sinn- als auch der Zeichenbegriff nicht an eine externe Referenz gebunden und daher aufeinander beziehbar seien. Eine zweite Parallele sieht Luhmann im Zusammenhang zwischen Operation und den Formen von Sinn und Zeichen:

> „Wir finden also bei der Form von Sinn genau denselben Sachverhalt, den die Analyse der Zeichenform ergeben hat: Die Operationen bleiben auf der Innenseite der Form." (Luhmann 1993d, 63)

Dieser Befund ist allerdings nicht erstaunlich, da dieser Zusammenhang bei allen Formen gegeben ist, jedenfalls dann, wenn man ‚Form' so definiert wie Luhmann: Er bindet sie ja an eine beobachtende Operation, die eine Unterscheidung trifft, damit eine Form bildet und simultan eine der beiden unterschiedenen Formseiten bezeichnet. Somit sind alle Formen bereits bei ihrer Konstitution durch die Beobachtung operativ und funktional asymmetrisch (s. Kap. 5.4), nicht nur die von Sinn und Zeichen. Dieser Einwand, der sich aus Luhmanns eigener Formentheorie ergibt, erweist die von ihm gezogene Parallele zwischen Sinn und Zeichen zwar nicht als falsch, aber als argumentativ nicht schlagkräftige, sondern eher triviale Aussage.

Doch weiter zu Luhmanns Argumentationsgang, der auf dieser formalen Analogie aufbaut: In einer Form muss es neben der als operativ markierten Forminnenseite, die beim Sinn durch die Seite der Aktualität und beim Zeichen durch die Seite des Bezeichnenden gebildet wird, auch eine Aussenseite geben. Diese Aussenseite, die durch die Grenze der Form von der operativen Innenseite getrennt wird, ist bei Sinn durch die Potenzialität und beim Zeichen durch das Bezeichnete besetzt. Nun behauptet Luhmann:

> „Zugleich kann, ja muß jedes bestimmte Zeichen operativ als Anweisung zum Kreuzen der Grenze begriffen werden, und das ist nur in Richtung auf etwas Bestimmtes oder Bestimmbares, in Richtung auf etwas Bezeichnungsfähiges möglich." (Luhmann 1993d, 63)

---

beschäftigen". Im Gegenteil, Untersuchungen, die das Bezeichnende und ggf. die *Materialität der Zeichen* (so der Titel einer Siegener Reihe) ins Zentrum stellen, stammen eher erst aus der jüngeren Vergangenheit (s. etwa den von Hans Ulrich Gumbrecht und Ludwig Pfeiffer 1988 herausgegebenen Sammelband zur *Materialität der Kommunikation* und hier z. B. den Beitrag *Der materiale Signifikant* von Victor Udwin). Bei Saussures Zeichenmodell können Bezeichnendes und Bezeichnetes ohnehin nur zusammen thematisiert werden, ein theoretischer Zusammenhang, der z. B. von Roland Barthes oder Jacques Derrida gewaltsam durchtrennt wird. Bei Peirce können sowohl das Repräsentamen als auch das Objekt bzw. der Objektbezug des Zeichens durch die kategoriale Unterscheidung von Quali-, Sin- und Legizeichen, unmittelbarem und dynamischem Objekt und Ikon, Index und Symbol differenziert behandelt werden (s. Kap. 8.2.3, Kap. 8.2.5 und Punkt 1 in Kap. 8.3.1).

An dieser Stelle beginnt bei Luhmann die Verwechslung der beiden Aussenseiten, die das Zeichen als Form hat, nämlich das Bezeichnete als ‚innere Aussenseite' und – nach Luhmann – die Welt als ‚äußere Aussenseite' der Gesamtform (s. auch Kritikpunkt 5 in Kap. 6.1): Während im Zeichen das Signifikat immer „etwas Bestimmtes" oder etwas bestimmt Bezeichnetes sein muss[145], kann die Welt als etwas lediglich „Bestimmbares" oder nur „Bezeichnungsfähiges" erscheinen: Was Luhmann im obigen Zitat gleichsetzt, muss theoretisch klar geschieden werden.

Unklar bleibt vorerst auch, was mit dem „Kreuzen der Grenze" gemeint sein soll: Die Grenze der Zeichenform zur Welt? Diese Kreuzung würde die Form des Zeichens aufheben und sie einer weiteren operativen Verwendbarkeit entziehen. Oder denkt Luhmann an die Grenze zwischen Bezeichnendem und Bezeichnetem? Obwohl man sich auch hier ein operatives Kreuzen der Grenze nicht recht vorstellen kann, scheint diese Möglichkeit intendiert zu sein. Denn ausgehend von seiner Verwechslung der zwei Aussenseiten der Zeichenform fährt Luhmann nun mit seiner Analogie von Sinn- und Zeichenform wie folgt fort:

> „Sie [die nicht operative andere Seite des Zeichens, also das Bezeichnete, meine Ergänzung] ist zugleich (zugleich!) aber auch das »Woraus« der Selektion der nächsten, anschließbaren Operation, die etwas aus dem Bereich des Möglichen bestimmen muß, um es wieder in der Form von Zeichen als Bezeichnendes verwenden zu können. Nur so läßt Sinn, ohne sich zu erschöpfen, sich laufend aktualisieren." (Luhmann 1993d, 64)

Demnach soll das Bezeichnete das „Woraus", also den Raum von Möglichkeiten darstellen, aus dem die folgende Anschlussoperation ein neues Bezeichnendes und damit eine neue Zeichenform selegieren kann. Neben all den bisher besprochenen, völlig heterogenen, teilweise widersprüchlichen und teilweise unhaltbaren Behandlungen des Bezeichneten (s. Kap. 6.2) tritt hier eine neue Variante auf: Diesmal ist es die Aussenseite des Sinns, also die Potenzialitätsseite, mit der das Bezeichnete als „Bereich des Möglichen" identifiziert wird. Die von Luhmann betriebene Analogisierung der Zeichen- und der Sinnform läuft hier also darauf hinaus, die Aktualitätsseite von Sinn mit der Seite des Bezeichnenden als operative Formseiten gleichzusetzen und die Potenzialitätsseite mit der Seite des Bezeichneten.

Eine derartige Parallelisierung der beiden Formen und ihrer Seiten ist aber mit gravierenden Problemen verbunden:

Neben der Verwechslung der beiden Außenseiten des Zeichens ist offenkundig auch die Analogie, die Luhmann zwischen Zeichen, Sinn und auch Medium und Form herstellt, falsch.[146] Bei den Differenzen von Aktualität und Potenzialität (s. Kap. 5.3.1) bzw. von Medium und Form (s. Kap. 5.5) macht die gesamte Form der Unterscheidung bei jeder neuen Aktualisierung der operativen Seite ein re-entry: Jede Aktualisierung von Sinn virtualisiert weitere Sinnmöglichkeiten und jede Formbildung eröffnet im Medium weitere Möglichkeiten für Formbildungen. Dabei stellen die Formseiten der Potenzialität bzw. des Mediums einen unbestimmten Raum von Selektionsmöglichkeiten dar. Diese Zusammenhänge sind aus mehreren Gründen auf das Zeichen und seine zwei Formseiten nicht übertragbar:

---

[145] vgl. Luhmann 1993d, 65: „[...] denn das Zeichen gewährleistet, daß mit der Selektion einer Bezeichnung auch das Bezeichnete hinreichend bestimmt wird [...]." Legt man Saussures Wertelehre zugrunde, dann ist das Bezeichnete ohnehin immer exakt bestimmt und nicht nur bestimmbar.

[146] Luhmann 1993d, 64f.; vgl. Kritikpunkt 4 in Kap. 6.1.

Erstens muss das Bezeichnete als Formkorrelat des Bezeichnenden als etwas Bestimmtes bezeichnet werden[147] und kann daher kein unbestimmter Raum von Selektionsmöglichkeiten sein. Außerdem wird das Signifikat als etwas bestimmt Bezeichnetes zugleich mit dem Bezeichnenden aktualisiert und eben nicht virtualisiert wie die Möglichkeiten der Potenzialitätsseite von Sinn.

Wenn die Seite des Bezeichneten aber kein unbestimmter Raum von Möglichkeiten ist, kann sie zweitens auch kein Selektionspotenzial für Anschlussoperationen bzw. die Konstitution neuer Zeichen darstellen, wie Luhmann meint. Beim Zeichen kann zwar auch ein re-entry der Gesamtform auf der Seite des Bezeichnenden stattfinden. Daraus ergibt sich aber nur, dass sowohl die Zeichenform als Ganze als auch ihre beiden Seiten durch Signifikanten bezeichnet werden können, das Zeichen also autologisch wird.[148] Dies bedeutet aber nicht wie bei einem Medium oder der Potenzialitätsseite von Sinn, dass diese Art der Bezeichnungsmöglichkeit auf der Seite des Bezeichneten selegiert worden wäre. Die Wahl der Bezeichnung findet immer innerhalb der Summe der zur Verfügung stehenden Signifikanten statt und das Bezeichnete ist dann mit dem gewählten Bezeichnenden als Formkorrelat automatisch verknüpft.

Daraus folgt, dass das von Luhmann postulierte Kreuzen der Grenze in der Zeichenform weder möglich noch nötig ist. Wenn bei der Form von Sinn eine der Möglichkeiten, die auf der Potenzialitätsseite gegeben sind, im operativen Anschluss für die nächste Aktualisierung von Sinn gewählt wird, kann man von einem Kreuzen der Grenze bzw. von deren operativer Verschiebung und Regeneration, die für das re-entry der Sinnform auf der Aktualitätsseite typisch und konstitutiv ist, sprechen. Beim Zeichen stellen die Seiten des Bezeichnenden und des Bezeichneten zwei unterschiedliche Selektionsbereiche dar, wobei die Anschlussoperation nur aus dem Bereich der Signifikanten wählen kann und eben nicht aus dem Bereich der Signifikate.[149] Die Grenze dieser Bereiche wird also nie überschritten, aber Einheiten, die in diesen Selektionsräumen zugleich ausdifferenziert wurden, sind in der Form des Zeichens aneinander gekoppelt.

So ist der Zusammenhang auch bei Saussure, dessen Zeichenmodell Luhmann entlehnt hat, konzipiert: Das Bezeichnende selegiert bei Saussure ein bestimmtes Segment aus dem Gebiet der Laute, das Bezeichnete aus dem Bereich der Vorstellungen.[150] Die jeweils selegierten Segmente werden in der Form des Zeichens so aufeinender bezogen, dass das gewählte Lautsegment das gewählte Vorstellungssegment bezeichnet. Die Bedeutung dieser zeicheninternen Relation hängt dann von der Stellung bzw. dem Wert des Zeichens im differentiellen Gefüge des geschlossenen Zeichensystems ab. Dabei gibt es nie ein Kreuzen der Grenze zwischen Bezeichnendem und Bezeichnetem.

Auch bei Peirce stellt das Objekt kein Potenzial für die Selektion immer weiterer Repräsentamina bzw. Zeichen dar, diese werden vielmehr aus den Anschlussflächen der jeweiligen Interpretanten rekrutiert (s. Kap. 8.1.2). Das Objekt ist der Gegenstand, der im operati-

---

[147] s. o. und vgl. die Kritikpunkte 4 und 5 in Kap. 6.1; s. auch Luhmann 1993d, 63, 65.

[148] vgl. Kap. 6 und Kritikpunkt 3 in Kap. 6.1.

[149] Dies wird von Luhmann selbst bestätigt, wenn er sagt, dass sich Zeichensysteme „darauf beschränken können, sich nur mit Bezeichnendem zu beschäftigen, weil dank der Form des Zeichens Bezeichnetes immer mitgeführt wird." (Luhmann 1993d, 65) Diese Aussage wäre völlig gegenstandslos, wenn die Seite des Bezeichneten tatsächlich der Potenzialitätsraum wäre, in dem Anschlussoperationen weitere Zeichenformen selegieren müssten, wie Luhmann behauptet.

[150] Sausure 1967, 133; s. auch im Saussure-Exkurs den Abschnitt „Saussures Zeichenbegriff".

ven Verlauf der Semiose immer präziser und differenzierter bezeichent wird: Sofern damit das unmittelbare Objekt gemeint ist, kann keine Grenze überschritten werden, da es ein kategoriales Relatum der Zeichentriade und somit gar nicht durch eine Grenze getrennt ist. Das dynamische Objekt ist als zeichentranszendentes Objekt vom Zeichen schon durch eine Grenze der Zweitheit getrennt, die allerdings nicht gekreuzt werden kann (s. die Punkte 1 in Kap. 8.3.1, 3 in Kap. 8.3.5, 1 und 2 in Kap. 8.3.7). Die pragmatisch stets optimierbare Annäherung an die Realität eines dynamischen Objekts *in the long run* bis zum potenziellen Erreichen des ultimativen finalen Interpretanten bzw. der *final opinion* als regulativer Idee würde zwar zu einer vollständigen (Selbst-)Repräsentation führen, nicht aber zur Grenzüberschreitung. Denn diese potenzielle (Selbst-)Repräsentation stellt kategorial einen Fall der Drittheit dar, das Verhältnis von dynamischem Objekt zum Zeichensystem fällt aber in den Bereich der Zweitheit, der in der Drittheit zwar impliziert ist, nicht aber in ihr aufgehoben werden kann (s. Kap. 8.2.8, Kap. 8.3.8 und die Punkte 2 in Kap. 8.3.9 und 3 in Kap. 8.3.10).

Am Ende dieser detaillierten kritischen Exegese des oben gewählten Zitats aus Luhmanns Beitrag *Zeichen als Form* möchte ich die Aufmerksamkeit noch auf den letzten Satz der Stelle („Nur so läßt Sinn, ohne sich zu erschöpfen, sich laufend aktualisieren.") lenken. Dieser Satz bringt einen neuen Aspekt ins Spiel, der das Verhältnis von Zeichen und Sinn bei Luhmann geradezu revolutioniert: Er bedeutet nämlich nichts anderes, als dass die Form des Zeichens notwendig ist, um die angebliche, aber eben fälschlich behauptete autopoietische Autoregeneration von Sinn durch ständig neue Aktualisierungen aus immer neu virtualisierten Möglichkeitsräumen überhaupt erst zu ermöglichen. Diese Konsequenz bestätigt Luhmann explizit an einer anderen Stelle hinsichtlich des Mediums Sinn:

> „Zur Theorie des Mediums Sinn trägt die Semiotik die These bei, daß der Fortgang von Aktualität zu Aktualität im Medium des Möglichen die Form des Zeichens erfordert, weil nur so die Selektion einer festen Kopplung bewerkstelligt werden kann;" (Luhmann 1993d, 65)

Für das Prozessieren von Sinn ist also die Verwendung der Zeichenform nötig. Daraus ergeben sich einige weit reichende Konsequenzen:

Wenn Zeichen eine für Sinn erforderliche Voraussetzung sind, dann kann Sinn unmöglich der für Zeichen „fundierende Sachverhalt"[151] sein, wie Luhmann behauptet. Das Begründungsverhältnis ist umzukehren: Die Möglichkeit, immer wieder bestimmten Sinn zu aktualisieren, wird vom Zeichen als unverzichtbarem Fundament getragen.

Diese Folge wird durch einen anderen Befund bestätigt: Ich habe bei der Analyse von Luhmanns Sinnbegriff mehrfach kritisch darauf hingewiesen, dass Sinn nicht die erforderliche Verweisungsstruktur bieten kann, die Luhmann ihm zuspricht (s. Kap. 5.3.1 und Kap. 5.4). Die Untersuchung des Verhältnisses von Sinn und Zeichen hat diese Kritik nun als berechtigt erwiesen: Es ist die Verweisungsstruktur des Zeichens, die der Sinn braucht, um von einem bestimmten, kontingent selegierten aktuellen Sinn aus auf bestimmte andere Möglichkeiten zur Sinnaktualisierung hinweisen zu können. Nur vermittels des Zeichens können die Möglichkeiten der Potenzialitätsseite von Sinn immer wieder neu aktualisiert werden.[152]

---

[151] SoSy, 107; zur Kritik daran s. auch die Einleitung zu Kap. 6.

[152] Man kann und muss wohl Zeichen und Sinn unterscheiden, nicht aber „Verweisungsstruktur und Zeichenstruktur" (SoSy, 107), jedenfalls nicht so, wie Luhmann will. Sinn hat, wie gezeigt, selbst

Wenn Sinn aber in dieser Weise von der Verwendung der Zeichenform abhängt, dann muss sein theoretischer Stellenwert zugunsten des Zeichenbegriffs stark relativiert werden: Sinn kann im Theoriebau unter diesen Umständen keinesfalls mehr als differenzloser Letztbegriff gelten, sondern müsste seinen Status als Zentralkategorie wohl an das Zeichen abgeben. Der Stellenwert von Sinn ist ja ohnehin schon stark relativiert: Zum einen durch die vielen Probleme, die Luhmanns Sinnbegriff in sich birgt (s. Kap. 5), und zum anderen dadurch, dass die postulierte Sonderstellung von Sinn ohnehin nur in Abhängikeit vom re-entry der System-Umwelt-Unterscheidung konsistent hergeleitet werden kann (s. Kap. 5.3.3).

Der Zeichenbegriff muss also so entworfen werden, dass er die erforderliche re-entry-Fähigkeit aufweist, damit Sinn vom Zeichen abgeleitet werden kann. Dieser Zusammenhang von Zeichen, Sinn und re-entry wird von Luhmann zumindest implizit an einer bereits zitierten Stelle angesprochen, wenn er sagt:

> „Systeme, die im Medium Sinn operieren und dadurch gehalten sind, Verweisungen auf sich selbst und auf die Umwelt zu beachten und simultan zu prozessieren, können als Zeichen-prozessierende Systeme beschrieben werden [...].“ (Luhmann 1993d, 65)

Demnach können Systeme, indem sie sinnhaft operieren, stets selbst- bzw. fremdreferentiell operieren. Dies bedeutet nichts anderes, als dass bereits ein ein re-entry der System-Umwelt-Unterscheidung stattgefunden haben muss, bevor ein System im Medium Sinn operieren kann. Die Anbindung an den Zeichenbegriff wird nun über dessen Verweisungsfähigkeit hergestellt, indem die Selbstreferenz durch Verweisungen auf sich selbst realisiert wird und die Fremdreferenz durch Verweisungen auf die Umwelt. Luhmann selbst ordnet diese beiden Referenztypen den beiden Formseiten des Zeichens zu: die Selbstreferenz dem Bezeichnenden und die Fremdreferenz dem Bezeichneten. Somit ist das re-entry der System-Umwelt-Unterscheidung in den Zeichenbegriff integrierbar, so dass auch Sinn vom Zeichen hergeleitet werden kann.[153] Wieder bestätigt sich, dass nicht Sinn, sondern das Zeichen primär ist und Sinn ein davon ableitbares Epiphänomen darstellt.

Sinnsysteme sind nach Luhmann also „Zeichen-prozessierende Systeme“ bzw. Zeichensysteme, wobei ich zeigen konnte, dass das Zeichen und nicht Sinn hierbei die dominante Kategorie darstellt. Wenn das so ist, wirkt sich dies auch auf psychische und soziale Syste-

---

keine Verweisungsstruktur, sondern bedarf zum Verweis auf seine immer weiteren Möglichkeiten unabdingbar des Zeichens. Diese Notwendigkeit kann auch durch folgende Aussage nicht relativiert werden: „Die Zeichenform ist eine unter mehreren Möglichkeiten, die Paradoxie von Sinn, die Unbestimmbarkeit des Bestimmten, in einer Unterscheidung zu übersetzen und zu entfalten.“ (Luhmann 1993d, 64) Denn diese Stelle bezieht sich nur auf die bei Luhmann beliebte Entfaltung eines Paradoxes, nicht aber auf die für Sinn notwendige Verweisungsstruktur, die nur vom Zeichen hergeleitet werden kann.

[153] Dies gilt ebenso für Peirces dreistelligen Zeichenbegriff, bei dem die operative, prozessuale Selbstreferenz über den funktionalen Wechsel von Repräsentamen und Interpretant in der Semiose läuft (s. Punkt 5 in Kap. 8.1.1 und Kap. 8.1.2). Die Möglichkeit, im Zeichen Fremdreferenz zu realisieren, ist bei Peirce durch die zweifache Konzeption des Objekts, nämlich als unmittelbares und dynamisches Objekt, sogar noch differenzierter gegeben (vgl. Kap. 6.2.1, und s. die Punkte 1 in Kap. 8.3.1, 3 in Kap. 8.3.5, 1 und 2 in Kap. 8.3.7); für ein semiotisches Pendant zu Luhmanns re-entry s. Kap. 9.1.

me als Sinnsysteme aus: Auch Bewusstsein und Kommunikation müssen dann letztlich vom Zeichenbegriff abzuleiten sein, wenn schon Sinn als – nach Luhmann – gemeinsames Medium dieser beiden Systemarten vom Zeichenbegriff abhängt. Allerdings muss dann ein elementarer Begründungszusammenhang umgestellt werden: Wenn Bewusstsein und Kommunikation in Abhängigkeit vom Zeichen gedacht werden sollen, dürfen die Operationen dieser Systeme nicht vorausgesetzt werden, damit von der Zeichenform überhaupt erst Gebrauch gemacht werden kann (vgl. auch Kap. 6.3). Wenn man den Zeichenbegriff in der Theoriearchitektur als hierarchisch so hoch bzw. als so fundamental ansetzt, kann er nicht mehr nur als operationsabhängige Form wie bei Luhmann konzipiert werden, sondern muss selbst als operativ entworfen sein. Damit scheidet Saussures Zeichenmodell bereits aus, weil es, wie gezeigt, die Anknüpfung an Operativität definitorisch und konzeptionell ausschließt (vgl. Kap. 6.3). Peirces Zeichenbegriff ist dagegen von vornherein prozessual und dynamisch angelegt[154] und einige Seitenblicke auf Peirces Zeichentheorie haben diese bereits als geeignete und ausreichend differenzierte Option erscheinen lassen, um die erforderliche Integrationsleistung hinsichtlich re-entry, Sinn, Bewusstsein und Kommunikation tragen zu können (s. hierzu auch Kap. 9).

Wenn das Zeichen aber als eigene Operation eingeführt wird und spezifische Operationen spezifische Systeme konstituieren, dann bekäme der Begriff ‚Zeichensystem‘ eine deutlich andere Ausrichtung: ‚Zeichensystem‘ bzw. ‚Zeichen-prozessierendes System‘ wären dann keine Abbreviaturen für ‚Systeme, die mit ihren eigenen autopoietischen Operationen in ihren Systemprozessen die Form des Zeichens benutzen‘, sondern würden einen eigenständigen Systemtypus bezeichnen, der Zeichen als Systemelemente benutzt und sich über deren rekursive Relationierung selbst (re-)generiert. Dieses Zeichensystem sui generis müsste also als rekursiv selbstreferentielles bzw. autopoietisches System entworfen werden, das theoretisch mächtig genug ist, um u. a. Sinn, Bewusstsein und Kommunikation in sich integrieren zu können. Wie man sich bei einem derartigen Zeichensystem die nötige Grenzkonstitution denken könnte, und was hinsichtlich der erforderlichen Strukturierung zu beachten wäre, habe ich in Kapitel 6.3 bereits kurz angedeutet. Um die Konstruktion eines derartigen Zeichensystems wird es mir unter Verwendung des Peirce'schen Zeichenbegriffs im Folgenden gehen (s. Kap. 8 und Kap. 9).

Fazit: Das Bild, das sich Luhmann von der Semiotik allgemein macht, ist verengt und perspektivisch verzerrt (Einleitung zu Kap. 6). Bei seiner Formanalyse des Zeichens verstrickt sich Luhmann in unaufgelöste Widersprüche, die durch seinen inkonsequenten und teilweise ungewöhnlichen Terminologiegebrauch noch verstärkt werden (Kap. 6.1). Seine Behandlung des Bezeichneten ist fehlerhaft und inkonstistent und fällt deutlich hinter ein Differenzierungs- und Reflexionsniveau zurück, das bereits von ‚Klassikern‘ wie Morris oder v. a. Peirce erreicht wurde (Kap. 6.2). Die Probleme, die sich aus Luhmanns Anbindung seines Zeichenbegriffs an die Operationen eines Systems ergeben, resultieren hauptsächlich aus einer stark reduzierten Rezeption und mangelhaften Adaption des zugrundeliegenden Zeichenmodells von Saussure (Kap. 6.3). Das Verhältins zwischen Zeichen und Sinn entwickelt Luhmann unplausibel und hochgradig widersprüchlich (Einleitung zu Kap. 6 und Kap. 6.4). Das überzeugendste Konzept, nämlich dass Sinn des Zeichens als Bedin-

[154] Die dynamische Prozessualität des Zeichens bei Peirce im Unterschied zu Saussure und Luhmann erwähnen auch Ort/Peter 1999, 45; vgl. Kap. 8.1.1 und Kap. 8.1.2.

gung seiner Möglichkeit bedarf, stellt bei Luhmann nur eine argumentative Nebenlinie dar und dürfte auch als solche von Luhmann kaum zu Ende gedacht worden sein. Wenn man nämlich diese Theoriedisposition übernimmt, was man mit guten Gründen tun kann, zieht dies letztlich einen weitgehenden Umbau von Luhmanns Theoriearchitktur nach sich. Diesem theoretischen Um- und Neubau werde ich Peirces Zeichen als operatives, ereignishaftes und rekursiv relationiertes Element zugrunde legen und mit ihm ein eigenständiges Zeichensystem mit systemeigener Grenze und Struktur konstruieren.

7. Zwischenergebnisse und weiteres Vorgehen

Bevor ich ab Kapitel 8 mit der angekündigten Neukonstitution eines Zeichensystems beginne, möchte ich kurz einen Blick zurück auf die bisher erzielten Ergebnisse werfen. Diese haben nämlich unabhängig von weiterführenden theoretischen Vergleichen oder Kombinationen bereits einen Eigenwert an sich. Denn die kritische Lektüre und eingehende Analyse eines breiten Textkorpus von Luhmann haben gezeigt, welche Theoriebausteine in dessen Systemarchitektur solide und welche brüchig sind,[1] um in Luhmanns Metapher vom Theoriebau zu bleiben.

Als besondere Schwachstelle ist das System-Umwelt-Verhältnis, v. a. hinsichtlich der postulierten Eigenschaften der Umwelt, des Komplexitätsvergleichs und der strukturellen Kopplung, hervorzuheben (Kap. 4.1 und Kap. 4.3.4). Auch die Integration der Theorieelemente Sinn und Zeichen ist ungenügend und nicht überzeugend (Kap. 5 und Kap. 6), so dass man Luhmann insgesamt nicht bestätigen kann, seine Theorie sei eine stabile „selbsttragende Konstruktion"[2]. Die auftretenden Probleme lassen sich allerdings so genau identifizieren und isolieren, dass man nicht Luhmanns gesamten Ansatz aufgeben muss. Und das sollte man auch nicht, da v. a. die Kombination von rekursiver Autoreproduktion, ereignishafter Operationsweise (Kap. 4.2) und konditionierender Strukturierung von Systemprozessen (Kap. 4.3) ein leistungsfähiges und flexibles Modell für den Aufbau und den Erhalt von dynamischer Systemstabilität in einer turbulenten Umwelt ergibt.

Der Nachweis von Schwächen und Stärken hat also seine Bedeutung schon allein für die weitere Luhmannforschung und -rezeption. Darüber hinaus ist für meinen angestrebten Um- und Ausbau der Theorie hin zur Konstitution eines Zeichensystems eine detaillierte Analyse dieser Art geradezu unverzichtbar. Denn nur so kann man die unbemerkte Übernahme von negativen Folgelasten einer fragwürdigen Theoriebasis verhindern und die Vorteile der Theorie voll zur Geltung bringen.

Die bisher kritisch untersuchte Systemtheorie Luhmanns soll mir nun als heuristische Folie für die Darstellung von Peirces Zeichentheorie dienen: Die tragfähigen und überzeugenden Theorieangebote Luhmanns bezüglich des Baus eines rekursiv selbstreferentiellen Systems und auch die Schwierigkeiten, die sich in seinem systemtheoretischen Ansatz nachweisen lassen, werden den Problemhorizont vorgeben, nach dem ich Peirces Semiotik vorstelle. Die grundsätzliche Frage für das weitere Vorgehen lautet demnach: Welche von Peirces Theorieelementen können welche der erforderlichen Funktionen übernehmen, die aus systemtheoretischer Sicht für die Konstitution eines Zeichensystems abgedeckt sein müssen? Ich wende also, anders formuliert, die Methode der funktionalen Analyse an: Peirces Semiotik soll zu einer funktional äquivalenten Lösung der systemtheoretischen Problematik beitragen, die Luhmann vorlegt. Die Darstellung der Peirce'schen Zeichentheorie folgt demnach nicht deren innerer Systematik,[3] sondern soll als semiotische Analogie den Aufbau von Luhmanns Systementwurf nachvollziehen.

---

[1] s. auch das jeweilige Fazit am Ende eines Kapitels.

[2] SoSy, 11.

[3] s. hierfür Kap. 3.2; Überblicksdarstellungen von Peirces Semiotik mit unterschiedlichem Umfang und Schwerpunkt bieten auch Corrington 1993; Deuser 1998; Köller 1977; Nöth 2000, 59 – 70;

Deshalb werde ich auch meine Ausführungen im semiotischen Teil der Arbeit (Kap. 8 und Kap. 9) stärker in einzelne Darstellungseinheiten untergliedern, die jeweils aus Peirces semiotischem Entwurf heraus bestimmte systemtheoretische Anforderungen von Luhmann behandeln. Die Darstellung des systemtheoretischen Teils (Kap. 4 bis Kap. 6) wurde dagegen gezielt stärker zusammenhängend gestaltet, da hier bei aller Kritik ein möglichst kohärenter Rahmen für die weitere Untersuchung geschaffen werden sollte.

Das funktionalanalytische Vorgehen hat mehrere Vorteile: Erstens ist methodisch der Bezug auf eine identische Problemstellung gesichert, was bei dem Vergleich und der Kombination zweier Universaltheorien keineswegs von vornherein gewährleistet ist. Zweitens kann die Behandlung derselben Probleme aus semiotischer Sicht helfen, Luhmanns Schwachpunkte exakt an der erforderlichen Theoriestelle durch plausiblere Lösungen zu ersetzen. Und drittens dürften sich neben den funktionalen Äquivalenzen der beiden Universaltheorien auch die konzeptionellen Unterschiede schärfer gegeneinander profilieren lassen.

Ich werde bei der Diskussion von Peirces Zeichenkonzept zudem weder eine umfassende historisch-kritische Peirce-Exegese durchführen noch eine erschöpfende Darstellung seiner Semiotik und deren gesamten philosophischen Rahmenbedingungen vorlegen, sondern nur die zum Bau des Zeichensystems relevanten Elemente vorstellen. Diese decken ohnehin einen recht großen Teil von Peirces Semiotik im weiteren Sinne ab. Ich weise hiermit ausdrücklich darauf hin, dass ich aus Peirces Theoriegebäude ausschließlich die ab Kapitel 8 eingeführten und kritisch diskutierten Elemente übernehme. Weitere Implikationen und konzeptionelle Querverbindungen, die diese Theoriebausteine in Peirces Originalentwurf haben mögen, die aber über die spezifischen Anforderungen meiner Aufgabenstellung hinausgehen, werden dagegen explizit ausgeklammert.

Im Sinne dieser methodischen Vorgaben sollen die folgenden Fragen den weiteren Gang der Untersuchung leiten:

1. Kann Peirces Zeichen als Systemelement in Luhmanns Sinne fungieren? Ist es eine präexistente Größe oder eine Funktionseinheit, die erst durch die Relationierung mit anderen Zeichen gebildet wird? Entsteht durch die Relationierung von Zeichen ein autoreproduktiver, rekursiver Prozess? Verfügt der rekursive Zeichenprozess über eine ereignishafte Operationsweise, d. h. sind die einzelnen Zeichen in der Semiose Ereignisse, die immer neue Anschlussmöglichkeiten eröffnen und deren auch bedürfen? (Kap. 8.1)

2. Kann ein Zeichensystem die rekursiven Anschlüsse der ereignishaften Elemente konditionieren und dauerhafte, Wiederholungen ermöglichende Systemstrukturen aufbauen? Inwiefern können diese Strukturen die Zeichen spezifizieren und so die Semiose zu einem gerichteten und qualifizierten Prozess machen? In welchem Verhältnis stehen die ereignishafte Operationsweise und die Strukturen des Zeichensystems zueinander und was folgt daraus hinsichtlich der Systemstabilität oder der Möglichkeit zur Strukturänderung? (Kap. 8.2)

Oehler 1979; Oehler 1993; Oehler 2000, 20 – 23; Pape 1996; Pape 1998; Scherer 1984; Schönrich 1990; Spinks 1991; Walther 1976; Zeman 1977; einen knappen Überblick über die deutschsprachige Peirceforschung der 1980er und 1990er Jahre gibt Nagl 1993.

3. Wie wird in einem Zeichensystem überhaupt eine System-Umwelt-Differenz erstellt? Baut die rekursive Relationierung von Zeichen eine Grenze zur Umwelt auf? Wie sind die Fragen nach Komplexität, Welt und Eigenschaften der Umwelt ausgehend von einem Zeichensystem zu beantworten? Welche Rolle spielt die Umwelt für den Aufbau, die Änderung oder Anpassung der Strukturen des Zeichensystems? (Kap. 8.3)

Bis hierher läuft die Reihenfolge der semiotischen Problembehandlung nicht parallel zu meinem Vorgehen in den korrespondierenden Luhmannteilen der Arbeit: Den Einstieg bildet diesmal der Theoriebaustein des Elements, während ich dort mit Luhmanns Leitdifferenz von System und Umwelt begonnen habe (Kap. 4.1). Diese Umstellung ist darin begründet, dass Peirces Zeichen neu als Systemelement eingeführt werden und als solches helfen soll, Aporien zu beseitigen, die sich bei Luhmanns Elementbegriff etwa hinsichtlich Komplexität (Kap. 4.1.6), Sinn (Kap. 5), Medialität (Kap. 5.5) oder auch hinsichtlich des Zeichenbegriffs selbst (Kap. 6) gezeigt haben. Dies hebt den Elementbegriff als wesentliche Neuerung im Rahmen der semiotischen Argumentation hervor. Auch deshalb wird er zuerst dargestellt.

Ausgehend vom Zeichen als neuem Systemelement wird die Frage nach der nötigen konditionierenden Strukturierung des rekursiven Zeichenprozesses gestellt. Erst dann werde ich das Problem der System-Umwelt-Differenz semiotisch behandeln: Diese muss nämlich in Peirces Theorie, die v. a. auf Relationenlogik und Kontinuität aufbaut, anders hergeleitet werden als in Luhmanns Differenztheorie. Gerade deshalb eignet sich dieser voraussetzungsreiche Problemkreis nicht als Einstieg in den semiotischen Teil der Arbeit. Da aber die Theoriebausteine ‚Element', ‚Struktur' und ‚System-Umwelt-Unterscheidung' in beiden Theorien ohnehin als interdependent zu verstehen sind, wirkt sich diese Umstellung nicht inhaltlich aus, ermöglicht aber eine günstigere Sequenz der Darstellung.

Nach der Untersuchung dieser drei Theoriebausteine liegt die gleichermaßen kennzeichnende wie auch notwendige Basis rekursiv selbstreferentieller Systeme auch aus semiotischer Warte behandelt vor, so dass ich mich dann parallel zum Luhmannteil noch der Frage nach der Sinnkategorie zuwenden kann:

4. Wie kann die Sinnproblematik, die Luhmann entfaltet, in einem Zeichensystem behandelt werden? Können hier die Leistungen, die bei Luhmann das re-entry der System-Umwelt-Unterscheidung erbringt, analog hergeleitet werden? Was kann semiotisch als Kriterium zur Ausdifferenzierung spezieller, z. B. psychischer oder sozialer, Systemtypen dienen? Welche Merkmale und Leistungen von Sinn können in ein Zeichensystem integriert werden? Ist es möglich, Luhmanns Vorstellungen von Medium und Form auf ein Zeichensystem zu übertragen (Kap. 9)?

5. Bei der Diskussion von Luhmanns Zeichenbegriff in Kapitel 6 habe ich entweder im jeweiligen Kontext zu allen Problembereichen allgemeinerer Relevanz aus Peirces Sicht bereits Stellung genommen oder werde dies in den folgenden Kapiteln noch tun. Daher erübrigt sich die detaillierte Gegenüberstellung von Luhmanns und Peirces Zeichenkonzept in einem eigenen Kapitel, da sie innerhalb meiner Arbeit nur eine redundante Umschichtung bereits erzielter Ergebnisse darstellen würde. Freilich werde ich wie schon in Kapitel 6 durch die erforderlichen Querverweise auf korrespondierende Problemfelder und deren unterschiedliche Behandlung durch Luhmann und Peirce hinweisen.

Nun noch ein kurzer Hinweis zu den Texten, die ich für meine Darstellung von Peirces Semiotik gewählt habe: Ich stelle Peirces Texte in deutscher Übersetzung vor, soweit eine solche vorliegt. Alle diese Textausgaben stammen von ausgewiesenen Peirce-Experten wie Otto Apel, Hermann Deuser, Christian Kloesel, Klaus Oehler, Helmut Pape und Elisabeth Walther und weisen philologisch exakt die bibliographischen Daten ihrer jeweiligen Originaltexte nach. Somit können Leser, die auch die Originalquellen heranziehen oder die Angaben zur Überlieferung bzw. Datierung der Texte ermitteln wollen, den verwendeten deutschen Ausgaben die erforderlichen Informationen entnehmen. Festzuhalten ist, dass an den von mir herangezogenen Stellen keine inhaltlich relevante Diskrepanz zwischen Übersetzung und Original feststellbar ist. Für deutsche Leser stellt die Verwendung einer Übersetzung wohl eine Rezeptionserleichtung dar, da zum einen Peirces Stil meist als eher sperrig zu charakterisieren ist und zum anderen die deutschen Ausgaben auch leichter zugänglich sein dürften als die amerikanischen Originalausgaben. Die Liste der im Folgenden zugrunde gelegten Texte mit den für die Zitate verwendeten Abkürzungen ist dem Literaturverzeichnis (Kap. 12.2) zu entnehmen.

8. Basiselemente zur Konstruktion eines Zeichensystems

In diesem Kapitel werde ich Peirces Zeichen als Systemelement einführen (Kap. 8.1), dann darstellen, wie ein Zeichensystem sich selbst strukturiert (Kap. 8.2), und schließlich entwickeln, wie es die Grenze zu seiner Umwelt erstellen kann (Kap. 8.3). Mit diesen drei Schritten dürfte den wesentlichen Anforderungen, die Luhmann an ein rekursiv selbstreferentielles System stellt und die ich in Kapitel 4 dargestellt habe, Genüge getan sein.[1]

8.1 Peirces Zeichen als Systemelement

Ich werde im Folgenden Peirces Zeichenbegriff darstellen, und da das Zeichen bei ihm eine genuin triadische Relation ist, werde ich bei dieser Gelegenheit auch einige Aspekte seiner Kategorie der Drittheit ansprechen (Kap. 8.1.1). Dann werde ich darlegen, inwiefern der Zeichenprozess, die so genannte Semiose, ein kontinuierlicher, autoreproduktiver Prozess ist, der selbst durch rekursive Relationierung von Zeichen seine Anschlussfähigkeit sicherstellt (Kap. 8.1.2). Hier wird auch Peirces allgemeine Konzeption von Kontinuität zu erwähnen sein. Schließlich ist noch die Ereignishaftigkeit des Zeichens als Systemelement herzuleiten, was mithilfe von Peirces Sinzeichen und seiner Kategorie der Zweitheit zu leisten ist (Kap. 8.1.3). Als selektive heuristische Folie für die Problemstellungen, denen ich in diesen Kapiteln nachgehe, dienen im Allgemeinen die systemtheoretischen Ergebnisse von Kapitel 4.2, auf das ich hier nur generell verweise.

8.1.1 Peirces triadisches Zeichen

Laut Luhmann entscheidet die Wahl eines bestimmten Elements über die Art des konstituierten Systems: Element und System sind in dieser Hinsicht interdependent. Da es mir um die Konstruktion eines Zeichensystems geht, muss also an der Theoriestelle des Systemelements das Zeichen eingesetzt werden. Dafür wähle ich das Zeichenmodell von Charles Peirce, der das Zeichen 1903 folgendermaßen definiert:

> „Ein *Zeichen* oder *Repräsentamen* ist alles, was in einer solchen Beziehung zu einem Zweiten steht, das sein *Objekt* genannt wird, daß es fähig ist ein Drittes, das sein *Interpretant* genannt wird, dahingehend zu bestimmen, in derselben triadischen Relation zu jener Relation auf das Objekt zu stehen, in der es selbst steht. Dies bedeutet, daß der Interpretant selbst ein Zeichen ist, das ein Zeichen desselben Objekts bestimmt und so fort ohne Ende." (PhLZ, 64)

---

[1] Bei der Konstruktion des Zeichensystems orientiere ich mich also explizit an den Anforderungen und Problemhorizonten von Luhmanns Systemtheorie und nicht an Peirces eigenem Systembegriff (hierzu s. Herbenick 1970).

An diesen Zeichenbegriff läßt sich eine Reihe von Beobachtungen anschließen, die für die Definition des Zeichens als Systemelements relevant sind:[2]

1. Die formale und logische Ausrichtung der Zeichendefinition

Peirce legt eine allgemeine, rein formale Definition des Zeichens vor, was sich nicht zuletzt an der Formulierung „[...] ist alles, was [...]" zeigt.[3] Dies entspricht seiner Intention, eine allgemeine Theorie aller möglichen Zeichen zu begründen und in der Semiotik die logischen Relationen des Zeichens zu analysieren.[4] Dies bedeutet, dass mit der Wahl von Peirces Zeichen als Systemelement zwar klar ist, dass das konstituierte System ein Zeichensystem ist, dass diese Wahl aber noch keine Vorentscheidung für ein bereits irgendwie spezifiziertes Zeichensystem impliziert. Peirces Zeichenbegriff ist formal universell, so dass er von sich aus keine bestimmte Systemreferenz erfordert oder gar nahe legt: Ein Zeichen liegt für Peirce immer dann vor, wenn die oben definierte triadische Relation gegeben ist, egal wo sie sich verwirklicht.[5] Diesen Umstand hervorzuheben ist mir aus zwei Gründen wichtig: Zum einen behandelt Peirce Bereiche wie Wahrnehmung, Bewusstsein und Kommunikation, die Luhmann auf unterschiedliche Systeme verteilt, gleichermaßen im Rahmen seiner Zeichentheorie, wenn auch als unterschiedliche Semiosearten. Dieser Ansatz wäre von vornherein zum Scheitern verurteilt, wenn das gewählte Zeichenmodell von Peirce nicht formal generalisierbar wäre, sondern nur einen bestimmten Systemtypus, z. B. Bewusstsein, erfordern bzw. konstituieren würde. Zum anderen lassen manche Zeichendefinitionen Peirces vermuten, dass er bei einem zeichenhaft operierenden System an Bewusstsein gedacht hat, so z. B. in folgender Zeichendefinition von 1895:

> „Ein *Zeichen* ist ein Ding, das dazu dient, ein Wissen von einem anderen Ding zu vermitteln, das es, wie man sagt, *vertritt* oder *darstellt*. Dieses Ding nennt man das *Objekt* des Zeichens. Die von

---

[2] Für eine ebenfalls von einer Zeichendefinition ausgehende, ausführliche Darstellung von Peirces Zeichenbegriff s. Schönrich 1990, 103 – 114; vgl. Sheriff 1989, 55 – 62.

[3] Vergleichbare Zeichendefinitionen Peirces finden sich in SS 1, 375, 390; SS 2, 271f.

[4] Das Ziel einer allgemeinen Zeichentheorie und die enorme Bandbreite von Untersuchungsgegenständen einer derartigen Semiotik deutet Peirce in SS 2, 239; SS 3, 241, 353 und S&S, 80f. an. Die logisch formale Ausrichtung seiner Zeichenanalyse betont Peirce in SS 2, 336 und NZ, 352; zur Allgemeinheit und Universalität von Peirces Zeichentheorie s. auch Colapietro 1989, 1 – 25, hier v. a. 7; Short 1981b, 198f., 201, 203.

[5] vgl. Short 1981b, 199, 202; Hans Lenk unterschätzt die Universalität von Peirces Zeichentheorie bei weitem, wenn er das Interpretieren dem Zeichengebrauch überordnet (Lenk 1993, 68). Interpretation ist nämlich gemäß Peirces relationslogisch wohlbegründeter Semiotik ohne Zeichengebrauch unmöglich, dagegen sind Zeichenprozesse, die Lenks Vorstellung von Interpretation nicht implizieren, etwa im Rahmen von natürlichen Semiosen durchaus vorstellbar. Lenks recht bemüht wirkender Versuch, durch derartige Ausführungen die Bedeutung seiner Interpretationsphilosophie auf Kosten der Semiotik zu steigern, darf als gescheitert angesehen werden. Dabei steht eine solide vergleichende Analyse zwischen Peirces Semiotik und interpretations- oder zeichenphilosophischen Ansätzen, wie sie etwa von Günter Abel, Hans Lenk oder Joseph Simon vertreten werden, noch aus und wäre durchaus vielversprechend (s. etwa Abel 1995; Abel 1997; Lenk 1995; Dürr/Lenk 1997; Simon 1989; Simon 1994; Simon 1995; Simon 1997; Simon/Stegmaier 1998: Die vier letztgenannten Bände bilden die Reihe „Zeichen und Interpretation", in der auch Interpretationsphilosophen wie Abel und Lenk zu Worte kommen).

> Zeichen hervorgerufene Idee im Geist, die ein geistiges Zeichen desselben Objekts ist, nennt man den *Interpretanten* des Zeichens.“ (SS 1, 204)[6]

Dazu ist zu sagen, dass Peirce den Begriff ‚Geist‘ oder auch ‚Denken‘ in einem überaus breiten und oft auch metaphorischen Bedeutungsspektrum verwendet, das weit über den Geist oder das Bewusstsein des Menschen hinausgeht.[7] Diese Beobachtung wird dadurch gestützt, dass Peirce 1904 an anderer Stelle für die allgemeine und logische Analyse der Zeichen die Begrenzung auf den menschlichen Geist oder auch die Orientierung an der Sprache explizit ablehnt.[8] Drittens hat Peirce zwar in manchen Zeichendefinitionen den Interpretanten als geistigen Effekt auf eine Person bezeichnet. Dies tat er aber offenbar nur widerstrebend als bewusste Simplifikation seines eigentlichen, deutlich breiteren Zeichenkonzepts, da er dieses seinen Zeitgenossen ohne den veranschaulichenden, aber auch verzerrenden Vergleich mit dem menschlichen Bewusstsein nicht vermitteln konnte, wie er in einem Brief an Lady Welby vom 23. 12. 1908 schreibt.[9] Es gibt also trotz mancher Formulierungen Peirces keinen Grund, sein Zeichenkonzept stärker auf Bewusstseinssysteme als auf andere Systemtypen zu beziehen, und ich tue dies auch explizit im Folgenden nicht.

2. Repräsentamen vs. Zeichen

Wie man an der ersten zitierten Zeichendefinition sehen kann, schwankt Peirce bei der Benennung des ersten Zeichenkorrelats zwischen „Zeichen“ und „Repräsentamen“, wobei hier die beiden Begriffe synonym verwendet werden.[10] An anderen Stellen macht Peirce aber einen inhaltlichen Unterschied zwischen Repräsentamen und Zeichen, indem er die Zeichen zu einer Unterkategorie der Repräsentamina macht:

> „Ein Zeichen ist ein Repräsentamen, dessen Interpretant eine Erkenntnis eines menschlichen Geistes ist.“ (PhLZ, 123)[11]

---

[6] vgl. auch SS 1, 188 und 252, wo der Interpretant auch als Gedanke oder „geistige Wirkung“ bezeichnet wird.

[7] So bezeichnet er sogar Materie mit ihren fast völlig festen Naturgesetzen als „Geist, der der beinahe vollständigen Vorherrschaft von Verhaltensgewohnheiten [habit] unterliegt.“ (RS, 197) vgl auch NZ, 152, 207; PhLZ, 170; RS, 233, 491, Anm. 30; zu dieser partiellen Gleichsetzung von Materie und Geist s. auch Corrington 1993, 64f., 141; Merrell 1992, 206; Oehler 1993, 104; Oehler 1995, 28; Pape 1984, 210, 217.

[8] NZ, 352; vgl. SS 2, 162, 396; FÜ, 150; vgl. auch Buczynska-Garewicz 1981, 35; Joswick 1995, 94; dass Semiose menschliches Bewusstsein als eines ihrer Spezialphänomene umfasst und nicht darauf reduziert werden kann, unterstreicht auch Short 1981b, 198f., 203, 219f.

[9] „[The sign, meine Ergänzung] determines an effect upon a person, witch effect I call its Interpretant [...]. My insertion of „upon a person“ is a sop to Cerberus, because I despair of making my own broader conception understood.“ (S&S, 80f.) Die Anspielung auf den Unterweltshund Cerberus könnte sich bei dem auch altphilologisch gebildeten Gelehrten Peirce auf Vergils Aeneis, Buch 6, Verse 417ff. beziehen: Dort wirft die Seherin Sibylle dem Cerberus einen mit ‚Beruhigungs- und Schlafmitteln‘ behandelten Brocken zum Fraß vor, damit sie mit Aeneas ihr angestrebtes Ziel in der Unterwelt erreichen kann. Der „sop to Cerberus“ wäre somit ein zwar nicht ganz einwandfreies, aber pragmatisch nötiges Mittel, um sein Ziel zu erreichen, das in Peice's Fall im Verständnis seiner Rezipienten liegt; vgl. auch Fisch 1986, 342 – 344.

[10] Als Synonyme werden die beiden Begriffe z. B. auch in SS 1, 193 und in PhLZ, 121 behandelt.

[11] Im Sinne dieser Unterscheidung äußert sich Peirce auch in SS 2, 163f.

Diese Differenzierung zwischen Zeichen und Repräsentamen liefert ein weiteres Argument dafür, dass die allgemeine Semiotik Peirces nicht auf das menschliche Bewusstsein als Systemreferenz reduzierbar ist, sondern diese speziellen Zeichenprozesse nur einen Teilbereich der allgemeinen Zeichentheorie abdecken können. Allerdings hält sich Peirce selbst nur in den wenigsten Fällen an diese Begriffsdifferenzierung, er verwendet ‚Repräsentamen' und ‚Zeichen' uneinheitlich und meistens gleichbedeutend. In seinen späteren Schriften benutzt er allerdings ‚Repräsentamen' immer weniger. Der zunehmende terminologische Verzicht auf das Repräsentamen stellt eine bewusste Entscheidung Peirces dar, wie er selbst in dem Entwurf eines Briefes an Lady Welby vom Juli 1905 schreibt.[12]

In Abweichung von Peirces Entscheidung plädiere ich dafür, ‚Repräsentamen' für die Bezeichnung des ersten der drei Zeichenkorrelate beizubehalten und ‚Zeichen' für die triadische Einheit von Repräsentamen, Objekt und Interpretant zu verwenden. Dies hat den Vorteil, dass man auf der gleichen Begriffsebene von Objekt und Interpretant auch einen Terminus für das dritte Korrelat des Zeichens zur Verfügung hat, während das Zeichen in der Begriffshierarchie eine Stufe höher steht und die Triade als Einheit bezeichnet. Demnach sind zur Bezeichnung von Peirces triadischem Zeichen und dessen Korrelaten vier Termini nötig, die eine undeutliche und u. U. verwirrende Benennungsweise zu verhindern helfen. Dies käme auch Luhmanns Forderung nach möglichst großer Eindeutigkeit der semiotischen Terminologie entgegen (s. Kap. 6.1).

3. Das Zeichen als irreduzible Triade

Peirces triadisches Zeichen besteht also aus drei Komponenten, es hat demnach einen binnenkomplexen Aufbau. Einen solchen Aufbau gesteht auch Luhmann Systemelementen zu, allerdings verbunden mit der Auflage, das Element dürfe dennoch nicht funktional dekomponierbar sein, d. h. weder Einzelbestandteile noch deren selektive Verbindung dürfen die Funktion des Gesamtelements erfüllen können. Um den Nachweis, dass auch das Zeichen funktional nicht dekomponierbar ist, zu erbringen, muss man zeigen, dass es sich bei dem Zeichen um eine genuin triadische Relation handelt, deren Wesen und Funktion nicht durch eine Kombination dyadischer Relationen ausgedrückt werden kann. Anders gesagt, die drei Komponenten müssen kategoriale Relata einer Triade sein, von denen kein Relatum ohne Bezug auf die beiden anderen definierbar sein darf:[13]

a) Das Repräsentamen ist die Zeichenkomponente, die in einem Wahrnehmungsmedium realisiert wird oder darin zumindest realisiert werden kann und die das Objekt für den Interpretanten darstellt bzw. zwischen diesen beiden Komponenten vermittelt. Es kann nicht unabhängig von den beiden anderen Korrelaten definiert werden, weil ein Repräsentamen nur als solches fungiert, wenn es einen Interpretanten dazu bestimmen kann, selbst eine Darstellung desselben Objekts zu werden.[14]

b) Das Objekt des Zeichens wird erst dadurch zum Objekt, dass ein Repräsentamen es für den Interpretanten darstellt, der in Folge davon selbst eine Repräsentation desselben Objekts wird. Wenn man dem Zeichenobjekt ein von der Darstellung im Zeichen unabhängiges Sein zuerkennen will, so hat dieses Sein nichts an sich, was als objekthaft thema-

---

[12] s. S&S, 193; George Benedict hat Peirces Repräsentamen eine Spezialuntersuchung gewidmet (Benedict 1985); s. knapper auch Nöth 2000, 63, 131.

[13] Zu den drei kategorialen Relata des Zeichens s. auch Pharies 1985, 13 – 18; Rohr 1993, 45 – 51.

[14] SS 1, 252; SS 2, 164; PhLZ, 73.

tisierbar wäre. Zum Objekt kann etwas nur werden, wenn es als solches durch ein Repräsentamen dargestellt wird und diese Darstellung in einem Interpretanten als solche verstanden, d. h. ihrerseits zum Objekt einer Darstellung gemacht wird. Das Zeichenobjekt erfordert daher seine Darstellung sowohl im Repräsentamen als auch im Interpretanten.[15]
c) Der Interpretant ist eine vom Repräsentamen hervorgerufene Wirkung in Bezug auf das gemeinsame Objekt. Diese Wirkung besteht darin, dass der Interpretant seinerseits eine Repräsentation desselben Objekts wird und er zugleich das Repräsentamen als auf das Objekt bezogen repräsentiert: Er stellt dar, dass das Repräsentamen eine Darstellung desselben Objekts ist, das er selbst darstellt. Somit ist auch er nicht unabhängig von den beiden andern Zeichenkorrelaten definierbar und zugleich unverzichtbar für die Zeichentriade.[16]

Diese Untersuchung der drei Zeichenbestandteile hat gezeigt, dass die drei Korrelate nur in abstrahierender Analyse thematisiert, nicht aber ohne die jeweils beiden anderen definiert werden können. Damit ist die Zeichentriade als genuin triadische Relation erwiesen: Die einzelnen Zeichenkomponenten sind also keine getrennt existierenden Gegenstandsarten, die zum Zeichen zusammengesetzt werden könnten, sondern sie entstehen in ihrer spezifischen Funktion erst zusammen mit dem gesamten Zeichen, wenn die formale triadische Konstellation, die das Zeichen definiert, gegeben ist.[17] Daher können auch einzelne Korrelate oder dyadische Kombinationen von ihnen nie die gesamte Zeichenfunktion übernehmen: Die Triade des Zeichens ist irreduzibel:

> „Doch unter »Semiose« verstehe ich [...] eine Wirkung oder einen Einfluß, der in dem Zusammenwirken dreier Gegenstände, wie ein Zeichen, sein Objekt und sein Interpretant, besteht, wobei dieser tri-relative Einfluß in keiner Weise in Wirkungen zwischen Teilen aufgelöst werden kann." (SS 3, 255)[18]

Wie Luhmann es allgemein für Systemelemente fordert, kann also auch im Falle der Zeichen eine flexible Verwendung der Systemelemente nicht durch deren Auflösung in Einzelbestandteile, also nicht durch Dekomposition, sondern nur durch eine Variation im Gebrauch der Zeichen als vollständiger Systemelemente erreicht werden. Dafür spielt bei Peirce die kategorial differenzierte Subklassifikation des Zeichens eine besondere Rolle, der ich mich ab Kapitel 8.2.3 zuwenden werde.

4. Die Zeichentriade und Peirce's Kategorie der Drittheit
Das Zeichen besteht, wie eben gezeigt, aus drei kategorialen Relata einer genuinen, irreduziblen Triade und somit fällt es unter Peirces Kategorie der Drittheit bzw. die Kategorie der

---

15 SS 2, 277, 283f.; SS 3, 213f.

16 SS 1, 111, 115, 152; SS 3, 145, 215, 224, 230.

17 SS 2, 164; für weitere Definitionen, die das triadische Wesen von Peirces Zeichen unterstreichen, s. SS 1, 252; SS 2, 112, 257, 271f.; SS 3, 137, 471; FÜ, 149, 155; PhLZ, 121, 123; RS, 331; Peirces Zeichen ist also im Unterschied zu Saussures Zeichenmodell, das durch eine zweistellige Differenzform gebildet wird, eine triadische Relation.

18 vgl. auch SS 1, 460: „[...] die beste Art [das Genuine und Irreduzible der Kategorie der Drittheit zu ermitteln, meine Ergänzung] also besteht meiner Meinung nach darin, sich die Idee der Darstellung vorzunehmen – sagen wir die Idee der Tatsache, daß das Objekt A in dem Repräsentamen B so dargestellt wird, daß dadurch eine besondere Interpretation C bestimmt wird – und dann zu versuchen, möglichst ohne Rekurs auf die Idee der Drittheit zu klären, woraus sie besteht."

triadischen Relationen.[19] Für diese Kategorie stellt das Zeichen sogar ein besonders wichtiges Beispiel dar:

> „Im Fall der triadischen Relationen wurde bisher kein Teil dieser Arbeit [nämlich systematischer Begriffsanalyse, meine Ergänzung] befriedigend durchgeführt, außer in gewissem Umfang für die wichtigste Klasse der triadischen Relationen, die der Relationen der Zeichen oder Repräsentamen zu ihren Objekten und Interpretanten." (PhLZ, 121)[20]

Die Kategorie der Drittheit, unter die das Zeichen bei Peirce fällt, liegt immer dann vor, wenn etwas ist, „was es ist, infolge der Dinge, zwischen denen es vermittelt und die es miteinander in Beziehung setzt" bzw. „so ist, wie es ist, indem es ein zweites [sic!] und ein drittes [sic!] zueinander in Beziehung setzt."[21] Die Drittheit allgemein ist die Kategorie des Regelhaften, Gesetzmäßigen, Kontinuierlichen und Allgemeinen; diese Aspekte der Drittheit werden uns später bei der Besprechung der Konditionierung und Strukturierung eines Zeichensystems noch näher beschäftigen (s. Kap. 8.2). Für die Interpretation von Peirces Zeichenbegriff sind diese Aspekte insofern von Bedeutung, als sie darauf hinweisen, dass sich die Zeichendefinition nicht primär auf bereits vorgegebene und konkret existierende Gegenstände bezieht. Gegenstände oder Ereignisse dieser Art fielen nämlich in Peirces Kategorie der Zweitheit. Im Unterschied dazu legt aber die Definition des Zeichens formal fest, wie die Relation der Korrelate ‚Repräsentamen', ‚Objekt' und ‚Interpretant' in allen Fällen von Zeichen geregelt sein muss, und ist insofern allgemein, so dass das Zeichen der Drittheit zugerechnet werden kann und muss.

Drittheit ist aber auch spezieller „die Kategorie des Denkens, der Repräsentation, der triadischen Relation, der Vermittlung [...]"[22] und somit des Zeichens. Denn das Wesen des Zeichens besteht nach Peirce ja darin, dass ein Repräsentamen ein Objekt für einen Interpretanten darstellt bzw. zwischen ihnen vermittelt. Für alle Erscheinungen der Drittheit gilt, wie oben in Punkt 3 speziell für das Zeichen nachgewiesen, dass sie zwar einen binnenkomplexen Aufbau haben, aber kategorial irreduzibel bzw. unanalysierbar und funktional nicht dekomponierbar sind.[23] Somit ist diesem Postulat Luhmanns sowohl durch die Detailanalyse des Zeichens in Punkt 3 als auch durch die globale Untersuchung der korrespondierenden Kategorie der Drittheit Genüge getan.

---

[19] Für eine Erklärung der Kategorien als Relationsklassen s. Batzer 1994, 78 – 80, 106 – 109; Oehler 1993, 55f.; zu Zeichen, Relationalität und Drittheit bei Peirce s. Köller 1980, 40 – 42.

[20] vgl. SS 2, 375: „Die charakteristischste aller tertianen Relationen ist die Relation eines Zeichens zu seinem Objekt auf der einen Seite und zu einem interpretierenden Denken oder anderen Zeichen auf der anderen. Das Zeichen vermittelt zwischen seinem Interpretanten und seinem Objekt." s. auch RS, 119; dass das Zeichen ein prominentes Beispiel für die dritte Kategorie ist, dieser aber keinesfalls im Sinne eines Begründungsverhältnisses übergeordnet ist, unterstreicht auch Baltzer 1994, 11; vgl. Santaella 1998, 137f.; auch C. Spinks sieht die Kategorienlehre als das zentrale Theorieelement in Peirces Denken an (Spinks 1991, 17); zur Darstellung von Peirces Drittheit allgemein s. Baltzer 1994, 71 – 77, 102 – 105.

[21] RS, 115 bzw. FÜ, 144.

[22] SPP, 450; als Kategorie der Vermittlung, Darstellung und Repräsentation wird die Drittheit noch thematisiert in SS 1, 345, 389, 431, 447; SS 2, 112, 159; PhLZ, 165, 170; VP, 69; ausgehend von Peirces kategorial differenzierter Zeichentheorie weist Winfried Nöth auf vielversprechende Querverbindungen zwischen den Kognitionswissenschaften und der Semiotik hin (Nöth 1994).

[23] SS 1, 459.

5. Zeichen und Zeichenprozess

Im letzten Punkt dieses Kapitels möchte ich die Aufmerksamkeit noch auf einen Aspekt der anfangs zitierten Zeichendefinition lenken, der bislang ausgeblendet wurde und der zugleich zum nächsten Kapitel überleitet. Der Interpretant soll gemäß der Definition selbst zu einem Repräsentamen werden, das vom ursprünglichen Repräsentamen dazu bestimmt wird, dasselbe Objekt darzustellen, das es auch selbst darstellt.[24] Der Interpretant ist also ebenso wie das Repräsentamen eine Darstellung, nur dass er neben dem gleichen Objekt auch darstellen muss, dass das urspüngliche Repräsentamen ebenfalls dieses Objekt darstellt. Insofern wird der Interpretant vom Repräsentamen tatsächlich dazu bestimmt, „in derselben triadischen Relation zu jener Relation auf das Objekt zu stehen, in der es selbst steht", wie es in Peirces Definition heißt. Wenn aber der Interpretant somit notwendigerweise selbst zum Repräsentamen wird und als solcher ebenfalls in einer weiteren triadischen Relation im Hinblick auf seinen Objektbezug stehen soll, bedarf er eines weiteren Interpretanten, der diese neue Triade komplettiert. Somit sind sowohl Repräsentamen als auch Interpretant Darstellungen, wobei der Interpretant bereits weiter entwickelt ist und die höhere Komplexität aufweist, weil er nicht nur dasselbe Objekt wie sein Repräsentamen darstellt, sondern auch die Tatsache, dass das Repräsentamen dasselbe Objekt darstellt.[25] Indem der Interpretant zusätzlich diese Relation zwischen Repräsentamen und Objekt darstellt, macht einen Teil seiner Darstellung die Relationierung einer Relation aus. Insofern nimmt die Komplexität der Repräsentation im Interpretanten zu.

Für Darstellungen ist es nun unverzichtbar, dass sie als solche aufgefasst, d. h. dargestellt werden, wie eben für das Repräsentamen gezeigt wurde, das ja als Darstellung seines Objekts im Interpretanten dargestellt wird.[26] Daher muss jeder Interpretant zum Repräsentamen einer weiteren Zeichentriade werden, die wieder einen neuen Interpretanten hervorbringt, für den dann wieder dasselbe gilt. Dieser kontinuierliche Prozess der Zeichengenerierung läuft somit potenziell „so fort ohne Ende", wie Peirce schreibt.

Daraus folgt, dass das Zeichen zwar so allgemein und formal definiert werden kann, wie Peirce es tut, dass eine derartige Definition aber zwangsläufig eine Abstraktion darstellt. Diese abstrakte Definition ist aufgrund ihrer Formalität und Allgemeinheit eine Definition des Zeichens unter der Perspektive seiner Drittheit als der Kategorie des Allgemeinen. Das Zeichen wird dabei für analytisch-definitorische Zwecke aus dem konkreten Zeichenprozess isoliert, in dem es unauflöslich steht, sobald es in aktualer Existenz verwirklicht wird.[27] Im nächsten Kapitel werde ich das Zeichen nicht mehr isoliert, sondern im Rahmen des konkreten und potenziell unbegrenzten Semioseprozesses betrachten.

---

[24] vgl. SS 1, 115, 255, 424; SS 2, 257f.; SS 3, 381f.

[25] „[...] eine *vermittelnde Darstellung, die das Relat* [d. h. das Repräsentamen, meine Ergänzung] *als eine Darstellung desselben Korrelats* [d. h. des Objekts, meine Ergänzung] *darstellt, das diese vermittelnde Darstellung selbst darstellt.* Eine derartige vermittelnde Darstellung kann *Interpretant* genannt werden [...]." (SS 1, 152) vgl. SS 1, 115, 188, 424; SS 2, 239, 257f., 281, 435, Anm. 145; FÜ, 149; S&S, 196; zu dieser Form zeichenhafter Selbstrepräsentativität s. auch Schönrich 1990, 112 – 114.

[26] s. SS 1, 115 und v. a. PhLZ, 165.

[27] Diesen Umstand hebt Peirce auch nachdrücklich hervor, wenn er sagt, dass „diese Relation [die formale triadische Relation des Zeichens, meine Ergänzung] nicht in irgendeinem tatsächlichen Ereignis bestehen kann." (SS 2, 164) vgl. auch NZ, 344; Bestünde das Zeichen nämlich in einem tatsächlichen Ereignis oder aus einem wirklichen Gegenstand, läge keine allgemeine, formale De-

8.1.2 Die Relationierung von Zeichen: Semiose als rekursiver Prozess

In konkreten Zeichenprozessen bzw. Semiosen ist der Interpretant dasjenige Zeichenkorrelat, an dem ein nachfolgendes Zeichen anschließen kann und muss, wenn die zeichenhafte Darstellung vollständig sein soll. Folgende Aussagen von Peirce sollen zusätzlich zu der Argumentation von Punkt 5 im letzten Kapitel darlegen, wie sich aus der Tatsache, dass der Interpretant selbst wieder Repräsentamen bzw. Zeichen, Darstellung oder Repräsentation sein soll, ein potenziell unendlicher Zeichenprozess ergibt:

> „Denn ein Interpretant ist etwas, das darstellt, daß eine Darstellung dasjenige darstellt, was er selbst darstellt." (SS1, 115)

Wenn nun der Interpretant selbst eine Darstellung bzw. Repräsentation ist, gilt für ihn, was für alle Repräsentationen gilt:

> „Die Idee der Repräsentation schließt Unendlichkeit ein, da eine Repräsentation nicht wirklich eine solche ist, wenn sie nicht in einer anderen Repräsentation interpretiert wird." (SPP, 551)

Diese „andere Repräsentation" ist eben der Interpretant als ein weiter interpretierendes Zeichen, für das gilt:

> „Dieses interpretierende Zeichen fungiert wie jedes Zeichen nur als Zeichen, insofern es seinerseits interpretiert wird, das heißt tatsächlich oder virtuell ein Zeichen desselben Objekts bestimmt, für das es selbst ein Zeichen ist. Also gibt es eine im Prinzip endlose Folge von Zeichen [...]." (SS 1, 424)

Somit ist aus dem funktionalen Wechsel, den jeder aktuale Interpretant im zeitlichen Prozess einer konkreten Semiose hin zu einem weiteren Repräsentamen vollzieht, das Prinzip der potenziell unendlichen Semiose hergeleitet. Denn mit jedem neuen Repräsentamen wird eine weitere Zeichentriade eröffnet, die zur Vervollständigung eines weiteren Interpretanten bedarf, *ad infinitum*.[28]

An diesen von Peirce rein semiotisch vorgegebenen Begründungszusammenhang lassen sich einige Beobachtungen anschließen, die für Luhmanns systemtheoretische Thematisierung von Systemelementen relevant sind:

1. Wenn man die Aufmerksamkeit auf Peirces Modell der unendlichen Semiose focussiert, kann der Zeichenprozess wegen seiner eben hergeleiteten potenziellen Unendlichkeit wie

---

finition des Zeichens in seiner Drittheit mehr vor, sondern eine bestimmte, konkrete Gegenstands- oder Ereignisart, die nach Peirce kategorial unter die Zweitheit fiele; zur Thematisierung des Zeichens unter dem Aspekt seiner Zweitheit s. Kap. 8.1.3; s. auch Oehler 1993, 130; Oehler 1995, 191.

[28] An folgenden Stellen spricht Peirce die potenzielle Unendlichkeit von Semiosen explizit an: SS 1, 177 (bezüglich der zeichenvermittelten Erkenntnis), 375, 390, 427; NZ, 375 (bezüglich einer potenziell unendlichen Reihe von Interpretanten eines Symbols); zur Herleitung der potenziell unendlichen Semiose aus dem funktionalen Wechsel des Interpretanten zum Repräsentamen der Folgetriade s. auch Deledalle 2000, 36f.; Eco 1991, 102; Merrell 1995a, 43f.; Merrell 1996, 30; Rohr 1993, 61 – 64; Sheriff 1989, 59f.

Luhmanns autopoietische Systemprozesse als ateleologisch bezeichnet werden. Dafür spricht auch, dass nach Peirce jedes Repräsentamen sowohl zu seinem Objekt als auch zu seinem Interpretanten in einer selektiven Beziehung steht. Jede Repräsentation kann also lediglich einen Aspekt des Objekts und auch des Objektbezugs des vorigen Repräsentamens darstellen. Somit gibt es vom Repräsentamen aus gesehen zwei unendliche Folgen „ – die eine zurück zum Objekt, die andere vorwärts zum Interpretanten – [...]"[29]. Aus dieser doppelten Unendlichkeit folgt nicht nur, dass die Semiose zu ihrem Ende hin eine potenziell infinite Reihe bildet, sondern auch, dass sie keinen absoluten Anfang haben kann.[30] Dies erweist die notwendige Selektivität des Zeichens und den daraus folgenden ateleologischen Charakter von Zeichenprozessen.

Wenn man allerdings Peirces Realitäts- oder Wahrheitsbegriff oder auch Konzepte wie den finalen Interpretanten mitberücksichtigt, relativiert sich diese Einschätzung wieder. Auf diese Konzepte und die Frage, wie ein Zeichenprozess zumindest vorläufig beendet werden kann, werde ich später noch zu sprechen kommen (vgl. Punkt 3 in Kap. 8.2.7).

2. Von der Perspektive konkreter Semiosen aus betrachtet kann es Zeichen als Elemente des Zeichenprozesses nur durch die Relationierung mit anderen Zeichen geben. Denn jedes Zeichen schließt mit seinem Korrelat des Repräsentamens an einem vorgängigen Interpretanten an und eröffnet mit seinem Korrelat des Interpretanten die Anschlussmöglichkeit für ein nachfolgendes Repräsentamen. Daraus folgt, „daß es keine isolierten Zeichen geben kann"[31], sondern jedes Zeichen mit anderen Zeichen relationiert werden muss, wenn seine Repräsentation vollständig sein soll. Anders ausgedrückt, die Verwendung von Zeichen als Systemelementen und die Relationierung von Zeichen sind interdependent, da Zeichen isoliert von anderen Zeichen nicht existieren können und Relationen erst durch den Anschluss der Zeichen untereinander entstehen. Dementsprechend sind die Zeichen ihrer Relationierung im Zeichenprozess gegenüber nicht primär oder vorgegeben, sondern existieren nur durch die Relationierung mit anderen Zeichen. Somit gilt auch für das Zeichen als Element eines prozesshaften Zeichensystems, was Luhmann im Allgemeinen postuliert: „Elementsein und Element-einer-Relation-Sein" sind identisch (s. Kap. 4.2.2).[32]

---

[29] SS 1, 427; s. hierzu auch Santaella 1998, 141f.; die grundsätzliche Selektivität aller Zeichenbezüge und -prozesse spricht Peirce auch in SS 3, 215 und in NZ, 345 an.

[30] In SPP, 43 führt Peirce aus, dass es „keine absolut erste Erkenntnis eines Objekts" geben kann (vgl. SPP, 434), und da Erkenntnisprozesse bei Peirce immer Zeichenprozesse sind, gilt dies für Semiosen allgemein: Da jedes Repräsentamen auf einen vorgängigen Interpretanten zurückverweist und selbst in seiner Zeichentriade mit einem Interpretanten verbunden ist, können Anfang und Ende einer Semiose in ihr selbst nicht repräsentiert werden, da beides die Fortsetzung der Semiose bedeutet und den Rück- bzw. Vorgriff auf weitere Interpretanten voraussetzt; s. auch Buczynska-Garewicz 1981, 36; Deuser 1998, 230 – 232; Merrell 1995b, 177; Merrell 1996, 61; Oehler 1993, 67; Oehler 1995, 29; Aus der Perspektive des Interpretanten formuliert, bedeutet dies, dass der Interpretant mit dem Repräsentamen und dem Objekt immer bereits vertraut sein muss, um das Repräsentamen als auf das Objekt bezogen interpretieren zu können (s. SS 3, 152, 467). Das Fehlen eines bestimmten Anfangs überträgt Peirce auch in seine Kosmologie: s. RS, 303.

[31] SS 3, 163; vgl. auch NZ, 399.

[32] In diesem Kontext stellt Floyd Merrell eine Verbindung zwischen Peirces Semiosekonzept und Maturanas und Varelas Autopoiesismodell her, indem er bezüglich der rekursiven Relationierung der Zeichen in der Semiose von „*autosemiopoiesis*" spricht (Merrell 1995b, 177).

3. Wenn Zeichen als Systemelemente nur in der Semiose durch die Relationierung mit anderen Zeichen, für die dasselbe gilt, existieren können, dann sind Zeichen als Systemelemente zugleich auch Elemente eines Prozesses. Dieser Zeichenprozess entsteht durch die kontinuierliche Relationierung von Zeichen an der Schaltstelle von Interpretant und Repräsentamen. Durch diese notwendig prozesshafte Relationierung der Zeichen generiert das Zeichensystem durch die Differenz von vorgängigen und nachfolgenden Zeichen automatisch eine eigene Zeitdimension. Zeichen sind als Systemelemente also nicht nur immer Elemente einer Relation, sondern stets auch eines zeitlichen Prozesses. Entsprechend ist die konkrete Operationsweise eines Zeichensystems ebenfalls prozesshaft.[33] Auch dieser Umstand korrespondiert mit allgemeinen Anforderungen Luhmanns an die Elemente und die Operationsweise basal selbstreferentieller Systeme.[34]

Ein systematischer Prozess kommt nach Luhmann überdies nur durch die Selektivität der jeweils relationierten Elemente zustande. Dass Zeichenprozesse prinzipiell selektiv sind, habe ich in Punkt 1 dieses Kapitels hergeleitet. Darüber hinaus müssen Repräsentamen und Interpretant ja dasselbe Objekt repräsentieren und dieser selektive Objektbezug durchzieht die gesamte Semiose. Somit ermöglicht erst die Wahl eines bestimmten Zeichens den selektiven Anschluss eines bestimmten Folgezeichens. Auch dieses Postulat Luhmanns wird also im Zeichensystem erfüllt.

4. Der Semioseprozess muss wegen des notwendigen Anschlusses der Zeichen aneinander kontinuierlich sein. Peirce sieht das Wesen von Kontinuität wie das der Repräsentation in „generativer Drittheit“[35]. Daraus und aus den Diskussionen des Zeichens als Systemelement in den Punkten 2 und 3 dieses Kapitels kann man mit Peirce zu dem Schluss kommen: „Folglich kann eine Repräsentation nur in einem Kontinuum ihr Sein haben.“[36] Seinen Begriff von Kontiunität bzw. eines Kontinuums legt Peirce folgendermaßen dar:

> „Ein wahres KONTINUUM ist etwas, dessen Bestimmungsmöglichkeiten keine Mächtigkeit von Individuen ausschöpft.“ (SS 1, 372)

---

[33] Zur Zeitlichkeit, Prozessualität, Kontinuität und Dynamik des Zeichenprozesses s. auch Müller 1999, 118 – 122; zum Zeichen als Prozesselement s. Eco 1991, 102.

[34] Dass in diesem Sinne systemtheoretische Konzepte wie Autopoiesis und Selbstreferenz auf Peirces Semiosebegriff übertragbar sind, erwähnt auch Winfried Nöth kurz (Nöth 2000, 214).

[35] SS 1, 346; zu Peirces synechistischem Konzept s. Wells 1996 (zur engen Zusammengehörigkeit von Kontinuität und Drittheit s. loc. cit., 241).

[36] PhLZ, 165; vgl. NZ, 207, 399; den engen Zusammenhang von Semiose und Kontinuität heben auch Benedict 1985, 252f., 265; Corrington 1993, 82f. und Liszka 1990, 26 - 28 hervor. Kontinuität spielt auch in Peirces philosophischem Konzept des Synechismus eine zentrale Rolle. Dieser Begriff leitet sich von dem griechischen Adjektiv ‚syneches‘ her, das etwa ‚zusammenhängend, fortlaufend, ununterbrochen‘ bedeutet; zum Zusammenhang von Kontinuität, Synechismus und Evolutionstheorie in Peirces Werk s. Alborn 1989; zu Kontinuität und Synechismus bei Peirce vgl. auch Fairbanks 1976, 26 – 28; Locke 2000; Merrell 1985, 91 – 93; Müller 1999, 90 – 127; Muoio 1984, 169f., 178 – 180; Oehler 1993, 120 – 126; Oehler 1995, 234f.; Putnam 1995; Schönrich 1990, 201 – 203; Vincent Potter und Paul Shields verfolgen die historische Entwicklung von Peirces Kontinuumsbegriff zwischen den Jahren 1880 und 1911 (Potter/Shields 1981); Carl Hausman sieht Peirce auf dem Hintergrund seines Synechismus‘ als evolutionären Realisten an (Hausman 1993, 140 – 193).

Bereits in dieser Definition zeigt sich eine deutliche Parallele zur Semiose. Sie impliziert nämlich ebenso Unendlichkeit wie auch der Zeichenprozess,[37] da in beiden Fällen die „Bestimmungsmöglichkeiten" nicht erschöpft werden können, sondern sich mit jeder Bestimmung regenerieren. Als veranschaulichendes Beispiel für ein Kontinuum führt Peirce das Verhältnis von einer Linie zu den Punkten an, in die diese Linie unterteilt werden kann. Denn auch hier gilt, dass die Linie nie in so viele Punkte aufgeteilt werden kann, dass nicht stets noch weitere Unterteilungen möglich wären.[38]

Diese Definition eines Kontinuums und dieses Beispiel könnten allerdings dazu führen, ein Kontinuum fälschlich für eine Kollektion distinkter Einzeleinheiten zu halten,[39] wodurch freilich gerade das Kontinuitätsstiftende verloren giege. Deshalb hat sich wohl auch Peirce nicht mit der obigen Definition zufrieden gegeben, sondern ein Kontinuum noch präziser definiert:

> „[...] ein Kontinuum ist eine Ansammlung von einer so riesigen Mächtigkeit, daß sie [*scil.* die Elemente dieser Ansammlung] im ganzen Universum der Möglichkeit keinen Platz finden, um ihre wohlunterschiedenen Identitäten zu wahren, vielmehr werden sie zusammengeschweißt." (NZ, 395)[40]

Diese exaktere Vorstellung von Kontinuität veranschaulicht Peirce am Phänomen der Zeit: Hier bilden Vergangenheit, Gegenwart und Zukunft ein Kontinuum und sind jeweils durch infinitesimale Schritte bzw. Intervalle verbunden. Diese Intervalle sind immer so „zusammengeschweißt", dass die jeweilige Gegenwart „halb vergangen und halb zukünftig ist"[41]. Diese Vorstellung von der Zeit entspricht übrigens genau Luhmanns Definition der Gegenwart als Einheit der Unterscheidung von Vergangenheit und Zukunft.

Wesentlicher ist es aber, aus Peirces Kontinuitätsbegriff die Konsequenzen für das Zeichen als Systemelement und für Zeichenprozesse allgemein zu ziehen:

a) Wenn die Zeichen in einem kontinuierlichen Prozess stehen, dann können sie keine Einheiten sein, die im Vergleich zu diesem Prozess präexistent wären. Denn ein Kontinuum kann eben nicht durch die Addition distinkter Einheiten konstituiert werden. Auch Luhmanns Systemelemente sind ihrer operativen Verwendung gegenüber nicht präexistent, sie werden erst im Systemprozess als Funktionseinheiten geschaffen. Dies gilt genauso für die Zeichen im kontinuierlichen Prozess der Semiose, die ihre Funktion auch nur dann erfüllen, wenn sie durch ihr Repräsentamen an den Interpretanten eines Vorgängerzeichens anschließen und durch ihren Interpretanten den Anschluss eines Folgezeichens ermöglichen. So erfolgt in jedem Zeichen „eine Bestimmung des relativ Vergangenen durch das relativ

---

[37] Die innere Verbindung von Kontinuität und Unendlichkeit spricht Peirce in RS, 185 explizit an; zur Unendlichkeit der Semiose s. SPP, 551 (zitiert zu Beginn des Kapitels).

[38] Für dieses Beispiel s. SS 1, 372; NZ, 192; RS, 182 – 187.

[39] Zu dieser Fehleinschätzung s. Benedict 1985, 255f., 263.

[40] Daraus, dass die Elemente „zusammengeschweißt" werden, folgt zum einen, dass in einem Kontinuum „jeder Punkt unmittelbar am Sein des anderen teilhat" (SPP, 212, Anm. 19), und zum anderen, „daß Kontinuität die Abwesenheit letzter Teile im Teilbaren ist [...]." (SS 1, 374)

[41] NZ, 194; zur Darstellung der Zeit als Kontinuum s. NZ, 182 – 184; zur zeitlichen Kontinuität von Bewusstseins- als Zeichenprozessen s. SS 2, 420, Anm. 49; zu Peirces Zeitverständnis generell s. Corrington 1993, 57 – 59; Helm 1980, hier v. a. S. 377 – 379 zur Zeit als Kontinuum; vgl. Müller 1999, 93 – 99, 125 – 127; Nöth 2000, 289.

Zukünftige"[42], so dass kein konkretes Zeichen aus diesem relationalen Bestimmungsverhältnis gelöst werden oder ihm präexistent sein könnte.

b) Wegen dieses kontinuierlichen Ineinandergreifens der Zeichen im Semioseprozess kann die Operationsweise eines Zeichensystems als die laufende Produktion von Zeichen beschrieben werden. Dies deckt sich mit Luhmanns Auffassung von der Operationsweise eines Systems, die genau in der Produktion systemeigener Elemente besteht.

c) Im Zeichenprozess sind die einzelnen Elemente, also die Zeichen, „zusammengeschweißt", haben aneinander Anteil und stellen keine distinkten Einheiten dar. Dieses Ergebnis bestätigt den Befund der Punkte 2 und 3 dieses Kapitels, nämlich dass es konkret existierende Zeichen nur als im System relationierte Zeichen und als Prozesselemente gibt, nicht dagegen isoliert. Einzelzeichen als distinkte Einheiten können nur als Abstraktionen durch die analytische Trennung aus der kontinuierlichen Semiose, welche die Zeichen generiert, betrachtet werden. Denn jedes jeweils gegenwärtige Zeichen ist im kontinuierlichen Prozess der Semiose zugleich „halb vergangen und halb zukünftig" und hat daher keine isolierte Identität.

d) Ausgehend von Peirces Zeichendefinition habe ich bisher gezeigt, dass Zeichen als konkrete Systemelemente nur durch ihre kontinuierliche und prozesshafte Relationierung mit anderen Zeichen entstehen, für die dasselbe gilt. Die gesamte Argumentation dieses Kapitels läuft damit darauf hinaus, dass Peirces Zeichenprozess als rekursiver bzw. basal selbstreferentieller Prozess im Sinne Luhmanns aufgefasst werden kann.

Die spezifische Rekursivität des Prozesses kommt dadurch zustande, dass jedes Repräsentamen in der Semiose zurückverweist auf einen vorgängigen Interpretanten, da ein voraussetzungsloser Beginn des Zeichenprozesses nicht möglich ist, wie in Punkt 1 dieses Kapitels gezeigt. Zugleich bietet jedes Zeichen in seinem Interpretanten die nötige Anschlussfläche für ein weiteres Repräsentamen. So kann gemäß dem Prinzip der potenziell unendlichen Semiose an jedem Zeichen ein neues Zeichen angeschlossen werden, das dann wieder im Repräsentamen mit seinem Vorgängerelement rekursiv relationiert ist und im Interpretanten zugleich neue Anschlussmöglichkeiten eröffnet.[43]

Der rekursive Zeichenprozess ist autoreproduktiv, da jedes Zeichen als Element des Prozesses ein weiteres Zeichen hervorbringt. Mit diesen kontinuierlichen Vor- und Rückgriffen auf andere Elemente desselben Prozesses ist das entscheidende Charakteristikum rekursiver Prozesse auch in der Semiose gegeben: In der Semiose produziert das Zeichensystem seine

[42] SS 3, 213.

[43] Dass die Bedeutung eines Zeichens nicht in ihm selbst, sondern in seiner rekursiven Anschlussfähigkeit für andere Zeichen liegt, macht Peirce am Beispiel gedanklicher Zeichen deutlich: „[...] denn die Bedeutung liegt nicht in dem, was actualiter gedacht wird, sondern darin, womit dieser Gedanke, dadurch daß er durch Gedanken, die auf ihn folgen, repräsentiert wird, verbunden werden kann; so daß die Bedeutung eines Gedankens etwas gänzlich Virtuelles ist." (SPP, 60) vgl. SPP, 80; Auch Klaus Oehler arbeitet implizit die Rekursivität der Semiose heraus, wenn er den Interpretanten beschreibt als „Ausgangspunkt eines weiteren Zeichenprozesses, in dem die Produkte der vorgängigen Interpretation nun als Mittelbezüge [d. h. als Repräsentamina, meine Ergänzung] fungieren." (Oehler 1995, 95; vgl. loc. cit., 191, 241)

Elemente, indem es auf die bisherigen Ergebnisse und Produkte seiner eigenen Systemoperationen, nämlich Zeichen, zurückgreift, also selbst Zeichen aus Zeichen (re-)produziert.[44]

Damit regeneriert sich das Zeichensystem selbst in einem kontinuierlichen, basal selbstreferentiellen Prozess. Die Selbstreferenz auf der Ebene der Elemente wird durch den laufenden Anschluss von Zeichen an ihren Repräsentamen- bzw. Interpretantenkorrelaten realisiert, wobei durch das dritte Zeichenkorrelat, nämlich das Objekt, immer eine mitlaufende Fremdreferenz gewährleistet ist. Eine zentrale Stellung nimmt hierbei der Interpretant ein: Er wird ja vom Repräsentamen dazu bestimmt, ein Zeichen desselben Objekts zu sein, welches das Repräsentamen auch darstellt. Insofern weist der Interpretant Fremdreferenz auf. Zugleich muss er aber auch darstellen, dass das Repräsentamen in einer darstellenden Relation zum Objekt steht, und der hierfür nötige Bezug zum Repräsentamen im Zeichen ist selbstreferentiell.[45] Damit ist die von Luhmann geforderte Enttautologisierung basal selbstreferentieller Prozesse auch in Zeichensystemen sichergestellt, da es in der Semiose Selbstreferenz nur in Kombination mit Fremdreferenz gibt (vgl. Punkt 2 in Kap. 8.3.7).

e) Wegen seiner eben hergeleiteten Rekursivität und seiner in Punkt 3 nachgewiesenen Prozesshaftigkeit kann ein Zeichensystem nur ein historisches und in der Zeit evoluierendes System sein. Die Semiosen des Zeichensystems sind abhängig von der bisherigen Systemvergangenheit, die stets den zwar historisch relativen, aber dennoch unhintergehbaren Ausgangspunkt weiterhin anschließbarer Zeichen bildet.[46] Auch hier liegt eine Parallele zu Luhmanns Beschreibung rekursiv operierender Systeme vor.

Ich habe in Kapitel 8.1.1 das Zeichen unter der Perspektive seiner genuinen Drittheit im Rahmen einer allgemeinen und formalen Definition vorgestellt. Für diesen Zweck der Verallgemeinerung war es nötig, das Zeichen aus dem konkreten rekursiven Prozess der Semiose zu isolieren, in dem das Zeichen steht, sobald es aktual existiert. Konkrete Existenz fällt bei Peirce aber nicht unter die Kategorie der Drittheit, sondern unter die der Zweitheit. Daher müssen das formale Zeichen der allgemeinen Definition und das konkrete Zeichen der Semiose kategorial differenziert und auseinander gehalten werden. Diese Differenzie-

---

[44] Die rekursive Autoreproduktion des Zeichensystems erkennt man bei Peirce daran, „daß jedes Zeichen einen Interpretanten bestimmt, der selbst ein Zeichen ist, daß Zeichen sich über Zeichen legen." (SS 1, 392) zum rekursiven Anschluss von ‚Gedankenzeichen' s. SPP, 55f.

[45] „[...] the sign not only determines the interpretant to represent (or to take the form of) the *object*, but also determines the interpretant to represent the sign." (S&S, 196) vgl. SS 2, 239; Dazu tritt noch ein weiterer Aspekt, nämlich dass der Interpretant sowohl zum Objekt als auch zum Repräsentamen in einer selektiven Relation steht, also deren Komplexität für das rekursiv anschließende Zeichen stets reduziert (s. NZ, 345).

[46] Die unaufhebbare Vergangenheitsabhängigkeit basal selbstreferentieller Zeichensysteme exemplifiziert Peirce wieder anhand gedanklicher Zeichen; der Begründungszusammenhang ist aber auf alle rekursiven und somit historischen Zeichensysteme übertragbar: „In Wahrheit jedoch gibt es nur einen Geisteszustand, von dem aus man »aufbrechen« kann, nämlich genau den Geisteszustand, in dem man sich zu der Zeit, in der man »aufbricht«, tatsächlich befindet, – ein Zustand, in dem man mit einer ungeheuren Masse von bereits geformten Erkenntnissen beladen ist, von denen man sich nicht befreien kann, selbst wenn man es wollte." (SPP, 434) s. auch SS 1, 175, 177; SS 2, 334; SS 3, 152, 338, 467, 470f.; RS, 185; in diesem Sinne ist die Gegenwart als historisch relativer Ausgangspunkt weiterer Operationen in rekursiven Systemen immer nur als „letzter Abschnitt der Vergangenheit" (SS 2, 151) thematisierbar.

rung ändert freilich nichts daran, dass jedes Zeichen notwendig eine irreduzible Triade ist. Sie thematisiert das triadische Zeichen nur nach den kategorial unterschiedlichen Arten seiner Realisierung: Die Definition mit ihrem allgemeinen, regelhaften Charakter betont die Drittheit des Zeichens und bei prozesshaft-aktual existierenden Zeichen tritt deren Zweitheit in den Vordergund.

8.1.3 Sinzeichen: Zweitheit und das Zeichen als Ereignis

Da das Zeichen als wirklich existierendes Element eines Zeichenprozesses unter der Perspektive von Peirces Kategorie der Zweitheit gesehen werden muss, werde ich zu Beginn dieses Kapitels diese Kategorie knapp einführen, soweit es für meine Darstellungszwecke notwendig ist.[47]

1. Peirce definiert die Zweitheit folgendermaßen:

> „Zu sagen, dass ein Ding *existiert*, heißt zu sagen, daß es mit den anderen Dingen im Universum reagiert, da es anders als jedes einzelne von ihnen ist. Folglich ist *Existenz* ein Begriff, von dem Zweitheit der wichtigste Bestandteil ist.
> Zweitheit kann man abstrakt als eine Seinsweise definieren, die darin besteht, daß etwas, A, und etwas, B, ein jedes so ist, wie es ist, so daß A Bs Sosein (being as it is) und B As Sosein ist, *unabhängig von etwas Drittem*. [...] Also kann es in der Zweitheit keine Allgemeinheit geben. Eine Tatsache der Zweitheit muß *hic et nunc* sein, in jeder Hinsicht bestimmt." (SS 2, 110f.)

In dieser Definition sind mehrere wesentliche Aspekte der Zweitheit angesprochen, die ich nun noch etwas vertiefen und erweitern möchte:

a) Zweitheit ist die Kategorie der dyadischen Relationen. Sie besteht nämlich allgemein darin, dass zwei Dinge, Tatsachen oder Bereiche sich gegenseitig dazu bestimmen, so zu sein, wie sie sind. Darunter fällt nach Peirce der gesamte Bereich der Existenz, der Wirklichkeit,[48] der Tatsachen, der Erfahrung von Einwirkungen roher Kraft und andere dyadischen Relationen wie Aktion und Reaktion oder Anstrengung und Widerstand. All diesen Phänomenen der Zweitheit ist gemeinsam, dass jede der beteiligten Einheiten mit der jeweils anderen so reagiert, dass es seine spezifische, bestimmte Existenz eben dieser Reaktion verdankt und nicht unabhängig davon haben kann.[49] Spezifische Wirklichkeit oder E-

---

[47] Für eine allgemeine Darstellung der Zweitheit s. Baltzer 1994, 63 – 70, 98 – 102; Corrington 1993, 127f., 134, 137f.; Hausman 1993, 130 – 139; Rohr 1993, 40 – 42; Spinks 1991, 31 – 38.

[48] ‚Wirklich' hat bei Peirce zwei Bedeutungsebenen, die allerdings in der Zweitheit eng aufeinander bezogen sind: Zum einen ist etwas in angenähert wörtlichem Sinne ‚wirk-lich', wenn es im Sinne der Zweitheit in einer Wirkungsrelation zu einem Zweiten steht. Zum anderen bekommt dieses Wirkende gerade durch diese dyadische Wirkungsrelation auch seine Existenz: Das Wirkliche ist somit nicht nur das Wirkende, sondern zugleich auch das Existente.

[49] Peirce veranschaulicht dies z. B. mit dem Beispiel eines Ehepaars, wo jeder den anderen zu einem Ehepartner macht, was jeder ohne den anderen nicht wäre (SS 1, 381). Diese gegenseitige Bestimmung ist irreduzibel dyadisch, d. h. sie kann nicht auf monadische Relationen reduziert werden; für allgemeine Charakterisierungen der Zweitheit s. auch SS 1, 439; SS 2, 182f., 265, 269, 278; SS 3, 94, 220; FÜ, 145f.; NZ, 376, 380; PhLZ, 55, 60, 164; RS, 116f., 136, 284, 330f.; SPP, 322f., 445, 550; S&S, 82; VP, 26, 70.

xistenz kommen also immer dadurch zustande, dass sie in einer negativen Differenzrelation zu allem anderen stehen, was sie selbst nicht sind. Die beiden Korrelate der Zweitheit können sich übrigens durchaus in ihrer Aktivität bzw. Passivität unterscheiden, die gegenseitige Krafteinwirkung muss nicht reziprok gleichmäßig sein. Bei einem Mord als Beispiel von Zweitheit ist zweifellos der Mörder das aktive und der Ermordete das passive Korrelat. Das ändert aber nichts an der Tatsache der Zweitheit, dass der Mörder ohne den Ermordeten eben kein Mörder wäre.[50]
b) Gewissermaßen als Minimalfall einer dyadischen Reaktion kann also schon die Tatsache angesehen werden, dass ein bestimmtes Existierendes anders ist als alles andere in demselben Universum. Demnach hat jedes wirkliche Ding oder Ereignis seine Identität und Individualität nicht schon an sich, sondern verdankt diese seiner Differenz in der Zweitheit:

> „Was auch immer existiert, genauer: *ex-sistiert*, d. h. auf anderes Existierendes wirklich einwirkt, verschafft sich so eine Identität mit sich selbst und ist definitiv individuell." (SPP, 445)[51]

Identität ist also nur ein Relat der Zweitheit, dessen Korrelat im Anderssein der gesamten restlichen Wirklichkeit besteht, mit der die als identisch bezeichnete Einheit reagiert.[52] In dieser Hinsicht ist Differentialität zentral für Peirces Zweitheit. Da nach Peirce die Umwelt eines bestimmten Zeichensystems keine festen Grenzen, sondern nur einen vagen Horizont hat, kann wegen der Unbestimmtheit der Umwelt als Korrelat die Identität eines Zeichensystems in der Zweitheit immer nur approximativ und vorläufig bestimmt werden.[53]

Wenn Identität in diesem Sinne nicht wie in der Erstheit durch eine monadische, sondern eine dyadische Relation gebildet wird, entspricht dies Luhmanns differenztheoretischer Position, gemäß der Identität nur durch Differenz gebildet werden kann. Formentheoretisch ausgedrückt wäre Identität nur die eine Seite einer Zwei-Seiten-Form, deren zweite Seite durch all das gebildet wird, wovon die erste Seite unterschieden wird. Die gilt sowohl für die Differenz von dies – anderes in der Sachdimension als auch die von ego – alter ego in der Sozialdimension oder überhaupt für die Unterscheidung von ego – non ego, die ein System über Selbst- und Fremdbeobachtung treffen kann.[54] Luhmanns Differenz- und Formentheorie könnte in Peirces Zeichentheorie also über die Kategorie der Zweitheit integriert werden. Da diese Semiotik kategorial differenziert werden kann, indem man an jedem

---

50 s. RS, 125.

51 Mit der Präzisierung zu „*ex-sistiert*" spielt Peirce auf die Etymologie von „existieren" an: Dies kommt von lat. „exsistere", das „hervortreten, erscheinen" bedeutet. Es handelt sich hierbei um eine Präfigierung des verbum simplex „sistere" (dieses Verb bedeutet in transitiver Bedeutung „stellen, hinstellen" und in intransitiv-reflexiver Bedeutung „sich hinstellen, bestehen") mit dem Präfix „ex-" (dt. „aus, heraus"). „Ex-sistieren" heißt wörtlich also „sich aus anderem herausstellen, aus anderem hervorstehen", was durchaus die Differenz zu allem anderen im Sinne von Peirces Zweitheit impliziert.

52 SS 1, 178, 253, 272; SS 2, 133, 153; FÜ, 146; NZ, 380; PhLZ, 55, 165; SPP, 549f.; VP, 33; zur Existenz der Individualität als Phänomens der Zweitheit s. auch Muoio 1984, 175f.; Thibauld 1987, 522 – 527; welche Rolle zusätzlich die Drittheit bei der Konstitution umgrenzter Individuen spielen kann, stelle ich in Kap. 8.3.1, v. a. in Punkt 4, dar.

53 SS 2, 180.

54 Für eine Darstellung von Luhmanns Sinndimensionen und von Selbst- und Fremdbeobachtung s. Kap. 5.3.4.

Phänomen die Aufmerksamkeit jeweils auf seine Erstheit, Zweitheit oder Drittheit richtet, stellt sie ein flexibleres und variationsreicheres Arbeitsinstrument dar als Luhmanns oft zu rigides zweiwertiges Differenzdenken.
c) Laut eingangs zitierter Definition der Zweitheit, müssen alle dieser Kategorie zugerechneten Phänomene im Hier und Jetzt existieren. Das heißt, dass sie wegen der in Punkt 1b besprochenen umfassenden dyadischen Differenzrelation „hic et nunc" vollständig bestimmt sein müssen. Eine Konsequenz daraus zieht Peirce selbst in der Defnition: Ereignisse, Tatsachen oder Dinge, die im Hier und Jetzt vollständig kontextualisiert und bestimmt sind, sind individuell und als solche nicht generalisierbar. Deshalb kann Allgemeinheit nicht in die zweite Kategorie fallen.[55] Eine zweite Konsequenz liegt darin, dass Phänomene der Zweitheit wegen ihrer genauen Fixierung im örtlichen und zeitlichen Kontext weder wiederholt werden können noch reversibel sind.[56] Drittheit dagegen ist die Kategorie der Allgemeinheit (s. Punkt 4 in Kap. 8.1.1) und auch Wiederholbarkeit muss ihr zugerechnet werden: Denn wenn ein zweites Ereignis als Wiederholung eines ersten aufgefasst werden soll, muss es als solche dargestellt werden. Diese Darstellung setzt Verallgemeinerung und Repräsentation voraus und fällt daher wie jede Darstellung in die Drittheit. Denn hier besteht eine Relation nicht mehr nur zwischen zwei Relaten, sondern diese Relation wird in einem Dritten repräsentiert bzw. überhaupt erst hergestellt. Damit ist aber die für die Zweitheit entscheidende Unabhängigkeit „von etwas Drittem" kategorial verlassen.
d) Aus den Ausführungen im letzten Punkt folgt, dass die Phänomene der Zweitheit singuläre oder zumindest individuelle Einzeldinge[57] oder Ereignisse sein müssen. Während Einzeldinge Kontinuität und Dauerhaftigkeit aufweisen können, ist dies für Ereignisse ausgeschlossen. Daher wird Zweitheit am eindeutigsten in Ereignissen verwirklicht, weil Ereignisse „die einzigen Dinge sind, die strikt hier und jetzt sind", und für sie Folgendes gilt: „Zweitheit gibt es nur, während es sie aktual gibt."[58] Die Aktualität von Ereignissen ist auf einen Zeitpunkt reduziert, so dass die für die Zweitheit geforderte räumlich-zeitliche Fixierung hier am deutlichsten ausgeprägt ist.

Bei Ereignissen als ‚Paradebeispielen' der Zweitheit müssen Aktion und Reaktion, die für diese Kategorie typisch sind, in der Zeitdimension angesetzt werden. Dabei wirkt das jeweils gegenwärtige Ereignis auf das zukünftige ein und auch die Wirkung des vergangenen Ereignisses auf das gegenwärtige kann als Fall der Zweitheit rekonstruiert werden. Wenn nun aber zukünftige Ereignisse von der Gegenwart so bestimmt werden, „als ob die Vergangenheit wirklich der Fall war"[59], werden die zuvor getrennt betrachteten Dyaden von Vergangenheit/Gegenwart und Gegenwart/Zukunft zu einer Triade mit der Gegenwart als vermittelndem Ereignis zusammengefasst. Damit entsteht aus getrennten Zweitheiten ein Prozess der Drittheit bzw. Vermittlung.

Exakt auf diese Weise muss auch der rekursive Prozess der Semiose hergeleitet werden, der nicht aus einer Ansammlung von Einzelereignissen besteht, sondern kontinuierlich ist (s. Punkt 4 in Kap. 8.1.2). Die Einzelereignisse können aus diesem Prozess analytisch iso-

---

[55] SS 3, 371, 400; FÜ, 146; RS, 161f.; SPP, 550.
[56] SS 2, 327; NZ, 376; PhLZ, 56.
[57] SS 1, 432, 443.
[58] NZ, 355 bzw. PhLZ, 56; zur Augenblickshaftigkeit und Ereignishaftigkeit der Zweitheit s. auch SS 3, 307; NZ, 376; PhLZ, 164; RS, 117; S&S, 82.
[59] SS 2, 269.

liert und unter dem Aspekt der Zweitheit betrachtet werden. Dann sind sie wie alle Phänomene dieser Kategorie distinkt und vollständig bestimmt, allerdings nicht fähig zur Verallgemeinerung (s. o. Punkt 1c). Im Semioseprozess ist wegen dessen Rekursivität jedes Ereignis jeweils an ein vergangenes Ereignis angeschlossen und in dieser Hinsicht bestimmt. Hinsichtlich seiner Anschlussmöglichkeiten für zukünftige Ereignisse ist es allerdings vage, so dass die Ereignisse als Teil des kontinuierlichen Prozesses eine Mischung von Bestimmtheit und Unbestimmtheit darstellen.[60]

2. Nach diesen allgemeinen Betrachtungen zur Kategorie der Zweitheit werde ich nun speziell das Zeichen unter dem Aspekt der Ereignishaftigkeit betrachten. Aus Peirces Zeichensubklassifikationen[61] ist hierfür das Sinzeichen einschlägig, das ich nun vorstellen werde:

> „Ein *Sinzeichen* (wobei die Silbe *sin* in der Bedeutung von »nur einmal vorkommen« aufgefaßt wird, wie in singulär, simpel, Lateinisch: semel usw.) ist ein aktual existierendes Ding oder Ereignis, das ein Zeichen ist." (PhLZ, 123)[62]

Peirce erwähnt in dieser Definition mehrere wesentliche Merkmale des Sinzeichens, deren Relevanz für ein Zeichensystem ich im Folgenden näher ausführen werde:

a) Peirce spricht dem Sinzeichen aktuale Existenz zu. Daher fällt es kategorial in die Zweitheit, die Kategorie der Wirklichkeit und der konkreten Existenz (s. o. Punkt 1a), was freilich nichts daran ändert, dass auch das Sinzeichen als Zeichen eine Triade ist und als solche zur Drittheit gehört. Nur die Art der Realisierung dieses Zeichentyps entspricht der Zweitheit. Als Phänomen dieser Kategorie betrachtet ist das Sinzeichen ein wirkliches, einzeln bzw. individuell auftretendes, eindeutig und konkret existierendes „Ding oder Ereignis".[63] Als solches kann es freilich nicht zu einem allgemeinen Zeichenbegriff generalisiert werden, wie ihn Peirce in seiner formalen Zeichendefinition vorlegt. Aber jedes aktuale Zeichen, das in einem wirklich ablaufenden Zeichenprozess auftritt, ist ein Sinzeichen.[64]

Nach Luhmann ist die konkrete Existenz eines Systems an die operative Verwendung seiner Elemente gebunden. Wenn nun Sinzeichen die Elemente sind, mit denen ein Zeichensystem in der Semiose konkret operiert, dann hat das Zeichensystem seine aktuale

---

[60] FÜ, 146f.; zum Zusammenhang zwischen Vagheit und Kontinuität s. auch Nadin 1980.

[61] s. hierzu das Überblickskapitel 3.2.2 und die näheren Ausführungen in Kap. 8.2.3; Das Klassifikationsschema, in dem das Sinzeichen steht bezieht sich eigentlich nur auf die Zeichenkomponente des Repräsentamens, so dass es eigentlich präziser ‚Sinrepräsentamen' heißen müsste. Da sich die aktuale Existenz und Ereignishaftigkeit dieses Repräsentamentyps aber auch auf seine beiden anderen kategorialen Relata im Zeichen, also das unmittelbare Objekt und den dynamischen Interpretanten, auswirkt, kann man den Terminus „Sinzeichen" für das gesamte Zeichen beibehalten.

[62] Für weitere Stellen, an denen sich Peirce zur etymologischen Herleitung seines Terminus „Sinzeichen" äußert, s. SS 2, 283, 377, 381; Peirce bezeichnet das Sinzeichen auch als Token oder Acti-Zeichen.

[63] s. auch SS 2, 272, 275, 279, 283, 377, 379, 381; SS 3, 83, 146, 216, 472; in PhLZ, 61 wird implizit die für das Sinzeichen als Phänomen der Zweitheit charakteristische konkrete Wirkung angesprochen.

[64] Diesen Umstand hebt auch Walther 1997, 82f. hervor.

Existenz und Wirklichkeit auch nur in den Sinzeichen, die es in der Semiose laufend reproduziert und im rekursiven Anschluss relationiert.
b) Dabei kann jedes Sinzeichen, das wie jedes Phänomen der Zweitheit *hic et nunc* auftreten muss (s. o. Punkt 1c), „nur einmal vorkommen“, wie Peirce in der Definition schreibt.[65] Das heißt, dass Sinzeichen als Elemente des Zeichenprozesses nicht wiederholt werden können und, wenn sie erst einmal aufgetreten sind, auch nicht reversibel sind. Einmaligkeit, Unwiederholbarkeit und Irreversibilität sind wesentliche Charakteristika, die auch Luhmann den Elementen rekursiv operierender Systeme zuspricht.
c) Derartig charakterisierte Systemelemente sind nach Luhmann Ereignisse, mit denen rekursive Systeme operieren und so temporalisierte Komplexität aufbauen. Peirce sieht ebenfalls die prägnanteste Ausprägung der Zweitheit und auch des Sinzeichens in Ereignissen (s. o. Punkt 1d):

> „Im strengen Sinne kommt aber individuelle Existenz nur einem singulären Ereignis zu, das sich dort und dann ereignet, wo es sich ereignet und kein anders Sein hat.“ (PhLZ, 66)[66]

Ein Sinzeichen kann gemäß Peirces Definition zwar auch ein „aktual existierendes Ding“ sein, dieses kann aber als Sinzeichen seine Zeichenfunktion nur momenthaft für einen Augenblick erfüllen. Als konkretes Element der rekursiven Semiose fungiert das Sinzeichen also immer nur als Ereignis,[67] so dass auch die jeweils wirklich existierende Binnenkomplexität eines Zeichensystems temporalisiert ist. Daraus ergeben sich einige Konsequenzen:

Das dingliche oder ereignishafte Repräsentamen des Sinzeichens muss also in der kürzest dafür nötigen Zeit von seinem Interpretanten auf sein Objekt bezogen werden: Nur in dieser kleinsten, auf einen Zeitpunkt reduzierten Operationszeit des Systems existiert das Sinzeichen überhaupt und es fungiert als Zeichen nur in dem Moment, in dem es actualiter als solches aufgefasst wird.[68] Dieser operative Zusammenhang führt im Zeichensystem zur Konstitution einer irreversiblen Eigenzeit, die sich daraus errechnet, wie schnell ereignishafte Sinzeichen rekursiv aneinander angeschlossen werden können.

Wie in Punkt 3 von Kapitel 8.1.1 gezeigt, können Zeichensysteme eine erhöhte Flexibilität ihrer Operationen nicht durch die funktionale Dekomposition ihrer Elemente, sondern nur durch deren variable Verwendung erreichen. Ein Maximum an Flexibilität und Variationsreichtum erreichen Zeichensysteme durch ihre ereignishafte Operationsweise mit Sinzeichen. Diese existieren nur für einen Zeitpunkt und eröffnen an ihrem Interpretanten sofort neue Anschluss- und Relationierungsmöglichkeiten für weitere Sinzeichen, für die dasselbe gilt. Diese Fähigkeit ist nach Luhmann für rekursive Systeme vor allem in dynamischen Umwelten von besonderer Bedeutung, aber dem System-Umwelt-Verhältnis eines Zeichensystems werde ich mich erst in Kapitel 8.3 zuwenden.

Wegen der ereignishaften Operationsweise und der nur momenthaften Existenz der Sinzeichen müssen im Zeichensystem schnell immer neue Relationierungsmöglichkeiten für weitere Zeichen gefunden werden, wenn die Semiose nicht abbrechen und somit unvoll-

---

[65] „Es gibt Zeichen, von denen jedes aufgrund seiner Natur nur einmal vorkommen kann [...]. Ein solches Zeichen kann man *Sinzeichen* nennen.“ (SS 2, 283) vgl. SS 3, 146.

[66] vgl. auch NZ, 355.

[67] SS 3, 81, 83, 146, 216; FÜ, 156; s. auch RS, 134 und SPP, 59 für die Ereignishaftigkeit und Irreversibilität von zeichenhaftem Bewusstsein und zeichenhafter Sinnesempfindung.

[68] SPP, 57.

ständig werden soll. Da aber im rekursiven Zeichenprozess jeder Interpretant eine Anschlussfläche für weitere Zeichen darstellt (s. Punkt 4d in Kap. 8.1.2), kann der Prozess potenziell unendlich weiterlaufen: Die gerade bei temporalisierten Systemelementen von Luhmann geforderte Anschlussfähigkeit ist im Zeichensystem also gewährleistet. Durch die ständige Relationierung von Sinzeichen in der Semiose erreicht das Zeichensystem eine dynamische Stabilität, wobei die Dynamik auf die ereignishaften Sinzeichen und die Stabilität auf deren laufende Rekursivität zurückgeht.

Sinzeichen sind also ereignishafte Zeichen. Wie alle Zeichen kann auch das Sinzeichen nur durch die prozesshafte Relationierung mit anderen Zeichen in der Semiose als Zeichen fungieren (s. die Punkte 2 und 3 in Kap. 8.1.2). Eingebunden in diesen kontinuierlichen Zeichenprozess kann die Identität des Sinzeichens als Phänomens der Zweitheit nur durch eine Differenzbildung beschrieben weden (s. o. Punkt 1b), die einstweilen von der rekursiven Vernetzung des Sinzeichens abstrahiert. Das jeweils gegenwärtige Sinzeichen unterscheidet sich zum einen von seinem Vorgängerzeichen und zum anderen von seinem nachfolgenden Sinzeichen. Dabei ist die erste dyadische Relation bestimmt, da die Vergangenheit in einem irreversiblen Prozess unveränderlich ist und das gegenwärtige Sinzeichen in seiner Zweitheit zu dieser Vergangenheit vollständig bestimmt ist. Die zweite dyadische Relation ist dagegen unbestimmt: Das gegenwärtige Sinzeichen verfügt durch seinen Interpretanten zwar über eine Anschlussfläche für ein zukünftiges Zeichen, dieses ist aber noch nicht spezifiziert oder bestimmt.[69] Wenn man diese beiden analytisch getrennten Dyaden in der kontinuierlichen Semiose zu einer Triade zusammenfasst, stellt das gegenwärtige Sinzeichen die Einheit der Differenz zwischen seinem Vorgänger- und Nachfolgerzeichen dar, zwischen denen es vermittelt. Als derartige Einheit ist seine Identität eine Kombination von Bestimmtheit und Unbestimmtheit, die nach Luhmann charakteristisch für ereignishafte Systemelemente ist (vgl. oben Punkt 1d).

Das Sinzeichen als ereignishaftes Prozesselement der Semiose hat demnach einen Zeitindex in sich, der im rekursiven Rück- und Vorgriff auf andere Zeichen desselben Prozesses verweist, die sich vom jeweils gegenwärtigen Sinzeichen in der Sach- und in der Zeitdimension unterscheiden. Auf diese Weise wird das Sinzeichen, das als Phänomen der Zweitheit betrachtet eine distinkte und bestimmte Einheit ist, in den kontinuierlichen und nach vorne hin unbestimmten Prozess der Semiose eingebunden und dieser Prozess ist wie auch das Zeichen allgemein ein Phänomen genuiner Drittheit.[70]

Zeichensystem und Zeichenprozess als Phänomene der Drittheit existieren also konkret nur in ihren Sinzeichen. Diese sind zwar auch der Drittheit zuzurechnen, insofern sie Zeichen sind, gehören aber hinsichtlich ihres Realitätsstatus der Zweitheit an. Diese doppelte Perspektive der Sinzeichen zeigt sich darin, dass sie einerseits eine wirkliche, konkrete Existenz aufweisen, andererseits diese Existenz als triadische Zeichen nur durch ihre rekursive Relationierung in der Semiose gewinnen. Damit partizipieren sie kategorial sowohl an der Zweitheit als auch an der Drittheit.

---

[69] Das zukünftige Zeichen ist nur in der Hinsicht bestimmt, dass es als rekursiver Anschluss an sein Vorgängerzeichen eine Konsequenz aus diesem Zeichen sein muss: s. SS 2, 346.

[70] Für die Mischung von Allgemeinheit und Ereignishaftigkeit und die Bestimmungsverhältnisse der Zeitdimensionen im Zeichenprozess s. auch SS 2, 269, 420, Anm. 49, 431, Anm. 124; SS 3, 213; FÜ, 146f.; zu Luhmanns Sinndimensionen s. Kap. 5.3.4.

Zwei von Luhmann bezüglich der Systemelemente vorgegebene Problemkreise habe ich bisher ausgeblendet. Erstens ist noch zu klären, ob und inwiefern es auch in einem Zeichensystem das gibt, was Luhmann als rekursive, selbstreferentielle oder operative Schließung des Systems der Umwelt gegenüber behandelt. Dieses Problem und überhaupt das Verhältnis von Zeichensystem und Umwelt werde ich erst in Kapitel 8.3 besprechen.

Zweitens müssen laut Luhmann die Bedingungen geregelt werden, nach denen bestimmte Anschlüsse von Elementen zugelassen werden und andere nicht. Erst diese Konditionierung der basal selbstreferentiellen Anschlüsse in einer Systemstruktur macht aus beliebigen Relationierungen einen gerichteten Prozess. Außerdem ist in diesem Zusammenhang zu besprechen, wie durch die Systemstruktur die Möglichkeit von Wiederholung eröffnet wird, die es auf der Ebene der ereignishaften Elemente nicht geben kann. Diesem zweiten Problemkreis werde ich mich im folgenden Kapitel zuwenden.

Fazit zu Kapitel 8.1:
Peirces triadisches Zeichenmodell ist in jeder bisher besprochenen Hinsicht geeignet, in Luhmanns Sinne als Systemelement eines rekursiv operierenden Systems zu dienen: Das Zeichen ist als Systemelement eine nicht dekomponierbare Funktionseinheit, es ist nicht auf eine bestimmte Systemreferenz festgelegt und kann als Element eines basal selbstreferentiellen Prozesses angesehen werden (Kap. 8.1.1). Zeichen reproduzieren sich in einem potenziell unendlichen Prozess selbst, indem jedes Zeichen nur durch die kontinuierliche rekursive Relationierung mit anderen Zeichen zu einem System- und Prozesselement werden kann. Die Operationsweise des Zeichensystems kann als Autoreproduktion von Zeichen im Prozess der Semiose beschrieben werden (Kap. 8.1.2). Thematisiert als einmaliges, irreversibles und unwiederholbares Sinzeichen verleiht das Zeichen dem Zeichensystem konkrete Existenz, eine ereignishafte Operationsweise und temporalisierte Binnenkomplexität (Kap. 8.1.3).

8.2 Konditionierung und Struktur im Zeichensystem

Mit Konditionierung und Struktur ist die Ebene des Systems angesprochen, auf der die Relationierungen der Elemente geregelt werden. Alles Regelhafte oder Gesetzmäßige fällt gemäß Peirces Kategorienschema in den Bereich der Drittheit (s. Punkt 4 in Kap. 8.1.1). Nachdem ich in Kapitel 8.1.3 die Kategorie der Zweitheit vorgestellt hatte, um die Existenz und Ereignishaftigkeit des Sinzeichens herzuleiten, wende ich mich nun also wieder der Drittheit als der Kategorie des Regelmäßigen zu (Kap. 8.2.1).

Um aber Peirces Kategorienlehre nicht immer nur punktuell zu behandeln, werde ich im zweiten Unterkapitel die bislang fehlende Kategorie der Erstheit einführen und noch allgemeine Bemerkungen zu den Kategorien nachtragen: Hier werden deren Irreduzibilität, ihr gegenseitiges Implikationsverhältnis und ihre Degeneration zu besprechen sein. Dies soll nur in zweiter Linie dem Zweck einer systematischeren und vollständigeren Darstellung dienen. Es ist in erster Linie zur Klärung des Verhältnisses von ereignishaftem Element und Struktur im Zeichensystem und für das Verständnis von Peirces kategorial differenzierter Subklassifikationen des Zeichens nötig (Kap. 8.2.2).

Die Besprechung von Peirces Zeichenklassifikation werde ich mit dem Tripel Quali-, Sin- und Legizeichen beginnen (Kap. 8.2.3) und anschließend anhand Peirces Begriff der ‚Replika' zeigen, wie die Wiederholbarkeit von Zeichen konstituiert und eine Regelung der Zeichenverwendung erreicht werden kann. In diesem Zusammenhang werde ich auch Luhmanns Vorstellungen von Wiederholung, Generalisierung, Kondensierung und Konfirmierung einführen und in das Zeichensystem integrieren (Kap. 8.2.4).

Auch bei der Diskussion der beiden anderen Tripel, nämlich Ikon, Index und Symbol (Kap. 8.2.5) und Rhema, Dikent und Argument (Kap. 8.2.6), werde ich zeigen, dass es v. a. die genuinen Zeichentypen sind, welche die für das Zeichensystem nötige Konditionierung und Strukturierung leisten können. Dies sind die Zeichentypen ‚Legizeichen', ‚Symbol' und ‚Argument', die jeweils kategorial der Drittheit als der Ebene der Regelhaftigkeit entsprechen. Aber auch die Zeichensubklassen der anderen Kategorien üben wegen ihrer Selektivität einen strukturierenden Einfluss auf die Semiose aus.

Eine weitere Möglichkeit, den Semioseprozess zu konditionieren, kann Peirces dreifacher Unterteilung der Interpretanten entnommen werden. Hier ist nämlich v. a. der finale Interpretant, der auf der Ebene der Drittheit steht, für die Strukturierung von Zeichenprozessen einschlägig (Kap. 8.2.7).

Da der finale Interpretant als eine allgemeine Interpretationsregel oder auch Verhaltensgewohnheit aufgefasst werden kann, bietet es sich als Abschluss des Kapitels an, einen Seitenblick auf die Verbindung zwischen Peirces Semiotik und seinem Pragmatismus zu werfen und auch aus dieser erweiterten Perspektive die Frage nach der Strukturierung des Zeichensystems zu beleuchten (Kap. 8.2.8).

Der systemtheoretische Problemhorizont, der den Überlegungen dieses Kapitels vorgegeben ist und die Richtung meiner folgenden Darstellung bestimmt, kann dem Kapitel 4.3 im Einzelnen entnommen werden.

8.2.1 Systemstrukturierung auf der Ebene der Drittheit

In diesem Kapitel werde ich herleiten, inwiefern Konditionierung und Strukturierung rekursiver Prozesse eines Systems bei Peirce allgemein kategorial der Drittheit zugerechnet werden müssen. Ab Kapitel 8.2.3 werde ich die hier allgemein ermittelten Ergebnisse speziell auf Zeichensysteme übertragen.

Sowohl bei Konditionierung als auch bei Strukturierung handelt es sich um Mechanismen, die selektiv die Anschlussbedingungen der ereignishaften Elemente regeln und so einen gerichteten und qualifizierten Prozess ermöglichen. Damit fallen sie in Peirces Kategorie der Drittheit, die alles Gesetz-, Regel- und Gewohnheitsmäßige umfasst:

> „Das vorherrschende Element in einem *Gesetz* oder einer Regelmäßigkeit (uniformity) ist die Drittheit." (SS 2, 154)

> „Jedes Gesetz bzw. jede allgemeine Regel drückt eine Drittheit aus, weil sie eine Tatsache dazu bringt, eine andere zu verursachen." (NZ, 381)[71]

[71] Für weitere Aussagen von Peirce, die den Regelungscharakter der Drittheit betonen, s. SS 1, 346; SS 2, 139, 161, 383; SS 3, 307; RS, 409; S&S, 82; zur Darstellung von Peirces Drittheit allgemein

Zur Drittheit werden diese Phänomene deshalb gerechnet, weil die Relationierung von bestimmten Bedingungen mit bestimmten Konsequenzen nur in einem Dritten geregelt werden kann, das in diesem Sinne „eine Tatsache [nämlich die bestimmten Bedingungen] dazu bringt, eine andere [nämlich die bestimmten Konsequenzen] zu verursachen". Erst das Dritte stellt diese spezifisch geregelte Verbindung zwischen zwei anderen Relata her.[72] Wären diese zwei Relata bloß durch eine zufällige Aufeinanderfolge verbunden, läge nur ein isolierter Fall von Zweitheit vor, der nicht durch eine Gesetzmäßigkeit der Drittheit geregelt und strukturiert wäre. Die Regelungsleistung der Drittheit erfüllt nun wesentliche Anforderungen, die Luhmann an konditionierende Systemstrukturen richtet:

1. Die Regeln der Drittheit lassen bestimmte Ereignisse nur zu, wenn bestimmte Umstände oder Bedingungen gegeben sind. Und immer wenn diese Umstände vorliegen, kann man auch das Eintreten bestimmter Folgeereignisse erwarten, solange die Gültigkeit der Regel nicht bezweifelt wird.[73] Die Regelungsstruktur der Drittheit koppelt demnach Voraussetzungen und Folgen wie die Protasis und die Apodosis einer konditionalen Aussage aneinander. Sie nimmt damit den hergestellten Relationen die Beliebigkeit, da ihrer Gesetzmäßigkeit entsprechend beide Seiten des Konditionalsatzes selektiv bestimmt und regelhaft aufeinander bezogen sind. Wenn sich aus derartig geregelten Relationen von Elementen in der Zeitdimension ein systemischer Prozess ergibt, dann ist dieser Prozess weder instabil noch entropisch, sondern vielmehr gerichtet und qualifiziert. Denn der Anschluss jedes neuen Elements geschieht nicht in beliebiger oder zufälliger Relationierung, sondern gemäß den geregelten Konditionen der Drittheit. Diese erfüllen damit genau Luhmanns Anforderungen an die Konditionierung der Anschlussmöglichkeiten von Elementen im System. Diese besteht ja auch darin, als Wenn-Dann-Regel nur von bestimmten Systemelementen aus bestimmte weitere Anschlüsse selektiv zuzulassen.

2. Eine Regel ist allgemein dadurch charakterisiert, dass sie die Bedingungen festsetzt, gemäß denen im Anschluss an bestimmte Voraussetzungen nur noch bestimmte Folgen möglich sind. Dieser Regelzusammenhang muss wegen seiner vagen Allgemeinheit nicht unbedingt in absoluter Notwendigkeit in Kraft treten,[74] aber doch zumindest in solcher Zwangsläufigkeit, dass man Voraussagen aufgrund seiner machen könnte. Wegen dieser Notwendigkeit, Zwangsläufigkeit oder auch Voraussagekraft fungiert die Regel der Drittheit auch als Erwartungsstruktur,[75] und zwar als hochselektive. Denn als solche ist sie eine „bloße Verneinung von Möglichkeit"[76], indem sie gemäß ihrer Gesetzmäßigkeit immer mehr Anschlussmöglichkeiten ausschließt, als sie in Folge der spezifizierten Voraussetzungen erlaubt. Die Relevanzkriterien, welche die Anschlussbedingungen strukturell regeln, werden in der Drittheit selbst erstellt und sind notwendig selektiv.[77] Auch dieser ausgeprägt

---

s. Baltzer 1994, 71 – 77, 102 – 105; Corrington 1993, 128 – 130, 134f.; Hausman 1993, 127 – 130; Rohr 1993, 42 – 44; Spinks 1991, 38 – 41.

72 PhLZ, 55, 57.

73 „Jede Drittheit besteht in der Wahrheit [g: Tatsache], daß etwas zustande gebracht *wird*, wenn die Bedingungen sich ergeben." (SS 2, 152) vgl. NZ, 294f., 304; RS, 359.

74 SS 2, 352.

75 „[...] sollte es ein solches *Gesetz* geben, so würde es offenbar eine *Realität* haben, die in der Tatsache *sich konstituiert*, daß darauf basierende Voraussagen von den tatsächlichen Ereignissen erfüllt werden." (PhLZ, 58) vgl. NZ, 293 – 295; s. auch Merrell 1996, 84f.

76 PhLZ, 61.

77 s. auch NZ, 150 hinsichtlich der Selektivität von Verhaltensgewohnheiten.

selektive Charakter von Peirces Drittheit entspricht Luhmanns konditionierender Systemstruktur.
3. Aufgrund der selektiven Bestimmung von Anschlussmöglichkeiten, die durch die Regelhaftigkeit der Drittheit geleistet wird, werden die jeweils folgenden Elemente spezifiziert und qualifiziert. Man kann also aufgrund der strukturierenden Gesetzmäßigkeit voraussagen, welche Qualitäten, Merkmale oder Eigenschaften die möglichen Anschlusselemente bei einer bestimmten Ausgangslage haben müssen:

> „Ein Gesetz dagegen wird von jedermann ganz richtig als ein Grund für die Voraussage aufgefaßt, daß ein Ereignis ein gewisses Merkmal haben wird [...]." (NZ, 361)[78]

Diese Spezifikation und Qualifizierung der anschließbaren Elemente durch eine strukturierende und konditionierende Regel ist nötig, damit aus der rekursiven Relationierung von Elementen ein gerichteter Systemprozess werden kann. Ohne derartige Struktur der Drittheit drohen nach Luhmann dem System Instabilität und entropischer Zerfall, da jedes Element jederzeit an jedes andere anschließen könnte und das System aufgrund dieser Beliebigkeit jede Orientierung verlöre. Auch Peirce sieht die strukturierende Ordnungsbildung durch die Kategorie der Drittheit als unverzichtbar an, da die ungeregelte Abfolge von Ereignissen reiner Zweitheit ins Chaos führen würde.[79]
4. Die Regelhaftigkeit der Drittheit hat also die Kraft, Ereignisse der Zweitheit selektiv zu qualifizieren oder, allgemeiner ausgedrückt, sie zu bestimmen. Die Gesetze und Regeln sind demnach real und haben reale Wirkungen, aber als allgemeine Phänomene der Drittheit können sie nicht auf der Ebene der Zweitheit konkret existieren oder vollständig verkörpert werden.[80] Ihr eigener Realitätsstatus ist nicht der der Existenz, sondern er liegt in der Allgemeinheit, speziell in der allgemeinen Fähigkeit zur Bestimmung wirklicher Ereignisse:

> „Es ist weit lohnender, zum Begriff des Lebens anzumerken, daß Drittheit wesentlich das Hervorrufen von Wirkungen in der Welt des Existenten einschließt – nicht als Quelle von Energie, sondern durch die schrittweise Entwicklung von Gesetzen." (PhLZ, 61)

> „Was also ist ein Gesetz? Es ist eine Formel, der tatsächlich wirkliche Ereignisse entsprechen." (NZ, 362)[81]

Die Ereignisse der Zweitheit, die durch die Wirksamkeit der Drittheit bestimmt werden, werden von deren Regeln qualifiziert und strukturiert. Im Gegenzug verleihen sie diesen Regeln eine momenthafte Existenz und verkörpern sie zumindest selektiv. Denn die Regeln

---

[78] vgl. auch SS 2, 135: „Es [das Element der Drittheit, meine Ergänzung] ist so [sic!] wie es ist, indem es Reaktionen in der Zukunft eine Qualität aufprägt." s. auch PhLZ, 57; RS, 181.

[79] s. SPP, 578 und 448: „Allgemeinheit ist in der Tat ein unerläßlicher Bestandteil der Realität; denn bloße individuelle Existenz oder Aktualität ohne jede Regelmäßigkeit ist eine Nichtigkeit. Das Chaos ist ein reines Nichts."

[80] SS 2, 161; S&S, 70f., 81; VP, 69.

[81] Zu diesem allgemeinen Charakteristikum regelhafter Phänomene der Drittheit s. auch SS 2, 86f.; SS 3, 267; NZ, 202; PhLZ, 66; RS, 359; SPP, 586; VP, 30.

können sich konkret nur in den Ereignissen der Zweitheit verwirklichen, auf die sie sich als Anwendungsfälle ihrer Gesetzmäßigkeit auswirken:

> „Ein Gesetz also, das niemals wirksam wird, hat keine positive Existenz." (SPP, 331f.)[82]

Die Ereignisse wiederum können sich im System nur dann rekursiv reproduzieren, wenn sie qualifiziert sind und ihre Anschlüsse durch die Regelungsleistung der Struktur zu einem geordneten Prozess gemacht werden (s. o. Punkt 3). Allgemeine Regelhaftigkeit der Drittheit und konkrete, momenthafte Existenz der Zweitheit sind also bei Peirce genauso interdependent wie das Verhältnis von Struktur und Ereignis in Luhmanns Systemtheorie.[83]
5. Aus der bestimmenden Kraft der strukturellen Regeln der Drittheit folgt auch, dass ein entsprechend operierendes System strukturdeterminiert ist. Denn die Ereignisse der Zweitheit, die in rekursiver Relationierung reproduziert werden, können in einem solchen System nur noch gemäß den Anschlussbedingungen auftreten, welche die Regelstruktur der Drittheit festsetzt.
6. In anderer Hinsicht können die Regelungsebene der Drittheit und die Ebene der Existenz in der Zweitheit als komplementär beschrieben werden. Die Zeitspanne der Existenz von Ereignissen ist auf einen Zeitpunkt reduziert (s. Punkt 1d in Kap. 8.1.3). Daher kann ein System aus seinen ereignishaften Elementen zwar seine momenthafte Existenz, aber keine dauerhafte Realität gewinnen. Diese muss nach Luhmann auf einer anderen Systemebene konstituiert werden, nämlich der Strukturebene. Es ist bei Peirce wieder die Kategorie der Drittheit, die Allgemeinheit aufweist und so die Dauerhaftigkeit ermöglicht, die im System auf der Strukturebene erforderlich ist. Als ein Spezifikum von Regeln und Gesetzen habe ich oben in den Punkten 1 und 2 herausgestellt, dass sie entspechend ihrer selektiven Konditionen iterativ funktionieren und so als verallgemeinerte Erwartungsstrukturen fungieren: Sooft bestimmte Bedingungen erfüllt sind, kann man auch bestimmte Folgen erwarten bzw. werden bestimmte Anschlüsse erst möglich. Damit tritt zu der wesentlichen konditionalen Struktur von Regeln auch eine in die Zukunft gerichtete zeitliche Dimension:

> „Also ist die Aussage, daß ein Gesetz positiv existiert, gleichbedeutend mit der Aussage, daß es wirksam sein wird, und daher damit, daß es sich auf die Zukunft bezieht, wenn auch nur konditional." (NZ, 332)[84]

7. Die entsprechende strukturierende Regel verschwindet also nicht wie die von ihr bestimmten Ereignisse, sondern sie bleibt dauerhaft für künftige Anwendungsfälle solange bestehen, bis die Gültigkeit der Regelstruktur aufgehoben oder zumindest modifiziert

---

[82] Ein Gesetz ist als Phänomen der Drittheit notwendig allgemein und für alles Allgemeine gilt: „Nun hat das, was allgemein ist, sein Sein [Peirce hätte hier exakter von Existenz sprechen müssen, meine Anmerkung] in den Anwendungsfällen, die es bestimmt." (PhLZ, 125) vgl. SS 3, 163; SPP, 450f.

[83] Den entsprechenden Zusammenhang arbeitet Vincent Colapietro auch für die Relation zwischen selbstkontrollierendem Geist (mind) und dessen Manifestationen in der Zweitheit heraus (Colapietro 1985, 492f.).

[84] Den Zukunftsbezug und die Dauerhaftigkeit von Regeln oder Gesetzen spricht Peirce auch an in SS 1, 383; SS 2, 86f., 134, 161, 265; NZ, 304; RS, 169, 409; VP, 30, 68; vgl. hierzu auch Sfendoni-Mentzou 1997, 649f., 660f.

wird.[85] Somit können in der Drittheit die Konditionen, denen gemäß die Anschlussmöglichkeiten der Systemelemente geregelt werden, mit relativer Dauer fixiert werden. Ereignishafte Operationsweise in der Zweitheit und Strukturierung in der Drittheit sind also dahin gehend komplementär, dass ihre Kombination dem System eine dynamische Stabilität verleiht. Die Dynamik leitet sich von der ständig neuen, rekursiven Relationierung zeitpunktfixierter, jeweils nur momenthaft existierender Elemente in der Zweitheit ab und die Stabilität von der Allgemeinheit und relativen Dauerhaftigkeit der Strukturen in der Drittheit.

8. Wegen der eben angesprochenen iterativen und relativ dauerhaft in die Zukunft gerichteten Kraft der Drittheit, Ereignisse zu bestimmen, ermöglicht diese Kategorie auch die Wiederholung von Elementen. Denn bei wiederholten Anwendungen der Regelstruktur, die für die Drittheit ja charakteristisch sind,[86] kann von den individuellen Unterschieden der jeweiligen Ereignisse in Raum und Zeit abstrahiert werden, so dass diese im selektiven Rahmen derselben Regel als Wiederholungen gelten können. Für die einzelnen, individuellen Ereignisse der Zweitheit ist und bleibt Wiederholbarkeit freilich kategorisch ausgeschlossen (s. Punkt 1c in Kap. 8.1.3). Aber die Regelstruktur der Drittheit konstituiert einen spezifizierten und qualifizierten Typus von Element bzw. Ereignis mit selektiv bestimmten Anschlussmöglichkeiten (s. o. Punkt 3) und dieser Typus kann immer wieder durch verschiedene Phänomene der Zweitheit verwirklicht werden. So wird in Peirces Drittheit wie in Luhmanns Systemstruktur Wiederholbarkeit durch strukturelle Identitätsbildung im Differenten konstituiert.

9. Die Wiederholung bestimmter Ereignistypen wirkt sich nicht nur auf der Ebene der Zweitheit auf die Spezifizierung und Typisierung der Elemente aus, sondern auch auf die Ebene der Drittheit selbst: Dort wird nämlich durch jede erfolgreich wiederholte Anwendung einer Regel deren Gültigkeit bestätigt und gefestigt. Die strukturellen Regeln der Drittheit sind nämlich nicht ahistorisch und unveränderlich vorgegeben, sondern sind selbst immer evolutionäre, historisch veränderliche Produkte.[87] Dies ist in einem System wie einem rekursiv operierendem Zeichensystem auch zu erwarten. Denn diese Art von System existiert mit seinen Strukturen nur in seinen konkreten Operationen (s. o. Punkt 4 und s. Punkt 2a in Kap. 8.1.3) und ist als rekursives System grundsätzlich historisch und vergangenheitsabhängig (s. Punkt 4e in Kap. 8.1.2). Dies wirkt sich auch auf der Strukturebene der Drittheit aus: Deren Regelungsstrukturen können im Laufe der Systemgeschichte nur in den konkreten Operationen, auf die sie angewendet werden, aufgebaut und gefestigt, aber

---

[85] „Wenn es jedoch eine Regelmäßigkeit gibt, die niemals durchbrochen wird und niemals durchbrochen werden kann, die eine Seinsweise besitzt, die in einem unabänderlichen Verlauf oder einer Determinierung des Wesens der Dinge liegt, so daß ihr noch die unendliche Zukunft sich angleichen wird: Dies nenne ich dann ein *Gesetz*." (PhLZ, 57f.)

[86] FÜ, 162; NZ, 124, 201f.; PhLZ, 57f.

[87] Alle Phänomene der Drittheit sind veränderlich gemäß Peirces universeller evolutionärer Kosmologie, „in der alle Regularitäten der Natur und des Geistes als Wachstumsprodukte angesehen werden [...]." (NZ, 179) Die Entstehung und evolutionäre Veränderlichkeit von Gesetzen in der Zeit thematisiert Peirce auch in SS 2, 139, 155; SS 3, 419; NZ, 118f., 125, 145f., 231f.; PhLZ, 57f., 61; RS 144f., 197, 228; S&S, 141 – 143; zur hohen Bedeutung der Evolutionstheorie in Peirces Denken s. Alborn 1989; Hausman 1993.

auch wieder abgebaut und vergessen werden.[88] Das Ausmaß und die Dauer ihrer Gültigkeit hängen also davon ab, ob sie auf der Ebene der Zweitheit erfolgreich Wirkungen erzielen, d. h. Elemente und Ereignisse bestimmen können. Auch diese Historizität und Veränderlichkeit deckt sich mit Luhmanns entsprechender Charakterisierung von Systemstrukturen.

10. Die Veränderung der Regelstruktur in der Drittheit kann man als evolutionäre Transformation beschreiben. Die Regeln der Drittheit können nämlich als Erwartungsstrukturen aufgefasst werden, die wegen ihres hochselektiven Charakters (s. o. Punkt 2) immer auch enttäuscht werden können. Diese Enttäuschung wirkt dann als erwartungsrelative Irritation, also als Ereignis der Zweitheit, das in der Regelstruktur der Drittheit nicht vorgesehen ist. Peirce verdeutlicht den Zweck von Regeln am Beispiel von (Verhaltens-)Gewohnheiten, die dazu dienen, „einen geregelten Ruhezustand hervorzubringen" bzw. „den Ursprung von Reizungen zu beseitigen"[89]. Allgemeiner gesagt dienen also die Gesetze und Strukturen der Drittheit dazu, die rekursive Relationierung der ereignishaften Elemente im System so zu regeln, dass sich möglichst keine Irritationen ergeben. Manche Ereignisse einer ungeordneten Zweitheit können aber wiederholt[90] und in relevantem Ausmaß[91] irritierend auftreten, ohne dass die Regelstruktur ihren vorgegebenen Zweck erfolgreich erfüllen könnte. In einer derartigen Konstellation müssen dann die Konditionen der Drittheit variiert werden, und zwar so lange, bis sie die Irritation zu beseitigen imstande sind. Erst dann liegt nämlich wieder eine geregelte Erwartung vor, deren Voraussagefähigkeit sich auch auf die vormalig irritierenden Ereignisse der Zweitheit erstreckt. Das Ergebnis dieser Modifikation der Drittheit ist dann wieder evolutionär bewährungspflichtig, denn auch die neue Regel besitzt ihre unbezweifelte Gültigkeit nur so lange, bis z. B. aufgrund von Zufallsvariation oder Spontaneität in der Zweitheit erneut Irritationen auftreten.[92] Diese Abfolge bei der Änderung von Regelstrukturen entspricht dem evolutionären Schema von Ausgangslage, Variation und Restabilisierung, das auch Luhmann der Änderung von Systemstrukturen zugrunde legt.

Fazit: Peirces Kategorie der Drittheit erfüllt in jedem relevanten Aspekt (s. o. die Punkte 1 bis 10) die Anforderungen, die Luhmann an die Struktur eines rekursiv operierenden Systems richtet. Nachdem ich in Kapitel 8.1.3 die Zweitheit als die Ebene dargestellt hatte, auf

---

[88] „Folglich hat ein Gesetz, das zum letzten Mal wirksam war, aufgehört, als Gesetz zu existieren [...]." (SPP, 332)

[89] SS 3, 221 bzw. RS, 147.

[90] Auch die Wiederholung von Irritationen setzt bereits deren Typisierung, Generalisierung oder Schematisierung durch die Drittheit voraus (vgl. oben Punkt 8), da ein irritierendes Ereignis der Zweitheit immer nur *hic et nunc* individuell und unwiederholbar auftritt (s. Punkt 1c in Kap. 8.1.3). Daraus folgt, dass die Regeln von Peirces Drittheit ebenso wenig wie Luhmanns Systemstrukturen die Irritationen der Zweitheit in einer Eins-zu-Eins-Entsprechung bearbeiten.

[91] Es ist an dieser Stelle wichtig, das Ausmaß und die Relevanz der Irritation zu betonen. Denn die Regeln der Drittheit dürfen nur diskontinuierlich und unter restriktiven Bedingungen geändert werden, wenn Vorteile wie Qualifizierung und Wiederholbarkeit von Elementen, relative Dauerhaftigkeit und Stabilität nicht gefährdet werden sollen.

[92] Zu diesen Zusammenhängen s. NZ, 114, 231f., 248; Sofern die hier genannten Irritationen von der Umwelt ausgehen, entspricht der geschilderte Zusammenhang semiotisch dem, was Luhmann in der Systemtheorie ‚strukturelle Kopplung' nennt; vgl. auch Punkt 31 in Kap. 8.2.7 und Kap. 8.3.8; für eine pragmatische Version der strukturellen Kopplung s. die Punkte 8 bis 13 in Kap. 8.2.8.

der sich der rekursive Prozess der Semiose in konkreter Ereignishaftigkeit verwirklicht, habe ich nun die Drittheit als die kategoriale Ebene herausgearbeitet, auf welcher der Semioseprozess konditioniert und strukturiert wird. Auch im speziellen Falle eines Zeichensystems muss demnach die Konditionierungs- und Strukturierungsebene v. a. in der Drittheit, die für das triadische Zeichen ohnehin genuin ist, verortet werden. Den Transfer der allgemeinen Ergebnisse dieses Kapitels speziell in ein Zeichensystem werde ich ab Kapitel 8.2.3 leisten.

8.2.2 Erstheit und Allgemeines zu den Kategorien

Bevor ich aber wieder spezieller zur Konstruktion eines Zeichensystems zurückkehren kann, muss ich noch relevante Merkmale von Peirces erster Kategorie vorstellen. Auch das Verhältnis der Kategorien untereinander, das mit Stichworten wie ‚Degeneration', ‚Implikation' oder ‚Irreduzibilität' beschrieben werden kann, ist noch zu entfalten. All diese Theorieelemente sind nämlich nötig, damit ich anhand Peirces Zeichensubklassifikation zeigen kann, wie ein Zeichensystem die ereignishaften Elemente seines rekursiven Prozesses selbst konditionieren und strukturieren kann. Diese Anforderung muss es als operativ geschlossenes System nämlich erfüllen können.

1. Peirces Erstheit ist die Kategorie der monadischen Relationen:

> „*Erstheit* ist das, was so ist, wie es eindeutig und ohne Beziehung auf irgend etwas anderes ist." (PhLZ, 55)

Da gemäß dieser Definition alle höherstufigen Relationen aus der Erstheit ausgeschlossen sind, können in dieser Kategorie die Phänomene nur als monadische Relationen aufgefasst werden, also so, wie sie selbst an und für sich sind.[93] Aus dieser Beschreibung der Erstheit kann man weitere Charakteristika ableiten:

a) Wenn man die Dinge unter der Perspektive ihrer Erstheit betrachtet, müssen sie, wie auch Peirce in der Definition sagt, eindeutig sein, „so daß es keinen Unterschied machte, wenn es nichts anderes gäbe, gegeben hätte oder geben könnte."[94] Erstheit ist zwar eindeutig so, wie sie ist,[95] aber es existiert in ihrer Kategorie kein Beobachter, für den diese Eindeutigkeit informationsträchtig wäre. Denn es gibt in der Erstheit noch keine Unterschiede und damit auch keinen „*Unterschied, der einen Unterschied ausmacht*"[96], um Gregory Batesons Definition von Information zu zitieren.

---

[93] Dieses Hauptcharakteristikum der Erstheit betont Peirce auch in SS 1, 345, 382, 389; SS 2, 268f., 278; SS 3, 302; FÜ, 144; NZ, 157, 379; PhLZ, 164; RS, 115, 260; S&S, 81; VP, 24; zu einer allgemeinen Darstellung der Erstheit s. Baltzer 1994, 58 – 62, 97f.; Corrington 1993, 126f., 133f.; Hausman 1993, 120 – 127; Rohr 1993, 38 – 40; Spinks 1991, 27 – 31.

[94] NZ, 379; vgl. RS, 115: „Es [das Erste, meine Ergänzung] geht aller Synthesis und allen Differenzierungen voraus." In einem literarischen Vergleich veranschaulicht Peirce Erstheit als das, „was die Welt für Adam war – an jenem Tage, als er seine Augen für sie öffnete, bevor er irgendwelche Unterscheidungen gemacht hatte und sich seiner eigenen Existenz bewusst war." (RS, 116)

[95] Zur Eindeutigkeit der Erstheit s. auch SS 2, 133, 268; PhLZ, 56.

[96] Bateson 1996, 582.

b) Die Eindeutigkeit wird für die Erstheit also definitorisch postuliert, kann aber nicht beobachtet werden, da diese Beobachtung einen Kategorienwechsel hin zu höherstufigen Relationen bedeuten würde. Aus dieser Unbeobachtbarkeit folgt, dass die Erstheit trotz ihrer Eindeutigkeit nicht bestimmt werden kann:

> „Wir haben gesehen, daß sich der Begriff des absolut Ersten jedem Versuch entzieht, ihn zu erfassen." (RS, 120)[97]

Denn jedes Erfassen setzt Differenzbildung in der Zweitheit und Darstellung in der Drittheit voraus, womit aber die Erstheit kategorial bereits zweimal verlassen ist.
c) Mit dem Ausblenden der Zweitheit als Kategorie der dyadischen Relationen müssen der Erstheit auch alle Attribute aberkannt werden, die erst durch Zweitheit verwirklicht werden können: Der Realitätsstatus der Erstheit umfasst also keine Individualität oder Identität, weder Zwang noch Krafteinwirkung in Aktion und Reaktion, weder Teile noch Differenzen und auch keine tatsächliche Wirklichkeit oder Existenz (vgl. Punkt 1 in Kap. 8.1.3).[98] Und da zum einen Drittheit darin besteht, ein Erstes und ein Zweites in Beziehung zu setzen bzw. zu vermitteln, und zum anderen die Erstheit zu einfach ist, als dass sie Zweiheit beinhalten könnte, kann sie auch keine Merkmale der Drittheit aufweisen: Erstheit unterliegt keinem Gesetz, sie ist nicht durch Vernunft steuerbar, es gibt für sie keinen Grund und sie kann, wie schon oben in Punkt 1b gezeigt, in keiner Aussage adäquat dargestellt werden.[99]
d) Ein Phänomen der Erstheit hat also nach Peirce „keine Identität außer exakter Ähnlichkeit"[100]. Diese Position ist etwas problematisch, und da das Thema ‚Ähnlichkeit' auch in anderen Zusammenhängen, etwa in der Prototypentheorie,[101] relevant ist, greife ich kurz das Problem kritisch auf: Ähnlichkeit ist ein voraussetzungsreiches Phänomen, bei dem mindestens zwei Bereiche unterschieden werden müssen, die man vergleichen und deren Ähnlichkeit man beobachten will. In der Hinsicht impliziert Ähnlichkeit bereits Peirces Zweitheit. Darüber hinaus muss aber auch ein Drittes festgelegt werden, nämlich im Hin-

---

97 vgl. SS 2, 278; RS, 117, 162 und115: „Es [das Erste, meine Ergänzung] kann nicht klar gedacht werden."

98 SS 1, 191, 382, 390; SS 2, 278; FÜ, 145; PhLZ, 57, 164f.; RS 115f., 131, 257, 262, 264; VP, 24f.; Wenn Peirce also sagt: „Das Erste ist der Begriff, unabhängig von irgendetwas anderem zu sein oder zu existieren." (NZ, 157), hätte er nicht von der Existenz sprechen dürfen. Da Existenz ausschließlich der Zweitheit zukommt, macht Peirce hier, streng genommen, einen Kategorienfehler.

99 SS 1, 191, 382; RS, 116, 257, 262; S&S, 81f.; In einer Hinsicht ist die Erstheit der Drittheit als der Kategorie des Allgemeinen näher als der Zweitheit: Die Phänomene der Erstheit sind zwar nicht an sich allgemein, können aber verallgemeinert werden, was für die ereignishaften Phänomene der Zweitheit ausgeschlossen ist (vgl. SS 2, 111). Im Unterschied zur Drittheit, deren Gesetzmäßigkeit zwar angewandt, aber nie vollständig in der Zweitheit verkörpert werden kann, ist dies für die Erstheit schon möglich (SS 2, 161). Leslie Friedman untersucht den Realitätsstatus der Erstheit und Drittheit v. a. hinsichtlich ihrer Universalität und ihrer Verkörperung in der Zweitheit (Friedman 1995).

100 SS 2, 278; in diesem Sinne auch SS 1, 253f.; FÜ, 147.

101 Für eine kritische Diskussion der Ähnlichkeitsproblematik im Hinblick auf die Konstitution und Kohärenz von Kategorien in der Prototypentheorie s. Schmid 1993, hier v. a. 40 – 42, 84 – 91; vgl. auch Kleiber 1998, 33 – 39, 102 – 104, 111 – 119, 139f.; beide Autoren greifen auch das von Ludwig Wittgenstein hergeleitete Modell der Familienähnlichkeit auf; zur Ähnlichkeitsproblematik bei Peirces Ikon s. auch Punkt 1g in Kap. 8.2.5.

blick auf welche Relevanzkriterien die Ähnlichkeit selektiv zwischen den beiden Bereichen beobachtet werden soll. Also setzt Ähnlichkeitsbildung auch Drittheit voraus. Da aber Zweit- und Drittheit nicht in der Erstheit enthalten sein dürfen, scheidet auch ein selektiver Vergleich zur Feststellung von Ähnlichkeit aus der Erstheit aus, wie Peirce selbst an anderen Stellen schreibt.[102] Diese problematische Inkonsequenz Peirces sollte man so lösen, dass die Erstheit nur der Möglichkeitsraum ist, der Ähnlichkeitsbildung in Kooperation mit den beiden anderen Kategorien ermöglicht, selbst aber noch keine Ähnlichkeit aufweist.
e) Die meisten der bisherigen Ausführungen zur Erstheit sind negativ bestimmt, indem sie aufzählen, was Erstheit nicht ist. Das liegt nicht zuletzt an der in Punkt 1b genannten fehlenden Darstellungsmöglichkeit:

> „Die Vorstellung von einem Ersten ist so empfindlich, dass sie nicht berührt werden kann, ohne sie zu vernichten." (RS, 117)

Trotz dieses Bewusstseins des Scheiterns hat Peirce versucht, anhand positiver Beispiele zu verdeutlichen, welche Phänomene unter die Erstheit fallen. Aus der Menge von Eigenschaften, mit denen Peirce die Erstheit umschreibt,[103] greife ich folgende drei heraus:

Erstens fallen positive Eigenschaften und Qualitäten, die für sich allein genommen so sind, wie sie sind, in die Erstheit. Bei diesen Eigenschaften muss man allerdings von ihrer konkreten Verwirklichung, die in die Zweitheit fällt, abstrahieren. Die Eigenschaft existiert also nicht aktuell in einer Tatsache oder einem Gegenstand der Zweitheit, wenn sie als Erstheit thematisiert wird, sondern stellt eine positive Möglichkeit des Gegenstandes dar.[104] Als positive, aber nicht aktual verwirklichte Möglichkeit, kann diese Eigenschaft generalisiert und Gegenständen dauerhaft zugeschrieben werden.[105]

Zweitens exemplifiziert Peirce Erstheit mit reinen Gefühlsqualitäten, die er als monadische Relationen beschreibt.[106] Diese Gefühlsqualitäten weisen, als Phänomene der Erstheit betrachtet, keine spezifische Intensität auf und sind keine aktualen Gefühlserlebnisse, da dies beides bereits in die Zweitheit fiele. Sie sind vielmehr unanalysierbar und eine reine Annahme, da sie ohnehin unbeobachtbar sind (s. o. 1b).

Drittens nennt Peirce häufig unmittelbare Gegenwart als Beispiel der Erstheit.[107] Die Unmittelbarkeit dieser Gegenwart schließt Drittheit als Kategorie der Vermittlung bereits aus. Auch die Differenzen der als Erstheit betrachteten Gegenwart zu Vergangenheit und

---

[102] SS 2, 269, 300; PhLZ, 165; RS, 260; VP, 25.

[103] s. z. B. SS 2, 278; PhLZ, 56f., 164f.; RS, 115f.

[104] SS 2, 111, 153, 157, 278; SS 3, 278; RS, 262; VP, 25; Hinsichtlich der Härte als Beispiel einer Eigenschaft, deren Erstheit thematisiert wird, sagt Peirce: „Die Härte ist in diesem Fall nichts anderes als eine nicht verwirklichte Möglichkeit." (SS 2, 133f.)

[105] Peirce spricht von der Qualität von Dingen als einer „ständig fortdauernden Möglichkeit" (PhLZ, 57), die real ist, ohne notwendigerweise aktual zu existieren (vgl. SS 2, 133f.).

[106] „Ein Gefühl ist positiv so, wie es ist, unabhängig von etwas anderem. Es bezieht sich auf nichts als sich selbst. Das, was aus Gefühlen besteht, schließt keinen Vergleich von Gefühlen ein oder irgendeine Synthesis von Gefühlen." (SS 2, 331) vgl. SS 1, 223f.,345, 382f., 431; SS 2, 111, 300, 383; NZ, 379f.; PhLZ, 57, 168.

[107] „Das unmittelbar Gegenwärtige, könnten wir es nur fassen, würde keine andere Eigenschaft außer seiner Erstheit haben." (SS 2, 134) vgl. SS 1, 223f., 382; FÜ, 145; PhLZ, 165; RS, 115f., 263; VP, 24.

Zukunft müssen ausgeblendet werden,[108] da diese Unterschiede jeweils dyadische Relationen in der Zweitheit bilden. Und falls die Gegenwart so gedacht wird, dass sie zwischen Vergangenheit und Zukunft vermittelt, wird sie unter dem rekursiven Aspekt ihrer Drittheit und nicht mehr als unmittelbar betrachtet. Die Erstheit der Gegenwart soll also außerhalb der rekursiven Zusammenhänge der Zeitdimension stehen, weshalb sie auch unbeobachtbar ist.

f) Ein weiterer Aspekt der Erstheit, den ich eben schon erwähnt habe, ist allerdings für meine Darstellungszwecke wesentlicher, nämlich Erstheit als Kategorie der Möglichkeit:

> „Sie [Qualität als Beispiel für Erstheit, meine Ergänzung] ist, für sich genommen, in der Tat eine bloße Möglichkeit. Möglichkeit, die Seinsweise der Erstheit, ist der Embryo des Seins. Sie ist nicht Nichts, sie ist nicht Existenz." (PhLZ, 56f.)[109]

Erstheit als Möglichkeit liegt zwar unter der Schwelle der Existenz, hat aber ihren eigenen Realitätsstatus, denn „sie ist nicht Nichts". Möglichkeiten können nämlich in aktualen Wirklichkeiten der Zweitheit verkörpert werden, die ihrerseits Anwendungsfälle von Regeln der Drittheit sein können. Der Erstheit und der Drittheit ist also gemeinsam, dass sie ohne Verwirklichung in der Zweitheit nicht existieren können. Sie unterscheiden sich aber darin, dass die Möglichkeiten der Erstheit stets unmittelbar gegenwärtig und als unbedingtes „Sein-Können" gegeben sind, die Regeln der Drittheit aber als konditioniertes „Würde-Sein" eine Vermittlungsinstanz für die Zukunft darstellen.[110] Die Möglichkeiten der Erstheit werden also erst dadurch konkret erfahrbar, dass sie in der Zweitheit realisiert werden. Andererseits kann ein Phänomen der Zweitheit nur dann als Tatsache verwirklicht werden, wenn es eine Möglichkeit der Erstheit realisiert.[111] In dieser Hinsicht sind Erstheit und Zweitheit so interdependent wie Medium und Form bei Luhmann (s. Kap. 5.5). Denn eine Form kann auch nur aus den Möglichkeiten des Mediums gebildet werden und das Medium existiert konkret auch nur in den jeweils kontingenten Formbildungen, die es zulässt.

Diese Überlegungen zu den Zusammenhängen zwischen den Kategorien führen aber schon weg von der Betrachtung reiner Erstheit und leiten über zu den nächsten, allgemeineren Betrachtungen von Peirces Kategorien.[112]

2. Hier möchte ich im direkten Anschluss an Punkt 1f zuerst das Implikationsverhältnis der Kategorien vorstellen:

---

[108] RS, 263;VP, 24; Wenn Peirce allerdings schreibt, das Erste müsse „frisch und neu sein" (RS, 115), übersieht er, dass für diese Merkmalszuschreibung mindestens eine Differenz in der Zweitheit nötig wäre, z. B. ‚alt'.

[109] s. auch SS 2, 153, 157, 159; RS, 131, 257.

[110] vgl. RS, 409.

[111] „Eine Tatsache kann als die Zweitheit definiert werden, die zwischen irgendeinem Ding und einer Möglichkeit oder Erstheit besteht, die in diesem Ding verwirklicht ist." (PhLZ, 60) vgl. SS 2, 383; FÜ, 144f.

[112] Für allgemeine Ausführungen zu Peirces Kategorien s. Corrington 1993, 118 – 141; Deledalle 2000, 31 – 35; Deuser 1998, 221 – 228; Hartshorne 1980; Hausman 1993, 94 – 139; Oehler 1993, 41 – 60; Rohr 1993, 35 – 38, 42f., 45f.; Scherer 1984, 67 – 74; Sheriff 1989, 62 – 66; Nathan Houser entwickelt die Charakteristik der drei Kategorien aus der Bewusstseinsproblematik (Houser 2000, 44 – 64).

a) Erstheit als Kategorie nur monadischer Relationen kann keine Zweitheit oder gar Drittheit enthalten und Zweitheit kann als Kategorie rein dyadischer Relationen keine Drittheit umfassen. Es liegt also von der jeweils niedrigeren Kategorie hin zu den jeweils höheren kein Implikationsverhältnis vor, es ist vielmehr kategorisch ausgeschlossen. Ganz anders dagegen im Verhältnis der höheren zur niedrigeren Kategorie: Der triadische Charakter der Drittheit setzt ein Erstes und ein Zweites, die im Dritten vermittelt werden, voraus und auch die Zweitheit braucht ein Erstes und ein Zweites, die sich in dyadischer Relationierung gegenseitig bestimmen. Die jeweils höheren Kategorien implizieren also stets die jeweils niedrigeren.[113]
b) Aus diesem Voraussetzungsverhältnis folgt allerdings nicht, dass die jeweils niedrigere Kategorie in der höheren aufgehoben würde. Sie behält ihren eigenständigen Realitätsstatus mit dessen unabhängigem Eigenrecht. Das bedeutet, dass aufgrund von Spontaneität, Originalität oder Zufall aus dem Möglichkeitsbereich der Erstheit heraus immer Ereignisse in der Zweitheit auftreten können, für die es in der Drittheit keine Gesetze gibt. Dabei können die Möglichkeiten der Erstheit in der Zweiheit nie ganz erschöpft werden, wie auch die Ereignisse der Zweitheit, die sich jeweils aus diesem Möglichkeitsraum heraus aktualisieren, nie exakt und vollständig durch Regeln der Drittheit kontrolliert werden können.[114]
c) Aufgrund dieser kategorialen Zusammenhänge muss es nach Peirce im Universum absoluten Zufall geben. Dieser speist sich aus den unerschöpflichen Möglichkeiten der Erstheit, verwirklicht sich in der Zweitheit, ist nicht durch Gesetze der Drittheit geregelt und kann so die Vielfalt und Mannigfaltigkeit der Phänomene erklären. Diesen theoretischen Zusammenhang bezeichnet Peirce als Tychismus,[115] mit dem er gegen die Vertreter eines streng deterministischen Nezessitarismus argumentiert.

Der im Tychismus angenommene Zufall ist zwar als Ereignis der Zweitheit kategorial absolut, kann aber als absoluter Zufall nur in der Drittheit verstanden und dargestellt werden. In dieser Hinsicht ist er relativ, da er nur deshalb als zufällig aufgefasst wird, weil es keine Regel zur Erklärung des Ereignisses gibt.[116] Anders ausgedrückt, im Rahmen der Allgemeinheit und geregelten Redundanz der Drittheit stellt die Zweitheit auf der Grundlage der Möglichkeiten der Erstheit eine irreduzible Quelle für Varietät dar. So betrachtet hängen Zufall aus Erst- und Zweitheit und Regel der Drittheit bei Peirce genauso zusammen wie Zufall bzw. Irritation und Struktur bzw. Erwartung bei Luhmann.

Peirces Tychismus führt noch zu einem anderen Ergebnis, zu dem Luhmann über einen anderen Argumentationsweg kommt, nämlich über die Komplexitätsproblematik (vgl. Kap. 4.3.2 und Punkt 10 in Kap. 8.2.1). Da Systemstrukturen durch ihre Selektivität immer Umweltkomplexität abbauen, können sie die Menge möglicher Ereignisse nie in einer Punkt-für-Punkt-Entsprechung abbilden. Ebenso können in der Drittheit aufgrund des Tychismus auch nicht alle Ereignisse der Zweitheit, die aus der Erstheit heraus ermöglicht werden, in

[113] SS 1, 461; SS 2, 157; FÜ, 149; PhLZ, 59f.; RS, 116; dasselbe Implikationsverhältnis gilt für die kategorial differenzierten Zeichen: s. PhLZ, 132, 161; für eine knappe Charakterisierung von Peirces Kategorien und deren Implikationsverhältnis s. Short 1994, 401 – 404.
[114] NZ, 145f.; PhLZ, 57; RS, 164 – 167; S&S, 143; vgl. Parker 1994, 62f.
[115] Von gr.: tyche – Zufall; zu den sachlichen Zusammenhängen s. SS 3, 419; NZ, 116, 177, 145, 231f.; PhLZ, 59; RS, 164f., 223 – 225; zum Zusammenhang zwischen Peirces Tychismus und seiner evolutionären Kosmologie s. Oehler 1993, 100 – 105; für eine kritische Darstellung von Peirces Tychismus s. Reynolds 1997.
[116] vgl. NZ, 119.

einer Eins-zu-Eins-Entsprechung erwartet, dargestellt oder strukturell kontrolliert werden, da sonst der Zufall ja nicht absolut bzw. irreduzibel wäre: Die jeweils niedrigere Kategorie ist also immer den höheren implizit, wird in ihnen aber stets nur selektiv realisiert.

3. Aus den Ausführungen des letzten Punktes ergibt sich ein Problem: Wenn sich die Kategorien in aufsteigender Folge implizieren, wie können sie dann jeweils für sich dargestellt werden, wie ich es in den letzten Kapiteln gemacht habe? Peirce war sich dieser problematischen Frage bewusst und beantwortet sie methodisch:

> „Es ist nicht Metaphysik, womit wir uns beschäftigen – nur Logik. Deshalb fragen wir nicht, was wirklich ist, sondern nur, was einem jeden von uns in jeder Minute des Lebens erscheint. Ich analysiere Erfahrung als das kognitive Ergebnis unseres bisherigen Lebens und finde in ihr drei Elemente. Ich nenne sie *Kategorien*." (SS 1, 380)[117]

Peirces Herangehensweise an die Kategorien ist also logisch und phänomenologisch. Dabei bemüht er sich, die Kategorien möglichst eindeutig, rein und jede getrennt nur für sich zu definieren. Die eben genannten Merkmale sind, wie in Punkt 1 dieses Kapitels gezeigt, Attribute der Erstheit, so dass Peirces Analyse der Kategorien jeweils auf deren Erstheit abzielt:

> „Wenn Sie sich bemühen, die reinstmöglichen Begriffe der Erstheit, Zweitheit und Drittheit zu bilden – wenn Sie an Qualität, Reaktion und Vermittlung denken –, so bemühen Sie sich darum, die Reine Erstheit, die Erstheit der Zweitheit – das, was die Zweitheit für sich genommen ist – und die Erstheit der Drittheit zu verstehen." (SS 2, 158)[118]

Die Trennung der Kategorien und das Ausblenden ihres Implikationsverhältnisses ist also nur auf der abstrahierenden und definitorischen Ebene logischer Analyse und phänomenologischer Beschreibung möglich. Aber selbst hier gilt: „Ein absolut reiner Begriff einer Kategorie ist unmöglich."[119] Denn jede Begriffsbildung, Beschreibung und Analyse fällt wie alles Denken und jede Darstellung kategorial in die Drittheit, selbst wenn sie die Erstheit eines Phänomens repräsentieren soll. Damit ist für jede konkrete Darstellung der Kategorien deren eigene Implikation unhintergehbar, die völlig reine Erfassung ihrer Erstheit bleibt unerreichbar.[120]

4. Als Nächstes sind noch die Irreduzibilität und die Vollständigkeit der Kategorien zu erwähnen:[121]

a) Eine Kategorie ist dann als irreduzibel anzusehen, wenn ihr Charakteristikum nicht durch Kombinationen zwischen niedrigeren Kategorien ausgedrückt werden kann. Die Erstheit als unterste Kategorie kann ohnehin nicht reduziert werden, da sie hierfür zu einfach ist. Zweitheit kann auch nicht durch zwei Phänomene der Erstheit hergestellt werden,

---

[117] vgl. auch PhLZ, 51f., 61f.

[118] vgl. PhLZ, 62: „Die Phänomenologie untersucht die Kategorien in ihren Formen der Erstheit."

[119] SS 1, 383.

[120] „Nach der Meinung des Verfassers gibt es drei *universale Kategorien*. Da alle drei stets gegenwärtig sind, ist es unmöglich, eine reine Idee von irgendeiner von ihnen zu haben, die absolut von den anderen unterschieden ist." (PhLZ, 55) vgl. SS 1, 461; SS 2, 132.

[121] s. hierzu Baltzer 1994, 110 – 129; zur hohen Bedeutung der Irreduzibilität für Peirces Kategorienlehre s. auch Friedman 1995, 387.

da diese jeweils unabhängig von einander nur für sich zu betrachten wären. Dahingegen besteht genuine Zweitheit ja darin, dass jedes der Korrelate das andere erst zu dem macht, was es ist (s. Punkt 1a in Kap. 8.1.3). Damit haben beide Korrelate ihre Erstheit bereits verlassen. Und auch geniune Drittheit kann nicht aus einer Kombination von monadischen oder dyadischen Relationen konstituiert werden, da sie selbst in einem Dritten die Relation zwischen den beiden restlichen Relaten erst herstellt: Sie kann also weder in Dyaden zerlegt, noch aus Dyaden aufgebaut werden.[122] Peirce veranschaulicht dies anhand eines Beispiels: Wenn jemand zielt, um durch einen Wurf etwas zu treffen, liegt eine genuine Triade vor, da der Wurf ja Mittel zum Zweck für jemanden ist. Wirft jemand dagegen achtlos einen Gegenstand weg, der dann zufällig eine andere Person trifft, liegt nur eine Kombination von Dyaden, aber keine genuine Triade vor.[123] Intentionalität ist demnach ein Phänomen der Drittheit.

b) Die Vollständigkeit von Peirces Kategorien zeigt sich darin, dass alle Relationstypen, die höherstufig sind als triadische Relationen, in Kombinationen von Triaden aufgelöst werden können. Für sie gilt also die Irreduzibilität der Erst-, Zweit- und Drittheit nicht, so dass sie auch nicht als fundamentale Kategorien anzusehen sind.[124]

5. Aus dem oben in Punkt 2 angesprochenen Implikationsverhältnis der Kategorien lässt sich noch eine weitere Konsequenz ableiten. Da z. B. Drittheit Erst- und Zweitheit impliziert, kann sie nicht nur als Drittheit, sondern auch gemäß den beiden anderen Kategorien thematisiert werden. Das bedeutet, die Kategorien können auf sich selbst angewendet werden.[125] Der Selbstanwendungsgrad ist dabei analog zu den kategorialen Implikationen einer Kategorie: Auf die Drittheit können also neben der Drittheit selbst auch Zweit- und Erstheit angewandt werden, da sie diese beiden Kategorien impliziert, auf die Zweitheit kann neben der Zweitheit selbst nur noch die Erstheit angewandt werden, da sie bloß diese eine Kategorie impliziert, und auf die Erstheit nur sie selbst.

Peirce bezeichnet nun die Ebenen der Selbstanwendung als genuin, auf denen eine Kategorie gemäß ihrer selbst thematisiert wird, also als Drittheit der Drittheit, Zweitheit der Zweitheit und Erstheit der Erstheit. Alle anderen Selbstanwendungsebenen bezeichnet er als degeneriert, wobei diese Bezeichnung nicht despektierlich gemeint, sondern als Terminus aus der Geometrie entlehnt ist.[126]

Aus diesem Ansatz folgt, dass es für die Erstheit nur eine genuine, aber keine degenerierte Stufe gibt, denn Erstheit impliziert ja keine weitere Kategorie und „ist zu einfach, um

---

[122] „ Ich nehme es als erwiesen an, daß ich hinreichend gezeigt habe, daß, soweit wie *Denken* reicht, Drittheit ein Element ist, das nicht auf Zweitheit und Erstheit reduzierbar ist." (VP, 142) vgl. SS 2, 136, 339; FÜ, 148; RS, 121, 122.

[123] SS 1, 386; SS 2, 137, 159; RS, 127; Als ein weiteres Beispiel für Drittheit nennt Peirce das Geben: Wenn A den Gegenstand B an Person C gibt, bildet dies eine genuine Triade. Wenn dagegen A den Gegenstand B weglegt und C ihn dann später an sich nimmt, liegt nur eine Kombination zweier Dyaden vor (SS 2, 137; FÜ, 149); vgl. Liszka 1990, 28f.

[124] „Und die Analyse wird zeigen, daß jede *tetradische, pentadische* Relation oder eine mit irgendeiner größeren Zahl von Korrelaten, nichts anderes als ein Komplex triadischer Relationen ist. Es ist deshalb nicht überraschend, wenn man feststellt, daß über diese drei Elemente der Erstheit, Zweitheit und Drittheit hinaus nichts weiter im Phänomen zu finden ist." (SS 2, 138) vgl. PhLZ, 55; RS, 121f.; S&S, 4; s. auch Merrell 1995b, 135.

[125] Zur iterativen Anwendbarkeit der Kategorien s. Baltzer 1994, 84 – 89.

[126] s. hierzu Baltzer 1994, 130 – 159; Pharies 1985, 32 – 34.

irgendeine degenerierte Form haben zu können."[127] Für die Zweitheit dagegen gibt es neben der genuinen eine degenerierte Form, nämlich die Erstheit der Zweitheit, und für die Drittheit neben der genuinen sogar zwei degenerierte Formen, nämlich die Zweitheit der Drittheit und die Erstheit der Drittheit.[128]

Eine genuine Zweitheit liegt immer dann vor, wenn sich die Relate der Dyade gegenseitig dazu bestimmen so zu sein, wie sie sind. Der Wegfall des einen würde sich immer auf das andere auswirken (s. Punkt 1a in Kap. 8.1.3). Eine degenerierte Zweitheit liegt in allen Dyaden vor, die diese Bedingung nicht erfüllen, weil ihre Relate eigenständige Qualitäten im Sinne der Erstheit aufweisen, die sie jeweils auch unabhängig vom anderen Relat haben und die deshalb beim Wegfall des anderen Relats auch nicht variieren.[129] Als Beispiel einer degenerierten Zweitheit kann Ähnlichkeitsbildung dienen (vgl. oben Punkt 1d): Die in einem Dritten als ähnlich dargestellten Relate behalten ihre ähnlichkeitskonstituierenden Qualitäten auch dann, wenn diese nicht mehr für einen Vergleich oder eine Ähnlichkeitsuntersuchung relevant sind. Die Dyade bestimmt also hier nicht wechselseitig die Eigenschaften ihrer Korrelate, sondern deren Zweitheit wird in einem Dritten erst hergestellt, und zwar anhand von Eigenschaften der Korrelate, die in der Erstheit ihren eigenständigen Status unabhängig von der konstituierten Dyade haben.[130]

Genuine Drittheit liegt vor, wenn erst in einem Dritten zwei weitere Relate zu einer Triade zusammengefügt werden (s. Punkt 4 in Kap. 8.1.1 und Kap. 8.2.1). Die beiden Degenerationsstufen der Drittheit bezeichnet Peirce als perdegenerative bzw. qualitative und als degenerative bzw. reaktive Drittheit.[131] In diesen Formen der Drittheit sind die Einflüsse von Erst- bzw. Zweitheit so stark, dass das Charakteristische der jeweiligen Triaden nicht mehr allein von der Drittheit bestimmt wird bzw. diese ihre Merkmale nicht voll entfalten kann.

Die völlige Irreduzibilität der Kategorien (s. o. Punkt 4a) gilt also im strengen Sinne nur für die genuinen Ebenen, für die degenerierten nur noch abgeschwächt, da hier die niedrigeren Kategorien mit ihrem Eigenrecht in den höheren Kategorien stärker vertreten sind und die jeweiligen Relationen mitprägen.

Die Degeneration der Drittheit werde ich exemplifizieren an der kategorialen Subklassifikation des Zeichens, womit ich von diesem ‚Exkurs' über Peirces allgemeine Kategorienlehre auch wieder zurückkehre zur Konstruktion eines Zeichensystems und zu dessen Strukturierung, die in diesem Kapitel im Zentrum steht.[132] Das Zeichen ist an sich eine

---

[127] PhLZ, 57; vgl. SS 2, 158.

[128] SS 2, 271; FÜ, 148; RS, 124.

[129] „Eine degenerierte Zweitheit ist eine Paarbildung von dem Typ, daß jedem Element Eigenschaften zukommen, die es auch beibehalten würde, wenn das andere Element nicht existieren würde." (SS 1, 346) vgl. SS 1, 431f.; RS, 116, 125f.

[130] s. RS, 125.

[131] SS 1, 346, 434; s. auch SS 1, 432; RS, 126 – 128.

[132] Peirce hat die Degeneration der Kategorien ab 1885 auf die Klassifikation des Zeichens und seiner Relate angewandt; zu Peirces Zeichenklassifikation s. auch Freadman 1995 (für die wichtigsten Schemata s. S. 144f.); Hausman 1993, 84 – 93; Merrell 1995a, 78 – 89, 131 – 135; Merrell 1996, 8 – 10, 23; Merrell 1997, 297 – 304; Merrell 1998, 1 – 30, 199 – 222; Müller 1994; Nöth 2000, 65 – 67; Olsen 2000; Pape 1996 (mit anschaulichen Überblicksdiagrammen auf S. 312 – 315); Pape 1989, 480 – 488; Pape 1998, 2024 – 2026; Rohr 1993, 70 – 85; Sanders 1970; Sheriff 1989, 66 – 72; Spinks 1991, 52 – 132.

genuine, irreduzible Triade (s. Punkt 3 in Kap. 8.1.1), impliziert aber als Phänomen der Drittheit auch die beiden niedrigeren Kategorien (s. o. Punkt 2). Daher gibt es beim Zeichen eine dreifache Selbstanwendung der Kategorien und somit eine genuine Ebene und zwei degenerierte Ebenen. Da das Zeichen drei Korrelate hat und jedes dieser Korrelate nach den drei Kategorien subklassifiziert werden kann, ergeben sich neun Zeichenklassen, die in der Tabelle am Beginn von Kapitel 3.2.2 übersichtlich zusammengefasst sind. Die Wichtigkeit dieser Klassifikation hebt Peirce speziell für das Zeichen und die Semiotik explizit hervor:

> „Bei Zeichen gibt es zwei verschiedene entartete Formen. Aber obwohl ich ihnen diesen entarteten Namen gebe, sind sie von größtem Nutzen und dienen Zwecken, denen echte Zeichen nicht dienen könnten." (NZ, 348)[133]

In den folgenden Kapiteln werde ich nun die neun Zeichensubklassen vorstellen und dabei herausarbeiten, dass es jeweils v. a. die genuinen Zeichenklassen sind, die einen Beitrag zur Strukturierung des Zeichensystems und der Zeichenprozesse leisten.

Fazit: Peirces Erstheit ist als Kategorie der monadischen Relationen nicht adäquat beobachtbar oder beschreibbar. Dennoch ist sie als Kategorie qualitativer Möglichkeit ein unverzichtbarer Bestandteil von Peirces Konzept. Das Implikationsverhältnis der Kategorien schließt die gänzliche Reduktion einer jeweils niedrigeren Kategorie ohnehin aus und ermöglicht zugleich die Selbstanwendung der Kategorien. Diese erlaubt es, neben den genuinen Ebenen der drei Kategorien auch degenerierte Stufen zu bilden. Dadurch eröffnet sich die Möglichkeit zu einer differenzierten und variablen Perspektive auf die Phänomene, was am Beispiel des Zeichens verdeutlicht werden soll. Auch aus der Unaufhebbarkeit der Kategorien ergeben sich gewichtige Konsequenzen, wie ich am Beispiel des Tychismus kurz gezeigt habe.

8.2.3 Quali-, Sin- und Legizeichen

Peirce schwankt, wie schon in Punkt 2 von Kapitel 8.1.1 erwähnt, terminologisch zwischen Repräsentamen und Zeichen. Die erste Klassifikationstriade betrifft die Zeichenkomponente des Repräsentamens.[134] Diese Triade müsste also streng genommen Quali-, Sin- und Legirepräsentamen heißen. Da aber die anderen beiden Zeichenkomponenten ‚Objekt' und ‚Interpretant' kategoriale Relata des Repräsentamens sind, wirkt sich die kategoriale Differenzierung des Repräsentamens auch auf diese zwei Korrelate und damit auf das gesamte Zeichen aus. Daher kann die eingeführte Benennung beibehalten werden, obwohl sie nicht ganz korrekt ist.

1. Das Qualizeichen ist das qualitativ degenerierte Zeichen und stellt die Erstheit des Repräsentamens in der Drittheit des Zeichens dar:

---

[133] Entsprechend der bislang zugrunde gelegten Terminologie müsste man in diesem Zitat „echt" durch ‚genuin' ersetzen und „entartet" durch ‚degeneriert', aber die Entsprechungen sind klar; vgl. auch SS 2, 399: „Ich möchte hier bemerken, daß in keiner Wissenschaft [...] Fragen der Klassifikation so überaus wichtig sind wie in der Phaneroskopie und der Semeiotik."

[134] Zu dieser Triade s. knapp und anschaulich Bense 1976, 13 – 15; vgl. Rohr 1993, 72 – 74; Schönrich 1990, 122 – 128; Spinks 1991, 54 – 60.

„Ein *Qualizeichen* ist eine Qualität, die ein Zeichen ist." (PhLZ, 123)[135]

Diese Definition bedarf noch einiger Erläuterungen:

Als ein Repräsentamen, dessen zeichenkonstitutive Eigenschaft in seiner Qualität liegt, fällt das Qualizeichen wie alle Qualitäten in die Erstheit (vgl. Punkt 1e in Kap. 8.2.2). Damit darf aber die Qualität noch nicht als verwirklicht angesehen werden, sondern nur als positive Möglichkeit zur Verwirklichung (vgl. Punkt 1f in Kap. 8.2.2). Da das als Qualizeichen thematisierte Repräsentamen also selbst nicht konkret existiert, kann es auch kein konkret bestimmtes Objekt und keine bereits spezifizierte Bedeutsamkeit haben:[136] Sowohl Objektbezug als auch Interpretierbarkeit in einem Interpretanten werden zwar in der Subklassifikation des Repräsentamens thematisch ausgeblendet, müssen aber als Möglichkeit mitangelegt sein, da sonst das ‚Qualirepräsentamen' nicht das mögliche Relat einer möglichen Zeichentriade sein könnte.

Auch wenn es sich bei der Qualität eines Qualizeichens nur um eine Möglichkeit handelt, so ist es doch eine bestimmte qualitative Möglichkeit, die durch ihre Realisierung als Zeichen wirken kann. Diese potenzielle Bestimmtheit stellt eine Selektion dar, da an einem bestimmten Qualizeichen eben nur bestimmte Eigenschaften relevant sind, und diese Selektivität des Qualizeichens wirkt sich konditionierend auf die Semiose aus. Die an ein Qualizeichen rekursiv angeschlossenen weiteren Zeichen müssen sich nämlich auf diese bestimmte, zeichenkonstitutive Qualität beziehen, so dass der entsprechende Zeichenprozess gar nicht mehr entropisch sein kann, sondern vielmehr strukturiert und gerichtet ist.

Man kann nun das Qualizeichen genauer definieren als die qualitative Möglichkeit eines Repräsentamens, sein mögliches Objekt für seinen möglichen Interpretanten zu repräsentieren, indem es seine eigene bestimmte Qualität präsentiert.[137] Ein so verstandenes Qualizeichen kann freilich nur dann konkret als Zeichen wirken, wenn es realisiert wird,[138] und diese Verwirklichung in konkreter Existenz kann nur in einem Sinzeichen geschehen.

2. Das Sinzeichen als aktual existierendes, ereignishaftes Zeichen ist das reaktiv degenerierte Zeichen und stellt die Zweitheit des Repräsentamens in der Drittheit des Zeichens dar. Da ich das Sinzeichen in Punkt 2 von Kapitel 8.1.3 bereits eingeführt habe, kann ich mich hier auf einige Ergänzungen beschränken.

Aufgrund des Implikationsverhältnisses der Kategorien (s. Punkt 2 in Kap. 8.2.2) ist nicht nur das Qualizeichen zu seiner konkreten Realisierung auf Sinzeichen angewiesen, sondern jedes Sinzeichen muss auch Qualizeichen enthalten:

„Es [das Sinzeichen, meine Ergänzung] kann nur durch seine Qualitäten auf diese Weise sein, so daß es ein Qualizeichen oder vielmehr mehrere Qualizeichen einschließt. Doch diese Qualizeichen

---

[135] vgl. SS 2, 272, 283; PhLZ, 128. Der Wortbestandteil „Quali-" ist herzuleiten von dem ‚qualis' – ‚wie beschaffen, welcherlei', verweist also primär auf die ‚Qualität' einer Sache, mittel derer sie als Zeichen fungiert.

[136] SS 3, 146, 216.

[137] vgl. SS 2, 275, 278f., 379f.; PhLZ, 128.

[138] „Es [das Qualizeichen, meine Ergänzung] kann nicht wirklich als Zeichen fungieren, ehe es nicht verkörpert ist, doch die Verkörperung hat mit seinem Zeichencharakter nichts zu tun." (PhLZ, 123) Letzteres hängt damit zusammen, dass wegen der Unaufhebbarkeit der Kategorien (vgl. Punkt 2b in Kap. 8.2.2) die qualitative Möglichkeit der Erstheit auch unabhängig von ihrer Verkörperung in der Zweitheit besteht.

> sind von besonderer Art und bilden nur dadurch ein Zeichen, daß sie aktual verkörpert werden." (PhLZ, 123f.)[139]

Diese notwendige Realisierung von Qualizeichen in den Sinzeichen ist stets selektiv. Denn wegen der Unaufhebbarkeit der Kategorien (vgl. Punkt 2b in Kap. 8.2.2) ist und bleibt der unerschöpfliche Möglichkeitsspielraum der Erstheit zur Bildung von Qualizeichen immer größer als die Menge der Qualitäten, die ein konkretes Sinzeichen jeweils aktualisieren kann.[140] Jedes aktuale Sinzeichen weist also über seine selektiv inkorporierten Qualizeichen nur bestimmte Qualitäten auf. Aus dieser Selektivität lassen sich nun auch die unterschiedlichen Eigenschaften der Sinzeichen herleiten und die hieraus resultierende Differentialität ist ja ein wesentliches Charakteristikum nicht nur der Sinzeichen,[141] sondern aller Phänomene der Zweitheit (s. Punkt 1b in Kap. 8.1.3). Diese Selektivität und Differentialität stellen über das Qualizeichen hinaus eine weitere Stufe des Strukturgewinns dar, da in der rekursiven Semiose jedes Sinzeichen ja nur an sein spezifisches vorhergehendes Zeichen anschließen kann.

3. Mit dem Legizeichen ist die genuine Ebene des Repräsentamens erreicht, denn es stellt die Drittheit des Repräsentamens in der Drittheit des Zeichens dar. Als Phänomen der Drittheit ist das Legizeichen ein allgemeiner Typus[142] oder ein Gesetz:

> „Ein *Legizeichen* ist ein Gesetz, das ein Zeichen ist. Ein solches Gesetz ist normalerweise von Menschen aufgestellt. Jedes konventionelle Zeichen ist ein Legizeichen (aber nicht umgekehrt)." (PhLZ, 124)[143]

a) An dieser Definition des Legizeichens zeigt sich wieder die universelle Ausrichtung von Peirces Semiotik: Das Legizeichen umfasst nämlich alle in Zeichenprozessen beobachtbaren Regelmäßigkeiten und ist nicht auf menschliche Konventionen reduziert, wenn diese auch als wichtige semiotische Gesetzmäßigkeiten anerkannt werden. Peirce blendet also bewusst Gesetze nicht aus seiner Semiotik aus, die so aufgefasst werden, dass sie etwa aus natürlicher Disposition oder evolutionärer Entwickung stammen können.

b) Das Legizeichen muss als allgemeiner Typus hinsichtlich seiner relevanten Eigenschaften und als allgemeines Gesetz hinsichtlich seines Geltungsbereichs bzw. seiner Anwendungsmöglichkeiten hinreichend klar bestimmt sein.[144] Diese im Legizeichen selbst festgelegte Konditionierung seiner Geltung ist zwangsläufig hochgradig selektiv (vgl. Punkt 2 in Kap. 8.2.1). Denn die Menge möglicher Ereignisse, die aus dem Geltungsbereich

---

[139] vgl. SS 2, 379.

[140] Dies gilt freilich für das gesamte Selektionspotenzial der Erstheit und nicht nur für deren Qualitäten.

[141] SS 1, 188.

[142] „[...] oder drittens ist es [das Zeichen, meine Ergänzung] von der Natur eines allgemeinen Typs, dann nenne ich es *Legi-Zeichen*." (FÜ, 151) s. auch SS 2, 272f., 275, 279, 379, 381; SS 3, 81, 216; FÜ, 152, 156f.; vgl. die Punkte 4 in Kap. 8.1.1 und 6 und 7 in Kap. 8.2.1.

[143] Zur Gesetzhaftigkeit und Regelmäßigkeit der Drittheit allgemein s. Kap. 8.2.1; Der Wortbestandteil ‚Legi-' geht zurück auf lat. ‚lex, legis' – ‚Bedingung, Gesetz, Regel', verweist also auf geregelte Zusammenhänge der Zeichenverwendung.

[144] „Er [der ziemlich klar bestimmte Typus des Legizeichens, meine Ergänzung] hat gewisse wesentliche Eigenschaften und keine anderen." (SS 2, 276) vgl. SS 2, 377; SS 3, 216.

eines Legizeichens ausgeschlossen wird, ist immer größer als die Menge der zugelassenen Anwendungsfälle. Wenn die Bandbreite der Anwendungsfälle auch je nach den Konditionen oder relevanten Eigenschaften verschiedener Legizeichen unterschiedlich groß sein kann,[145] so fungiert jedes Legizeichen doch stets als Vorselektion des noch Selegierbaren. Damit erfüllt es bereits eine entscheidende Funktion von Luhmanns Systemstrukturen. Die Selektivität des Legizeichens ist die dritte Selektionsstufe im Zeichen, da ja bereits das Verhältnis von Sin- zu Qualizeichen als selektiv zu beschreiben war (s. o. Punkt 2) und auch ein Qualizeichen nur selektiv bestimmte zeichenkonstitutive Eigenschaften aufweist (s. o. Punkt 1). Daher sind die kategorial differenzierten Zeichen und der aus ihnen konstituierte Zeichenprozess notwendig hochselektiv, ein Befund, der sich mit dem Ergebnis von Luhmanns Argumentation über Komplexität deckt (vgl. Punkt 2c in Kap. 8.2.2).
c) Als allgemeiner Typus oder als Gesetz kann das Legizeichen selbst nicht konkret existieren, wobei es aber in der Drittheit seinen eigenständigen Realitätsstatus darin hat, wirklich Existierendes bestimmen zu können (vgl. Punkt 4 in Kap. 8.2.1).[146] Die einzige Form von Existenz, die dem Legizeichen möglich ist, liegt in diesen Bestimmungen, also in den Anwendungsfällen seiner Gesetzmäßigkeit, d. h. in Ereignissen der Zweitheit, die es bestimmt. Derartige Ereignisse können im Zeichensystem nur Sinzeichen sein (s. Punkt 2 in Kap. 8.1.3). Diese sind aufgrund des allgemeinen Implikationsverhältnisses der Kategorien im Legizeichen ebenso unabdingbar impliziert wie auch Qualizeichen in Sinzeichen (s. o. Punkt 2). Die von Legizeichen bestimmten Sinzeichen bilden nun eine spezielle Klasse von Sinzeichen, die Peirce ‚Replika' nennt. Die Konstitution von Replikas im Zusammenspiel von Legi- und Sinzeichen und die damit eröffnete Möglichkeit zur Strukturierung der Zeichenverwendung ist das Thema des folgenden Kapitels.

Fazit: Quali-, Sin- und Legizeichen thematisieren die Repräsentamenskomponente des Zeichens nach den einschlägigen Trennmerkmalen der drei Kategorien. Somit ist das Qualizeichen ein Zeichen der qualitativen Möglichkeit, das Sinzeichen der aktualen, ereignishaften Existenz und das Legizeichen der allgemeinen Typenhaftigkeit und der Gesetzmäßigkeit. Analog zu der aufsteigenden Reihenfolge ihrer Kategorien sind diese Zeichentypen auch ineinander impliziert, so dass das Legizeichen die Struktur bildende Möglichkeit gewinnt, in sich selektiv das Verhältnis von Quali- und Sinzeichen zu regeln.

8.2.4 Replika-Bildung und Luhmanns Kondensierung und Konfirmierung

1. Wie in Punkt 3c des vorigen Kapitels angesprochen, hat das Legizeichen als Gesetz oder allgemeiner Typus auf der Ebene der Drittheit die Kraft, wirklich existierende Zeichen, also

---

[145] Peirce schreibt, „daß ein Legizeichen eine definite Identität besitzt, obwohl es gewöhnlich eine große Verschiedenheit von Erscheinungen zuläßt." (FÜ, 151) Diese „Verschiedenheit von Erscheinungen" kann eben unterschiedlich breit gestreut sein, generell gilt aber, dass das Legizeichen aufgrund seiner Allgemeinheit nie die genauen Umstände seiner Anwendungsfälle exakt bestimmen kann, da diese in die Zweitheit fallen (SS 2, 352; vgl. Punkt 2 in Kap. 8.2.1).

[146] „Es gibt Zeichen, von denen jedes ein *Typ* ist, der seiner Natur nach unfähig ist, wirklich zu *existieren*, aber in der Lage ist, wirklich existierende Dinge zu beherrschen [...]." (SS 2, 283) vgl. SS 3, 146, 473; PhLZ, 66.

Sinzeichen, zu beherrschen. Diese speziellen Sinzeichen heißen Replikas[147] eines Legizeichens, weil sie dessen wiederholte und wiederholbare Anwendungsfälle sind:

> „Jedes Legizeichen bedeutet etwas mittels eines Falls seiner Anwendung, der als eine *Replika* von ihm bezeichnet werden kann. So wird das Wort »der« normalerweise ungefähr zehn Mal auf einer Seite vorkommen. Es handelt sich bei allen diesen Vorkommnissen um ein und dasselbe Wort, dasselbe Legizeichen. Jedes einzelne seiner Vorkommnisse ist eine Replika. Die Replika ist ein Sinzeichen. Also erfordert jedes Legizeichen Sinzeichen. Doch diese sind keine gewöhnlichen Sinzeichen, wie sonst besondere Vorkommnisse, die als bedeutungsvoll angesehen werden. Noch wäre die Replika bedeutungsvoll, wenn sie nicht auf das Gesetz [des Legizeichens, meine Ergänzung] bezogen wäre, das sie zum Zeichen macht." (PhLZ, 124)[148]

a) Wenn ein Legizeichen konkret und mit entsprechender Wirkung verwendet werden soll, bedarf es also eines Sinzeichens, das es verkörpert und so zu einer Replika von ihm wird.[149] Das Legizeichen existiert dabei nicht selbst, sondern hat an der Existenz der Replika Anteil, und zwar dadurch, dass es selbst dessen relevante Eigenschaften festsetzt und im Gegenzug von diesem repräsentiert wird:

> „Erstens ist ein Zeichen kein wirkliches Ding. Es ist so beschaffen, daß es in *Replikas* existiert. [...] Das Sein eines Zeichens ist bloß ein *Dargestelltsein*. Nun sind *wirklich Sein* und *Dargestelltsein* sehr verschieden." (NZ, 344)[150]

Der zuletzt angesprochene Unterschied liegt in der kategorialen Differenz zwischen der allgemeinen und gesetzmäßigen Drittheit des Legizeichens und der konkret existierenden Zweitheit der Replika. Das Legizeichen konditioniert als bestimmter Typus (s. Punkt 3b in Kap. 8.2.3) allgemein die Eigenschaften, die ein Sinzeichen aufweisen muss, um als seine Replika gelten und seine Zeichenfunktion überhaupt erfüllen zu können.[151] Und dadurch,

---

[147] Peirce spricht statt von ‚Replika' auch von ‚Exemplar', ‚Instanz' oder ‚Anwendungsfall' eines Legizeichens. Im Rahmen seines Konzepts der Existentiellen Graphen wollte er gemäß einer in das Jahr 1910 datierten Randnotiz sogar auf den Terminus ‚Replika' ganz verzichten und ihn durch ‚Anwendungsfall' ersetzen (PhLZ, 139). Ich gebe in meiner Darstellung der ‚Replika' den Vorzug, da dieser Begriff die für die Strukturierungsleistung des Legizeichens wichtige Komponente der Wiederholbarkeit am deutlichsten enthält. Das Begriffspaar Legizeichen – Replika ist auch unter der von Peirce eingeführten Bezeichnung Typ – Token bekannt; s. hierzu auch Schönrich 1990, 166 – 172.

[148] vgl. SS 2, 114, 379; SS 3, 83, 146, 216, 374, 472f.; FÜ, 151; ‚Replika' ist abzuleiten von lat. ‚replicare' – ‚wieder auseinander falten' und bezeichnet damit ein Zeichen, das zur wiederholten, immer wieder erneuten Anwendung fähig ist.

[149] Dies entspricht auch dem erwähnten Implikationsverhältnis von Legi- und Sinzeichen (vgl. PhLZ, 132).

[150] Peirce spricht hier allgemein von „Zeichen" als Phänomenen der Drittheit, seine Aussage ist aber völlig auf das speziellere Legizeichen übertragbar; vgl. NZ, 357, 376 und SS 3, 146: „Es [ein Wort als Beispiel eines Legizeichens, meine Ergänzung] existiert nicht, es bestimmt nur Dinge, die existieren."

[151] Das Legizeichen ist „ein allgemeiner Typ möglicher Ereignisse" (SS 3, 81): Damit wirkt es zum einen selektiv, da ihm gemäß eben nicht mehr alles möglich ist. Zum anderen fungiert es als Erwartungsstruktur, da ausgehend von den Konditionen des Legizeichens erwartet werden kann, welche Ereignisse als Replika noch möglich sind und welche nicht, bzw. welche relevanten Eigen-

dass das Sinzeichen so zu einer Replika qualifiziert wird, verweist es mit seinen konkret verwirklichten relevanten Eigenschaften auf sein Legizeichen, das es somit in seiner von ihm geprägten und ermöglichten Existenz verkörpert.[152] In dieser Hinsicht sind also Peirces Replika und Legizeichen in einem Zeichensystem ebenso interdependent und komplementär wie Ereignis und Struktur bei Luhmann.[153] Denn in beiden Fällen setzen sich konkrete Existenz und die qualifizierende und selektiv konditionierende Bestimmung dieser Existenz gegenseitig voraus (vgl. Punkt 4 in Kap. 8.2.1). Dafür, dass die Strukturierung eines Systems nach Luhmann nicht auf derselben Ebene angesetzt werden darf wie die ereignishafte Operationsweise, ist bei Peirce durch die kategoriale Differenzierung von Legizeichen und Replika Sorge getragen (s. o.).

b) Jedes Sinzeichen und damit auch jede Replika ist in der Semiose in einen rekursiven Prozess eingebunden (s. Kap. 8.1.2 und Punkt 2c in Kap. 8.1.3), in dem die laufende Reproduktion der Sinzeichen immer an den bisherigen Produkten der Semiose anschließt. Dadurch wirkt sich die Qualifizierung und Spezifizierung der Replikas durch ihre Legizeichen auch auf den Semioseprozess aus, da Replikas mit bestimmten Eigenschaften auch nur noch bestimmte Anschlüsse für weitere Zeichen zulassen. Erst daduch wird die mögliche Entropie des Prozesses vermieden und es entsteht ein selektiv qualifizierter, gerichteter Semioseprozess (vgl. die Punkte 1 und 3 in Kap. 8.2.1).

c) Ein Zeichensystem, das in dieser rekursiven Weise nur Sinzeichen als Prozesselemente zulässt, die als Replikas von den Gesetzmäßigkeiten von Legizeichen beherrscht sind, kann als strukturdeterminiert in Luhmanns Sinne gelten. Denn die relevanten Qualitäten der Replikas und deren damit zusammenhängende Relationierungsmöglichkeiten werden vom Legizeichen wie von einer Systemstruktur bestimmt (vgl. Punkt 5 in Kap. 8.2.1).

d) Dass Sinzeichen nach den selektiv konditionierenden Relevanzkriterien von Legizeichen zu deren Replikas qualifiziert werden, darf man bei Peirce wegen des allgemeinen Implikationsverhältnisses der Kategorien (s. Punkt 2 in Kap. 8.2.2) durchaus wörtlich nehmen. Denn dass das Legizeichen seine Replikas bestimmt, bedeutet nichts anderes, als dass seine Gesetze u. a. regeln, welche der qualitativen Möglichkeiten der Erstheit im Sinzeichen, das die Replika sein soll, aktualisiert werden sollen. Genau dadurch wird die Replika in nicht beliebiger Selektion qualifiziert, allerdings nicht in jeder Hinsicht, sondern nur in den Merkmalen, die im Typus des Legizeichens als relevant festgeschrieben sind. Dies entspricht Luhmanns Modell von der Qualifizierung der Systemereignisse durch die Systemstruktur.[154]

---

schaften von einem Sinzeichen erwartet werden können, wenn es die Replika eines bestimmten Legizeichens sein soll (vgl. Punkt 2 in Kap. 8.2.1; s. auch PhLZ, 66).

[152] Eine Replika ist also „ein Token, das einen Typ darstellt, indem es ihn verkörpert [...]." (SS 3, 83) Diese verkörpernde Darstellung des Legizeichens in seiner Replika wird laut Peirce in der existenziellen Relation eines Index realisiert: „Das Sinzeichen PFERD ist der Index des Legizeichens »Pferd«." (SS 2, 273) vgl. FÜ, 151.

[153] Die Komplementarität von Type und Token bzw. Legizeichen und Replika spricht Helmut Pape sogar als „das zentrale Strukturprinzip der Peirceschen Semiotik" an (Pape 2000, 69).

[154] Hier ist auf gravierende Missverständnisse Sybille Krämers hinsichtlich Peirces Legizeichens bzw. Typs hinzuweisen (Krämer 1996, 99f.): Legizeichen müssen und können als Zeichenklasse der Drittheit nicht, wie Krämer meint, selbst existieren, sondern sie sind in ihrer Drittheit real, was bei Peirce einen kategorialen Unterschied ausmacht (s. o. Punkt 1a). Zudem wird im Kontext von Legizeichen und Replika die Medialität des Zeichens keineswegs auf die Ebene der Verwirklichung

Die Detailliertheit und Differenziertheit dieser Merkmalsbündel kann je nach Zwecksetzung des Legizeichens variieren: In manchen Funktionszusammenhängen, in denen nach Luhmann die Kommunikation eher an der Informationsseite anschließt, wie etwa in der Wissenschaft, mögen die aus der Erstheit stammenden medialen Bedingungen, unter denen die Replika realisiert wird, irrelevant sein: Ob ein Zeichen „zufällig eine Replika in der Schrift, in mündlicher Rede oder im stummen Denken hat, ist ein Unterschied, der für die Logik von verschwindendem Interesse ist, die ja keine Untersuchung von Replikas, sondern von Zeichen darstellt."[155] Bei anderen Interessenslagen oder Zielsetzungen, etwa in der Kunst, wo die Kommunikation eher an der Mitteilungsseite anschließt, kann dagegen auch die material-mediale Realisierung der Replikas, also welche Qualizeichen in ihnen enthalten zu sein haben, vom Legizeichen konditioniert werden. In jedem Fall stellt das Legizeichen die strukturelle Instanz dar, welche die Replikas und damit die ereignishaften Systemelemente in stets selektiver Weise qualitativ bestimmt (vgl. Punkt 3 in Kap. 8.2.1).

e) Dabei ist das Legizeichen als allgemeiner, strukturierender Typus dauerhaft im Vergleich zu seinen Replikas, die als Sinzeichen nur ereignishaft existieren. Denn als „Gesetz, das ein Zeichen ist", vermag es dem Zeichensystem auf seiner Strukturebene eine dauerhafte Realität zu ermöglichen, da es für die Zeit seiner Gültigkeit konditional und iterativ in die Zukunft gerichtet ist. Dies ist auf der Ebene der wirklich, aber nur momenthaft existenten Replikas nicht erreichbar. Die relativ dauerhafte Fixierung der Bedingungen, denen die Replikas von Legizeichen zu genügen haben, und die ständig neue, rekursive Reproduktion von Replikas verleihen dem Zeichensystem die dynamische Stabilität, die Luhmann als charakteristisch für basal selbstreferentielle Systeme ansieht (vgl. die Punkte 6 und 7 in Kap. 8.2.1).

f) Zwei oder mehrere Replikas eines Legizeichens können nie völlig identisch sein, da sie als Sinzeichen immer in unterschiedlichen Kontexten auftreten und so betrachtet individuell sind. Während dieser Befund für Sinzeichen im Allgemeinen uneingeschränkt gilt, eröffnet der allgemeine Typ des Legizeichens dennoch die Möglichkeit der Identitätsbildung seiner Replikas. Ich habe bereits mehrfach erwähnt, dass das Legizeichen seinen Replikas die Eigenschaften nur nach selekitven Relevanzkriterien vorschreibt. Jedes Sinzeichen, das diese Kriterien erfüllt, gilt als Replika, ungeachtet weiterer Merkmale oder der Umstände seines Auftretens. Alle Replikas sind also im Hinblick auf die in ihrem Legizeichen dauerhaft festgesetzten Merkmale dessen identische Anwendungsfälle: Sie können nur deshalb als zwei- oder mehrfach dasselbe identifiziert werden, weil sie auf das gemeinsame generalisierte Schema des Legizeichens bezogen werden, das sie eben zu Replikas macht.[156] Das Legizeichen ermöglicht somit auf der Strukturebene seiner Drittheit die Konstitution von Identität trotz unaufhebbarer Differenz seiner Replikas auf der ereignishaften Ebene der Zweitheit.

g) Ich greife nun den oben in Punkt 1e angesprochenen dauerhaften und v. a. iterativen Charakter des Legizeichens nochmals auf. Das Legizeichen ermöglicht nämlich in Kombi-

---

der Replikas reduziert: Das kann sie gar nicht, da die Erstheit als Ebene der Medialität in der Drittheit des Legizeichens ohnehin impliziert ist (s. Punkt 2 in Kap. 8.2.2) und durch dessen Regeln sogar detailliert bestimmt werden kann: Nur die genuine Drittheit des Legizeichens ist medienneutral, seine degenerierte Erst- und Zweitheit sind es keineswegs. Krämer scheint den engen Zusammenhang zwischen Peirces Kategorien- und Zeichenlehre nicht erfasst zu haben.

[155] NZ, 357; vgl. SS 2, 377; SS 3, 337, 374.

[156] vgl. SS 2, 138.

nation mit der in Punkt 1f besprochenen Identitätskonstitution die Wiederholung von Replikas. Jede einzelne von ihnen ist als Sinzeichen zwar irreversibel und unwiederholbar, aber der allgemeine Typus des Legizeichens kann wiederholt in seinen Replikas aktualisiert werden. So bestätigt sich auch erneut, dass Replikas eine besondere Art von Sinzeichen sind:

„Es folgt daraus, daß die Art von Zeichen, über die etwas konditional in der Zukunft gewiß ist [z. B. das regelhafte Legizeichen, meine Ergänzung], nicht streng individuell sein muß. Denn dies Zeichen muß in der Lage sein, wieder und wieder aufzutreten. Diese Wiederholungen existieren, da das Symbol selbst ihre Existenz beherrscht. Ein Wort kann unbegrenzt oft wiederholt werden. Jedes seiner Vorkommnisse kann man als eine Replika dieses Wortes bezeichnen." (PhLZ, 66)[157]

Die Wiederholung von Replikas ist also nur möglich, weil die Strukturebene des Legizeichens einen verallgemeinerten, stets identischen Typus generiert, der im System durch unterschiedliche Ereignisse, also Sinzeichen als Replikas, wiederholt aktualisiert werden kann. Wie bei Luhmann ist also Wiederholung ausgeschlossen, wenn man sie nur auf die ereignishafte Operationsebene des Zeichensystems bezieht, und wird erst durch Legizeichen auf der strukturellen Ebene der Drittheit ermöglicht (s. Punkt 8 in Kap. 8.2.1).
h) Das Legizeichen ist als Strukturen generierender Faktor im Zeichensystem seiner Anwendung in Replikas nicht ahistorisch vorgegeben, sondern ist selbst ein Produkt bisheriger Semiosen. Die Konventionalität, Gewohnheit oder Regelmäßigkeit, die das Legizeichen ausmacht, wird nämlich im Zeichenprozess erst durch Sinzeichen aufgebaut, bis sie ausreichend vertraut und stabil ist.[158] Diese können erst rückblickend als ähnliche oder gar identische ‚Vorläuferexemplare' des nachmaligen Legizeichens angesehen weden, und zwar erst dann, wenn sie dessen Gesetzmäßigkeit aufgebaut haben und das Legizeichen somit in der Lage ist, wiederholbare Replikas zu bilden. Solange das Legizeichen zur Replikabildung herangezogen wird, hat es seine Realität genau darin, die Replikas zu beherrschen, und wird mit jeder erfolgreichen Anwendung bestätigt. Wird es dagegen nicht mehr benutzt, fällt es der Vergessenheit anheim, wird abgebaut und hat bestenfalls noch einen abstrakten historischen Erinnerungswert (vgl. Punkt 9 in Kap. 8.2.1)

2. In diesem Abschnitt werde ich den Horizont der semiotischen Überlegungen dieses Kapitels um Luhmanns Begriffe der Kondensierung und Konfirmierung[159] und damit zusammenhängend der Identitätsbildung erweitern. Dieser systemtheoretische Seitenblick soll

---

[157] Peirce spricht in dem Zitat vom Symbol, das die Existenz der wiederholten Replikas beherrscht. Dies ist eine zwar zutreffende, aber verkürzende Darstellung, denn das Symbol ist eine Zeichensubklasse des Objekt- und nicht des Repräsentamenbezugs (s. Kap. 8.2.5). Das Symbol schließt wegen seiner Konventionalität ein Legizeichen mit ein (SS 2, 273; PhLZ, 125) und genau genommen beherrscht dieses im Symbol implizierte Legizeichen die Existenz der Replikas, das Symbol regelt zusätzlich den konventionellen Objektbezug; vgl. auch SS 3, 216 bezüglich des Legizeichens als allgemeinen Typs: „Unter einem Typ verstehe ich eine allgemeine Form, die endlos wiederholt werden kann und die in allen Wiederholungen ein und dasselbe Zeichen ist."

[158] SS 2, 273, 378; FÜ, 156f.; Die Konventionalität des Legizeichens lässt sich mit Saussures Arbitrarität des Zeichens in Beziehung setzen (vgl. Punkt 3 des Abschnitts „Saussures Zeichenbegriff" im Saussure-Exkurs von Kap. 6).

[159] Luhmann hat die Termini ‚Kondensierung' und ‚Konfirmierung' von Spencer-Brown übernommen, wobei er allerdings die stete Kopplung der Konfirmierung an die Kondensierung stärker betont (vgl. GuS 3, 272 mit Anm. 22; WissdG, 108; KdG, 253).

aber nicht für sich allein stehen, sondern ich werde die erwähnten Theorieelemente gleich in das Zeichensystem einbinden und sie auf die Strukturierungsleistung des Legizeichens beziehen.
a) Peirces Legizeichen hat sich als wesentlicher Faktor für die Strukturierung und Konditionierung im Zeichensystem erwiesen: Es ist ein regelhafter, allgemeiner und in allen wiederholten Anwendungen identisch bleibender Typus, der in jeweils unterschiedlichen Kontexten für die wiederholte Aktualisierung in je unterschiedlichen Replikas zur Verfügung steht. In einer vergleichbaren theoretischen Konstellation führt Luhmann die Begriffe ‚Kondensierung' und ‚Konfirmierung' ein:

> „Und sie [die Operationen des Systems, meine Ergänzung] bilden (2) Strukturen als Selektionsschemata, die ein Wiedererkennen und Wiederholen ermöglichen, also Identitäten (oft sagt man im Anschluß an Piaget auch: Invarianzen) kondensieren und in immer neuen Situationen konfirmieren, also generalisieren." (GdG, 94)

Kondensierung und Konfirmierung werden hier als ein Doppeleffekt strukturermöglichter Wiederholung angesprochen: Durch die Kondensierung muss jeweils die Identität des allgemeinen Typus des Legizeichens bestätigt werden, da sonst die Replikas gar nicht als wiederholte Anwendungsfälle desselben Legizeichens erkennbar wären. Da aber jede Wiederholung in einem anderen Kontext stattfindet, muss zugleich durch die Konfirmierung die Gültigkeit des gleich bleibenden Legizeichens auch auf diese „immer neuen Situationen" ausgeweitet werden. Dadurch nimmt seine grundsätzlich gegebene Allgemeinheit weiter zu, es wird generalisiert. Obwohl bei jeder wiederholenden Aktualisierung des Legizeichens in einer weiteren Replika immer Kondensierung und Konfirmierung gemeinsam auftreten,[160] werde ich nun beide Begriffe kurz trennen und ihre jeweilige Leistung für sich vorstellen.
b) Die zentrale Funktion der Kondensierung ist es, einen identischen Typus herzustellen und dessen Identität bei verschiedenen, wiederholten Aktualisierungen in den laufenden Operationen des Systems mit Sinzeichen als Elementen aufrecht zu erhalten:

> „Das Kondensieren setzt voraus und hinterlässt Identitäten." (RdG, 214)[161]

Das Legizeichen ist ja als historisches Produkt zu dem allgemeinen, identischen Typus geworden, den es dann darstellt (s. o. Punkt 1h), d. h. es ist aus einer zuerst zufälligen Variation verschiedener Sinzeichen zu einem bestimmten Typus kondensiert worden. Wenn das Legizeichen dann etabliert ist und somit seinen Replikas strukturelle Vorgaben machen kann, ist es Sache der Kondensierung, die Identität des Legizeichens in der Zeit zu erhalten. Denn andernfalls könnten gar keine neuen Replikas mehr gebildet werden, da die qualifizierenden Kriterien, die sie nicht nur Sinzeichen, sondern eben spezifizierte Replikas sein lassen, ohne die Identität des Legizeichens nicht mehr zur Verfügung stünden.

---

[160] „Wiederholung erfordert Kondensieren und Konfirmieren, Reduktion auf bestimmbare Identitäten und Generalisierung." (RdG, 350) vgl. GuS 3, 272 mit Anm. 22; WissdG, 108f.; KdG, 253; GdG, 143, 878; zur Kondensierung und Konfirmierung von Zeichen als wiederholbaren Sinneinheiten s. auch Kap. 6.3 und Kap. 9.5; Kondensierung und Konfirmierung finden immer in der Zeit statt: zur Zeitdimension bei Luhmann s. Punkt 3 in Kap. 5.3.4.

[161] vgl. WirtdG, 188; WissdG, 108, 311f., 375, 691; RdG, 127, 362.

c) Das Legizeichen wird also bei jeder Verwendung in einer Replika kondensiert. Da die Replikas Sinzeichen sind, müssen sie konkret in je unterschiedlichen Kontexten existieren und diese Verschiedenheit dieser Kontexte muss durch Konfirmierung bearbeitet werden:

> „Deren [der Identitäten, meine Anmerkung] Konfirmierung bewirkt Kompatibilität mit immer anderen Situationen." (RdG, 214)[162]

Diese Kompatibilität muss wegen der unaufhebbaren Variation der Kontexte bei jeder Aktualisierung gegeben sein, denn nur so kann die Wiederholbarkeit und Gültigkeit des Legizeichens trotz immer neuer Verwendungsbedingungen gewährleistet werden. Die kondensierte Identität des Legizeichens wird also bei jeder operativen Benutzung in Replikas konfirmiert. Damit wird die Gültigkeit der Strukturregeln des Legizeichens trotz zeitlicher und situativer Unterschiede immer mehr ausgeweitet, das ohnehin allgemeine Legizeichen wird durch die Konfirmierung generalisiert.[163] Durch diese Generalisierung wird die je konkrete Bedeutung des kondensierten und konfirmierten Typus aber unscharf und entzieht sich einer exakten definitorischen Bestimmung, da jede Anwendung im Rahmen des konfirmierten Feldes nur noch selektiv sein kann. Diese Beobachtungen Luhmanns decken sich mit der Allgemeinheit und damit Vagheit des Legizeichens, die aus dessen kategorialer Zuordnung zur Drittheit resultieren.[164]

d) Das Legizeichen ist ein selektiv bestimmter, allgemeiner Typus und jede seiner Replikas muss seine relevanten Merkmale zumindest so weit verkörpern, dass sie als wiederholter Anwendungsfall des Legizeichens erkannt werden kann. Darüber hinaus weist jede konkrete Replika weitere Merkmale in Form möglicher Qualizeichen auf, die aber für die Qualifikation, die ein Sinzeichen zu einer bestimmten Replika macht, irrelevant sind (vgl. oben die Punkte 1a und 1d).

Diese Selektivität der Entscheidungskritierien findet sich auch bei der Kondensierung und Konfirmierung wieder. Während eine wiederholbare Identität kondensiert und konfirmiert wird, kommt es zu einer bestimmten „Form des Unterscheidens von Unterscheidungen (nämlich solche, die identitätswichtig sind [,] und solche, die weggelassen werden müssen)" in einer systemspezifischen „Geschichte des rekursiven Testens von Weglassungen"[165]. Das Legizeichen erweist sich auch unter dieser Perspektive als historisches Produkt

---

[162] vgl. GuS 3, 272 mit Anm. 22; WissdG, 108, 312; RdG, 127, 350, 369, 386.

[163] Zur Generalisierung s. auch WissdG, 108, 385.

[164] „Dadurch entstehen die dann phänomenologisch aufweisbaren Verweisungsüberschüsse, die jede konkrete Sinnfixierung undefinierbar machen und alle weitere Verwendung unter Selektionszwang setzen." (RdG, 127) vgl. WissdG, 109; KdG, 253; GdG, 143; Die Unbestimmtheit allgemeiner Zeichen macht sich aber pragmatisch gesehen solange nicht störend bemerkbar, wie die intendierten Zwecke des Zeichengebrauchs ohne Irritation erreicht werden: „[...] und der Interpretationsspielraum, der die Unbestimmtheit des Zeichens ausmacht, muß als Spielraum verstanden werden, der das Erreichen eines Zweckes beeinflussen könnte. Denn zwei Zeichen, deren Bedeutungen für alle Zwecke äquivalent sind, sind absolut äquivalent." (SS 2, 347) Solange also die Zwecke erreicht werden, wird der redundante Identitätskern des Zeichens in den jeweiligen Interpretanten kondensiert und konfirmiert, während die jeweiligen Unterschiede als irrelevante Varietät abgetan werden können, also – frei nach Bateson – als Unterschiede, die keinen Unterschied ausmachen: Identität ist so betrachtet eine Frage funktionaler Äquivalenz; zum Zusammenhang von Vagheit und Allgemeinheit bei Peirce s. auch Nadin 1980.

[165] Beide Zitate WissdG, 312.

der Semiose, in dem die relevanten und invarianten Merkmale bei jeder Wiederholung kondensiert und konfirmiert werden (vgl. oben Punkt 1h). Mit den irrelevanten, nur situationsbedingten und variablen weiteren Merkmalen der Replikas wird hingegen nicht so verfahren, sie werden vielmehr ausgeblendet und vergessen.[166] Erst durch diese kondensierende und konfirmierende Abstraktion von aktuellen Differenzen der einzelnen Replikas kann das Legizeichen der allgemeine, aus spezifischen Kontexten gelöste Typus mit selektiver Identität sein, den es darstellt.[167]

e) Die relevanten Merkmale des Legzeichens können bei jeder wiederholten Verkörperung in Replikas erwartet werden (vgl. oben Punkt 1a), sie sind also redundant, während die nicht kondensierten und konfirmierten irrelevanten Eigenschaften als bedeutungslose Va rietät ignoriert werden. Durch diesen generalisierten Zusammenhang kann das Zeichensystem Komplexität reduzieren und Aufmerksamkeit konzentrieren. Wegen der Selektivität und historischen Relativität der Relevanzkriterien können aber auch unter geänderten Bedingungen evolutionäre Änderungen der Regelstruktur des Legizeichens nötig werden.[168]

f) Im letzten Punkt klingt das Begriffspaar Redundanz und Varietät bereits an, mit dem ich nun noch die Strukturierungsleistung des Legizeichens und dessen Kondensierung und Konfirmierung erweitern möchte. Der relevante und damit auch redundante Identitätskern des Legizeichens ist nicht nur das historische Ergebnis von Kondensierung, sondern auch von der immer daran gekoppelten Konfirmierung. Letztere ermöglicht die Kenntnis der Kontexte bisheriger Replikas und somit auch die Erwartung, welche Kontexte bzw. rekursiven Vor- und Rückgriffe im Anschluss an ein bestimmtes Legizeichen wahrscheinlich sind. Das Legizeichen konditioniert und strukturiert also durch die Redundanz seiner kondensierten und konfirmierten Eigenschaften den Semioseprozess. Es schränkt dadurch die im Zeichensystem zugelassene Varietät ein,[169] da eine Replika eines bestimmten Legizeichens nur bestimmte weitere Anschlüsse eröffnet, die der kondensierten Identität des Legizeichens und seinen historisch bisher konfirmierten Kontexten adäquat sind. Dieser Zusammenhang von Konditionierung, Strukturierung, Kondensierung, Konfirmierung, Redundanz und Varietät lässt sich theoretisch allgemein und auch speziell für das Verhältnis von Legizeichen und Replika im Zeichensystem herstellen. Luhmann deutet diese Zusammenhänge bestenfalls an, arbeitet sie aber in seiner allgemeinen Systemtheorie nicht näher aus.

Fazit: Die acht Abschnitte im ersten Punkt dieses Kapitels haben erwiesen, dass Peirces Legizeichen entscheidende Leistungen erbringen kann, die Luhmann der Konditionierung und Strukturierung eines rekursiven Systems abverlangt. Dafür waren v. a. die Implikation von Quali- und Sinzeichen im Legizeichen, das diese implizierten Zeichen in konditionierter Weise qualifiziert, und die Bildung von Replikas als wesentliche Momente in Peirces Zeichentheorie hervorzuheben. Jede Replika bestätigt als Anwendungsfall der Regel des Legizeichens deren Gültigkeit. Andererseits existiert jede Replika als Sinzeichen in einem je individuellen Kontext. Diese semiotische Konstellation konnte in Punkt 2 durch Luh-

[166] WissdG, 375; RdG, 127; SA 6, 77.

[167] Zur Selektivität und Abstraktion von Kondensierung und Konfirmierung s. SA 5, 45; WissdG, 108, 312f., 385, 691; GdG, 582

[168] vgl. bei Luhmann SoSy, 446f.; KdG, 181

[169] Zu Redundanz und Varietät bei Luhmann s. etwa WissdG, 436 – 441; vgl. auch GdG, 230; zum Zusammenhang von Redundanzaufbau in der Vergangenheit und Varietät in der Zukunft der Zeitdimension nach Luhmann s. Punkt 3 in Kap. 5.3.4.

manns systemtheoretische Theorieelemente ‚Kondensierung' und ‚Konfirmierung' noch vertieft und durch das Begriffspaar ‚Redundanz' und ‚Varietät' erweitert werden. Diese Verknüpfung von semiotischer und systemtheoretischer Perspektive hat bereits erzielte Ergebnisse erneut bestätigt und sie um neue Aspekte bereichert.

8.2.5 Ikon, Index und Symbol

Die nächste Klassifikationstriade betrifft den Objektbezug des Zeichens. Das Ikon repräsentiert hier die Degenerationsstufe der Erstheit, der Index die der Zweitheit und das Symbol stellt die genuine Stufe der Drittheit dar.[170] Diese kategoriale Differenzierung schränkt die generellen Möglichkeiten des Zeichens zum Objektbezug ein und klassifiziert sie, da sie das Ikon, den Index und das Symbol nur auf jeweils spezifische Weise ihre Objekte bezeichnen lässt. Damit erfüllt sie an sich bereits die Anforderungen von Selektivität und Konditionierung, die Luhmann an die Strukturierung eines Systems richtet. Wie dieser selektiv konditionierte Objektbezug von den einzelnen Subklassen realisiert wird, werde ich im Folgenden näher darstellen.

1. Wie das Qualizeichen im Repräsentamenbezug ist das Ikon im Objektbezug ein qualitativ degeneriertes Zeichen.

a) Als Zeichensubklasse der Erstheit kann es sein Objekt nur durch eine Qualität bezeichnen, d. h. das Repräsentamen eines Ikons muss ein Qualizeichen sein und der Objektbezug eines Qualizeichens kann nur ikonisch hergestellt werden:

> „Da eine Qualität alles ist, was sie eindeutig an sich selbst ist, kann eine Qualität ein Objekt nur dank eines gemeinsamen Bestandteils oder einer Ähnlichkeit denotieren, so daß ein Qualizeichen notwendigerweise ein Ikon ist." (PhLZ, 128)[171]

An diesem Beispiel sieht man gut, dass Peirces Klassifikationstriaden nicht isoliert für sich stehen, sondern in Form spezifischer Querverbindungen miteinander in Beziehung stehen und so das Zeichen qualifizieren und den Semioseprozess konditionieren.

b) Das, was ein Ikon zum Zeichen macht, ist die Qualität eines ihm impliziten Qualizeichens. Diese eröffnet dem Ikon die Möglichkeit zum Objektbezug:

---

[170] Daher ist in dieser Trichotomie „das *Ikon* die qualitativ-degenerierte, der *Index* die reaktiv-degenerierte, während das *Symbol* die relativ genuine Gattung ist." (SS 1, 435) vgl. SS 1, 390; zu dieser Klassifikationstriade s. auch Burks 1948; Rohr 1993, 74 – 82; Schönrich 1990, 136 – 150; Spinks 1991, 60 – 74; Catherine Elgin betont so stark, dass Ikon, Index und Symbol als Zeichen einen Interpretanten brauchen, dass sie darüber aus den Augen verliert, dass es sich hier nur um eine Differenzierung des Objektbezugs handelt, die keineswegs primär den Interpretanten betrifft (Elgin 1995). Dass jedes aktual als Zeichen fungierende Zeichen eines Interpretanten zur Vervollständigung seiner Triade bedarf, ist bei Peirce offenkundig. Daraus aber zu folgern, dass auch ikonische Zeichen und Indices eigentlich den Symbolen, für welche die gesetzmäßige Drittheit des Interpretanten konstitutiv ist, zugerechnet werden müssen (Elgin 1995, 183), geht am Kern dieser Klassifikationstriade völlig vorbei.

[171] vgl. SS 2, 273; zum Ikon bei Peirce s. auch Horányi 1981; Nöth 2000, 193 – 196; Scherer 1984, 67 – 74; Schönrich 1990, 136 – 145; ‚Ikon' leitet sich ab von gr. ‚eikon' – ‚Bild, Abbild, Vergleich' und verweist damit terminologisch auf die zeichenkonstitutive Möglichkeit einer Ähnlichkeitsrelation; s. hierzu unten Punkt 1g.

„Ein *Ikon* ist ein Repräsentamen, dessen Repräsentierende Qualität eine Erstheit als ein Erstes ist. Das heißt, eine Qualität, die es *qua* Ding besitzt, macht es geeignet, ein Repräsentamen zu sein." (PhLZ, 156)[172]

Das Ikon präsentiert also seine Eigenschaften und allein dadurch gewinnt es schon die Fähigkeit, ein Objekt zu repräsentieren.[173]

c) Wenn aber das Ikon wegen der Präsentation einer seiner Qualitäten zum Repräsentamen eines Objekts werden kann, ergeben sich daraus einige Konsequenzen: Erstens muss das Objekt dieselbe Qualität aufweisen, da es sonst im Ikon nicht durch diese gemeinsamen Qualität repräsentiert werden könnte. Zweitens kann es nur im Hinblick auf diese Qualität repräsentiert werden, da das Ikon keine andere Möglichkeit zur Repräsentation hat. Drittens spezifiziert das Ikon durch die Präsentation seiner Qualität nicht, welche Objekte mit denselben Eigenschaften repräsentiert werden sollen. Es stellt vielmehr unspezifisch jedes beliebige Objekt dar, solange es dieselbe Qualität aufweist.[174] Trotz dieser Vagheit schränkt das Ikon aber die Möglichkeiten seines Objektbezugs selektiv ein, da dieser nur durch gemeinsame Qualitäten hergestellt werden kann. In dieser Hinsicht ist bereits das Ikon bezüglich seiner möglichen Objekte konditioniert und diese Konditionierung wirkt sich auch strukturierend auf den Zeichenprozess aus. Denn der Interpretant und über ihn auch die rekursiv angeschlossenen Folgezeichen müssen sich immer auf dasselbe Objekt beziehen wie sein Repräsentamen, so dass die Semiose gar nicht mehr entropisch in Luhmanns Sinne sein kann.[175]

d) Das Ikon stellt als degenerierte Zeichenklasse der Erstheit hinsichtlich seiner zeichenkonstitutiven Eigenschaft eine monadische Relation dar (vgl. Punkt 1 in Kap. 8.2.2). Das heißt, dass ihm die Qualität, die es zum Zeichen machen kann, an sich zukommt, völlig unabhängig von etwas anderem. Daraus folgt, dass das Ikon seine potenziell zeichenkonstitutive Qualität auch behalten würde, wenn es weder ein Objekt noch einen Interpretanten hätte. Die Existenz dieser beiden Korrelate muss für die Realität der ikonischen Eigenschaften nicht vorausgesetzt werden. Unter diesen Umständen könnte es freilich nicht als Repräsentamen in einem Zeichen fungieren, da die Zeichentriade nicht vollständig wäre, es hätte aber aufgrund seiner unveränderten Eigenschaften weiterhin die Möglichkeit dazu.[176]

---

[172] Die von der Orthographie abweichende Großschreibung mancher Wörter entspricht einer Eigenart von Peirce und ist in die Übersetzungen übernommen worden. Dieses Phänomen wird in Zitaten häufiger auftreten, ich werde mich aber auf diesen Hinweis hier beschränken; vgl. SS 1, 391, 429, 435; SS 2, 113, 275, 380; SS 3, 85; NZ, 348, 350, 371; PhLZ, 124.

[173] Die Fähigkeit des Ikons zur unspezifischen Repräsentation durch bloße Präsentation geht auch aus SS 2, 178 hervor; zum Stellenwert ikonischer Zeichen bei Luhmann s. Kap. 6.2.2 und Kap. 6.3.

[174] „Jedes Ikon hat teil an einer mehr oder weniger offensichtlichen Eigenschaft seines Objekts. [...] Das Ikon steht nicht eindeutig für dieses oder jenes existierende Ding [...]." (SS 3, 136) vgl. SS 1, 112, 155, 272, 435, 448; SS 2, 279, 284, 381f.; SS 3, 79, 135; NZ, 349f.; PhLZ, 124.

[175] s. auch SS 1, 346.

[176] „Ein *Ikon* ist ein Zeichen, das auch noch dann die Eigenschaft besitzen muss, die es zu einem Zeichen macht, wenn sein Objekt nicht existiert [...]." (SS 1, 375) „Es ist richtig, daß, wenn nicht wirklich ein solches Objekt existiert, das Ikon nicht als Zeichen fungiert, doch dies hat nichts mit dem ikonischen Charakter solcher Zeichen zu tun." (PhLZ, 124) vgl. SS 1, 374, 435; SS 2, 113, 273; SS 3, 136; NZ, 349; PhLZ, 64.

e) Als Konsequenz aus den Abschnitten c) und d) kann man ziehen, dass das Objekt eines Ikons zwar nicht näher bestimmt ist, aber immer möglich sein muss. Dies deckt sich auch mit der Erstheit des Ikons, denn diese Kategorie war ja v. a. als Kategorie des Möglichen charakterisiert (vgl. Punkt 1f in Kap. 8.2.2). Das dem Ikon implizite Qualizeichen (s. o. die Punkte 1a und 1b) ist ein mögliches Repräsentamen, das dem Ikon die qualitative Möglichkeit zur Repräsentation eines möglichen Objekts gibt. Deshalb kann, genau genommen, ein Ikon ebenso wenig konkret existieren wie ein Qualizeichen[177] und auch das Objekt eines reinen Ikons kann nur möglich sein, nicht aber in bestimmter Weise existieren:

> „Allein eine Möglichkeit ist ein Ikon allein aufgrund ihrer Qualität; und sein Objekt kann nur eine Möglichkeit sein." (PhLZ, 156)[178]

Wenn auch das Ikon und sein Objekt den Bereich der Möglichkeit kategorisch nicht verlassen können, so handelt es sich wegen der Bedingung einer gemeinsamen Qualität doch um eine bereits konditionierte Möglichkeit (vgl oben Punkt 1c).
f) Aufgrund des bloßen Möglichkeitsstatus' seines Objekts kann ein reines Ikon auch keine Information über es vermitteln. Diese Position nimmt Peirce meist ein, auch wenn er an manchen Stellen dem Ikon inkonsequenterweise Informationshaltigkeit zuspricht.[179] Ein Ikon kann deshalb keine Information über sein Objekt enthalten, da dies selbst als reine Möglichkeit zu vage und unbestimmt ist. Man kann an dem Ikon lediglich die Eigenschaften sehen, die sein mögliches Objekt auch haben muss, weiß aber noch nicht, an welchem konkreten Objekt diese Eigenschaften aktualisiert sein sollen. Dies muss durch ein anderes Zeichen angezeigt werden, nämlich einen Index (s. u. Punkt 2f). Das Ikon trägt also zur Informationsgewinnung seine Qualität bei, reicht aber alleine nicht aus, so dass es „nur Fragment eines vollständigeren Zeichens sein"[180] kann.
g) Das nächste Problem, dem ich mich nun zuwende, ist uns schon in anderen Zusammenhängen begegnet, nämlich das Problem der Ähnlichkeit (s. die Punkte 1d und 5 in Kap. 8.2.2). Manche Ausführungen Peirces zum Ikon lassen sich nämlich so verstehen, als ob Ähnlichkeit eine Eigenschaft des Ikons selbst wäre, die es zur Darstellung seines Objekts befähigte: Etwas verkürzt definiert Peirce das Ikon nämlich als ein Zeichen,

> „das sein Objekt allein aufgrund seiner Ähnlichkeit mit ihm darstellt." (SS 1, 448)

> „Jede beliebige Entität – Qualität, existierendes Individuum oder Gesetz – ist ein Ikon von was auch immer, wenn es diesem ähnelt und als Zeichen für es verwendet wird." (PhLZ, 124)[181]

---

[177] vgl. Punkt 1 in Kap. 8.2.3; „Ein reines Ikon kann nur in der Phantasie existieren, wenn es streng genommen überhaupt je existiert." (PhLZ, 64)
[178] vgl. SS 1, 211; SS 3, 137; NZ, 320.
[179] So z. B. in SS 1, 205; dem Ikon wird Information dagegen abgesprochen in SS 1, 195, 414; NZ, 348f. und PhLZ, 75: „Wir können feststellen, daß Ikons tatsächlich für das Erlangen von Informationen von größter Bedeutung sein können – in der Geometrie beispielsweise –, doch ist es trotzdem richtig, daß ein Ikon allein aus sich selbst keine Information vermitteln kann, da sein Objekt alles das ist, was auch immer als dem Ikon ähnlich vorkommt und sein Objekt in dem Maße ist, wie es dem Ikon ähnelt."
[180] NZ, 349.
[181] vgl. SS 1, 193, 205, 346, 435; SS 2, 178, 284, 380 – 382; SS 3, 375; PhLZ, 64, 75, 156; RS, 344.

Stellen wie diese könnte man so auffassen, dass das Ikon die Ähnlichkeit sozusagen als bereits vorausgesetzte Eigenschaft mitbringen muss, um seine möglichen Objekte repräsentieren zu können. Ich habe für die Erstheit allgemein schon gezeigt, dass diese Kategorie allein zur Bildung von Ähnlichkeit nicht ausreicht (s. Punkt 1d in Kap. 8.2.2). Und so kann auch ein reines Ikon für sich keine Ähnlichkeit konstituieren, da es als Zeichensubklasse der Erstheit seine repräsentierende Fähigkeit nur aus einer präsentierten Qualität gewinnt, für die allein sich die Frage der Ähnlichkeit oder Unähnlichkeit gar nicht stellt. Indem das Ikon nur seine Qualitäten präsentiert, behauptet es selbst gar keinen Objektbezug und daher auch nicht die Ähnlichkeit mit etwas.[182]

Zudem kann ein Ikon selbst auf der Ebene der Erstheit zwischen sich und seinem Objekt gar nicht unterscheiden,[183] da Differenzierungen dieser Art bereits in die Zweitheit fallen. Ähnlichkeitsbildung setzt aber, wie bereits gezeigt, die Unterscheidung mindestens zweier Einheiten voraus, die vergleichend zueinander in Beziehung gesetzt werden sollen, so dass Ähnlichkeit auch nicht die Sache eines Ikons allein sein kann. Sie muss vielmehr in einem Dritten hergestellt werden, das erst das Ikon von seinem Objekt im Sinne der Zweitheit unterscheidet, die beiden dann unter dem selektiven Gesichtspunkt einer gemeinsamen Qualität vergleicht, sie somit wieder aufeinander bezieht und schließlich ihre Ähnlichkeit feststellt.[184] Dieses Dritte kann im ikonischen Zeichen nur der Interpretant sein. Ähnlichkeit besteht im ikonischen Zeichen also nicht einfach nur dyadisch zwischen Ikon und Objekt oder gar als monadische Qualität des Ikons allein, sondern ist ein triadisches Phänomen, das zu seiner Vervollständigung eines Interpretanten bedarf.

Der Interpretant regelt als das Dritte im Zeichen den selektiven qualitativen Aspekt, hinsichtlich dessen die Ähnlichkeit bestehen soll. Da er Ikon und Objekt unterscheidet und zugleich aufeinander bezieht, wahrt er auch die wichtige Grenze zwischen Ähnlichkeit und Identität:[185] Wenn Objekt und Ikon nämlich identisch wären, fiele ein nötiges Korrelat des Zeichens weg, so dass auch keine Ähnlichkeit mehr zu beobachten wäre. Ähnlichkeit kann es für den Interpretanten nur durch die Beobachtung einer selektiven qualitativen Gemeinsamkeit bei sonstiger Unterschiedlichkeit geben. Die Qualität des Ikons ist bei all dem freilich die irreduzible Bedingung der Möglichkeit zur Ähnlichkeitskonstitution.

Da das Ikon den Objektbezug des Zeichens thematisiert, wird die Rolle des Interpretanten meist ausgeblendet. Dabei muss der Interpretant allein schon zur Vervollständigung des triadischen Zeichens vorausgesetzt werden, denn wie jedes Zeichen kann auch das Ikon nur dann als Zeichen fungieren, wenn es als solches interpretiert wird, und zwar in einem Inter-

---

[182] SS 1, 429; NZ, 348; für eine kritische Darstellung der Ähnlichkeitsproblematik auf der Basis der Prototypentheorie und Ludwig Wittgensteins Familienähnlichkeitsmodells s. Schmid 1993, hier v. a. 40 – 42, 84 – 91; vgl. auch Kleiber 1998, 33 – 39, 102 – 104, 111 – 119, 139f.; Ohne dies im Rahmen dieser Arbeit im Einzelnen entfalten zu können, sei darauf hingewiesen, dass alle Bedenken, die v. a. Hans-Jörg Schmid hinsichtlich des Ähnlichkeitskonzeptes vorbringt, mit Peirces semiotischem Ikonizitäts- und Ähnlichkeitsmodell zerstreut werden können. Bemerkenswert ist im Übrigen, dass die Diskussion von Ähnlichkeit und Ikonizität im Rahmen der Prototypentheorie nahezu ohne Rückgriff auf die semiotische Behandlung dieses Problemkreises stattfindet, obwohl der entsprechende interdisziplinäre Austausch sicher vorteilhaft wäre.

[183] „Denn ein reines Ikon unterscheidet nicht zwischen sich und seinem Objekt." (SS 1, 435)

[184] Diese kategorialen Zusammenhänge erklären auch, wieso nach Peirce „Ähnlichkeit Zergliederung und erneute Zusammensetzung verlangt [...]." (RS, 135) vgl. SS 2, 300

[185] vgl. SS 1, 97.

pretanten. Dieser ist also nicht nur für die Ähnlichkeitsbildung, sondern für die Zeichenfunktion des Ikons generell unverzichtbar.[186]

Als Beispiele für ikonische Zeichen, die ihre Objekte durch Ähnlichkeit repräsentieren, nennt Peirce etwa Porträts oder Fotografien: Die Ähnlichkeit soll hier zwischen der ikonischen Darstellung und dem jeweiligen Original bestehen. In keinem dieser Fälle wird aber die Ähnlichkeit nur durch die Erstheit des Ikons gebildet: Bei Fotografien ist es die physikalische Wechselwirkung zwischen Licht und Filmmaterial, die bereits unter die Zweitheit fällt und die ikonische Darstellung erst ermöglicht. Zudem ist das Verhältnis zwischen dem fotografierten Original und dem Bild eine dyadische Relation, was auch für ein Porträt und die dargestellte Person gilt.[187] Bei Porträts und ikonischen Gemälden überhaupt kommt noch eine Darstellungskonventionalität dazu, die als allgemeine Regelhaftigkeit in die Drittheit fällt und die Ähnlichkeit wesentlich mitprägt.[188] Auch bei diesen konkreten Beispielen ikonischer Zeichen ergibt sich das Phänomen der Ähnlichkeit also nicht aus den Qualitäten der Erstheit allein, sondern ist ein Produkt des Zusammenspiels mit den beiden anderen Kategorien.

Auch in kommunikativen Zusammenhängen treten nach Peirce ikonische Zeichen auf, etwa dann, wenn Menschen ohne gemeinsame Sprache kommunizieren wollen und nachahmende Gesten oder Geräusche verwenden. In der Geschichte von Sprachen sieht Peirce eine Entwicklung, die bei ikonischen und indexikalischen Zeichen beginnt und immer mehr hin zu konventionellen Zeichen, den Symbolen, führt.[189] Und auch in bereits symbolisch geregelten Sprachen gibt es Wörter, die so genannten Onomatopoietika, „die eine eingebil-

---

[186] SS 2, 113; vgl. SS 1, 199, 205.

[187] SS 1, 193, 205, 391.

[188] „Nebenbei bemerkt, ich weiß, daß Porträts nicht die leiseste Ähnlichkeit mit ihrem Original haben, außer in konventionellen Hinsichten und nach einer konventionellen Werteskala und so weiter." (SS 1, 391) vgl. SS 1, 250; PhLZ, 64, 157; Wenn Umberto Eco diese Aussagen Peirces zur Kombination von Ähnlichkeit und Konventionalität rezipiert hätte, wäre seine Kritik an Peirces Ikonizitätskonzept u. U. zurückhaltender ausgefallen (Eco 1991, 254 – 289). Ecos Ergebnis besteht nämlich in der Erkenntnis, „daß Ähnlichkeit auch von kultureller Konvention abhängt" (Eco 1991, 271f.), und darin: „Ikonische Zeichen sind also gleichzeitig konventionell und motiviert" (Eco 1991, 287; vgl. loc. cit., 255, 265, 274 – 276). Damit geht er aber keineswegs über Peirces kategorial differenzierte Behandlung der Ikonizitäts- und Ähnlichkeitsproblematik hinaus, sondern bleibt lediglich hinter deren adäquaten Rezeption zurück: Das Ikon ist ja ein Zeichen, das in seinem Objektbezug zur Erstheit hin degeneriert ist, d. h. der Objektbezug muss durch eine Qualität des Ikons motiviert sein. Als Zeichen ist das Ikon ein Phänomen der Drittheit und somit den Regelstrukturen seines Interpretanten unterworfen, die durchaus konventionell sein können. Insofern hat Ecos Kritik nichts Neues zu bieten. Auch Klaus-Peter Konerding erwähnt im Rahmen seiner frametheoretischen Überlegungen Peirces Ikonizitätskonzept und nimmt dabei „die Kritik, die an den unscharfen Grenzen der Peirceschen Typen bisher geübt wurde" (Konerding 1993, 95) widerspruchslos hin. Dabei scheint er selbst die Tragweite und die Implikationen dieser Zeichenklasse nicht zu überblicken, wenn er das Ikon auf eine dyadische Beziehung, nämlich die „Ähnlichkeit von $Etwas_1$ und $Etwas_2$" (loc. cit), reduziert, was weder der Erstheit noch der Drittheit des ikonischen Zeichens entspricht; vgl. auch Bernd Scherer, der sich Ecos Kritik unreflektiert anschließt (Scherer 1984, 67f.). Winfried Nöth referiert Ecos Position zwar, verweist aber auch auf zutreffende Gegenargumente (Nöth 2000, 195 – 197), und Gerhard Schönrich legt eine umsichtige Diskussion der semiotischen Ähnlichkeitsproblematik vor (Schönrich 1990, 136 – 141).

[189] SS 1, 195, 251, 391; PhLZ, 65f., 88.

dete Ähnlichkeit mit Lauten haben, die mit ihren Objekten verbunden sind" und in der Lage sind, eine ikonische Interpretation hervorzurufen, „obwohl sie streng symbolisch sind" [190]. Diese lautmalerischen Wörter werden nicht wie bei Saussure wegen ihrer Ikonizität aus der Sprachbetrachtung ausgeschlossen, sondern gemäß Peirces kategorialer Zeichenklassifikation differenziert aufgenommen. Den ikonisch wirkenden Wörtern wird auch keine natürliche Ähnlichkeit mit bestimmten Eigenschaften ihrer Objekte zugeschrieben, sondern wie bei den anderen Beispielen ist auch hier die Konvention oder Regel der Drittheit entscheidend: Sie differenziert, wann eine „eingebildete Ähnlichkeit" vorliegt und als lautmalerisch gilt und wann ein sprachliches Zeichen nicht als ikonisch zu interpretieren ist.

Obwohl Ähnlichkeit also ein Phänomen ist, das alle drei Kategorien Peirces betrifft, sind es doch die Qualitäten des Ikons, welche die Möglichkeiten zur Ähnlichkeitsbildung überhaupt eröffnen. Damit leistet das Ikon einen wesentlichen Beitrag zur Strukturierung von Zeichenprozessen und -systemen, da Ähnlichkeit, so konventionell sie im Einzelfall auch konstruiert sein mag, für die Klassifizierung und Strukturierung des Objektbezugs ein eminent wichtiges Phänomen darstellt.

h) Peirce behandelt das Ikon auch als „wahrgenommenes Ding"[191]. Um dies richtig verstehen zu können, muss man zwei Faktoren berücksichtigen: Gemäß meinen Ausführungen in Punkt 1e hat ein reines Ikon keine Existenz, sondern stellt nur eine qualitative Möglichkeit zum Objektbezug dar. Auf diesem Hintergrund kann man sich fragen, wie ein derartiges Ikon wahrnehmbar sein soll. Diese Frage ist zu beantworten, indem man sich an das Ergebnis von Punkt 1f erinnert, nämlich dass ein Ikon „nur Fragment eines vollständigeren Zeichens" sein kann. Wenn auch das Ikon in seiner reinen Form der Erstheit wie auch das Qualizeichen nicht existieren kann, so ist ihm das als fragmentarischem Bestandteil eines anderen Zeichens durchaus möglich. Wie im Implikationsverhältnis von Quali- und Sinzeichen ist es auch hier wieder das Sinzeichen, das ein Ikon in aktualer Existenz verwirklichen kann, nämlich als ikonisches Sinzeichen:

> „Ein Ikonisches Sinzeichen [...] ist jedes Objekt der Erfahrung, insoweit eine seiner Qualitäten die Vorstellung eines Objekts bestimmt. [...] Ein Ikonisches Sinzeichen wird ein Qualizeichen verkörpern." (PhLZ, 128)

Als „Objekt der Erfahrung" ist ein ikonisches Sinzeichen freilich wahrnehmbar, da es die bloßen Möglichkeiten des Ikons und seines impliziten Qualizeichens konkret realisiert. In diesem Zusammenhang zeigt sich, wie hoch die Auflöse- und Rekombinationsfähigkeit von Peirces kategorialer Zeichensubklassifikation ist, und welch differenzierte Beobachtungen durch die jeweiligen Zeichenimplikationen und Querverbindungen zwischen den Zeichentypen ermöglicht werden.

Diese Einschätzung wird zusätzlich bestätigt, wenn man bedenkt, dass zu diesen ikonischen Sinzeichen auch die entsprechenden Legizeichen gebildet werden können:

> „Ein Ikonisches Legizeichen [...] ist irgendein allgemeines Gesetz oder ein Typus, der fordert, daß jeder seiner einzelnen Anwendungsfälle eine bestimmte Qualität verkörpert, die dieses Zeichen be-

190 Beide Zitate aus NZ, 350; vgl. NZ, 367; PhLZ, 65f.; Die Trennung von Ikonizität und Symbolischem ist also bei Peirce keineswegs so rigide, wie bisweilen zu Unrecht unterstellt wird (s. z. B. Elgin 1995 und vgl. Eco 1991, 257); zur Ikonizität von Sprachzeichen s. auch Nöth 1999.

191 SS 1, 205.

> fähigt, im menschlichen Geist die Vorstellung eines ähnlichen Objekts hervorzurufen. [...] Da es ein Legizeichen ist, ist seine Seinsweise die des Bestimmens der einzelnen Replikas, von denen jede ein Ikonisches Sinzeichen einer besonderen Art ist." (PhLZ, 129)[192]

Für das Verhältnis von ikonischem Legizeichen und seinen Replikas gilt genau dasselbe, was in Kapitel 8.2.4 über die allgemeine Relation zwischen Legizeichen und Replika dargelegt wurde. Zusätzlich hat das Zeichensystem auf der Ebene des ikonischen Legizeichens noch die Möglichkeit, den Objektbezug der rekursiv relationierten Zeichen im Semioseprozess zu konditionieren und zu strukturieren, in dem es selektiv bestimmte Qualitäten für die Konstitution von Ähnlichkeit und generell Ikonizität in seinen Replikas festsetzt. Dadurch scheiden entropische Anschlüsse im rekursiven Zeichenprozess von vornherein aus, da der Objektbezug durch Ikonizität im wörtlichen Sinne qualifiziert ist. Diese Strukturierungsleistung erfüllt durch Merkmale wie Selektivität, Qualifizierung oder Dauerhaftigkeit wesentliche Anspüche, die Luhmann an Systemstrukturen richtet.
2. Der Index ist hinsichtlich des Objektbezugs ein reaktiv-degeneriertes Zeichen.
a) Als Zeichensubklasse der zweiten Kategorie kann der Index sein Objekt nur deshalb darstellen, weil er in einer wirklich existierenden, dynamischen Verbindung mit ihm steht. Jedenfalls wird der Index in seinem Interpretanten so dargestellt. Wegen der dyadischen Relation, die der Index mit seinem Objekt bildet, bekommt das Repräsentamen des Index Eigenschaften, die es ohne das Objekt nicht hätte, denn dies zeichnet genuine Zweitheit aus (s. Punkt 1a in Kap. 8.1.3 und Punkt 5 in Kap. 8.2.2). Und aufgrund eben dieser Eigenschaften gewinnt der Index die Fähigkeit, sein Objekt darzustellen:

> „Ein Index ist ein Repräsentamen, das die Funktion eines Repräsentamens aufgrund eines Merkmals erfüllt, das es nicht besitzen könnte, wenn sein Objekt nicht existierte, das es in gleicher Weise weiterhin besitzen wird, ob es als Repräsentamen interpretiert wird oder nicht." (SS 1, 435)[193]

b) Diese objektabhängigen Merkmale des Index machen diesen also erst zu einem Zeichen, das auf sein Objekt hinweisen kann. Wenn sich das Objekt hinsichtlich seiner bezeichneten Merkmale verändert, muss dies beim Index zu einer Kovariation der repräsentierenden Eigenschaften führen, da in der Zweitheit die Veränderung eines Korrelats, v. a. die des aktiveren, die Mitveränderung des anderen zur Folge hat. Dies wird an manchen von Peir-

---

[192] Dass Peirce hier vom „menschlichen Geist" spricht, stellt keine Einschränkung seiner allgemeinen Zeichentheorie dar. Man könnte der Universalität wegen hier auch die allgemeinere Wendung „in einem Interpretanten" einsetzen.

[193] s. auch PhLZ, 65: „Ein Index ist ein Zeichen, dessen zeichenkonstitutive Beschaffenheit in einer Zweitheit oder einer existentiellen Relation zu seinem Objekt liegt." vgl. SS1, 193, 199, 206, 346, 349, 391, 414f., 428f., 448; SS 2, 273, 275, 279, 284, 380, 382; SS 3, 79, 85, 135, 375; FÜ, 151, 163f. Anm.; NZ, 320, 349, 371; PhLZ, 73, 124f., 157f.; RS, 344; zur Möglichkeit indexikalischer Zeichen bei Luhmann s. Kap. 6.2.2 und Kap. 6.3.; zum Index bei Peirce s. auch Nöth 2000, 185 – 187; Scherer 1984, 75 – 87; Schönrich 1990, 146 – 148; Sebeok 2000; Catherine Elgin erfasst das Wesen des Index nicht, wenn sie dessen genuine Repräsentamen-Objekt-Dyade durch die zufällige Koinzidenz zweier Ereignisse ersetzt: Hier liegt keine genuine Dyade und daher auch kein genuiner Index vor (Elgin 1995, 183). ‚Index'ist direkt aus dem Lateinischen entnommen und kommt von ‚index, indicis' – ‚Anzeiger, Anzeichen, Hinweis'.

ces Beispielen für Indices deutlich:[194] Hygro-, Baro-, Thermometer, Sonnenuhr, Wetterhahn und Krankheitssymptome können als Indices ihrer jeweiligen Objekte aufgefasst werden, nämlich Luftfeuchtigkeit, Luftdruck, Temperatur, Sonnenstand, Windrichtung und Krankheit. Mit diesen Objekten stehen sie in einer dynamisch-dyadischen Relation, weshalb es bei einer Variation des Objekts zu einer Kovariation des Index kommt: So zeigt z. B. die Sonnenuhr je nach Veränderung des Sonnenstandes unumgänglich einen anderen Wert, also die Veränderung ihres Objekts, an.[195] Die Zweitheit zwischen Index und Objekt ist freilich hochselektiv, da sie nur bestimmte Merkmale dieser beiden Korrelate betrifft. Da nun der Interpretant und die an ihm rekursiv anschließende Semiose sich auf dasselbe Objekt beziehen müssen wie der Index, wirkt sich dessen Selektivität wiederum in Luhmanns Sinne strukturierend auf den Zeichenprozess aus.

c) In der unter Punkt 2a zitierten Definition sind zwei Aspekte des Index angesprochen, die ich hier und im folgenden Punkt aufgreifen möchte. Der Index kann wegen der Zweitheit, die zwischen ihm und seinem Objekt besteht, seine zeichenkonstitutiven, repräsentierenden Merkmale nicht haben, wenn das Objekt nicht existiert. Solange also ein Repräsentamen in seinem Interpretanten als Index dargestellt wird, muss in diesem Interpretanten auch die Existenz des Objekts vorausgesetzt werden:

> „Die Existenz eines genuinen Index ist eine hinreichende Garantie für die Existenz des Gegenstandes. Denn die Kraft, mit der der Index auf uns wirkt ist nur ein Aspekt der Kraft, mit der der Gegenstand auf den Index wirkt." (SS 1, 414f.)

Es wäre demnach absurd, eine Sonnenuhr als Index zu betrachten und gleichzeitig die Existenz der Sonne zu bezweifeln, da beide im Index zu einer Dyade zusammengefasst sind: Die Existenz des Objekts muss für die Existenz des Index vorausgesetzt werden.[196] Dies unterscheidet den Index vom Ikon, das seine möglicherweise repräsentierenden Eigenschaften völlig unabhängig von der tatsächlichen Existenz möglicher Objekte behält (vgl. oben Punkt 1d).

d) Dem Ikon und dem Index ist dagegen gemeinsam, dass sie ihre zeichenkonstitutiven Eigenschaften behalten, auch wenn es für sie keinen Interpretanten gibt. Dies entspricht auch dem allgemeinen Implikationsverhältnis der Kategorien, gemäß dem nur die je höheren Kategorien die unteren implizieren, nicht aber umgekehrt (vgl. Punkt 2a in Kap. 8.2.2). Das bedeutet, dass die Dyade von Index und Objekt auch existieren kann, ohne dass sie durch einen Interpretanten zu einer Triade gemacht wird. Unter diesen Umständen liegt freilich kein Zeichen vor, denn auch der Index kann nur als Repräsentamen seines Objekts fungieren, wenn er in einem Interpretanten als solches dargestellt wird. Dennoch behält der Index, selbst wenn er nicht als solcher interpretiert wird, die Eigenschaften, die er durch die

---

[194] Zu den folgenden und auch anderen Beispielen für Indices s. SS 1, 193, 198, 206f., 244f., 255, 272, 350, 375, 391, 428, 435f.; SS 2, 113, 273, 382; SS 3, 375; FÜ, 152; NZ, 349; PhLZ, 65, 157f.

[195] Jürgen Habermas scheint Peirces Zeichensubklassifikation völlig missverstanden zu haben, wenn er meint, Indices und ikonische Zeichen stünden in einer konventionellen Beziehung zu ihren Objekten, und er Quali- und Sinzeichen als natürliche Zeichen mit einer kausalen Verbindung bzw. in einer Ähnlichkeitsrelation mit ihrem Objekt ansieht (Habermas 1991, 21).

[196] s. SS 1, 350f.; SS 2, 113; SS 3, 135f.; PhLZ, 65, 157.

Zweitheit mit dem Objekt bekommt:[197] So wirft z. B. der Zeiger einer Sonnenuhr auch dann einen Schatten, wenn der Beobachter den Zusammenhang zwischen Schatten und Sonnenstand nicht kennt und daher auch diese dyadische Korrelation nicht indexikalisch interpretieren kann.[198]

e) Wenn das indexikalische Repräsentamen und sein Objekt durch einen Interpretanten zu einer Zeichentriade vervollständigt werden, dann wirkt der Index folgendermaßen auf den Interpretanten ein: Die indexikalischen Eigenschaften des Repräsentamens erregen die Aufmerksamkeit des Interpretanten und lenken sie auf das indizierte Objekt. Diese Ausrichtung der Aufmerksamkeit im Interpretanten geschieht mittelbar durch den Index und nicht unmittelbar durch das Objekt selbst, weshalb auch eine Zeichentriade vorliegt.[199] Wenn z. B. das Auftreten einer Krankheit mit der Erhöhung der Körpertemperatur verbunden ist, dann wird der entsprechende Interpretant eben durch das indexikalische Symptom des Fiebers auf die Krankheit aufmerksam und nicht unmittelbar:

> „Ein reiner Index erzwingt einfach Aufmerksamkeit für das Objekt mit dem er reagiert, und versetzt den Interpreten in mittelbare Reaktion mit diesem Objekt, aber er vermittelt keine Information." (NZ, 349)

Das Erregen von Aufmerksamkeit wirkt aufgrund seiner Selektivität wiederum strukturierend, da sich bei einem Index die Semiose nur auf das Objekt der Aufmerksamkeit und nicht auf ein beliebiges anderes Objekt richten kann.

f) Der letzte Zusatz im obigen Zitat berührt ein Thema, das ich bereits angesprochen habe, nämlich das Thema der Information (vgl. oben Punkt 1f). Ein reiner Index kann also nach Peirce ebenso wenig Information über sein Objekt geben wie ein reines Ikon. Denn allein dadurch, dass er die Aufmerksamkeit auf sein Objekt lenkt, macht er noch keine informationshaltige Aussage über es. Dieses Problem kann dadurch entschärft werden, dass laut Peirce reine Indices gar nicht auftreten.[200] Peirce begründet dies nicht explizit, aber die Erklärung liegt auf der Hand: Wegen des Implikationsverhältnisses der Kategorien kann der Index als Zeichenphänomen der Zweitheit gar nicht existieren, ohne Erstheit zu implizieren. D. h. jeder Index hat Eigenschaften und Qualitäten, die er aus dem Möglichkeitsraum der Erstheit heraus verwirklicht. Und seine zeichenrelevanten, repräsentierenden Eigenschaften, die ihn erst zum Index machen, gewinnt er aus der dyadischen Relation zu seinem Objekt. Hinsichtlich dieser objektvermittelten Qualität impliziert der Index also ein Ikon: Er ist seinem Objekt nämlich in genau der Eigenschaft ähnlich, die er ohne das Objekt gar nicht hätte, die mit dem Objekt kovariiert und mit der er das Objekt indiziert:[201] So fungiert

---

[197] „Obwohl nämlich ein Index wie jedes andere Zeichen auch nur dann als ein Zeichen fungiert, wenn er interpretiert wird, so wäre er doch selbst dann, wenn er zufällig niemals interpretiert werden sollte, in der Lage, dasselbe Zeichen zu sein, das im Falle seiner Interpretation da wäre." (NZ, 368) vgl. SS 1, 199, 374, 391; SS 2, 113; SS 3, 79; PhLZ, 65.

[198] Peirce bringt ein anderes Beispiel: „So ist zum Beispiel eine Tonscherbe mit einem Durchschußloch ein Zeichen für einen Schuß, denn ohne den Schuß hätte es kein Loch gegeben. Doch nun ist da ein Loch, ob es jemandem in den Sinn kommt, es mit dem Schuß in Verbindung zu bringen oder nicht." (SS 1, 375)

[199] s. SS 1, 193, 198, 206f., 244, 272, 350f., 428; FÜ, 164 Anm.; SPP, 256f.

[200] SS 1, 351.

[201] vgl. PhLZ, 124f., 158.

der Wetterhahn als Index des Windes und ist zugleich ein Ikon seiner Richtung. Die Eigenschaft, immer in dieselbe oder eine ähnliche Richtung wie der Wind zu zeigen, macht den Wetterhahn zu einem Ikon des Windes. Da er diese Eigenschaft aber ohne den Wind nicht hätte, handelt es sich nur um ein Ikon, das dem Wetterhahn als Index implizit ist.[202] Erst diese Kombination von Index und Ikon ermöglicht eine informationshaltige Aussage über das Objekt, wobei der Index spezifiziert, auf welches bestimmte Objekt die Aufmerksamkeit zu richten ist, und das implizierte Ikon selektiv die Eigenschaft präsentiert, hinsichtlich derer über das Objekt etwas ausgesagt bzw. indiziert werden soll.[203]

So betrachtet sind der Index und sein implizites Ikon zweifach selektiv, indem sich der Index nur auf das bestimmte Objekt bezieht, mit dem er in einer dyadischen Relation steht, und er zusätzlich zu diesem Objekt nur in einer bestimmten Hinsicht in einem Verhältnis der Ikonizität steht. Diese doppelte Selektivität wirkt sich wiederum strukturierend auf den Semioseprozess aus, da der Interpretant und die an ihm anschließenden Zeichen diese Einschränkungen berücksichtigen müssen, womit die weiteren Anschlussmöglichkeiten bereits in hochselektiver Weise konditioniert sind, ganz wie Luhmann es fordert.

g) Die einschränkend selektive und damit strukturierende Wirkung des Index zeigt sich auch noch an einem anderen seiner Leistungsmerkmale, das sich ebenfalls aus seiner Zweitheit ergibt. Wie alle Phänomene dieser Kategorie muss auch der Index „hic et nunc" in exakter Bestimmtheit existieren (vgl. Punkt 1c in Kap. 8.1.3). Deswegen steht jeder Index immer z. B. räumlich oder zeitlich in einem spezifischen Kontext, in dem er auf sein ebenfalls vollständig kontextualisiertes Objekt verweist. Diese Leistung der Kontextualisierung des Objektbezugs kann auch nur ein Index leisten, da das Ikon eine bloße Möglichkeit der Erstheit ist und, wie wir noch sehen werden, das Symbol in seiner Allgemeinheit dafür zu vage ist. Denn wie oben in Punkt 2f dargelegt, zeigt der Index an, welches spezielle Objekt in welchem Kontext thematisiert wird. Diese selektive Leistung des Index ist in der Semiose unverzichtbar, „denn ohne Indizes ist es unmöglich zu bezeichnen, worüber man spricht"[204]. Der Index gibt also die Anweisungen, die in einem bestimmten Erfahrungsraum oder Diskursuniversum nötig sind, um das indizierte Objekt identifizieren zu können. Ohne diese Leistung gäbe es im Zeichengebrauch, etwa in kommunikativen Semiosen, keine strukturierten und gerichteten Anschlussmöglichkeiten für weitere Zeichen, da der Objektbezug der laufenden Semiose unterbestimmt wäre. Erst die hochselektive Objektbestimmung im Index reduziert die Verstehensmöglichkeiten für den kommunikativen Anschluss, strukturiert und konditioniert dadurch also den weiteren rekursiven Verlauf der Semiose.

h) Die eben dargelegte Fähigkeit des Index zur Kontextualisierung des Objekts beruht auf einer Voraussetzung, die der Interpretant erfüllen muss. Der indexikalische Hinweis auf ein bestimmtes Objekt kann im Interpretanten nur als solcher dargestellt werden, wenn der Interpretant das Objekt bereits kennt: Wenn es in einem Zeichensystem kein Konzept z. B. für Luftfeuchigkeit gibt, dann kann für dieses System ein Hygrometer auch nicht als Index

[202] vgl. PhLZ, 65, 158.

[203] vgl. SS 1, 448; NZ, 368; PhLZ, 128f.

[204] SS 1, 212; Ebenfalls in Bezug auf sprachliche Kommunikation schreibt Peirce: „Denn irgend etwas müsste den allgemeinen Sinn dieses allgemeinen Verbs auf den vorliegenden Fall beziehen. Das kann allein ein Index tun." (NZ, 355); vgl. zur Kontextualisierungsleistung des Index allgemein s. SS 1, 196, 207, 209, 245, 272, 349f.; SS 3, 153; FÜ, 163f. Anm.; PhLZ, 82; SPP, 257; S&S, 70f.

für die Luftfeuchtigkeit fungieren, da die vorauszusetzende Kenntnis des bezeichneten Objekts nicht vorhanden ist. Es tritt dann der oben unter Punkt 2d angesprochene Fall auf, dass die dyadische Relation zwischen Index und seinem Objekt zwar in der Zweitheit als existent angesehen wird, diese Dyade aber nicht durch einen Interpretanten in einem Zeichenprozess ausgewertet werden kann, weil der Interpretant das indexikalische Repräsentamen ja nicht auf ein ihm unbekanntes Objekt beziehen kann.[205] Deswegen darf aber nicht angenommen werden, dass das Hygrometer nicht mit der Veränderung der Luftfeuchtigkeit kovariiert, da ja Zweitheit als niedrigere Kategorie Drittheit weder voraussetzt noch gar impliziert (vgl. die Punkte 2a und 2b in Kap. 8.2.2).

Wenn ein Index also nur als solcher wirkt, falls er einen entsprechenden Interpretanten bestimmen kann,[206] und der Interpretant den Index nur adäquat interpretieren kann, wenn er das indizierte Objekt bereits kennt, dann muss ein entsprechend operierendes Zeichensystem ein historisches und rekursives System sein. Denn die Summe der Objekte, die im Laufe der Systemgeschichte konstituiert wurde, ist immer der historisch relative Ausgangs- und Bezugspunkt, von dem die weitere rekursive Produktion von Zeichen in der Semiose ausgehen muss. Damit ist auch aus dieser Perspektive erwiesen, dass ein Zeichensystem ein historisches System ist, ein Ergebnis, das auch in anderen Zusammenhängen erzielt wurde (vgl. Punkt 4e in Kap. 8.1.2 und Punkt 9 in Kap. 8.2.1) und sich mit Luhmanns allgemeiner Systemtheorie deckt. Zum anderen zeigt dieser Zusammenhang die entscheidende Bedeutung des Interpretanten auf, obwohl dieser wegen der thematischen Ausrichtung des Index auf den Objektbezug meist ausgeklammert wird (vgl. auch oben Punkt 1g). Dennoch kann ohne ihn kein Index als solcher interpretiert werden: Erst der historisch relative Interpretant macht den Index zu einem Index in einem rekursiven Zeichenprozess.

i) Ein Index richtet die Aufmerksamkeit auf ein bestimmtes, genau kontextualisiertes Objekt und kann durch sein impliziertes Ikon auch Informationen über dieses Objekt vermitteln, wenn es dem Interpretanten bereits bekannt ist (s. o. die Punkte 2e, 2f und 2h). Da der Index aber eine Zeichensubklasse der Zweitheit ist und als solche immer nur im Hier und Jetzt wirkt und gültig ist, kann er über sein Objekt weder Einsicht noch Wahrheit vermitteln,[207] da diese allgemein sind und daher in die Kategorie der Drittheit fallen müssen.

j) Aus diesem Befund folgt allerdings nicht, dass die dyadische Relation zwischen dem Index und seinem Objekt nicht auch unter dem Aspekt der Drittheit betrachtet werden kann. Der dyadische Zusammenhang zwischen einem Index und seinem Objekt kann nämlich in den entsprechenden Interpretanten wiederholt beobachtet und dann in einer allgemeinen Regel formuliert werden, z. B.: „Jedesmal, wenn sich die Lufttemperatur erhöht, steigt auch die Quecksilbersäule des Thermometers." Zu dieser Verallgemeinerung ist der Index als

---

205 s. auch FÜ, 164 Anm.

206 „[...] er wird nur dadurch zu einem Index, daß er geeignet ist, durch ein Repräsentamen als in dieser Relation stehend dargestellt zu werden." (PhLZ, 73) Das hier angesprochene Repräsentamen ist nichts anderes als der Interpretant, der die Zeichentriade des Index vervollständigt und dann im funktionalen Wechsel in der Zeit zum Repräsentamen der rekursiv angeschlossenen Folgetriade wird. Als solches kann er durch die Relationierung einer Relation die Dyade von Index und dessen Objekt zu seinem eigenen Objekt haben und so den Index „als in dieser Relation stehend" darstellen (vgl. Punkt 5 in Kap. 8.1.1).

207 „Andererseits gewähren Indizes unbedingte Sicherheit für die Realität und Nähe ihrer Objekte. Doch mit dieser Sicherheit ist keine Einsicht in die Natur der Objekte verbunden." (SS 3, 136) vgl. SS 3, 79.

Zeichensubklasse der Zweitheit freilich selbst nicht fähig, da er ja immer nur in einem individuellen und genau spezifizierten Kontext existiert. Wiederholung, für die Zukunft zu erwartende Regelmäßigkeit mit iterierbarer Anwendbarkeit fallen kategorial ja auch nicht in die Zweitheit, sondern in die Drittheit (vgl. Kap. 8.2.1). Die Dyade, die der Interpretant als zwischen dem Index und seinem Objekt bestehend beobachtet, kann also nur in der Drittheit zu einem allgemeinen und regelhaften Zusammenhang generalisiert werden.[208] Die Relation zwischen dem Index und seinem Objekt kann demnach ebenso verallgemeinert und anschließend dieser Dyade unabhängig vom Interpretanten zugeschrieben werden, wie auch die Qualitäten der Erstheit generalisiert und den Dingen als dauerhafte, wenn auch nicht stets aktualisierte Möglichkeiten attribuiert werden können (vgl. Punkt 1e in Kap. 8.2.2).

Mit dieser Möglichkeit dient aber die im Index angezeigte dyadische Relation mittelbar zur Strukturierung und Konditionierung der Semiose, weil mittels ihrer im Interpretanten eine generalisierte Erwartungsstruktur aufgebaut werden kann, die Entropie aus der Semiose ausschließt und dem Prozessverlauf eine selektiv geordnete Richtung gibt. Diese Erwartungsstruktur der Drittheit des Zeichensystems wird mit jeder erfolgreichen Beobachtung eines Index in Luhmanns Sinne kondensiert und konfirmiert, womit sie sich auch in der Zeit als dauerhafter erweist als der nur momentan existierende Index (s. Punkt 2 in Kap. 8.2.4). Denn die allgemeine Gültigkeit der Regel, die den dyadischen Zusammenhang zwischen Index und Objekt beschreibt, wird nicht bezweifelt, solange der Index entsprechend seiner Zweitheit in erwarteter Weise mit dem Objekt kovariiert.

k) Da jeder Index wie auch sein Objekt in einem konkreten Kontext aktual existiert (s. o. die Punkte 2c und 2g), muss er als Repräsentamen ein Sinzeichen sein, da nur diese Subklasse von Repräsentamen konkret existieren kann (s. Punkt 2 in Kap. 8.1.3). Als Repräsentamen betrachtet ist ein aktualer Index also ein indexikalisches Sinzeichen.[209] Dies fungiert allein deswegen als Repräsentamen, weil es Eigenschaften aufweist, die es nur wegen seiner dyadischen Relation mit seinem Objekt hat und die im Interpretanten entsprechend hinsichtlich des Objekts interpretiert werden.

l) Wie alle anderen Sinzeichen tritt auch das indexikalische Sinzeichen nur einmal auf, ist also unwiederholbar und irreversibel. Wie ich aber oben in Punkt 2j dargelegt habe, kann das Verhältnis zwischen Index und Objekt generalisiert werden, wodurch jeder aktuale Index dieser verallgemeinerten Art zu einem wiederholten Anwendungsfall der generalisierten Regel wird. Dieser Zusammenhang entspricht genau dem zwischen Replika und Legizeichen, woraus man schließen kann, dass man zu gewissen indexikalischen Sinzeichen auch die entsprechenden Legizeichen bilden kann. Diese machen die Indices, die vormals nur Sinzeichen waren, in jedem zukünftigen Wiederholungsfall zu ihren Replikas.[210] Zusätzlich zu den üblichen Merkmalen eines Legizeichens kommt bei den indexika-

[208] vgl. auch SS 1, 255.

[209] Peirce differenziert zwischen einem rhematisch indexikalischen Sinzeichen, das nur die Aufmerksamkeit auf sein Objekt lenkt (vgl. oben Punkt 2e), und einem dikentisch indexikalischen Sinzeichen, das zusätzlich Informationen über sein Objekt liefert (vgl. oben Punkt 2f); zu diesen Zeichenklassen s. PhLZ, 128f.; zur Unterscheidung von Rhema und Dikent s. die Punkte 1 und 2 in Kap. 8.2.6.

[210] Peirce veranschaulicht diesen Zusammenhang am Beispiel eines Krankheitssymptoms: „[...] solcherart [von der Art eines Index, meine Ergänzung] ist das Auftreten eines Symptoms einer Krankheit (das Symptom selbst ist ein Legi-Zeichen, ein genereller Typus mit definitem Charak-

lischen Legizeichen die Eigenschaft, dass sie nur die Qualitäten ihrer Replikas regeln und als allgemeiner Typus umfassen, welche die Replikas als zeichenkonstitutiv und repräsentativ ausschließlich wegen ihrer Zweitheit mit dem Objekt aufweisen.

Durch diese indexikalischen Legizeichen gewinnt ein Zeichensystem eine weitere spezielle Möglichkeit, Semiosen in Luhmanns Sinne zu strukturieren. Das indexikalische Legizeichen setzt nämlich in der Art einer selektiven Regelungsstruktur fest, welche Eigenschaften des Index als genuin objektabhängig anzusehen sind und daher die Aufmerksamkeit im Interpretanten auf das Objekt richten oder ihm Informationen über es vermitteln können.[211] Als Legizeichen ist es ein allgemeiner, von speziellen Kontexten abstrahierter, also generalisierter, kondensierter und konfirmierter Typus und als solcher fungiert es als Erwartungsstruktur. Denn es regelt einerseits, welche Bedingungen ein Repräsentamen erfüllen muss, um als Index seines Objekts gelten zu können, und ermöglicht andererseits auch den Schluss auf das Vorliegen eines bestimmten Objekts, wenn das indexikalische Repräsentamen bestimmte Merkmale aufweist. Diese Art von allgemeiner Erwartungsstruktur muss wegen der Zweitheit zwischen Index und Objekt genau diesen doppelseitigen Charakter haben, mit dessen beiden Seiten es die Anschlussmöglichkeiten im Zeichenprozess stark einschränkt. Durch diese selektive Spezifizierung des Objektbezugs, seine wiederholte Anwendbarkeit und Dauerhaftigkeit konditioniert das indexikalische Legizeichen die Semiose und leistet damit einen wesentlichen Beitrag zur Strukturierung des Zeichensystems.

3. Das Symbol steht hinsichtlich des Objektbezugs auf der Ebene der Drittheit und ist somit eine genuine Subzeichenklasse.

a) Den Bezug zu seinem Objekt kann ein Symbol nur aufgrund einer allgemeinen Gesetzmäßigkeit herstellen, d. h. nur dadurch, dass genau diese Interpretation in einem entsprechenden Interpretanten so geregelt ist. Der Interpretant stellt mit anderen Worten die Relation zwischen Symbol und Objekt selbst erst her, weshalb es sich auch um eine genuine Triade handelt:

---

ter. Das Auftreten in einem besonderen Fall ist ein Sinzeichen.).“ (FÜ, 151f.) Peirce spricht hier die Kontextfixiertheit des indexikalischen Sinzeichens an (vgl. oben Punkt 2g) und hätte das „Auftreten in einem besonderen Fall“ präziser eine Replika des indexikalischen Legizeichens nennen können, wobei „Sinzeichen“ freilich nicht falsch ist.

211 Parallel zu der zweifachen Differenzierung des indexikalischen Sinzeichens (s. o. die Anmerkung zu Punkt 2k) unterscheidet Peirce auch zwischen dem rhematisch indexikalischen Legizeichen und dem dikentisch indexikalischen Legizeichen (PhLZ, 129f.): Ersteres regelt für seine Replikas, also die rhematisch indexikalischen Sinzeichen, allgemein, aufgrund welcher genereller objektvermittelter Eigenschaften sie die Aufmerksamkeit auf ihr Objekt richten können. Zweiteres beschreibt als allgemeiner Typus seiner Replikas, also der dikentisch indexikalischen Sinzeichen, aufgrund welcher genereller objektvermittelter Eigenschaften sie zusätzlich Informationen über ihr Objekt vermitteln können (zur Unterscheidung von Rhema und Dikent s. die Punkte 1 und 2 in Kap. 8.2.6). Im Unterschied zum ikonischen Legizeichen regelt das indexikalische Legiezeichen in beiden Fällen nicht die Qualitäten, die einem Repräsentamen unabhängig von etwas anderem zu eigen sind und einen ikonischen Objektbezug von sich aus ermöglichen, sondern im Sinne der Zweitheit eben nur die objektvermittelten Eigenschaften, die das indexikalische Repräsentamen ohne das Objekt nicht hätte und die es erst zum Zeichen dieses Objekts werden lassen.

> „Ein Zeichen kann sein dynamisches Objekt einfach aufgrund eines Gesetzes oder einer Verhaltensgewohnheit darstellen, aufgrund dessen es so interpretiert wird, daß es das Objekt darstellt. Ein solches Zeichen nennt man ein *Symbol.*" (SS 2, 285)[212]

Das allgemein Gesetz- oder Gewohnheitsmäßige des Symbols macht es zu einem Phänomen der Drittheit, da erst die regelgemäße Interpretation des Symbols in einem Dritten, nämlich im Interpretanten, dessen Objektbezug konstituiert.
b) Wenn das Symbol aus den genannten Gründen kategorial zur Drittheit gehört, dann kann es selbst nicht wie ein Index in einem konkreten Kontext existieren, sondern es stellt einen regelmäßigen Zusammenhang dar und muss daher selbst allgemein sein.[213] Aufgrund seiner eigenen Allgemeinheit ermöglicht das Symbol auch verallgemeinerte Darstellungen im Objektbereich, es ermöglicht mit anderen Worten Abstraktion und Generalisierung. Beides ist für das Ikon und den Index allein nicht denkbar, da diese kategorial über bloß mögliche bzw. individuell spezifizierte Objekte nicht hinausgehen können. Ich habe in Punkt 1e von Kapitel 8.2.2 und in Punkt 2j von Kapitel 8.2.5 darauf hingewiesen, dass monadische Eigenschaften der Erstheit verallgemeinert und Dingen dauerhaft zugeschrieben werden können, bzw. dass die dyadische Relation zwischen Index und Objekt zu einer Regel generalisiert werden kann. Die Darstellung derartiger Abstraktionen und Verallgemeinerungen ikonischer oder indexikalischer Zusammenhänge ist nur mit Hilfe von Symbolen möglich, da nur sie in ihrer Drittheit die erforderliche Allgemeinheit und Gesetzmäßigkeit[214] aufweisen. Mit diesen beiden Merkmalen eröffnet das Symbol einem Zeichensystem zusätzliche Möglichkeiten zur Strukturierung seiner Prozesse. Denn Gesetzmäßigkeit schließt Konditionierung im Sinne einer Wenn-Dann-Regel ein, die sich im Falle des Symbols auf einen spezifisch geregelten Objektbezug richtet.[215] Dadurch ermöglicht das Symbol z. B. die klassifizierende und schematisierende Darstellung von Objekteigenschaften, -relationen

---

[212] vgl. SS 2, 380; NZ, 350, 366; PhLZ, 65, 158 und 125: „Ein *Symbol* ist ein Zeichen, das sich auf das von ihm denotierte Objekt aufgrund eines Gesetzes bezieht, das gewöhnlich in einer Verbindung zweier allgemeiner Vorstellungen besteht, die dadurch in Kraft tritt, daß sie bewirkt, daß das Symbol als sich auf das Gesetz beziehend interpretiert wird." zum Symbol bei Peirce s. auch Nöth 2000, 179f.; Scherer 1984, 88 – 98; Schönrich 1990, 148 – 150. ‚Symbol' leitet sich her von gr. ‚symbolon' – ‚Erkennungszeichen, Kennzeichen, Vertrag' und deutet damit schon auf den gesetzmäßig geregelten Aspekt dieses Zeichentyps hin.

[213] Die Allgemeinheit des Symbols geht aus folgender Stelle hervor: „Ein Symbol kann, wie wir gesehen haben, keinen einzelnen Gegenstand indizieren. Es denotiert eine Gegenstandsart. Nicht nur das; es ist selbst nur eine Art und kein einzelner Gegenstand." (SS 1, 200) Bereits hier zeigt sich am Symbol die für Systemstrukturen typische Dauerhaftigkeit im Vergleich zu den nur punktuell und momentan existierenden Systemereignissen. Denn eine „Gegenstandsart" ist in der Zeit stabiler und dauerhafter als ein „einzelner Gegenstand", weshalb sie auch allgemein und daher ein Phänomen der Drittheit ist; vgl. SS 1, 112: „Ein Symbol ist eine allgemeine Darstellung wie ein Wort oder ein Begriff." s. auch SS 1, 193; SS 2, 113; PhLZ, 77, 125; S&S, 70.

[214] Zum Aspekt der Gesetz- und Regelmäßigkeit des Symbols s. SS 2, 114: „Das Symbol hat selbst das Wesen einer Gewohnheit oder allgemeinen Regel." vgl. SS 2, 285; SS 3, 136; NZ, 360, 376; PhLZ, 66, 73, 125, 158.

[215] vgl. hierzu allgemein Kap. 8.2.1 und s. S&S, 71: „[...] the symbol represents that which may be observed under certain general conditions and is essentially general." Hier sind mit den Merkmalen der Selektivität („**certain** [...] conditions"), Konditionierung und Allgemeinheit wesentliche Merkmale von Luhmanns Strukturbegriff angesprochen.

und –typen, wodurch die Anschlussmöglichkeiten der entsprechenden symbolischen Zeichen in der Semiose selektiv spezifiziert und somit die Zeichenprozesse strukturiert werden. Diese Strukturierungsleistung des Symbols ist eine rein systeminterne Leistung, da ja der symbolische Objektbezug nur durch eine Regel des Zeichensystems hergestellt wird, d. h. es bedarf neben dem (symbolischen) Repräsentamen und seinem Objekt noch eines geregelten und regelnden Dritten, das den Objektbezug im System überhaupt erst konstituiert. Jeder symbolische Objektbezug kann also ganz in Luhmanns Sinne als strukturdeterminiert angesehen werden, da es allein die Strukturregel des Symbols ist, welche die Darstellung des Objekts ermöglicht und die rekursiven Anschlussmöglichkeiten an diese Repräsentation selektiv und damit in erforderlicher Weise reduktiv festlegt. Der von Luhmann befürchtete entropische Zerfall des Systems ist also ausgehend von der Strukturdeterminiertheit des symbolischen Objektbezugs ausgeschlossen.
c) Das zuletzt und auch schon in Punkt 3a angesprochene Dritte im symbolischen Zeichen kann nur der Interpretant sein. Er repräsentiert also die Regel oder die Gewohnheit, gemäß der das Symbol sein Objekt bezeichnen kann. Daraus folgt, dass im Symbol nicht wie im Ikon eine Erstheit oder wie im Index eine Zweitheit zeichenkonstitutiv ist, sondern die Drittheit des Interpretanten. Anders als im Ikon, dessen zeichenkonstitutive monadische Eigenschaft auch ohne Objekt und Interpretanten bestehen bliebe (s. o. Punkt 1d), und im Index, dessen zeichenkonstitutive Eigenschaft immerhin noch ohne Interpretanten bestehen bliebe (s. o. Punkt 2d), kann also bei einem Symbol der Interpretant nicht fehlen, ohne dass das Symbol sofort sein Wesen als Zeichen einbüßen würde:

> „Ein *Symbol* ist ein Zeichen, das die Eigenschaft, die es zu einem Zeichen macht, verlöre, wenn es keinen Interpretanten gäbe.“ (SS 1, 375)[216]

Während das Ikon seine spezifische Bedeutsamkeit aus einer seiner eigenen Qualitäten bezieht und der Index aus Merkmalen, die ihm sein Objekt in einer dyadischen Relation vermittelt, wird die Bedeutung eines Symbols vollständig erst im Interpretanten generiert. Daher ist das Symbol genuin triadisch und sein Interpretant unverzichtbar.[217] Am Interpretanten wird die Konditionierung des symbolischen Objektbezugs am deutlichsten sichtbar, da dieser eben nur dann hergestellt wird, wenn das Symbol im Interpretanten regelgemäß interpretiert wird. Dieser unverzichtbare Interpretant wird nun im nächsten rekursiv anschließenden Zeichen zum Repräsentamen, das sowohl dasselbe Objekt wie das ursprüngliche Symbol als auch die regelhafte Relationierung von diesem Symbol und seinem

[216] vgl. SS 1, 199f., 391, 429f., 435; SS 2, 113f., 267, 273, 276, 279; NZ, 350f., 368, 373f., 376; PhLZ, 158; RS, 344 und SS 2, 382: „*3. Klasse*. Genannt Symbol. Das Zeichen bezieht sich auf seine Objekt nur aufgrund seiner Tertianität, also aufgrund seines [g: Relation] Einflusses auf seinen Interpretanten, worin seine Tertianität besteht. [...] Dieser Interpretant also muß das Zeichen mit seinem Objekt verbinden, und diese Verbindung muß die einzig bedeutungstragende Verbindung zwischen Zeichen und Objekt sein. Das Zeichen ist anders gesagt das Zeichen dessen, von dem es das Zeichen ist, nur weil es so interpretiert werden wird.“

[217] Im Ikon und im Index ist freilich auch ein Interpretant notwendig, wenn diese Zeichen konkret als Zeichen fungieren sollen. Daher ist genau genommen nicht der Interpretant, sondern die von ihm dargestellte gesetzmäßige Drittheit für das Symbol konstitutiv (vgl. auch Fitzgerald 1995).

Objekt darstellen muss, denn: „Das Symbol stellt sich selbst als darzustellend dar.“[218] Dies gilt auch für den Interpretanten dieses Anschlusszeichens und somit potenziell *ad infinitum*:

> „Nun gehört es zur Wesensart eines Symbols, daß es einen Interpretanten bestimmt, der selbst ein Symbol ist. Daher erzeugt ein Symbol eine endlose Reihe von Interpretanten.“ (NZ, 375)

Der Zeichenprozess, der aus dieser „Reihe von Interpretanten“ besteht, ist doppelt selektiv, weil er erstens immer nur auf dasselbe Objekt gerichtet ist und er zweitens immer gemäß der Regelstruktur des Symbols verlaufen muss. Dabei kommt es zu einer zunehmend differenzierteren Bestimmung des Objekts, da es ja in jedem Interpretanten erneut dargestellt wird.[219] Zugleich sichert sich das Symbol gewissermaßen seine eigene Autopoiesis, solange der Prozess weiterläuft, und dies ist potenziell unendlich der Fall.[220] Ein symbolischer Zeichenprozess stellt also einen paradigmatischen Fall von autopoietischem und dabei sich selbst strukturierendem Systemprozess in Luhmanns Sinne dar.
d) Das Symbol verdankt seine Fähigkeit, sein Objekt zu repräsentieren, also weder einer seiner eigenen, unabhängig von anderem vorhandenen Qualitäten noch einer Eigenschaft, die es wegen einer tatsächlichen Verbindung mit seinem Objekt in der Zweitheit hätte, sondern nur einer Interpretationsregel, die in der Drittheit die Verbindung zwischen symbolischem Repräsentamen und Objekt herstellt.[221] Damit umfassen Symbole alle arbiträr konventionellen Zeichen: Sie sind arbiträr, da die aus der Erst- und Zweitheit stammenden Motivationen zum Objektbezug in ihnen kategorial ausgeschlossen sind.[222] Und sie sind konventionell, insofern sie auf einer arbiträr-kontingent gewählten Gesetzmäßigkeit beruhen.[223] Aufgrund der Kontingenz ihrer Regelhaftigkeit hat das Symbol einen konstruierenden Charakter, zumal im Vergleich mit Ikon und Index, deren Objektbezug ja als motiviert dargestellt wird, und zwar in einer Erst- bzw. Zweitheit.[224]

---

218 NZ, 376; vgl. auch Punkt 5 in Kap. 8.1.1 hinsichtlich der komplexen Objektbeziehung des Interpretanten.

219 „Ein Symbol ist wesensmäßig ein Zweck, d. h. eine Darstellung, die sich selbst bestimmt zu machen bzw. einen Interpretanten hervorzubringen sucht, der bestimmter ist als es selbst. [...] Ihr [der Bestimmung, meine Ergänzung] Zweck ist jedoch, das Symbol in seiner Darstellung seines Objekts darzustellen. Deshalb folgt der Bestimmung eine Weiterentwicklung, in der sie verbessert wird.“ (NZ, 376) vgl. NZ 376f.; je länger also ein Objekt in einer Semiose dargestellt wird bzw. je mehr Semiosen dieses Objekt repräsentieren, desto mehr nimmt auch die dargestellte Komplexität des repräsentierten Objekts zu (vgl. Deledalle 2000, 42; Rohr 1993, 64, 165 – 167).

220 „Ein Symbol ist etwas, das das Vermögen hat, sich selbst zu reproduzieren und zwar wesensmäßig, da es nämlich nur durch die Interpretation als Symbol konstituiert wird.“ (NZ, 374)

221 „Ein Symbol ist ein Repräsentamen, das seine Funktion unabhängig von irgendeiner Ähnlichkeit oder Analogie zu seinem Objekt und ebenso unabhängig von irgendeiner *faktischen* Verbindung mit ihm erfüllt, sondern einzig und allein deshalb, weil es als ein Repräsentamen interpretiert werden wird.“ (SS 1, 435) vgl. SS 1, 374; SS 2, 113f., 267.

222 „In allen gewöhnlichen Fällen ist es und muß es ein zufälliger Umstand sein, der das Symbol dazu bringt, genau die Eigenschaften zu bezeichnen, die es bezeichnet.“ (NZ, 366)

223 „Denn ein Symbol wird durch eine allgemeine Konvention, eine allgemeine Gewohnheit oder eine allgemeine Disposition begründet, es in einer bestimmten Weise zu interpretieren.“ (SS 2, 273) zur Konventionalität des Symbols vgl. SS 1, 198, 374; SS 2, 267, 382; FÜ, 152; PhLZ, 158; S&S, 70.

224 „Symbole sind besonders weit von der Wahrheit selbst entfernt. Sie sind abstrahiert. Weder weisen sie die bezeichneten Eigenschaften auf, wie es Ikons tun, noch garantieren sie uns die Wirklichkeit

Durch diese konstruierende Kraft des Symbols weiten sich die Möglichkeiten des Zeichensystems zur objekthaften Fremdreferenz immens aus, wobei eine Komplexitätsüberlastung von vornherein nicht zu befürchten ist. Denn jedes Symbol bringt als genuin gesetzmäßiges Zeichen seine eigene, hochselektive und spezifizierte Konditionierung des Objektbezugs notwendig in die Semiose mit ein (s. o. Punkt 3b), so dass ungerichtete oder gar entropische Anschlüsse und damit Strukturlosigkeit ausgeschlossen sind.

Da das Symbolische also die konventionell-arbiträren Zeichen abdeckt, bildet diese Zeichenklasse die Theoriestelle, mit der an Saussures Arbitraritätsvorstellungen angeschlossen werden könnte (vgl. im Saussure-Exkurs von Kap. 6 Punkt 3 im Abschnitt „Saussures Zeichenbegriff" und Kap. 6.3). Peirces universaler zeichentheoretischer Ansatz ist aber deutlich umfassender, da er im Objektbezug motivierte Zeichen wie Indices und ikonische Zeichen ebenso im Zeichensystem zulässt wie die hierin kontingent geregelten Symbole. Dass Peirces Modell im Unterschied zu Saussures eher restriktiv definiertem System integrativ ausgerichtet ist, zeigt sich auch in einer Differenzierung, die Peirce innerhalb der symbolischen Regelstrukturen vornimmt. Diese können nämlich rein konventionell im obigen Sinne sein, dürfen nach Peirce aber auch auf Dispositionen beruhen, die als natürlich, evolutionär erworben oder auch als angeboren angesehen werden, daher freilich ein geringeres Maß an Kontingenz aufweisen, aber dennoch evolutionär veränderlich sein können.[225] Wesentlich ist in allen Fällen, dass die Verbindung zwischen symbolischem Repräsentamen und Objekt im Interpretanten so dargestellt wird, dass es sie außerhalb der Regelstruktur des symbolischen Zeichens gar nicht gäbe. Diese Art der Darstellung im Interpretanten ist für Peirce im weitesten Sinne eine allgemeine Gewohnheit, von der die Gesetzmäßigkeit des symbolischen Objektbezugs bestimmt wird.[226] Die Besprechung des (vorläufigen) finalen Interpretanten in Punkt 3 von Kapitel 8.2.7 wird diesen als eine derartige Gewohnheit herausstellen und über dieses Konzept werde ich dann in Kapitel 8.2.8 eine Brücke von Peirces Semiotik zu seinem Pragmatismus schlagen.

e) Das Symbol selbst stellt als konventionelles Zeichen seinen Objektbezug weder ikonisch durch eigene Eigenschaften noch indexikalisch durch die tatsächliche Verbindung mit seinem Objekt her (s. o. die Punkte 3c und 3d am Anfang). Dennoch kann ein Symbol stärker hinsichtlich eines ikonischen oder indexikalischen Aspekts interpretiert werden, wie es

---

ihrer Objekte, wie es Indizes tun." (NZ, 351f.) Die abstrakte Regelhaftigkeit des Symbols (vgl. oben Punkt 3b) in der Drittheit macht dessen Arbitrarität, Konventionalität und Kontingenz aus. Deshalb bezeichne ich das Symbol auch als konstruierend, da seine eigene, eben charakterisierte Gesetzmäßigkeit den Objektbezug erst herstellt bzw. konstruiert.

[225] Man kann also sagen, dass jedes konventionelle Zeichen hinsichtlich seines Objektbezugs ein Symbol ist, dass aber nicht jedes Symbol im strengen Sinne konventionell ist. Entscheidend ist, dass der Objektbezug nicht durch Erst- oder Zweitheit motiviert ist, sondern nur durch eine Regel der Drittheit hergestellt wird, egal ob diese konventioneller oder evolutionär erworbener Natur ist (s. Short 1981b, 220 mit Anm. 27); vgl. Spinks 1991, 68f. und Nöth 2000, 179: „Konventionalität ist damit nicht mehr ein notwendiges, sondern nur noch ein hinreichendes Kriterium des Symbolischen."

[226] „Kein Symbol kann mehr tun als eine »Faustregel« anzuwenden, da es völlig auf einer Verhaltensgewohnheit (die auch natürliche Dispositionen einschließt) beruht." (NZ, 320); vgl. SS 1, 198; SS 2, 113f., 285, 382; SS 3, 135f., 153; FÜ, 152; S&S, 70.

z. B. bei den lautmalerischen Onomatopoietika bzw. bei Pronomina und allgemein deiktischen Ausdrücken wie z. B. räumlichen oder zeitlichen Adverbialen der Fall ist.[227]

Ermöglicht wird diese kategorial von der Drittheit des Symbols abweichende Interpretation durch das allgemeine Implikationsverhältnis der Kategorien (s. Punkt 2 in Kap. 8.2.2), das auch hinsichtlich der Triade Ikon, Index und Symbol greift:

> „Nun kann ein Index ein Ikon enthalten oder ein Symbol kann entweder einen Index oder ein Ikon oder beides enthalten, doch weder kann ein Symbol Teil eines Index, noch kann ein Index Teil eines Ikons sein." (PhLZ, 71)[228]

Dies entspricht genau der allgemeinen Implikationsregel, dass die jeweils höhere Kategorie die niedrigere(n) umfasst, dass aber dieses Verhältnis nicht umgekehrt werden kann. Somit kann ein Symbol durch die differenzierte Regelung möglicher ikonischer oder indexikalischer Komponenten seine Interpretation in unterschiedlicher Weise konditionieren. Dies wirkt sich wiederum auf die rekursiven Anschlussmöglichkeiten weiterer Zeichen in der Semiose und damit auf die Strukturierung des Zeichensystems aus. Unabhängig davon, welche der gegebenen Möglichkeiten in einem Symbol realisiert werden, wirkt nämlich die spezifische Kombination rein konventionell geregelter oder auch integrierter indexikalischer bzw. ikonischer Komponenten in einem Symbol für die interpretatorischen Anschlussmöglichkeiten immer so hochselektiv, wie es nach Luhmann für Systemstrukturen typisch ist.

Die Implikation von Indices und ikonischen Zeichen in Symbolen ist im Übrigen auch nötig, wenn ein Symbol über sein Objekt Informationen vermitteln soll. Denn als allgemeines Zeichen ist das Symbol allein zu vage, um ein spezifisches Objekt bezeichnen zu können. Dafür bedarf es eines Index, der das gemeinte Objekt spezifiziert und identifiziert, und eines Ikons, das die entspechende Eigenschaft präsentiert (vgl. oben die Punkte 1f und 2f).[229] Diese Kombination ist dreifach selektiv und trägt dadurch zu einer Qualifizierung und Spezifizierung der Semiose bei, die auf das gemeinte Objekt gerichtet ist.

Diese Ausführungen zeigen zum einen, wie eng die Verflechtung von Peirces Kategorienlehre und Zeichentheorie sind. Sie machen zum anderen auch erneut deutlich, dass Peirces kategoriale Differenzierung des Zeichens ein Auflöse- und Rekombinationsvermögen bietet, das sowohl Saussures Modell weit übersteigt und auch Luhmanns Vorstellungen vom Zeichen mit klarem Abstand hinter sich lässt.

f) Als Beispiele für symbolische Zeichen, deren Objektbezug konventionell geregelt ist, nennt Peirce meist sprachliche Zeichen. Deren Komplexität kann unterschiedlich groß sein und vom Einzelwort über den Satz zu Texten und ganzen Bibliotheken reichen.[230] Mit zu-

---

[227] Beispiele ikonisch bzw. indexikalisch interpretierter Symbole nennt Peirce in SS 1, 193, 207, 245, 272; NZ, 350, 367; PhLZ, 158; dass Peirce in der Sprachentwicklung eine allgemeine Tendenz vom Ikonischen und Indexikalischen hin zum immer stärker Symbolischen sieht, habe ich mit den entsprechenden Belegstellen bereits oben in Punkt 1g erwähnt.

[228] vgl. PhLZ, 132, 159, 161.

[229] SS 1, 199f., 211; NZ, 368, 371, 373; PhLZ, 125, 159.

[230] „Alle Wörter, Sätze, Bücher und sonstige konventionelle Zeichen sind Symbole." (PhLZ, 158) „Zu ihnen [den Symbolen, meine Ergänzung] gehören die meisten Wörter, Redewendungen, Reden, Bücher und Bibliotheken." (SS 1, 193) vgl. SS 1, 199, 375, 391, 435; SS 2, 113; SS 3, 153, 375; NZ, 350; PhLZ, 65.

nehmender Komplexität steigen die Anforderungen an die Syntax, welche die Relationen zwischen den einzelnen Symbolen oder symbolischen Einheiten konditioniert.[231] Da jedes Symbol für sich als Zeichen bereits eine triadische Relation ist, kann Syntax als Relationierung von Relationen beschrieben werden. Als solche muss sie immer größere Verarbeitungskapazität, Komplexität und zugleich Selektivität aufweisen, je höher die Binnenkomplexität der relationierten symbolischen Einheiten ist. Somit wirkt sich jede regelgemäße syntaktische Relationierung von Symbolen und Zeichen überhaupt auch strukturierend auf den weiteren Zeichenprozess aus, da die syntaktische Selektivität immer auch Konsequenzen für die Anschlussmöglichkeiten rekursiv nachfolgender Zeichen hat.

Hier treten auch deutliche Unterschiede zu Saussures und Luhmanns Sprachkonzeptionen auf: Saussures Zeichensystem ist ein statisches System ausschließlich arbiträr konventioneller Sprachzeichen, alle anderen Zeichentypen werden von Saussure ausgeblendet. Für Luhmann ist Sprache ein Medium, das von den ereignishaften Operationen bestimmter Systeme benutzt werden kann, wobei man nie erfährt, wie diese Systeme ein nicht systemspezifisches Medium überhaupt benutzen können. Peirce integriert dagegen Sprache als einen bestimmten, nämlich symbolischen, Zeichentyp in seinen semiotischen Entwurf.[232] Er definiert sein Zeichensystem also nicht so rigide und restriktiv wie Saussure, sondern kann eine universelle Theorie operativer und auch historisch evoluierender Zeichensysteme begründen. Im Unterschied zu Luhmann muss Sprache bei ihm auch nicht erst von dem rekursiven, operativen Zusammenhang des Systems getrennt werden, um sie dann in wenig überzeugender Weise als Medium wieder an die Systemoperationen zu koppeln. Die ereignishafte Operation mit allen anderen Zeichenarten ist bei Peirce vielmehr unterschiedslos ebenso möglich, wie das Operieren mit sprachlichen Zeichen. Dies stellt den eindeutig mächtigeren, kohärenteren, integrativeren und auch ungleich flexibleren Theorieansatz dar.

g) Das Symbol ist als ein allgemeines, lediglich aufgrund einer Gesetzmäßigkeit interpretierbares Zeichen definiert (s. o. die Punkte 3a und 3b). Als derartiges Zeichen der Drittheit kann es genauso wenig als konkretes Einzelzeichen aktual existieren wie auch alle anderen Gesetzmäßigkeiten der Drittheit, z. B. die Legizeichen.[233] Der Realitätsstatus all dieser Regeln und Gesetze besteht darin, konkrete individuelle Zeichen, also Sinzeichen, zu beherrschen und zu bestimmen, und dies gilt auch für das Symbol.[234] Dieses muss daher aufgrund seiner zeichenkonstitutiven allgemeinen Regelhaftigkeit ein Legizeichen sein bzw. ein solches einschließen:

---

[231] „Die Bedeutung eines komplexen Symbols wird von gewissen Regeln der Syntax bestimmt, die einen Teil der Bedeutung ausmachen." (NZ, 366)

[232] Peirces Sprach- und Bedeutungstheorie stellt auch Pape 1996 vor; für eine Anwendung von Peirces Semiotik speziell auf linguistische Fragestellungen s. Pharies 1985; Vigener 1979; vgl auch den zweiten Abschnitt in dem von Uwe Wirth herausgegebenen Sammelband (Wirth 2000, 131 – 289).

[233] PhLZ, 66, 77, 158f.; vgl. die Punkte 4 in Kap. 8.2.1, 3c in Kap. 8.2.3 und 1a in Kap. 8.2.4.

[234] „Ein Symbol besteht also genau in einer Gesetzmäßigkeit, die existierende Dinge beherrscht, ohne selbst zu existieren." (PhLZ, 158) Ich möchte diesem Zusammenhang daran erinnern, dass Peirce Existenz auf die Kategorie der Zweitheit beschränkt, wobei er den anderen beiden Kategorien ihren je eigenen Realitätsstatus zuerkennt. ‚Realität' ist also im Vergleich zu ‚Existenz' bei Peirce der umfassendere Terminus, da er Letztere impliziert.

> „Es [das Symbol, meine Ergänzung] ist also selbst ein allgemeiner Typus oder ein Gesetz, das heißt, es ist ein Legizeichen. Als solches wirkt es durch eine Replika. [...] Nun hat das, was allgemein ist, sein Sein in Anwendungsfällen, die es bestimmt." (PhLZ, 125)[235]

Der allgemeine Zusammenhang zwischen Legizeichen und Replika ist also auch auf das Symbol übertragbar und anwendbar (s. Punkt 1 in Kap. 8.2.4): Die Replikas realisieren als symbolische Sinzeichen den allgemeinen Typus des Symbols in ihrer aktualen Wirklichkeit und verleihen dadurch dem Symbol die konkrete Existenz, die es an sich nicht hat. Dazu sind die symbolischen Sinzeichen freilich nur in der Lage, weil sie von der allgemeinen Gesetzmäßigkeit des Symbols und seinem impliziten Legizeichen dazu qualifiziert werden, also durch sie erst zu bedeutungshaften Replikas gemacht werden. Luhmanns Zusammenhang zwischen der konkreten Existenz eines Systems in seinen ereignishaften Operationen und der notwendigen qualifizierenden Spezifikation dieser Elemente und ihrer Anschlussfähigkeit in der Systemstruktur findet sich also auch in der Relation von Symbolen und ihren Replikas wieder: Die Regelstruktur des Symbols existiert konkret nur in den Replikas bildenden Operationen, die ihrerseits vom Symbol konditioniert werden.

Bei der Übertragung des Zusammenhangs von Legizeichen und Replika sollte allerdings eines berücksichtigt werden: Das Legizeichen und die Replika als ihr konkreter Anwendungsfall sind an sich Subklassifizierungen des Repräsentamens als des ersten Zeichenkorrelats (s. die Punkte 3 in Kap. 8.2.3 und 1 in Kap. 8.2.4). Das Symbol dagegen thematisiert die dritte Zeichensubklasse des Objektbezugs, also des zweiten Zeichenkorrelats. Deswegen habe ich auch im Unterschied zu Peirce, der Symbol und Legizeichen im obigen Zitat gleichsetzt, auch vorsichtiger formuliert, dass ein Symbol ein Legizeichen einschließt und dadurch mit ihm zusammengefasst zu einem symbolischen Legizeichen wird. Dieses unterscheidet sich vom normalen Legizeichen nämlich durch eine zweifache Konditionierung und entsprechend eine zweifache Selektivität. Der Anteil des Legizeichens im Symbol qualifiziert nämlich nur durch seine allgemeinen, hochselektiven Relevanzkriterien bestimmte Sinzeichen zu seinen Replikas. Der rein symbolische Anteil regelt dagegen für diese bereits spezifizierten Replikas einen ebenso selektiv bestimmten Objektbezug.[236] Erst aus dieser Kombination ergibt sich das symbolische Legizeichen, also ein allgemein bestimmter Typus von Repräsentamen, bei dem die symbolisch-konventionelle Regel zusätzlich konditioniert, auf welche spezifische Art von Objekten bezogen es interpretiert werden kann. Die erste Stufe der Konditionierung und Selektivität wird also durch das Legizeichen im Symbol erreicht, das die Replikas als Repräsentamina qualifiziert und spezifiziert. Die zweite Stufe bildet dann das Symbol selbst, das für diese seine Replikas den fremdreferentiellen Bezug auf eine hochselektiv bestimmte Art von Objekten regelt. Diese doppelte Bestimmtheit des symbolischen Legizeichens wirkt sich wiederum sturkturierend auf die Semiose aus, die unter diesen Umständen keinesfalls als entropischer Prozess verlaufen kann.

h) Das symbolische Legizeichen deckt auch eine weitere Funktion ab, die Luhmann den Systemstrukturen zuspricht: Es ermöglicht über seine Replikas nämlich die wiederholte Bezugnahme auf dasselbe Objekt. Wie ich bereits in Punkt 1g von Kapitel 8.2.4 ausgeführt

---

[235] vgl. FÜ, 152: „Jedes Symbol ist notwendig ein Legizeichen [...]." s. auch SS 3, 153; PhLZ, 130; zur Replikabildung des Symbols s. SS 2, 113f.; NZ, 366, 374; PhLZ, 66, 77

[236] s. auch PhLZ, 158f.

habe, können Replikas nur deswegen als wiederholte Anwendungsfälle ihrer Legizeichen gelten, weil jedes einzelne von ihnen seine spezifisch qualifizierte Existenz der Gesetzmäßigkeit seines Legizeichens verdankt, ohne das es entweder gar nicht oder nur als unspezifisches Sinzeichen existieren würde. Dieser Begründungszusammenhang der Wiederholbarkeit ist auch auf das symbolische Legizeichen und seine Replikas übertragbar:

> „Diese Wiederholungen existieren, da das Symbol selbst ihre Existenz beherrscht. Ein Wort kann unbegrenzt oft wiederholt werden. Jedes seiner Vorkommnisse kann man als eine Replika dieses Wortes bezeichnen.“ (PhLZ, 66)

Da im Falle des Symbols die Replikas aber nicht durch ein einfaches, sondern eben durch ein symbolisches Legizeichen beherrscht und bestimmt werden, wirkt sich die Wiederholung nicht nur auf das Repräsentamen als Replika, sondern auch auf das Objekt aus. Bei jeder wiederholten Anwendung eines Symbols wird nämlich nicht nur die Identität der Replika, sondern auch die des Objekts kondensiert und konfirmiert. Durch eine derartige Wiederholung ermöglicht ein Symbol erst die abstrahierend allgemeine Darstellung und die Generalisierung der Identität von Objekten, von der oben schon in Punkt 3b die Rede war. Diese Leistung wiederholter symbolischer Darstellung wirkt sich wiederum strukturierend auf die Prozesse in einem Zeichensystem aus, indem dadurch in verschiedenen Semiosen auf dasselbe Objekt Bezug genommen werden kann. Der erneute Bezug auf dasselbe Objekt ist dabei hochselektiven Beschränkungen unterworfen, die von den Konditionen und Gesetzen des symbolischen Legizeichens geregelt werden, und strukturiert somit die Anschlussmöglichkeiten unterschiedlicher Semiosen. Ohne die Wiederholbarkeit symbolischer Repräsentation wäre die Struktur bildende Identität der entsprechenden Objekte im Zeichensystem weder konstituierbar noch darstellbar.

Der strukturelle Mehrwert dieser symbolisch generalisierenden Objektkonstitution liegt darin, dass verschiedene Semiosen, die auf dasselbe Objekt gerichtet sein sollen, zugleich konditioniert werden können. Innerhalb einer bestimmten Semiose ist ohnehin gewährleistet, dass sich der gesamte Zeichenprozess auf dasselbe Objekt bezieht. Denn bereits der Interpretant des ersten Zeichens ist als Darstellung desselben Objekts definiert, das auch das Repräsentamen darstellt.[237] Und da jeweils am Interpretanten alle folgenden Zeichen einer Semiose rekursiv anschließen, durchzieht die Bindung an dasselbe Objekt die gesamte Semiose. Diese Beschränkung jedes bestimmten Zeichenprozesses ist ebenfalls hochselektiv und wirkt sich so auch strukturierend auf die Semiose aus, da entropische und unspezifizierte Anschlüsse unmöglich sind, solange die Darstellung des identischen Objekts gesichert sein soll.

Wenn allerdings über die Grenzen eines Zeichenprozesses hinaus die Identität eines bestimmten Objekts aus unterschiedlichen Zeichenprozessen heraus kondensiert und konfirmiert und dadurch auch abstrahiert und generalisiert werden soll, ist die wiederholte und jedesmal Struktur bildende Aktualisierung des entsprechenden Symbols in verschiedenen Replikas erforderlich.

---

[237] SS 1, 115; SS 2, 257; NZ, 345; vgl auch die Punkte 5 in Kap. 8.1.1, 3 in Kap. 8.1.2 und 1c, 2b und 3c in diesem Kapitel.

i) Aus dem allgemeinen, Wiederholung ermöglichenden, gesetz- und gewohnheitsmäßigen Wesen des Symbols lassen sich noch andere Merkmale ableiten, die laut Luhmann für Systemstrukturen typisch sind:

Aufgrund seines iterativen Charakters, der die Bildung immer neuer Replikas zulässt, hat das Symbol eine zukunftsgerichtete zeitliche Dimension: Symbole sind Zeichen, „über die etwas konditional in der Zukunft gewiß ist", nämlich dass sie „ihre OBJEKTE im wesentlichen deshalb darstellen, weil sie künftig so interpretiert werden."[238] Diese zukunftsorientierte Ausrichtung des Symbols fehlt seinen ereignishaften Replikas völlig, da sie nur momenthaft in der Gegenwart ihrer operativen Verwendung in der Semiose existieren. Das entspricht auch der kategorialen Subklassifikation des Zeichens bei Peirce, da eine Replika als Sinzeichen ein zur Zweitheit hin degeneriertes Zeichen ist, während das zugehörige symbolische Legizeichen ein genuines Zeichen der Drittheit ist. Diese Unterscheidung geht wiederum konform mit Luhmanns Unterscheidung von ereignishaftem Systemelement und zeitlich dauerhafter Systemstruktur.

Die relative Dauerhaftigkeit des symbolischen Legizeichens ist aus seiner Gesetzmäßigkeit und zukunftsgerichteten Wiederholbarkeit abzuleiten. Ein Symbol kann solange und sooft in Replikas konkret realisiert werden, wie die Gewohnheit oder Konvention, die seinen Objektbezug regelt, besteht. Diese Art von Dauerhaftigkeit gibt dem Zeichensystem strukturelle Stabilität, während der rekursive Wechsel der jeweiligen Sinzeichen und Replikas für die Dynamik sorgt, eine Kombination, die nach Luhmann einem ereignishaft operierenden System entspricht.

Symbole lassen sich aufgrund ihrer Gesetzmäßigkeit, Dauerhaftigkeit und ihres iterativen Charakters auch als Erwartungsstrukturen beschreiben. Man kann nämlich einerseits mit einer gewissen Sicherheit erwarten, welches symbolische Repräsentamen gewählt wird, wenn ein bestimmtes Objekt bezeichnet werden soll. Andererseits kann man mit mehr oder weniger großer Gewissheit das gemeinte Objekt erschließen, wenn ein bestimmtes symbolisches Repräsentamen vorliegt.[239] Diese beiden Erwartungshaltungen sind nur möglich, weil die Regelstruktur des Symbols eine entsprechend interpretierbare Korrelation von symbolischem Repräsentamen und seinem Objekt herstellt. Diese symbolische Regelstruktur ist zumindest bei sprachlichen Zeichen konventioneller Natur (s. o. die Punkt 3d und 3f). Dadurch bekommt das Symbol auch einen sozialen Charakter, da man nicht nur selbst die oben angesprochenen Erwartungen haben kann, sondern sie in kommunikativen Semiosen auch dem jeweiligen Kommunikationspartner unterstellen kann.[240] Das Symbol ist also nicht nur eine Erwartungsstruktur, sondern ermöglicht in sozialen Systemen auch Erwar-

---

[238] PhLZ, 66 bzw. RS, 344; zum Zukunftsbezug des Symbols s. auch SS 2, 273, 382; SS 3, 85, 135f.; PhLZ, 65, 158 und 159: „Ein Symbol ist ein Gesetz oder eine Regularität für eine unbestimmte Zukunft." Das iterative Wesen des Symbols korrespondiert mit dem Zukunftsbezug seines notwendigen Interpretanten, der die konventionelle Gesetzmäßigkeit des symbolischen Objektbezugs repräsentiert: Das Symbol hat seine Bedeutung nur, weil die Gesetzmäßigkeit seines Interpretanten im Sinne einer Erwartungsstruktur die Voraussage einer bestimmten wahrscheinlichen Bedeutungszuweisung ermöglicht (vgl. SS 1, 421f.).

[239] SS 3, 85, 135, 375; PhLZ, 158f.

[240] „Was aber den täglichen Gebrauch betrifft, ist der einzige Grund dafür, daß das Wort die Idee zu vermitteln in der Lage ist, der, daß sich der Specher *gewiß ist, daß es so interpretiert werden wird.* [...] Nun ist eine *Gewißheit, daß etwas so und so sein wird*, von der Art dessen, was wir in der Physik ein *Gesetz* nennen." (PhLZ, 66) vgl. auch PhLZ, 158.

tungs-Erwartungen: Jeder Kommunikationspartner kann wegen der Konventionalität des Symbols erwarten, welche Benutzung symbolischer Repräsentamina zur Repräsentation welcher Objekte von ihm erwartet werden. Dies wirkt sich wiederum stark strukturierend auf die entsprechenden, hier sozial-kommunikativen, Zeichenprozesse aus.

Beim Symbol wird der Objektbezug nicht wie beim Ikon durch eine monadische Eigenschaft und nicht wie beim Index durch eine objektvermittelte, also dyadische Eigenschaft hergestellt, sondern allein durch die konventionelle Regel, die den Interpretanten bestimmt. Daher kann man allein beim Symbol aus der Verwendung des symbolischen Repräsentamens auf die regelgeleitete Intention, das entsprechende Objekt zu bezeichnen, schließen.[241] Ikon und Index können dagegen an sich nicht als intentional aufgefasst werden, da Intentionalität und Zweckhaftigkeit generell Phänomene der Drittheit sind (vgl. Punkt 4a in Kap. 8.2.2).[242] In kommunikativen Semiosen kann also bei der Verwendung von Symbolen die Absicht der Kommunikation nicht bestritten werden, was wegen der Beschreibung von Symbolen als Erwartungsstrukturen auch nicht anders zu erwarten (!) ist. Dieser Befund deckt sich mit Luhmanns Beobachtung, dass in nichtsprachlichen Kommunikationen die Absicht, eine Information mitteilen zu wollen, geleugnet werden kann, in Kommunikationen, die das Medium Sprache benutzen, dagegen nicht.[243] Die meist berechtigte Unterstellung intentionsgeleiteter Verwendung symbolischer Zeichen konditioniert die weiteren rekursiven Anschlussmöglichkeiten an diese Symbole, da unter diesen Umständen deutlich spezifischere, selektivere Erwartungen und auch Kausalzuschreibungen aufgebaut werden können.

j) Die Gesetzmäßigkeiten, Konventionen oder Gewohnheiten, die ein Symbol erst zum Zeichen eines bestimmten Objekts machen, sind keine ahistorisch vorgegebenen, metaphysischen Größen, sondern historische Produkte der Zeichensysteme, die sie benutzen und die dabei von ihnen strukturiert werden. Die Konventionen, die den Bezug des Symbols auf

---

[241] „Da ein Symbol im wesentlichen nur deshalb ein Zeichen ist, weil es als solches interpretiert werden kann, ist die Idee eines Zweckes nicht gänzlich von ihm abtrennbar. Auf Grund seiner Definition hat das Symbol einen Interpretanten im Blick. Seine Bedeutung selbst ist beabsichtigt." (NZ, 351) Die Zweckhaftigkeit und Intentionalität des Symbols betont auch Fitzgerald 1995, 162, 165f.

[242] An diesem Beispiel lässt sich gut zeigen, wie groß die differenzierte Intergationskraft von Peirces Semiotik ist: Sie umfasst Intentionalität als Phänomen der Drittheit, ohne sie allerdings für andere Zeichenklassen zwingend zu erfordern. Denn auch ‚Naturzeichen' wie Ikon und Index werden dem Zeichensystem zugerechnet, obwohl sie nicht als intentional aufgefasst werden können. Entscheidend für den Zeichenstatus ist also nicht die Intention des Zeichenproduzenten, sondern das Hervorrufen eines Interpretanten im Rezipienten als generellen bedeutungshaften Effekts des Repräsentamens (vgl. S&S, 111). Die Unterscheidung zwischen Produktions- und Rezeptionsaspekt der Semiose fasst Peirce in die Differenz zwischen intentionalem Interpretanten, der dem Zeichenproduzenten zugerechnet wird, und dem effektionalen Interpretanten, der die Bedeutungskonstitution des Rezipienten repräsentiert. Wenn diese beiden Interpretanten in eine Analogierelation zueinander treten, d. h. das produzierte Zeichen im intendierten Sinne rezipiert, also positiv anschlussfähig verstanden worden ist, spricht Peirce von einem kommunikationalen Interpretanten (vgl. S&S, 196f.).

[243] GdG, 210f.; Luhmanns Behandlung von Sprache als nicht systemisches Medium, das von psychischen und sozialen Systemen als gemeinsames Medium zur strukturellen Kopplung benutzt werden kann, ist aber deutlich inkohärenter als Peirces Konzept, in dem sprachliche Zeichen in das operative Zeichensystem als bestimmter Zeichentypus integriert sind.

sein Objekt im Interpretanten regeln, sind selbst in den Operationen des Zeichensystems aufgebaut worden, also in der Zeit als Gewohnheiten herausgebildet und dann etabliert worden.[244] Die natürlichen Dispositionen, die ja auch eine symbolische Zeichenverwendung ermöglichen und steuern können (s. o. Punkt 3d), sind ebenfalls nicht als ahistorisch anzusehen, sondern können als evolutionäre Produkte im Zeichensystem beschrieben werden.

Die Produktion neuer Symbole kann dabei nur rekursiv aus anderen, bereits bestehenden Symbolen oder auch anderen Zeichentypen, z. B. ikonischen oder indexikalischen Vorstufen, erfolgen.[245] Dabei stellt das neu zu bildende Symbol eine Variation im Rahmen der Zeichen dar, die im Zeichensystem bisher mit redundanter Regelhaftigkeit verwendet wurden. Ohne den redundanten Hintergrund der bereits strukturell etablierten semiotischen Gesetzmäßigkeiten könnte also im rekursiven Zusammenhang der Semiose gar kein neues Symbol herausgebildet werden. Die Varietät des neuen Symbols und seines Objektbezugs kann demnach in einem Zeichensystem nur über eine historisch rekursive Differenzrelation zu den redundanten und damit bereits älteren Regelstrukturen dieses System beschrieben werden.[246] Diese historische Genese und Relativität der symbolischen Regelstruktur entspricht Luhmanns Auffassung von ebenfalls historischen Systemstrukturen.

Wenn Symbole einmal entstanden und vermittels ihrer Replikas in Gebrauch sind, dann verändert sich ihr Bedeutungsspektrum dynamisch in der Zeit,[247] sie werden, mit anderen Worten, kondensiert und konfirmiert (vgl. Punkt 2 in Kap. 8.2.4): Bei jeder wiederholten Benutzung des Symbols in einer Replika muss nämlich die Identität des Symbols kondensiert werden, da sonst die Replika gar nicht als Anwendungsfall eines bestimmten Symbols erkennbar und nicht in ihrem speziellen Objektbezug interpretierbar wäre. Dieses Symbol muss aber mit jeder Replika zugleich konfirmiert, d. h. als kompatibel mit den je neuen Kontexten ausgewiesen werden. Dabei führt v. a. die Konfirmierung zu einem Bedeutungswandel, da sich jede Replika mit ihrem individuellen Kontext auf das Symbol auswirkt und gewisse, u. U. nur marginale Merkmale seiner Regelstruktur beeinflusst.[248] Wegen dieses ständigen Anpassungsdrucks der Replikas an ihre spezifischen Kontexte, erfährt auch das zugrunde liegende Symbol mit jeder Verwendung eine gewisse, eben konfirmierende Veränderung. Dadurch wird das Symbol zumindest an seinen semantischen Rändern unscharf und kann definitorisch nicht mehr mit völliger Exaktheit erfasst werden. Diese aus Luhmanns Perspektive formulierten Ergebnisse hat auch Peirce erreicht und sie folgendermaßen formuliert:

> „Es ist nämlich jedes Symbol in einem sehr strikten Sinne ein lebendiges Wesen, und das ist nicht als bloße Redewendung zu verstehen. Der Körper eines Symbols verändert sich langsam, doch seine Bedeutung wächst unweigerlich, nimmt neue Elemente in sich auf und schließt alte aus. Es

---

[244] Peirce spricht von „bereits eindeutig gebildeten Gewohnheiten" (SS 3, 136), „durch Konventionen erzeugte[n] Gewohnheiten" (SS 2, 382) und erworbenen Verhaltensgewohnheiten bzw. Gesetzen (SS 1, 198 bzw. PhLZ, 159), woraus die historische Genese und Relativität symbolischer Konventionalität klar hervorgeht.

[245] SS 1, 200; PhLZ, 88.

[246] „Was nun Symbole von nicht erfahrenen Gegenständen angeht, so ist klar, daß diese ihre Objekte mit Hilfe ihrer Unterschiede zu erfahrenen Gegenständen beschreiben müssen." (NZ, 373)

[247] SS 1, 200; PhLZ, 46; s. auch NZ, 375f.

[248] vgl. PhLZ, 125.

> sollte aber keine Mühe gescheut werden, den *Kern* jedes wissenschaftlichen Begriffs unverändert und exakt zu bewahren, obwohl absolute Genauigkeit nicht einmal denkbar ist." (PhLZ, 46)[249]

Die Funktion der Kondensierung besteht demnach darin, den Identitätskern des Symbols trotz des Wandels der Gebrauchssituationen zu bewahren, die Konfirmierung sorgt für dynamische Bedeutungsanpassung, verhindert damit aber auch eine exakte semantische Fixierung. Symbolische Legizeichen und ihre Replikas sind also bei Peirce hinsichtlich ihrer dynamischen Stabilität und historischen Wandelbarkeit ebenso interdependent und komplementär wie Luhmanns Systemstruktur und ereignishaftes Element.
k) Peirce unterteilt das Symbol, das ja eine Zeichensubklasse der Drittheit hinsichtlich des Objektbezugs ist, wiederum in drei verschiedene Arten:

> „Das *Symbol* oder die relativ genuine Form des Repräsentamens unterteilt sich trichotomisch in den Terminus, die Proposition und das Argument." (SS 1, 436)[250]

Diese Trichotomie deckt sich mit Peirces kategorial wiederum dreifacher Subklassifikation des Zeichens bezüglich des Interpretantenbezugs als des dritten und letzten Korrelats des Zeichens. Das heißt, der Objektbezug eines Symbols kann im Interpretanten auf drei kategorial differenzierte Weisen dargestellt werden. Diese drei Zeichenklassen, die Peirce neben Terminus, Proposition und Argument auch Begriff, Satz und Urteil bzw. Rhema, Dikent und Argument nennt,[251] sind der Gegenstand des nächsten Kapitels.

Fazit: Die kategorial trichotomische Differenzierung des Objektbezugs in Ikon, Index und Symbol leistet einen großen Beitrag zu den Strukturierungsmöglichkeiten der Semiosen in einem Zeichensystem. Eine wesentliche Leistung des Ikons ist z. B. in der Grundlegung zur Ähnlichkeitsbildung zu sehen, die wiederum unterschiedliche Strukturierungen von Objektbereichen ermöglicht. Durch Indices kann etwa die für jede Informationsgewinnung und -verarbeitung unverzichtbare Spezifikation und Identifikation der bezeichneten Objekte erfolgen. Das auf einer kontingenten Regelmäßigkeit beruhende Symbol erlaubt die flexibelsten und zugleich auch abstraktesten Objektbezüge. Es kann ikonische und indexikalische Relationen darstellen, obwohl es selbst nicht diesen Relationstypen angehört, und es eröffnet die Möglichkeit zur Generalisierung von Objekten, da diese in kondensierenden und konfirmierenden Replikas wiederholt als identische Objekte bezeichnet werden können. Derartige Leistungsmerkmale tragen wesentlich zur dauerhaften Strukturierbarkeit von Zeichenprozessen bei. Als spezielle Art symbolischer Zeichen können bei Peirce auch Sprachzeichen in das allgemeine Zeichensystem integriert werden: Die Sprache ist hier also

---

[249] vgl. SS 1, 200: „Symbole wachsen. [...]Und seine [des Symbols, meine Ergänzung] Bedeutung wächst im Gebrauch und mit der Erfahrung."

[250] vgl. auch SS 1, 392; Die genuine Form des Repräsentamens ist im strengen Sinne freilich das Legizeichen (s. Punkt 3 in Kap. 8.2.3). Das Symbol ist auch ein Repräsentamen, allerdings eines, für das ein bestimmter, konventionell geregelter Objektbezug festgesetzt ist. Aufgrund der Konventionalität ist auch das symbolische Repräsentamen genuin, da Konvention ein Phänomen der Drittheit ist; zur Unterteilung des Symbols in Terminus, Proposition und Argument s. auch Fitzgerald 1995, 162, 167f.

[251] SS 3, 147; FÜ, 152.

nicht wie etwa im Strukturalismus das Bezugsparadigma anderer Zeichensysteme, sondern selbst nur Teil, wenn auch ein sehr leistungsfähiger Teil, einer allgemeinen Semiotik.[252]

8.2.6 Rhema, Dikent und Argument

Die dritte und aufgrund der triadischen Definition des Zeichens auch letzte Klassifikationstriade bezieht sich auf das noch fehlende Zeichenkorrelat, den Interpretanten. Sie differenziert aber nicht den Interpretanten an sich (s. hierzu Kap. 8.2.7), sondern thematisiert drei verschiedene Weisen, in denen ein Interpretant im Zeichen selbst bestimmt werden kann bzw. in welcher Relation das symbolische Repräsentamen zu seinem Interpretanten steht:

> „Hinsichtlich seiner Beziehung zu seinem bezeichneten Interpretanten ist ein Zeichen entweder ein Rhema, ein Dicent oder ein Argument." (FÜ, 152)[253]

In analoger Weise hatten Ikon, Index und Symbol ja auch nicht ihre Objekte selbst differenziert, sondern nur verschiedene Möglichkeiten des Zeichens zum Objektbezug. In der entsprechenden kategorialen Subklassifkation des Interpretantenbezugs im Zeichen steht nun das Rhema auf der Stufe der Erstheit, das Dikent auf der der Zweitheit und das Argument auf der der Drittheit.

1. Da das Rhema der Erstheit entspricht, ist davon auszugehen, dass in ihm der Interpretantenbezug qualitativ degeneriert ist und der Bereich des nur Möglichen nicht verlassen wird. Demensprechend kann ein Rhema seinen Interpretanten nicht spezifizieren, da es noch nicht einmal sein Objekt näher bestimmen kann:

> „Ein *Argument* ist ein Repräsentamen, das selbständig zeigt, welchen Interpretanten es zu determinieren beabsichtigt. Ein *Satz* ist ein Repräsentamen, das kein Argument ist, das aber selbständig anzeigt, welches Objekt es zu repräsentieren beabsichtigt. Ein *Rhema* ist eine einfache Repräsentation ohne solche selbständigen Teile." (VP, 93)

> „Ein *Terminus* [d. h. ein Rhema, meine Ergänzung] ist ein Zeichen, das sein Objekt und *a fortiori* seinen Interpretanten so beläßt, wie immer er sein mag." (SS 1, 392f.)

Der Interpretant ist ja als Zeichen definiert, das sich auf dasselbe Objekt bezieht, wie dessen ursprüngliches Repräsentamen (s. Punkt 5 in Kap. 8.1.1). Wenn nun das rhematische Repräsentamen wie auch Qualizeichen und Ikon als die anderen Zeichensubklassen der Erstheit nicht anzeigt, welches spezielle Objekt es bezeichnet, dann kann es auch seinen Interpretanten nicht auf ein spezielles Objekt hin ausrichten: Die Unbestimmtheit des rhe-

---

[252] Zur Unterordnung der Linguistik unter die allgemeine Semiotik s. auch Bense 1976, 21.

[253] vgl. SS 2, 274: „Drittens können Zeichen so angepaßt werden, daß sie einen bestimmten Interpretanten logisch bestimmen. Namen: *Rhemata, Dicizeichen, Argument.*" vgl. Rohr 1993, 82f.; Schönrich 1990, 159 – 166; Spinks 1991, 74 – 91. ‚Rhema' kommt direkt von gr. ‚rhema' – ‚Wort, Ausdruck', ‚Dikent' ist abzuleiten von lat. ‚dicere' – sagen, sprechen, behaupten' und ‚Argument' kommt ebenfalls aus dem Lateinischen: ‚argumentum' – ‚Beweis, Schlussfolgerung'.

matischen Objekts hat also auch die Unbestimmtheit des rhematischen Interpretanten zur Folge.

a) Die Unbestimmtheit des rhematischen Objekts ergibt sich aus dem monadischen Charakter des Rhemas: Das Rhema kann nämlich als monadischer Zeichentyp in sich keine Teile haben, die separat ein bestimmtes Objekt anzeigen könnten. Die Funktion, ein bestimmtes Objekt anzuzeigen, kann ohnehin nur ein Index erfüllen. Ein Rhema als Zeichentyp der Erstheit kann aber grundsätzlich keinen Zeichentyp der Zweitheit und damit auch keinen Index implizieren, so dass sein Objekt unbestimmt bleiben muss.[254]

b) Aus dieser Unbestimmtheit des Objekts und damit auch des Interpretantenbezugs folgt, dass ein Rhema seinem möglichen Interpretanten gegenüber auch keinen Anspruch erheben kann, selbst die wirkliche Repräsentation eines spezifischen Objekts zu sein. Deshalb kann auch ein Rhema keine Aussage über etwas machen und kann damit auch keine Information vermitteln und weder wahr noch falsch sein, da ja dem Interpretanten nicht angezeigt wird, welches spezielle Objekt gemeint sei.[255] Aufgrund dieser Charakteristika kann man ein Rhema auch negativ definieren als Aussage mit Leerstellen, bei deren Füllung aus dem Rhema eine vollständige Aussage bzw. ein Dikent würde, dessen Behauptung dann wahr oder falsch sein kann.[256]

c) Die bisherigen Ausführungen zum Rhema sind alle eher durch Unbestimmtheit und Negativität bestimmt, indem sie angeben, was ein Rhema alles nicht leisten kann. Dies ist aufgrund der irreduziblen Einfachheit und Vagheit der Erstheit, der das Rhema im Interpretantenbezug ja entspricht, auch naheliegend, da alle Phänomene der Erstheit nur schwer positiv beschreibbar sind (vgl. die Punkte 1b und 1e in Kap. 8.2.2). Dennoch muss ein Rhema als Zeichen und insbesondere als symbolisches Zeichen (s. Punkt 3k in Kap. 8.2.5) auch eine positiv geregelte Bedeutung bzw. die Möglichkeit zur Bedeutungsbildung im Interpretanten aufweisen: Es muss im Interpretanten zumindest als Repräsentamen irgendeines Objekts hinsichtlich irgendeines Zwecks dargestellt und verstanden werden können.[257] Welcher Art die Bedeutung ist, die ein Rhema für seinen Interpretanten haben kann, führt Peirce auch in positiver Bestimmung aus:

> „Ein *Rheme* ist ein Zeichen, das für seinen Interpretanten ein Zeichen der qualitativen Möglichkeit ist, das heißt, es wird so verstanden, daß es die und die Art eines möglichen Objekts repräsentiert." (PhLZ, 125)

Durch die zweimalige Betonung der Möglichkeit hebt Peirce erstens die Zugehörigkeit des Rhemas zur Erstheit nochmals deutlich hervor.

Zweitens möchte ich den Aspekt der „qualitativen Möglichkeit" aufgreifen: So betrachtet stellt ein Rhema sein Objekt für den Interpretanten nur hinsichtlich seiner Eigenschaften dar,[258] d. h. es muss als Repräsentamen ein Qualizeichen implizieren. Daran zeigt sich, dass

---

[254] vgl. NZ, 352; PhLZ, 83.

[255] SS 1, 114; FÜ, 152; PhLZ, 126.

[256] „Wenn wir aus einem Aussagesymbol einen oder mehrere derjenigen Teile streichen, die ihre Objekte separat benennen, so ist der Rest das, was als ein *Rhema* bezeichnet wird." (NZ, 352) vgl. auch SS 1, 393; SS 2, 115, 365, 369; SS 3, 171; zum Dikent s. u. Punkt 2.

[257] „So ist ein *Terminus* [d. h. ein Rhema, meine Ergänzung] ein Symbol [...], das *Bedeutung* haben soll, aber keine *Wahrheit*." (SS 1, 114) vgl. SS 3, 147.

[258] s. SS 1, 114; PhLZ, 126.

das Rhema oben zu Recht als qualitativ degeneriertes Zeichen eingeführt wurde. Aus der Perspektive des Qualizeichens formuliert bedeutet dies, dass es selbst in seinem Interpretanten nur als Rhema dargestellt werden kann: Es präsentiert ja nur seine Qualitäten und macht dadurch noch keine informative Aussage über ein näher bestimmtes Objekt (s. Punkt 1 in Kap. 8.2.3). Wenn man nun den Objektbezug eines derartigen rhematischen Qualizeichens betrachtet, sieht man, dass dieser nur ikonisch sein kann: Auch das Ikon hat aufgrund seiner eigenen Eigenschaften nur einen möglichen Objektbezug, behauptet diesen Bezug aber nicht, macht daher auch keine Aussage über sein mögliches Objekt und vermittelt keine Information darüber (s. Punkt 1 in Kap. 8.2.5, v. a. Punkt 1f). Daher kann es für seinen Interpretanten nur ein Rhema sein.[259] Daran, dass das Ikon seinerseits ein Qualizeichen impliziert (s. Punkt 1a in Kap. 8.2.5), sieht man, wie stark sich die kategoriale Differenzierung des Zeichens und seiner Korrelate auf die möglichen Querverbindungen und Implikationen der Subzeichenklassen auswirkt. Diese Implikationen stellen gegenseitige Beschränkungen des Repräsentamen-, Objekt- und Interpretantenbezug eines Zeichens dar und haben somit konditionierende Konsequenzen für die rekursiven Anschlussmöglichkeiten weiterer Zeichen in der Semiose. Denn wenn auch die Zeichensubklassen der Erstheit noch überaus vage sind, so repräsentiert doch jede für sich nur bestimmte Möglichkeiten, die sich auf die jeweils anderen Korrelate auswirken. Indem jedes Korrelat die beiden anderen Korrelate im Zeichen konditioniert, ist Entropie auch für den Prozessverlauf der Semiose ausgeschlossen, die somit in Luhmanns Sinne von vornherein durch die operative Verwendung ihrer Elemente, der kategorial differenzierten Zeichen, strukturiert wird.

d) Man kann diesen Bereich der Subklassifikationen reiner Erstheit noch übersteigen und das Rhema auch mit Zeichenklassen höherer Kategorien in Verbindung bringen. Ein zentrales Charakteristikum des Rhemas ist es, dem Interpretanten kein genaues Objekt zu bezeichnen und ihm daher keine Information über sein nur mögliches Objekt zu vermitteln. Ich hatte eben in Punkt 1c erneut darauf hingewiesen, dass ein reines Ikon keine Information vermitteln kann und daher im Interpretanten rhematisch interpretiert werden muss. Dasselbe gilt nun auch für einen reinen Index, der nur die Aufmerksamkeit auf sein Objekt lenkt, woraus man aber ebenfalls noch keine Information über das Objekt der Aufmerksamkeit ableiten kann (s. die Punkte 2e und 2f in Kap. 8.2.5). Wenn man einen entsprechenden, konkret existierenden reinen Index in seinen drei Zeichenkorrelaten bestimmen wollte, wäre er ein rhematisch-indexikalisches Sinzeichen.[260] Dessen Interpretantenbezug kann als rhematisch klassifiziert werden, obwohl es ein spezifisches, konkret existierendes Objekt hat, auf das der Interpretant seine Aufmerksamkeit richten soll. Denn nur durch diese Aufmerksamkeit heischende Charakteristik stellt diese Art von Index noch keine Behauptung auf, die hinsichtlich seines speziellen Objekts im Interpretanten und dann in einem rekursiv anschließenden Zeichen als wahr oder falsch dargestellt werden könnte. Und genau dieses Fehlen einer informationshaltigen, wahrheitsfähigen Aussage zeichnet einen rhematischen Interpretantenbezug aus (s. o. Punkt 2b).

e) Am Ende des letzten Kapitels habe ich erwähnt, dass ein Symbol bezüglich seines Interpretantenbezugs ein Rhema sein kann. Es bleibt also nun, andersherum betrachtet, noch zu zeigen, inwiefern ein Rhema neben dem ikonischen (s. o. Punkt 1c) und indexikalischen (s.

---

[259] SS 1, 436; PhLZ, 126, 128.

[260] Als allgemeiner, wiederholbarer Typus wäre es ein rhematisch-indexikalisches Legizeichen; vgl. die Punkte 2k und 2l in Kap. 8.2.5 und PhLZ, 128f.

o. Punkt 1d) auch einen symbolischen Objektbezug haben kann, der allerdings über das Objekt keine wahrheitsfähige Behauptung aufstellt. Oben in Punkt 1b war das Rhema negativ als unvollständige Aussage definiert worden. Wenn man nun zusätzlich bedenkt, dass sprachliche Zeichen als wichtige Art von Symbolen in ihrer Komplexität vom Einzelwort bis zur Bibliothek reichen können(s. Punkt 3f in Kap. 8.2.5), liegt die Lösung des Problems eines rhematischen Symbols nahe: Dieses kann z. B. durch einen Aussagesatz mit Leerstellen, bloße Einzelwörter oder Namen, Nominalphrasen oder auch nur ein Prädikat gebildet werden: Sprachliche Zeichen wie „unterrichtet", „ist sterblich", „ein großer Mann" oder „Kamel"[261] sind Symbole, da ihr Objektbezug jeweils nur durch eine konventionelle Regel hergestellt wird. Und sie sind zugleich Rhemata, da sie ihrem Interpretanten gegenüber keine informationshaltige, wahrheitsfähige Aussage über ein näher spezifiziertes Objekt machen: Sie legen also ihre Interpretanten nicht darauf fest, ihrerseits ein bestimmtes Objekt darzustellen, was sie auch nur könnten, wenn im Zeichenprozess ein Index enthalten wäre. Dies ist bei einem reinen Rhema aber nicht der Fall (s. o. Punkt 1a). Damit bleibt dem Interpretanten eines rhematischen Symbols nur, dieses bei seinem funktionalen Wechsel zum Repräsentamen des rekursiv angeschlossenen Folgezeichens (s. Punkt 5 in Kap. 8.1.1 und Kap. 8.1.2 am Anfang) ikonisch zu interpretieren. Das rhematische Symbol evoziert mit anderen Worten über seinen Interpretanten als Bedeutungseffekt ein ikonisches Vorstellungsbild seines möglichen Objekts.[262]

Was damit konkret gemeint sein könnte, verdeutlicht Peirce an einem Beispiel, nämlich dem Satz „Es regnet." Dieser Satz ist ein Aussagesatz, d. h. es handelt sich um ein dikentisches Zeichen und nicht um ein rhematisches. Die hier gemachten Beobachtungen lassen sich aber auf die ikonische Interpretation von Rhemata übertragen. Peirce schreibt:

> „Nehmen Sie zum Beispiel »Es regnet«. Hier ist das Ikon die geistige Mischphotographie aller regnerischen Tage, die der Denkende je erlebt hat." (SS 1, 219)

Überträgt man diese Gedanken auf ein Rhema, z. B. das Einzelwort ‚Hund', so wäre das als Bedeutungseffekt evozierte ikonische Vorstellungsbild die „Mischphotographie" all der Hunde, mit denen das rezipierende Zeichensystem je Erfahrungen gemacht hat.[263] Hier lässt sich sehr gut eine Querverbindung zur Prototypentheorie herstellen, zumal bei einem Konkretum wie dem Substantiv ‚Hund': Das ikonische Vorstellungsbild der „Mischphotographie" dürfte nämlich ein prototypisches Zentrum aufweisen, das als Assoziations-

---

[261] Zu diesen und anderen Beispielen s. SS 2, 115; NZ, 352; PhLZ, 83, 130; s. auch SS 1, 393; FÜ, 152.

[262] „Der Terminus [d. h. das Rhema, meine Ergänzung] entspricht dem Ikon und dem degenerierten Index. Er ruft in der Vorstellung ein Ikon hervor." (SS 1, 436) zum rhematischen Symbol allgemein s. PhLZ, 130f.

[263] Auch hier zeigt sich wieder deutlich, dass ein rekursiv operierendes Zeichensystem nur ein historisches System in Luhmanns Sinne sein kann, da die bisherige Systemgeschichte und die darin aufgebaute Struktur die weiteren Anschlussmöglichkeiten im System determinieren. Peirce spricht von dem rezipierenden Zeichensystem als einem „Denkenden", aber diese Reduktion auf psychische Zeichensysteme ist nicht notwendig, solange der bisher entwickelten formalen Charakteristik eines allgemeinen Zeichensystems Genüge getan ist.

kern gewissermaßen das schärfste und deutlichste Bild abgibt, während die in Familienähnlichkeit herumgelagerten Bereiche zu den Rändern hin zunehmend unscharf werden.[264]

Diese Interpretation eines rhematischen Symbols ist freilich wie das Rhema allgemein unbestimmt und vage, da sie ja, um im obigen Beispiel zu bleiben, nicht angibt, welcher spezielle Hund denn als Objekt gemeint ist und was über ihn überhaupt ausgesagt werden soll. Trotz dieser Vagheit, die der Erstheit völlig entspricht, wirkt sich das Rhema im Sinne von Luhmanns Systemstrukturen konditionierend auf das Zeichensystem und die in ihm ablaufenden Semiosen aus: Wenn es auch nur Interpretationsmöglichkeiten für den Interpretanten eröffnet, so handelt es sich doch von vornherein bei jedem Rhema um bestimmte Möglichkeiten, die in jedem Falle hochselektiv sind: Das rhematische Symbol ‚Hund' lässt sich im Interpretanten eben nur auf „die und die Art eines möglichen Objekts" (s. o. Punkt 1c), in diesem Falle auf die Objektart ‚Hund' beziehen und auf keine anderen. Damit wird stets mehr ausgeschlossen als zugelassen. Der Interpretantenbezug bleibt zwar dennoch vage, ist aber keinesfalls beliebig, so dass auch der Zeichenprozess, der an diesem Interpretanten anschließt nicht entropisch sein kann, sondern in seinen Anschlussmöglichkeiten vielmehr bereits vorstrukturiert ist.

2. Das Dikent bildet die Zweitheit im Interpretantenbezug und ist daher wie auch das Sinzeichen und der Index reaktiv-degeneriert. Das Dikent übersteigt das Rhema, indem es der Zweitheit entspechend sich selbst in Relation zu seinem spezifischen Objekt setzt, erreicht aber das Argument auf der Stufe der Drittheit noch nicht, weil es nicht seinen Interpretanten bestimmen kann:

> „Eine *Proposition* [d. h. ein Dikent, meine Ergänzung] ist ein Zeichen, das auf ein von ihm bezeichnetes Objekt (das *Subjekt*) ausdrücklich Bezug nimmt, jedoch seine Interpretanten so läßt, wie immer sie sein mögen." (SS 1, 393)

> „Eine Aussage [d. h. ein Dikent, meine Ergänzung] ist ein Zeichen, das sein Objekt separat oder unabhängig indiziert." (NZ, 349)[265]

a) Peirce bezeichnet das Dikent wie oben in den Definitionen synonym auch als Proposition, als Aussage oder auch als Satz. Demnach bezeichnet das Dikent nicht nur sein bestimmtes Objekt, denn dann wäre es ja nur ein Index, sondern es geht über diese bloß indexikalische Funktion des Objektbezugs hinaus, indem es über dieses spezielle Objekt eine Aussage macht, also etwas Bestimmtes von ihm behauptet. Diese Behauptung muss nicht im Sinne der Performanz etwa in einem kommunikativen Sprechakt vollzogen werden, der Inhalt eines Dikents wird aber im rekursiv anschließenden Zeichen grundsätzlich als einer derartigen Behauptung fähig angesehen.[266] Der prinzipielle Aussagegehalt eines Dikents ist nun in der Behauptung zu sehen, dass sein Objekt als wirkliche Tatsache der Zweitheit existiert, und zwar in der bestimmten Weise, wie es das Dikent von ihm behauptet.

---

[264] Zu den Konzepten des Prototypen und der Familienähnlichkeit s. Kleiber 1998; Schmid 1993, 6 – 120; vgl. auch Eckes 1991.

[265] vgl. NZ, 351; VP, 93.

[266] FÜ, 152; PhLZ, 160.

Diese abstrakten Zusammenhänge kann man mit Peirce veranschaulichen an dem Beispiel des Aussagesatzes „Das Haus steht in Flammen.“[267], der als dikentisches Zeichen zu klassifizieren ist. Dieses Dikent behauptet zum einen, dass ein Haus wirklich als Phänomen der Zweitheit existiert, und zwar in dem Zustand, dass es gerade brennt. Diese Behauptung kann das Dikent allerdings nur aufstellen, wenn es sich selbst in eine dyadische Relation zu diesem seinem Objekt stellt: Erst die Einwirkung des aktual existierenden Objekts als einer Tatsache auf das Dikent setzt dieses in den Stand, eine Behauptung über dieses Objekt machen zu können:

> „Ich definiere ein Dicent als ein Zeichen, das in seinem bezeichneten Interpretanten so repräsentiert wird, *als ob es* in einer realen Beziehung zu seinem Objekt *stünde*.“ (FÜ, 153)

Im Dikent kommt also die Zweitheit gewissermaßen zweimal vor: Der Interpretant muss erstens das Dikent als in einer dyadischen Beziehung zu seinem Objekt stehend interpretieren und zweitens darstellen, dass dieses Objekt als Phänomen der Zweitheit eine reale Existenz hat, die von seiner Darstellung im Dikent unabhängig ist.[268] Durch die Spezifizierung eines bestimmten Objekts und die Kopplung einer bestimmten Aussage an diesen speziellen Objektbezug ist das Dikent ein bereits sehr stark selektives Zeichen. Mit dieser ausgeprägten Selektivität wirkt es in Luhmanns Sinne strukturierend auf den rekursiv anschließenden Zeichenprozess, da weitaus mehr Anschlussmöglichkeiten ausgeschlossen als zugelassen werden.

b) Eine entscheidende Voraussetzung für diese komplexen Leistungsmerkmale ist darin zu sehen, dass das Dikent sein Objekt überhaupt explizit und mit hinreichnder Deutlichkeit bezeichnen kann. Nun sind Indices die einzigen Zeichen, die hinsichtlich ihres Objektbezug präzise und nicht vage sind (s. Punkt 2 in Kap. 8.2.5). Daraus folgt, dass ein Dikent einen Index implizieren muss, der das gemeinte Objekt spezifiziert und auf es hinweist.[269] In dieser Hinsicht geht das Dikent über das Rhema hinaus, und es ist bezeichnend, dass das Dikent mit dem Index ein weiteres Subzeichen der Zweitheit impliziert. Für das Rhema ist dies kategorisch ausgeschlossen, und daher schließt dieses auch hinsichtlich seines Objektbezugs nur ein Ikon ein (s. o. Punkt 1c). Der Index definiert das Diskursuniversum, in dem das Objekt des Dikents zu verorten ist. Dieses Universum muss keineswegs das sein, das als Realität angesehen wird, sondern kann auch ein fiktives, etwa literarisch konstruiertes Universum sein.[270] Welcher Art auch immer das indizierte Bezugsuniversum auch ist, das

---

[267] vgl. PhLZ, 161; zum Dikent als „Zeichen, das mit einem grammatischen Satz äquivalent ist“ s. SS 3, 147.

[268] „Alles, was einer Proposition ähnelt, ob es behauptet wird oder nur als etwas angesehen wird, das behauptet werden könnte, repräsentiert sein Objekt so, daß es ein reales Sein besitzt, das von der Darstellung durch die Proposition selbst unabhängig ist.“ (PhLZ, 160f.) vgl. SS 1, 114; SS 2, 258; PhLZ, 68f., 125f.

[269] PhLZ, 69, 161.

[270] „Dies [die Aussage des Dikents, meine Ergänzung] ist nun für mich bedeutungslos, wenn es nicht etwas gibt, was mir indiziert (was gänzlich unbeschreibbar ist), ob diese Person über die Umgebung oder das reale Universum im allgemeinen oder die Welt einer Geschichte aus Tausendundeiner Nacht oder was sonst auch immer spricht.“ (PhLZ, 161) vgl. SS 2, 369f.; wenn Peirce hier von Bedeutungslosigkeit spricht, ist dies nicht ganz korrekt. Es ist eher der konkrete Informationsge-

Dikent behauptet in ihm die wirkliche Existenz seines Objekts, z. B. eines Hauses, und zwar in der Weise, wie es in der Aussage spezifiziert wird, z. B. als in Flammen stehendes Haus. In diesem schon oben angeführten Beispiel „Das Haus steht in Flammen." wäre der bestimmte Artikel ‚das' der Index, der z. B. anaphorisch auf ein in bestimmter Weise situiertes Haus verweisen könnte. Auch diese indexikalische Komponente des Dikents qualifiziert das Dikent als ganz bestimmtes Element im Zeichenprozess, das von sich aus selektiv konditioniert, mit welchen weiteren Zeichen es erwartungsgemäß rekursiv relationiert werden kann.

c) So unverzichtbar der implizite Index auch ist, bedarf das Dikent doch noch weiterer impliziter Zeichen, um seine Behauptung aufstellen zu können. Ein Rhema war oben (s. o. Punkt 1b) als Aussage mit Leerstellen, d. h. als unvollständiges Dikent definiert worden. Um im obigen Beispiel zu bleiben, wäre das Dikent „Das Haus steht in Flammen." etwa zerlegbar in das Rhema „das Haus", das in diesem Satz das Subjekt bildet, und das Rhema „steht in Flammen", das als Funktionsverbgefüge das Prädikat bildet. Während keines dieser beiden getrennten Rhemata eine Aussage machen kann, ist das Dikent, das sich aus ihrer Kombination ergibt, dazu durchaus in der Lage: Ein Dikent impliziert also Rhemata,[271] was aufgrund des generellen kategorialen Implikationsverhältnisses auch nahe liegt (vgl. Punkt 2 in Kap. 8.2.2).

Ich hatte ausgeführt, dass jedes Rhema in seinem Objektbezug ein Ikon impliziert bzw. in seinem Interpretanten in ein ikonisches Vorstellungsbild umgesetzt wird, das in aller Regel prototypisch strukturiert ist (s. o. die Punkte 1c und 1e). Auch dieser Umstand ist auf unser Beispiel mit dem brennenden Haus übertragbar, so dass ein Dikent nicht nur Indices und Rhemata impliziert, sondern zumindest indirekt auch ikonische Zeichen. Erst dieser binnenkomplexe Aufbau, den auch Luhmann Systemelementen zugesteht, ermöglicht es dem Dikent, über ein bestimmtes Objekt eine bestimmte Aussage zu machen. Da das Dikent die spezifische Selektivität all seiner Komponenten in sich vereinigt, muss es hochselektiv sein, was die weiteren Anschlussmöglichkeiten in der Semiose angeht. Da somit entropische Anschlüsse ausscheiden, wirkt sich ein Dikent strukturierend auf das Zeichensystem und seine Prozesse aus.

d) In Punkt 2f von Kapitel 8.2.5 hatte ich dargelegt, dass erst eine Kombination von Ikon und Index informationshaltig sein kann, aber nicht eine dieser Zeichensubklassen für sich allein. Da nun im Dikent diese beiden Zeichenklassen neben dem Rhema enthalten sein müssen, ist das Dikent ein genuin Informationen vermittelndes Zeichen:

> „Das Problem ist schon schwierig genug, wenn wir nur versuchen, ganz allgemein, die wesentliche Natur des *Dicizeichens* zu analysieren, das heißt der Gattung eines Zeichens, die Information *vermittelt*, im Gegensatz zu Zeichen, aus denen man Informationen ableiten kann." (PhLZ, 67)[272]

Im Sinne meiner Ausführungen in den Punkten 1b und 1c evozieren die rhematisch-ikonischen Bestandteile des Dikents Vorstellungsbilder, die gemäß der Syntax des Dikents angeordnet sind, und der Index im Dikent zeigt an, auf welches spezifische Objekt dieses entsprechend geordnete Bild zu beziehen ist:

---

halt der dikentischen Aussage, der nicht bestimmt werden kann und wegen seiner Kontextlosigkeit vage bleibt.

[271] SS 1, 114; PhLZ, 125, 130f.

[272] vgl. SS 1, 436; PhLZ, 74f., 129, 131, 162.

> „Eine Proposition ist die Bedeutung [*signification*] eines Zeichens, das darstellt, daß ein Ikon auf das anwendbar ist, was ein Index indiziert.“ (SS 1, 414)[273]

Während diese ikonischen Zeichen und Indices, die im Dikent zusammengestellt werden, einen informationshaltigen Objektbezug herstellen, setzt sich das Dikent selbst in eine Zweitheit zu dem intendierten Objekt, indem es seinem Interpretanten gegenüber behauptet, dass seine Aussage auf das Objekt wirklich zutrifft. Es behauptet mit anderen Worten, dass das Objekt in dem Bezugsuniversum, das der Index anzeigt, in wirklicher Zweitheit so beschaffen ist, wie es der internen Zusammenstellung von rhematisch-ikonischen Zeichen und Indices im Dikent entnommen werden kann, so z. B., dass es in einem bestimmbaren Diskursuniversum ein Haus gibt, das in Ort und Zeit exakt fixierbar ist und das zum Zeitpunkt der dikentischen Behauptung tatsächlich in Flammen steht. Der mindestens zweiteilige Aufbau des Dikents aus rhematischem Ikon und Index soll also der behaupteten Zweitheit zwischen Dikent und seinem Objekt entsprechen, das seinerseits als Tatsache der Zweitheit so bestehen soll, wie es das Dikent behauptet, gleichzeitig aber von dieser darstellenden Behauptung unabhängig zu sein hat:

> „Wir können auf diese Weise klar erkennen, daß ein Dicizeichen oder informationstragendes Zeichen ein Zeichen ist, das eine Zweitheit in seinem Objekt durch eine Zweitheit in seinem Aufbau indiziert.“ (PhLZ, 162)[274]

Das Dikent strukturiert also nicht nur selbstreferentiell die rekursiven Relationierungsmöglichkeiten weiterer Zeichen des Prozesses, sondern spezifiziert auch fremdreferentiell genau den Objektbezug dieses Prozesses.

e) Dadurch, dass das Dikent sich selbst in der eben beschriebenen Weise in Beziehung zu seinem Objekt setzt, repräsentiert es sich selbst bzw. den Aussagegehalt seiner Behauptung als wahr. Unser Beispielsatz „Das Haus steht in Flammen.“ behauptet ja, dass seiner Aussage ein Objekt als tatsächliche Wirklichkeit korrespondiert, und beansprucht damit selbst die Wahrheit seiner Aussage:

> „Das Dicizeichen repräsentiert sich also selbst als in einer tatsächlichen Zweitheit zu seinem realen Objekt stehend.“ (PhLZ, 68)

> „D. h. es repräsentiert sich selbst als wahr, da es eine Tatsache oder Zweitheit behauptet [...].“ (PhLZ, 161)

Trotz dieser Selbstrepräsentation als wahr kann die vom Dikent vermittelte Information durchaus auch falsch sein. Dies hängt damit zusammen, dass der Interpretantenbezug des Dikents nur der Zweitheit entspricht, d. h. dieses liefert seinem Interpretanten keine Be-

---

[273] vgl. SS 2, 370: „So ist jede Aussage [g: resultiert aus] ein Gebilde aus zwei Zeichen, von denen das eine eine Bedeutung vermittelt, das andere eine Benennung. Das erstere ist intendiert, so etwas wie ein Bild im Geiste des Interpreten zu erzeugen, das letztere ist intendiert, auf das hinzuweisen, von dem er denken soll, daß jenes Bild ein Bild von ihm ist.“ zum binnenkomplexen Aufbau des Dikents s. auch SS 1, 436; SS 2, 369f.; NZ, 349, 368; PhLZ, 69, 78, 131.

[274] vgl. PhLZ, 68f., 161f.

gründung, warum er es als wahr ansehen sollte, sondern erhebt ganz einfach diesen Anspruch implizit in seiner Behauptung:

> „Der einfachste charakterisierende Test, ob ein Zeichen ein Dicizeichen ist oder nicht, ist darin begründet, daß ein Dicizeichen entweder wahr oder falsch sein kann, doch für seine Wahrheit oder Falschheit keine Gründe liefert." (PhLZ, 68)[275]

Ebensowenig, wie das Dikent in der Lage ist, die implizit behauptete Wahrheit seiner Aussage zu begründen, so wenig kann es dem Interpretanten auch anzeigen, welche Folgerungen er aus seiner Aussage ziehen könnte. Begründung und Schlussfolgerung sind in Peirces kategorialem Entwurf nämlich Phänomene der Drittheit und können somit im Interpretantenbezug des Dikents nicht auftreten, sondern erst vom Argument geleistet werden (s. u. Punkt 3). Da sich das Dikent auf seinen Interpretanten im Sinne der Zweitheit bezieht, kann es durch seine Aussage nur die Aufmerksamkeit des Interpretanten auf das Objekt richten: Es wirkt also nicht rational auf den Interpretanten ein wie das Argument, sondern durch einen gewissen, Aufmerksamkeit heischenden Zwang:

> „Man kann aber leicht einsehen, daß die Proposition den Anspruch erhebt, daß sie ihren Interpretanten zu zwingen beabsichtigt, sich auf ihr reales Objekt zu beziehen, das sie selbst als Index darstellt [...]. (PhLZ, 84)[276]

Aufgrund dieses Ergebnisses muss man eine Aussage Peirces, die ich oben einleitend in Punkt 2 zitiert habe, nämlich dass ein Dikent „seine Interpretanten so läßt, wie immer sie sein mögen", etwas relativieren: Ein Dikent zeigt zwar weder seinen intendierten Interpretanten selbst an noch nimmt es ihm die Entscheidung über die Wahrheit oder Falschheit des Dikents ab, es wirkt aber entsprechend der Zweitheit auf ihn ein, indem es ihn auf sein Objekt und seine diesbezügliche Behauptung ausrichtet.

f) Da die rekursive Fortsetzung des Zeichenprozesses am Interpretanten eines Zeichens anknüpft, wirkt sich diese Ausrichtung des Interpretanten eines Dikents auch strukturierend auf die Semiose aus. Denn die weiteren Zeichen desselben Zeichenprozesses beziehen sich immer auf dasselbe Objekt und im Falle eines Dikents zusätzlich auf die Aussage, die bezüglich dieses Objekts gemacht wurde. Da es sich bei einem Dikent um ein Zeichen mit binnenkomplexem Aufbau handelt, das Rhemata, ikonische Zeichen und mindestens einen Index enthält (s. o. Punkt 1c), vereinigt es mit diesen Zeichentypen auch deren jeweilige Selektivitäten in sich und setzt sie zusätzlich in syntaktisch konditionierter Weise zueinander in Beziehung, um seine Aussage überhaupt machen zu können. Das Dikent ist somit, als operatives Element eines Zeichensystems betrachtet, ein überaus spezifisch qualifiziertes Zeichen, das die Möglichkeiten rekursiver Anschlüsse stark beschränkt und deutlich vorstrukturiert.

Da die Aussage des Dikents grundsätzlich wahr oder falsch sein kann (s. o. Punkt 2e), sind die Anschlussmöglichkeiten ohnehin im Sinne einer Bifurkation codiert: Der Interpre-

---

[275] vgl. SS 1, 393; SS 2, 258; PhLZ, 74f., 87.

[276] Zum zwanghaften Interpretantenbezug des Dikents im Sinne der Zweitheit s. auch SS 1, 264; SS 2, 258, 274, 369f. und SS 3, 147: „In jedem Fall ist ein solches Zeichen [ein Dikent, meine Ergänzung] intendiert, eine zwingende Wirkung auf seinen Interpretanten auszuüben." vgl. auch PhLZ, 69, 72, 74, 125f., 131.

tant, der mit der Behauptung des Dikents konfrontiert wird, und über ihn die folgende Semiose können jeweils nur einen der Anschlusswerte ‚wahr' oder ‚falsch' verfolgen, die mit dem je alternativen Codewert verbundenen Anschlussmöglichkeiten bleiben zumindest vorläufig ausgeschlossen.[277]

Die beiden Codewerte Wahrheit und Falschheit der Aussage können dann zusätzlich wertend als prestigehafter positiver Anschlusswert (Wahrheit) und als sanktionierter negativer Rejektionswert (Falschheit) ausgewiesen werden, z. B. in den Funktionssystemen des Rechts oder der Wissenschaft der Gesellschaft. Diese zusätzliche Codierung erbringt einen weiteren Strukturierungseffekt im Sinne von Luhmanns Erwartungsstruktur, da man erwarten kann, dass Anschlüsse eher an dem positiv codierten Wert angeboten und gesucht werden, da der andere Wert etwa als Lüge negativ markiert ist und als nicht anschlussfähig angesehen wird.[278] Das Vorliegen dieser Erwartung kann seinerseits von den beteiligten Kommunikationspartnern erwartet werden, so dass sogar die Struktur einer Erwartungs-Erwartung gegeben ist.

g) Ein Dikent kann nun im Zeichensystem mit jeweils unterschiedlichem Status auftreten und verschieden thematisiert werden:

Wenn ein Dikent konkret als Prozesselement der Semiose realisiert werden soll, muss es wie jedes aktuale Systemereignis ein Sinzeichen sein (s. Kap. 8.1.3), und zwar ein dikentisches Sinzeichen.[279] Dieses dikentische Sinzeichen ist als Systemelement in genau der Weise qualifiziert, wie ich es oben in den Punkten 2a bis 2f dargestellt habe, lässt daher nur bestimmte Anschlüsse zu und strukturiert dadurch den Zeichenprozess schon bei seiner ereignishaften operativen Verwendung. Ein Dikent muss seinem Interpretanten das intendierte Objekt durch einen impliziten Index anzeigen (s. o. Punkt 2b). Wenn man also den Objektbezug dieser Zeichenart noch explizit ausdrücken möchte, bekommt man das diken-

---

[277] Da bei Peirce über die Verbindung von Zeichentheorie und Pragmatismus (vgl. auch Kap. 8.2.8) eine Handlungstheorie in die Semiotik integriert werden kann, hat der Anschluss z. B. an den positiven Codewert, also die Überzeugung von der Wahrheit einer Aussage, durchaus auch selektiv verhaltenskonditionierende Konsequenzen: Wenn jemand die Wahrheit des Dikents „Im Winter ist es kälter als im Sommer." zumindest als Faustregel akzeptiert, wird er wohl sein konkretes Verhalten darauf einstellen, d. h. es sind dann nur noch bestimmte Verhaltensweisen selektiv anschließbar: „Doch für alle, die von ihr [der Wahrheit des Dikents, meine Ergänzung] überzeugt sind, wird sie ein Zeichen dafür sein, daß unter bestimmten Umständen [z. B. Winterszeit] und im Hinblick auf bestimmte Ziele [z. B. Vermeidung einer Erkältung] bestimmte Verhaltensweisen zu verfolgen sind [z. B. Tragen von Schal und Winterjacke], und ihr Interpretant wird eine dahin gehende Verhaltensregel sein, die nicht notwendig im Bewußtsein vorliegt [...]." (SS 1, 430; Ergänzungen in [...] von mir)

[278] vgl. hierzu bei Peirce etwa FÜ, 152; PhLZ, 75.

[279] „Ein Dikentisches Sinzeichen [...] ist jedes Objekt der direkten Erfahrung, sofern es ein Zeichen ist und als solches Informationen über sein Objekt liefert. [...] Die einzige Information, die es vermitteln kann, ist, daß eine Tatsache wirklich besteht." (PhLZ, 129) Als Beispiel für ein dikentisch indexikalisches Sinzeichen nennt Peirce das „Porträt eines Mannes mit darunter geschriebenem Namen des Mannes" (PhLZ, 82): Das Porträt kann als ikonisches Zeichen aufgefasst werden und das Namensschild verweist als Index auf die Identität der abgebildeten Originalperson. Zusammen behaupten diese Zeichen als Dikent, dass es wirklich eine Person dieses Namens gibt, die so ähnlich aussieht, wie es das Porträt darstellt, und dies ist zugleich die von diesem Dikent vermittelte Information.

tisch indexikalische Sinzeichen, das ich bereits in Punkt 2k von Kapitel 8.2.5 bei der Besprechung des Index erwähnt habe.

Auch diese Art von Sinzeichen kann zu einem entsprechenden Legizeichen, dem dikentisch indexikalischen Legizeichen, generalisiert werden, das im Gegenzug seine Sinzeichen zu Replikas qualifiziert: Denn das dikentisch indexikalische Legizeichen „ist irgendein wie auch immer zustandegekommener allgemeiner Typus oder Gesetz, der oder das für jeden seiner Anwendungsfälle fordert, daß diese tatsächlich durch ihr Objekt auf solche Weise beeinflußt werden, daß sie bestimmte Informationen über das Objekt liefern."[280] Als Beispiel für ein dikentisch indexikalisches Legizeichen nennt Peirce den „Ruf eines Straßenhändlers"[281], also z. B. „Frisches Obst!" Dieses Zeichen ist ein Dikent, da es behauptet, dass die Person, die dieses Zeichen ausruft, wirklich frisches Obst anzubieten hat. Es ist ein Index, da es auf das Obst, das hier und jetzt auf einem Wagen liegt, verweist. Und es ist ein Legizeichen, da es wiederholt in Replikas, von denen jede ein dikentisch indexikalisches Sinzeichen ist, verwirklicht werden kann und es als allgemeiner Typus auch eine generalisierte Form von Erwartung erlaubt, nämlich dass jedesmal, wenn man den Ruf „Frisches Obst!" hört, auch wirklich jemand im Hier und Jetzt Waren von der behaupteten und indizierten Art feilbietet.

Auf das spezielle Paar von dikentisch indexikalischem Legizeichen und seine Replikas ist all das übertragbar, was auch im Allgemeinen für diese Relation gilt (s. Kap. 8.2.4): Das dikentisch indexikalische Legizeichen ermöglicht auf der Strukturebene seiner Regeln Wiederholung, Dauerhaftigkeit und relative Stabilität seines Interpretantenbezugs. Dafür steuern die dikentisch indexikalischen Sinzeichen als seine Replikas konkrete momenthafte Existenz, Dynamik und bei jeder wiederholten Anwendung Kondensierung und Konfirmierung bei. Diese Kombination ergibt im Zeichensystem auch für den speziellen Interpretantenbezug des Dikents (s. o. Punkt 2e) die ereignishafte und zugleich strukturierte Operationsweise, die nach Luhmann für basal selbstreferentielle Systeme typisch ist.

Ich hatte am Ende von Kapitel 8.2.5 das Dikent als eine Unterart der Interpretantenbezüge des Symbols vorgestellt. Beim dikentisch indexikalischen Sinzeichen dominiert aber in allen drei Zeichenkomponenten die Zweitheit und auch das dikentisch indexikalische Legizeichen hat noch keinen Objektbezug, der in der Drittheit des Symbols geregelt wäre. Es bleibt also noch das symbolische Dikent anzusprechen[282], das aber ohnehin bereits implizit eingeführt ist: Jede vollständige Proposition oder jeder grammatisch wohlgeformte Aussagesatz wie unser Beispielsatz „Das Haus steht in Flammen." ist hinsichtlich seines Objektbezugs in erster Linie ein Symbol.[283] Denn das Objekt kann in ihm allein aufgrund der konventionellen Regel des Symbols repräsentiert werden. Und es handelt sich um ein Dikent, da es seinem Interpretanten gegenüber behauptet, dass sein Objekt wirklich existiert, und zwar so, wie es im Dikent ausgesagt ist (s. o. Punkt 2a). Da die wesentlichen Charakteristika des symbolischen Dikents aber oben schon implizit mitbehandelt sind, kann ich hier auf eine nähere Analyse verzichten. Es sein nur abschließend darauf hingewiesen, dass sich

[280] PhLZ, 129f.

[281] PhLZ, 129.

[282] s. auch PhLZ, 131f.

[283] „Eine Proposition ist, kurz gesagt, ein Dicizeichen, das ein Symbol ist." (PhLZ, 82) Wenn ich oben formuliere, es handle sich nur „in erster Linie" um ein Symbol, so bezieht sich das darauf, dass sowohl dem Sybmol als auch dem Dikent mindestens ein Index implizit ist, der eine für die Gesamtwirkung des Zeichens wichtige Funktion ausübt.

über die symbolische Komponente die gesamte Flexibilität und der Variationsreichtum des Symbols (s. Punkt 3 in Kap. 8.2.5) in den Interpretantenbezug des Dikents integrieren lässt. Daraus ergibt sich freilich auch eine Zusammenführung der entsprechenden Strukturierungsmöglichkeiten für die Zeichenprozesse, die an einem derartigen symbolischen Dikent anschließen. Damit ist die von Luhmann angesprochene Möglichkeit eines entropischen Zerfalls der Systemoperationen in einem Zeichensystem völlig ausgeschlossen, wenn man von einem symbolischen Dikent ausgeht. Hieran zeigt sich nicht nur erneut, dass die kategoriale Subklassifikation des triadischen Zeichens in die neun einzelnen Zeichenklassen für die Beschreibung und Analyse von Phänomenen ein enormes Auflöse- und Rekombinationspotenzial zur Verfügung stellen. Es wird darüber hinaus auch deutlich, dass durch die konditionierte Verknüpfung[284] dieser Zeichenklassen untereinander eine stark Struktur bildende Wirkung auf die operativen Verwendungsmöglichkeiten dieser Zeichen als Systemelemente bei ihrer rekursiven Relationierung im Zeichenprozess ausgeübt wird.

3. Der Interpretantenbezug des Arguments steht kategorial auf der Stufe der Drittheit, so dass das Argument im Unterschied zu Rhema und Dikent ein genuines Zeichen ist. In folgender Definition sind wesentliche Charakteristika des Arguments angesprochen:

> „Ein *Argument* ist ein Zeichen, das ausdrücklich den Interpretanten (die *Konklusion*) darstellt, den zu bestimmen es intendiert ist. [...] Was von einem Argument übrigbleibt, wenn die Konklusion entfernt wurde, ist eine Proposition, nämlich die Prämisse oder, da sie gewöhnlich zusammengesetzt ist, die Prämissen." (SS 1, 393)

a) Bevor ich die hier genannten Merkmale eines Arguments genauer untersuche, gebe ich ein Beispiel für ein Argument:

> „Regel. – Alle Bohnen aus diesem Sack sind weiß. Fall. – Diese Bohnen sind aus diesem Sack. Resultat. – Diese Bohnen sind weiß." (SPP, 232)[285]

Hier handelt es sich um ein deduktives Argument, da ausgehend von einer allgemeinen Regel und einem speziellen Fall ein notwendig folgendes Resultat erschlossen werden kann. Doch nun zurück zur Definition des Arguments.

---

[284] Die Verknüpfung der jeweils drei kategorialen Thematisierungsweisen der Bezüge auf die drei Zeichenkorrelate Repräsentamen (Quali-, Sin- und Legizeichen), Objekt (Ikon, Index, Symbol) und Interpretant (Rhema, Dikent, Argument) kann bereits in sich als konditioniert angesehen werden, weil nicht jede Zeichenklasse mit jeder anderen verbunden werden kann: So kann es z. B. kein dikentisch indexikalisches Qualizeichen geben, da diese Kombination wegen der allgemeinen Implikationsregeln der Kategorien nicht erstellt werden kann (s. Punkt 2 in Kap. 8.2.2). Diese interne Konditionierung wirkt sich wiederum strukturierend auf die weitere Semiose aus. Auch in diesem Zusammenhang sei darauf hingewiesen, wie eng Peirces Kategorienlehre mit seiner Zeichentheorie verknüpft ist, so dass eine rein semiotische Darstellung verzerrt oder doch zumindest recht einseitig sein muss. Um dies zu vermeiden, habe ich Peirces Kategorienlehre in meine Darstellung, soweit nötig, eingebunden.

[285] Peice unterscheidet drei Arten von Argumenten, nämlich Deduktion, Induktion und Abduktion bzw. Hypothese, die wieder mit der Drittheit, Zweitheit und Erstheit korrespondieren (s. SS 1, 123, 393f.; SS 2, 147; NZ, 201 – 203; PhLZ, 89, 134 – 136; SPP, 229 – 250; VP, 96). Ich werde diese Unterscheidung in Punkt 5 von Kapitel 8.3.8 nochmals aufgreifen.

b) Man kann Peirces Definition entnehmen, dass ein Argument Propositionen bzw. dikentische Zeichen enthält. Dies ist wegen der allgemeinen Implikation der Kategorien (s. Punkt 2 in Kap. 8.2.2) auch ganz erwartungsgemäß, da das Argument auf der Stufe der Drittheit das Dikent als Phänomen der Zweitheit impliziert und in diesen beiden Zeichensubklassen wiederum Rhemata als Zeichentyp der Erstheit enthalten sein müssen.[286] Dieser allgemeine Zusammenhang kann an dem obigen Beispiel (s. o. Punkt 3a) auch konkret verifiziert werden, da dieses deduktive Argument drei dikentische Zeichen enthält, von denen das erste und zweite die Prämissen der Deduktion bilden und das dritte die Konklusion. Diese drei dikentischen Zeichen enthalten ihrerseits jeweils mehrere Rhemata.

Obwohl sich diese Beobachtungen direkt aus der kategorialen Implikation ergeben, ist doch ein weiterer Faktor von Peirces allgemeiner Kategorienlehre zu berücksichtigen: Man muss nämlich betonen, dass ein Argument zwar dikentische Zeichen enthält, wesensmäßig aber nicht durch eine reine Addition getrennter und trennbarer dikentischer Zeichen gebildet wird: Ein Argument besteht also nicht einfach aus ihnen, ebenso wenig, wie ein Dikent nur aus Rhemata besteht.[287] Wenn nämlich Argumente auf bloße Kombinationen dikentischer Zeichen reduziert werden könnten, wäre das allgemeine Prinzip der Irreduzibilität der Kategorien außer Kraft gesetzt. Gemäß diesem können ja höherstufige Relationen, also in unserem Fall das triadische Argument, nicht auf Kombinationen niedrigerer Kategorien, also dyadischer dikentischer Zeichen oder gar monadischer Rhemata, reduziert werden (vgl. Punkt 4a in Kap. 8.2.2). Der kategoriale ‚Mehrwert' des Arguments muss also in der spezifisch geregelten Art und Weise gesehen werden, in der die verschiedenen dikentische Zeichen zueinander in Relation gesetzt werden. Und da eine regel- oder gesetzmäßige Relationierung kategorial in die Drittheit fällt, ist eben auch für das Argument erwiesen, dass es ein genuin triadisches Zeichen darstellt. Daraus ist ebenfalls ableitbar, dass Argumente eine konditionierte Binnenstruktur haben müssen, da eben nur eine bestimmt geregelte Abfolge dikentischer Zeichen das Erreichen der Konklusion ermöglicht. Bei der Verwendung von Argumenten in einem Zeichenprozess scheidet also Entropie schon aus diesem Grunde aus.

c) Da ein Argument eine spezifisch geregelte Zusammenstellung von dikentischen Zeichen darstellt, ist es nicht nur in sich konditioniert, sondern weist auch einen komplexen Binnenaufbau auf: Es besteht nämlich aus mehreren Teilen, die aber nicht in beliebiger Weise miteinander relationiert werden dürfen. Dabei ist das Argument funktional nicht dekomponierbar, da einzelne Teile von ihm nicht die Funktion des argumentativen Gesamtzeichens übernehmen können. Als funktionale Komponenten des Arguments hatte Peirce in der oben zitierten Definition des Arguments die Prämissen, deren Zahl mindestens zwei sein muss, und die Konklusion genannt, die eben in einer spezifisch geregelten Weise zueinander in Beziehung gesetzt werden müssen. Jeder dieser mindestes drei Bestandteile ist für sich ein Dikent, das als solches die Wahrheit seiner Ausssage behauptet (s. o. Punkt 2e und vgl. das Beispiel in Punkt 3a). Diese dikentischen Zeichen werden nun im Argument gesetzmäßig so relationiert, dass dann und nur dann, wenn die erste und die zweite Prämisse die Wahrheit ihrer jeweiligen Aussagen zu Recht behaupten, sich aus eben diesen Wahrheiten die Konklusion ergibt, bei einer Deduktion sogar mit logischer Notwendigkeit. Nur aufgrund dieser in der Drittheit des Arguments spezifisch geregelten Zusammenstellung von Prämis-

---

[286] vgl. SS 1, 115; SS 3, 147; PhLZ, 127.

[287] vgl. SS 3, 189.

sen und Konklusion, kann die Wahrheit der relationierten Prämissen als Zeichen für die Wahrheit der Konklusion interpretiert werden:

> „Ein Argument ist einfach eine Konstruktion aus Prämissen, die ein *Zeichen* von der *Wahrheit* ihrer Konklusion bildet, gleichgültig, welche Art von Schließen es verwendet [...]." (SS 3, 373)[288]

Die Konklusion zeigt also, anders betrachtet, im Hinblick worauf die Prämissen und deren als wahr angesehene Behauptungen zu interpretieren sind.[289] So sollen in unserem deduktiven Beispiel (s. o. Punkt 3a) die Behauptungen der Prämissen der Bestimmung der Farbe der Bohnen dienen, die freilich nur dann mit Sicherheit als weiß erschlossen werden kann, wenn die beiden Prämissen wahr sind. Es ist also die spezifische Drittheit des Arguments, die seine Komponenten erst zu dem qualifiziert, was sie im Argument sind, nämlich Prämissen und Konklusion.

Das binnenkomplexe Argument richtet also die Aufmerksamkeit des Interpretanten auf den logischen Prozess, gemäß dem bestimmte Prämissen zu einer bestimmten Konklusion führen. Dabei übersteigt das Argument das Dikent kategorial dahin gehend, dass es die logische Wahrheit dieses Prozesses nicht nur behauptet, sondern durch die gesetzmäßige Relationierung von Prämissen und Konklusion auch begründet. Es kann nämlich gerade wegen seines binnenkomplexen Aufbaus selbst einen allgemeinen, logisch konditionierten Prozess repräsentieren, der durch den gesetzmäßigen Übergang von den Prämissen zur Konklusion zu einem Ergebnis führt, das unter den gegebenen oder zumindest behaupteten Umständen als wahr interpretiert werden kann.[290]

Ich habe in diesem Gedankengang schon zwei Aspekte angesprochen, die ich erst unten näher ausführen werde, nämlich erstens den expliziten Bezug des Arguments auf seinen Interpretanten (s. u. Punkt 3d) und zweitens das Problem der Wahrheit eines Arguments (s. u. Punkt 3e). Bevor ich mich aber diesen Themen zuwende, möchte ich nochmals auf die enge Verbindung von der internen Komplexität und der Konditionierung eines Arguments hinweisen, weil sich gerade diese Verbindung strukturierend auf den Semioseprozess auswirkt: Indem das Argument aus mehreren Komponenten besteht, also binnenkomplex ist, und es die Relationierung dieser Komponenten intern durch die Drittheit seiner eigenen Gesetzmäßigkeit konditioniert, strukturiert es als Systemelement selbst seine Anschlussmöglichkeiten in der Semiose. Da das Argument in sich bereits strukturiert ist, kann es als Prozesselement gar keine unkonditionierten Anschlüsse zur rekursiven Relationierung weiterer Zeichen zulassen, was einer gewichtigen Anforderung Luhmanns an Systemstrukturen Genüge tut.

d) Das Argument ist gemäß Peirces Definition (s. o. Punkt 3) selbst in der Lage, seinen intendierten Interpretanten explizit darzustellen.[291] Da die Triade Rhema, Dikent und Argument ja die Zeichensubklassifikation des Interpretantenbezugs ist, stellt sich nun die Frage, wie das Argument seinen eigenen Interpretanten bestimmen kann, wozu das Rhema gar nicht und das Dikent nur sehr eingeschränkt in der Lage sind: Das Dikent kann nämlich nur im Sinne der Zweitheit die Aufmerksamkeit seines Interpretanten auf die Behauptung,

---

[288] vgl. SS 3, 380, 386; PhLZ, 127.

[289] s. SS 2, 258.

[290] s. SS 2, 146; SS 3, 189; PhLZ, 132.

[291] vgl. VP, 93: „Ein *Argument* ist ein Repräsentamen, das selbständig zeigt, welchen Interpretanten es zu determinieren beabsichtigt." s. auch SS 1, 115, 436; NZ, 349, 351f.; VP, 121.

die es selbst bezüglich seines Objekts aufstellt, richten, ihn aber darüber hinaus weder bestimmen noch gar selbst darstellen (s. o. Punkt 2e). Da das Argument der Drittheit angehört, kann es auf seinen Interpretanten nicht wie das Dikent in einer Art von Zwang einwirken,[292] sondern muss ihn im Sinne der Drittheit über eine Regel oder ein Gesetz bestimmen.

Die hierfür erforderliche Gesetzmäßigkeit ist im Argument darin zu sehen, dass die Relationierung von Prämissen und Konklusion so geregelt ist, dass sie zu einem logisch wahren Ergebnis führt. Diesen gesamten konditionierten Prozess von den Prämissen hin zur Konklusion zeigt das Argument in sich auf, wodurch es nicht nur wie das Dikent Informationen vermittelt, sondern auch eine Begründung für die behauptete Wahrheit der Konklusion anbietet. Eben dadurch gewinnt es eine Überzeugungskraft, die den Interpretanten motivieren kann, der Wahrheit des Ergebnisses zuzustimmen.[293]

Diese Zustimmung des Interpretanten wird also nicht durch die ‚gewaltsame' Einwirkung einer Zweitheit erreicht, sondern dadurch, dass im Argument ein rational gesetzmäßiger Schluss repräsentiert wird, der den logischen geregelten Weg von den Prämissen zur Konklusion weist. Indem der Interpretant diese Logik und Rationalität, welche die Gesetzmäßigkeit des Arguments geltend macht, akzeptiert und die regelhaft begründete Konklusion als wahr anerkennt, wird er nicht im Sinne einer Zweitheit bestimmt, sondern durch die reflektierte Selbstkontrolle vernunftgesteuerter Einsicht, die nur in die Kategorie der Drittheit fallen kann.[294]

Argumente sollen aber laut Peirce ihren Interpretanten nicht nur auf diese Weise bestimmen, sondern ihn auch selbst darstellen können: Die Intention einer Argumentation ist darin zu sehen, dass der Interpretant ihrer Konklusion zustimmt, also dasselbe Ergebnis als wahr darstellt. Da nun der Interpretant eine weiter entwickelte Darstellung desselben Objekts ist, das auch vom Repräsentamen dargestellt wird, fallen beim Argument Konklusion und Interpretant zusammen, sofern sich der Interpretant der im Argument aufgezeigten Konklusion positiv anschließt. Dies ist allerdings aufgrund der rationalen Gesetzmäßigkeit des Arguments zu erwarten. Da ein Argument erst durch seine Konklusion vervollständigt wird und der Interpretant diese Konklusion ebenso als wahr darstellen soll, wie es auch das Argument tut, stellt das Argument selbst in ihrer Konklusion seinen intendierten Interpretanten dar:

> „Das Argument ist ein Repräsentamen, das es nicht der Person, an die das Symbol gerichtet ist, überläßt, den Interpretanten zu bestimmen, sondern gesondert anzeigt, welche interpretierende Darstellung es zu bestimmen intendiert ist. Diese interpretierende Darstellung ist natürlich die Konklusion." (SS 1, 436)[295]

Diese Konklusion und damit auch der implizit dargestellte, intendierte Interpretant müssen in bestimmter Weise spezifiziert und qualifiziert sein, d. h. ihre Bestimmung im Argument ist hochselektiv:

---

[292] vgl. SS 2, 258; PhLZ, 84.
[293] SS 1, 115; SS 3, 189; VP, 117f.
[294] s. SS 2, 274, 346; SS 3, 147, 189; FÜ, 153; PhLZ, 84, 126f.; RS, 331.
[295] vgl. SS 1, 115; SS 2, 258, 346; FÜ, 152f.; PhLZ, 127; VP, 118, 121.

„Doch die Konklusion eines Arguments ist ein speziell angezeigter Interpretant, der aus den möglichen Interpretanten ausgewählt worden ist." (NZ, 351f.)[296]

Da die rekursive Fortsetzung eines Zeichenprozesses immer am Interpretanten des jeweils operativ aktuellen Zeichens ansetzt (s. Punkt 5 in Kap. 8.1.1 und Kap. 8.1.2 am Anfang), überträgt sich die ausgeprägte Selektivität des Interpretanten auch auf die anschließende Semiose. Der rekursive Anschluss weiterer Zeichen an die Konklusion bzw. den Interpretanten eines Arguments kann daher nicht beliebig sein, so dass die Verwendung argumentativer Zeichen immer einen gerichteten und strukturierten Zeichenprozess nach sich zieht.
e) Laut Peirce werden die Prämissen eines Arguments als Zeichen für die Wahrheit der Konklusion interpretiert.[297] Diese postulierte Wahrheit basiert nun nicht auf etwa auf ontologischen Vorgaben, sondern ist vielmehr eine logische Frage von selektiver und konditionierter Beobachtung: Bereits die Aussagen, die in den Prämissen gemacht werden, sind notwendigerweise selektiv und ihre behauptete Wahrheit beruht auf einer Erwartung, nämlich dass es zu keinem Zeitpunkt einen Beobachter gibt, der bei der gleichen Fragestellung zu einem anderen Ergebnis kommen könnte. Angewandt auf unser deduktives Beispiel mit den Bohnen (s. o. Punkt 3a) heißt dies, dass jeder Beobachter, wann auch immer er die Bohnen des indizierten Sackes prüft, bestätigen müsste, dass jede dieser Bohnen weiß ist. Außerdem müsste er den Umstand, dass die jeweils vorliegenden Bohnen wirklich aus dem Sack stammen, von dem in der ersten Prämisse die Rede ist, als wahr akzeptieren. Nur wenn diese beiden Voraussetzungen gegeben sind, ist weiterhin zu erwarten, dass alle eben beschriebenen Beobachter die logische Wahrheit der Konklusion, nämlich dass die wirklich aus dem indizierten Sack stammenden Bohnen weiß sind, anerkennen werden. Das beruht freilich auf der weiteren Voraussetzung, dass diese Beobachter ihre Aufmerksamkeit selektiv auf die Farbe der Bohnen richten und nicht etwa auf deren Form oder Gewicht.

Aus diesen Gründen ist die Wahrheit des Arguments ein voraussetzungsreiches, selektives und in sich konditioniertes logisches Beobachtungskonstrukt. Seinen Anspruch auf Wahrheit kann das Argument nach Peirce trotz dieser Voraussetzungen erheben, da es sich bei seiner logischen Regel „um ein wirkliches Gesetz handelt, dem Existierendes folgen *wird*"[298], d. h. es stellt eine real wirksame Struktur dar, die in der Lage ist, das Auftreten künftiger Ereignisse zu konditionieren. Damit bildet das Argument eine generelle Erwartungsstruktur, die bei jedem wiederholten Auftreten bestimmter Voraussetzungen, der Prämissen, aktualisiert werden kann und die das Eintreten bestimmter Ereignisse oder Ergebnisse, der Konklusionen, wahrscheinlicher macht als das anderer. Diese Aspekte der Allgemeinheit und Gesetzmäßigkeit leiten über zum nächsten Punkt, nämlich der generellen Untersuchung der Drittheit des Arguments.
f) Da das Argument im Zeichen die Drittheit des Interpretantenbezugs repräsentiert, kann es für seinen Interpretanten nicht wie das Rhema eine reine Möglichkeit oder wie das Dikent eine kontextfixierte Behauptung sein, sondern muss für ihn etwas Allgemeines oder Gesetzmäßiges darstellen:

---

[296] Wie ich oben schon in Punkt 3c erwähnt habe, stellt die Konklusion bzw. der Interpretant die selektive Perspektive dar, hinsichtlich derer die Prämissen interpretiert und logisch ausgewertet werden sollen.
[297] SS 2, 346; SS 3, 373, 380, 386; PhLZ, 126, 132.
[298] SS 2, 146.

> „Ein *Argument* ist ein Zeichen, das für seinen Interpretanten ein Zeichen eines Gesetzes ist. [...] Der Interpretant des Arguments repräsentiert es als einen Fall einer allgemeinen Klasse von Argumenten, die sich insgesamt stets der Wahrheit annähern muß." (PhLZ, 126)[299]

Die Allgemeinheit des Arguments hängt mit seinem oben in Punkt 3e angesprochenen Aspekt der Erwartungsstruktur zusammen: Diese Funktion kann das Argument nur dann erfüllen, wenn es zukunftsbezogen und v. a. iterativ ist, d. h. es muss zu erwarten sein, dass die in ihm repräsentierte Gesetzmäßigkeit jedesmal dann, wenn die Prämissen erfüllt sind, zu der entsprechenden Konklusion führt. Ist dies der Fall, dann kann das Argument für künftige analoge Fälle generalisiert werden. Wie diese Überlegungen zeigen, hängt die Allgemeinheit des Arguments ganz in Peirces Sinne mit dessen Gesetzmäßigkeit zusammen.

Wenn nun, wie Peirce oben schreibt, das Argument in seinem Interpretanten als „Zeichen eines Gesetzes" interpretiert wird, bedeutet dies nichts anderes, als dass dieses Gesetz das Objekt des Arguments bildet:

> „Das Argument muss deshalb ein Symbol oder ein Zeichen sein, dessen Objekt ein Allgemeines Gesetz oder ein Typus sein." (PhLZ, 127)[300]

Dieses gesetzhafte Objekt, welches das Argument für den Interpretanten darstellt, ist in dem logisch geregelten Schlussprozess, der im Argument von bestimmten Prämissen zu einer bestimmten Konklusion führt, zu sehen. Dabei muss dieses Objekt gemäß der Drittheit, wie auch Peirce schreibt, ein allgemeiner Typus sein, d. h. es wird durch den formalen Schlusstypus von Deduktion, Induktion oder Abduktion gebildet, der freilich wie in unserem Beispiel des Bohnensacks (s. o. Punkt 3a) immer wieder konkret angewandt werden kann.

An diese Beobachtungen hinsichtlich des Objekts eines Arguments lassen sich noch weitere Überlegungen anknüpfen: Ein Zeichen, dessen Interpretantenbezug argumentativ ist, muss wegen der Allgemeinheit seines Objekts hinsichtlich seines Objektbezugs ein Symbol sein. Denn Symbole sind die einzigen Zeichen, deren Objekte allgemein sein können,[301] während die Objekte von ikonischen Zeichen nur möglich und die von Indices in ihrer konkreten Existenz exakt bestimmt sind. Diese Verbindung von Argument und Symbol klingt in dem obigen Zitat ja bereits an und es ist auch daran zu erinnern, dass Rhema, Dikent und Argument ja als drei verschiedene Interpretantenbezüge symbolischer Zeichen eingeführt wurden (vgl. Punkt 3k in Kap. 8.2.5).

Wenn nun aber der Objektbezug eines Arguments symbolisch ist, dann muss sein Repräsentamenbezug durch ein Legizeichen gebildet werden, da erstens die Repräsentamina von genuinen Symbolen immer Legizeichen sind[302] und zweitens ohnehin nur Legizeichen die im Argument erforderliche Allgemeinheit und Gesetzmäßigkeit aufweisen.

---

[299] Zum Aspekt der Allgemeinheit und Gesetzmäßigkeit des Arguments vgl. SS 2, 146; PhLZ, 84, 132.

[300] vgl. SS 2, 274; PhLZ, 132.

[301] vgl. Punkt 3 in Kap. 8.2.5; zur Relation von Argument und Symbol s. PhLZ, 89: „Argumente können nur Symbole sein, nicht Indices noch Ikons." vgl. SS 1, 115, 436; SS 3, 189; NZ, 351; PhLZ, 84, 127, 132.

[302] s. PhLZ, 132; vgl. Punkt 3g in Kap. 8.2.5.

Betrachtet man diese Konstellation eines argumentativen symbolischen Legizeichens, fällt auf, dass alle drei Korrelate dieses Zeichens auf der Ebene der Drittheit liegen. Daher kann ein derartiges Zeichen niemals selbst konkret existieren, sondern nur in Replikas, die es bestimmt.[303] Unser oben in Punkt 3a zitiertes Beispiel eines deduktiven Arguments ist also nur die Replika einer Deduktion und freilich nicht der allgemeine logische Schlusstypus der Deduktion ‚an sich'. Diese Differenzierung zwischen allgemeiner Gesetzmäßigkeit und konkreter Anwendung hatte ich oben schon kurz hinsichtlich des Objekts eines Arguments angesprochen. Mit der Möglichkeit des Arguments zur Replikabildung schließt sich auch der Kreis zum Anfang dieses Unterpunkts, wo ich im Hinblick auf die Allgemeinheit des Arguments seinen bereits iterativen Charakter hervorgehoben hatte: Um iterativ sein zu können, muss ein Argument wiederholt in Replikas anwendbar sein. Durch seine Wiederholbarkeit besitzt das Argument den einzelnen Replikas gegenüber nicht nur die größere Allgemeinheit, sondern auch eine relative Dauerhaftigkeit. Mit wiederholter Anwendbarkeit und Dauerhaftigkeit weist das Argument wie auch das Legizeichen und das Symbol wesentliche Merkmale auf, die Luhmann den Systemstrukturen im Gegensatz zu den Operationen zuweist.

Fazit: Ich habe auch die letzte Triade von Peirces Zeichensubklassen unter der Perspektive vorgestellt, welchen Beitrag sie in Luhmanns Sinne für die Strukturierung der operativen Prozesse in einem Zeichensystem leisten können. Die drei Zeichenarten Rhema, Dikent und Argument differenzieren kategorial drei verschiedene Weisen, wie in einem Zeichen der Interpretant bestimmt werden kann. Da der Interpretant eines Zeichens dasjenige Zeichenkorrelat ist, an dem das nachfolgende Zeichen der Semiose rekursiv angeschlossen wird, kommt dieser Klassifikationstriade für die Strukturierung des Zeichenprozesses eine wichtige Rolle zu. Die wichtigste Strukturierungsleistung des Rhemas ist darin zu sehen, dass es seinem Interpretanten einen zwar nur möglichen, aber doch bereits selektiv bestimmten und meist wohl prototypisch vorstrukturierten Raum zur Interpretation des Zeichens eröffnet. Das Dikent lenkt die Aufmerksamkeit seines Interpretanten auf eine bestimmte Aussage, deren Wahrheit es in einem bestimmten Bezugsuniversum behauptet. Dadurch sind die Anschlussmöglichkeiten des weiteren Zeichenprozesses noch stärker selektiv reduziert wie beim Rhema. Zudem wird der Interpretant durch diesen Wahrheitsanspruch mit einer Wahr-Falsch-Codierung konfrontiert, und je nach dem, an welcher dieser Alternativen die Semiose über den Interpretanten anschließt, ist der weiterführende Zeichenprozess je unterschiedlich konditioniert. Die Strukturierungsleistung ist im Argument am stärksten ausgeprägt, da dieses seinen intendierten Interpretanten in Form der begründeten Konklusion sogar selbst anzeigt und somit am deutlichsten die Anschlussstelle des weiterführenden Systemprozesses markiert und spezifiziert.

Wenn man sich die bisherigen Ergebnisse des Kapitels 8.2 noch einmal vergegenwärtigt, kann man sehen, wie eng die Verbindung von ereignishafter, rekursiver Operationsweise und Strukturierung der Zeichenprozesse bei Peirce ist und wie kohärent sich diese Verbindung aus seinem kategorial differenzierten Zeichenmodell ergibt. Die drei Triaden von Zeichensubklassen erbringen jeweils für das Zeichenkorrelat, das sie thematisieren, spezifische Qualifizierungs- und Konditionierungsleistungen, die sich auf das ganze Zeichen und somit auch strukturierend auf dessen Anschlusmöglichkeiten auswirken. Ich hatte oben bei

[303] FÜ, 152f.; NZ, 347; PhLZ, 132.

den Detailanalysen der Zeichensubklassen und deren Verbindungen untereinander schon das hohe analytische Auflösungs- und Rekombinationsvermögen im Rahmen von Peirces Zeichensystem angesprochen (s. z. B. die Punkte 1h und 3e in Kap. 8.2.5 und 2g in Kap. 8.2.6) und möchte diesen Aspekt rückblickend nochmals betonen. Der analytische und deskriptive Gewinn dieses Modells bleibt auch dann vollständig erhalten, wenn man nicht wie Peirce selbst seine Kategorien als ontologische Grundstrukturen der Realität ansieht, sondern sich eher auf konstruktivistischer Linie darauf beschränkt, sie als relationenlogisch ausgerichtetes Beobachtungs- und Beschreibungspotenzial zu verwenden.[304]

8.2.7 Die kategoriale Differenzierung des Interpretanten

Ich habe verschiedene Aspekte des Interpretanten schon in unterschiedlichen Zusammenhängen dieser Arbeit besprochen und gehe in diesem Kapitel speziell der Frage nach, welchen Beitrag der Interpretant zur Strukturierung eines Zeichensystems leisten kann.

Der Interpretant war uns als die Wirkung, die das Repräsentamen im Zeichensystem hinsichtlich eines gemeinsamen Objekts auslöst, begegnet.[305] Infolge dieser Einwirkung des Repräsentamens macht der Interpretant einen funktionalen Wechsel durch, indem er selbst zum Repräsentamen wird, und zwar zu einem bereits komplexeren, insofern er nicht nur dasselbe Objekt, sondern auch die Relation des ursprünglichen Repräsentamens zu diesem Objekt darstellt.[306] Wenn der Interpretant auf diese Weise nun selbst zum Repräsentamen wird, muss er eine neue Zeichentriade eröffnen und selbst einen weiteren Interpretanten bestimmen, für den dann wieder dasselbe gilt. Der Interpretant stellt also die Anschlussfläche des Zeichens dar, er regelt die Möglichkeiten der rekursiven Relationierung weiterer Zeichen in der Semiose, und genau dieser Regelungsaspekt ist hier für die Frage nach der Strukturierung im Zeichensystem einschlägig.[307]

---

[304] So auch Arthur Skidmore in seiner sonst kritischen Untersuchung von Peirces triadisch ausgerichteter Relationenlogik (Skidmore 1971, 4). Peirce selbst hat freilich die drei Kategorien als die Grundstruktur der Realität angesehen, mittels derer die Realität für die Beobachtung so zugänglich wird, wie sie sich selbst zeichenhaft darstellt (vgl. Oehler 1993, 57 – 59).

[305] „Gestatten Sie mir, diese gesamte eigentliche Wirkung des Zeichens an sich den *Interpretanten* des Zeichens zu nennen." (SS 3, 304) vgl. SS 3, 252, 281, 336; s. auch die Punkte 3c und 5 in Kap. 8.1.1; zum Interpretanten bei Peirce s. auch Eco 1991, 101 – 107; Rohr 1993, 60 – 70; Schönrich 1990, 150 – 158.

[306] Ich habe bereits in anderen Kontexten (vgl. die Punkte 3h in Kap. 8.2.5 [dort auch ein Verweis auf weitere Stellen] und 1 und 2f in Kap. 8.2.6) darauf hingewiesen, dass der Bezug des Interpretanten auf dasselbe Objekt, das auch das Repräsentamen darstellt, eine strukturierende Wirkung auf die Semiose hat. Denn die Fixierung auf ein bestimmtes Objekt in einem bestimmten Zeichenprozess nimmt diesem seine Beliebigkeit und führt zu einer gewissen Qualifizierung der einzelnen relationierten Zeichen. Die Semiose, die sich auf ein bestimmtes Objekt bezieht, ist potenziell unendlich, kann aber durch Zeichenprozesse, die andere Objekte thematisieren, beendet werden. Dies unterbricht zwar die Autoreproduktion dieser speziellen Semiose, nicht aber die des entsprechenden Zeichensystems (vgl. SS 3, 86f.).

[307] Am deutlichsten ausgeprägt ist dieser regelhafte Aspekt des Interpretanten beim Symbol, in dem er die gewohnheitsmäßig-konventionelle Gesetzmäßigkeit repräsentiert, aufgrund der allein das Symbol sein Objekt repräsentieren kann (vgl. die Punkte 3a, 3c und 3d in Kap. 8.2.5).

In diesem Sinne möchte ich nun einen differenzierenden Blick auf den Interpretanten selbst werfen und nicht auf den Interpretantenbezug: Letzterer thematisiert mit Rhema, Dikent und Argument (s. Kap. 8.2.6) die drei kategorial differenzierten Arten, wie im Zeichen auf den Interpretanten Bezug genommen werden kann. Die nun folgende Betrachtung stellt im Unterschied dazu vor, welche Möglichkeiten, im Zeichenprozess aufzutreten, dem Interpretanten selbst gegeben sind. Da der Interpretant als das Dritte im Zeichen das komplexeste Korrelat ist, kann er auch am weitesten differenziert werden, nämlich dreimal. Das Objekt als das Zweite im Zeichen kann in zweifacher Weise thematisiert werden, nämlich als unmittelbares und als dynamisches Objekt (s. die Punkte 1 in Kap. 8.3.1, 3 in Kap. 8.3.5, 1 und 2 in Kap. 8.3.7), während das Repräsentamen selbst als das Erste des Zeichens nicht weiter differenziert werden kann[308] – wohlgemerkt im Unterschied zur dreifach möglichen Thematisierung des Repräsentamenbezugs im Zeichen (vgl. Kap. 8.2.3). Wegen der schon öfter herausgearbeiteten engen Verbindung von Kategorienlehre und Semiotik bei Peirce kann man erwarten, dass die einfache, zweifache und dreifache Differenzierungsmöglichkeit von Repräsentamen, Objekt und Interpretant des Zeichens wieder kategorial inspiriert ist:

> „Es ist nun notwendig darzulegen, daß es drei Arten von Interpretaten gibt. Unsere Kategorien legen sie nahe, und dieser Hinweis wird durch sorgfältige Untersuchung bestätigt. Ich bezeichne sie als den Emotionalen, den Energetischen und den Logischen Interpretanten." (SS 3, 305)

Peirce schwankt bei der Bezeichnung dieser drei Interpretatnenarten, indem er den emotionalen auch unmittelbar, den energetischen auch dynamisch und den logischen auch signifikant, repräsentativ, normal, rational oder final nennt.[309] Mir geht es im Folgenden aber nicht um eine mögliche inhaltliche Differenzierung dieser unterschiedlichen begrifflichen Ansätze, sondern darum, inwiefern die drei, in jedem Fall kategorial unterschiedenen Interpretantenarten zur Strukturierung des Zeichensystems beitragen. Terminologisch werde ich den Interpretanten auf der Stufe der Erstheit als unmittelbaren Interpretanten, den auf der Stufe der Zweitheit als dynamischen Interpretanten und den auf der Stufe der Drittheit als finalen Interpretanten bezeichnen und dabei auch die anderen genannten Aspekte, soweit sie für meine momentane Fragestellung einschlägig sind, behandeln.[310]

---

[308] Zu diesen unterschiedlichen Differenzierungsmöglichkeiten der drei Zeichenkorrelate s. SS 2, 257, 272; FÜ, 151 und v. a. PhLZ, 122f.; vgl. auch Pape 1998, 2025f.

[309] Für die Variationen dieser Bezeichnungen s. SS 2, 275, 279, 280f., 285, 287, 377; SS 3, 215f., 224f., 467; FÜ, 151; einen guten Überblick über die verschiedenen Interpretantenarten gibt Liszka 1990, 20 – 26 mit einer Überblickstabelle auf S. 25; auch James Liszka betont, dass es im Wesentlichen drei Interpretantenarten gibt, die gemäß den drei Kategorien differenziert werden; so auch Corrington 1993, 160 – 162; zu den Interpretanten bei Peirce s. auch Short 1981b, 207 – 214; Thomas Shorts Versuch, den emotionalen, energetischen und logischen Interpretanten jeweils mit dem unmittelbaren, dynamischen und finalen Interpretanten in Relation zu setzen und so neun Interpretantenklassen zu gewinnen, scheitert an kategorialen Widersprüchen, die manchen dieser neun Interpretantenarten immanent sind. Demselben Irrtum unterliegt auch Winfried Nöth, allerdings ohne Bezugnahme auf Thomas Short (Nöth 2000, 64f.). Gerhard Schönrich entscheidet sich auch zur Arbeit mit dem unmittelbaren, dynamischen und finalen Interpretanten, ist aber bei der Einschätzung der terminologischen Alternativen etwas unentschlossen (Schönrich 1990, 152f.).

[310] Diese Entscheidung begründe ich zweifach: Erstens lässt sich so eine terminologische Analogie zur Unterscheidung des Objekts in das unmittelbare und dynamische Objekt (s. Punkt 1 in Kap.

1. Der unmittelbare Interpretant wird kategorial der Erstheit zugewiesen, so dass in der folgenden Definition auch mehrere Merkmale auftreten, die für diese Kategorie allgemein charakteristisch sind (vgl. Punkt 1 in Kap. 8.2.2):

> „Der *Unmittelbare Interpretant* ist die unmittelbar relevante, mögliche Wirkung in ihrer unanalysierten, elementaren Ganzheit." (SS 3, 242f.)[311]

a) Da die Erstheit die Kategorie der monadischen Relationen ist, kann es in ihr keine Unterscheidungen, sondern nur eindeutige Ganzheit geben (vgl. Punkt 1a in Kap. 8.2.2). Daher kann das Wirkungsspektrum des unmittelbaren Interpretanten in ihm selbst auch nicht analysiert werden, sondern es muss vollständig in unmittelbarer Gegenwärtigkeit vorliegen. Der unmittelbare Interpretant kann also im Zeichen selbst nicht reflektiert oder beobachtet werden, so dass er, mit Luhmann gesprochen, ein blinder Fleck des Zeichens ist, der differenzlos vorliegt „ohne Gedanken an die Möglichkeit, daß es irgendeinen anderen geben könnte".[312] Die Kontingenz und Selektivität des unmittelbaren Interpretanten könnte nur im Sinne der Beobachtung zweiter Ordnung in einer anderen Semiose, die den unmittelbaren Interpretanten zu ihrem Objekt macht, beobachtet werden.
b) Eine Wirkung von der Art, wie Peirce sie in seiner Definition anspricht, kann im Rahmen der Erstheit nur in einer Gefühlsqualität bestehen (vgl. Punkt 1e in Kap. 8.2.2), und eben diesen Aspekt bezeichnet Peirce auch mit dem Begriff des emotionalen Interpretanten:

> „Jedes Zeichen, das als solches fungiert, muß einen emotionalen Interpretanten haben; denn unter diesen Titel gehört das Gefühl des Erfassens des Zeichens als solches; und es ist selbstverständlich, daß ein Zeichen, das nicht erfaßt wird, überhaupt kein Zeichen ist." (SS 3, 306)[313]

Diese Gefühlsqualität wird durch den Eindruck gebildet, das Zeichen bzw. das Repräsentamen sei zu Recht als Zeichen seines Objekts aufzufassen. Ohne diese noch völlig unbestimmte Annahme käme es im Interpretanten gar nicht zu der notwendigen Darstellung des Repräsentamens als Zeichens des Objekts, so dass das Zeichen, wie Peirce selbst schreibt, nicht als solches fungieren würde. Dieser erste vage bedeutungshafte Effekt muss also in Form des unmittelbaren Interpretanten gegeben sein, damit die Zeichentriade überhaupt vervollständigt wird. Da der Interpretant aber auch die Schalt- und Verbindungsstelle des einen Zeichens zum nächsten Zeichen ist, wird der unmittelbare Interpretant auch zur Ermöglichung der rekursiven Anschlussfähigkeit des Zeichens in der Semiose benötigt. Ohne diese mögliche Anschlussfläche des Interpretanten könnte ein Zeichen gar kein Systemelement im Zeichensystem sein, da dessen Elemente in Übereinstimmung mit Luhmann ausschließlich als Prozesselemente und damit als rekursiv relationierte Elemente definiert werden (vgl. die Punkte 2 und 3 in Kap. 8.1.2).
c) Peirce spricht in seiner Definition des unmittelbaren Interpretanten diesen als „mögliche Wirkung" an. Dieser Aspekt macht auf ein anderes Charakteristikum der Erstheit aufmerksam, nämlich dass sie allgemein die Kategorie der Möglichkeit ist (vgl. Punkt 1f in Kap.

8.3.1) herstellen und zweitens kann man vom semiotischen finalen Interpretanten eine Brücke schlagen zur pragmatischen *final opinion* (vgl. Kap. 8.2.8).

311 Zum unmittelbaren Interpretanten s. auch Schönrich 1990, 153 – 155.

312 SS 2, 402; vgl. S&S, 110.

313 vgl. SS 3, 145, 225, 282f.

8.2.2). Dementsprechend kann die im unmittelbaren Interpretanten repräsentierte Wirkung auch keine tatsächliche, aktuale Wirkung des Repräsentamens sein, denn diese fiele ja kategorial in die Zweitheit (s. u. Punkt 2). Es kann sich vielmehr nur um eine mögliche Wirkung handeln, die das Repräsentamen erst dann wirklich auslösen kann, wenn es als Sinzeichen tatsächlich realisiert wird:

> „Der unmittelbare Interpretant besteht in der *Qualität* des Eindrucks, den hervorzubringen ein Zeichen in der Lage ist, nicht bei irgendeiner aktualen Reaktion hervorbringt." (SPP, 565)

Hier verbinden sich Gefühlsqualität (s. o. Punkt 1b) und Möglichkeit als allgemeine Merkmale der Erstheit im unmittelbaren Interpretanten: Er besteht in dem Gefühl, dass es möglich ist, das Repräsentamen als Zeichen eines Objekts zu interpretieren, und repräsentiert damit die prinzipielle Interpretierbarkeit des Repräsentamens noch vor jeder konkreten Interpretation.[314] Diese Interpretierbarkeit des Repräsentamens ist für die Bildung der Zeichentriade konstitutiv, da man ohne sie auch nicht von einem Repräsentamen oder einem Zeichenobjekt sprechen kann. Insofern hat Peirce Recht, wenn er behauptet, dass der unmittelbare Interpretant als Möglichkeit der Interpretation im Zeichen selbst dargestellt sein muss.[315]

d) Mit der zuletzt erwähnten Darstellung des unmittelbaren Interpretanten im Zeichen selbst ist allerdings ein Problem verbunden. Dieses ergibt sich aus Aussagen, mit denen Peirce diese Position noch weiter ausbaut: An manchen Stellen legt Peirce nämlich dar, der unmittelbare Interpretant werde im Zeichen als dessen intendierter Interpretant dargestellt[316] und repräsentiere als solcher die richtige Interpretation bzw. das richtige Verstehen des Zeichens.[317] Die erste Schwierigkeit sehe ich hierbei darin, dass Intentionalität bei Peirce allgemein ein Phänomen der Drittheit ist (vgl. die Punkte 4a in Kap. 8.2.2 und 3i in Kap. 8.2.5), hier aber dem Interpretanten auf der Ebene der Erstheit zugeschrieben wird: Hier liegt der Verdacht auf einen Kategorienfehler nahe. Diese Vermutung verdichtet sich, wenn man bedenkt, dass das einzige Zeichen, das seinen intendierten Interpretanten selbst explizit darstellen kann, das Argument ist, also eine Zeichensubklasse der Drittheit (s. Punkt 3d in Kap. 8.2.6).

Und wenn Peirce von der richtigen Interpretation eines Zeichens spricht, impliziert auch das am ehesten ein Argument, da nur dieses eine Begründung für richtiges oder falsches Verstehen liefern kann (s. ebenfalls Punkt 3d in Kap. 8.2.6). Diese enge Verbindung von Argument und unmittelbarem Interpretanten ist nicht nur kategorial wenig nahe liegend, sondern scheidet schon deshalb aus, weil der unmittelbare Interpretant die hierfür nötige Binnenkomplexität als einheitliches, ganzheitliches Phänomen der Erstheit gar nicht aufweisen kann (s. o. Punkt 1a).[318]

---

[314] „My Immediate Interpretant is implied in the fact that each Sign must have its peculiar Interpretability before it gets any Interpreter." (S&S, 111)

[315] SS 2, 280, 285, 287; SS 3, 216; FÜ, 155.

[316] SS 2, 377; SS 3, 216.

[317] SS 3, 82, 145.

[318] Damit soll freilich nicht in Abrede gestellt werden, dass ein Argument nicht wie jedes andere Zeichen auch einen unmittelbaren Interpretanten haben kann. Dieser ist aber nicht in der Lage, die Leistungsmerkmale aufzuweisen, die Peirce ihm an den genannten Stellen zuschreibt.

Weiterhin kann der unmittelbare Interpretant als ‚blinder Fleck' im Zeichen keinesfalls selbst beurteilen, ob seine Interpretation des Repräsentamens intentionsgemäß oder richtig ist. Das würde als Beobachtung zweiter Ordnung seine elementaren Merkmale der Gefühlsqualität und Möglichkeit bei weitem übersteigen.

Aus diesen Gründen schließe ich mich in dieser Hinsicht Peirce nicht an und beschränke in meiner Darstellung den unmittelbaren Interpretanten auf eine mögliche Wirkung im Zeichensystem, die in der Interpretierbarkeit eines Repräsentamens hinsichtlich eines Objekts besteht. Als derartiger Interpretant trägt der unmittelbare Interpretant zwar noch nichts Wesentliches zur Strukturierung des Zeichenprozesses bei, ermöglicht aber die Entstehung von Zeichenprozessen auf der basalen Ebene der rekursiven Relationierung von Zeichen als Systemelementen und ist somit unverzichtbar.

2. Der dynamische Interpretant entspricht kategorial der Zweitheit, was aus folgender Definition auch klar hervorgeht:

> „Der Dynamische Interpretant ist die tatsächliche Wirkung, die in einem gegebenen Interpreten bei einem gegebenen Anlaß bei einer gegebenen Phase seiner Erwägung des Zeichens erzeugt wird. Dieser kann wiederum 1. ein Gefühl, 2. eine Handlung und 3. eine Gewohnheit sein." (SS 3, 225)[319]

Die Zugehörigkeit zur Zweitheit zeigt sich hier daran, dass die Wirkung im Unterschied zum unmittelbaren Interpretanten nicht eine mögliche, sondern eine tatsächliche ist, dass das Zeichensystem, in dem die Wirkung erzeugt wird, als „gegebener Interpret" genau spezifiziert ist, und dass durch „Anlass und Phase der Erwägung des Zeichens" ein genau bestimmter Kontext der Zeicheninterpretation indiziert ist (vgl. zur Zweitheit allgemein Punkt 1 in Kap. 8.1.3). Durch folgende Charakteristika kann man den dynamischen Interpretanten noch näher bestimmen:

a) Die tatsächliche, direkte und jeweils aktuale Wirkung, die ein Repräsentamen in einem bestimmten Zeichensystem auslöst und die den dynamischen Interpretanten darstellt, kann unterschiedlicher Art sein: Der dynamische Interpretant kann im Sinne einer physischen Wirkung erstens ein konkret und aktual auftretendes Gefühl sein. In diesem Falle stellt er die wirklich existierende Realisierung einer Gefühlsqualität dar, die durch den unmittelbaren Interpretanten zwar ermöglicht, aber noch nicht verwirklicht wird (vgl. oben Punkt 1b).

Zweitens kann der dynamische Interpretant auch eine wirkliche Handlung sein, die aufgrund des Auftretens eines entsprechenden Repräsentamens ausgelöst wird, z. B. bei einem militärischem Kommando und dem gehorsamen Befolgen des Befehls. Gerade diese Arten von dynamischen Interpretanten machen die Zweitheit dieser Interpretantenart im Sinne des Aktions-Reaktions-Schemas besonders deutlich und zeigen zugleich, wie ein handlungstheoretischer Ansatz in Peirces Zeichentheorie integriert werden kann (vgl. auch Punkt 2f in Kap. 8.2.6).[320] Man sieht aber hierbei gleich, dass die alleinige Fixierung auf den Hand-

---

[319] vgl. SS 3, 402 und S&S, 110: „My Dynamical Interpretant consists in direct effect actually produced by a Sign upon an Interpreter of it." zum dynamischen Interpretanten s. auch Schönrich 1990, 155f.

[320] SS 2, 239f., 281, 401; SS 3, 145; FÜ, 155; S&S, 110; Die Betonung der Zweitheit des dynamischen Interpretanten ändert freilich nichts daran, dass auch er Korrelat einer Zeichentriade ist. Denn der dynamische Interpretant ist ja der tatsächliche Effekt, der in einem bestimmten Zeichensystem durch ein bestimmtes Repräsentamen in Bezug auf ein gemeinsames Objekt erzielt wird,

lungsaspekt bei Peirce eine Simplifizierung der komplexeren semiotischen Zusammenhänge darstellt: Denn die konkrete Handlung betrifft nur eines von drei Zeichenkorrelaten, nämlich den Interpretanten, und auch das nur in einer bestimmten kategorialen Hinsicht, nämlich als dynamischen Interpretanten.

Die Anstrengung, die den dynamischen bzw. energetischen Interpretanten bildet, muss aber keineswegs immer im Sinne einer Handlung körperlicher Natur sein, also in einem physischen System situiert werden. Der dynamische Interpretant kann ebenso aus einer geistigen Anstrengung in einem psychischen System oder auch aus einer aktualen kommunikativen Zeicheninterpretation in einem sozialen System bestehen. In jedem Fall muss es sich wegen der Zweitheit des dynamischen Interpretanten um ein genau bestimmtes Zeichensystem handeln, in dem der dynamische Interpretant als die tatsächlich eintretende Interpretation des Repräsentamens gebildet wird.[321] Diese im dynamischen Interpretanten repräsentierte Interpretation stellt die aktuale Bedeutung dar, die ein bestimmtes Zeichensystem zu einem bestimmten Zeitpunkt und unter bestimmten Umständen einem bestimmten Repräsentamen bezüglich seines Objekts zuweist.[322]

b) Ich habe eben gezielt viermal die Bestimmtheit im Zusammenhang mit dem dynamischen Interpretanten betont. Diese ergibt sich aus dessen Zugehörigkeit zur Zweitheit, deren Phänomene in jeder Hinsicht spezifiziert und vollständig kontextualisiert sind (vgl. Punkt 1 in Kap. 8.1.3). Die Bestimmtheit steht aber auch noch in Korrelation mit einem anderen Merkmal dieser Kategorie, nämlich der Differentialität, die sich ebenfalls am dynamischen Interpretanten zeigt: Gerade weil jeder dynamische Interpretant hinsichtlich der Umstände seines Auftretens exakt bestimmt ist, muss sich jeder aktual verwirklichte dynamische Interpretant von jedem anderen unterscheiden, er gewinnt also seine Identität wie jedes andere Phänomen der Zweitheit erst durch seine Differenz (vgl. Punkt 1b in Kap. 8.1.3).[323]

c) Aus der Kombination von Bestimmtheit und Differentialität des dynamischen Interpretanten kann man noch ein weiteres seiner Merkmale ableiten, nämlich seine Ereignishaftigkeit.[324] Wenn nämlich der dynamische Interpretant definitionsgemäß in einem vollständig spezifiziertem Kontext individuell und aktual existieren soll, so kann er im strengen Sinne

---

und durch diesen identischen Objektbezug wird die Triade komplettiert (vgl. SS 2, 280, 285, 402; SS 3, 82). Wenn Peirce also sagt: „So ist jede aktuale Interpretation dyadisch." (SPP, 564), trifft dies nur einen Teil des genuin triadischen Zusammenhangs: Die Wirkung des dynamischen Interpretanten würde zwar ohne das Auftreten des Repräsentamens nicht eintreten, wie auch dieses ohne den Interpretanten gar kein Repräsentamen sein könnte. Insofern läge tatsächlich eine Dyade vor, wenn nicht ein wesentlicher Teil der Einwirkung auf den Interpretanten darin zu sehen wäre, dass er durch das Repräsentamen seinerseits zur Darstellung desselben Objekts bestimmt wird. Und genau deswegen handelt es sich bei jedem Zeichen um eine Triade, die eben nicht auf eine Kombination von Dyaden reduzierbar ist (vgl. Punkt 3 in Kap. 8.1.1 und Punkt 4a in Kap. 8.2.2).

321 „Der dynamische Interpretant besteht in der Interpretation, gleichgültig welcher, die irgendein Verstand tatsächlich von einem Zeichen liefert." (SPP, 563) Man müsste hier „Verstand" durch ‚Zeichensystem' ersetzen, um den dynamischen Interpretanten nicht unnötig auf psychische Systeme einzuschränken; vgl. auch SS 2, 377; SS 3, 145, 216, 283, 306.

322 vgl. SPP, 564.

323 „My Dynamical Interpretant is that which is experienced in each act of Interpretation and is different in each from that of any other." (S&S, 111)

324 Ich hatte bei der Besprechung der Zweitheit darauf hingewiesen, dass Ereignisse gewissermaßen die ‚Paradebeispiele' für Phänomene dieser Kategorie sind (vgl. Punkt 1d in Kap. 8.1.3).

der Zweitheit nur ein Ereignis sein, da er dann nämlich auch in der Zeitdimension exakt festgelegt sein muss:

„The Dynamical Interpretant is a single actual event." (S&S, 111)

Damit ist die Existenz des dynamischen Interpretanten auf einen Zeitpunkt reduziert und jeder dieser Interpretanten tritt nur einmalig und unwiederholbar auf. Nimmt man all diese Charakteristika zusammen, dann sieht man, dass der dynamische Interpretant als Interpretant das genaue Korrelat zum Sinzeichen als Repräsentamen ist, das ja ebenfalls auf der Stufe der Zweitheit steht und entsprechend dieselben kategorialen Merkmale aufweist (vgl. Punkt 2 in Kap. 8.1.3): Der dynamische Interpretant ist somit die konkrete und jeweils aktuale Interpretation eines Sinzeichens hinsichtlich des gemeinsamen Objekts als des dritten Zeichenkorrelats.

Das Sinzeichen und der dynamische Interpretant verwirklichen also im Zeichensystem gemeinsam die ereignishafte Operationsweise, die Luhmann generell für rekursiv operierende Systeme fordert: Der dynamische Interpretant ist die aktuale Wirkung, die das Sinzeichen hinsichtlich seines Objekts im Zeichensystem hervorruft. Und da der Interpretant zugleich die Anschlussfläche des gerade aktuellen Zeichens für das rekursiv relationierte Folgezeichen der Semiose bildet, käme ohne das tatsächliche Auftreten von dynamischen Interpretanten kein konkreter rekursiver Zeichenprozess zustande; die Autoreproduktion des Zeichensystems in der Semiose käme zum Erliegen. Alle Repräsentamina, die in einem konkret existierenden, ereignishaft operierenden Zeichensystem auftreten, sind also Sinzeichen und alle Interpretanten, welche die Korrelate dieser Sinzeichen in jedem einzelnen Zeichenereignis bilden, sind dynamische Interpretanten. Oder noch näher an der Zweitheit formuliert: In jedem Zeichenprozess, in dem ein Zeichensystem sich bemüht, die Bedeutung eines Repräsentamens hinsichtlich seines Objekts zu bestimmen, repräsentiert jeder dynamische Interpretant dieses Prozesses eine Komponente dieser kontinuierlichen Interpretationsanstrengung.

Dabei muss jeder konkret existierende dynamische Interpretant bestimmte Möglichkeiten, die im unmittelbaren Interpretanten angelegt sind (s. o. Punkt 1), selektiv verwirklichen, wie ja auch jedes Sinzeichen selektiv bestimmte Qualizeichen realisiert (vgl. Punkt 2 in Kap. 8.2.3). Da nun der dynamische Interpretant als die konkrete Wirkung eines Sinzeichens beschrieben werden kann, wirkt sich die eben genannte doppelte Selektivität über den dynamischen Interpretanten auch strukturierend auf den Zeichenprozess aus. Denn das Sinzeichen, das mit dem derartig qualifizierten dynamischen Interpretanten als nächstes rekursiv relationiert wird, kann aufgrund dessen Spezifikation gar nicht mehr völlig beliebig angeschlossen werden, so dass die von Luhmann befürchtete Entropie aus dem Zeichensystem bereits ausgeschlossen ist. Wenn auch der dynamische Interpretant auf diese Weise einen größeren Beitrag zur Systemstrukturierung leistet als der unmittelbare Interpretant, so kann er doch den operativen Anschluss des nächsten Zeichens der Semiose nicht selbst allgemein regeln. Denn Allgemeinheit und Regelung fallen kategorial bereits in die Drittheit und übersteigen somit die Möglichkeiten des dynamischen Interpretanten.

3. Erst der finale Interpretant steht kategorial auf der obersten Stufe, er ist ein Phämomen der Drittheit, wie auch aus folgender Definition hervorgeht:

> „Die überlegt ausgebildete, sich selbst analysierende Gewohnheit – selbstanalysierend deshalb, weil sie mit Hilfe der Analyse jener Vorgänge ausgebildet wurde, aus denen sie entsprang – ist die lebendige Definition, der wahrhafte und finale logische Interpretant. [...] Doch wie anders kann eine Gewohnheit beschrieben werden als durch eine Beschreibung der Art von Handlung, die durch sie veranlaßt wird, unter Spezifikation der Ausgangsbedingungen und des Motivs?" (SS 3, 267)[325]

Ausgehend von dieser Definition werde ich in den folgenden Punkten den finalen Interpretanten näher vorstellen und dabei herausarbeiten, welche Beiträge er in Luhmanns Sinne für die Strukturierung eines Zeichensystems leisten kann.

a) Peirce spricht den finalen Interpretanten oben als „überlegt ausgebildet" und „wahrhaft" an. Das erste Merkmal spiegelt sich auch in anderen Bezeichnungen, die Peirce für den Interpretanten der Drittheit wählt, wieder, nämlich in der Bezeichnung als ‚logischer' oder ‚rationaler' Interpretant. Ein logisches bzw. rationales Vorgehen ist für Peirce wiederum geeignet, die Semiose zu einem „wahrhaften" Ergebnis zu führen, das im finalen Interpretanten repräsentiert wird. Im Merkmal der ‚Wahrhaftigkeit' treffen sich also die Drittheit des finalen Interpretanten und die Drittheit des Interpretantenbezugs des Zeichens, d. h. des Arguments: Denn das Argument ist ein Subzeichen, das in sich die logisch-rationale Wahrheit seiner Konklusion behauptet und durch seinen binnenkomplexen Aufbau sogar begründet (vgl. die Punkte 3c und 3e in Kap. 8.2.6).

Ich hatte oben in Punkt 1d dieses Kapitels darauf hingewiesen, dass der unmittelbare Interpretant nicht als die intendierte und richtige Interpretation des Zeichens dargestellt werden sollte, da die Kategorie der Erstheit, der er zugehört, dafür nicht komplex genug sei. Der dynamische Interpretant als die tatsächlich, ereignishaft und aktual erfolgende Interpretation des Zeichens kann ebenfalls nicht über die Dauerhafigkeit oder auch über die Relevanzkriterien verfügen, anhand derer er selbst die Richtigkeit seiner Interpretation beurteilen könnte (s. o. Punkt 2). Dies ändert sich beim finalen Interpretanten, da er der Drittheit als der Kategorie der Regelhaftigkeit und Gesetzmäßigkeit zugerechnet wird. Ihn spricht Peirce also mit größerer Berechtigung als die intendierte, richtige, angemessene, wahre, vollkommene oder auch gerechte Interpretation des Zeichens an, zu der jedes Zeichensystem gelangen sollte, wenn es das Zeichen nur lange und intensiv genug interpretieren würde.[326] Bevor ich auf die Voraussetzungen und Bedingungen dieser Wahrhaftigkeit des finalen Interpretanten eingehe (s. u. Punkt 3c), möchte ich aber noch auf einen hieraus ableitbaren Aspekt hinweisen.

b) Der finale Interpretant soll dasjenige adäquate Interpretationsergebnis eines bestimmten Zeichens darstellen, das identisch für alle möglichen Zeichensysteme, die dieses Zeichen ausreichend interpretieren, erreicht werden soll. Unter diesen Umständen muss der finale Interpretant sowohl selbst allgemein sein als auch für alle Zeichensysteme verallgemeinert werden können,[327] was dem dynamischen Interpretanten noch nicht möglich ist (s. o. Punkt 2c), der Drittheit aber kategorial voll und ganz entspricht (s. Punkt 4 in Kap. 8.1.1). In Luhmanns Terminologie ausgedrückt bedeutet dies, dass der finale Interpretant eine Gene-

---

[325] Zum finalen Interpretanten s. auch Schönrich 1990, 156 – 158.

[326] „My Final Interpretant is [...] the effect the Sign *would* produce upon any mind upon which circumstances should permit it to work out its full effect. [...] and the Final Interpretant is the one Interpretative result to which every Interpreter is destined to come if the Sign is sufficiently considered." (S&S, 110f.) vgl. SS 2, 281, 377, 402; SS 3, 82, 215; FÜ, 155; SPP, 564f.

[327] SS 3, 229, 256, 259, 283; SPP, 564f.; S&S, 110f.

ralisierung darstellt, und zwar sowohl in der Sachdimension, weil das von ihm repräsentierte Interpretationsergebnis inhaltlich allgemein sein soll, als auch in der Sozialdimension, da dieses Ergebnis unterschiedslos von allen interpretierenden Zeichensystemen erreicht werden soll.[328] Wenn nun der finale Interpretant in dieser Weise verallgemeinert werden kann, stellt er in beiden Sinndimensionen eine regulative Erwartungsstruktur dar: Denn jedes Zeichensystem kann und muss sogar von jedem anderen Zeichensystem erwarten, dass es zu demselben Interpretationsergebnis kommt wie es selbst, sofern und solange es sich um den finalen Interpretanten bemüht. Und da es sich hierbei um ein reziprokes Verhältnis handelt, liegt nicht nur eine einfache Erwartung vor, sondern eine Erwartungs-Erwartung, denn jedes Zeichensystem kann hinsichtlich des finalen Interpretanten erwarten, dass die anderen Zeichensysteme von ihm dasselbe Interpretationsergebnis erwarten, das sie selbst erreicht haben. Aufgrund seiner Allgemeinheit und seiner Funktion als Erwartungs-Erwartung übt der finale Interpretant bereits eine stark strukturierende Wirkung auf alle Zeichenprozesse aus, die sich auf ihn beziehen.

c) Nach diesen ersten Charakterisierungen des finalen Interpretanten ist zu fragen, welche Bedingungen er erfüllen muss, um seine ‚Wahrhaftigkeit' und Allgemeinheit überhaupt beanspruchen zu können. Hinsichtlich dieser Voraussetzungen ist in der Definition bereits ein weiterführendes Merkmal genannt: Um „überlegt ausgebildet" und „wahrhaft" sein zu können, muss der finale Interpretant selbstanalysierend sein. Diese Selbstanalyse besteht aus mehreren Teilen: Der finale Interpretant muss zuerst in Luhmanns Verständnis einer Relationierung von Relationen repräsentieren, dass und wie das Repräsentamen in der Zeichentriade das gemeinsame Objekt darstellt. Sodann muss er darstellen, dass er selbst sowohl im Hinblick auf das Objekt als auch auf die Relation zwischen Repräsentamen und Objekt eine adäquate Interpretation bildet, da er sonst für sich keine ‚Wahrhaftigkeit' beanspruchen könnte und somit auch eine Verallgemeinerung mit geringerer Wahrscheinlichkeit erwartet werden könnte.[329] Diese Teile der Selbstanalyse können im weitesten Sinne als synchrone Selbstbeobachtung angesehen werden.

Zu einer vollständigen Selbstanalyse und einer ‚überlegten Ausbildung' gehört aber auch die diachrone Betrachtung und deswegen spricht Peirce in der Definition auch von der Analyse des Prozesses, in dem der finale Interpretant als allgemeine Gewohnheit überhaupt erst entstanden ist. Wenn sich in diesem Fall die Selbstbeobachtung des finalen Interpretanten auf den Prozess seiner eigenen historischen Genese richtet, liegt das vor, was Luhmann als Reflexivität bezeichnet, nämlich prozessuale Selbstreferenz: Der referentielle Gegenstand der systemischen Operationen ist hier der Prozess des Systems selbst.[330] Ein Element dieses Prozesses, hier der finale Interpretant, bringt eben diesen selektiven Prozess, also die Semiose, deren vorläufiges Ergebnis er selbst bildet, als Objekt vor sich und kann somit selbstbeobachtend und dann selbstkritisch diesen Prozess und die Angemessenheit seines Ergebnisses, d. h. sich selbst, analysieren. Daraus ergeben sich gesteigerte Möglichkeiten zur Strukturierung, Selbstorganisation und Selbstkontrolle des Zeichensystems.[331] Je nach Ergebnis diese kritischen und reflexiven Selbstanalyse kann der finale Interpretant

---

[328] Zu den Sinndimensionen bei Luhmann s. Kap. 5.3.4.

[329] SS 2, 281, 285; SS 3, 145; diesen Aspekt des Interpretanten der Drittheit bezeichnet Peirce auch als repräsentativen Interpretanten.

[330] Zur Reflexivität bei Luhmann s. Punkt 3d in Kap. 5.3.4.

[331] vgl. Colapietro 1985, 494ff.

dann den Verlauf der rekursiv anschließenden Semiose Struktur bildend konditionieren. Man sieht also, dass die Bedingungen für die ausreichende Selbstanalyse des finalen Interpretanten recht komplex sind, so dass sich im Anschlus die Frage stellt, ob dieser finale Interpretant denn überhaupt vollständig erreicht werden kann.

d) Hinsichtlich der Möglichkeiten, den finalen Interpretanten im vollen Umfang zu realisieren, war Peice selbst skeptisch: So kann ein Zeichensystem hinter dem finalen Interpretanten zurückbleiben, wenn die Funktion des Zeichens bereits durch einfachere Interpretanten erfüllt wird, also z. B. durch das Hervorrufen bloßer Gefühle oder Handlungen. Hierfür ist eine Kombination von unmittelbaren und dynamischen Interpretanten völlig ausreichend, der komplexe finale Interpretant wird für diese vergleichsweise trivialen Zielsetzungen nicht benötigt.

Der finale Interpretant wird auch dann nicht ganz realisiert, wenn die Gewohnheit, in der er definitionsgemäß besteht (vgl. auch unten Punkt 3e), im Zeichensystem so automatisiert ist, dass sie zwar im System wirksam ist, dabei aber keine Selbstanalyse im Sinne der Ausführungen von Punkt 3c mehr durchführt. Wenn dabei v. a. die Reflexivität in der Selbstanalyse wegfällt, liegt in diesem rudimentären finalen Interpretanten eine latente Struktur in Luhmanns Sinne vor:[332] Er wirkt zwar als Struktur, indem er als Gewohnheit bestimmte Operationen und Prozesse im System regelt, wird aber als diese wirksame Struktur im Zeichensystem nicht beobachtet. Damit bleibt auch seine historische Selektivität und Kontingenz unbeobachtet und latent.[333]

Ein weiterer Hinderungsgrund, dass der finale Interpretant in vollem Umfang erreicht werden könnte, ist in der grundsätzlichen Selektivität der Zeichen und Zeichenprozesse zu sehen (vgl. Punkt 1 in Kap. 8.1.2 und das Ende von Punkt 2c in Kap. 8.2.2). Einerseits ist bereits das Verhältins der einzelnen Zeichenkorrelate untereinander selektiv, die Implikationen der einzelnen Zeichensubklassen sind selektiv, und auch die rekursiven Anschlüsse der Zeichen können aufgrund ihrer Strukturiertheit nur selektiv sein, so dass der aus diesen rekursiven Relationen resultierende Zeichenprozess ebenfalls nur selektiv sein kann. Aufgrund dieser mehrfachen Selektivität der Semiose und ihrer Elemente, kann der finale Interpretant, verstanden als vollständiges oder vollkommenes Interpretationsergebnis, nicht erreicht werden, „da es der unterscheidbaren Konklusionen, die man in betreff eines Objekts aus jedem beliebigen Zeichen ziehen könnte, kein Ende gibt."[334]

Wenn man sich auch Peirces Skepsis aus den genannten Gründen anschließen wird, sollte man wie er an dem Konzept des finalen Interpretanten doch festhalten: Zum einen ist er zwar in seiner strengen Definition wohl nicht erreichbar, kann aber doch als regulatives Prinzip der Semiose aufrechterhalten werden, als das er bereits ein nicht unerhebliches Strukturierungspotenzial aufweist (s. o. Punkt 3b). Wenn man zum anderen von der rigiden Lesart der Definition etwas abweicht und den finalen Interpretanten in seiner noch unvollkommenen Vorläufigkeit anspricht, büßt er zwar etwas von seiner vollständigen Allgemeinheit und gänzlichen ‚Wahrhaftigkeit' ein. Dafür kann er aber stärker als historisch entstandene, evolutionär veränderliche und im Zeichensystem strukturell wirksame Gewohnheit thematisiert und so konkreter in Semiosen eingebunden werden, als dies bei ei-

---

[332] Zur Latenz bei Luhmann s. etwa SoSy, 456ff.; zur Reflexivität bei Luhmann s. Punkt 3d in Kap. 5.3.4.

[333] SS 3, 259f.

[334] SS 3, 215.

nem allein regulativen Prinzip möglich ist. Dem Gewohnheitsaspekt des gewissermaßen vorläufigen finalen Interpretanten werde ich mich nun zuwenden.

e) Peirce hatte bereits in der eingangs zitierten Definition den finalen Interpretanten als Gewohnheit angesprochen und hebt diesen Aspekt auch an anderen Stellen hervor:

> „Der *Finale Interpretant* ist die Gewohnheit, in deren Hervorbringung sich die Funktion des Zeichens erschöpft." (SS 3, 224)[335]

Eine Gewohnheit besteht nun für Peirce allgemein darin, „sich in Zukunft unter ähnlichen Umständen tatsächlich auf ähnliche Weise zu verhalten."[336] Dadurch, dass eine Gewohnheit nur unter bestimmten Umständen oder, wie Peirce oben in der Definition schreibt, unter bestimmten „Ausgangsbedingungen" aktualisiert wird, stellt sie eine konditionierte Wenn-Dann-Regel für künftige Ereignisse dar und ist damit Struktur bildend. Der finale Interpretant hat als Gewohnheit ebenfalls wie eine Struktur die Fähigkeit, bestimmte Ereignisse eintreten zu lassen oder auch auszuschließen, da er ja laut Peirce tatsächlich künftiges Verhalten bestimmen bzw. bestimmte Handlungen veranlassen können soll. Aus dieser Verbindung von finalem Interpretant, Gewohnheit und Regelstruktur lassen sich einige Charakteristika ableiten, die nach Luhmann typisch für die Strukturen rekursiv operierender Systeme sind und die sich auch beim finalen Interpretanten funktional nachweisen lassen:

f) Der finale Interpretant kann also wie eine Systemstruktur das Eintreten bestimmter Ereignisse zulassen oder verhindern. Diese Ereignisse können im Zeichensystem nur dynamische Interpretanten sein, also konkrete Gefühle, wirkliches Verhalten bzw. Handeln oder auch tatsächliche Interpretationen (s. o. Punkt 2a), die von der Gewohnheit des finalen Interpretanten geregelt und strukturiert werden. Dabei sorgt der finale Interpretant dafür, dass im Zeichensystem und im Zeichenprozess bestimmte ereignishafte dynamische Interpretanten als Korrelate zu bestimmten Sinzeichen nur dann konkret verwirklicht werden, wenn bestimmte Bedingungen erfüllt sind: Insofern kann der finale Interpretant als „Bestimmung konditionalen Verhaltens"[337] beschrieben werden. Diese Konditionierung der dynamischen Interpretanten wirkt sich strukturierend auf die Semiose aus, da jeder dynamische Interpretant die konkrete Anschlussfläche für die rekursive Relationierung des nachfolgenden Zeichens ist. Da der finale Interpretant zugleich die Fähigkeit der Reflexivität hat, kann er ganze Prozessabläufe beobachten und das Beobachtungsergebnis in seine gewohnheitsmäßige Regelungsstruktur integrieren.[338]

g) Dabei darf der finale Interpretant als strukturierende Gewohnheit nicht mit einzelnen dynamischen Interpretanten, die durch ihn konditioniert werden, verwechselt oder mit ihnen gleichgesetzt werden: Die Bedeutung des finalen Interpretanten kann nicht auf einzelne Anwendungen in dynamischen Interpretanten reduziert werden, da ja auch die entsprechende Kategorie der Drittheit nicht auf die Zweitheit reduziert werden kann (vgl. Punkt 4 in Kap. 8.2.2).[339] Das Verhältnis von finalem und dynamischem Interpretanten ist vielmehr ebenso interdependent und komplementär wie die Relation zwischen Struktur und Ereignis bei Luhmann: Der finale Interpretant existiert konkret nur in den Anwendungsfällen seiner

---

335 vgl. SS 3, 229, 257.

336 SS 3, 258.

337 SS 2, 291; vgl. SS 2, 281; SS 3, 258; FÜ, 150; SPP, 564f.

338 Zur Reflexivität bei Luhmann s. Punkt 3d in Kap. 5.3.4.

339 SS 3, 270; SPP, 564f.

Gewohnheitsregeln und diese in der Semiose ereignishaft und wirklich existierenden dynamischen Interpretanten werden im Gegenzug durch ihren finalen Interpretanten qualifiziert und prozessual strukturiert.

h) Wenn weiterhin der dynamische Interpretant die konkrete und aktuale Wirkung eines Repräsentamens darstellt und gleichzeitig dieser dynamische Interpretant in der eben geschilderten Weise von der gewohnheitsmäßigen Regelungsstruktur des finalen Interpretanten abhängt, dann bestimmt der finale Interpretant die Wirkungsmöglichkeiten des Repräsentamens im Zeichensystem, indem er den dynamischen Interpretanten bestimmt.[340] Insofern trägt der finale Interpretant dazu bei, dass das Zeichensystem in Luhmanns Sinne strukturdeterminiert ist, d. h. die in ihm stattfindenden operativen Ereignisse nicht von der Umwelt, sondern von den Systemstrukturen bestimmt werden.

i) Aufgrund der bisher herausgearbeiteten konditionierenden und strukturierenden Merkmale des finalen Interpretanten wirkt er drittens auch als Erwartungsstruktur: Gerade wegen der Strukturdeterminiertheit, zu der er beiträgt, kann im Zeichensystem unter bestimmten Voraussetzungen in der Semiose erwartet werden, welche dynamischen Interpretanten im rekursiven Anschluss an eine bestimmte Ausgangslage noch möglich bzw. wahrscheinlich sind und welche nicht. Als Erwartungsstruktur in diesem Sinne hilft der finale Interpretant, die Binnenkomplexität des Zeichensystems zu ordnen und zu regeln, und durch die jeweils erwartungsgemäße Bestimmung der dynamischen Interpretanten erhält er die dynamische Stabilität der Zeichenprozesse, die somit eben nicht entropisch zerfallen.

j) Ich hatte oben in Punkt 3b den finalen Interpretanten als Generalisierung in der Sach- und Sozialdimension des Sinns angesprochen und möchte nun nachtragen, dass er auch in der Zeitdimension verallgemeinert werden kann, jedenfalls für die Zukunft. Denn wenn der finale Interpretant eine Gewohnheit ist, die unter bestimmten Umständen immer den Eintritt bestimmter, ähnlicher Ereignisse erwarten lässt (s. o. Punkt 3e), muss er in der Zeitdimension einen zwar konditionierten, aber doch allgemeinen Zukunftsbezug haben:

> „Der logische Interpretant muß deshalb in einer relativ futurischen Zeitform gebildet werden. [...] Dies zeigt, daß die Art der futurischen Zeitform des logischen Interpretanten die konditionale Aussageform ist, das »würde-sein«." (SS 3, 254)[341]

Der finale Interpretant regelt demnach als gewohnheitsmäßiges „futurisches Konditional"[342], unter welchen Voraussetzungen künftig welche dynamischen Interpretanten verwirklicht werden können, und gilt damit allgemein für eine an sich unbestimmte Zukunft. Daraus folgt, dass der finale Interpretant für die Dauer seiner Gültigkeit prinzipiell unbegrenzt oft wiederholt angewendet werden kann: Er ermöglicht auf der Strukturebene seiner Drittheit die künftige Wiederholung einer bestimmten Art von dynamischen Interpretanten, während der einzelne dynamische Interpretant als ereignishaftes Phänomen der Zweitheit an seine jeweilige Gegenwart gebunden, einmalig und unwiederholbar ist. Erst aufgrund dieser strukturell ermöglichten Wiederholung können die zeitlich und kontextual grundsätzlich verschiedenen dynamischen Interpretanten als identische Anwendungsfälle desselben finalen Interpretanten thematisiert werden. Die gewohnheitsmäßige Regelstruktur des finalen Interpretanten erlaubt also Identitätsbildung im Differenten und verleiht dem Zei-

---

[340] vgl. SS 3, 471.

[341] vgl. SS 3, 258.

[342] SS 3, 254.

chensystem eine strukturelle Dauerhaftigkeit, die es auf der Ebene der nur ereignishaft existierenden dynamischen Interpretanten nicht hat. Dauerhaftigkeit, Wiederholbarkeit und Zukunftsbezug sind wesentliche Merkmale, die Luhmann Systemstrukturen allgemein zuspricht und die sich im Zeichensystem auch speziell beim finalen Interpretanten nachweisen lassen.

k) Der finale Interpretant ist als Gewohnheit dem Zeichensystem nicht etwa ahistorisch fest vorgegeben, sondern ist vielmehr selbst historisch in den Zeichenprozessen entstanden. Oben in Punkt 3c hatte ich von der ‚diachronen Selbstanalyse‘ des finalen Interpretanten gesprochen, die der finale Interpretant durch die reflexive Selbstbeobachtung des historischen Prozesses seiner eigenen Genese durchführen kann.[343] Dieser Geneseprozess kann im Zeichensystem nur in der kontinuierlichen, rekursiven Semiose stattfinden, in der die Gewohnheit des finalen Interpretanten wie Luhmanns allgemeine Systemstruktur durch die eigenen ereignishaften Operationen des Systems, also durch Zeichen, aufgebaut wird.[344]

Dabei spielen auch die kategorial niedriger stehenden unmittelbaren und dynamischen Interpretanten eine Rolle, was aufgrund der generellen Implikation der Kategorien (vgl. Punkt 2 in Kap. 8.2.2) erwartungsgemäß ist. Denn um die Gewohnheit des finalen Interpretanten aufzubauen, müssen dynamische Interpretanten erst selektiv bestimmte Interpretationsmöglichkeiten, die von den entsprechenden unmittelbaren Interpretanten repräsentiert werden, konkret im Zeichenprozess verwirklichen. Und erst durch das wiederholte tatsächliche Auftreten solcher dynamischer Interpretanten von einer bestimmten Art kann dann die geregelte Gewohnheit des finalen Interpretanten aufgebaut werden, im System auch in künftigen, ähnlichen Fällen Operationen von ähnlicher Art durchzuführen.[345] Dass es sich bei den entsprechenden dynamischen Interpretanten um Wiederholungen oder Ereignisse von ähnlicher Art handelt, ist in dem entsprechenden Zeichensystem freilich nur im nachhinein beobachtbar, nämlich erst dann, wenn der finale Interpretant etabliert ist. Erst er stellt den redundanten und allgemeinen Typus dar, in Bezug auf den Wiederholung oder Ähnlichkeit konstruierbar sind. Wenn sich allerdings die Gewohnheit des finalen Interpretanten erst einmal herausgebildet hat, ist er zu der bereits erwähnten diachronen reflexiven Selbstbeobachtung fähig. Und mittels derer kann er dann den historisch selektiven Prozess beobachten, in dem er selbst durch eine spezifische, rekursiv getestete Kombination von Redundanz und Varietät der dynamischen Interpretanten entstanden ist. Als derartige selektive, erfahrungsorientierte und gewohnheitsbasierte Entscheidungsregel für die Durchführung bestimmter Zeicheninterpretationen in Form von dynamischen Interpretanten ist der finale Interpretant nicht nur historisch im Zeichenprozess entstanden, sondern kann in ihm auch weiter verändert werden.

l) An zwei Stellen eines für die Semiotik wichtigen Manuskripts von 1907 bezeichnet Peirce den finalen Interpretanten nicht wie sonst als Gewohnheit, sondern als Gewohnheitsveränderung. Er hat nach Angabe der Herausgeber an einer dieser Stellen sogar den zuerst geschriebenen Begriff ‚Gewohnheit‘ gestrichen und durch ‚Gewohnheitsveränderung‘ er-

---

343 SS 3, 259f., 267; zur Reflexivität bei Luhmann s. Punkt 3d in Kap. 5.3.4.

344 SS 2, 334; SS 3, 224.

345 „The Dynamical Interpretant is a single actual event. The Final Interpretant is that towards which the actual tends.“ (S&S, 111) vgl. SS 3, 252, 257f., 282 – 284.

setzt,[346] so dass er Letzteres offenbar als Verbesserung oder zumindest als Präzisierung angesehen haben dürfte.

Bei der Suche nach einer Erklärung für diese geänderte theoretische Disposition sollte man als Erstes berücksichtigen, dass der finale Interpretant, wie ja gerade diese Bezeichnung nahelegt, „die letzte Wirkung des Zeichens" sein soll, „in deren Hervorbringung sich die Funktion des Zeichens erschöpft."[347] Dies zu betonen ist aus folgendem Grund wesentlich: Der Interpretant ist ja allgemein definiert als eine Darstellung, die ihrerseits die Darstellung des gemeinsamen Zeichenobjekts durch das Repräsentamen darstellt. Dadurch wird der Interpretant im funktionalen Wechsel zum Repräsentamen der nächsten, rekursiv angeschlossenen Zeichentriade. Genau dieser rekursive operative Zusammenhang darf aber im finalen Interpretanten nicht fortgesetzt werden, da er sonst nicht die letzte Wirkung des Zeichens wäre. Als letzter bedeutungshafter Effekt des Zeichens kann der finale Interpretant also kein Zeichen mehr sein, sondern nach Peirce nur in einer Gewohnheitsveränderung bestehen: Die Veränderung ist dabei in einer Zu- oder Abnahme der Intensität der entsprechenden Gewohnheit zu sehen.[348]

Zur Verdeutlichung dieses argumentativen Zusammenhangs kann man Luhmanns Begriffspaar von ‚Kondensierung' und ‚Konfirmierung' heranziehen (vgl. Punkt 2 in Kap. 8.2.4): Immer dann, wenn eine bestimmte Reihe dynamischer Interpretanten in der Semiose das redundante Zentrum der gewohnheitsmäßigen Regelstruktur des finalen Interpretanten aktualisiert, wird dadurch die Identität des finalen Interpretanten kondensiert und seine Gültigkeit auch in diesem spezifischen Kontext konfirmiert, d. h. weiter generalisiert. Dies entspricht genau der gesteigerten Gewohnheitsintensität, von der Peirce spricht. In andern Semiosen kann allerdings die Varietät der dynamischen Interpretanten stärker sein und können Merkmale als bedeutungshaft anzusehen sein, die im Rahmen der Interpretationsgewohnheit sonst als irrelevant und nicht rekurrent eingestuft werden. Derartige Zeichenprozesse können dann nur mit Vorbehalt und Einschränkungen, also unter Irritation der zentralen Erwartungsstruktur, von dem entsprechenden finalen Interpretanten geregelt werden. Wenn sich Semiosen dieser Art in signifikanter Zahl häufen, ist eine Abschwächung der Gewohnheit des bestehenden finalen Interpretanten zu erwarten oder auch eine tiefer greifende Modifikation seiner meist wohl prototypisch strukturierten Gesetzmäßigkeit.[349]

---

[346] Bei dem Manuskript handelt es sich um MS 318, das aus vier Teilen besteht und in SS 3 mit einer Einführung der Herausgeber Kloesel und Pape auf den Seiten 231 – 311 in deutscher Übersetzung vorgelegt wird. Die genannte Stelle mit der Textveränderung ist hier SS 3, 283, die direkte Gleichsetzung von finalem Interpretanten und Gewohnheitsveränderung findet sich in SS 3, 305; vgl. Merrell 1995b, 180.

[347] Für diese Zitate s. SS 3, 225 bzw. 224.

[348] „Es läßt sich beweisen, daß die einzige geistige Wirkung, die so erzielt werden kann und die nicht ein Zeichen, sondern von allgemeiner Anwendung ist, in einer *Gewohnheitsveränderung* besteht [...]. Die Gewohnheitsveränderung besteht häufig darin, daß die Stärke einer Gewohnheit erhöht oder verringert wird." (SS 3, 283f.) zum finalen Interpretanten als Gewohnheitsveränderung vgl. Colapietro 1985, 494f., Miller 1995, 71, 74; Schmalriede 1976, 28f.

[349] Das prototypische Zentrum des finalen Interpretanten besteht aus der Summe der Bedingungen, welche die meisten Fälle seiner Anwendung regeln. Dieses Zentrum wird immer dann in seiner Gültigkeit bestätigt, wenn alle relevanten Bedingungen bei einer bestimmten Aktualisierung des finalen Interpretanten erfüllt werden. Die Peripherie der prototypischen Struktur wird von den Fällen gebildet, in denen diese Bedingungen des finalen Interpretanten nur selektiv erfüllt werden,

In beiden Fällen, also bei der Verstärkung und der Abschwächung, zeigt sich aber, dass ganz in Peirces Sinne die letzte Wirkung des Zeichens bzw. präziser einer Semiose im finalen Interpretanten in einer Gewohnheitsveränderung besteht. Diese Wirkung tritt also auf der Strukturebene des Zeichensystems und nicht auf der elementaren Operationsebene ein, so dass es am finalen Interpretanten auch gar nicht zum rekursiven Anschluss weiterer Zeichen, d. h. nicht zur unmittelbar kontinuierlichen Fortführung des Semiose kommen kann.[350]

Wenn nun die letzte Wirkung eines Zeichens und der von ihm ausgelösten Semiose in einer derartigen Gewohnheitsveränderung des finalen Interpretanten besteht, also auf der Strukturebene auftritt, welche die Operationen und Prozesse im Zeichensystem determiniert (s. o. Punkt 3h), dann ist die Auswirkung eines Zeichens nicht ganz vorbei, auch wenn es selbst wegen seiner Ereignishaftigkeit schon vergangen ist. Denn die Gewohnheit des finalen Interpretanten, zu dessen Kondensierung und Konfirmierung das Zeichen beigetragen hat, ist in jedem Fall stabiler und dauerhafter als das ereignishafte Zeichen selbst (s. o. Punkt 3j). Und solange die Regelstruktur des finalen Interpretanten ihre Gültigkeit und Wirksamkeit besitzt, ist deshalb auch die Wirkung des Zeichens nicht ganz vergangen.[351]

Dass die Gewohnheit des finalen Interpretanten verändert werden kann, ist in einem sturkturdeterminierten System wie dem Zeichensystem auch für eine dynamische und flexible Anpassung der Selbstkontrolle an relevant veränderte Bedingungen nötig:[352] Die Anlässe für eine derartige Veränderung können in Umweltereignissen oder auch Systemoperationen bestehen, die in Relation zu der Gewohnheit des finalen Interpretanten eine Irritation bzw. eine Enttäuschung seiner Erwartungsstruktur bzw. eine unerwartete Variation im Vergleich zur Redundanz seiner Regelstruktur darstellen. Diese Irritationen müssen dann in einer Sequenz dynamischer Interpretanten bearbeitet und nach Möglichkeit aufgelöst werden, indem der bisherige finale Interpretant so verändert wird, dass er als restabilisierte Struktur künftige Zeichenprozesse ohne diese Irritationen konditionieren kann.

Wie in Luhmanns allgemeinem Systementwurf kann also auch die Struktur des finalen Interpretanten durch die ereignishaften Operationen der systemeigenen Prozesse verändert werden. Die spezifische Kombination von relativer Stabilität und Dauerhaftigkeit des fina-

---

seine Regelstruktur aber dennoch angewandt wird. Wegen der Kombination von Kondensierung und Konfirmierung muss die Verteilung von Zentrum und Peripherie der prototypischen Struktur nicht statisch stabil sein, sondern kann einem dynamischen, evolutionären Wandel unterliegen, so dass Peirce den finalen Interpretanten zu Recht als „Gewohnheitsveränderung" ansprechen kann (zur Einführung in die Prototypentheorie s. Kleiber 1998 und Schmid 1993, 6 – 120; vgl. auch Eckes 1991).

[350] vgl. SS 3, 258, 283f.; Der operative Anschluss der Semiose am finalen Interpretanten ist wegen dessen kategorialer Zugehörigkeit zur Dritheit ohnehin nicht direkt möglich, sondern nur an dynamischen Interpretanten, die der finale Interpretant steuert und in denen allein er konkret existiert (s. o. Punkt 3g). Der rekursive Anschluss an diesen dynamischen Interpretanten ist freilich immer möglich, so dass es am finalen Interpretanten auch gar nicht zu einer Beendigung der operativ konkreten Zeichenprozesse im Zeichensystem kommt.

[351] „Ist es nicht dafür, daß ein Zeichen ein Zeichen ist, wesentlich, daß sein Einfluß niemals endgültig erlöschen wird, insofern es einer Verhaltensgewohnheit, einem Gesetz oder einer Regel Kraft verleiht, die diese befähigt, eine Handlung hervorzubringen, wenn sich die Gelegenheit dazu ergibt [...]." (SS 1, 426)

[352] vgl. SS 3, 258, 285

len Interpretanten mit der Dynamik der dynamischen (!) Interpretanten eröffnet dem Zeichensystem bei relevanten Irritationen oder signifikant geänderten Bedingungen die Möglichkeit der evolutionären Anpassung, ohne dass die Gefahr eines entropisch unstrukturierten Zerfalls gegeben wäre.[353]

Wenn man mit Peirce den finalen Interpretanten als Gewohnheitsveränderung in dem eben besprochenen Sinne versteht, dann kann er allerdings in den drei Sinndimensionen nicht mehr in der radikalen Weise generalisiert werden, die nötig wäre, wenn der finale Interpretant tatsächlich die sachlich vollkommene, für alle Zukunft dauerhafte und für jeden Interpreten identische Interpretation eines Zeichens repräsentieren soll (s. o. die Punkte 3a bis 3c und 3j). Denn dieser ‚ultimative' finale Interpretant könnte definitionsgemäß keiner Veränderung mehr unterliegen, sondern repräsentiert als regulatives Prinzip der Semiose ein letztgültiges Interpretationsergebnis, das aber realiter kaum erreichbar sein dürfte (s. o. Punkt 3d; vgl. auch Punkt 3 in Kap. 8.3.10). Das Konzept des nur ‚vorläufigen' finalen Interpretanten kann dagegen in die konkrete, prozesshafte, kondensierende und konfirmierende Operationsweise eines Zeichensystems eingebunden werden und harmoniert damit besser mit dem bisherigen Aufbau eines dynamischen und zugleich strukturierten, aber auch evolutionär anpassungsfähigen Zeichensystems.

Zugleich ist dieses flexiblere Modell des finalen Interpretanten auch besser kompatibel mit einem wesentlichen Aspekt von Peirces allgemeiner Kategorienlehre: Die jeweils niedrigeren Kategorien werden zwar von den jeweils höheren Kategorien impliziert, von ihnen aber nicht aufgehoben (vgl. Punkt 2 in Kap. 8.2.2), woraus folgt, dass aus den Möglichkeiten der Erstheit immer wieder Ereignisse oder Tatsachen der Zweitheit aktualisiert werden können, welche die vorläufige gewohnheitsmäßige Regelstruktur des finalen Interpretanten weder erwarten noch adäquat regeln kann. Wenn sich also aus dieser unaufhebbaren Konstellation für das Zeichesystem relevant veränderte Operationsbedingungen ergeben, muss der finale Interpretant zum optimalen Erhalt des Zeichensystems evolutionär angepasst werden können. Und dazu ist nicht der ‚ultimative', sondern nur der ‚vorläufige' finale Interpretant in der Lage. Da Peirce selbst an den Stellen, die ich am Anfang dieses Punktes genannt hatte, die Konzeption des finalen Interpretanten stärker hin zu seiner Veränderlichkeit modifiziert hatte, plädiere ich dafür, den Terminus ‚finaler Interpretant' in der hier vorgestellten Lesart seiner Vorläufigkeit zu verwenden und den bewusst tautologischen Begriff ‚ultimativer finaler Interpretant' zu benutzen, wenn wirklich die vollständig generalisierte Bedeutungsvariante gemeint ist. Die relative Vorläufigkeit des finalen Interpretanten tut allerdings im Zeitraum seiner Gültigkeit seiner uneingeschränkten Strukturierungsleistung im Zeichensystem keinerlei Abbruch.[354]

Bevor ich mich im nächsten Großkapitel 8.3 der Frage detaillierter zuwende, welche Möglichkeiten die Umwelt des Zeichensystems hat, an der Veränderung der Systemstruktur

---

[353] Dieses Veränderungsschema entspricht, zumal wenn man die Umwelt als die Quelle der irritierenden Ereignisse ansieht, Luhmanns Konzept der strukturellen Kopplung; vgl. auch Punkt 10 in Kap. 8.2.1 hinsichtlich der Veränderlichkeit des Legizeichens, die Punkte 8 bis 13 in Kap. 8.2.8 hinsichtlich der Möglichkeiten struktureller Kopplung in Peirces Pragmatismus und Kap. 8.3.8 zum Verhältnis zwischen Zeichensystemstruktur und Umwelt.

[354] Zum finalen Interpretanten als regulativem Prinzip s. auch Short 1994, 407f., der ebenfalls den finalen Interpretanten hinsichtlich klar definierter Frage- und Problemstellungen in einer bestimmten Zeit für erreichbar hält, den vollständigen ultimativen finalen Interpretanten allerdings nicht.

mitzuwirken, und wie das Verhältnis zwischen Zeichensystem und seiner Umwelt generell zu beschreiben ist, werde ich noch kurz die Querverbindung von Peirces Semiotik zu seinem Pragmatismus bzw. Pragmatizismus herstellen. Gerade wenn man vom finalen Interpretanten ausgeht, erschließen sich einige Parallelen, die für die zuletzt diskutierte Thematik, aber auch für die semiotische Variante der System-Umwelt-Problematik einschlägig sind.

Fazit: Auch die kategoriale Differenzierung des Interpretanten selbst trägt zur Strukturierung der Zeichenprozesse bei. Der unmittelbare Interpretant repräsentiert bestimmte Interpretationsmöglichkeiten eines Zeichens, die dann selektiv in dynamischen Interpretanten konkret-aktual und operativ-ereignishaft verwirklicht werden können. Die höchste Strukturierungsleistung erbringt erwartungsgemäß der finale Interpretant auf der Ebene der Drittheit, indem er eine verallgemeinerte, wiederholt anwendbare, relativ dauerhafte und stabile, aber zugleich veränderliche Interpretationsgewohnheit darstellt. Zugleich kann er nicht zuletzt wegen seiner reflexiven Kapazität das Auftreten bestimmter dynamischer Interpretanten in der Semiose konditionieren und damit den Zeichenprozess selbst strukturieren.

8.2.8 Die Verbindung von Peirces Semiotik und Pragmatismus

In diesem Kapitel ist freilich nicht intendiert, den philosophischen Pragmatismus,[355] den Peirce in den 70er Jahren des 19. Jahrhunderts begründet hat, komplett darzustellen, und auch eine erschöpfende Analyse aller Parallelen, die es in Peirces Denken zwischen seiner Zeichentheorie und seinem Pragmatismus geben mag, ist in diesem Rahmen nicht zu leisten. Dennoch möchte ich v. a. ausgehend von dem Zusammenhang zwischen finalem Interpretanten, Irritation und Gewohnheitsveränderung (s. Punkt 31 in Kap. 8.2.7) einigen Gemeinsamkeiten zwischen Peirces Semiotik und seinem Pragmatismus nachgehen und so diese beiden wesentlichen Pfeiler seines Denkens wenigstens selektiv in Beziehung zuein-

---

[355] Peirce hatte 1905 seinen Pragmatismus umbenannt in ‚Pragmatizismus‘, da das Denkmodell, das er selbst unter der Bezeichnung ‚Pragmatismus‘ entwickelt hatte, in einer Weise rezipiert und weiterhin unter dem Namen ‚Pragmatismus‘ geführt wurde, mit der er nicht einverstanden war, da sie von seinem ursprünglichen Konzept, das er auch in seiner Spätphase noch aufrechterhielt, zu weit entfernt war. Um sich nicht nur inhaltlich, sondern auch terminologisch zu distanzieren, führte er die genannte Umbenennung durch („Aber heute beginnt man das Wort [‚Pragmatismus‘, meine Ergänzung] gelegentlich in den literarischen Zeitschriften anzutreffen, wo es auf die gandenlose Art mißbraucht wird [...]. So fühlt der Verfasser nur, nachdem sein Sprößling »Pragmatismus« so befördert wurde, daß es Zeit ist, ihm den Abschiedskuß zu geben und ihn seinem höheren Schicksal zu überlassen. Gleichzeitig bittet er zu dem Zweck, die urspüngliche Definition präzise auszudrücken, die Geburt des Wortes »Pragmatizismus« ankündigen zu dürfen, das häßlich genug ist, um vor Kindsräubern sicher zu sein.“ [SPP, 432]) vgl. RS, 353f., 363; Da im Rahmen dieses Kapitels aber **nur von Peirces** Pragmatismus die Rede ist, werde ich seine Unterscheidung nicht aufgreifen und auch die Schriften und Aussagen nach 1905 unter der Bezeichnung ‚Pragmatismus‘ führen. Einen Einblick in das Denken der frühen ‚Klassiker‘ des Pragmatismus gewährt die Sammlung von Ekkehard Martens, der neben ausgewählten Schriften von Peirce auch welche von William James, Ferdinand Schiller und John Dewey vorlegt (Martens 1997).

ander setzen. Dieser Schritt ist auch deswegen lohnend, weil die Parallelen, die ich nun darlegen werde, später auch für die Diskussion des Umweltverhältnisses des Zeichensystems und die unterschiedlichen Realitäts- und Wahrheitsbegriffe von Peirce und Luhmann einschlägig sind. Dass es diese Gemeinsamkeiten nicht nur aus meiner, sondern auch aus Peirces eigener Sicht gibt, kann man aus einem Brief ersehen, den Peirce am 23.12.1908 an Lady Welby geschrieben hat und in dem er sich als „convinced Pragmaticist in Semeiotics“[356] bezeichnet.

Bevor ich mich aber den nun angekündigten Parallelen im Detail zuwende, werde ich einige wesentliche Grundzüge des Peirce'schen Pragmatismus allgemein vorstellen:
1. Das erste grundlegende Merkmal von Peirces Pragmatismus ist darin zu sehen, dass es sich hier nicht um eine Objekttheorie, sondern um eine Bedeutungstheorie handelt:

> „Es sollte genügen noch einmal zu sagen, daß der Pragmatismus selbst keine metaphysische Theorie ist; kein Versuch, irgendeine Wahrheit über Dinge zu bestimmen. Er ist lediglich eine Methode, die Bedeutung schwieriger Wörter und abstrakter Begriffe festzulegen.“ (SS 3, 237)

Der Pragmatist bemüht sich also nicht, eine letzte, metaphysisch oder ontologisch fundierte Wahrheit über seine Bezugsobjekte zu ermitteln, sondern die Bedingungen zu formulieren, unter denen einem bestimmten Objekt eine bestimmte Bedeutung zugeschrieben wird.[357] Dabei besteht die pragmatische Methode der Begriffsbestimmung darin, die möglichen und tatsächlichen Wirkungen, die vom Gegenstand des Begriffs ausgehen, möglichst vollständig zu analysieren. Die strukturierte Gesamtheit dieser ermittelten Wirkungen bildet dann den vollständigen Bedeutungsgehalt, den der Begriff des entsprechenden Bezugsobjekts zugewiesen bekommt. Diesen Zusammenhang hat Peirce in seiner berühmt gewordenen pragmatischen Maxime von 1878 so formuliert:

> „Überlege, welche Wirkungen, die denkbarerweise praktische Relevanz haben könnten, wir dem Gegenstand unseres Begriffs in unserer Vorstellung zuschreiben. Dann ist unser Begriff dieser Wirkungen das Ganze unseres Begriffs des Gegenstandes.“ (SPP, 195)[358]

Welche zentrale Stellung der Wirkungsbegriff in Peirces pragmatischer Bedeutungstheorie hat, ersieht man nicht nur aus derartigen Ausführungen, sondern besonders ausgeprägt auch aus seiner Anwendung auf die Zeitdimension: Da historische Tatsachen in Relation zu ihrem nachmaligen Betrachter bereits vergangen sind, können sie nicht direkt beobachtet werden, sondern ihre Bedeutung und Wirklichkeit müssen im Rahmen einer Hypothese erschlossen werden. Dieser Rückschluss basiert auf der Beobachtung gegenwärtiger Verhältnisse, die dadurch erklärt werden, dass man sie als Auswirkung bestimmter vergangener Ereignisse ansieht. An eine so verstandene Gegenwart werden dann weitere Entscheidungen so angeschlossen, „daß die Zukunft so bestimmt wird, als ob die Vergangenheit wirk-

---

[356] S&S, 78; zu Peirces Pragmatik und ihrer engen Verbindung zu seiner Semiotik s. auch Deuser 1998, 234 – 240; Hausman 1993, 20 – 93; Joswick 1995; Oehler 1993, 82 – 87; Pape 1998, 2028 – 2032; Pharies 1985, 20 – 26.

[357] vgl. RS, 299; zum Pragmatismus als Bedeutungstheorie s. auch Ceynowa 1993, 14f.; Hausman 1993, 57 – 60.

[358] vgl. RS, 296; SPP, 315 – 317; VP, 5, 13; zu Peirces pragmatischer Maxime s. auch Hausman 1993, 37 – 51; Merrell 1997, 343 – 351; Schönrich 1990, 97 – 103; Schumacher 1996, 8 – 47.

lich der Fall war".[359] Pragmatisch gesehen bekommen die drei Zeitstufen Vergangenheit, Gegenwart und Zukunft ihre Bedeutung also nur durch die Konstruktion eines kontinuierlich rekursiven Wirkungszusammenhangs, in dem bestimmte vergangene Ereignisse sich selektiv auf die Gegenwart auswirken, und zwar so, dass ausgehend von dieser vergangenheitsbestimmten Gegenwart nur noch der konditionierte Anschluss einer bestimmten Zukunft möglich ist. Dieser Prozesszusammenhang ist rekursiv, weil sich die aus der Gegenwart erschlossene, selektiv bestimmte Wirksamkeit der Vergangenheit über die jeweilige Gegenwart auch auf die Selektion der möglichen künftigen Ereignisse auswirkt. Aus eben diesem Grund liegt hier auch ein Phänomen genuiner Drittheit der drei Zeitstufen vor. Nur am Rande sei angemerkt, dass sich daraus auch ableiten lässt, dass pragmatisch und kategorial-relationslogisch die Gegenwart wie bei Luhmann als Einheit der Differenz von Vergangenheit und Zukunft beschreiben lässt (vgl. Punkt 4 in Kap. 8.1.2).

2. Ich hatte oben von den möglichen und tatsächlichen Wirkungen eines Gegenstands gesprochen, die für die pragmatische Bestimmung der Bedeutung dieses Objekts entscheidend sind. Hier läßt sich eine Querverbindung zu Peirces Kategorien herstellen, da die möglichen Wirkungen der Erstheit und die tatsächlichen Wirkungen der Zweitheit entsprechen. Die noch fehlende Drittheit kann nicht direkt beobachtet werden, sondern muss induktiv aus den tatsächlichen Wirkungen als deren zugrunde liegende Regelstruktur erschlossen werden.[360] Die Drittheit dieser Regelstruktur, die dem Bezugsgegenstand zugeschrieben wird, liegt darin, dass sie gewissermaßen als allgemeine ‚Verhaltensgewohnheit' des Objekts seine jeweils aktual auftretenden Wirkungen steuern kann. In die pragmatische Bedeutungsanalyse fließen also Aspekte aller drei Kategorien mit ein, indem mögliche sowie tatsächliche Wirkungen und v. a. deren Gesetzmäßigkeit im Gegenstand des Begriffs berücksichtigt werden.

3. Wenn nun in diesem Sinne die gesetzmäßig strukturierte Summe der Wirkungen eines Objekts in dessen Begriff bedeutungshaft erfasst ist, dann wird dies als pragmatisch zutreffende Erkenntnis des entsprechenden Objekts angesehen; die Bedeutung seines Begriffs gilt als wahr. Für diesen pragmatischen Erkenntnis- und Wahrheitsbegriff ist das Konzept der Verhaltensgewohnheiten des Gegenstandes,[361] die man aus seinen diversen tatsächlichen Wirkungen induktiv zu erschließen versucht, zentral, „denn der Sinn einer Sache besteht einfach in den Gewohnheiten, die sie impliziert."[362] Wenn man nämlich die Gewohnheiten des Bezugsgegenstandes kennt und sie begrifflich zusammenfassen kann, dann werden seine konkreten Wirkungen in einem bestimmten Kontext berechenbar, d. h. man kann

---

[359] SS 2, 269; vgl SS 1, 348.

[360] vgl. SPP, 581.

[361] Peirce verwendet den Begriff der ‚Verhaltensgewohnheit' in bemerkenswert weitem Umfang, indem er ihn nicht nur auf Belebtes, sondern auch auf die unbelebte Materie anwendet, deren ‚Verhalten' von den Naturgesetzen bestimmt wird: „Danach bezeichnet Verhaltensgewohnheit eine ursprüngliche oder erworbene Spezialisierung der menschlichen Natur oder der Natur eines Tieres, einer Weinrebe, einer kristallisierbaren chemischen Substanz oder von etwas anderem, und zwar in dem Sinne, daß er, sie oder es sich auf eine Art verhalten werden oder ständig eine Tendenz haben werden, sich auf eine Art zu verhalten, die in jeder Situation (oder bei einer beträchtlichen Anzahl solcher Situationen), welche sich als von allgemein beschreibbarem Charakter erweist, in allgemeinen Begriffen beschreibbar ist." (SPP, 319) vgl. SS 3, 239 und Punkt 1 in Kap. 8.1.1; zu Peirces Konzept von Gewohnheit s. auch Miller 1995; Pape 1984, 210, 216 – 227.

[362] VP, 5.

erwarten, wie er sich verhält.[363] Denn die Gewohnheiten bestimmen als Regelstrukturen auf der Ebene der Drittheit die konkreten Wirkungen des Gegenstandes in der Zweitheit,[364] so dass man pragmatisch die Bedeutung eines Gegenstands erkannt hat, wenn man seine Verhaltensgewohnheit kennt.[365] Eine Aussage über das Bezugsobjekt gilt also pragmatisch als wahr, wenn sie allgemein die Konsequenzen, die sich in einer bestimmten Situation aus dem Begriff des Objekts ableiten lassen, zutreffend voraussagen kann.[366]

4. Die Gültigkeit der pragmatischen Erkenntnis ist freilich immer in selektiver Weise konditioniert, d. h. eine bestimmte Verhaltensgewohnheit löst immer nur unter bestimmten Bedingungen oder, wie eben in Punkt 3 formuliert, in bestimmten Kontexten bzw. Situationen eine bestimmte Wirkung aus.[367] Deshalb sind pragmatische ‚Wahrheiten' eigentlich immer in konditionalen Perioden auszudrücken, in denen die Protasis die Bedingungen spezifiziert, unter denen die in der Apodosis genannten Wirkungen eintreten.[368] Dass diese beiden Satzteile einander überhaupt in dieser Weise zugeordnet werden können, ist eine Folge der Drittheit der induktiv erschlossenen Verhaltensgewohnheit, die den konditionierten Zusammenhang regelt.

5. Die pragmatische Bedeutungskonstitution ist nicht nur konditioniert, sondern stets auch beobachterabhängig.[369] Da die Wirkungen des Bezugsgegenstandes für die Festlegung der

---

[363] Dies ist freilich deutlich schwieriger und bestenfalls annäherungsweise zu leisten, wenn es sich bei dem beobachteten Objekt seinerseits um ein rekursives System handelt. In diesem Fall steigt die Komplexität der Beobachtungssituation um ein Vielfaches, wie Luhmann mit seinen Analysen sozialer Systeme nachgewiesen hat.

[364] Hier zeigt sich eine erste funktionale Parallele zwischen der pragmatischen Verhaltensgewohnheit und dem finalen Interpretanten, der ja auch als gewohnheitsmäßige Regelstruktur konkrete Ereignisse, nämlich die dynamischen Interpretanten, bestimmt (vgl. die Punkt 3e und 3f in Kap. 8.2.7).

[365] Zum pragmatischen Zusammenhang von Bedeutung und Gewohnheit bei Peirce s. auch Müller 1999, 127 – 142; Oehler 1993, 78 – 81; Oehler 1995, 65f.

[366] „Denn zu sagen, daß alle bekannten Konsequenzen einer Aussage wahr sind, ist nach dem Pragmatischen Prinzip dasselbe wie zu sagen, daß die Aussage selbst wahr ist [...]." (SS 3, 362)

[367] „Doch die *vollständige* Bedeutung der Prädikation eines intellektuellen Begriffs besteht darin, daß behauptet wird, daß unter allen Umständen einer bestimmten Art der Gegenstand der Prädikation sich auf bestimmte Weise verhalten würde (oder nicht verhalten würde) [...]: *diese* Aussage verstehe ich als Kern des Pragmatismus. Einfacher formuliert: die gesamte Bedeutung eines intellektuellen Prädikats besteht darin, daß bestimmte Arten von Ereignissen unter bestimmten existentiellen Umständen im Verlauf der Erfahrung gleich häufig auftreten würden." (SS 3, 239) An diesem Zitat sieht man zugleich die Konditioniertheit und den Induktionscharakter der pragmatischen Bedeutungskonstitution.

[368] vgl. SS 3, 192; PhLZ, 88; VP, 5; s. auch Oehler 1993, 81; Oehler 1995, 18f.

[369] Peirce selbst hat seinen Pragmatismus als anthropomorph bezeichnet, diese Art von Anthropomorphismus aber zugleich als unvermeidbar angesehen: „Ein Mensch, der versucht, dem Anthropomorphismus zu entgehen, scheint mir ein Narr zu sein." (SS 2, 181) vgl. SS 2, 405; S&S, 141; s. auch Corrington 1993, 66f.; Pape 1984, 211; Pape 1998, 2020; Es ist m. E. unnötig, den Pragmatismus auf den Menschen als Beobachter zu reduzieren; die Bedingungen des Pragmatismus sind auf jedes autopoietische und zusätzlich Sinn verarbeitende System in Luhmanns Sinne übertragbar, das dann als Beobachter fungieren kann. Peirce selbst hat sich z. B. gegen eine zu stark psychologische Auslegung seines Pragmatismus gewehrt und diesen eher als „Theorie der logischen Analyse" (RS, 363) entworfen. Da er auch seine semiotischen Studien als logische Arbeiten betrachtet hat, spricht nichts dagegen, als möglichst weit gefassten Beobachter pragmatischer Zusammenhänge ein Zeichensystem einzusetzen, wie ich es in dieser Arbeit entwerfe.

Bedeutung seines Begriffs wesentlich sind (s. o. Punkt 1), und Wirkung allgemein ein Phänomen der Zweitheit ist, muss es neben dem wirkenden Gegenstand auch ein beobachtendes System geben, das die Wirkung erfährt und dann weiter auswerten kann. Denn nur unter der Voraussetzung, dass es zwischen Objekt und beobachtendem System eine wirkungsbestimmte Zweitheit gibt, kann das beobachtende System versuchen, aus den tatsächlichen Wirkungen des Objekts induktiv dessen Verhaltensgewohnheiten zu erschließen. Und erst auf dieser Basis kann dann pragmatisch die Bedeutung des Begriffs von diesem Objekt konstituiert werden. Bei all diesen letztgenannten Operationen handelt es sich um systeminterne Leistungen, die ausschließlich von einem Beobachter erbracht werden können. Diese Beobachtungsabhängigkeit unterstreicht nochmals, dass es sich, wie eingangs schon erwähnt, beim Pragmatismus um eine Bedeutungs-, und nicht um eine Objekt- oder metaphysische Wahrheitstheorie handelt.

6. Das pragmatisch gesehen wichtigste Resultat dieser beobachtungs- und damit systemabhängigen Bedeutungs- und Begriffskonstitution ist darin zu sehen, dass sich im beobachtenden System hinsichtlich des Bezugsobjekts und dessen unterstellten Verhaltensgewohnheiten eine Überzeugung herausbildet. Mit dem Begriff der Überzeugung ist nicht nur ein weiterer Zentralbegriff von Peirces Pragmatismus angesprochen, sondern von ihm aus lassen sich nun die angekündigten Gemeinsamkeiten zwischen Peirces Semiotik und Pragmatismus näher ins Auge fassen.

Die induktive Konstruktion der Verhaltensgewohnheiten des Objekts, die systemintern freilich als Rekonstruktion verstanden wird, stellt keinen Selbstzweck dar, sondern dient im System einer Struktur bildenden Funktion:[370] Aufgrund seines induktiven Beobachtungsergebnisses entwickelt das System nämlich selbst hinsichtlich des Objekts eine reflektierte Verhaltensgewohnheit, bzw. eine Überzeugung, die ihrerseits das Verhalten des Systems bezüglich des Objekts regelt, wie aus den beiden folgenden Stellen klar hervorgeht:

> „[...] und der einzige Weg, unser Wissen über die Natur des Begriffs zu vervollständigen, besteht darin, einfach zu entdecken und kennenzulernen, welche allgemeinen Gewohnheiten im Verhalten die Überzeugung [belief] von der Wahrheit des Begriffs (für jeden denkbaren Gegenstand und unter allen denkbaren Umständen) vernünftigerweise hervorbringen würde; das heißt, welche Verhaltensgewohnheiten letztlich aus einer ausreichenden Erwägung solcher Wahrheit folgen würden. Es ist hierzu notwendig, das Wort „Verhalten" [„conduct"] im weitesten Sinne zu verstehen." (RS, 353f.)

> „Die Bereitschaft, unter bestimmten, gegebenen Umständen auf bestimmte Weise und durch ein gegebenes Motiv geleitet zu handeln, das ist eine Gewohnheit, und eine überlegte oder selbstkontrollierte Gewohnheit ist eben eine Überzeugung" (SS 3, 288)

[370] Die Verhaltensgewohnheit des Objekts ist pragmatisch induktiv erschlossen worden. Dieser Schluss verfolgt dieselbe Funktion, die nach Peirce jede Art von Schließen erfüllen sollte: „Sein Zweck [des Folgerns, meine Ergänzung] ist es, eine Anleitung für das Verhalten zu liefern [...]." (SS 2, 332) Diese „Anleitung" besteht pragmatisch in einer Überzeugung, aufgrund derer man zu handeln bereit ist.

In diesen beiden Zitaten sind wesentliche Merkmale von Peirces pragmatischer Überzeugung genannt, die zugleich deutliche Parallelen zu seinem Konzept des finalen Interpretanten aufweisen:

a) Die pragmatische Überzeugung dient ebenso dazu, konkretes Verhalten oder Handeln zu steuern, wie der finale Interpretant die operative Verwendung dynamischer Interpretanten konditionieren soll (vgl. Punkt 3f in Kap. 8.2.7). Beide fungieren also als Struktur zur Regelung konkreter Ereignisse und haben darin ihre hohe Relevanz für das entsprechende System.[371] Und wenn Peirce von „bestimmten Umständen" spricht, unter denen der Überzeugung gemäß „auf bestimmte Weise" gehandelt wird, so ist auch an der pragmatischen Überzeugung dieselbe Konditioniertheit und Selektivität erkennbar, wie sie auch der finale Interpretant zeigt und wie sie allgemein kennzeichnend für Systemstrukturen ist. Wie der dynamische Interpretant im Zeichensystem durch viele verschiedene Arten von Ereignissen verwirklicht werden kann (s. Punkt 2a in Kap. 8.2.7), so ist auch im Pragmatismus das Verhalten, das von der Überzeugung getragen und gesteuert wird, „im weitesten Sinne zu verstehen", so dass darunter nicht nur nach außen gerichtete Handlungen fallen, sondern auch psychische und geistige Aktivitäten. Das jeweilige konkrete Verhalten kann dabei ebenso der Zweitheit zugerechnet werden wie die dynamischen Interpretanten, während die Überzeugung wie der finale Interpretant in die Drittheit fällt. Daher ist also Peirces Pragmatismus ebensowenig auf eine reine Handlungstheorie reduzierbar wie seine Zeichentheorie, wohingegen handlungstheoretische Aspekte in diese beiden Ansätze integriert werden können (vgl. Punkt 2a in Kap. 8.2.7).

b) Dass die pragmatische Überzeugung ihre strukturelle, verhaltensbestimmende Funktion erfüllen kann, setzt voraus, dass sich das Objekt, auf das sich diese Überzeugung bezieht, seinerseits tatsächlich so verhält, wie es seine induktiv erschlossene Verhaltensgewohnheit erwarten lässt. Die Überzeugung ist somit wie der finale Interpretant eine Erwartungsstruktur (vgl. Punkt 3i in Kap. 8.2.7), da man aufgrund ihrer erwarten kann, welche Art von Ereignissen im Anschluss an bestimmte Systemoperationen eintreten werden.[372] Damit weist sie auch die für Erwartungsstrukturen typische Redundanz auf, wegen welcher beim Vorliegen einer bestimmten Tatsache bzw. eines Ereignisses das Eintreten einer bestimmten anderen Tatsache bzw. eines anderen Ereignisses wahrscheinlicher ist als das anderer.

c) In der Funktion einer gewohnheitsmäßig handlungsleitenden Erwartungs- und Regelstruktur ist die Überzeugung ebenso allgemein wie der finale Interpretant, der dieselbe Funktion ausübt und auch der Drittheit als der Kategorie der Allgemeinheit zugrechnet wird. Aufgrund dieser Allgemeinheit hat die Überzeugung auch dieselben Merkmale des Zukunftsbezugs, der Dauerhaftigkeit und der Wiederholbarkeit, wie sie auch der finale Interpretant aufweist.[373]

d) In den beiden zu Beginn von Punkt 6 zitierten Definitionen charakterisiert Peirce eine Überzeugung als vernünftige, überlegte, ausführlich erwogene und selbstkontrollierte Gewohnheit. Dieselben Merkmale hat auch der finale Interpretant in seinem vollen Bedeutungsumfang, der ja als überlegt ausgebildet und als der Selbstanalyse und prozessual-

---

[371] SS 1, 167, 203, 218f.; FÜ, 152; RS, 296, 362f.; SPP, 156f., 190, 436, 454, 491; VP, 13; die Nähe des finalen Interpretanten zu Peirces pragmatischer Maxime betont auch Schönrich 1990, 158.

[372] „Diese Überzeugung ist, ihrem Hauptbestandteil nach, eine Verhaltensgewohnheit bestimmter Erwartung." (SPP, 552) vgl. SS 2, 112.

[373] SPP, 436, 454, 491; vgl. Punkt 3j in Kap. 8.2.7.

reflexiven Selbstbeobachtung fähig definiert ist und somit im Laufe der Semiose auch eine Selbstkorrektur durchführen kann.[374] Eine Überzeugung, welche die oben genannten Merkmale nicht hat, gilt bei Peirce nicht mehr als Überzeugung, sondern nur noch als unbewusste und unanalysierte Gewohnheit.[375] Einer derartigen Gewohnheit entspricht der finale Interpretant in seiner weniger strengen Lesart des vorläufigen finalen Interpretanten, der als automatisierte Gewohnheit im Zeichensystem zwar strukturelle Wirksamkeit hat, aber keine Selbstanalyse durchführt (s.Punkt 3d in Kap. 8.2.7).

e) Da die Überzeugung die systeminterne Konsequenz einer Induktion darstellt, mit der die Verhaltensgewohnheiten eines Bezugsgegenstandes erschlossen wurden, ist sie ebenfalls wie der finale Interpretant (s. Punkt 3k in Kap. 8.2.7) ein historisch entstandenes Produkt der Systemprozesse, dessen Gültigkeit bei jeder erfolgreichen Anwendung kondensiert und konfirmiert wird. Erfolgreich ist die Anwendung dann, wenn das gewohnheitsmäßig erwartete Resultat eintritt, ohne dass es zu Irritationen oder Zweifeln im System kommt. Andererseits sind gerade die operativen Anwendungen die Gelegenheiten, bei denen sich Zweifel an der Angemessenheit einer Überzeugung bezüglich ihres Objekts einstellen können. Daher greifen die Überzeugung und ihre operative Umsetzung genau so ineinander wie der finale und der dynamische Interpretant bzw. Systemstruktur und Ereignis: Die Überzeugung steuert das Verhalten und kann dabei ihrerseits durch die konkreten Umstände ihrer Anwendung angezweifelt und ggf. modifiziert werden.[376]

f) Daran, dass man Überzeugung auch negativ definieren kann als Abwesenheit von Zweifeln und andererseits Zweifel nur in Korrelation zu einer bestehenden Überzeugung auftreten können, sieht man, wie eng Überzeugung und Zweifel im Pragmatismus konzeptionell aufeinander bezogen sind. Den Überzeugungen oder zumindest Gewohnheiten spricht Peirce dabei grundsätzlich im Vergleich zu den Zweifeln das Primat zu:

> „Wir können nicht mit völligem Zweifel anfangen. Wir müssen mit all den Vorurteilen beginnen, die wir wirklich haben [...].“ (SPP, 40)

Mit dieser Haltung wendet sich Peirce explizit gegen René Descartes, der gefordert hatte, die Philosophie müsse mit generellem Zweifel beginnen.[377] Peirce deckt sich in dieser Position mit Luhmann, bei dem auch die ordnende Funktion der Systemstruktur unverzichtbar ist, wenn das System nicht in kürzester Zeit entropisch zerfallen soll. Daher ist auch nach

---

[374] SS 1, 203, 218f.; FÜ, 152; RS, 362f.; SPP, 454; VP, 13; vgl. die Punkte 3c und 3l in Kap. 8.2.7; zur Reflexivität bei Luhmann s. Punkt 3d in Kap. 5.3.4.

[375] Von der konsequenten Linie dieser Unterscheidung von Gewohnheit und Überzeugung, wie sie etwa in SS 3, 288 vorgegeben ist, weicht Peirce allerdings auch ab, indem er auch Überzeugungen als unbewusst bezeichnet (s. z. B. SPP, 436).

[376] „Aber da die Überzeugung eine Regel des Handelns ist, deren Anwendung neuen Zweifel und weiteres Denken einschließt, ist sie zu gleicher Zeit Ruhepunkt und neuer Ausgangspunkt für das Denken.“ (SPP, 190f.) vgl. SPP, 490f.; man kann hier „Denken“ auch durch ‚ereignishafte Operationen eines rekursiven Systems‘ ersetzen, wenn man sich nicht auf psychische Systeme beschränken möchte.

[377] SS 2, 197f., 263; RS, 374; vgl. auch Friedman 1999; Oehler 1995, 29 – 31; Wells 1994, 843; Peirce erkennt Zweifel nur als solche an, wenn sie aus einer pragmatisch relevanten Irritation der bisherigen Überzeugung hervorgehen, generellen Zweifel ohne konkreten Anlass sieht er als völlig nutzlos bzw. kontraproduktiv an (S&S, 141).

Luhmann das Anzweifeln und ggf. Aufheben einer Struktur im System nur in höchst restriktiver Weise zugelassen, unter dem cartesianischen Postulat generellen Zweifels wären dagegen die Anschlussmöglichkeiten der einzelnen ereignishaften Systemelemente völlig unspezifiziert und die rekursive Autoreproduktion des Systems käme zum Erliegen. Die Struktur bildenden Vorurteile können nach Peirce evolutionär ererbte Instinkte oder auch erfahrungsbedingte und bewährte Gewohnheiten sein, die zu bezweifeln bisher nicht für nötig gehalten wurde. Bei dieser Art von Gewohnheiten oder Überzeugungen, die funktional jedem Zweifel vorausgehen, handelt es sich um latente Strukturen in Luhmanns Sinne, also um Strukturen, welche die Systemprozesse konditionieren, selbst aber nicht Gegenstand einer relativierenden und Kontingenz aufzeigenden Beobachtung sind. Dies gilt pragmatisch jedenfalls so lange, bis Ereignisse die Erwartungsstruktur der Überzeugung bzw. Gewohnheit unterlaufen und somit das System überraschen bzw. irritieren, so dass Zweifel an der Gültigkeit der bisherigen Überzeugung entstehen.

7. Derartige Zweifel können laut Peirce im Laufe des Lebens bzw. allgemeiner gesagt im Lauf der Systemgeschichte immer wieder aufkommen, d. h. die Gültigkeit jeder Überzeugung steht grundsätzlich unter fallibilistischem Vorbehalt. Für diesen generellen Fallibilismus gibt es verschiedene Gründe: Erstens basiert die Überzeugung auf den erschlossenen Verhaltensgewohnheiten des Bezugsobjekts. Bei diesem Schluss handelt es sich um eine Induktion (s. o. die Punkte 2, 3, 5 und 6), d. h. um die generalisierende Herleitung einer allgemeinen Regel aus der Beobachtung einer Reihe vergleichbarer Einzeltatsachen oder -ereignisse. Die notwendige Gültigkeit dieser induktiven Verallgemeinerung kann aber nicht für alle zukünftigen Fälle einer offenen Prozessreihe bewiesen werden, so dass die hierauf basierende Überzeugung nicht mit Notwendigkeit zutreffend sein muss, sondern vielmehr fallibel ist.[378]

Zweitens kann man bei keiner Anwendung der Regeln und Urteile, die sich aus einer Überzeugung oder Gewohnheit ergeben, bereits zum Zeitpunkt dieser Anwendung sicher sein, dass die Überzeugung auf den konkreten Fall überhaupt adäquat, d. h. irritationsfrei, anwendbar ist. Denn jedes Urteil kann im Moment seiner Verwendung nicht gleichzeitig seine eigene Berechtigung beurteilen, es ist für sich selbst ein blinder Fleck. Auch daraus können sich Irrümer, Überraschungen und Zweifel an den Überzeugungen ergeben.[379]

Und drittens trifft auch in diesem Kontext wieder zu, was ich auch schon an anderen Stellen angesprochen hatte: Die niedrigeren Kategorien werden in ihrem ‚Eigenrecht' nicht von den höheren Kategorien aufgehoben (s. Punkt 2b in Kap. 8.2.2), so dass es im Rahmen der Verhaltensgewohnheiten, die dem Objekt zugeschrieben werden und auf denen die Überzeugung basiert, immer wieder zu Ereignissen der Zweitheit kommen kann, die sich aus den Möglichkeiten der Erstheit heraus aktualisieren und die Gültigkeit der Überzeugung in Frage stellen.

Aufgrund dieser Ursachen sind Überzeugungen immer der Irrtumsmöglichkeit unterworfen, wie auch der finale Interpretant im Rahmen konkret ablaufender Zeichenprozesse nur vorläufig ist und bei relevanten Irritationen in seiner Erwartungs- und Regelstruktur verändert werden kann (vgl. Punkt 31 in Kap. 8.2.7).

---

[378] SS 1, 165, 233; SPP, 435; RS, 170f.; VP, 114; s. hierzu auch Oehler 1993, 121f.; zur allgemeinen Problematik des Fallibilismus s. Greenlee 1971; Margolis 1998.

[379] SS 1, 440; S&S, 72.

8. Da eine Überraschung ein Ereignis ist, das von den Gewohnheits- oder Überzeugungsregeln des Systems nicht erfasst werden kann, sondern vielmehr dessen Erwartungsstruktur enttäuscht, zugleich aber ein Ereignis ist, das auf das Beobachtungssystem eine konkrete, nämlich eine aktual irritierende Wirkung ausübt, kann sie nicht der Drittheit als der Kategorie des Regelmäßigen zugerechnet werden, sondern muss unter die Kategorie der Zweitheit fallen. Diese kategoriale Zuordnung von Zweifel und Überraschung zur Zweitheit gilt bei Peirce generell und nicht nur in pragmatischen Zusammenhängen. Denn beide Phänomene können nur in Relation zu einem überraschten oder zweifelnden System bzw. dessen Erwartungsstruktur definiert werden, so dass eine Form von Zweitheit vorliegt:

> „Hier [in der Zweitheit, meine Ergänzung] müssen wir auch den Schock der Überraschung einordnen, denn Überraschung ist Überraschung nur insofern, als es eine entgegengesetzte Erwartung positiver oder negativer Art gibt." (SS 2, 375)[380]

Die Relation zwischen Überzeugung und Überraschung ist also in Peirces Pragmatismus genauso konzipiert wie das Begriffspaar Erwartungsstruktur – Irritation bei Luhmann: Die beiden Begriffe besetzen jeweils die beiden Seiten einer Zwei-Seiten-Form.

Wegen dieser Zweitheit ist auch zu erwarten, dass den beiden Arten von Erwartung, die Peirce oben als „Erwartung positiver oder negativer Art" angesprochen hatte, auch zwei Arten von Überraschung entsprechen, und diese Erwartung wird auch nicht enttäuscht: Mit der positiven Erwartung korreliert eine Überraschung, die Peirce als ‚aktiv' oder ‚weniger passiv' bezeichnet: Sie stellt sich ein, wenn erwartet wird, dass sich aufgrund einer Anstrengung ein bestimmtes Resultat einstellt, dieses Ergebnis aber nicht erzielt wird, sondern stattdessen ein völlig unerwartetes Ereignis auftritt. Mit der negativen Erwartung korreliert die ‚passive' oder auch ‚stärker passive' Überraschung, die auftritt, wenn ohne jede Anstrengung und gegen jede Erwartung plötzlich ein Ereignis eintritt, mit dem man nicht gerechnet hatte.[381] Auf jeden Fall zeigt sich, dass die Überraschung und die Erwartungsstruktur der pragmatischen Überzeugung im Verhältnis der Zweitheit zueinander stehen. In Peirces Zeichentheorie liegt ein analoges Verhältnis vor, indem die aktuale Überraschung im System durch einen dynamischen Interpretanten gebildet wird, der nicht durch die Regel eines finalen Interpretanten bestimmt ist.[382]

9. Eine derartige überraschende Einwirkung auf das Beobachtungssystem führt also zu einem Zweifel an der uneingeschränkten Gültigkeit der bislang nicht irritierten Überzeugung, da eine auf ihr aufbauende Erwartung enttäuscht worden ist. Und dieser Zweifel bzw. die Verunsicherung der Überzeugung hat eine kritische Analyse der Verhaltens-, Entscheidungs- und Selektionsmuster zur Folge, die bisher in voller Überzeugung in den Systemoperationen angewendet wurden. Eine Überraschung und der dadurch ausgelöste Zweifel an der Berechtigung bisheriger Überzeugungen stellen also einen ersten Impuls bzw. eine anfängliche Motivation zur Änderung dieser Überzeugungen, d. h. zur optimierten Anpassung der Systemstrukturen an die veränderten Bedingungen, dar. Dieser Analyseprozess wird allerdings erst durch eine Überraschung in Gang gesetzt und kann nicht in Des-

---

[380] Überraschung kann also als der Eintritt des Unerwarteten definiert werden, so daß „das Unerwartete eine direkte Erfahrung der Dualität ist" (SPP, 323) und der anschließende Zweifel ebenfalls eine Form der Zweitheit darstellt (SS 1, 382); vgl. SS 2, 185; SPP, 552; VP, 32f.

[381] s. SS 2, 328f.; SPP, 564; vgl. auch SS 2, 184 – 186; SPP, 552; VP, 33.

[382] Zu dieser expliziten Gleichsetzung s. SPP, 564.

cartes' Sinne unmotiviert schon vor die Entstehung von Überzeugungen gesetzt werden (s. o. Punkt 6f), da es ohne Überzeugung wegen der aufgehobenen Zweitheit gar nichts gäbe, was überhaupt bezweifelt werden kann.[383]

10. Die Schubkette von Überraschung, Zweifel und kritischem Analyseprozess mündet in eine Zwischenphase „regelloser Aktivität"[384]: In dieser gilt die ursprüngliche Überzeugung nicht mehr, jedenfalls nicht mehr uneingeschränkt, und es werden Hypothesen aufgestellt, deren Gesetzmäßigkeiten das vormals überraschende Ereignis erklären sollen. Der Zweck dieses ‚Forschungsprozesses' liegt darin, zu einer neuen Überzeugung zu kommen, die dem ursprünglich überraschenden Ereignis das Irritierende nimmt, weil sie die vormalige Überraschung als das notwendige Ergebnis ihrer Gesetzmäßigkeit und Regelstruktur ausweisen und somit erklären kann. Wenn dieses Resultat erreicht ist, ist der Zweifel, der die Anstrengung dieses Forschungsprozesses ausgelöst hat, beseitigt und „eine neue Verhaltensgewohnheit der Erwartung"[385] etabliert.

Diese pragmatische Form der Gewohnheits- bzw. Überzeugungsänderung hat wieder eine genaue Entsprechung in der Semiose eines Zeichensystems: Der urspüngliche finale Interpretant kann aufgrund einer signifikanten Irritation in einer Reihe dynamischer Interpretanten verändert werden, so dass er letztlich die vormalige Irritation auflösen und ähnliche Ereignisse in seiner Regel- und Erwartungsstruktur erfassen kann. Diese dynamischen Interpretanten werden dabei nicht durch den finalen Interpretanten gesteuert, sondern durch das Ziel, die Irritation zu beseitigen (s. Punkt 31 in Kap. 8.2.7). Sowohl der pragmatische als auch der semiotische Veränderungsprozess entspricht dem evolutionären Schema von Struktur, Irritation und Restabilisierung des Systems mit einer modifizierten Struktur, das Luhmann in rekursiv operierenden Systemen wirksam sieht. Diese evolutionäre Transformation der Systemstruktur wird dabei sowohl bei Luhmann als auch bei Peirce durch systemeigene Operationen durchgeführt.

11. Derartige Änderungen von Gewohnheiten oder Überzeugungen sind nur möglich, wenn nach der Überraschung und dem Zweifel weiterführende Hypothesen gebildet und Schlüsse durchgeführt werden, deren Gültigkeit nicht gleichzeitig auch noch angezweifelt wird. Das System verliert also nicht deswegen, weil es eine seiner Überzeugungen anzweifelt, seine

---

[383] „Jede Untersuchung beginnt in einem der drei UNIVERSEN mit der Beobachtung eines überraschenden Phänomens, einer Erfahrung, die entweder eine Erwartung nicht erfüllt oder eine Erwartungsgewohnheit des *inquisitus* durchbricht." (RS, 342) s.auch RS, 374: „[...] Forschung hat ihren Ausgangspunkt in einer *überraschenden* Erfahrung." vgl. SS 2, 183, 198, 260, 263; SPP, 157f., 435, 491; zum Zusammenhang von Erwartung, Gewohnheit, Gewohnheitsänderung und Irritation bei Peirce s. auch Miller 1995: Marjorie Miller weist zu Recht darauf hin, dass auch wegen des generellen synechistischen Zusammenhangs, in den jedes Zeichensystem eingebunden ist, ein gewohnheits- und vorurteilsloser Beginn mit reinem Zweifel bei Peirce ausgeschlossen ist (Miller 1995, 71, 76); s. auch Oehler 2000, 16f.

[384] SPP, 436; Dieser Zwischenzustand ist regellos, da die Regelstruktur der bisherigen Gewohnheit und Überzeugung angezweifelt wird, und ist zugleich von Aktivität gekennzeichnet, da angestrengt nach einer neuen, angemesseneren Überzeugung gesucht wird.

[385] SPP, 552; s. auch SS 3, 360; RS, 342, 411; SPP, 157f., 436; vgl. SPP, 157: „Der dem Zweifel entsprechende Reiz veranlaßt uns, Anstrengungen zu machen, um den Zustand der Überzeugung zu erreichen. [...] Mit dem Zweifel beginnt also der innere Kampf, und mit dem Aufhören des Zweifels endet er." Zu dieser Abfolge von Überzeugung, Zweifel und Restabilisierung einer neuen bzw. veränderten Überzeugung s. auch Hausman 1993, 21 – 36.

gesamte Orientierung, es bleiben immer Überzeugungen und Erwartungsstrukturen intakt, so dass nie ein entropischer Zustand völligen Zweifels eintritt (vgl. oben Punkt 6f). Wegen der notwendigen Dauerhaftigkeit von Gewohnheiten, Überzeugungen und Systemstrukturen insgesamt, dürfen all diese Regelungsmechanismen nur unter hochspezifischen Bedingungen und nicht bei jeder beliebigen Gelegenheit verändert werden. Von der Möglichkeit der Strukturänderung darf also generell nur überaus restriktiver Gebrauch gemacht werden, so z. B. im Pragmatismus nur dann, wenn eine gravierende überraschende Abweichung von der Erwartungsstruktur auftritt und sich deshalb ein signifikanter und relevanter Zweifel an einer bisherigen Überzeugung einstellt.[386]
12. Jede Änderung einer Gewohnheit oder Überzeugung wird also zu dem Zweck durchgeführt, dass eine bedeutende Irritation und ein berechtigter Zweifel beseitigt werden und zugleich eine adäquatere und umfassendere Überzeugung hervorgebracht wird. Selbst wenn dieses Ziel befriedigend erreicht wird, steht auch diese evolutionär neue Stufe der Überzeugung unter dem generellen fallibilistischen Vorbehalt (s. o. Punkt 7) und muss daher wie der entsprechende finale Interpretant als vorläufig angesehen werden.[387]

Wenn man deshalb auch zwischen einer vorläufigen Überzeugung und der endgültigen Wahrheit unterscheiden kann, so sind Überzeugung und Wahrheit für den momentan Überzeugten doch identisch. Denn er hat ja keinen Zweifel an seiner Überzeugung, solange sie als Erwartungsstruktur befriedigend, d. h. enttäuschungs- und irritationsfrei, funktioniert. Daher hat er auch keinen Grund zur Annahme, dass sie falsch sein könnte, sieht sie also implizit als wahr an. Der Unterschied zwischen Wahrheit und Überzeugung ist also das Ergebnis einer Beobachtung zweiter Ordnung, für den Beobachter erster Ordnung stellen die Begriffe ‚Überzeugung' und ‚wahre Überzeugung' eine Tautologie dar:[388]

> „Deine Probleme würden bedeutend vereinfacht, wenn du, anstatt zu sagen, daß du die »Wahrheit« erkennen willst, einfach sagtest, daß du einen Zustand der Überzeugung erreichen willst, der unangreifbar für jeden Zweifel ist." (SPP, 436)

Hier deutet sich allerdings ein Wahrheitsbegriff an, der die oben genannten fallibilistischen Vorbehalte hinter sich lässt, da diese Wahrheit als eine Überzeugung verstanden wird, die „unangreifbar für jeden Zweifel" sein soll. Wenn auch eine absolute Wahrheit dieser Art,

---

[386] SS 2, 263; SS 3, 362; SPP, 564.

[387] „Die Gewohnheit ist, so gesehen, die provisorische Vorwegnahme des idealen Grenzwertes des endgültigen Interpretanten, provisorisch deshalb, weil ihre Gültigkeit nur solange dauert, bis sich durch auftretende Widerstände neue Gewohnheiten einstellen." (Oehler 1995, 237).

[388] „[...] sobald eine feste Überzeugung erreicht ist, sind wir völlig zufriedengestellt, gleichgültig ob die Überzeugung wahr oder falsch ist. [...] Das Äußerste, was wir behaupten können, ist, daß wir nach einer Überzeugung suchen, die wir *für wahr halten*. Aber wir halten jede unserer Überzeugungen für wahr, und daher ist die zuletzt vorgeschlagene Ausdrucksweise eine bloße Tautologie." (SPP, 157f.) vgl. SS 2, 263; SS 3, 362; Nur ein Beobachter zweiter Ordnung kann also sehen, dass die von Beobachter erster Ordnung jeweils erkannte Wahrheit und die reale Wahrheit nicht koextensiv sind (vgl. Gavin 1980, 346). Die divergenten Beobachterperspektiven würden erst im regulativen Ziel der *final opinion* konvergieren, deren wahre Repräsentation die Realität zum Objekt hätte (vgl. Punkt 3 in Kap. 8.3.10). Da Marcus Singer in seiner kritischen Untersuchung der Zusammenhänge von Wahrheit, Realität und Überzeugung diese beobachtungstheoretische Unterscheidung von Beobachtungen erster und zweiter Ebene nicht vornimmt, sieht er bei Peirce eine theoretische Inkonsistenz, die nicht gegeben ist (Singer 1985).

wie oben in Punkt 1 erwähnt, nicht das Zentrum des Pragmatismus als Theorie der Bedeutung und der Konstitution von Überzeugungen bildet, spielt sie bei Peirce doch als regulatives Prinzip pragmatischer Forschung und Überzeugungsbildung eine nicht unwesentliche Rolle.[389] Diese Wahrheit entspricht in dieser regulativen Funktion dem vollständig ausgebildeten finalen Interpretanten einer Semiose (vgl. die Punkte 3d und 3l in Kap. 8.2.7) und ist wie er in eine unbestimmte Zukunft verlegt. Pragmatisch wird diese Wahrheit repräsentiert in der *final opinion*, also der letztgültigen Überzeugung, die eine unbegrenzte Forschergemeinschaft nach ausreichender Untersuchung und Interpretation des Bezugsobjekts *in the long run* erreichen sollte. Da dies eine allgemeine und nicht mehr bezweifelte Zustimmung zu der erreichten Überzeugung voraussetzt, liegt bei Peirce eine Konsenstheorie der Wahrheit vor.[390] Was die konkrete Erreichbarkeit dieser *final opinion* angeht, so darf man wohl ebenso skeptisch sein wie beim ultimativen finalen Interpretanten.

13. Überraschungen und Irritationen spielen in Peirces Pragmatismus bei der Herausbildung einer Überzeugung wie gezeigt eine zentrale Rolle. Fragt man nun nach der Herkunft dieser Irritationen, so verweist Peirce eindeutig auf die Umwelt:

> „Es ist wichtig für den Leser, sich klar zu machen, daß echter Zweifel immer einen Ursprung außer uns hat, gewöhnlich in einer Überraschung." (SPP, 458)

Wenn man im Moment außer Acht lässt, dass ein binnenkomplexes System sich trotz seiner Strukturdeterminiertheit auch selbst überraschen kann,[391] Irritationen also nicht immer nur aus der Systemumwelt stammen müssen, kommt der Umwelt, der Peirce den Ursprung von Überraschungen und Zweifeln zurechnet, eine bedeutende Rolle für die Konstitution der Überzeugungen und damit der Strukturen des Systems zu. Die Frage nach der Richtung der evolutionären Veränderungen und nach der Nicht-Beliebigkeit der Systemstruktur verweist demnach auf das Problem, in welchem Verhältnis das Zeichensystem, das auch pragmatische Aspekte integriert, und seine Umwelt stehen. Diesen Problemkreis werde ich in Kapitel 8.3 aus unterschiedlichen Perspektiven behandeln.[392]

---

[389] „[...] und die absolute Wahrheit zu glauben wäre gleichbedeutend damit, eine derartige Überzeugung zu haben, die uns unter keinen tatsächlich vorkommenden Umständen auf eine Überraschung stoßen lassen würde." (SS 2, 208) Da das Ziel pragmatischer Überzeugungsbildung wie auch semiotischer struktureller Kopplung (s. Kap. 8.3.8) in der Vermeidung von Überraschungen bzw. im möglichst irritationsfreien Operieren liegt, stellt die absolute Wahrheit das optimale Erreichen dieses Ziels dar; zur Darstellung der Wahrheit im Konsens der *final opinion* als regulativem Prinzip der Erkenntnis s. auch Oehler 1995, 102f.

[390] Zu den verschiedenen Aspekten von Peirces Wahrheitsbegriff s. SS 1, 420; SS 3, 269f., 317f., 321; NZ, 345; RS, 20f., 357f.; SPP, 41, 205f., 260, 448; S&S, 73, 116f.; VP, 143; zu Peirces Realitätsbegriff, der eng an seine Wahrheitstheorie gekoppelt ist, s. die Punkte 2 in Kap. 8.3.3 und 3 in Kap. 8.3.10; Joseph DeMarco hat untersucht, welchen Stellenwert die Gemeinschaft bei Peirce v. a. hinsichtlich seines Wahrheits- und Realitätsbegriffs einnimmt (DeMarco 1971); vgl. hierzu auch Muoio 1984, 170 – 172, 177; Oehler 1993, 91 – 93.

[391] Dass auch Peirce nicht davon ausgeht, dass ein System vollständige Kontrolle über seine Operationen ausüben kann, geht aus NZ, 335 klar hervor.

[392] Der Zusammenhang zwischen Überzeugung, regelhafter Irritation aus der Umwelt und Restabilisierung einer neuen Überzeugung kann als pragmatische Variante der strukturellen Kopplung eines Systems an seine Umwelt gelesen werden; zur semiotischen Konzeption der strukturellen Kopplung eines Zeichensystems s. Kap. 8.3.8. Analoge Mechanismen habe ich bereits in Punkt 10 von

Fazit: Die Problemhorizonte, die Peirce in seinem Pragmatismus aufspannt, und die Lösungen, die er für sie anbietet, weisen ein großes Maß an wesentlichen Gemeinsamkeiten mit seiner Zeichentheorie auf. Gerade die Parallelen hinsichtlich der dynamischen und finalen Interpretanten und der Möglichkeiten zum Aufbau und zur evolutionären Transformation von Systemstrukturen fallen deutlich auf. Deswegen können auch Argumentationsschemata und Schlussfolgerungen aus Peirces Pragmatismus kohärent in meinen Entwurf eines Zeichensystems integriert werden, gerade was die Konditionierung und Strukturierung des Systems angeht. Wie sich das Verhältnis zwischen einem pragmatisch bereicherten Zeichensystem und seiner Umwelt darstellen lässt, ist Gegenstand des nächsten Großkapitels.

Fazit zu Kapitel 8.2:
Das Zeichensystem, das ich bisher in enger Anlehung an Peirces Semiotik entwickelt habe, erfüllt alle wesentlichen Anforderungen, die Luhmann an die Strukturierung von rekursiven Systemen richtet. In Peirces Kategorienschema ist es v. a. die Kategorie der Drittheit, in der die Konditionierungs- und Strukturierungsleistungen des Zeichensystems zu verorten sind. Da Peirce sein Zeichen kategorial differenziert, sind es v. a. auch die Zeichensubklassen der Drittheit, d. h. Legizeichen, Symbole und Argumente, mittels derer das Zeichensystem in der Lage ist, die rekursiven Anschlüsse seiner ereignishaften Elemente zu strukturieren. Eine vergleichbare Funktion übernimmt aber auch der finale Interpretant, der ja ebenfalls der Drittheit entspricht. Indem die Zeichenklassen der Drittheit regeln, welche Möglichkeiten, die kategorial in der Erstheit gegeben sind, in den konkreten Zeichen der Semiose selektiv aktualisiert werden, spezifizieren sie diese Zeichen und machen sie zu qualifizierten Systemelementen in einem gerichteten Prozess. In dieser Hinsicht kann das Zeichensystem als strukturdeterminiert gelten. Das Verhältnis der operativ ereignishaft verwendeten Zeichen, also der Sinzeichen mit ihren dynamischen Interpretanten, zu den Zeichenklassen der Drittheit kann als interdependent und komplementär beschrieben werden: Das Zeichensystem existiert konkret nur in seinen ereignishaften Elementen, deren rekursive Relationierung aber von den strukturierenden Zeichentypen konditioniert wird. Die Elemente existieren nur in einmaliger Aktualität und momenthaft, während die Zeichentypen der Drittheit wiederholte Aktualisierungen zulassen und relativ dauerhaft sind. Der finale Interpretant und die Zeichenklassen, welche die wesentlichsten Beiträge zu Systemstrukturierung leisten, sind historische und veränderliche Produkte der Systemoperationen: Sie werden in den konkreten Zeichenprozessen, die sie selbst steuern, aufgebaut, bekräftigt und generalisiert oder auch abgeschwächt, abgebaut, vergessen oder transformiert. Daraus ergibt sich eine dynamische Stabilität des Zeichensystems, welche die Möglichkeit zur strukturell evolutionären Anpassung des Zeichensystems an seine Umwelt eröffnet. Das Verhältnis von Zeichensystem und Umwelt ist das Thema des nächsten Kapitels.

Kapitel 8.2.1 bezüglich der Regelhaftigkeit des Legizeichens und in Punkt 31 von Kapitel 8.2.7 bezüglich der Transformation von finalen Interpretanten angesprochen.

8.3 Das Zeichensystem und seine Umwelt

Nachdem ich in Kapitel 8.1 dargestellt habe, dass Peirces Zeichen in jeder relevanten Hinsicht als Systemelement in Luhmanns Sinne fungieren kann, und in Kapitel 8.2 dargelegt hatte, dass ein an Peirces Semiotik und Pragmatismus orientiertes Zeichensystem sich selbst und seine Prozesse so strukturieren und konditionieren kann, wie Luhmann es von rekursiv operierenden Systemen verlangt, bleibt nun noch ein weiterer grundsätzlicher Themenkomplex zu behandeln, nämlich das Verhältnis des Zeichensystems zu seiner Umwelt. Der Problemhorizont, dem ich mich dabei in diesem Kapitel zuwende, entspricht den systemtheoretischen Fragestellungen, kritischen Analysen und Ergebnissen der Kapitel 4.1 und 4.3.4.

Es ist in diesem Zusammenhang zuerst zu fragen, ob das Zeichensystem durch die rekursive Relationierung seiner Elemente eine operative Grenze zu seiner Umwelt aufbauen und aufrechterhalten kann. Man wird hier sehen, dass das Zeichensystem zwar eine Grenze zu seiner Umwelt erstellt, dass diese aber wegen der formalen Natur von Peirces Zeichendefinition und der damit zusammenhängenden Universalität des Zeichens anders hergeleitet werden muss als in Luhmanns Systemtheorie (Kap. 8.3.1).

Weiterhin ist zu untersuchen, wie sich die Identität eines Zeichensystems in Peirces relationslogisch ausgerichteter Semiotik im Unterschied zu Luhmanns streng differenzlogischer Systemtheorie beschreiben lässt. Peirces kategorial differenzierte Betrachtung der Zeichentheorie lässt eine dreifache Thematisierung der Identität eines Zeichensystems zu (Kap. 8.3.2).

Anschließend kann man analog zu Luhmann die Frage nach dem Realitätsstatus des Zeichensystems stellen. Da ‚Realität' bei Peirce aber ein regulativer Begriff der Drittheit ist, der ähnlich wie sein Wahrheitsbegriff in eine unbestimmte Zukunft verlegt ist, muss man terminologisch bei Peirce eher nach der Wirklichkeit oder der Existenz des Zeichensystems in der Zweitheit fragen, um das Problem zu behandeln, zu dem sich auch Luhmann äußert (Kap. 8.3.3).

In einem vierten Schritt kann man dann ebenfalls in Anlehnung an Luhmann einen Komplexitätsvergleich zwischen Zeichensystem und Umwelt durchführen und prüfen, ob und, wenn ja, wie sich in Peirces Semiotik Luhmanns Aporien in diesem Punkt vermeiden lassen (Kap. 8.3.4).

Sodann ist darzulegen, unter welchen Bedingungen die Umwelt im Zeichensystem dargestellt werden kann (Kap. 8.3.5), und welche Charakteristika der Umwelt eines Zeichensystems zugeschrieben werden können oder auch müssen (Kap. 8.3.6). Besonders hier ist darauf zu achten, wie sich Probleme, die Luhmann differenz- und formentheoretisch nicht lösen kann, im Lichte von Peirces kategorial differenzierter Semiotik darstellen.

Ein zentrales Problem der Luhmann'schen System-Umwelt-Differenzierung lag darin, dass es zwischen diesen zwei Formseiten keine Schnittstelle gab, die für manche Positionen Luhmanns aber gänzlich unverzichtbar ist. Eine derartige notwendige Schnittstelle ist bei Peirce im Zeichenkorrelat des Repräsentamens zu sehen, an dem möglicher Widerstand der Umwelt verortet werden kann und über das auch Kausalitätsverhältnisse zwischen System und Umwelt dargestellt werden können (Kap. 8.3.7.).

Mit diesem Hintergrund kann man dann auch das Verhältnis zwischen der Struktur des Zeichensystems und der Umwelt, die Frage nach der Strukturdeterminiertheit und der strukturellen Kopplung im Zeichensystem untersuchen (Kap. 8.3.8). Vor allem letzteres Problem hatte ich in Kapitel 8.2 bei der Besprechung der Strukturierungsmöglichkeiten des Zeichensystems weitgehend ausgeblendet, da der gesamte Kompex des Zeichensystem-Umwelt-Verhältnisses hier im Zusammenhang behandelt werden sollte.

Im Anschluss an dieses Kapitel und auch an die Ergebnisse von Kapitel 8.3.5 werde ich Luhmanns konstruktivistisches Konzept dem Repräsentationsmodell von Peirce gegenüberstellen und untersuchen, ob diese beiden Ansätze tatsächlich in dem Spannungs- oder gar Gegensatzverhältnis stehen, von dem oft die Rede ist (Kap. 8.3.9).

Parallel zu Luhmann kann man noch einen Blick darauf werfen, welche Möglichkeiten, einen Weltbegriff zu bilden, es im Zeichensystem gibt, und ob die drei verschiedenen Weltbegriffe Luhmanns kohärent in das Zeichensystem integriert werden können (Kap. 8.3.10).

Im Anschluss an diese Reihe vergleichender funktionaler Analysen ist dann zu fragen, ob ein semiotisches Pendant zu Luhmanns beobachtungs- und differenztheoretischem re-entry-Begriff zu finden ist, bzw. wie die Leistungen des re-entry im Zeichensystem abgedeckt werden können. Da ich in Kapitel 5 die Denkfigur des re-entry als fundamental für Luhamns Sinnbegriff herausgestellt habe, werde ich mich diesen Fragen aber erst in Kapitel 9 bei der semiotischen Besprechung von Luhmanns Sinnkategorie zuwenden.

8.3.1 Die Grenze des Zeichensystems und die Universalität der Zeichen

Nach Luhmann grenzt sich ein autopoietisches, d. h. rekursiv operierendes System von seiner Umwelt dadurch ab, dass es seine eigenen Elemente durch die rekursive Relationierung eben dieser Elemente selbst herstellt und sich dadurch selbst laufend reproduziert. Diesen Mechanismus, bei dem die Elemente nicht aus der Umwelt entnommen werden können, sondern ausschließlich im System produziert werden und durch den eine diskontinuierliche Grenze ohne operative Ausgriffsmöglichkeiten in die Umwelt aufgebaut und erhalten wird, nennt Luhmann operative, selbstreferentielle oder auch rekursive Schließung (vgl. Kap. 4.1.1 und Kap. 4.1.2). Eine Folge dieser theoretischen Disposition ist, dass die jeweils operativ verwendeten Elemente systemspezifisch sind, sie also nur in einem bestimmten Systemtyp, nicht aber in dessen Umwelt auftreten: Kommunikationen gibt es demnach nur in sozialen Systemen und Gedanken nur in psychischen Systemen. Ziel dieses Kapitels ist es, wieder im Sinne einer funktionalen Analyse zu ermitteln, wie sich ein Zeichensystem von der Art, wie ich es bisher entwickelt habe, gegen seine Umwelt abgrenzen kann, und welche Gemeinsamkeiten und Unterschiede sich zwischen Luhmanns und Peirces Ansätzen beobachten lassen.

Luhmanns Unterscheidung zwischen System und Umwelt ist eine Zwei-Seiten-Form, d. h. jede der beiden Seiten kann nur mittles ihrer Differenz zur anderen Seite identifiziert werden: Jede Seite ist also das, was sie ist, nur durch das, was die andere nicht ist, und jede Variation der einen Seite muss zu einer Kovariation der anderen Seite führen, da sich dabei die stets gemeinsame Grenze verschiebt.

Diese formentheoretische Konstellation entspricht in Peirces Kategorienschema exakt der genuinen Zweitheit: Diese Kategorie umfasst ja alle dyadischen Relationen, in denen sich die beiden Korrelate gegenseitig bestimmen und auch im Sinne einer negativen Differenzrelation wechselseitig ihren Status definieren (s. Punkt 1a in Kap. 8.1.3). Um also entscheiden zu können, ob es in Luhmanns Sinne für ein Zeichensystem überhaupt eine Grenze zur Umwelt gibt, muss man bei Peirce zuerst zeigen, dass es eine Zweitheit zwischen System und Umwelt gibt. Anschließend wäre zu fragen, ob und wie das Zeichensystem selbst diese Grenze aufbaut und erhält.

1. Inwiefern es zwischen der Umwelt bzw. Umweltereignissen und dem Zeichensystem eine Zweitheit, also eine dynamische dyadische Relation geben kann, lässt sich am besten an Peirces zweifach differenziertem Objektbegriff zeigen. Deshalb möchte ich hier seine Unterscheidung von unmittelbarem und dynamischem Objekt einführen:

> „Denn wenn wir von dem *Objekt* eines Zeichens sprechen, können wir darunter das Objekt verstehen, soweit es ein unabhängiges Sein hat, das Objekt oder, wie wir es auch nennen können, das *dynamische* Objekt als etwas, das auf das Zeichen wirkt und es bestimmt; oder wir können andererseits damit das *unmittelbare* Objekt meinen, das Objekt so, wie es das Zeichen darstellt." (SS 2, 376f.)[393]

Das Objekt, wie es durch das Repräsentamen für den Interpretanten im Zeichen dargestellt wird, ist dieser Definition gemäß mit dem unmittelbaren Objekt gleichzusetzen. Dieses stellt als das dritte Zeichenkorrelat eine zeichen- und damit systeminterne Größe dar und scheidet daher bei unserer Suche nach einer genuinen Zweitheit zwischen Zeichensystem und Umwelt aus.[394] Das unabhängige dynamische Objekt dagegen soll auf das Zeichen einwirken und es somit bestimmen können, überhaupt ein Repräsentamen des Objekts zu

---

393 Beim unmittelbaren und dynamischen Objekt handelt es sich nicht um zwei verschiedene Objektarten, sondern um zwei unterschiedliche Thematisierungsweisen desselben Objekts (vgl. Deledalle 2000, 42; Schönrich 1990, 129); zu Peirces Differenzierung zwischen dem dynamischen und dem unmittelbaren Objekt s. auch SS 2, 257, 274f., 283f., 287f., 401f.; SS 3, 82, 145, 215, 370; FÜ, 151, 155; S&S, 83, 196; VP, 65; s. auch Rohr 1993, 51 – 60, hier v. a. 55 – 60 zur Unterscheidung der beiden Objektperspektiven; Nöth 2000, 63f.; Pape 1989, 297 – 342; Schönrich 1990, 128 – 136; zu Luhmanns unplausibler Behandlung des Signifikats s. Kap. 6.2.

394 Das unmittelbare Objekt ist eine systeminterne, zeichenabhängige Konstruktion: „Das unmittelbare Objekt ist jenes Objekt, welches das Zeichen erschafft, indem es dieses darstellt." (SS 2, 283) vgl. SS 2, 402; SS 3, 145, 213, 215, 351, 370, 404; S&S, 83; Jedes Zeichen braucht zur Vervollständigung seiner Triade ein unmittelbares Objekt, während ein dynamisches Objekt nicht zu existieren braucht (vgl. Buczynska-Garewicz 1981, 39; Oehler 1995, 88, 111f.; Seiter 1992, 34; Short 1981b, 217). Die interne Konstruktion eines unmittelbaren Objekts ist allerdings nicht beliebig, sofern sie der Darstellung eines dynamischen Objekts dient (vgl. Hausman 1993, 68, 155): In diesem Falle muss nämlich das unmittelbare Objekt als zeicheninterne Darstellung eines bestimmten externen dynamischen Objekts identifizierbar und über das Repräsentamen auf es rückführbar sein: „Das unmittelbare Objekt, das ein Zeichen darzustellen bestrebt ist, ist selbst ein Zeichen." (SS 1, 427) „The Sign must indicate it [the dynamoid object, meine Ergänzung] by a hint; and this hint, or ist substance, is the *Immediate* Object." (S&S, 83) vgl. SS 1, 427; Auch Roland Daube-Schackat bezieht die Unterscheidung von unmittelbarem und dynamischem Objekt in seine Arbeit über Peirces Semiotik und deren Bezug zur Hermeneutik ein. Er bezieht aber fälschlich den „Hinweischarakter" des unmittelbaren Objekts auf dessen Ikonizität, anstatt sie korrekt von dessen Indexikalität, die auch aus den oben zitierten Stellen klar hervorgeht, herzuleiten (Daube-Schackat 1987, 79; korrekt hierzu Schönrich 1990, 135). Diese Indexikalität impliziert freilich auch ikonische Bestandteile (s. Punkt 2f in Kap. 8.2.5), die aber allein zur eindeutigen Identifizierung des indizierten Objekts und zur Informationsvermittlung nicht ausreichen.

werden.[395] Mit Wirksamkeit, Einflussnahme und Bestimmung[396] sind freilich Phänomene angesprochen, die zentral in Peirces Zweitheit fallen, so dass die Relation zwischen dynamischem Objekt und Zeichen als dyadisch zu beschreiben ist. Demnach kann das dynamische Objekt nicht wie das unmittelbare Objekt ein internes Zeichenkorrelat sein, sondern muss dem Zeichen bzw. dem Zeichensystem in dessen Umwelt als ein genuines und externes Zweites gegenüberstehen. Diese beiden Aspekte des dynamischen Objekts spricht Peirce auch mehrfach explizit an, wobei es im zweiten der folgenden Zitate zu den bei Peirce häufigen terminologischen Schwankungen kommt:

---

[395] Die Bestimmung des Zeichens durch das dynamische Objekt sollte so verstanden werden, wie ich es eben vorgeschlagen habe, nämlich nur als Bestimmung dazu, überhaupt als Repräsentamen dieses Objekts gebildet werden zu können. Diese Art von Bestimmung hat nämlich noch nichts damit zu tun, wie dieses Repräsentamen dann im Zeichensystem interpretiert wird, denn diese Interpretation wird im Sinne der Strukturdeterminiertheit von systeminternen Regeln und Gewohnheiten, wie sie etwa in Legizeichen oder finalen Interpretanten repräsentiert werden, bestimmt (s. z. B. SS 3, 258, 471 und vgl. Hausman 1993, 68f., der allerdings den Unterschied zwischen Determination und Einschränkung einer Repräsentation durch das dynamische Objekt nicht ausreichend unterscheidet: Wenn das dynamische Objekt durch Widerstände und Irritationen die Beliebigkeit seiner Darstellung im Zeichensystem beschränkt, bedeutet das noch nicht, dass es die Art der Repräsentation positiv determinieren könnte). Wenn freilich das dynamische Objekt das Zeichen auf solche Weise bestimmt, dann ist es in der entsprechenden Zweitheit das aktive Korrelat, während das Zeichen das passive ist, aber diese Unterscheidung zwischen aktiv und passiv beeinträchtigt die kategoriale Zuordnung zur Zweitheit nicht im mindesten, sondern differenziert sie nur (vgl. SS 1, 446; VP, 26). Helmut Pape sieht die Determination des Zeichens durch das dynamische Objekt darin, dass die Darstellung der Realität des dynamischen Objekts das Telos bzw. den finalen Grund der Semiose bildet (Pape 1995). Dazu ist zu sagen, dass hierbei das dynamische Objekt aber nicht nur ein Zeichen, sondern einen gesamten Zeichenprozess bis hin zum ultimativen Interpretanten determinieren würde, und diese Erklärung nur die Realität des dynamischen Objekts, also nur den Aspekt seiner Drittheit, abdeckt. Dies weicht aber zu stark von Peirces Charakterisierung des dynamischen Objekts als ein Phänomen der Zweitheit ab. Eine finale Determinierung ist also nur hinsichtlich der Drittheit des dynamischen Objekts und der Drittheit einer ganzen Semiose, wie sie in deren ultimativem finalen Interpretanten repräsentiert wird, feststellbar, was Pape aber nicht herausarbeitet; ähnlich hierzu Daube-Schackat 1987, 87 – 89; Das Problem der Determinations- und Kauslitätsverhältnisse lässt sich am ehesten dadurch lösen, dass man, wie von mir vorgeschlagen, die Zweitheit zwischen dynamischem Objekt und Zeichen bzw. Repräsentamen als die causa efficiens der auf das dynamische Objekt gerichteten Semiose ansieht und die Erkenntnis der Realität dieses dynamischen Objekts in seiner Drittheit als die causa finalis (vgl. auch Hausman 1993, 156 – 158, 165). Darauf, dass der Finalgrund den Wirkgrund voraussetzt, weist Thomas Short zu Recht hin (Short 1981a, 377), allerdings ohne den wertvollen Querverweis, dass dies genau der kategorialen Implikation bei Peirce entspricht. Die kategoriale Differenzierbarkeit der an der Semiose beteiligten Faktoren wird in der Forschung insgesamt zu wenig beachtet; eine gute Zusammenfassung der entsprechenden Diskussion gibt Hulswit 1998; vgl. auch Hulswit 2001.

[396] Zu diesen dynamisch-dyadischen Aspekten des dynamischen Objekts s. auch SS 1, 188, 246; SS 2, 284, 321f., 401f.; SS 3, 82, 145, 215, 218, 252, 282; RS, 129, 136; In Übereinstimmung mit Umberto Eco und Klaus Oehler (Eco 1995, 217; Oehler 1995, 235f.) sei darauf hingewiesen, dass dynamische Objekte keineswegs Gegenstände der physischen Welt sein müssen, sondern ebenso z. B. literarische Fiktionen wie das Einhorn und der Phönix oder auch philosophische Begriffe sein können.

„Es [das Zeichen, meine Ergänzung] hat zwei Objekte [...] – das *dynamische*, zu dem es echt *Sekundan* ist." (SS 2, 275)[397]

„The Mediate Object is the Object outside of the Sign; I call it the *Dynamoid* Object." (S&S, 83)[398]

Ohne jetzt schon weiter darauf einzugehen, wie dynamische Objekte im Zeichensystem genauer konzipiert werden können (vgl. Kap. 8.3.8), ist doch festzuhalten, dass es sich dabei um dynamische und in der Systemumwelt ausdifferenzierte Größen handeln muss, die im Sinne der Zweitheit auf das Zeichensystem einwirken können, und zwar von außen, d. h. aus der Umwelt. Demnach könnten die Überraschungen, Enttäuschungen und Irritationen, von denen im Zusammenhang mit dem finalen Interpretanten und Peirces Pragmatismus die Rede war und die im System Zweifel an bestehenden Überzeugungen und ggf. Strukturänderungen auslösen können (s. die Punkte 3l in Kap. 8.2.7 und 7 bis 10 und 13 in Kap. 8.2.8), den jeweiligen dynamischen Objekten als Quellen in der Umwelt des Zeichensystems zugerechnet werden: Luhmanns dyadische Relation von Irritation und Erwartungsstruktur wäre also bei Peirce funktional etwa der Dyade von dynamischem Objekt und finalem Interpretanten gleichzusetzen.

Bisher war nur von der Einwirkung des dynamischen Objekts auf das Zeichen die Rede. Peirce hatte aber in der oben zitierten Definition dem dynamischen Objekt ein „unabhängiges Sein" zugesprochen: Letzteres entspricht einer Thematisierung dieser Objektart gemäß der Erstheit, nämlich als einer von allem anderen unabhängigen monadischen Relation. Wenn allerdings das Verhältnis von Zeichensystem und Umwelt, in der ja das dynamische Objekt zu verorten ist, als genuine Zweitheit beschrieben werden soll, darf man das dynamische Objekt nicht monadisch perspektivieren, sondern muss untersuchen, inwiefern es selbst in dyadischer Abhängigkeit vom Zeichensystem gedacht weden kann:[399] Denn eine

[397] vgl. PhLZ, 61: „Ein *Objekt* ist seinem eigentlichen Sinne nach ein Zweites." vgl. SS 3, 317; Dass es sich bei der Einwirkung des dynamischen Objekts auf das Zeichensystem um eine genuine Zweitheit handelt, zeigt sich auch darin, dass Peirce dabei zu Recht von einer aktualen Erfahrung spricht: „It [das dynamische Objekt, meine Ergänzung] is an object of actual *Experience*." (S&S, 197) vgl. SS 3, 213, 351; S&S, 69 und die Punkte 1c und 1d in Kap. 8.1.3.

[398] Dass das dynamische Objekt dem Zeichensystem extern gegenübersteht und dadurch mit ihm in der Relation der Zweitheit steht, geht auch aus folgenden Stellen klar hervor: SS 2, 257; SS 3, 319, 351, 358, 370; SPP, 56, 114; Robert Almeder bespricht im Rahmen seiner Analyse von Peirces Wahrnehmungslehre auch die Externalität des Wahrnehmungsobjekts (Almeder 1970, hier v. a. 105f.).

[399] Von einem dynamischen Objekt, das man als monadische Relation der Erstheit betrachtet, kann man nicht behaupten, dass es existiert, da Existenz ein Phänomen der Zweitheit ist: „Es [das dynamische Objekt als Ding-an-sich in der Erstheit, meine Ergänzung] existiert *als solches* nicht. D. h. es gibt kein Ding, das in dem Sinne an-sich wäre, daß es nicht in Bezug auf den Verstand steht, obwohl die Dinge, die in Bezug auf den Verstand stehen, zweifellos, auch wenn man von dieser Relation absieht, existieren." (SPP, 76) Peirce spricht hier die Darstellungs- oder Beobachtungsabhängigkeit des dynamischen Objekts an. Nur wenn die Voraussetzung der Beobachtung bereits erfüllt ist, kann man sie wieder ausblenden und postulieren, dass das Sein des dynamischen Objekts auch unabhängig von dieser Voraussetzung in der Erstheit gegeben ist. Zu dieser Problematik s. auch Almeder 1970 (v. a. S. 104), der aber nicht mit der kategorialen Differenzierung des dynamischen Wahrnehmungsobjekts arbeitet und daher etwas umständlich argumentieren muss. Auch

genuine Dyade erfordert eine wechselseitige Bestimmung der Korrelate, also in unserem konkreten Fall, dass sowohl das Zeichensystem nicht unabhängig von der Umwelt und den dynamischen Objekten in ihr definiert werden kann, als auch dass die Umwelt mit den dynamischen Objekten nicht unabhängig von einem Zeichensystem bezeichnet werden kann:

Peirce spricht dem dynamischen Objekt den Realitätsstatus der Existenz zu, und diese ist kategorial ein Phänomen der Zweitheit.[400] Die Existenz des dynamischen Objekts besteht nun darin, auf die oben dargestellte Weise Wirkungen auszulösen, und eben diese Wirkungen können bzw. müssen dann in einem Zeichensystem als Zeichen oder genauer als Repräsentamina der Existenz und weiterführend der Realität des entsprechenden dynamischen Objekts interpretiert werden. Andernfalls könnte das dynamische Objekt nicht beobachtet werden, so dass man ihm auch keine Existenz zusprechen würde. Daher ist das Zeichensystem als dyadisches Korrelat des dynamischen Objekts nötig, damit man ihm seinen eigentlichen Realitätsstatus überhaupt zuerkennen kann:

> „Ob ein Ding ist oder nicht, das kann überhaupt keinen Unterschied machen, wenn es niemandem gegenüber je ein Zeichen von seinem Sein gibt. Folglich gilt: Zu sein, ohne manifest geworden zu sein, ist eine Art des Seins, die sich von seiner Verneinung nicht unterscheidet und also eine sinnlose Wortfolge darstellt." (RS, 69)[401]

Hugh Joswick hätte seine gute und knappe Darstellung von Peirces Zeichenobjekten durch die Berücksichtigung der Kategorienlehre noch bereichern können (Joswick 1995, hier v. a. 95 – 98). Hans Lenk fällt bei seiner Kritik an Peirce weit hinter dessen Reflexionsniveau zurück, indem er den Zusammenhang von Realität, Repräsentation und kategorialer Differenzierung des Seins bei Peirce offenbar nicht kennt oder auch nicht durchschaut (Lenk 1993, 66f.). Kelly Parker geht an diese Problematik ohne beobachtungstheoretischen Hintergrund heran und kann sie daher nicht befriedigend lösen (Parker 1994, 65 – 69): Man kann freilich das kategorial differenzierte Sein des dynamischen Objekts ‚an sich' als unabhängig von seiner zeichenhaften Repräsentation ansprechen, und Peirce selbst tut dies oft genug. Dennoch bleibt unhintergehbar, dass ein Beobachter bzw. ein Zeichensystem das dynamische Objekt nur dann überhaupt thematisieren kann, wenn es in der Zweitheit so auf den Beobachter bzw. das Zeichensystem einwirkt, dass es eben zeichenhaft repräsentiert werden kann. Ist dies nicht der Fall, gibt es für das dynamische Objekt keinen Beobachter, so dass es auch keine Systemreferenz gibt, für welche die Unterscheidung zwischen Sein und Nichtsein dieses Objekts Sinn ergäbe; zur Problematik des ‚Dings an sich' bei Peirce s. auch Schumacher 1996, 200 – 208.

[400] s. Punkt 1a in Kap. 8.1.3; Während Existenz in die Zweitheit fällt, rechnet Peirce Realität der Drittheit zu und verlegt sie wie seinen Wahrheitsbegriff in eine unbestimmte Zukunft. Daher bezeichnet Peirce das dynamische Objekt zu Recht als existentes und nicht als reales Objekt, wobei er selbst allerdings nicht immer so konsequent bei dieser mit seiner Kategorienlehre abgestimmten Unterscheidung bleibt, wie an der folgenden Stelle: „Jenes Ding, das ein Zeichen als solches verursacht, wird das *Objekt* genannt (nach dem Sprachgebrauch das »reale«, aber genauer das *existente* Objekt), das durch das Zeichen dargestellt wird." (SS 3, 280) vgl. SS 3, 305; Helmut Pape scheint in seiner Peircerezeption diese kategoriale Differenzierbarkeit des dynamischen Objekts zu wenig zu berücksichtigen und daher erstens seine Existenz und Realität weniger zu trennen (Pape 1995, 105) und zweitens überhaupt zu stark auf die Drittheit des dynamischen Objekts zu fokussieren (Pape 1995).

[401] Das dynamische Objekt muss sich an seinen zeichenhaften Wirkungen in der Zweitheit gewissermaßen zu erkennen geben, und davon hängt auch die weitere Erkenntnis der Realität des dynami-

Die Manifestation, von der Peirce hier spricht, ist beim dynamischen Objekt in seinen Wirkungen zu sehen, und das dyadische Korrelat, das für diese wirkungsbestimmte Manifestation notwendig ist, kann nur ein Zeichensystem sein, da es die Manifestation ja als Zeichen für die Existenz des dynamischen Objekts interpretieren können soll. In dieser Hinsicht ist das dynamische Objekt also keineswegs unabhängig vom Zeichensystem, sondern steht vielmehr in eben der genuinen Zweitheit zu ihm, die für die Abgrenzung des Zeichensystems von der Umwelt erforderlich ist, in der die dynamischen Objekte zu situieren sind.

Damit ist erwiesen, dass es die gesuchte Zweitheit zwischen Zeichensystem und Umwelt gibt, und zwar als genuine Zweitheit, da die Umwelt nur dann als Umwelt existiert, wenn sie sich dem Zeichensystem gegenüber durch ihre Wirkungen in der Zweitheit manifestiert, und auch die Identität des Zeichensystems nur durch seine Differenz von dieser Umwelt in der Zweitheit bezeichnet werden kann.[402]

2. Bei der Vorstellung von Peirces Zeichen- und Semiosebegriff hatte ich herausgearbeitet, dass es sich in beiden Fällen um Phänomene der Drittheit handelt (s. die Punkte 3 und 4 in Kap. 8.1.1 und v. a. Punkt 4 in Kap. 8.1.2). Da nun ein Zeichensystem eben aus der prozesshaften, rekursiven Relationierung seiner Elemente, der Zeichen, besteht, muss es selbst über die eben vorgestellte Differenz zu seiner Umwelt in der Zweitheit hinaus ein Phänomen der Drittheit sein. Und wegen des allgemeinen Implikationsverhältnisses der Kategorien (s. Punkt 2 in Kap. 8.2.2) ist zu erwarten, dass das Zeichensystem schon wegen seiner eigenen Drittheit die Zweitheit als niedrigere Kategorie impliziert. Diese Erwartung wird auch nicht enttäuscht, sondern die Zweitheit kann im Zeichensystem durchaus thematisiert werden, und zwar sogar mehrfach:

Das Sinzeichen ist der Zeichensubtyp, der in die Zweitheit fällt und der untersucht werden muss, wenn man die konkrete Existenz der Zeichen und damit des Zeichensystems beobachten will (s. Punkt 2a in Kap. 8.1.3). Wie beim dynamischen Objekt ist also auch beim Zeichen die Kategorie der Zweitheit zu wählen, wenn man sich auf seine Existenz beziehen will, und da das Zeichensystem konkret nur in seinen Elementen, d. h. in seinen Sinzeichen, existiert, wirkt sich dieser Zusammenhang auch auf das gesamte Zeichensystem aus. Die Identität eines Sinzeichens, das man aus dem rekursiven Prozesszusammenhang der Semiose isoliert, kann seinerseits nur durch die Unterscheidung von anderen Zeichen bzw. der Zeichenumwelt gebildet werden, so dass auch hier die Identität des Zeichens als Phänomens der Drittheit die in der Zweitheit gebildeten Differenzen impliziert und voraussetzt.[403] Jedes Sinzeichen ist aber für sich nur ein momenthaft existierendes Ereignis

---

schen Objekts in der Drittheit ab (s. SS 2, 321f.), denn nach Peirce gilt: „Nun ist aber [...] das, was absolut nicht erkannt werden kann, in keiner Weise real. Eine absolut unerkennbare Existenz ist eine sinnlose Redensart." (RS, 102) vgl. SPP, 32, 262; Man sieht an diesen zentralen Stellen übrigens auch, dass bei Peirce Sein und Zeichen-Sein zusammenfallen, aber auf diesen Zusammenhang werde ich unten in Punkt 3 noch zu sprechen kommen; vgl. SPP, 117, wo Peirce ebenfalls die Beobachtungsabhängigkeit des dynamischen Objekts anspricht: „Diese Theorie der Realität zerstört sofort die Idee eines Dings-an-sich, das unabhängig ist von jeder Relation zu dem Begriff, den das Bewußtsein von ihm haben kann." „Bewußtsein" müsste man freilich auf der breiteren Basis meines Ansatzes durch ‚Zeichensystem' ersetzen.

402 vgl. PhLZ, 55f.

403 vgl. Punkt 2c in Kap. 8.1.3 und NZ, 317; Luhmann äußert sich widersprüchlich, indem er einmal Widerstände zwischen den Systemoperationen und der Umwelt ausschließt und sie nur systemintern zwischen den Operationen zulässt und an anderen Stellen Kontakt und Widerstand zwischen

(s. Punkt 2c in Kap. 8.1.3), so dass auch die durch das Sinzeichen in der Zweitheit zur Umwelt hervorgebrachte Grenze immer nur punktuell existiert. Da es aber andererseits all diese Sinzeichen konkret und aktual nur wegen ihrer kontinuierlich rekursiven und strukturiert prozesshaften Relationierung mit den anderen Zeichen der Semiose gibt (s. die Punkte 2 und 3 in Kap. 8.1.2), entsteht eine dauerhafte Grenze zwischen Zeichensystem und Umwelt in der Zweitheit erst durch den kontinuierlichen Zeichenprozess in der Drittheit. Die Zweitheit ist damit sowohl kategoriale Voraussetzung und Implikation im Zeichensystem und in seinen Prozessen als auch ein dauerhaft grenzbildendes Ergebnis eben dieser rekursiven Zeichenprozesse. Dass das Zeichensystem durch seine Prozesse in der Drittheit die grenzbildende und kategorial ohnehin implizite Zweitheit selbst erst erstellt, ist nach Luhmann kennzeichnend für autopoietische Systeme, denen Zeichensysteme somit zugerechnet werden dürfen.

Damit läge bereits ein erster Hinweis darauf vor, wie ein Zeichensystem in der Zweitheit seine Grenze zur Umwelt erstellt und aufrechterhält, nämlich durchaus im Sinne von Luhmanns selbstreferentieller bzw. operativer Schließung durch die rekursive Relationierung seiner Zeichenelemente in der Drittheit der Semiose. Hier tritt allerdings ein Problem auf, denn nach Luhmann sind die verwendeten Elemente jeweils systemspezifisch, sie kommen also nur in einem bestimmten Systemtyp vor. Dieser Zusammenhang ist nun auf ein Zeichensystem, das sich an Peirces Semiotik orientiert, so nicht übertragbar, was ich im folgenden Punkt entfalten möchte.

3. Ich hatte oben in Punkt 1 dargelegt, dass das dynamische Objekt nur dann als existent anzusehen ist, wenn es in der Form einer Zweitheit auf ein Zeichensystem einwirkt, das diese Wirkungen eben als Zeichen für die Existenz des dynamischen Objekts interpretieren kann. Ohne diese zeichenhafte Einwirkung kann die Existenz und darauf aufbauend die Realität des dynamischen Objekts nicht beobachtet werden,[404] so dass dessen Sein mit sei-

---

Systemoperationen und Umwelt nicht nur akzeptiert, sondern sogar fordert (s. Kap. 4.1.8). Diese beiden Arten von Widerstand können bei Peirce konsequent als zwei verschiedene Arten von Zweitheit angesprochen werden: Die eine Art ist in dem Unterschied und eventuellem Widerstand von einem Sinzeichen zu den anderen Sinzeichen der Semiose zu sehen, also als systeminterner Widerstand von Operationen, und die andere Art in dem Unterschied und Widerstand eines Sinzeichens zu einem Objekt oder Ereignis in der Umwelt, also als externer Widerstand. Diese Widerstände sind zwar unterschiedlich zu lokalisieren, sind aber dennoch gleichermaßen Phänomene der Zweitheit: Was sich bei Luhmann widerspricht, ist bei Peirce völlig kohärent.

[404] Freilich kann sein Sein in der Erstheit so, wie es an sich selbst unabhängig von allem anderen ist, als monadische Relation thematisiert werden (SS 2, 272), was allerdings nichts daran ändert, dass sich dieser Aspekt jeder konkreten Beobachtungsoperation entzieht. Erst wenn das dynamische Objekt in der Zweitheit eben dynamisch auf das Zeichensystem einwirkt und dadurch ein Zeichen seiner Existenz gibt, kann es hinsichtlich seiner Realität in der Drittheit des Zeichensystems beobachtet und dargestellt werden: „Die Frage sollte nicht sein, was das Objekt an sich selbst ist, sondern ob es dargestellt ist." (SS 2, 277) vgl. SS 2, 321 und NZ, 376: „Daß das Objekt überhaupt eine Beschaffenheit hat, kann nur in einer Darstellung, daß dem so ist, bestehen [...]." vgl. auch Merrell 1996, 148; Die beiden Aspekte des unabhängigen Seins und zugleich der zur Erkenntnis notwendigen Darstellung durch ein Zeichen kombiniert Peirce an der folgenden Stelle, wo er das dynamische Objekt anspricht als „Wesen des Objekts in sich selbst, insoweit es das Wesen des Zeichens affiziert." (SS 2, 287) vgl. SS 2, 284; S&S, 196; SPP, 114 – 117; Auch Susanne Rohr und Vincentino Tejera betonen, dass bei Peirce jedes Objekt ein im semiotischen Sinne signifikantes Objekt, d. h. ein Zeichenobjekt, sein muss (Rohr 1993, 53, 57f.; Tejera 1996, 109).

nem Zeichen-Sein zusammenfällt:[405] Das dem Zeichensystem externe dynamische Objekt muss somit letztlich selbst von der Art eines Zeichens sein, da es sonst im Zeichensystem gar nicht repräsentiert werden könnte:

> „So sieht man es also als ein notwendiges Resultat der Analyse an, daß das in dem Zeichen dargestellte Objekt, dessen Eigenschaften unabhängig von dieser Darstellung sind, selbst eine Art Zeichen ist, so daß seine Eigenschaften doch nicht von *allen* Darstellungen unabhängig sind. [...] Das Ergebnis der Analyse, daß jedes dargestellte Objekt von der Natur eines Zeichens sein muß, ist (wenn wir es als wahr akzeptieren) für bestimmte Arten des Schreibens von großer Bedeutung." (SS 2, 242)[406]

Die zeichenhaften Wirkungen des dynamischen Objekts müssen am Zeichenkorrelat des Repräsentamens in die Semiosen des Zeichensystems eintreten, damit das Objekt überhaupt dargestellt werden kann: Das Repräsentamen ist also die Schnittstelle, an der die Zweitheit von dynamischem Objekt und Zeichensystem in die Drittheit des Zeichens und der Semiose transformiert wird.[407] Wegen dieser Schnittstelle ist die Grenze zwischen Zeichensystem und Umwelt bei Peirce nicht ebenso diskontinuierlich wie bei Luhmann. Die Kontinuität, die Peirce über das Repräsentamen zulässt, entspricht völlig den Postulaten seines philosophischen Synechismus, gemäß dem es keine absoluten Grenzen, sondern vielmehr universelle Kontinuität gibt.[408] Dass es auch unter diesen Umständen eine Grenze zwischen dynamischem Objekt und Zeichensystem bzw. den universellen Zeichenprozessen und denen in einem bestimmten Zeichensystem gibt, zeigt sich daran, dass es an der Schnittstelle des Repräsentamens zu einem Kategorienwechsel zwischen Zweitheit und Drittheit kommt. Läge grenzenlose Kontinuität vor, müsste die Drittheit bruchlos vorliegen.

Wenn aber unter diesen Rahmenbedingungen das systemexterne dynamische Objekt selbst von der Art eines Zeichens sein muss, dann können Zeichen nicht systemspezifisch sein, sondern sie treten dann auch in der Umwelt von Zeichensystemen auf. Dieses Ergeb-

---

[405] Dass dieser Zusammenhang von Sein und Zeichen-Sein bei Peirce von genereller und universeller Gültigkeit ist, zeigt sich bei ihm auch in anderen Argumentationszusammenhängen: So sieht Peirce z. B. Denken und Sein als synonyme Begriffe an (SS 1, 172), und da für ihn jeder Gedanke ein Zeichen ist (SS 2, 162), müssen auch Sein und Zeichen-Sein zusammenfallen; s. auch NZ, 345, 377; Aufgrund dieses Zusammenhangs wird für Peirce auch „der höchste Grad an Realität nur durch Zeichen erreicht." (FÜ, 143); vgl. Merrell 1997, 65; Oehler 1990, 43; Oehler 1993, 68, 94f., 132; Parker 1994, 65f. und Oehler 1995, 87: „Es gibt überhaupt keine bedeutungslosen Objekte. Alle unsere Objekte sind Objekte von Zeichen, und ein Zeichen ohne Bedeutung gibt es nicht; das wäre ein Widerspruch."

[406] Zur Zeichenhaftigkeit und Zeichenabhängigkeit des dynamischen Objekts vgl. auch SS 2, 162, 321; SS 3, 213, 350f.; Auch das unmittelbare Objekt kann als Zeichen fungieren, nämlich dann, wenn es die selektive Darstellung eines dynamischen Objekts sein soll: Seinen Zusammenhang mit dem dynamischen Objekt muss es nämlich selbst indexikalisch und damit zeichenhaft darstellen (SS 1, 427; S&S, 83).

[407] Diese Schnittstelle, die in Peirces relationslogischem und kategorial differenziertem Zeichenbegriff im Repräsentamen zu sehen ist, ist genau das Theorieelement, das in Luhmanns zweiwertiger Differenztheorie mit erheblichen Negativkonsequenzen fehlt. Auf das Repräsentamen als diese überaus wichtige Schnittstelle zwischen Zeichensystem und Umwelt werde ich in Kap. 8.3.7 noch näher eingehen.

[408] s. Punkt 4 in Kap. 8.1.2 und vgl. Oehler 1993, 124f.

nis deckt sich mit der Universalität, die Peirce generell für Zeichen postuliert und die man auf verschiedene Weise herleiten kann:

Als Erstes ist daran zu erinnern, dass das Zeichen kategorial ein Phänomen der Drittheit ist (s. die Punkte 3 und 4 in Kap. 8.1.1). Und da den drei Kategorien universelle Gültigkeit zugesprochen wird, gibt es aus der Sicht von Peirces Kategorienlehre keine Veranlassung, das Zeichen in seiner Drittheit restriktiv zu behandeln, indem man es auf eine bestimmte Systemreferenz einzuschränkte.

Zweitens hatte Peirce das Zeichen rein formal als triadische Relation definiert und sich dabei nicht auf einen bestimmten Systemtypus festgelegt. Die Zeichendefinition umfasst vielmehr alle triadischen Relationen, die Peirces formale Anforderungen an die Triade ‚Repräsentamen–Objekt–Interpretant' erfüllen (s. Punkt 1 in Kap. 8.1.1). Es lässt sich also aus der formal universellen Zeichendefinition nicht herleiten, dass es eine spezifische Art von System geben solle, innerhalb dessen Grenzen exklusiv Zeichen als Elemente gebildet werden könnten.

Es gibt also wegen der formalen Natur von Peirces Zeichen und dessen Fundierung in der Kategorienlehre keinen Grund, weshalb es nicht auch in der Umwelt von Zeichensystemen Zeichen geben können soll. Das Zeichen ist eine universelle triadische Form und kann daher sogar im ganzen kategorial differenzierten Universum auftreten. Peirce schreibt,

> „daß das gesamte Universum – nicht bloß das Universum des Existierenden, sondern jenes ganze umfassendere Universum, auf das als »die Wahrheit« uns zu beziehen wir alle gewohnt sind –, daß dieses ganze Universum von Zeichen durchdrungen ist, wenn es nicht gar ausschließlich aus Zeichen gebildet wird." (SS 2, 348)[409]

Wenn nun aus diesen Gründen das gesamte Universum, das man bei Peirce wohl wie Luhmanns Weltbegriff als einen differenzlosen, allumfassenden Letztbegriff ansehen darf, von Zeichen „durchdrungen" ist oder sogar aus ihnen besteht, dann kann das Zeichen als Systemelement freilich nicht wie Luhmanns Kommunikationen oder Gedanken auf den abgegrenzten Raum eines bestimmten Systemtyps beschränkt werden, sondern muss notwendig auf beiden Seiten der Grenze zugelassen werden.[410] Hierin liegt ein wesentlicher Unter-

---

[409] An anderer Stelle schreibt Peirce, „daß alle Realität aus Zeichen besteht" (RS, 283); s. auch NZ, 345: „Die Entelechie des Universums des Seins, das Universum als Tatsache, ist also das Universum in seinem Zeichenaspekt, die »Wahrheit« des Seins." vgl. NZ, 377: „Die Entelechie des Seins liegt im Darstellbarsein." zur Universalität von Peirces Zeichen s. auch Colapietro 1985, 502; Corrington 1993, 141 – 166; Joswick 1995, 93, 100f.; Nöth 2000, 61f., 133f.; Oehler 2000, 27f.

[410] In diesem Zusammenhang ist auch daran zu erinnern, dass Begriffe wie ‚Geist', ‚Vernunft' oder ‚Denken' bei Peirce einen bemerkenswert weiten Bedeutungsumfang haben und auch auf unbelebte Materie angewandt werden (s. Punkt 1 in Kap. 8.1.1). Alle derartigen Begriffe fallen kategorial in die Drittheit wie das Zeichen, das sie auch alle implizieren, da z. B. Denken bei Peirce ausschließlich als Zeichenprozess konzipiert werden kann. Wenn also Denken sich nur in Zeichen vollzieht und Denken auch in der unbelebten Natur vorkommt, dann muss es dort auch Zeichen geben, was die Universalität der Zeichen auf anderem Wege herleitet: „Denken ist nicht notwendig mit einem Gehirn verbunden. Es zeigt sich in der Arbeit der Bienen, der Kristalle und überall in der rein physikalischen Welt. [...] Doch ebenso wie es kein Allgemeines geben kann ohne Instanzen, die es verkörpern, so kann es kein Denken ohne Zeichen geben." (SS 3, 162f.) vgl. SS 2, 152; SS 3, 80, 267; vgl. Short 1981b, 203; Dass Denk- und damit Zeichenprozesse universell und um-

schied zu Luhmanns Theoriebau, indem bei diesem bestimmte Elemente nur mit einer klar definierten Systemreferenz, z. B. Kommunikationen ausschließlich in sozialen Systemen, auftreten und somit bestimmte Elemente bereits an sich implizit immer schon grenzdefinierend sind. Bei Peirce kann dagegen die Grenze eines Zeichensystems nicht allein schon durch die Verwendung von Zeichen als Systemelementen definiert werden, da das Auftreten von Zeichen eben nicht exklusiv systemspezifisch ist, sondern Zeichen aus den oben genannten kategorialen und formalen Gründen auch außerhalb von Zeichensystemen in deren Umwelt gebildet werden können.[411]

Vorläufig ist also folgender Befund festzuhalten: Es lässt sich zeigen, dass es einerseits zwischen dem Zeichensystem und seiner Umwelt eine genuine Zweitheit gibt, wobei die Grenze zwischen diesen beiden Korrelaten eben genau das Zeichensystem von seiner Umwelt unterscheidet (s. o. Punkt 1). Diese Grenze in der Zweitheit wird durch den kontinuierlichen Zeichenprozess des Systems in der Drittheit dauerhaft aufrechterhalten, so dass man zu Recht davon sprechen kann, dass ganz in Luhmanns Sinne das Zeichensystem sich selbst operativ und rekursiv gegen seine Umwelt abschließt (s. o. Punkt 2). Diese selbstreferentielle Schließung kann aber nicht schon durch die bloße Verwendung von Zeichen als systemspezifischen Elementen verwirklicht werden, da in Peirces pansemiotischem Ansatz Zeichen rein formal bestimmte und universale Größen sind (Punkt 3). Es bleibt also im nächsten Punkt noch zu untersuchen, auf welche genaue Art und Weise das Zeichensystem die aufgrund bisheriger Argumentationsergebnisse bereits unbezweifelbare Grenze zur Umwelt erstellt.

4. Die Lösung dieses Problems, die man Peirces Schriften entnehmen kann, liegt sogar mehr auf Luhmanns Linie als dessen eigener Ansatz. Luhmann fordert nämlich im Rahmen seines operativen Konstruktivismus generell ein radikale Umstellung von Was- auf Wie-Fragen.[412] Von diesem Postulat weicht Luhmann aber genau genommen ab, wenn er bei der Frage nach der Grenzziehung zwischen System und Umwelt auch berücksichtigt, welche spezifische Art von Elementen in einem bestimmten System relationiert wird. Denn die Frage nach der Art ist eine Was-Frage, die etwa durch ‚Kommunikationen' oder ‚Gedanken' beantwortet werden könnte. Diese Antwort betrifft zwar noch nicht das ebenfalls wichtige Wie der Relationierung, definiert aber auf der Elementarebene schon die entsprechende Systemreferenz, nämlich soziale bzw. psychische Systeme mit ihren spezifischen Grenzen.

Eine entsprechende Was-Frage kann man bei Peirce zwar auch stellen, man bekommt bei ihm aber auf der Elementarebene keine Antwort, welche die Grenzziehung zwischen Zeichensystem und Umwelt erklärt. Denn das Zeichen ist, wie oben dargelegt, universell, stellt also keine systemspezifische Art von Element dar und definiert daher, auch wenn es im Zeichensystem als Systemelement verwendet wird, an sich noch nicht die Grenze dieses

fassend zu sehen sind, unterstreicht Peirce nachdrücklich in RS, 236f. und SPP, 60, 84 mit Anm. 12, 544, 567 mit Anm. 15.; zu Peirces Verbindung von externalistischer und internalistischer Herleitung geistiger Prozesse und der Identität eines semiotischen ‚Selbst' s. Colapietro 1985 und Colapietro 1989.

[411] zu diesen Unterschieden vgl. auch Kap. 6.3.

[412] s. z. B. WissdG, 95, 98, 265, 313, 611, 669, 685; GdG, 995; vgl. auch Kap. 6.3; Dass semiotische Fragestellungen ohnehin eher auf das ‚Wie' als auf das ‚Was' abzielen zeigt auch Ellen Seiter hinsichtlich semiotischer Bedeutungskonstitutionen (Seiter 1992).

Systems. Um die Grenze des Zeichensystems zur Umwelt herleiten zu können, muss man bei Peirce vielmehr eine Wie-Frage stellen, nämlich: Auf welche Art und Weise werden die Zeichen im System relationiert? Diese Frage verschiebt das Problem von der Ebene der Systemelemente auf die Ebene der Systemstrukturen, die durch diese Elemente aufgebaut und durch Kondensierung und Konfirmierung erhalten oder auch verändert werden. Die in bestimmter Weise konditionierte und strukturierte rekursive Relationierungsart von Zeichen ist bei Peirce also entscheidend dafür, dass sich ein bestimmtes Zeichensystem gegen seine Umwelt abgrenzt und sich aus dem umfassenden und kontinuierlichen Zeichenprozess des Universums ausdifferenziert. Diesen Zusammenhang werde ich im Folgenden ausgehend von Peirces Texten noch genauer entwickeln. Dabei kann ich auch auf Ergebnisse zurückgreifen, die ich bei der Besprechung anderer Theorieelemente von Peirces Semiotik bereits erzielt hatte:

a) Da die Wirkung eines Zeichens bzw. die Bedeutung, die ihm im Zeichensystem zugeschrieben wird, von dessen Strukturen abhängt, kann man das Zeichensystem als strukturdeterminiert bezeichnen.[413] Die Strukturen des Zeichensystems, die sich z. B. in Legizeichen, Symbolen oder dem finalen Interpretanten manifestieren können, sind wiederum ein historisches Produkt der rekursiven Zeichenprozesse, die bisher in diesem System abgelaufen sind (vgl. die Punkte 1h und 2 in Kap. 8.2.4, 3j in Kap. 8.2.5, 3k in Kap. 8.2.7 oder auch 6e in Kap. 8.2.8).

Aus dieser historisch relativen Strukturdeterminiertheit des Zeichensystems folgt, dass sich das System eben durch die in besonderer Weise determinierte Art, seine Zeichenprozesse zu strukturieren, laufend von der Umwelt abgrenzt. Und da ein Zeichensystem nur rekursiv operieren kann, bleibt es auch weiterhin im Laufe der Systemgeschichte von seiner historisch kontingenten Struktur abhängig, die somit stets grenzdefinierend wirkt. Denn der im Zeichensystem konstituierte Objektbezug hängt immer von der Erfahrung bzw. Vertrautheit mit diesem Objekt ab, und seine spezifische Bedeutung wird einem Zeichen stets durch seinen (vorläufigen) finalen Interpretanten zugewiesen, der selbst ein Produkt der bisherigen Systemgeschichte ist: Somit ist die in bestimmter Weise strukturierte Systeminnenseite entscheidend für die Wirkung und Bedeutung des Zeichens, was ohne die ständig mitlaufende Abgrenzung gegen die Umwelt gar nicht möglich wäre.[414]

b) Die Systemstruktur muss aber noch um den Aspekt der Selektivität erweitert werden. Auf die grundsätzliche Selektivität des Zeichens, der Zeichenprozesse und damit auch der Strukturen eines Zeichensystems habe ich schon mehrfach hingewiesen:[415] Da ein Zeichensystem nur eine auch strukturell begrenzte Beobachtungs- und Repräsentationskapazität hat, kann keine systeminterne, strukturdeterminierte Darstellung eine Eins-zu-Eins-Repräsentation eines dynamischen Objekts aus der Umwelt des Systems sein und deshalb kann das Zeichensystem immer nur selektiv an der kontinuierlichen, universellen Semiose

[413] vgl. die Punkte 1c in Kap. 8.2.4, 3b in Kap. 8.2.5 und 3h in Kap. 8.2.7; Bei der Besprechung von Selbstreferenz und Selbstorganisation nennt Wolfram Köck Peirce sogar im unmittelbaren Zusammenhang mit Theoretikern der 2nd order cybernetics, nämlich Heinz von Foerster und Francisco Varela (Köck 1996, 83f.).

[414] vgl. SS 1, 139f.; SS 3, 152, 346, 467; s. auch Punkt 2h in Kap. 8.2.5.

[415] s. die Punkte 1 in Kap. 8.1.2, 1 in Kap. 8.2.1, 2c in Kap. 8.2.2, 2 und 3b in Kap. 8.2.3, 1b und 2c in Kap. 8.2.4, 1c, 2f, 2g und 3e in Kap. 8.2.5, 1e, 2a und 3d in Kap. 8.2.6, 2c und 3d in Kap. 8.2.7 und 4 und 6a in Kap. 8.2.8.

partizipieren.[416] Wegen dieser Selektivität seiner Strukturen und Zeichenprozesse kann das System auch nicht gewährleisten, dass seine Strukturen an die dynamischen Umweltbedingungen stets optimal angepasst sind und dass sie für alle möglichen Umweltereignisse im Sinne einer Erwartungsstruktur adäquate Vorsorge treffen können. Daher können auf dem Hintergrund dieser historisch kontingenten und selektiven Strukturen immer die Irritationen, Überraschungen, Zweifel und Enttäuschungen auftreten, von denen im Zusammenhang mit dem finalen Interpretanten und Peirces Pragmatismus die Rede war (s. Punkt 31 in Kap. 8.2.7 und die Punkte 6 – 12 in Kap. 8.2.8).

Eben diese Tatsache, dass sich irritierende Ereignisse aller Art nur in der Relation zu den Strukturen, Gewohnheiten und Erwartungen des irritierten Systems definieren lassen, zeigt, dass es die Strukturen sind, die dem System seine Identität durch die abgrenzende Unterscheidung von der Umwelt geben. Dass es Zeichen, die im System als Elemente fungieren, auch in der Umwelt gibt, spielt dafür keine Rolle: Die Strukturen definieren gerade in einem strukturdeterminierten System wie dem Zeichensystem seine Partizipationsmöglichkeiten an der universellen Semiose und somit seine Grenzen, so dass sich die historisch gewachsene Identität und Individualität des Systems, und damit eben auch seine Grenzen, indirekt an seiner Unwissenheit und seinen Irrtümern ablesen lassen:

> „Irrtum und Unwissenheit, so möchte ich bemerken, sind alles was unser privates Selbst vom absoluten Ego unterscheidet." (SS 1, 165)[417]

Diese Zitat muss man freilich noch umformulieren, um es in den bisherigen Argumentationsgang einbinden zu können: Ein spezifisches Zeichensystem differenziert sich aus der universellen Semiose aus und grenzt sich dadurch gleichzeitig von seiner Umwelt ab, indem es strukturbedingt nur hochselektiv an der kontinuierlichen Semiose des Universums Teil hat und daher stets Irrtums- und Irritationsmöglichkeiten unterliegt: Die historisch kontingente und selektive Struktur des Zeichensystems definiert also dessen Grenze.

c) So eindeutig die grenzbildende Form der Unterscheidung zwischen Zeichensystem und Umwelt auch ein Phänomen der Zweitheit ist, so ist diese Zweitheit doch ein Ergebnis, das durch die Struktur des Zeichensystems, also seine Drittheit, erzielt und aufrechterhalten wird, zumal es Zeichen auf beiden Seiten der Grenze gibt. Peirce behandelt das Problem der Grenzbildung auch bei Überlegungen hinsichtlich Individualität, Persönlichkeit oder Identität, denn von diesen Begriffen könnte ohne die entsprechende Grenzbildung zur Umwelt keine Rede sein.

Die drei eben genannten Konzepte Individualität, Identität und Persönlichkeit sieht Peirce nicht schon dadurch verwirklicht, dass sich ein System prinzipiell durch seine Art, d. h. die Art seiner operativ verwendeten Elemente, von seiner Umwelt unterscheidet oder sich durch seine Kontinuität in Ort und Zeit ausdifferenziert.[418] Er sieht das entscheidende Kriterium eher in einer dynamisch veränderlichen, graduellen Unterscheidung zwischen System

---

[416] vgl. RS, 206; SPP, 60, 84 mit Anm. 12, 544, 567 mit Anm. 15; Dass ich bei Peirce von ‚Partizipationsmöglichkeiten' sprechen kann, zeigt erneut, dass sein Theoriebau mit den Elementen ‚Synechismus', ‚Kontinuität' und ‚Repräsentamen als Schnittstelle' hier völlig anders ausgerichtet ist als Luhmanns strikt zweiwertige Differenztheorie, welche die Vorstellung von Partizipation ausschließt.

[417] vgl. SPP, 80, 212, 555; vgl. auch Corrington 1993, 83; Muoio 1984, 172f., 180.

[418] SS 1, 234; SS 3, 203.

und Umwelt, die das System selbst durch „eine gewisse Art der Koordination oder Verknüpfung von Ideen", „eine Art der Präsentation oder Repräsentation" oder „ein kontinuierliches Gesetz [...], das die Ereignisse in einer Folge von Augenblicken kontrolliert und vereinheitlicht"[419], hervorbringt.

Wenn Peirce hier von einem Gesetz oder einer bestimmten Art und Weise spricht, kann damit im Rahmen meines bisher entwickelten Zeichensystems bloß die Strukturebene des Systems in der Drittheit gemeint sein: Nur die strukturellen Vorkehrungen des Zeichensystems wie u. a. der finale Interpretant als pragmatische Verhaltensgewohnheit oder Überzeugung regeln die speziellen rekursiven „Verknüpfungen" der Semiose, konditionieren die „Art der Repräsentation" im System und „kontrollieren" die Abfolge der Sinzeichen im Laufe des Zeichenprozesses.

Dem entspricht, dass Peirce eine klar bestimmte und abgegrenzte Identität oder Persönlichkeit als „Bündel von Verhaltensgewohnheiten" definiert und Individualität „in der Kontinuität oder, um es genauer zu formulieren, in der Gradualität der Veränderungen von Gewohnheiten"[420] bestehen sieht. Die Kontinuität ist im Zeichensystem in der Semiose zu sehen, die einerseits strukturdeterminiert abläuft und andererseits dabei die Struktur des Systems graduell durch Kondensierung und Konfirmierung verändert bzw. transformiert. Und die Gewohnheiten werden vom finalen Interpretanten repräsentiert, der strukturell die Bedeutungszuschreibung an ein bestimmtes Zeichen regelt und auch zur Beobachtung und Definition der Grenze von Zeichenprozessen und des Zeichensystems in der Lage ist.[421] Wenn auf diese Weise die Struktur eines Systems konstitutiv für dessen Identität oder Individualität ist, dann ist sie auch entscheidend für die Grenze dieses Systems zu seiner Umwelt, da jede Form der Identitätsbildung in der Drittheit implizit auch eine Grenze in der Zweitheit hervorbringen muss.[422]

Somit wäre aus drei verschiedenen Perspektiven nachgewiesen, dass bei Peirce anders als bei Luhmann die Grenze zwischen Zeichensystem und Umwelt durch die Systemstruktur und nicht durch die Verwendung systemspezifischer Elemente hergeleitet werden muss. Der

---

[419] NZ, 206; SS 3, 203; PhLZ, 66 in der Reihenfolge der Zitate oben im Text; vgl. Muoio 1984, 178.

[420] RS, 261 und SS 2, 179; Dieses Konzept kann freilich nicht nur auf Zeichensysteme, sondern auch auf Objekte als ausdifferenzierte Einheiten angewandt werden; vgl hierzu auch Colapietro 1985, 501; Corrington 1993, 56; DeMarco 1971, 34; zu Peirces semiotischer Konstitution eines ‚Selbst' s. Colapietro 1989; Merrell 1997, 52 – 62; Jay Zeman äußert sich ebenfalls ganz in diesem Sinne: „the interpreter, then, is a historically existing continuum of interpretants [...]." (Zeman 1977, 25), wobei er nicht darauf aufmerksam macht, dass diese prozessual kontinuierliche Interpretantenfolge in jedem Zeichensystem auf spezifische Weise strukturiert ist. Robert Corrington weist auf den selektiv synechistischen Zusammenhang zwischen Selbst und Zeichenuniversum hin, wenn er schreibt: „To be a self is to be part of the ancient and vast semiotic networks that permeate the universe." (Corrington 1993, 84) vgl. loc. cit., 56, 83 – 85, 92, 96, 101, 113, 142.

[421] PhLZ, 165.

[422] Somit stellt es keinen Widerspruch dar, wenn Peirce Identität einmal gemäß der Zweitheit behandelt (s. Punkt 1b in Kap. 8.1.3) und einmal gemäß der Drittheit: Es manifestiert sich in der Zweitheit die Identität, die sich gemäß den Strukturregeln der Drittheit im rekursiven Semioseprozess aufgebaut hat, was auch ganz der allgemeinen Implikationsstruktur der Kategorien entspricht (s. Punkt 2 in Kap. 8.2.2). Gresham Riley stellt Peirces Identitätsbegriffe gemäß der Zweit- und Drittheit je richtig dar, ist aber nicht in der Lage, sie im Sinne der kategorialen Implikation kohärent aufeinander zu beziehen (Riley 1974).

prozessuale Mechanismus der Schließung ist allerdings in beiden Fällen derselbe, nämlich die operative Grenzbildung durch die rekursive Relationierung der Systemelemente, die dabei in dem prinzipiell unbegrenzten und kontinuierlichen Prozess der selektiv strukturierten Semiose durch das System selbst erst konstituiert werden. Wegen der Universalität der Zeichen als triadischer Formen gibt es bei Peirce trotz der strukturellen Grenzbildung einen kontinuierlichen, synechistischen Zusammenhang, der keine absolut diskontinuierliche Grenze wie bei Luhmann zulässt, sondern nur eine graduelle Grenze, die immer analog zu der Struktur bildenden Drittheit des Zeichensystems ist.

5. Nachdem nun geklärt ist, dass es eine Grenze zwischen Zeichensystem und Umwelt gibt, und wie sie hervorgebracht und aufrechterhalten wird, ist im Anschluss an den von Luhmann eröffneten Problemhorizont eine weitere Frage zu klären: Gerade wenn die Grenze, wie zuletzt in Punkt 4 gezeigt, nicht völlig diskontinuierlich ist, und wenn auf beiden Seiten der Grenze Zeichen vorhanden sein sollen, muss erörtert werden, ob das Zeichensystem Zeichen aus der Umwelt als Elemente bzw. Funktionseinheiten der eigenen Systemprozesse übernehmen kann oder ob es die eigenen Elemente ausschließlich durch die rekursive Relationierung mit den bisher produzierten Zeichen der eigenen Semiosen reproduzieren kann. Luhmann scheidet die erste Möglichkeit völlig aus, während er in der zweiten das Wesen der Autopoiesis verwirklicht sieht.

Zur Lösung dieses Problems setzt man am besten beim Zeichenkorrelat des Interpretanten an: Der Interpretant ist allgemein die bedeutungshafte Wirkung, die das Repräsentamen im Zeichensystem in Bezug auf dasselbe Objekt auslöst, das es auch selbst darstellt (vgl. Kap. 8.2.7). Als derartige Wirkung ist der Interpretant stets systemintern zu verorten. Da der Interpretant aber nur eines der drei kategorialen Zeichenkorrelate ist, muss er durch Repräsentamen und Objekt ergänzt werden, damit die Zeichentriade komplett ist. Andernfalls träte auch der Interpretant nicht auf. Daraus folgt, dass auch das gesamte Zeichen mit all seinen drei Relaten innerhalb der Grenzen des Systems gebildet werden muss, wenn der Interpretant intern auftritt, was er eben immer tut. Die weitere Abfolge dynamischer Interpretanten in der internen Semiose wird dann ohnehin vom finalem Interpretanten auf der Strukturebene des Systems konditioniert. Somit können analog zu Luhmanns Ansatz keine kompletten Zeichentriaden aus der Umwelt als Elemente in das Zeichensystem übernommen werden, die Grenze des Systems ist also für Zeichen als Funktionseinheiten durchaus diskontinuierlich.

Dieses Ergebnis tut auch Peirces Synechismus, in dem Kontinuität stark betont wird, keinen Abbruch: Das Zeichenkorrelat des Repräsentamens ist die Schnittstelle, an der Einwirkungen des dynamischen Objekts in die systeminterne Semiose eintreten können und diese Wirkungen werden dann im ohnehin internen Interpretanten mittels des ebenfalls internen unmittelbaren Objekts auf das externe dynamische Objekt verrechnet. Durch das Repräsentamen kann das Zeichensystem also an der kontinuierlichen universellen Semiose partizipieren, aber nur graduell innerhalb der Grenzen, die u. a. der finale Interpretant mit seiner historisch kontingenten, selektiven und daher prinzipiell falliblen strukturdeterminierenden Wirkung zieht.[423]

Fazit: Das Zeichensystem, wie ich es bisher in Anlehnung an Peirce konstruiert habe, ist in der Lage, sich selbst operativ und rekursiv gegen seine Umwelt abzuschließen. Wegen der

[423] vgl. Brier 1996, 242f.

Universalität des Zeichens als triadischer Form kann man bei Peirce zur Bildung der Systemgrenze nicht wie bei Luhmann auf systemspezifische Elemente verweisen, sondern muss die grenzkonstitutive Eigenschaft und Funktion der historisch gewachsenen und selektiven Struktur des jeweiligen Systems zusprechen. Die durch die Systemstruktur hervorgebrachte Grenze ist im Hinblick auf die universelle Semiose zwar nur graduell, dennoch können aus der Umwelt nicht ganze Zeichen als Elemente oder Funktionseinheiten in das System übernommen werden: Für die Zeichentriade als Ganze ist die Grenze diskontinierlich.

8.3.2 Peirces Semiotik und Differenz: Zur Identität des Zeichensystems

In Punkt 3 des letzten Kapitels war schon von der Identität bzw. Individualität des Zeichensystems die Rede. Das Problem der Identität möchte ich nun in Anlehnung an Luhmann aufgreifen und im Hinblick auf das Zeichensystem diskutieren.

Luhmann verbindet die Unterscheidungen von Identität/Differenz und System/Umwelt so, dass man die Identität eines Systems nur beobachten kann, wenn man seine Differenz zu seiner Umwelt bildet. Der Identität des Systems entspricht also keine ontologische Entität, sondern sie ist das beobachterabhängige Ergebnis einer kontingenten, stets zweiseitigen Unterscheidung (vgl. Kap. 4.1.1).

Bei Peirce kann man die Identität eines Zeichensystems den drei Kategorien entsprechend auf drei unterschiedliche Weisen thematisieren. Dabei ist es möglich, das Zeichensystem unter diesen drei Perspektiven unbeschadet der Tatsache zu betrachten, dass Zeichen, Zeichenprozesse und daher auch das Zeichensystem selbst Phänomene der Drittheit sind. Denn aufgrund der generell möglichen Selbstanwendung der Kategorien auf sich selbst (s. Punkt 5 in Kap. 8.2.2) ist jedes Phänomen der Drittheit auf seiner genuinen Ebene und auf zwei degenerierten Stufen analysierbar.

1. Wenn man ein System nur für sich, unabhängig von etwas anderem betrachten will, entspricht dies Peirces Erstheit als Kategorie der monadischen Relationen (s. Punkt 1 in Kap. 8.2.2). Diese Art der Beobachtung gemäß der Erstheit kann freilich nie in reiner Form verwirklicht werden, da jede konkrete Darstellung in ihrer Aktualität Zweitheit impliziert und als Repräsentation in die Drittheit fällt.[424] Dennoch erlaubt eine Beschreibung der Systemidentität gemäß der Erstheit zumindest partiell das Ausblenden der anderen Kategorien aus dem Fokus der Aufmerksamkeit und eröffnet somit eine abstrahierende Perspektive, die in Luhmanns rein zweiwertiger Beobachtungs- und Differenztheorie, die abgesehen von recht problematischen Letztbegriffen wie ‚Welt' oder ‚Sinn' keine monadischen Relationen kennt, nur schwer herzuleiten ist.

2. Luhmanns Ansatz korrespondiert bei Peirce am ehesten mit der Zweitheit, also der Kategorie der dyadischen Relationen (s. Punkt 1 in Kap. 8.1.3). Sowohl bei Luhmanns Zwei-Seiten-Form als auch in der genuinen Zweitheit bestimmen sich die zwei Korrelate gegenseitig zu dem, was sie sind, keines der beiden kann ohne das andere definiert werden. Im Sinne der Zweitheit kann also auch bei Peirce die Identität des Zeichesystems als eines dyadischen Formkorrelats wie bei Luhmann durch seine Differenz zur Umwelt gebildet

[424] Diesen Problemkreis habe ich bereits in Punkt 3 von Kapitel 8.2.2 im Zusammenhang mit der Frage nach der reinen Darstellbarkeit der Kategorien behandelt.

werden (vgl. die Einleitung und Punkt 1 in Kap. 8.3.1). Die kategoriale Definition der Systemidentität über die Zweitheit abstrahiert aber von der Drittheit, kann also als solche noch nicht dargestellt werden, da Darstellung eine triadische Relation ist.

Daran kann man eine interessante Beobachtung anfügen: Luhmann versucht im Anschluss an Spencer Brown, den Begriff der ‚Beobachtung' als Treffen einer Unterscheidung und gleichzeitiges Bezeichnen der einen Seite dieser Differenzform aus einer lediglich zweiwertigen Differenztheorie abzuleiten. Auf dem Hintergrund von Peirces dreiwertiger Relationenlogik sieht man aber, dass das Bezeichnen der einen Seite die Zweitheit bereits zur Drittheit hin übersteigt, da für eine Bezeichnung dasselbe gilt wie für Darstellungen generell: Sie fällt als triadische Relation in die Drittheit und kann daher in Luhmanns zweiwertiger Differenz-, Formen- oder Beobachtungstheorie eigentlich gar nicht verankert werden.

3. Dies ist in Peirces kategorial differenziertem Modell anders, da hier die Darstellung der Systemidentität in der Drittheit möglich ist. Dabei spielt es keine Rolle, ob diese Darstellung durch ein anderes, beobachtendes Zeichensystem im Sinne von Luhmanns Fremdbeobachtung durchgeführt wird, oder ob das Zeichensystem im Rahmen einer Selbstbeobachtung seine eigene Identität innerhalb seiner Grenzen darstellt. Jede dieser Darstellungen in der Drittheit setzt gemäß dem allgemeinen Implikationsverhältnis der Kategorien (s. Punkt 2 in Kap. 8.2.2) die beiden anderen Kategorien voraus, denn im Möglichkeitsraum der Erstheit muss das Zeichensystem in genuiner Zweitheit erst gegen seine Umwelt ausdifferenziert werden, damit dann seine Identität in der Drittheit repräsentiert werden kann.[425]

Fazit: Als logische und phänomenologische Beobachtungsinstrumente erlauben Peirces Kategorien eine differenzierte Behandlung der Frage nach der Identität des Zeichensystems. Hierbei können entsprechend den Hauptcharakteristika der drei Kategorien flexibel verschiedene Aspekte der Identitätskonstitution betont bzw. ausgeblendet werden, was bei Luhmann aufgrund der Zweiwertigkeit, die seinen Theoriebau kennzeichnet, nicht so leicht zu bewerkstelligen ist. Die Frage nach dem ontologischen Stellenwert des Zeichensystems mit seiner bestimmten Identität leitet bereits über zum nächsten Kapitel.

8.3.3 Existenz und Realität des Zeichensystems

Nach Luhmann besteht die Realität eines basal selbstreferentiellen Systems in der operativ rekursiven Relationierung seiner spezifischen, ereignishaften Elemente. Durch diese rekursiven Anschlüsse entsteht ein prinzipiell ateleologischer Systemprozess, und solange dieser grenzkonstitutive Prozess aufrechterhalten wird, existiert auch das System (s. Kap. 4.1.5 und Kap. 4.2 passim). Luhmann unterscheidet dabei terminologisch nicht zwischen der Existenz und der Realität des Systems: Das System ist real bzw. existiert konkret nur in den jeweiligen, momenthaft existierenden ereignishaften Elementen des rekursiven Prozesses, in dem das System seine Elemente und damit sich selbst reproduziert.

Peirce dagegen unterscheidet terminologisch und auch kategorisch zwischen Existenz als Phänomen der Zweitheit (s. Punkt 1a in Kap. 8.1.3) und Realität, die er der Drittheit zuord-

---

[425] Zu den Voraussetzungen der Selbstrepräsentation des Zeichensystems in sich selbst s. Punkt 3 in Kap. 9.1.

net (vgl. Punkt 3 in Kap. 8.3.10). Daher verdoppelt sich die Luhmann'sche Frage nach der Realität eines Systems bei Peirce in zwei Fragen, nämlich nach der Existenz und nach der Realität eines Zeichensystems:

1. Das Problem der konkreten Existenz des Zeichensystems ist bei der Besprechung des Sinzeichens eigentlich schon behandelt (s. Punkt 2a in Kap. 8.1.3): Wenn man die Existenz des Zeichens als eines Phänomens der Drittheit ansprechen will, muss man die Zweitheit der Drittheit des Zeichens thematisieren, d. h. man muss die Zeichensubklasse der Sinzeichen wählen. Denn Sinzeichen sind die aktual und ereignishaft existierenden Zeichen, mit denen ein Zeichensystem konkret operiert. An jedes Sinzeichen wird über seinen ebenfalls konkret existierenden dynamischen Interpretanten (s. Punkt 2 in Kap. 8.2.7) das Folgezeichen rekursiv angeschlossen, so dass sich daraus eben der Zeichenprozess ergibt, in dem die Sinzeichen erst produziert und reproduziert werden. Die Existenz des Zeichensystems als Ganzen ist also an diese jeweiligen rekursiv relationierten Sinzeichen gebunden; das System existiert somit auch nur momenthaft in seinen Sinzeichen, durch deren konditionierte und strukturierte Verwendung es sich auch laufend von seiner Umwelt abgrenzt (s. Punkt 2 in Kap. 8.3.1).[426]

Peirces Erklärung der Existenz des Zeichensystems deckt sich also weitgehend mit Luhmanns Position hinsichtlich der Realität von Systemen: Beide behandeln dieses Problem auf der Ebene der ereignishaften Elemente, in denen auch das gesamte System jeweils momenthaft existiert.

2. Darüber hinaus kann man bei Peirce aber noch nach der Realität des Zeichensystems fragen. Wie ich schon in der Einleitung zu Kapitel 8.3 und in Punkt 1 von Kapitel 8.3.1 kurz erwähnt habe, behandelt Peirce seinen Realitätsbegriff kategorial unter der genuinen Drittheit.[427] Realität kann also bei ihm nicht wie Existenz konkret, aktual, ereignishaft und in vollständiger Bestimmtheit verwirklicht werden, sondern muss wegen ihrer Drittheit allgemein und gesetzmäßig sein. Die Drittheit der Realität muss aber die Zweitheit der Existenz wegen der allgemeinen Implikation der Kategorien (s. Punkt 2 in Kap. 8.2.2) einschließen, wie ja auch das dynamische Objekt nicht als real angesehen werden könnte, wenn es nicht in der Zweitheit Zeichen seiner Existenz gäbe, und zwar in Form von Einwirkungen auf das Zeichensystem, aus denen dieses dann auf die Realität des dynamischen Objekts schließen könnte (vgl. die Punkte 1 und 3 in Kap. 8.3.1). Die Existenz eines Gegenstandes wird also von einer allgemeinen immanenten Gesetzmäßigkeit, in der seine Realität besteht, beherrscht:

---

[426] Die Dauerhaftigkeit und relative Stabilität des Systems ist dagegen erst aus dem in der Zeit ablaufenden und in bestimmter Weise strukturierten Semioseprozess auf der genuinen Ebene der Drittheit abzuleiten, ergibt sich also noch nicht auf der Ebene der ereignishaften Elemente (vgl. die einzelnen Ausführungen in Kap. 8.2). Die Sinzeichen sind ja keine genuine Zeichensubklasse, sondern als Zweitheit der Drittheit des Zeichens im Repräsentamenbezug stehen sie auf der ersten Degenerationsstufe des Zeichens (vgl. Punkt 5 in Kap. 8.2.2 und Punkt 2 in Kap. 8.2.3).

[427] „Nun ist Realität eine Angelegenheit der Drittheit als Drittheit, das heißt in ihrer Vermittlung zwischen Zweitheit und Erstheit." (VP, 81) Eine umfangreichere Darstellung von Peirces Realitätsbegriff werde ich in Punkt 3 von Kapitel 8.3.10 vorlegen.

„Realität besteht in Regelmäßigkeit. Reale Regelmäßigkeit ist aktives Gesetz." (VP, 81)[428]

Wenn nun die Realität eines Systems in der Lage ist, als aktive Gesetzmäßigkeit dessen konkrete Operationen in der Zweitheit zu steuern und zu bestimmen, dann bildet die Realität die allgemeine Strukturebene zur aktual ereignishaften Ebene der Existenz. Sie vereinigt nämlich alle wesentlichen Merkmale einer Struktur, die ich in Anlehnung an Luhmann vorgestellt und bei Peirce in der Drittheit, in die ja auch die Realität fällt, nachgewiesen habe (s. Kap. 8.2.1).

Unter diesen Umständen ist der Realität wegen ihrer Allgemeinheit v. a. auch eine in die Zukunft gerichtete Dauerhaftigkeit inhärent, die der ereignishaften und augenblicksfixierten Existenz fehlt. Andererseits ist die Existenz jeweils vollständig kontextualisiert und bestimmt, was wiederum die Realität nicht sein kann, da sie erstens als Phänomen der Drittheit allgemein ist und Wiederholung ermöglicht, zweitens in der Zukunft hinsichtlich ihrer Regelstruktur verändert werden kann und somit drittens immer in gewissem Umfang vage ist. Daher ist Realität auch wie Peirces Wahrheitsbegriff eine regulative Richtgröße, die zwar in der jeweiligen Gegenwart bereits wirksam ist, deren genaue Bestimmung aber in eine unendliche Zukunft verlegt werden muss. Die Realität eines Zeichensystems ist nach Peirce also auf dessen Strukturebene zu verorten, kann aber dort nicht ebenso genau bestimmt werden wie die Existenz des Systems auf der Elementarebene, sondern immer nur approximativ erschlossen und beschrieben werden.

Fazit: In Peirces kategorial differenzierter Semiotik muss man genau zwischen der Existenz und der Realität eines Zeichensystems unterscheiden. Während erstere in der Zweitheit und damit wie Lumanns Systemrealität auf der elementaren Ebene des Zeichensystems anzusiedeln ist, fällt die Realität in die Drittheit und muss daher auf der Strukturebene des Zeichensystems angesetzt werden. Dafür gibt es bei Luhmann keine Entsprechung.

8.3.4 Die Komplexität des Zeichensystems und seiner Umwelt

Bei der kritischen Analyse von Luhmanns systemtheoretischer Behandlung der Komplexitätsproblematik hatte ich auf gravierende Mängel und Aporien hingewiesen (s. Kap. 4.1.6): Sein ungenügend differenzierter und ausschließlich über spezifische Systemreferenzen definierter Elementbegriff macht letztlich einen Komplexitätsvergleich zwischen System und Umwelt unmöglich, da Luhmann wegen der völlig heterogenen Ausgangsbedingungen in System und Umwelt weder einen qualitativen noch einen quantitativen Vergleichsmaßstab benennen kann.

1. Dies ist nun bei Peirce ganz anders: Zeichen sind bei ihm ja nicht auf bestimmte Systemreferenzen festgelegt, sondern sie sind als triadische Formen universell. Sie kommen also in der Umwelt des Zeichensystems ebenso vor, wie sie in diesem selbst als Systemelemente

---

[428] vgl. SS 2, 152f.; NZ, 231; RS, 192; in RS 236f. schreibt Peirce in seiner bereits erwähnten recht weiten Begriffsverwendung von ‚Denken' und ‚Vernunft'(s. Punkt 1 in Kap. 8.1.1 und Punkt 3 in Kap. 8.3.1): „Also besteht Realität im Gesetz, und sie ist in sich selbst von der Natur des Denkens, das im Einzelfall an ein Hiersein und Jetztsein gebunden ist. Das Reale ist das Denken, aber ein Denken, das lebendig und beharrlich ist."

fungieren (s. Punkt 3 in Kap. 8.3.1). Wenn man nun wie Luhmann Komplexität unter Verwendung des Elementbegriffs definiert, nämlich als einen Zustand, in dem nicht mehr jedes Element stets mit jedem anderen relationiert werden kann, hat man mit Peirces Zeichen ein Element vorliegen, das aufgrund seiner Universalität einen sowohl qualitativen als auch quantitativen Komplexitätsvergleich zwischen einem Zeichensystem und seiner Umwelt zulässt. Das Problem der fehlenden gemeinsamen Bezugsgröße, an dem Luhmann letztlich scheitert, stellt sich in Peirces Zeichentheorie also gar nicht erst.

2. In einem nächsten Schritt ist nun zu klären, inwiefern bei Peirce im Zeichensystem und in dessen Umwelt überhaupt von Komplexität die Rede sein kann: Zeichen treten als universale triadische Form sowohl in Zeichensystemen als auch in deren Umwelt auf und sind dabei ebenso wie die Zeichenprozesse, die aus ihrer rekursiven Relationierung entstehen, grundsätzlich selektiv.[429] Aufgrund dieser prinzipiellen Selektivität ist eine vollständige Relationierung aller Zeichen zu keinem Zeitpunkt möglich, so dass jedes Vorkommen und jede Verwendung von Zeichen Komplexität in Luhmanns Sinne aufweist, unabhängig davon, ob die entsprechenden Zeichen in einem Zeichensystem oder in dessen Umwelt auftreten: Komplexität liegt also stets und auf beiden Seiten der Grenze vor, womit eine weitere Voraussetzung für einen sinnvollen Komplexitätsvergleich erfüllt wäre.

3. Eine komplexe Größe soll nach Luhmann eine „zusammenhängende Menge von Elementen" bzw. eine „umfassende Einheit"[430] sein. Während dies für Luhmanns Systembegriff wie auch für das von mir auf Peirces Basis neu konstruierte Zeichensystem unproblematisch ist, war es Luhmann nicht möglich, diese Vorstellungen plausibel auch auf seinen Umweltbegriff zu übertragen. Es ist also zu prüfen, ob im Anschluss an Peirce dieser Transfer auf die Umwelt eines Zeichensystems hin geleistet werden kann.

Zur Beantwortung dieser Frage ist einerseits wieder auf die Universalität des Zeichens (s. Punkt 3 in Kap. 8.3.1) und zum anderen auf die ebenfalls universale Kontinuität in Peirces philosophischem Synechismus zu verweisen (s. Punkt 4 in Kap. 8.1.2). Wenn es nämlich einerseits gemäß dem Synechismus keine absoluten Grenzen, sondern nur graduelle Unterschiede in einem umfassenden kontinuierlichen Zusammenhang gibt, und andererseits auch die Umwelt des Zeichensystems von Zeichen durchdrungen ist bzw. sogar aus ihnen besteht, dann muss es auch zwischen diesen Zeichen in der Umwelt einen kontinuierlich-synechistischen Zusammenhang geben. Und genau deswegen könnte man nach Peirce anders als bei Luhmann auch hinsichtlich der Umwelt eines Zeichensystems sehr wohl von einer „zusammenhängenden Menge von Elementen", nämlich von Zeichen, sprechen. Ausgehend von diesem Befund scheint es wieder konsistenter und aussichtsreicher zu sein, den Komplexitätsvergleich zwischen Zeichensystem und Umwelt auf der Basis von Peirces Semiotik als auf der von Luhmanns Systemtheorie durchzuführen.

4. Für diesen Komplexitätsvergleich sind nun Theorieelemente, die bereits eingeführt sind, noch zusammenzuführen: Da es auch in der Umwelt des Zeichensystems Zeichen gibt, und da Zeichensystem und Umwelt wegen der synechistischen Kontinuität nicht durch eine absolute Grenze getrennt sind, kann das Zeichensystem Einwirkungen der Umwelt bzw. der dynamischen Objekte an der Schnittstelle des Repräsentamens als Zeichen ihrer Existenz und Realität interpretieren und so an der universellen Semiose partizipieren (s. die Punkte 1

---

[429] s. Punkt 4b in Kap. 8.3.1; dort auch Verweise auf weitere Stellen dieser Arbeit, an denen die Selektivität von Zeichen und Zeichenprozessen genauer hergeleitet wird.

[430] s. Kap. 4.1.6 auch für die Belegstellen der Zitate.

bis 3 in Kap. 8.3.1). Wegen der oben in Punkt 2 genannten grundsätzlichen Selektivität von Zeichen, Zeichenprozessen und v. a. der Strukturebene des Zeichensystems (s. Kap. 8.2 passim) kann diese Teilhabe aber immer nur partiell und nie vollständig sein. Denn die von der Systemstruktur geleistete Konditionierung und interne Ordnungsbildung ist hochselektiv, da sie stets mehr Möglichkeiten ausschließt als zuläßt. Und da das Zeichensystem mit den Zeichenprozessen, die in ihm ablaufen, strukturdeterminiert ist, wirkt sich diese hochgradige Selektivität der Struktur auf das gesamte System aus.

Aufgrund der prinzipiell begrenzten Repräsentationskapazität des Zeichensystems auf seiner Elementar- und Strukturebene kann es also immer nur selektiv an der universellen Semiose partizipieren, so dass seine Binnenkomplexität im Vergleich zu der Komplexität der ebenfalls zeichenhaften Umwelt geringer sein muss. Denn es darf vorausgesetzt werden, dass in der Umwelt immer mehr Zeichenprozesse ablaufen, als ein bestimmtes Zeichensystem verarbeiten kann. Diese Untersuchung erzielt also für die Semiotik dasselbe Ergebnis, das Luhmann in der Systemtheorie erzielt hatte, nämlich dass die Umwelt komplexer ist als das Zeichensystem, nur dass die Herleitung dieses Ergebnisses bei Luhmann an theoretischen Inkonsistenzen scheitert, während es aus Peirces semiotisch-philosophischem Gesamtentwurf kohärent abgeleitet werden kann.

5. Ein Zeichensystem muss für seine eigene Autoreproduktion dafür Sorge tragen, dass der rekursive Anschluss immer weiterer Zeichen im internen Zeichenprozess nicht zum Erliegen kommt. Wie erklärt Peirce aber für die Umwelt des Zeichensystems, dass es zu immer neuen Zeichenbildungen und Semiosen kommt, und zwar in größerem Umfang und in höherer Zahl als im Zeichensystem? Denn eben dies ist nötig, damit die Umwelt ihre im Vergleich zum Zeichensystem höhere Komplexität behaupten kann. Dieses Problem kann man mit einem weiteren allgemeinen Aspekt von Peirces Kategorienlehre behandeln:

Nach Peirce gibt es unter den drei Kategorien nicht nur ein Implikationsverhältnis von der Art, dass die jeweils höhere Kategorie die niedrigere(n) einschließt (s. Punkt 2 in Kap. 8.2.2), sondern auch eine allgemeine evolutionäre Tendenz, die von der Erstheit über die Zweitheit zur Drittheit hin führt. Gemäß dieser Tendenz aktualisieren sich aus dem unerschöpflichen Möglichkeitsraum der Erstheit immer neue, anfangs zufällige Ereignisse,[431] aus denen sich durch Wiederholung evolutionär Gesetze herausbilden, deren Gültigkeit durch Kondensierung und Konfirmierung dann kontinuierlich weiter zunimmt.[432] Peirce sieht diese evolutionäre Tendenz ebenso wie die Kategorien als universal an und fasst sie als kontinuierlich wirksam und gerichtet auf, da sie stets mit den Möglichkeiten der Erstheit

---

[431] „Das Potentielle tendiert immer dazu, aktual zu werden [...].“ (SS 3, 323)

[432] „Nun will ich annehmen, dass alle bekannten Gesetze sich dem Zufall verdanken und auf anderen beruhen, die weitaus weniger streng sind und sich ihrerseits wieder dem Zufall verdanken, usw. in einem unendlichen Regreß. Je weiter wir zurückgehen, desto unbestimmter wird die Natur der Gesetze.“ (NZ, 123) vgl. NZ, 158, 176, 377; RS, 164 – 168, 190 – 192, 196f.; SPP, 448, 541; zum Aspekt der Wiederholung s. NZ, 124, 203f.; RS, 166; Dass Gesetze bei Peirce evolutionär entstandene und veränderliche Produkte sind, habe ich in den Punkten 9 und 10 von Kapitel 8.2.1 allgemein besprochen und habe in Punkt 2c von Kapitel 8.2.2 den absoluten Zufall unter Peirces Begriff des ‚Tychismus‘ behandelt. Die hier diskutierte kontinuierliche evolutionäre Tendenz von der Erst- über die Zweit- zur Drittheit bildet den kategorialen Hintergrund für diese anderen Zusammenhänge; zur Kopplung von Gesetzmäßigkeit und Evolution bei Peirce s. auch Alborn 1989; Brier 1996, 242; Corrington 1993, 100, 167 – 204; Deuser 1998, 228; Hausman 1993, 140 – 193; Merrell 1985, 91 – 93; Merrell 1996, 27, 30; Oehler 1995, 27; Pape 1984, v. a. 212 – 223.

beginnt und nur über deren selektive Aktualisierung in der Zweitheit Regeln und Gesetze ausbildet, die dann ihrerseits für den Bereich und die Dauer ihrer Gültigkeit Ereignisse bestimmen können. In diesem Prozess werden die jeweils niedrigeren Kategorien durch die höheren nicht aufgehoben, so dass es aus der Erstheit heraus prinzipiell endlos zum Auftreten neuer, zufälliger Ereignisse in der Zweitheit und in der Drittheit zu der Bildung neuer und der Transformation bestehender Gesetze im Universum kommt.[433]

Bezogen auf die Zeichen und Zeichenprozesse in der Umwelt eines Zeichensystems bedeutet dies, dass aus der semiotischen Erstheit heraus immer neue aktuale Sinzeichen gebildet werden können, aus denen dann in der Drittheit Regeln emergieren, die dann ihrerseits weitere Semiosen selektiv konditionieren und strukturieren. Daraus wird erstens ersichtlich, dass auch in der Umwelt stets neue Zeichen und Zeichenprozesse produziert werden. Der Möglichkeitsraum für diese Produktionen in der Zweit- und Drittheit ist in der Umwelt notwendigerweise größer als in einem Zeichensystem, da letzteres durch seine strukturellen Grenzen eingeschränkt und determiniert ist, während die Semiosen in der Umwelt keine Grenzen, sondern nur offene Horizonte haben. Damit bestätigt sich, dass die Komplexität in der Umwelt des Zeichensystems größer sein muss als dessen Binnenkomplexität (vgl. oben Punkt 4).

Zweitens wird daraus deutlich, dass die Zeichenproduktion auch in der Umwelt nicht entropisch oder chaotisch verläuft, da die kategorial evolutionäre Tendenz ja auch in ihr bis zur Drittheit reicht: Auch die Zeichenprozesse in der Umwelt müssen also durch Regeln oder Gesetze konditioniert und strukturiert sein, jedenfalls in gewissem Maße.

Da ein Zeichensystem also stets die geringere Komplexität als seine Umwelt aufweist, muss es diesen Komplexitätsnachteil ausgleichen, und weil Komplexität eine Frage der Relationierung von Elementen ist, kann es diesen Ausgleich nur auf seiner Strukturebene herstellen: Die Strukturen müssen zur Reduktion der Umweltkomplexität Simplifikationen schaffen, indem sie etwa bestimmte Eigenschaften oder Unterschiede als irrelevant ausblenden, mit Schemata oder Prototypen operieren, nach Familienähnlichkeit strukturierte Kategorien erstellen und Generalisierungen vornehmen.[434] Derartige Mechanismen führen zum Aufbau von struktureller Binnenkomplexität und zu einer selektiven Ordnungsbildung, die sich evolutionär in den rekursiven Zeichenprozessen des Systems bewähren muss. Dieser semiotisch hergeleitete Zusammenhang bestätigt ein Ergebnis, das auch Luhmann erzielt hatte: Die größere Komplexität der Umwelt auf der Elementarebene kann im Zeichensystem nur abgebaut werden, indem dieses selbst auf seiner Strukturebene geordnete Komplexität aufbaut (vgl. das Ende von Punkt 2c in Kap. 8.2.2).

Fazit: Auf der Basis von Peirces Zeichentheorie, die durch seine Kategorienlehre mitbestimmt ist, erreicht man in der Komplexitätsproblematik dasselbe Ergebnis wie Luhmann in der Systemtheorie: Zeichensysteme sind grundsätzlich weniger komplex als ihre Umwelten

---

[433] vgl. PhLZ, 57, 61; zur Unendlichkeit dieser prozesshaften Tendenz s. SS 2, 87; NZ, 173; Die kosmologisch-kategorialen Überlegungen, die Peirce anstellt, können reflexiv auf sich selbst angewendet werden: Denn die Gesetzmäßigkeit dieser kategorialen Tendenz ist ja selbst ein Ergebnis der bisherigen Evolution des Universums und könnte daher wie alle anderen Gesetze auch ihrerseits transformiert werden (vgl. NZ, 232).

[434] Zur Prototypentheorie in Verbindung mit Wittgensteins Modell der Familienähnlichkeit s. Kleiber 1998, 33 – 39, 102 – 108, 111 – 119, 139f.; als kritische Einführung in die Prototypentheorie aus linguistischer Sicht s. auch Schmid 1993, 6 – 120.

und müssen diese Komplexitätsunterlegenheit durch strukturell selektive Ordnungsbildung ausgleichen. Die Herleitung dieses Ergebnisses ist allerdings bei Peirce v. a. wegen der Universalität des Zeichens ungleich konsistenter als Luhmanns Ansatz, der mit ungelösten Problemen und Widersprüchen behaftet ist.

8.3.5 Die Darstellung der Umwelt im Zeichensystem I

Bei dem Stand, den ich in meiner bisherigen Untersuchung erreicht habe, ist es möglich, eine Beobachtung zu machen, die ich später bei der Gegenüberstellung von Luhmanns Konstruktivismus und Peirces Repräsentationsmodell noch ausführlicher diskutieren werde (s. Kap. 8.3.9). Es geht um die Beschreibung der Möglichkeiten, die ein Zeichensystem zur Darstellung seiner Umwelt bzw. von Einheiten in der Umwelt, den dynamischen Objekten, hat:

1. Wie in Kapitel 8.3.4 hergeleitet ist die Komplexität der Umwelt eines Zeichensystems stets größer als dessen Binnenkomplexität. Deshalb kann ein Zeichensystem innerhalb seiner strukturell bestimmten Grenzen und mit seiner eingeschränkten Darstellungs- und Verarbeitungskapazität seine Umwelt niemals vollständig, sondern nur selektiv und simplifizierend repräsentieren.
2. Diese Repräsentation ist als systeminterne Leistung abhängig von den Strukturen des Zeichensystems, da alle dessen Operationen strukturdeterminiert sind. Und da die Strukturen des Zeichensystems historisch kontingente und selektive Produkte der bisherigen Systemgeschichte sind,[435] muss auch die Darstellung, die ein Zeichensystem von seiner Umwelt produziert, selektiv und kontingent sein.
3. Das dynamische Objekt ist eine Größe, die in der Umwelt des Zeichensystems situiert werden muss (s. Punkt 1 in Kap. 8.3.1) und die im Zeichensystem immer nur selektiv als unmittelbares Objekt thematisiert werden kann. Das unmittelbare Objekt kann als eines der drei Zeichenkorrelate seinem entsprechenden dynamischen Objekt nämlich nicht vollständig entsprechen, sondern nur in einer bestimmten Hinsicht oder gewissermaßen fragmentarisch bezüglich einiger Merkmale. Es erfasst also nicht die gesamte Komplexität des dynamischen Objekts, sondern bietet nur eine komplexitätsreduzierte und damit simplifizierende Darstellung.[436] Obwohl die Existenz des dynamischen Objekts nur durch seine zeichenhafte

---

[435] Zur Strukturdeterminiertheit des Zeichensystems und zur zeitlichen Kontingenz und Selektivität der Strukturen s. die Punkte 4a und 4b in Kap. 8.3.1, wo auch weitere Binnenverweise auf die genaueren Herleitungen dieser Theorieelemente zu finden sind.

[436] SS 1, 427; SS 2, 257, 283, 288; SS 3, 193, 217, 251; SPP, 56; S&S, 197; Herbert Stachowiak bezeichnet ausgehend von seiner pragmatischen Modelltheorie das Objekt als Original und das Repräsentamen als Modell dieses Originals (Stachowiak 1993, 295): Dieser problematische Ansatz unterschlägt erstens Peirces Differenzierung zwischen dem unmittelbaren und dem dynamischen Objekt und zweitens kann das Repräsentamen nie ein Modell des dynamischen Objekts darstellen. So könnte eher noch das unmittelbare Objekt aufgefasst werden, aber auch dazu ist nicht zu raten, da das dynamische Objekt selbst, also das Original, ja nie direkt erfasst werden kann, so dass ein Vergleich zwischen Original und Modell nie möglich wäre. Wenn man aber das Original ‚an sich' nicht kennt, welchen Sinn hat es dann, von einem Modell dieses Originals zu reden? Statt einer derartigen Verbindung von Semiotik und Modelltheorie empfiehlt sich eher, den Brückenschlag zwischen Repräsentation und Konstruktion zu versuchen (s. Kap. 8.3.9).

Darstellung beobachtet werden kann (vgl. die Punkte 1 und 3 in Kap. 8.3.1), übersteigt es in der Gesamtheit seiner Aspekte doch immer die Darstellungskapazität eines bestimmten Zeichenprozesses mit dessen unmittelbaren Objekten und geht nicht darin auf.[437]

4. Jede Art von Darstellung ist nach Peirce ein Phänomen der Drittheit und damit der Mittelbarkeit. Denn zwei Relate werden bei einer Darstellung eben nicht unmittelbar miteinander in Beziehung gebracht, sondern mittelbar über ein Drittes: Darstellung ist eine genuin triadische Relation, in der etwas, das Repräsentamen, von etwas, dem Interpretanten, als Repräsentation von etwas anderem, dem Objekt, interpretiert wird. Wegen dieser unaufhebbaren Mittelbarkeit jeder Darstellung, der grundsätzlichen Selektivität des Zeichens und der Komplexitätsunterlegenheit des Zeichensystems kann keine Darstellung der Umwelt oder eines dynamischen Objekts im Zeichensystem in einem Eins-zu-Eins-Verhältnis zum Objekt des Zeichens bzw. der Semiose stehen.

5. Eine Eins-zu-Eins-Repräsentation ist auch deswegen nicht möglich, weil die u. U. irritierende Einwirkung, mit der ein dynamisches Objekt das Zeichensystem zeichenhaft auf seine Existenz hinweist, stets ein aktuales Ereignis der Zweitheit zwischen Umwelt und Zeichensystem sein muss. Der Zeichenprozess, mit dem diese Einwirkung intern bearbeitet wird, und der dann zu einer Darstellung des dynamischen Objekts im Zeichensystem führt, ist dagegen der Drittheit zuzuordnen. Dieser Kategorienwechsel von der Zweitheit hin zur Drittheit stellt einen weiteren Hinderungsgrund für eine unmittelbare und direkt entsprechende Darstellung der Umwelt im Zeichensystem dar.

6. Zu einem jeweils punktuellen, momenthaften Kontakt zwischen Umwelt und Zeichensystem kommt es, anders ausgedrückt, nur auf der Ebene der aktualen Existenz und der Wirklichkeit, also in der Zweitheit, nicht aber auf der Ebene der Realität und der Darstellung, d. h. der allgemeinen Drittheit. Ebenso ist kein Kontakt mit der Umwelt ‚an sich' möglich: Diese ist zwar in der Erstheit thematisierbar, aber weder erfahr- noch darstellbar, da dies die Kategorien der Zweitheit und Drittheit erfordern würde.[438]

Fazit: Ein Zeichensystem hat die Möglichkeit, intern die Umwelt oder Einheiten in der Umwelt, die dynamischen Objekte, darzustellen. Diese Darstellungen sind aber wegen der Komplexitätsunterlegenheit, Strukturdeterminiertheit und Selektivität des Zeichensystems, wegen des stets selektiven Objektbezugs und wegen des Kategorienwechsels von der direkten Zweitheit der Umwelteinwirkung zur Drittheit der mittelbaren Umweltdarstellung niemals Eins-zu-Eins-Repräsentationen, sondern sie sind stets selektiv, komplexitätsreduzierend, simplifizierend und historisch kontingent. Insofern kann man diese Repräsentationen auch als interne Konstruktionen ansehen, ein Ergebnis, das sich z. T. mit Luhmanns systemtheoretischen Analysen deckt. Die Frage, ob diese Konstruktionen beliebig sind oder ob sie vielmehr in einem gewissen Zusammenhang mit den Merkmalen der Umwelt des Zeichensystems stehen, ist das Thema der nächsten Kapitel.

---

[437] s. hierzu auch Hausman 1993, 156; Oehler 1995, 111f., 239; Schönrich 1990, 130f., 135; vgl. auch Luhmanns deutlich weniger überzeugende Behandlung des Zeichensignifikats in Kap. 6.2.

[438] vgl. SPP, 76.

8.3.6 Die Eigenschaften, die Wirklichkeit und die Strukturen der Umwelt

Das Bild, das sich ein System von seiner Umwelt macht, ist gemäß Luhmanns operativem Konstruktivismus nicht beliebig, sondern steht in einer gewissen Korrelation zu einigen Charakteristika, die Luhmann für die Umwelt voraussetzt. Allerdings ist es ihm nicht gelungen, die von ihm selbst postulierten Merkmale der Umwelt im Rahmen seiner von Spencer Brown übernommenen Differenztheorie plausibel herzuleiten (s. meine Kritik am Ende von Kap. 4.1.7, in Kap. 4.1.8 und am Anfang von Kap. 4.3.4).

Damit ein rekursiv operierendes System und damit auch ein Zeichensystem, wie ich es hier entwickle, sich in seiner Umwelt operativ erhalten kann, müssen nach Luhmann folgende Voraussetzungen in der Umwelt gegeben sein:

Erstens muss die Umwelt bestimmte, dauerhafte Eigenschaften aufweisen.

Zweitens soll die Umwelt ein Überraschungspotenzial darstellen, sie soll dynamisch und diskontinuierlich sein und den Systemoperationen Beschränkungen auferlegen, indem sie nicht Beliebiges toleriert.

Sie soll drittens auf bestimmte Operationen auf eine bestimmt konditionierte Weise reagieren, wobei diese Konditionen in Strukturen oder Naturgesetzen festgesetzt sind. Die Umwelt darf also nicht beliebig strukturiert oder gar unstrukturiert bzw. chaotisch oder entropisch sein, sondern soll konstante, relativ dauerhafte, wiederholt auftretende bzw. erfahrbare Bedingungen aufweisen.

Aus dieser Gruppierung, die nicht von Luhmann, sondern von mir stammt, dürfte schon ersichtlich sein, wie m. E. das Problem der postulierten Umweltsmerkmale bei Peirce gelöst werden kann: Jede dieser Gruppen entspricht nämlich ziemlich genau einer der drei Fundamentalkategorien von Peirce, weshalb ich auch in der Überschrift dieses Kapitels den drei Kategorien in aufsteigender Reihenfolge entsprechend von Eigenschaften, Wirklichkeit und Strukturen der Umwelt spreche.

Diese Kategorien sind inklusive ihrer Tendenz von der Erstheit über die Zweitheit zur Drittheit universal (s. die Punkte 3 und 4 in Kap. 8.2.2 und 5 in Kap. 8.3.4), können somit als Beobachtungsinstrumente auch für Aussagen über die Umwelt eines Zeichensystems zugrunde gelegt werden. Ich werde also im Folgenden versuchen, die oben genannten Merkmale der Umwelt mithilfe Peirces dreiwertiger, relationenlogisch ausgerichteter Kategorienlehre herzuleiten, da Luhmanns entsprechender Versuch mit einer nur zweiwertigen Differenztheorie als gescheitert angesehen werden muss:

1. Zur Erklärung von bestimmten Eigenschaften der Umwelt ist bei Peirce auf die Erstheit als die Kategorie der positiven Eigenschaften und Qualitäten zu verweisen (s. Punkt 1, v. a. 1e in Kap. 8.2.2). Als monadische Relationen können diese Eigenschaften in der Erstheit nur als Möglichkeiten angesehen werden, jede konkrete, aktuale Verwirklichung einer derartigen Eigenschaft fällt bereits in die Zweitheit, die freilich ihrerseits den entsprechenden Möglichkeitsraum der Erstheit voraussetzt.

Dasselbe Zusammenspiel dieser zwei Kategorien liegt bei Peirce vor, wenn die Umwelt von Luhmann als Überraschungspotenzial angesprochen wird: Das Potenzial ist als unausschöpflicher Möglichkeitsraum der Erstheit zuzurechnen, während jede konkrete Überraschung in die Zweitheit zwischen Umweltereignis und Erwartungsstruktur des Zeichensystems fällt.

Dass sich aus dem Potenzial der Erstheit heraus in der Umwelt überhaupt bestimmte Qualitäten verwirklichen und spezifische, ggf. überraschende Ereignisse aktualisieren, ist nach Peirce gewährleistet, weil die Möglichkeiten der Erstheit generell zur Realisierung in der Zweitheit tendieren (s. Punkt 5 in Kap. 8.3.4). Somit wäre in Peirces Ansatz die Herkunft von bestimmten Eigenschaften in der Umwelt eines Zeichensystems kohärent geklärt.

2. Die Dynamik der Umwelt kann aus der Zweitheit abgeleitet werden, da diese Kategorie alle dynamisch-dyadischen Wirkungsrelationen wie Aktion und Reaktion umfasst, und momenthafte, dynamische Ereignisse geradezu exemplarische Phänomene der Zweitheit sind (s. die Punkte 1a und 1d in Kap. 8.1.3). Da alle Erscheinungen der Zweitheit vollständig bestimmt bzw. kontextualisiert sein müssen und sie zugleich ihre konkrete Existenz, Identität oder Individualität aus einer negativen Differenzrelation zu allem anderen im gleichen Bezugsuniversum heraus gewinnen, kann auch die erforderliche Diskontinuität der Umwelt durch die Merkmale dieser Kategorie erklärt werden: Denn wenn jedes Phänomen der Zweitheit nur durch seine Differenz existiert, kann es in dieser Kategorie keine Kontinuität geben (s. die Punkte 1b und 1c in Kap. 8.1.3). Der Zweitheit werden weiterhin Phänomene wie Widerstand und Krafteinwirkung zugerechnet, so dass hier auch die Beschränkungen und Widerstände zu verorten sind, welche die Umwelt nach Luhmann bestimmten Systemoperationen gegenüber zeigen soll. Und da sich in genuiner Zweitheit die beiden Relate gegenseitig bestimmen, kann die Umwelt auch nicht unterschiedslos Beliebiges tolerieren oder „sich alles gefallen lassen“, wie Luhmann formuliert, sondern setzt eben nur bestimmten Systemoperationen bestimmte Widerstände entgegen und zeigt auf andere Operationen entsprechend andere Reaktionen.

Da die Zweitheit wie die anderen beiden Kategorien universal ist, muss sie auch in der Umwelt eines Zeichensystems gegeben sein, so dass auf ihrer konkreten und aktualen Wirklichkeitsebene Dynamik, Diskontinuität und Widerständigkeit der Umwelt anzusetzen sind. Wegen der generellen Tendenz der Erstheit zur Aktualisierung in der Zweitheit ist auch davon auszugehen, dass diese Merkmale tatsächlich in der Umwelt verwirklicht werden.[439]

3. Die Drittheit ist die Kategorie des Allgemeinen und des Regel- oder Gesetzmäßigen. In ihr müssen also alle Merkmale gesucht werden, die verhindern, dass die Umwelt des Zeichensystems entropisch oder chaotisch ist. Die Drittheit konditioniert nämlich im Sinne von Wenn-Dann-Regeln z. B. die Aktualisierung von Eigenschaften, das Auftreten bestimmter Ereignisse oder auch Prozess- und Reaktionsschemata in der Umwelt. In der Drittheit wird also nicht nur das Zeichensystem, sondern auch die Umwelt strukturiert (s. Kap. 8.2.1). Wegen der Allgemeinheit dieser Kategorie sind die konditionierenden Regelstrukturen auch relativ dauerhaft und können wiederholt angewandt werden (s. v. a. die Punkte 6 bis 8 in Kap. 8.2.1), so dass sich das Zeichensystem auf diese konstanten Bedingungen in der Umwelt seinerseits strukturell einstellen und sich in Form von Erwartungsstrukturen auf sie verlassen kann.[440]

Die erforderliche Struktur der Umwelt kann demnach aus Peirces Kategorie der Drittheit abgeleitet werden. Da nach Peirce die Ereignisse der Zweitheit universell dazu tendieren, in

[439] Entgegen Joseph Margolis‘ betontem Konstruktivismus weist Kelley Wells zu Recht darauf hin, dass es aufgrund der Zweitheit zwischen Umwelt und System pragmatisch mehr Gründe gibt, von der Existenz und Realität der Umwelt auszugehen, als diese anzuzweifeln (Wells 1994, 840 – 845); vgl. auch Oehler 1995, 243f.

[440] Verläuft diese strukturelle Kopplung erfolgreich, besteht nach Kelley Wells für das Zeichensystem kein Anlass, pragmatisch daran zu zweifeln, dass die Drittheit in der Realität der Umwelt tatsächlich operativ wirksam ist (Wells 1994, 842 – 844).

der Drittheit Gesetzmäßigkeiten auszubilden, die sich dann ihrerseits tendenziell ausbreiten (s. Punkt 5 in Kap. 8.3.4), ist auch in der Umwelt eines Zeichensystems mit der evolutionären Emergenz derartiger Strukturen zu rechnen.[441]

Fazit: Alle wesentlichen Merkmale, die Luhmann zwar für die Umwelt eines rekursiven Systems postuliert, die er aber selbst aus seinem Theoriegebäude nicht befriedigend herleiten kann, lassen sich mithilfe der drei Universalkategorien von Peirce erklären. Somit sind diese Umweltmerkmale völlig kohärent in die ebenfalls kategorial differenzierte Konstruktion eines Zeichensystems integrierbar. Im nächsten Kapitel ist zu fragen, wie sich diese verschiedenen Merkmale der Umwelt im Zeichensystem überhaupt auswirken können.

8.3.7 Die Schnittstelle zwischen Zeichensystem und Umwelt

Damit sich die im letzten Kapitel besprochenen und kategorial differenzierten Merkmale der Umwelt dem Zeichensystem gegenüber geltend machen können, ist eine Schnittstelle zwischen diesen beiden Bereichen notwendig. An ihr muss das Zeichensystem diese Merkmale mit ihren Auswirkungen überhaupt erst registrieren, um sie dann intern bearbeiten und auswerten zu können. Obwohl eine derartige Schnittstelle unabdingbar ist, war es Luhmann nicht möglich, sie in sein Theoriegebäude zu integrieren, weshalb er sich auch in unaufgelöste Widersprüche verstrickt: In einigen Äußerungen stellt er nämlich die Möglichkeit zu Kontakt, Irritation oder Widerstand zwischen einem System und seiner Umwelt völlig in Abrede, setzt sie aber an anderen Stellen explizit voraus, so dass er im Rahmen seiner zweiwertigen Differenz- und Formentheorie nie konsequent und widerspruchsfrei darlegt, ob, wie oder an welcher Stelle seines Theoriebaus es zu diesen Kontakten usw. kommt (s. Kap. 4.1.8 und Kap. 4.3.4 am Ende).

1. Peirces Semiotik bietet im Unterschied dazu eine derartige Schnittstelle an, und ich hatte in anderen Kontexten schon erwähnt, dass diese im Zeichenkorrelat des Repräsentamens zu sehen ist (s. die Punkte 3 und 5 in Kap. 8.3.1 und 4 in Kap. 8.3.4). Zur näheren Begründung dieser Auffassung lege ich eine weitere Zeichendefinition von Peirce mit seiner Unterscheidung zwischen unmittelbarem und dynamischem Objekt zugrunde:

> „Ich definiere ein *Zeichen* als etwas, das einerseits derart von einem Objekt determiniert wird und andererseits derart eine Idee im Verstand eines Menschen determiniert, daß diese letztere Determination, die ich den *Interpretanten* des Zeichens nenne, dadurch mittelbar durch jenes Objekt determiniert wird. Ein Zeichen hat daher eine triadische Relation zu seinem Objekt und zu seinem Interpretanten. Aber es ist notwendig, das *unmittelbare Objekt* oder das Objekt, wie das Zeichen es

[441] Aufgrund dieser universellen Tendenz zur Ausbildung von Gesetzmäßigkeiten gibt es nach Peirce auch die pragmatisch unbezweifelte Erwartung bzw. Überzeugung, „daß es ein Element der Ordnung in der Welt gibt." (SS 2, 263 und SPP, 578); eine überaus überzeugende Darstellung der evolutionären Ausbildung von statistischen Regelmäßigkeiten und Gesetzen in der Umwelt aus chaotischen und zufälligen Anfangsbedingungen heraus legt Helmut Pape vor (Pape 1984); s. auch Corrington 1993, 64f.

repräsentiert, vom *dynamischen Objekt* oder real wirksamen, aber nicht unmittelbar gegenwärtigen Objekt zu unterscheiden." (FÜ, 155)[442]

Die Zeichentriade, von der Peirce hier spricht, besteht aus dynamischem Objekt, Repräsentamen und dynamischem Interpretanten als vom Repräsentamen mittelbar ausgelöster Wirkung im Interpreten bzw. Zeichensystem. Man sieht also, dass hier das unmittelbare Objekt nicht berücksichtigt ist, und dass die Relationen noch differenzierter hergestellt werden müssen, wenn auch dieser Aspekt des Objektbezugs integriert werden soll:

Die Determination des Repräsentamens durch das dynamische Objekt besteht zuerst in einer Einwirkung dieses externen Objekts auf das Zeichensystem im Sinne kategorialer Zweitheit.[443] Nur aufgrund dieser Einwirkung kann dann überhaupt ein Repräsentamen entstehen, welches das externe, dynamische Objekt im Zeichensystem darstellt:[444] Wie diese Repräsentation systemintern weiterhin ausfällt, wird nicht mehr vom dynamischen Objekt determiniert, sondern von der Struktur des Zeichensystems (vgl. die Punkte 1 und 4a in Kap. 8.3.1).[445] Die Zweitheit, die sich als Einwirkung des dynamischen Objekts auf das Zeichensystem ereignet, tritt also an der Stelle des Repräsentamens in das Zeichen und den nachfolgenden Zeichenprozess ein, indem das Repräsentamen das externe dynamische Objekt systemintern für den Interpretanten des Zeichens selektiv als unmittelbares Objekt

---

[442] In dieser Definition unterscheidet Peirce nicht zwischen ‚Zeichen' und ‚Repräsentamen' (s. Punkt 2 in Kap. 8.1.1). Wenn man sich aber, wie ich es empfehle, an diese terminologische Unterscheidung hält, müsste man oben „Zeichen" jeweils durch ‚Repräsentamen' ersetzen. Dass Peirces Zeichenbegriff nicht wie in dieser Definition auf das menschliche Bewusstsein reduziert werden muss, habe ich bereits in Punkt 1 von Kap. 8.1.1 dargelegt. Wie die Determination bzw. Bestimmung des Zeichens durch das dynamische Objekt verstanden werden sollte, habe ich in Punkt 1 von Kap. 8.3.1 besprochen; vgl. auch SS 2, 112; SS 3, 81, 135, 212, 253, 328, 356f.; S&S, 196.

[443] Dass das dynamische Objekt ein dem Zeichensystem externes Objekt ist, macht Peirce in SS 3, 354, 358 explizit deutlich. Helmut Pape interpretiert die Determination durch das dynamische Objekt als dessen Wirkung als Finalursache der Semiose, verdrängt aber dabei zu stark die Zweitheit des dynamischen Objekts durch die Drittheit seiner Realität (s. Pape 1995 und vgl. auch meine Kritik in Punkt 1 von Kapitel 8.3.1). Die Zweitheit zwischen dynamischem Objekt und Repräsentamen wird auch bei Thomas Short deutlich, wenn er sagt: „[...] the dynamical object is effective, through the mediation of the sign" (Short 1981b, 215), wobei hier „sign" durch ‚Repräsentamen' zu ersetzen ist, das in seiner vermittelnden Funktion („mediation") die Schnittstelle zwischen externem dynamischem Objekt und Zeichensystem bildet.

[444] vgl. SS 2, 284; SPP, 114; Diese Wirkungsrelation in der Zweitheit wird im Zeichensystem als Zeichen bzw. Repräsentamen der Wirklichkeit bzw. Existenz des dynamischen Objekts interpretiert, so dass es ohne diese zeichenhafte Wirkung zu keiner bedeutungshaften Darstellung des dynamischen Objekts kommen kann: Dessen Sein, verstanden als die Summe seines kategorial differenzierbaren Wesens, fällt also mit seinem Zeichen-Sein zusammen (vgl. Punkt 3 in Kap. 8.3.1). Alles, was als Objekt vor das Zeichensystem gebracht werden soll, muss also in diesem als Repräsentamen fungieren, da es sonst nicht auch vom Interpretanten als (unmittelbares) Objekt repräsentiert werden könnte.

[445] In dieser Konstellation stellt die Einwirkung des dynamischen Objekts in der Zweitheit die effiziente Verursachung des Zeichenprozesses dar, die pragmatisch irritationsfreie Erkenntnis des Objekts dagegend die finale Ursache der strukturdeterminierten Semiose in der Drittheit (vgl. Santaella 1998, 147f. und s. auch Oehler 1995, 63).

darstellt.[446] Dieses Verhältnis der beiden Objekttypen zu ihrer Darstellung im Zeichen entspricht auch der oben zitierten Definition, da das dynamische Objekt in der Zweitheit zum Zeichen „real wirksam“ ist, und das unmittelbare Objekt das intern repräsentierte Objekt bildet.

So verstanden besteht die Zeichentriade nicht mehr wie oben bei Peirce aus dynamischem Objekt, Repräsentamen und dynamischem Interpretanten, sondern aus Repräsentamen, unmittelbarem Objekt und dynamischem Interpretanten. Dabei bleibt das dynamische Objekt durch seine vorausgesetzte Zweitheit zum Zeichen bzw. Zeichensystem in diesen Darstellungsprozess einbezogen, denn ohne diese implizite Voraussetzung könnte es in der Drittheit des Zeichens gar nicht selektiv als unmittelbares Objekt dargestellt werden.

Diese Interpretation der Zusammenhänge erklärt auch, wieso Peirce das dynamische Objekt als „nicht unmittelbar gegenwärtig“ bezeichnet: In der Zweitheit zwischen Zeichen und dynamischem Objekt ist Letzteres notwendigerweise sowohl gegenwärtig als auch unmittelbar, da es sich ja um eine genuin dyadische Relation handelt, in der sich beide Relate in ihrer Gegenwärtigkeit wechselseitig voraussetzen und bestimmen, und in der es nur Unmittelbarkeit geben kann, da es in einer Dyade eben keinen Platz für ein mittelbares, vermittelndes Drittes gibt. In der Drittheit des Zeichens dagegen ist das dynamische Objekt ausschließlich mittelbar vorhanden, nämlich nur aufgrund der Vermittlung durch das Repräsentamen, und es ist auch nicht selbst in der Zeichentriade gegenwärtig, sondern nur seine selektive Thematisierung und Repräsentation als unmittelbares Objekt, das auch der Interpretant zum Objekt hat.[447] An diesem Wechsel von der unmittelbaren Gegenwärtigkeit zur vermittelten Repräsentation zeigt sich ganz deutlich der Kategorienwechsel von der Zweitheit zur Drittheit, der für das dynamische Objekt am Repräsentamen stattfindet, das genau deswegen die gesuchte Schnittstelle zwischen Zeichensystem und Umwelt bildet.[448]

2. Beide Objektperspektiven, die unmittelbare und die dynamische, können in einem Zeichensystem nur über die rekursive Relationierung von Zeichen in der internen Semiose dargestellt werden, wobei die Repräsentation des dynamischen Objekts stets selektiv bleibt. Fremdreferenz ist also in Peirces Zeichensystem ebenso an (basale) Selbstreferenz gebunden wie in Luhmanns Systemtheorie, wobei die Fremdreferenz durch das Zeichenkorrelat des Objekts und die Selbstreferenz v. a. durch den Interpetanten und seinen funktionalen Wandel zum Repräsentamen des Folgezeichens realisiert wird (s. Punkt 5 in Kap. 8.1.1, den Beginn und Punkt 4d von Kap. 8.1.2). Dabei ergibt sich bei Peirce von vornherein keine rein selbstreferentielle Zirkularität wie bei Luhmann, da dieser mögliche Zirkel am Zeichenkorrelat des Repräsentamens stets durchbrochen werden kann. Denn das dynamische

[446] So betrachtet bildet das Repräsentamen auch ein Medium zwischen Umwelt und Zeichensystem und fungiert eben dadurch als vermittelnde Schnittstelle (vgl. Walther 1997).

[447] vgl. SS 3, 82, 280; Das Objekt, auf das sich Repräsentamen und Interpretant gleichermaßen als gemeinsames Objekt in der Zeichentriade beziehen, kann also nur das unmittelbare Objekt sein. Dahingegen hat das Repräsentamen im Vergleich zum Interpretanten die größere Nähe zum dynamischen Objekt, weil es eben die Schnittstelle bildet, an der die Einwirkung des dynamischen Objekts als Umweltereignis aus der Zweitheit in die Drittheit des Zeichens bzw. des systeminternen Zeichenprozesses eintritt und in das Zeichenrelatum des Repräsentamens transformiert wird.

[448] An dieser souveränen Behandlung des Objektbezugs des Zeichens bei Peirce zeigt sich, um wieviel differenzierter und stabiler seine Theorie in dieser Hinsicht ist im Vergleich zu Luhmanns inkonsistenten Aussagen zum Stellenwert des Bezeichneten (s. Kap. 6.2); vgl. auch Merrell 1995b, 79 – 81.

Objekt bewirkt in seiner Zweitheit zum Zeichensystem, dass es vom Repräsentamen für den Interpretanten selektiv als unmittelbares Objekt fremdreferentiell dargestellt wird, und diese Einwirkungsmöglichkeit an der Schnittstelle des Repräsentamens öffnet den selbstreferentiellen Zirkel bzw. verhindert ihn von Anfang an.

3. Aus der Zweitheit zwischen dynamischem Objekt und Repräsentamen sind auch Kontakt und Widerstand zwischen Umwelt und Zeichensystem bei Peirce herzuleiten, während Luhmann hier keine konsistente Lösung anzubieten hat. Diese Zweitheit ermöglicht einen direkten Kontakt mit der Wirklichkeit der Umwelt, nicht aber mit deren Realität, da Realität bei Peirce ein Phänomen der Drittheit und somit allgemein ist. Daher kann es keinen konkreten und direkt ereignishaften Kontakt mit ihr geben, während Wirklichkeit bei Peirce ja gerade als dyadische Relation gegenseitiger Einwirkung und Bestimmung definiert ist (s. Punkt 1 in Kap. 8.1.3). Da Widerstand und Wirklichkeitskontakt bei Peirce also Phänomene der Zweitheit sind, müssen sie gleichermaßen von den beiden Korrelaten der Dyade, also von der Umwelt und dem Zeichensystem aus thematisierbar sein. Einerseits können, wie eben ausführlich geschildert, Kontakt und Widerstand vom dynamischen Objekt ausgehen, indem es in der Zweitheit aktiv auf das Zeichensystem einwirkt.[449] Andererseits können sie auch vom Zeichensystem selbst evoziert werden, indem dieses einen dynamischen Interpretanten etwa in Form einer Handlung bildet, der sich auf die Umwelt richtet und dort ggf. auf unerwarteten oder irritierenden Widerstand trifft. Dass dieser Kontakt nur durch einen dynamischen Interpretanten, also die Interpretantenart der Zweitheit (s. Punkt 2 in Kap. 8.2.7), hervorgebracht werden kann, unterstreicht auch von der Zeichensystemseite aus, dass Kontakt und Widerstand zwischen Umwelt und Zeichensystem bei Peirce in der Zweitheit angesetzt werden müssen. Der in der Zweitheit mögliche Wirklichkeitskontakt und Widerstand muss dann freilich in der Drittheit systeminterner Zeichenprozesse noch ausgewertet und interpretiert werden, um seine systemrelativ und strukturdeterminiert konstituierte Bedeutung zu bekommen. Es kommt also auch bei Peirce nie zu einem direkten oder unmittelbaren Informationstransfer aus der Umwelt in das Zeichensystem: Information ist bei ihm genauso system- und strukturabhängig wie bei Luhmann.

4. Am Repräsentamen als Schnittstelle zwischen Umwelt und Zeichensystem können auch die Kausalitätsverhältnisse schlüssig verortet werden, hinsichtlich derer Luhmann nur drei widersprüchliche Positionen eingenommen, aber keine völlig akzeptable Lösung geboten hatte (s. Kap. 4.3.4).

Die Einwirkung des dynamischen Objekts auf das Zeichensystem ist die kausale Voraussetzung dafür, dass es in Letzterem zu einer Auswirkung, nämlich der Bildung eines Interpretanten kommt. In diesem Wirkungszusammenhang ist das dynamische Objekt das aktive Korrelat und geht als Auslöser der Kausalwirkung zeitlich voraus. Das Zeichensystem ist dagegen das passive Korrelat, und der Interpretant folgt als kausale Wirkung zeitlich nach.[450] Dieses Zeitverhältnis von vorausgehender Ursache und nachfolgender Wirkung entspricht Luhmanns Charakterisierung der Kausalität.

---

[449] s. auch Parker 1994, 68.

[450] „Das Objekt und der Interpretant sind also lediglich die zwei Korrelate des Zeichens; das eine ist das Antezedens, das andere das Konsequens des Zeichens. [...] Dieser Mangel an Entsprechung zwischen Objekt und Interpretant wird seine Wurzeln in dem wesentlichen Unterschied haben, der zwischen der Natur eines Objekts und der Natur eines Interpretanten besteht, wobei dieser Unterschied darin liegt, daß das erstere dem Zeichen vorhergeht, während der letztere auf es folgt." (SS 3, 253f.) vgl. SS 3, 467

Es folgen daraus aber zwei Probleme: Wie soll erstens in Peirces Zeichensystem die Gleichzeitigkeit von Luhmanns System-Umwelt-Unterscheidung in diesen zeitlich gestaffelten kausalen Prozess integriert werden? Und wie kann zweitens bei Peirce das Objekt zeitliches und kausales Antezedens sein und der Interpretant das entsprechende Konsequens, wenn sie doch beide gleichzeitig mit dem Repräsentamen als kategoriale Relata eines Zeichens fungieren müssen?

Diese Fragen kann man wieder mit Peirces Kategorien und seiner Unterscheidung von unmittelbarem und dynamischem Objekt beantworten: Die postulierte Gleichzeitigkeit ist bei Peirce in der Zweitheit zwischen dynamischem Objekt und Zeichensystem zu sehen, die an der Schnittstelle des Repräsentamens in die Drittheit des Zeichens transformiert wird. Die Interpretantenbildung als Konsequenz der Einwirkung des dynamischen Objekts findet dann erst in diesem Zeichen statt, in dem das dynamische Objekt nur selektiv als das unmittelbare Objekt repräsentiert wird (s. Punkt 3 in Kap. 8.3.5). Diese Beobachtung führt zur Beantwortung der zweiten Frage: In der Zeichentriade bilden das Repräsentamen, das unmittelbare Objekt und der Interpretant, der als Konsequens auf die Einwirkung des dynamischen Objekts an der Schnitstelle des Repräsentamens folgt, gleichzeitige kategoriale Relata, nur das dynamische Objekt geht dieser Triade als Antezedens in der Zweitheit voraus. Diese Lösung stimmt auch völlig damit überein, dass Peirce das dynamische Objekt als „nicht unmittelbar gegenwärtig" (s. o. Punkt 1) bezeichnet, was es als zeitlich-kausales Antezedens der Zeichentriade ja auch gar nicht sein kann. Wir treffen hier also wieder an der Schnittstelle des Repräsentamens auf den typischen Kategorienwechsel zwischen der Zweitheit und der Drittheit, der im Kontext der Kausalitätszusammenhänge noch um den Aspekt einer Differenz in der Zeitdimension erweitert werden kann.

Die Wirkung, die das dynamische Objekt aus seiner Zweitheit heraus im Zeichensystem kausal hervorruft, tritt also erst in der Drittheit des Zeichens in Form des Interpretanten ein. Daher kann die kausale Wirkung des dynamischen Objekts nie unmittelbar und gleichzeitig im Sinne der Zweitheit sein,[451] sondern sie kann immer nur mittelbar, eben durch die Vermittlung des Repräsentamens, auftreten und wird in der Drittheit von den Strukturen des Zeichensystems determiniert. Wenn also nach Peirce das dynamische Objekt das Zeichen bzw. das Repräsentamen determiniert, so kann das nur bedeuten, dass es das Repräsentamen durch seine kausale Einwirkung in der Zweitheit dazu bestimmt, diese Einwirkung überhaupt zeichenhaft zu repräsentieren und zu interpretieren. Wie diese interpretatorische Darstellung in der Drittheit des Zeichensystems durchgeführt wird, determiniert dann nicht mehr das dynamische Objekt, sondern die Systemstruktur.[452]

Die Kausalität zwischen Umwelt und Zeichensystem kann also bei Peirce als ein interdependentes Zusammenspiel von einem zeitlich vorausgehenden und kausal vorauszusetzenden Umweltereignis in der Zweitheit und den Systemstrukturen in der Drittheit aufgefasst werden, welche die Auswirkungen des Umweltereignisses intern regeln. Dieses Zusammenspiel entspricht auch ganz dem allgemeinen Implikationsverhältnis der Kategorien (s. Punkt 2 in Kap. 8.2.2), da die Einwirkung des dynamischen Objekts in der Zweitheit vorausgesetzt werden muss, damit es in der Drittheit des Zeichensystems zu einer strukturabhängigen Wirkung kommt. Diese semiotische Lösung der Kausalitätsproblematik deckt

---

[451] Zur Problematisierung der Gleichzeitigkeit in Luhmanns Zeitdimension s. Punkt 3, v. a. 3c in Kap. 5.3.4.

[452] s. SS 1, 153, 162, 168; SS 3, 258.

sich auch weitgehend mit dem Ansatz, den man bei Luhmann noch als den besten ansehen konnte. Abschließend sei nochmals darauf hingewiesen, dass diese Zusammenhänge gar nicht hergestellt werden könnten, wenn es keine Schnittstelle zwischen der Umwelt und dem Zeichensystem in Form des Repräsentamens gäbe.
5. Das Zeichensystem kann allerdings die Einwirkungen von dynamischen Objekten an dieser Schnittstelle nicht nur im Sinne der Zweitheit erfahren, sondern sie auch intern repräsentieren, da das Repräsentamen sie ja in die Drittheit des Zeichens transformiert. Die entsprechende Zeichensubklasse, die diese kausalen Wirkungszusammenhänge zwischen (dynamischen) Objekten und Repräsentamina darzustellen vermag, ist der Index (s. Punkt 2 in Kap. 8.2.5). Denn der Objektbezug des Index wird ja im Interpretanten genau so dargestellt, dass es in der Zweitheit zwischen dem dynamischen Objekt und dem Repräsentamen eine wirkliche, kausale Verbindung gibt, die sogar bestehen bliebe, wenn es den Interpretanten nicht gäbe. Dieser ist zwar für die zeichenhafte Auswertung und bedeutungshafte Interpretation des Index unverzichtbar, aber der Aufmerksamkeitsfokus liegt im Index nicht auf der selbstreferentiellen bedeutungs- und zeichenkonstitutiven Leistung des Interpretanten, sondern fremdreferentiell auf der Relation von externem dynamischem Objekt und Repräsentamen. In der indexikalischen Darstellung von Kausalität liegt also dasselbe charakteristische Zusammenspiel von Zweitheit und Drittheit vor, das ich oben in Punkt 4 schon für die Kausalität selbst geschildert hatte. Und wieder bildet das Repräsentamen eine Art Schnittstelle mit einer Doppelrolle, denn es wird einerseits dargestellt als eines der beiden dyadischen Relate des Index und fungiert andererseits als Relatum im triadischen Zeichen.

Fazit: In Peirces kategorial differenzierter Semiotik findet Luhmanns widersprüchlich und unbefriedigend behandeltes Problem der Schnittstelle zwischen System und Umwelt eine plausible Lösung. Da das Zeichenkorrelat des Repräsentamens als derartige erforderliche Schnittstelle zur Verfügung steht, können auch Phänomene wie Kontakt, Widerstand und Kausalität zwischen Zeichensystem und Umwelt bei Peirce kohärenter in den Theoriebau eingefügt werden als bei Luhmann. Charakteristisch für diese Schnittstelle ist die kategoriale Transformation der Zweitheit in die Drittheit des Zeichens, aufgrund derer man in keinem Kontext hinter die berechtigten Postulate von Luhmanns differenziertem Reflexions- und Problematisierungsniveau zurückfällt und zusätzlich seine Aporien umgeht.

8.3.8 Das Verhältnis zwischen Zeichensystem-Struktur und Umwelt

Luhmann behandelt die entsprechende Problematik unter dem Stichwort der strukturellen Kopplung, und man kann anhand bereits eingeführter Theorieelemente auch für Zeichensysteme zeigen, dass sie strukturell an ihre Umwelt gekoppelt sein müsssen:

Die Umwelt hat bestimmte Eigenschaften, ist dynamisch und nicht beliebig strukturiert (s. Kap. 8.3.6). Mit diesen Merkmalen kann sie an der Schnittstelle des Repräsentamens auf das Zeichensystem einwirken, dem gegenüber sie also auf diese Weise ihre Eigenarten geltend macht (s. Kap. 8.3.7). Welche Auswirkungen diese Einwirkungen im System haben, wird aber nicht mehr von den dynamischen Objekten selbst determiniert, sondern von den Strukturen des Zeichensystems (s. Punkt 2 in Kap. 8.3.5, Kap. 8.3.7 und Punkt 4a in Kap. 8.3.1 mit weiteren Querverweisen). Daher müssen die Strukturen des strukturdeterminierten

Zeichensystems den Eigenschaften der Umwelt und deren Auswirkungen Rechnung tragen, damit sich das System in dieser spezifischen Umwelt operativ erhalten kann.

Da die Umwelt aber dynamisch und der evolutionären, kategorialen Tendenz von der Erst- zur Zweit- und Drittheit unterworfen ist (s. Punkt 5 in Kap. 8.3.4), besteht immer die Möglichkeit zu Veränderungen in der Umwelt, die sich u. U. in relevanter Weise als neue Kausalitäts- und Widerstandsbedingungen auf das System auswirken (vgl. die Punkte 3 und 4 in Kap. 8.3.7). Und da eben die Art dieser Auswirkungen im Zeichensystem strukturdeterminiert ist, muss sich das System in der Drittheit auf seiner Strukturebene an die relevant veränderten Umweltbedingungen anpassen, um seine rekursive Autoreproduktion optimal aufrechterhalten zu können:[453] Diese Zusammenhänge kann man auch in der Zeichentheorie im Anschluss an Luhmann als strukturelle Kopplung bezeichnen.

Um strukturelle Kopplungen dieser Art überhaupt durchführen zu können, darf das Zeichensystem nicht statisch und unveränderlich sein, sondern muss eine dynamische Stabilität aufweisen. Diese ergibt sich aus der Kombination von ereignishafter Operationsweise mit Sinzeichen bzw. dynamischen Interpretanten[454] und der relativ dauerhaften Systemstruktur auf der Ebene der Drittheit (s. die Punkte 6 und 7 in Kap. 8.2.1, 1e in Kap. 8.2.4, 3i und 3j in Kap. 8.2.5 und 3i und 3l in Kap. 8.2.7). Diese dynamische Stabilität eröffnet erst die Möglichkeit von struktureller Kopplung, Strukturänderung und -anpassung an eine Umwelt, die sich dynamisch verändert und dabei auch auf das Zeichensystem einwirkt.

Strukturelle Kopplung besteht nach Luhmann darin, dass „ein System bestimmte Eigenarten seiner Umwelt dauerhaft voraussetzt und sich strukturell darauf verläßt"[455]: Wie dieser Theoriebaustein nun in das bisher konzipierte Zeichensystem genauer eingefügt werden kann, ist das Thema der folgenden Ausführungen:

1. Eine wesentliche Funktion struktureller Kopplung an die Umwelt liegt für ein Zeichensystem darin, seine Strukturen so gestalten zu können, dass es von den Einwirkungen, die von dynamischen Objekten in der Umwelt ausgehen, möglichst wenig irritiert wird.[456] Das

---

[453] Eine derartige Anpassung ist auf der operativen Ebene des Zeichensystems unnötig und auch unmöglich, da sowohl die Einwirkung eines dynamischen Objekts als auch die Sinzeichen als einzelne operative Elemente Ereignisse in der Zweitheit sind. Somit existieren sie beide jeweils nur augenblickshaft, so dass es an der Schnittstelle des Repräsentamens zwar zum Kontakt zwischen Zeichensystem und Umwelt kommt, der aber nur punktuell ist, so dass die für eine Änderung oder Anpassung nötige Dauerhaftigkeit auf dieser Ebene gar nicht gegeben ist. Evolutionär bewährungspflichtig sind also nicht die einzelnen Operationen des Systems, sondern nur dessen Strukturen. Da diese Strukturen allgemeine Phänomene der Drittheit sind, können sie selbst gar keinen unmittelbaren Kontakt mit der Umwelt haben, sondern nur mittelbar über die konkret operativ verwendeten Sinzeichen ein Bild der Umwelt aufbauen.

[454] Diese sind beide aus der genuinen Drittheit des Zeichens zur Zweitheit hin degeneriert und können daher als konkret existierende, jeweils ereignishaft aktuale Operationen im rekursiven Zeichenprozess dienen (s. Punkt 2 in Kap. 8.1.3 und Punkt 2 in Kap. 8.2.7).

[455] s. Kap. 4.1.8 am Ende, dort auch der Primärstellenbeleg; Schemata, die formal mit Luhmanns struktureller Kopplung vergleichbar sind, ohne den Umweltbezug in den Vordergrund zu stellen, habe ich bezüglich der Transformationsmöglichkeiten von Legizeichen (s. Punkt 10 in Kap. 8.2.1) und finalen Interpretanten (s. Punkt 31 in Kap. 8.2.7) bereits vorgestellt; eine ‚pragmatische Version' von struktureller Kopplung findet sich in den Punkten 8 bis 13 von Kapitel 8.2.8.

[456] „Daran ist zu erkennen, wie aufgrund dieser Prinzipien Verhaltensgewohnheiten nicht nur ausgebildet, sondern auch auf bestimmte Ziele gerichtet werden, nämlich die, den Ursprung von Rei-

systeminterne Ziel der strukturellen Kopplung ist also die operativ optimale Auflösung und Minimierung von Irritationen und zugleich der Aufbau einer Erwartungsstruktur. Mithilfe derer kann das Zeichensystem unter bestimmten Umständen relevante Ereignisse in seiner spezifischen Umwelt voraussagen und sich somit strukturell optimal auf bestimmte Eigenschaften der Umwelt bzw. eines dynamischen Objekts einstellen.[457] Das Bild, das sich das Zeichensystem von seiner Umwelt macht, darf also aufgrund der strukturellen Kopplung nicht beliebig ausfallen. Denn die Systemstruktur soll ja in ausreichender Schnelligkeit den rekursiven operativen Anschluss der ereignishaften Systemelemente regeln, der insofern den dynamischen Umweltbedingungen adäquat sein muss, als Irritation vermieden werden soll.

2. Damit dieses Ziel im Zeichensystem erreicht werden kann, muss allerdings vorausgesetzt werden, dass die Ereignisse in der Umwelt ihrerseits kategorial in der Drittheit geregelt und strukturiert sind und nicht völlig chaotisch oder entropisch ablaufen. Wäre nämlich Letzteres der Fall, käme es nie zu einer erfolgreichen strukturellen Kopplung, d. h. die Erwartungsstrukturen des Zeichensystems würden nicht ausreichend oft bestätigt, sondern in der Mehrzahl der Fälle enttäuscht, so dass sich das System strukturell nicht evolutionär bewähren könnte, sondern seinerseits bald entropisch zerfallen würde.[458] Davon ist nach Peirce aber wegen der universellen Tendenz der Kategorien zur Ausbildung von allgemeiner Regel- und Gesetzmäßigkeit nicht auszugehen, sondern man kann auch die Umwelt zumindest teilweise als strukturiert ansehen.[459] Die Regelstruktur eines dynamischen Objekts bestimmt als seine pragmatische „Verhaltensgewohnheit" in der Drittheit sein konkretes Verhalten in der Zweitheit (s. Kap. 8.2.8 passim) und konditioniert bzw. spezifiziert somit auch die vom dynamischen Objekt ausgehenden Ereignisse, die auf das Zeichensystem einwirken. Dadurch schließt sie bei der strukturellen Kopplung Beliebigkeit und Unbestimmtheit mit deren oben genannten Negativkonsequenzen aus.

Da diese Regelstrukturen dynamischer Objekte aber allgemeine, gesetzmäßige Phänomene der Drittheit darstellen, sind sie für das Zeichensystem nicht direkt erfahrbar oder erkennbar, sondern nur aus den konkreten Aktionen und Einwirkungen des entsprechenden dynamischen Objekts in der Zweitheit induktiv erschließbar (vgl. die Punkte 2, 3, 4 und 7 in Kap. 8.2.8 und 6 in Kap. 8.3.5): Bei diesen Folgerungen müssen die Einwirkungen im Zeichensystem als Indices interpretiert werden, deren Objekt die Regelstruktur des entsprechenden dynamischen Objekts ist.[460] Diese indexikalisch erschlossene Drittheit des dynamischen Objekts ist für die strukturelle Kopplung wesentlicher als die konkret erfahrene Zweitheit. Letztere wirkt sich nämlich jeweils nur ereignishaft-punktuell aus, an Ersterer

---

zungen zu beseitigen." (RS, 147) vgl. SS 2, 265: „Was ist der Zweck des Folgerns? Uns (bis zu einem gewissen Grade) gegen Überraschung zu sichern." s. auch SS 2, 208, 303; VP, 145.

457 vgl. SS 1, 396, 421f.; SS 2, 180, 208, 304; SPP, 202, 324; VP, 64f.; zu den auf Naturgesetzen aufbauenden Voraussagen und Erwartungen s. auch Pape 1984, 223 – 227 und vgl. Corrington 1993, 141.

458 vgl. SS 1, 227f., 384, 406; SS 2, 262; SPP, 578.

459 s. die Punkte 5 in Kap. 8.3.4 und 3 in Kap. 8.3.6; vgl. NZ, 231, 375; RS, 139; SPP, 450f.; VP, 64f., 67, 107; auch Luhmann postuliert eine nicht beliebig strukturierte Umwelt, scheitert aber an ihrer Herleitung (s. Kap. 4.1.8).

460 Ganz in diesem Sinne schlägt Peirce vor, „die sinnlichen Erscheinungen nur als Zeichen der Realitäten zu betrachten." (SPP, 117) vgl. SS 1, 227 – 229, 383f.; RS, 139; SPP, 71, 202; „Man sagt, daß reale Dinge sich in ihren Wirkungen offenbaren." (SPP, 262)

sind dagegen für das System die Dauerhaftigkeit bestimmter Eigenschaften oder die Wiederholung bestimmter Ereignistypen ablesbar.[461] Auf diese erschlossenen zukunftsgerichteten Charakteristika kann sich das Zeichensystem dann in Form von Erwartungsstrukturen einstellen, die ihrerseits über entsprechende finale Interpretanten oder, pragmatisch formuliert, *final opinions* in eine konditionierte Handlungsbereitschaft umgesetzt werden können. Deren Risiko kann das Zeichensystem als kalkulierbar ansehen, da es aufgrund seiner bisher erfolgreichen strukturellen Kopplung an die erschlossenen Regelstrukturen des dynamischen Objekts keinen Grund hat, in der Zukunft von seiner Erwartungsstruktur nicht überzeugt zu sein.[462] Diese wird ja bei jeder erfolgreichen Anwendung nicht bezweifelt, sondern im Gegenteil kondensiert und konfirmiert (vgl. die Punkte 2 in Kap. 8.2.4 und 6e und 6f in Kap. 8.2.8).

Man kann bereits bei dem hier erreichten Diskussionsstand festhalten, dass wichtige Merkmale des Theorieelements ‚strukturelle Kopplung' bei Peirce konsistenter hergeleitet werden können als bei Luhmann. Auf der Grundlage seiner Kategorienlehre kann man sogar präzisieren, dass strukturelle Kopplung nicht nur auf der Zeichensystem- sondern auch auf der Umweltseite die Drittheit als die kategoriale Ebene struktureller Regeln betrifft: Strukturelle Kopplung kann bei Peirce nur meinen, dass die Ausbildung und der Erhalt der systeminternen Erwartungsstrukturen in der Drittheit an den ebenfalls in der Drittheit erschlossenen Regelstrukturen der Umwelt bzw. der dynamischen Objekte in ihr ausgerichtet werden. Die Zweitheit als die Ebene konkret wirksamer Aktion und des aktualen Umweltkontakts an der Schnittstelle des Repräsentamens ist dabei zwar impliziert und vorausgesetzt, stellt aber nicht das kategoriale Hauptcharakteristikum der strukturellen Kopplung dar.

3. Die nicht-beliebigen Strukturen eines Zeichensystems entstehen also in der Zeit aus der Koevolution mit seiner Umwelt, die in der Zweitheit wiederholt und in ausreichend konditionierter Weise auf das System einwirkt, woraus dieses dann in der Drittheit die dahinterliegenden Regelstrukturen der entsprechenden dynamischen Objekte indexikalisch zu erschließen versucht. Das gefolgerte Ergebnis wird dann vom Zeichensystem strukturell umgesetzt, so dass dieses seiner Umwelt angepasst ist, solange es seine operative Autoreproduktion aufrechterhalten kann.[463] Allerdings kann die Drittheit eines dynamischen Objekts, die für eine erfolgreiche strukturelle Kopplung den entscheidenden Maßstab darstellt, vom Zeichensystem aus mehreren Gründen nie mit völliger Sicherheit und Vollständigkeit erschlossen werden:

---

[461] Dem entspricht, dass in der Zweitheit nur punktuell die Existenz eines dynamischen Objekts erfahren werden kann, während in der Drittheit die bestimmende Ebene seiner Realität zu verorten ist; s. NZ, 231; RS, 117; SPP, 117, 328f., 450f.; vgl. Kap. 8.3.3 und auch Punkt 4c in Kap. 8.3.1.

[462] „All unser Wissen von den Naturgesetzen ist dem Wissen über die Zukunft analog, insoweit es keine direkte Weise gibt, auf die wir von den Gesetzen wissen können. Wir müssen mit Hilfe von Experimenten vorgehen. Das bedeutet, wir erraten die Gesetze Stück für Stück." (SS 1, 383f.) Die erratene Gesetzmäßigkeit kann einem externen dynamischen Objekt zugeschrieben werden, weil das Zeichensystem nicht selbst die Art der erwarteten Aktionen und Reaktionen des dynamischen Objekts bestimmen kann. Und sie kann ihm als Regel in der Drittheit zugeschrieben werden, weil das Zeichensystem aufgrund ihrer mit seinen entsprechenden Erwartungsstrukturen zutreffende Voraussagen machen kann (vgl. RS, 278f.; SPP, 324).

[463] vgl. RS, 330 und s. auch Corrington 1993, 61, 96 zur Anpassung zwischen System und Umwelt.

Da das Zeichensystem im Vergleich zu seiner Umwelt immer die geringere Komplexität aufweist (s. Kap. 8.3.4), Zeichenprozesse grundsätzlich selektiv sind (s. Punkt 4b in Kap. 8.3.1) und das Bild, das sich das Zeichensystem von seiner Umwelt macht, zwar nicht beliebig, aber dennoch kontingent und selektiv ist (s. Kap. 8.3.5), kann kein Schlussprozess im Zeichensystem eine Einheit in der Umwelt mit deren Regelstruktur vollständig darstellen.[464] Dazu kommt noch, dass die Umwelt dynamisch ist, in ihr der absolute Zufall gemäß Peirces Tychismus irreduzibel ist (s. Punkt 2c in Kap. 8.2.2), sie von der evolutionären Tendenz der Kategorien von der Erst- über die Zweit- zur Drittheit geprägt ist (s. Punkt 5 in Kap. 8.3.4), und somit auch ihre Strukturen in der Drittheit einem Wandel unterworfen sind. Aus all diesen Gründen unterliegt auch der Versuch eines Zeichensystems, die Regelstruktur eines dynamischen Objekts in der Umwelt zu erschließen, grundsätzlich Peirces allgemeinen fallibilistischen Vorbehalten.[465]

4. Wenn es daher also zu einem falschen Schluss bezüglich der Regelstruktur eines dynamischen Objekts kommt, oder sich die Umwelt aus ihrer eigenen Dynamik heraus in einer Weise verändert, die für das Zeichensystem relevant ist, dann muss auch das System seine Strukturen ändern, um weiterhin adäquat, d. h. irritations- und widerstandsfrei, operieren zu können. Strukturelle Kopplung ist also stets ein dynamischer Prozess und kein statischer Zustand, dessen Ergebnis nur konserviert werden müsste, wenn es einmal erreicht ist: Strukturelle Angepasstheit an die Umwelt macht also die Möglichkeit und Fähigkeit weiterer struktureller Anpassung keineswegs überflüssig, da bisherige finale Interpretanten bzw. pragmatische Überzeugungen unter veränderten Bedingungen immer angezweifelt werden können.[466]

Hierbei ist aber wichtig, die Bedeutsamkeit und Relevanz der auftretenden Irritation zu betonen, weil eine bisher evolutionär bewährte und nicht angezweifelte Struktur nicht bei beliebigen Anlässen, sondern nur unter streng konditionierten Voraussetzungen und unter restriktiver Kontrolle geändert werden darf.[467] Eine einmalige, seltene oder unbedeutende Irritation kann also auf dem Hintergrund der redundanten Erwartungsstruktur des Zeichen-

---

[464] Daher ist auch streng zwischen der erschlossenen Gesetzmäßigkeit eines dynamischen Objekts selbst und der Darstellung dieser Gesetzmäßigkeit in einem Zeichensystem zu unterscheiden: „Ich unterscheide [...] zwischen einem Gesetz und dem Ausdruck für dieses Gesetz, wobei ersteres eine Verhaltensgewohnheit der Natur und letzterer eine Darstellungsform des Menschen ist.“ (RS, 416) Die gefolgerte Drittheit des dynamischen Objekts ist letztlich also stets eine Konstruktion des Zeichensystems, bei dessen Konstitution immer auch eine Vielzahl rein systeminterner Faktoren und Leistungen einfließen (vgl. RS, 139). Wenn man wie Peirce im obigen Zitat als beobachtendes Zeichensystem den Menschen einsetzt, resultiert aus diesem Zusammenhang eine Beobachtungsabhängigkeit in anthropomorpher Form (vgl. NZ, 316; S&S, 141; VP, 28f.; s. auch Punkt 5 in Kap. 8.2.8).

[465] s. SS 1, 227 – 229; SS 3, 350f.; RS, 164, 242; vgl. auch die Punkte 7 und 12 in Kap. 8.2.8 und 4b in Kap. 8.3.1; zur Rolle des Zufalls in Peirces evolutionärer Kosmologie s. auch Oehler 1993, 101f.

[466] s. hierzu auch Pape 1984, 221; Helmut Pape macht hier einen Unterschied nicht, auf den ich unten in Punkt 10 noch zu sprechen komme: Man kann aus einer erfolgreichen strukturellen Kopplung nicht auf ein korrektes Verständnis der Umwelt und eine immer mehr angenäherte Anpassung schließen, sondern nur darauf, dass die selektiv gewählten Systemstrukturen für den evolutionären Erhalt und das pragmatische Erreichen der Ziele nicht falsch sind.

[467] vgl. Punkt 11 in Kap. 8.2.8 und SS 1, 384.

systems in den Bereich irrelevanter Varietät abgedrängt werden.[468] Wiederholte Irritationen derselben Art oder dauerhafte Veränderungen, die der Umwelt als Quelle zugeschrieben werden und die sich für das System als erheblicher Widerstand in der Zweitheit manifestieren, müssen dagegen als relevant angesehen und durch eine adäquate Transformation der Systemstruktur, z. B. als Anpassung des finalen Interpretanten, bearbeitet werden.[469]

Denn Dauerhaftigkeit und Wiederholung können im Zeichenystem als indexikalische Zeichen der veränderten Regelstruktur interpretiert werden, die im entsprechenden dynamischen Objekt auf neue Art die ereignishaften Aktionen bestimmt, durch die das System irritiert wird. Diese neue Struktur des dynamischen Objekts und deren ereignishafte Auswirkungen sind aber in der Erwartungsstruktur des Zeichensystems noch nicht repräsentiert, da sonst ja keine Irritation auftreten würde.

5. Das nächste Ziel des Zeichensystems muss unter diesen Umständen darin bestehen, aus der Analyse der irritierenden Einwirkungen zu folgern, welche Gesetzmäßigkeit im dynamischen Objekt die entsprechenden Aktionen und Ereignisse bestimmen und regeln könnte. Während dieser Zwischenphase besteht die alte Systemstruktur, z. B. als finaler Interpretant, zwar noch weiter, sie ist aber nicht mehr von uneingeschränkter Überzeugung getragen, sondern bereits angezweifelt. Andererseits liegt noch keine neue Erwartungsstruktur oder Überzeugung vor, so dass das Zeichensystem von einer gewissen strukturellen Unsicherheit gekennzeichnet sein wird, bis es sich durch den Aufbau eines neuen finalen Interpretanten restabilisiert hat. In diesem semiotisch-strukturellen Schlussprozess spielen die drei Arten von Argumenten eine Rolle, die Peirce unterscheidet und als Abduktion bzw. Hypothese, Induktion und Deduktion bezeichnet (vgl. Punkt 3a in Kap. 8.2.6):[470]

a) Der erste Schritt besteht darin, die Irritationen als Tatsachen der Zweitheit zu beobachten und eine Vermutung aufzustellen, wie diese vorerst überraschenden Tatsachen möglicherweise erklärt werden könnten. Dieser Erklärungsversuch beinhaltet, dass man eine bereits

---

[468] Auch diese Entscheidung des Systems hat kondensierende und konfirmierende Wirkung auf die Struktur, da sie nämlich trotz der Irritation beibehalten wird; zu diesen Zusammenhängen vgl. Punkt 2 in Kap. 8.2.4.

[469] vgl. SS 1, 239; SS 2, 180; VP, 32f., 35; Jede einzelne Irritation wirkt an der Schnittstelle des Repräsentamens jeweils als Sinzeichen. Treten Irritationen derselben Art widerholt auf, fungieren diese Sinzeichen mehr und mehr als Replika eines bestimmten Typus, also eines Legizeichens. Die Regelstruktur dieses Legizeichens wird in der Drittheit dem dynamischen Objekt als der externen Quelle der Irritation zugeschrieben, obwohl die Konstitution dieses Legizeichens aus den Sinzeichen bzw. Replikas eine (logisch) folgernde Leistung des Zeichensystems ist. Die nötige Verbindung wird dadurch hergestellt, dass das Legizeichen als indexikalisches Legizeichen (s. Punkt 21 in Kap. 8.2.5) interpretiert werden muss: Hier stellt die indexikalische Komponente die Verbindung von Zeichensystem und dynamischem Objekt gemäß der Zweitheit her, und das Legizeichen nimmt dieser Verbindung die Beliebigkeit, indem es über seine Replikas anzeigt, nach welcher wiederholbaren und dauerhaften Regelmäßigkeit sie verwirklicht wird. Bei einer Modifikation des entsprechenden finalen Interpretanten repräsentiert das Legizeichen die anzustrebende Regelstruktur, und der Index zeigt das spezielle dynamische Objekt an, bezüglich dessen die Modifikation zu erfolgen hat.

[470] Ausgehend von der objektiven Hermeneutik arbeitet auch Alfons Bora mit Peirces drei Schlusstypen, v. a. mit der Abduktion: s. Bora 1994, 288, 307, 311ff., 319; Susanne Rohr stellt Peirces Abduktionslogik im Zusammenhang mit seiner pragmatischen Erkenntnistheorie vor (Rohr 1993, 86 – 111); Zu den drei Arten des Schlussfogerns s. auch Deledalle 2000, 38 – 42; Eco 1991, 185 – 188; Köller 1980, 42 – 44; Müller 1999, 69 – 90; Nöth 2000, 67 – 69; Pape 1998, 2034.

bekannte Gesetzmäßigkeit in neuer Weise auf die irritierenden Ereignisse anwendet und so eine mögliche Erklärung ihres Auftretens erhält. Peirce nennt das Aufstellen einer derartigen ordnungsbildenen Vermutung bzw. Hypothese Abduktion.[471] Das systeminterne Ziel der Abduktion ist die Herausbildung einer neuen Überzeugung bzw. positiven Erwartungshaltung, die der bisherigen Irritation ihren überraschenden oder verwirrenden Charakter nimmt, indem sie sie in einen möglichen Regelzusammenhang einzubinden sucht.[472]
b) Da die Abduktion in Peirces kategorialer Subklassifikation der Argumente der Erstheit entspricht, kann sie aber nur eine mögliche Erklärung von Tatsachen anbieten. Es gibt also für ihre Annahmen keine positiven Gründe und auch keine Sicherheit dafür, dass ihre Konklusionen zutreffen. Der Erstheit entsprechend stehen die abduktiven Prämissen und Konklusionen nur in einem Verhältnis der Möglichkeit und Ikonizität.[473]
c) Deshalb muss die Abduktion noch durch Deduktion und Induktion ergänzt werden, bevor es im Zeichensystem zur befriedigenden Restabilisierung der Struktur kommt. Dabei müssen die Konklusionen der Abduktion zuerst zu den Prämissen einer Deduktion gemacht werden. Aus denen können dann nämlich hinsichtlich des dynamischen Objekts als Quelle der anfänglichen Irritationen weitere notwendige Schlüsse gezogen und in der Drittheit allgemeine Voraussagen bzw. Erwartungen seiner künftigen Verhaltensweisen abgeleitet werden. Sache der Induktion ist es schließlich, experimentell zu überprüfen, ob das vom dynamischen Objekt deduktiv erwartete Verhalten bzw. die entsprechend vorausgesagten Ereignisse in der Zweitheit auch tatsächlich eintreten.[474] Die Induktion ermittelt also die

---

471 Peirces Schlusstypus der Abduktion ist in jüngerer Vergangenheit größere Aufmerksamkeit zuteil geworden: Ansgar Richter widmet der Abduktion bzw. der Hypotese bei Peirce eine Spezialuntersuchung, die v. a. auf die historische Entwicklung der Abduktion abhebt (Richter 1995); s. auch Rohr 1993; Wirth 1995; Wirth 2000; zur Abduktion allgemein s. Lorenz 1980.

472 „*Abduktion* ist jene Art von Argument, die von einer *überraschenden Erfahrung* ausgeht, das heißt von einer Erfahrung, die einer aktiven oder passiven Überzeugung zuwiderläuft. [...] eine neue Form von Überzeugung wird notwendig, um die Erfahrung zu verallgemeinern." (PhLZ, 95) vgl. Wirth 1995, 97; Auch bei Peirce kann also wie bei Luhmann Überraschung nur struktur- und damit systemrelativ definiert werden, und der hier geschilderte abduktive Schlussprozess entspricht Luhmanns Abfolge von Irritation einer bestehenden Struktur, Zwischenphase zur Neuorientierung und Restabilisierung der Systemstruktur auf einer erweiterten oder zumindest veränderten Basis; vgl. auch NZ, 333; VP, 96, 123 und 135: „Ihr Zweck [der erklärenden Hypothese oder Abduktion, meine Ergänzung] ist es, mittels der Unterwerfung unter den experimentellen Test zur Vermeidung aller Überraschung und zur Festsetzung einer Gewohnheit positiver Erfahrung, die nicht enttäuscht werden soll, zu führen." zum Zusammenhang zwischen Gewohnheitsbildung und Abduktion s. auch Corrington 1993, 61 – 68.

473 „Abduktion legt nur nahe, daß etwas *sein kann*. [...] Soweit ich entdecken kann, kann überhaupt kein Grund für sie angegeben werden; und sie braucht keinen Grund, da sie nur Vermutungen anbietet." (VP, 115); vgl. PhLZ, 92: „Die Hypothese ist also *möglich*, doch es gibt nicht den leisesten Grund, sie für wahr zu halten, wenn es auch nur irgendeine andere Art gibt, die Tatsachen zu erklären." vgl. auch SS 1, 123, 393f.; NZ, 202; PhLZ, 95, 136; VP, 128

474 „Die Abduktion ist der erste Schritt im gesamten Prozeß des Schließens. Ihre Konklusion wird zu einer Prämisse für die Deduktion, die, indem sie diese mit vorgängig akzeptierten Propositionen logisch verbindet, Quasi-Voraussagen über den Verlauf der zukünftigen Erfahrung produziert – das heißt Voraussagen, die zu Voraussagen im üblichen Sinne würden, wenn man von der Konklusion der Abduktion vollständig überzeugt wäre." (PhLZ, 96) vgl. VP, 115: „Ihre [der Abduktion, meine Ergänzung] einzige Rechtfertigung besteht darin, daß Deduktion aus ihrer Vermutung eine

statistische Häufigkeit, in der die spezifische Voraussage, die aufgrund der Kombination von Abduktion und Deduktion gemacht wird, bestätigt wird. Erfüllt sich die Erwartung beim induktiven Test nicht, muss unter Berücksichtigung der induktiv gewonnenen Daten eine neue abduktive Hypothese aufgestellt und wieder in der eben geschilderten Weise deduktiv und induktiv überprüft werden.

Wenn dagegen die Induktion nachweist, dass die Ereignisse tatsächlich gemäß der abduktiv vermuteten und deduktiv generalisierten Regelmäßigkeit eintreten, also das Verhalten des entsprechenden dynamischen Objekts von dieser erschlossenen Regelmäßigkeit bestimmt wird, dann ist das Ziel des Schlussprozesses erreicht: Die veränderte Verhaltensgewohnheit des dynamischen Objekts ist erschlossen, so dass künftig nicht mehr mit Irritation und Überraschung, die von ihm ausgehen, zu rechnen ist, jedenfalls nicht, bis sich die Regelstruktur des dynamischen Objekts in dessen Drittheit wieder ändert. Das Zeichensystem hat somit dynamisch eine transformierte, den geänderten Umweltbedingungen angepasste Erwartungsstruktur aufgebaut, die wieder zutreffende Voraussagen machen kann, so dass die strukturelle Kopplung an die Umwelt erfolgreich verlaufen ist.[475]

6. Wesen und Funktion von struktureller Kopplung eines Zeichensystems an sein Umwelt bestehen also darin, dass die pragmatischen Verhaltensgewohnheiten eines externen dynamischen Objekts, d. h. seine Regelstrukturen in der Drittheit, im Zeichensystem erschlossen und dann durch Erwartungsstrukturen ebenfalls auf der Ebene der Drittheit adäquat repräsentiert weden, wobei relevanten Veränderungen in der Umwelt durch eine dynamisch-evolutionäre Transformation und Anpassung der Systemstrukturen Rechnung getragen wird. Diese Erwartungsstrukturen fungieren dann ihrerseits im System in Form von pragmatischen Überzeugungen oder von finalen Interpretanten als Regelstrukturen für die Systemoperationen, die somit an die Umwelt angepasst und daher auch irritationsfrei ablaufen können.

7. Wenn das Zeichensystem in diesem Sinne die Summe der Verhaltensgewohnheiten bzw. der allgemeinen Regelstrukturen eines dynamischen Objekts durch erfolgreiche strukturelle Kopplung in sich widerstands- und widerspruchsfrei repräsentiert, dann gilt in Peirces Se-

---

Voraussage machen kann, die mit Hilfe der Induktion getestet werden kann [...].“ vgl. auch SS 1, 394f.; NZ, 201f., 334f.; PhLZ, 134 – 136; zum Stellenwert von Abduktion und Induktion s. auch Harris/Hoover 1980.

[475] Der evolutionär und pragmatisch beobachtbare Erfolg des aus Abduktion, Deduktion und Induktion zusammengesetzten Schlussprozesses und damit der strukturellen Kopplung ist nach Peirce darauf zurückzuführen, dass die systeminternen (Schluss-)Gesetze und die Gesetzmäßigkeiten des Universums in Koevolution entstanden und daher einander entsprechend, ähnlich bzw. affin sind (SS 1, 227; SS 2, 147; SS 3, 350f., 397; RS, 279;VP, 116f.). Zum Verständnis und zur Interpretation dieser Überlegung sollte man Peirces Synechismus (s. die Punkte 4 in Kap. 8.1.2 und 3 und 4b in Kap. 8.3.1) und die Tatsache berücksichtigen, dass beide Gesetzmäßigkeiten unterschiedslos Phänomene der Drittheit sind. Wenn man mit diesem Hintergrund bei Jürgen Habermas liest, Peirce habe die „*welterschließende* Funktion der Zeichen [...] vernachlässigt“ (Habermas 1991, 28), wird man Habermas‘ Peircerezeption gegenüber sicher sehr skeptisch werden, was Gründlichkeit und Verständnis angeht. Victorino Tejera fragt in seinem gleichnamigen Aufsatz etwas direkter „Has Habermas understood Peirce?“ (Tejera 1996) und kommt zu einem ebenfalls ernüchternd negativen Ergebnis; vgl. auch die vernichtende Kritik von Klaus Oehler an Habermas‘ Peirceverständnis und Interpretation seiner Werke (Oehler 1990; Oehler 1994).

miotik und Pragmatik dieses dynamische Objekt als erkannt.[476] Denn für die Realität, die bestimmte Identität und die Grenze dieses externen Objekts ist die Ebene seiner Wirkung und Tatsächlichkeit in der Zweitheit zwar vorausgesetzt, entscheidend ist aber die darüber hinausgehende strukturelle Ebene allgemein gesetzmäßiger und regelhafter Drittheit (vgl. die Punkte 3 in Kap. 8.2.8, 4c in Kap. 8.3.1 und 2 in Kap. 8.3.3). Dabei handelt es sich freilich nicht um eine Erkenntnis des ‚Objekts an sich' in der Erstheit, sondern um eine erkenntnishafte Darstellung in der Drittheit, welche die Einwirkungen des Objekts in der Zweitheit und die strukturelle Kopplung in der Drittheit voraussetzt (vgl. die Punkte 1 und 3 in Kap. 8.3.1) und von der Struktur des Zeichensystems abhängt.[477]

Die Struktur des Zeichensystems kann also als optimal ausgerichtet und das entsprechende dynamische Objekt als erkannt gelten, wenn die erschlossene Regelstruktur des Objekts und die Erwartungsstruktur des Systems analog zueinander sind. Denn dann gibt es im Zeichensystem für jede Aktion und Reaktion, die dem dynamischen Objekt in der Zweitheit zugerechnet wird, in der Drittheit des Systems strukturelle Vorkehrungen, die den operativen Umgang mit dem dynamischen Objekt adäquat regeln.[478]

Ob dieser ideale Grenzwert struktureller Kopplung tatsächlich erreicht und dann dauerhaft aufrechterhalten werden kann, ist u. a. aus den Gründen, die ich im Kontext von Kapitel 8.3.5 und oben in Punkt 3 zusammengestellt habe, allerdings fraglich. Wenn man zudem Peirces Tychismus, die Unaufhebbarkeit der Kategorien (s. Punkt 2 in Kap. 8.2.2) in Kombination mit deren universeller Tendenz von der Erstheit zur Zweit- und Drittheit (s. Punkt 5 in Kap. 8.3.4) berücksichtigt, sieht man, dass sich aus dem absoluten Zufall im Universum immer neue Regelstrukturen in der Systemumwelt bzw. in dynamischen Objekten entwickeln können. Und diese wirken sich dann ggf. durch Ereignisse, die sie in der Zweitheit bestimmen, so auf das Zeichensystem aus, dass für dieses eine erneute Strukturänderung nötig wird. Aus all diesen Gründen dürfte die optimale strukturelle Kopplung ebenso wie auch Peirces Vorstellung vom ultimativen Interpretanten, von Wahrheit und Realität nur ein regulatives Prinzip für ein Zeichensystem sein.[479] Als derartige ideale und regulative Zielvorgabe sind all diese Vorstellungen aber durchaus aufrechtzuerhalten, da sie

---

[476] Wenn das Zeichensystem also das gesamte Wirkungsspektrum eines dynamischen Objekts in sich durch Erwartungsstrukturen erfolgreich, d. h. überraschungs- und zweifelsfrei, repräsentiert, hat es im Rahmen von Peirces pragmatischer Semiotik auch dessen „ontologische Struktur" (Oehler 2000, 17) erkannt. Der von Edward Moore herausgegebene Sammelband beleuchtet diese Erkenntnistheorie von Peirce aus unterschiedlichen neueren wissenschaftstheoretischen Perspektiven (Moore, Edward 1993).

[477] „Und zweitens ist jede Erkenntnis, von der wir irgendeine Vorstllung haben, relativ, ist die Erkenntnis einer Relation, und jedes Erkennen einer Relation wird durch eine vorhergehende Erkenntnis bestimmt." (SS 1, 175) Peirce betont hier implizit die Rekursivität semiotischer Erkenntnis (vgl. Kap. 8.1.2 und SS 1, 177).

[478] Dass diese Art struktureller Kohärenz- und Ordnungsbildung ein wesentliches Kriterium für die Beurteilung von Wirklichkeit und Realität darstellt, arbeiten auch Peter Kruse und Michael Stadler aus psychologischer Sicht heraus (Kruse/Stadler 1994; Stadler/Kruse 1990).

[479] s. die Punkte 3d in Kap. 8.2.7, 12 in Kap. 8.2.8 und 2 in Kap. 8.3.3; vgl. Corrington 1993, 67f.; Schönrich 1990, 215 – 225; Eine optimale strukturelle Kopplung wäre demnach erst im ultimativen finalen Interpretanten einer bestimmten Semiose, die auf ein bestimmtes dynamisches Objekt gerichtet ist, erreichbar, da dieser das vollständige kategorial differenzierte Wesen dieses dynamischen Objekts repräsentieren würde.

als hierarchisch hoch stehendes Ziel jeder Semiose die Beliebigkeit nehmen und so zur notwendigen Strukturierung von Zeichenprozessen und Zeichensystemen beitragen. Außerdem macht Peirces Konzept des Synechismus (s. die Punkte 4 in Kap. 8.1.2, 3 in Kap. 8.3.1 und 3 in Kap. 8.3.4) das Erreichen dieser regulativen Ziele nicht von vornherein unmöglich, wenn es auch die oben genannten Vorbehalte freilich nicht aufheben kann.

8. Die Regelstruktur der Drittheit des dynamischen Objekts, die vom Zeichensystem argumentativ erschlossen und zur Grundlage der strukturellen Kopplung gemacht wird, kann dem dynamischen Objekt vom Zeichensystem nur zugeschrieben werden, nachdem es sie intern rekonstruiert und dargestellt hat. Es handelt sich bei dieser Regelstruktur immer um das Produkt eines Schlussprozesses, da sie in ihrer Allgemeinheit vom Zeichensystem nie direkt erfahren und unmittelbar erkannt, sondern nur mittelbar aus ihren Auswirkungen in der Zweitheit an der Schnittstelle des Repräsentamens gefolgert werden kann. Dies gilt auch für die spezifischen Eigenschaften und Möglichkeiten des dynamischen Objekts in dessen Erstheit. Die beiden kategorialen Ebenen der Erst- und Drittheit sind also nur mittelbar durch interne Schlussprozesse darstellbar.[480]

Insofern sind die erschlossene Erst- und Drittheit des dynamischen Objekts stets eine Konstruktion des Zeichensystems. Diese ist freilich nicht beliebig, da sie der Vermeidung von Irritation und Überraschung in der Zweitheit und dem Aufbau einer Erwartungsstruktur in der Drittheit dient, die zutreffende Voraussagen ermöglicht. Sie ist mit anderen Worten evolutionär bewährungspflichtig und kann daher gar nicht beliebig und vorbehaltlos dekonstruierbar sein, da sie sonst erneut Widerständen aus der Umwelt ausgesetzt wäre.[481]

Das Zeichensystem kann außerdem die Aktionen und Reaktionen des dynamischen Objekts in der Zweitheit nicht determinieren, sondern ist pragmatisch davon überzeugt, dass dessen Verhalten von seiner erschlossenen Regelstruktur in der Drittheit bestimmt wird. Daher schreibt das System diese nur gefolgerte Struktur dem dynamischen Objekt so zu, als ob dieses sie auch unabhängig von der Beobachtungs- und Konstruktionsleistung des Zeichensystems in seiner Erstheit, also ‚an sich', aufweisen würde.[482] Es behandelt somit als Beobachter erster Ordnung seine eigene Konstruktion als Rekonstruktion, die es dem dynamischen Objekt fremdreferentiell attribuiert, ohne seine selbstreferentielle Eigenleistung zu berücksichtigen.

---

[480] Dieser semiotische Befund ist mit Luhmanns systemtheoretischer Position vereinbar, dass die Strukturen eines beobachteten Systems unmittelbar intransparent sind und nur durch systeminterne Konstruktionen beobachtet werden können; zu diesen Zusammenhängen vgl. den lesenswerten Beitrag von Wolfgang Schneider (Schneider 1999, hier v. a. 144, 163f.). Er bezieht auch die objektive Hermeneutik in seine Darstellung ein, die eher von der Erkennbarkeit von Strukturen ausgeht. Peirces semiotisch-pragmatische Theorie nimmt hier m. E. eine überzeugende Zwischenstellung ein.

[481] Es sei hier nochmals nur am Rande erwähnt, dass diese theoretische Konstellation wiederum einer System-Umwelt-Schnittstelle bedarf, die bei Luhmann fehlt, bei Peirce dagegen im Repräsentamen vorliegt (s. Kap. 8.3.7); zur Kontingenz und Dekonstruierbarkeit zeichenhafter Umweltdarstellungen bei Luhmann vgl. auch Kap. 6.3; zum Zusammenhang zwischen Peirces drei Schlussarten und der Konstruktion einer semiotischen Welt s. auch Merrell 1991, 70 – 74.

[482] Auf Gemeinsamkeiten und Unterschiede zwischen der von Peirce begründeten amerikanischen pragmatischen Erkenntnistheorie und Hans Vaihingers erkenntnistheoretischem Instrumentalismus der ‚Philosophie des Als Ob' geht Klaus Ceynowa kurz ein (s. Ceynowa 1993, 14 – 22, 179 – 182), allerdings ohne Peirces Semiotik zu berücksichtigen.

9. Die umfassende Repräsentation des dynamischen Objekts im Zeichensystem ist also ein auf strukturelle Kopplung basierendes, nicht beliebiges Konstrukt, das pragmatisch solange als das kategorial differenziert erkannte Wesen des dynamischen Objekts angesehen wird, bis erneut unerwartete Irritationen oder Widerstände Zweifel an dieser Überzeugung hervorrufen und ggf. eine Änderung der Regelstrukturen des entsprechenden finalen Interpretanten nötig machen. Demnach kommt es bei der strukturellen Kopplung eines Zeichensystems an seine Umwelt zur Bildung zweier ‚Eigenwerte' des Systems:
a) Der erste Eigenwert kann rein selbstreferentiell dem Zeichensystem zugerechnet werden und besteht in dem finalen Interpretanten, der als Erwartungsstruktur und Verhaltensgewohnheit hinsichtlich eines bestimmten dynamischen Objekts fungiert (vgl. Punkt 3 in Kap. 8.2.7). Er konditioniert die operative Verwendung der Sinzeichen und dynamischen Interpretanten der auf dieses dynamische Objekt gerichteten Zeichenprozesse so, dass sich möglichst keine Irritationen, Überraschungen oder Widerstände ergeben, sondern sich vielmehr die erwarteten Ergebnisse einstellen. Solange diese Ziele erreicht weden, wird der Eigenwert des finalen Interpretanten mit jeder erfolgreichen Anwendung kondensiert und konfirmiert.
b) Der zweite Eigenwert wird fremdreferentiell der Umwelt attribuiert und ist im kategorial vollständig entwickelten Bild zu sehen, das sich das Zeichensystem vom dynamischen Objekt über dessen jeweils aktuale Einwirkungen nur in der Zweitheit hinaus macht. Dieses Bild des dynamischen Objekts wird im Zeichensystem zwar immer nur selektiv über verschiedene Aspekte des entsprechenden unmittelbaren Objekts erstellt (s. Punkt 3 in Kap. 8.3.5), aber die konsistent erschlossene, kohärente Summe dieser Teilrepräsentationen wird dann in ihrer postulierten Erst-, Zweit- und Drittheit als dynamisches Objekt ‚reifiziert' und als unabhängige, externe Quelle von Widerständen und Irritationen der Umwelt zugeschrieben (vgl. auch Punkt 4 in Kap. 9.1).[483]

Dieses systeminterne und -relative Bild des dynamischen Objekts ist das Produkt eines schlussfolgernd konstruktiven Zeichenprozesses. Bemerkenswert ist hierbei aber, dass dieser Zeichenprozess kausal von einer Einwirkung eben des dynamischen Objekts ausgeht (s. Punkt 4 in Kap. 8.3.7), dessen Bild aber erst das Ergebnis desselben Zeichenprozesses ist. Hinsichtlich des dynamischen Objekts ist also die Erkenntnisordnung im Zeichensystem genau umgekehrt zu der vorauszusetzenden kausalen Ordnung und dem postulierten eigenständigen Status des dynamischen Objekts.[484] Pragmatisch gesehen ist diese Unterscheidung aber für das Zeichensystem irrelevant, solange die strukturelle Kopplung erfolgreich verläuft. Dieser Unterschied muss erst dann operativ behandelt und nach Möglichkeit wieder aufgelöst werden, wenn sich neue Irritationen durch das dynamische Objekt einstellen.
10. Das Zeichensystem hat keine Möglichkeit, die Regelstruktur, die es selbst in Schlussprozessen konstruiert und dann dem dynamischen Objekt zuschreibt, mit der postulierten realen Regelstruktur des dynamischen Objekts ‚an sich' zu vergleichen. Daher ist es auch problematisch, wenn Peirce an manchen Stellen die Schlüsse, die bei der strukturellen

---

[483] Zu Fremdreferenz, Fremdattribuierung und ‚Reifikation' in Luhmanns Sachdimension des Sinns s. auch Punkt 1, v. a. 1c und 1e in Kap. 5.3.4.

[484] s. Punkt 1 in Kap. 8.3.1; vgl. auch Oehler 1993, 75; Oehler 1995, 61f.; Lucia Santaella spricht vom logischen Primat des Zeichens und dem realen Primat des Objekts, das aber nur durch Zeichenvermittlung erkennbar wird (Santaella 1998, 140); vgl. von Glasersfeld 1991, 22.

Kopplung im Zeichensystem gezogen werden, als „graduelle Annäherung“[485] an die Realität bzw. wahre Natur des dynamischen Objekts ansieht. Denn das, woran man sich hier annähern soll, ist aufgrund seiner Allgemeinheit in der Drittheit nie unmittelbar erfahr- oder erkennbar, so dass die Vergleichsgrundlage für die „Annäherung“ gar nicht erreichbar ist.

Hier weist Luhmann zu Recht darauf hin, dass strukturelle Kopplung und das dynamische Aufrechterhalten der strukturellen Anpassung an eine spezifische Umwelt nicht zu einer stetigen Optimierung des System-Umwelt-Verhältnisses führen (s. Kap. 4.3.4). Auch das Zeichensystem kann also aus einer erfolgreichen strukturellen Kopplung an seine spezifische Umwelt nur erkennen, dass es seine operativen Prozesse im Hinblick auf den evolutionären Erhalt in dieser Umwelt momentan nicht falsch strukturiert und konditioniert, kann aber, genau genommen, nicht beurteilen, ob es das in richtiger bzw. immer besserer Weise tut, denn hierfür wäre eben der unmögliche direkte Vergleich mit der Realität dynamischer Objekte nötig.[486]

Fazit: Luhmanns systemtheoretisches Konzept der strukturellen Kopplung kann nicht nur ohne Einschränkungen auf Peirces Zeichentheorie übertragen weden, sondern ist hier sogar kohärenter integrierbar als in Luhmanns eigenen Theoriebau. Im semiotischen Rahmen können nämlich sogar Probleme, die Luhmann z. B. bei der Frage nach der dynamischen Strukturanpassung hatte, elegant gelöst werden. Ausgehend von Peirces Kategorienlehre lässt sich überdies im Vergleich zu Luhmann präzisieren, dass strukturelle Kopplung nicht nur im Zeichensystem die Ebene der Drittheit in Form einer Erwartungsstruktur betrifft, sondern dass die Kategorie der Drittheit auch in der Umwelt in Form einer erschlossenen Regelstruktur dynamischer Objekte ausschlaggebend ist. Das semiotische Schlussverfahren, das der Ermittlung dieser Regelstruktur dient, umfasst alle drei Arten von Argumenten, die Peirce unterscheidet, nämlich in der Reihenfolge ihrer Anwendung Abduktion, Deduktion und Induktion. Strukturelle Kopplung besteht bei Peirce also im optimalen Fall in einer dauerhaft irritationsfrei erschlossenen Darstellung der Regelstruktur dynamischer Objekte durch die Erwartungsstruktur des Zeichensystems in der Drittheit. Sie setzt also keineswegs eine vollständige Repräsentation des dynamischen Objekts im Zeichensystem im Sinne einer Eins-zu-Eins-Darstellung voraus, was bereits zur Fragestellung des nächsten Kapitels überleitet.

8.3.9 Die Darstellung der Umwelt im Zeichensystem II: Konstruktion oder Repräsentation?

In Kapitel 8.3.5 hatte ich bereits dargelegt, dass in Peirces Semiotik die Umwelt bzw. systemexterne dynamische Objekte lediglich in selektiver, simplifizierender und historisch kontingenter Weise und nur mit einem Kategorienwechsel von der unmittelbaren Zweitheit zur mittelbaren Drittheit dargestellt werden können. Dennoch kann Peirce diese systemintern konstruierte Darstellung als Repräsentation ansehen, da sie in der Drittheit mithilfe von Zeichen erstellt wurde.

---

485 SS 1, 234; vgl. SS 1, 229, 384.

486 vgl. auch Hayles 1993, 34 – 39.

1. Luhmann dagegen stellt seinen systemtheoretischen Konstruktivismus in scharfen Kontrast zu Repräsentationstheorien,[487] und zwar aus Gründen, die ich unten in den Punkten 1a bis 1e vorstellen werde, und die zugleich Luhmanns Form von Konstruktivismus in wesentlichen Zügen charakterisieren. Seinem operativen Konstruktivismus werde ich dann unten in Punkt 2 entsprechende Positionen aus Peirces Zeichentheorie entgegenstellen. Es geht in diesem Kapitel also insgesamt darum, anhand Luhmanns und Peirces Konzepten Unterschiede und Gemeinsamkeiten von Konstruktion und Repräsentation zu ermitteln.
a) Autopoietische Systeme sind nach Luhmann selbstreferentiell geschlossen (s. Kap. 4.1.2 und Kap. 4.2.3). Sie haben demnach keinen unmittelbaren operativen Zugang zu ihrer Umwelt, so dass sie auch nicht in der Lage sind, diese zu entdecken oder zu erkennen. Sie können vielmehr durch ihre rekursiven Beobachtungsoperationen nur ein Bild der Umwelt erstellen und mit diesem internen Konstrukt dann fremdreferentiell umgehen, d. h. es der Umwelt zuschreiben und als Realität behandeln. Da dieses Konstrukt nur durch den rekursiven Anschluss systeminterner Operationen aufgebaut werden kann, nennt Luhmann seine konstruktivistische Variante auch operativen Konstruktivismus.[488]
b) Diese konstruierenden Operationen finden immer als empirisch beobachtbare Beobachtungen in der Welt statt, deren Realität beobachtet werden soll. Daraus folgt, dass es keinen idealen, außerweltlichen oder irgendwie privilegierten Beobachterstandpunkt gibt, dessen Konstrukt nicht genauso systemrelativ wäre wie die Konstrukte aller anderen Beobachter auch. Dies gilt auch für Beobachter zweiter Ordnung, die zwar die blinden Flecke und Beobachtungsvoraussetzungen von Beobachtern erster Ordnung sehen können, dabei aber ihren eigenen blinden Fleck haben und ebenso nur unter kontingenten strukturellen Bedingungen innerweltlich operieren.[489]

Unter diesen Umständen kann man von Erkenntnis, Wissen, Realität oder der Welt nie unabhängig von einem System und den Beobachtungen bzw. den Differenzen, mit denen es operiert, sprechen. Jede entsprechende Aussage braucht eine bestimmte Systemreferenz, durch die angegeben wird, welches System anhand welcher Beobachtungen das jeweilige Konstrukt erstellt hat. Somit sind all diese Konstrukte nicht systemunabhängig objektivier- oder ontologisierbar.[490] Dies gilt nicht nur für umfassende Konstrukte wie die der Welt oder der Umwelt, sondern auch für alle Einheiten, die dieser Welt als Objekte attribuiert werden: Auch sie verweisen als Konstrukte immer zurück auf ein System, das sie mit seinem spezifischen operativen Unterscheidungsgebrauch selbstreferentiell konstituiert und dann fremdreferentiell der Umwelt zugeschrieben hat.[491]
c) Daher können im Konstruktivismus Erkenntnis und Wissen keinen Bezug zur Realität an sich haben oder zur Orientierung in ihr beitragen. Denn die Illusion unmittelbaren Umweltkontakts, die ein Beobachter erster Ordnung hat, kann immer durch einen Beobachter zweiter Ordnung aufgehoben werden, indem er die kontingenten Bedingungen und Voraus-

---

[487] s. z. B. KdG, 16: „Wagte man dagegen den Übergang von einer phänomenbezogenen Wahrnehmungslehre zu einer operativen, von einer repräsentationalen Erkenntnistheorie zu einer konstruktivistischen – und das Wissenschaftssystem scheint und dazu zu zwingen – : müßte dann nicht die Theorie der Kunst diesem Paradigmenwechesl folgen [...]?“

[488] SA 5, 33, 37, 40, 53; WissdG, 78, 150, 530; RdG, 41; GdG, 92; zu Luhmanns Konstruktivismus allgemein s. v. a. Luhmann 1988; SA 5, 31 – 58.

[489] SA 5, 15 mit Anm. 2, 41, 46f., 52; WissdG, 61, 208f., 305; GuS 4, 174; GdG, 1135.

[490] WissdG, 374; 510, 512; GuS 4, 96; KdG, 139; SA 6, 178; GdG, 1120.

[491] SA 5, 41; WissdG, 328; SA 6, 48; GdG, 45.

setzungen des Beobachters erster Ordnung aufzeigt und so sichtbar macht, dass dessen selbstreferentiell konstruierte Realität nicht die Realität sein kann, die er fremdreferentiell zu erkennen glaubt.[492]

Konstruktivistisch erkennbar ist also nicht die Realität an sich, sondern es ist nur beobachtbar, welche Folgen sich aus welchem operativen Unterscheidungsgebrauch ergeben. In der Betonung von konditionierten und erwarteten Konsequenzen bestimmter Konstrukte sieht Luhmann eine gewisse Parallele zum Pragmatismus, den er einerseits recht gnädig als „die heute einzig nennenswerte Erkenntnistheorie“ und andererseits deutlich kritischer als „erkenntnistheoretisch unentschlossenen methodologischen Pragmatismus“[493] bezeichnet und dessen Zeit er letztlich als durch den Konstruktivismus beendet ansieht.

Denn nach Luhmann kann aus der Tatsache, dass sich bestimmte Erwartungen erfüllen und bestimmte Konstrukte, etwa in der Technik, funktionieren, also zum gewünschten Ergebnis führen, nicht geschlossen werden, dass diese Erwartungen und Konstrukte mit etwas in der Umwelt übereinstimmen oder dass es irgendeine Ähnlichkeit zwischen Konstrukt und Umwelt gibt.[494] Das System kann jeweils nur rekursiv erkennen, dass seine Erwartung bestätigt oder enttäuscht wird, was aber noch nicht zu einem positiven Wissen über die Realität der Umwelt an sich führt. Solange freilich das System in dieser Umwelt seine Autopoiesis aufrechterhalten kann, hat es nach Luhmann „einen internen Anhaltspunkt dafür, daß es »richtig liegt«, obwohl es nicht wissen kann, wo und wie, da es niemals unabhängig von dem eigenen Umweltentwurf (Fremdreferenz) wird feststellen können, was in der Umwelt »an sich« der Fall ist.“[495]

d) Die Entscheidung zu einer konstruktivistischen Theoriedisposition führt Luhmann allerdings nicht dazu, „die Existenz und die Realität der Welt“[496] zu bestreiten oder zu leugnen. Er zieht allerdings aus der Kombination von Konstruktivismus und der Theorie basal selbstreferentieller Systeme den Schluss, dass die Realität der Welt als solche unzugänglich, unbeschreibbar und unerkennbar ist, da das System immer nur innerhalb seiner Grenzen mit seinen eigenen Konstrukten operiert. Daher kann es zwar seine selbstreferentiell konstituierten Konstrukte fremdreferentiell verrechnen, sie aber nicht mit der Realität der Umwelt vergleichen, so dass diese an sich unbekannt ist und bleibt.[497]

e) Auf dieser theoretischen Basis folgert Luhmann, was ein operativ selbstreferentiell erstelltes Konstrukt im Hinblick auf die Umwelt des konstruierenden Systems alles nicht sein kann, nämlich Kopie, Abbild, Simulation, sachentsprechende Darstellung, Annäherung, Anpassung, Verdoppelung der Gegenstände im System oder Abbildung von Vorhandenem. Denn dafür wäre es nach Luhmann nötig, dass es zwischen dem Konstrukt und der Realität eine Ähnlichkeit, Korrespondenz, Analogie oder eine „Art von struktureller Isomorphie“[498]

---

[492] WissdG, 700; GuS 4, 159f.

[493] WissdG, 260 bzw. 698; vgl. GdG, 34.

[494] WissdG, 259 – 262; Die hier kritisierte Annahme einer Übereinstimmung bzw. Ähnlichkeit scheint Luhmann dem Pragmatismus generell zu unterstellen.

[495] WissdG, 317.

[496] SA 5, 57; Luhmann differenziert hier zwischen Existenz und Realität, wobei er an dieser Stelle nicht darlegt, worin er den begrifflichen Unterschied eigentlich sieht; vgl. SA 5, 37, 40; WissdG, 516, 528.

[497] SA 5, 33, 41; WissdG, 261, 516, 698; GdG, 156.

[498] WissdG, 316; s. auch SA 5, 37, 40f.; WissdG, 52f., 135f., 261, 328, 344, 386, 515, 527f., 554f., 656; RdG, 24; GdG, 1120.

gäbe. All dies ist aber nie feststellbar, da es erstens keine externe Beobachterposition gibt, von der aus sich Konstrukt und Realität objektiv vergleichen lassen, und zweitens kein selbstreferentiell geschlossenes System einen „unmittelbaren Zugang"[499] zu seiner Umwelt hat. Und aus all diesen Gründen kann nach Luhmann ein Konstrukt auch nie eine Repräsentation von Umweltfakten sein, so dass sich bei ihm Konstruktivismus und Repräsentationstheorie unverbunden gegenüberstehen.

2. Ich möchte nun in diesem korrespondierenden zweiten Teil des Kapitels nicht umfassend und detailliert Luhmanns Konstruktivismus mit Peirces Zeichentheorie vergleichen, sondern untersuchen, ob trotz der unterschiedlichen theoretischen Ausgangsbedingungen Konstruktion und Repräsentation tatsächlich so unvereinbar sind, wie man aufgrund Luhmanns Argumenten in den Punkten 1a bis 1e meinen könnte.

a) Die Semiose in einem Zeichensystem läuft auch wie Luhmanns Systemprozess als basal selbstreferentieller Prozess ab (Kap. 8.1.2), indem sich das Zeichensystem durch die spezifisch strukturierte und konditionierte Art und Weise seiner Relationierung von Zeichen von der Umwelt abgrenzt (Kap. 8.3.1). Während aber die System-Umwelt-Grenze in Luhmanns rigider Differenztheorie keine Schnittstelle kennt und daher vollkommen diskontinuierlich ist, weist Peirces Systemelement, das Zeichen, an seinem Korrelat des Repräsentamens eine derartige Schnittstelle auf (Kap. 8.3.7). Hier ist anders als bei Luhmann in der Kategorie der Zweitheit ein unmittelbarer Kontakt mit der Umwelt und die Erfahrung ihres Widerstandes möglich. Das bedeutet freilich nicht, dass das Zeichensystem auch operativ einen unmittelbaren Zugang zur Umwelt hätte, da der Kontakt in der Zweitheit für eine Darstellung der Umwelt noch nicht ausreicht: Denn Darstellung gehört kategorial in die Drittheit und erst der kontinuierliche Zeichenprozess im System ist ein Phänomen dieser Kategorie. Daher kann die Darstellung der Umwelt im Zeichensystem immer nur mittelbar oder auch konstruiert sein. Hierin decken sich also Luhmanns und Peirces Theorien.

Peirces relationslogisch ausgerichtete Kategorienlehre und Semiotik gehen aber darin über Luhmanns Differenztheorie hinaus, dass der unmittelbare Kontakt in der Zweitheit in der Drittheit des Zeichensystems indexikalisch auf die Existenz und die Wirklichkeit der Umwelt bezogen werden kann. Dies nimmt den intern erstellten und fremdreferentiell als dynamische Objekte der Umwelt zugerechneten Konstrukten ihre Beliebigkeit, eröffnet der Umwelt die Möglichkeit, ihre Eigenschaften dem Zeichensystem gegenüber zumindest durch Widerstände und Irritationen geltend zu machen, und ermöglicht dem Zeichensystem somit, sich erfolgreich strukturell an eine bereits spezifizierte Umwelt zu koppeln und sich darin evolutionär zu bewähren,[500] was Luhmann zwar auch postuliert, aber nicht befriedigend herleiten kann.

---

[499] SA 5, 33.

[500] s. Kap. 8.3.6 und Kap. 8.3.8; Robert Almeder weist darauf hin, dass beim Wahrnehmungsprozess das Perzept zwar ein Konstrukt, aber wegen der Zweitheit zwischen dynamischem Objekt und Zeichensystem ein eben nicht beliebiges Konstrukt ist (Almeder 1970, 103); zum dynamischen Objekt als „constraint" zeichenhafter Darstellung und Konstruktion s. auch Corrington 1993, 144: „The dynamic object exerts a continual veto power over the signs that cluster around the immediate object." vgl. Colapietro 1989, 19; Hausman 1993, 69, 156f., 167; Hausman/Anderson 1994, 827 – 833; Joswick 1995, 98; Thayer 1996, 6f.; Katherine Hayles arbeitet in ihrem lesenswerten Beitrag über einen „constrained constructivism" (Hayles 1993) ebenfalls heraus, dass es zwischen System und Umwelt durchaus Wiederstände und Beschränkungen gibt, die für die systeminternen Konstruktionen keineswegs Beliebigkeit zulassen. Die Konstruktionen müssen nämlich so ausfal-

b) Überdies partizipiert das Zeichensystem an der Schnittstelle des Repräsentamens entsprechend Peirces Synechismus selektiv an der universellen Semiose seiner ebenfalls zeichenhaften Umwelt.[501] Daher operiert jedes Zeichensystem immer innerhalb eben des Zeichenuniversums, das ganz oder teilweise im Zeichensystem dargestellt werden soll. Wie es also bei Luhmann keinen außerweltlichen oder privilegierten Beobachterstandpunkt gibt, so ist gerade auch in Peirces relationslogischem und synechistischem Ansatz ein Zeichensystem immer eingebunden in den Zusammenhang universeller Semiosen und kann daher nie als externer oder idealer Beobachter fungieren.

Was im Rahmen dieser selektiv-synechistischen Partizipation im Zeichensystem als externes dynamisches Objekt konstituiert und dargestellt werden soll, muss erst in der Zweitheit an der Schnittstelle des Repräsentamens auf das Zeichensystem einwirken (vgl. Punkt 4 in Kap. 8.3.7). Nur was sich auf diese Weise zeichenhaft manifestiert, kann im Zeichensystem semiotisch selbstreferentiell erkannt und dann fremdreferentiell der Umwelt zugeschrieben werden. Diese externe Zuschreibung ist wegen der vorauszusetzenden Zweitheit zwischen dynamischem Objekt und Zeichensystem nicht beliebig, sondern berechtigt bzw. sogar erforderlich. Der semiotische Erkenntnis- und Schlussprozess, der zu einer kategorial vollständig differenzierten Repräsentation des Objekts des Zeichensystems führt, läuft freilich rekursiv und kontinuierlich in der Drittheit ab und kann daher das gemeinte dynamische Objekt nur mittelbar konstruieren, nicht aber unmittelbar erfassen. Insofern verweist jede Repräsentation eines dynamischen Objekts zurück auf das Zeichensystem, das diese Repräsentation in seiner Drittheit konstruiert hat.[502]

Da jedes Zeichensystem strukturdeterminiert ist, hängt jede Darstellung von der jeweiligen Systemstruktur und deren Bedingungen ab.[503] Das im Zeichensystem repräsentierte Bild der Umwelt oder von dynamischen Objekten ist z. B. vom systeminternen Eigenwert des finalen Interpretanten abhängig, der als allgemeine Darstellungs- und Interpretationsgewohnheit die Art der Repräsentation in der Semiose bestimmt (s. Punkt 3 in Kap. 8.2.7 und Punkt 9 in Kap. 8.3.8). Somit verweist jede Repräsentation auf eine in bestimmter Weise strukturierte und konditionierte Zeichensystemreferenz und ist ebensowenig systemunabhängig ontologisierbar wie Luhmanns Beobachterkonstrukt. Eine Beobachtung

---

len, dass sie in sich und in Bezug auf die Umweltirritationen konsistent und somit zumindest nicht falsch gewählt sind. Ob sie deswegen auch richtig gewählt und mit der Umwelt kongruent sind, ist eine andere Frage, die nicht beantwortet werden kann, da es keinen beobachter- oder systemunabhängigen Zugang zur Umwelt gibt, der aber für den Vergleich von Umwelt und Konstruktion und die Beurteilung der ‚Korrektheit' oder Kongruenz nötig wäre (Hayles 1993, 34 – 39; vgl. unten Punkt 2c).

501 s. die Punkte 3, 4b und 5 in Kap. 8.3.1 und vgl. Oehler 1993, 124f.; auf die selektive Konstruktion jeder semiotischen Welt weist auch Floyd Merrell hin (Merrell 1995b, 67 – 69).

502 vgl. das Fazit von Kap. 8.3.5 und die Punkte 5, 8, 9, 10 in Kap. 8.3.8; zum Aspekt der Konstruktion in Peirces Semiotik und Pragmatismus s. auch die Punkte 3d in Kap. 8.2.5, 3e in Kap. 8.2.6, 3k in Kap. 8.2.7 und 6 in Kap. 8.2.8; vgl. auch Merrell 1996, 148; Luhmanns Differenztheorie kann keine derartig plausible Herleitung und Verteilung von fremd- und selbstreferentiellen Aspekten bieten, sondern nur versuchen, das selbstevozierte Paradoxieproblem der reinen Selbstreferenz durch Fremdattribuierungen und konstruierte Fremdreferenz zu lösen. Aber selbst diese Lösung ist nicht akzeptabel, da sich Luhmann hinsichtlich Kontakt, Widerstand, Kausalität und struktureller Kopplung in den bereits mehrfach kritisierten Widersprüchen verstrickt.

503 s. Punkt 4a in Kap. 8.3.1 und vgl. SS 1, 175, 177; SS 3, 415.

zweiter Ordnung, die den blinden Fleck einer bestimmten Repräsentation aufzudecken imstande ist, kommt dann zustande, wenn eben die Regeln, Bedingungen und Voraussetzungen eines bestimmten finalen Interpretanten selbst zum Objekt eines Zeichenprozesses gemacht werden, der freilich seinerseits Teil des Zeichenuniversums ist und selbst einen blinden Fleck aufweist.[504]

c) Der unmittelbare Umweltkontakt, den Luhmann als Illusion eines Beobachters erster Ordnung ansieht, ist bei Peirce keine Illusion, sondern ein Phänomen der Zweitheit, das zwar nicht unabhängig ist von einem Zeichensystem als dyadischem Korrelat, dafür aber unabhängig von der Beobachterebene ist. Ein semiotischer Beobachter zweiter Ebene kann freilich sehen, inwiefern und aus welchen strukturellen Gründen das selektiv konstruierte Bild, das sich ein Zeichensystem in der Drittheit in Form eines unmittelbaren Objekts vom entsprechenden dynamischen Objekt macht, von einer komplexeren Darstellung dieses dynamischen Objekts abweicht. Da aber das externe dynamische Objekt in keiner selektiven Thematisierung und Repräsentation vollständig aufgeht, kann auch der Beobachter zweiter Ordnung nicht beanspruchen, eine adäquatere oder gar objektivierbare Repräsentation vorlegen zu können (vgl. Punkt 3 in Kap. 8.3.5).

Dass es einen unmittelbaren Umweltkontakt in der Zweitheit an der Schnittstelle des Repräsentamens gibt, ist für die strukturelle Kopplung, die Luhmann fordert, aber differenztheoretisch nicht konsistent herleiten kann, im Zeichensystem unverzichtbar. Daher haben die in struktureller Kopplung konstruierten Repräsentationen eines Zeichensystems bei Peirce im Unterschied zu Luhmann sehr wohl einen pragmatischen Orientierungswert und Realitätsbezug, da sie helfen, Widerstände, Überraschungen und Irritationen zu vermeiden.

Dabei sollen sich die konstruierten Repräsentationen bei Peirce freilich nie auf die ‚Realität an sich' beziehen, von der Luhmann wiederholt spricht: Denn diese wäre in Peirces Kategorienlehre ein Phänomen der Erstheit und somit weder in der Zweitheit erfahrbar noch in der Drittheit repräsentierbar (s. Punkt 1 in Kap. 8.2.2). Die Frage nach einer beobachtungsunabhängigen Realität oder nach den Dingen ‚an sich' stellt sich also in Peirces semiotischer Repräsentationstheorie gar nicht.[505] Es geht in seiner semiotischen und pragmatischen Erkenntnistheorie vielmehr darum, aus den Einwirkungen der Umwelt in der Zweitheit in der Drittheit eine Erwartungsstruktur aufzubauen, die einen widerstands-, überraschungs- und irritationsfreien rekursiven Systemprozess ermöglicht.

Wenn Luhmann den Pragmatismus als „erkenntnistheoretisch unentschlossen" bezeichnet, ohne freilich zu präzisieren, von welcher Pragmatismusvariante er eigentlich spricht, so geht diese Kritik zumindest an Peirces pragmatischem Konzept vorbei, dessen erkenntnistheoretische Grundlagen ich in Kapitel 8.2.8 bereits dargelegt hatte. Es sei aber hier nochmals darauf verwiesen, dass Peirces Pragmatismus keine Theorie zur Ermittlung ontologischer Wahrheiten, sondern eine Bedeutungstheorie ist, die schon in ihren Grundannahmen die Beobachtungsabhängigkeit ihrer Erkenntnisse mitreflektiert. Jede pragmatische Erkenntnis wird nämlich in einer konditionalen Periode formuliert, in deren Protasis genau die Voraussetzungen der durchgeführten Beobachtung erster Ordnung genannt werden, die

---

[504] Zu den ‚blinden Flecken' in Peirces Semiotik und Pragmatismus s. die Punkte 1a und 1d in Kap. 8.2.7 und 7 in Kap. 8.2.8; vgl. auch NZ, 332.

[505] vgl. die Punkte 5 in Kap. 8.2.8, 1 und 3 in Kap. 8.3.1, 3 in Kap. 8.3.8; s. auch SS 1, 427; S&S, 141.

erst zu dem Ergebnis der Apodosis führen. Die Bedingungen dieser konditionierten Erkenntnis werden also keineswegs latent gehalten, so dass erstens das gefolgerte Ergebnis der Apodosis ohnehin nicht abgekoppelt und dann objektiviert oder ontologisiert werden kann: Somit weicht im Pragmatismus die konstruierte von der erkannten Realität nicht ab, da die erkannte Realität zugleich als eine Realität markiert wird, die in bestimmt konditionierter Weise konstruiert ist. Zweitens kann ein Beobachter zweiter Ordnung die Beobachtungsvoraussetzungen und den angewandten Schlussmechanismus in der Form des Konditionalsatzes offen vor sich sehen.

Auch wenn nun in einer Beobachtung zweiter Ordnung die Kontingenz dieser Bedingungen analysiert werden kann, bleibt dies pragmatisch irrelevant, da ein Objekt solange als erkannt und technisch behandelbar gilt, wie ein Zeichensystem in der Drittheit dessen erschlossene Verhaltensgewohnheiten repräsentieren und darauf basierend eine Überzeugung etablieren kann, die zweifels- und irritationsfrei die Operationen des Systems strukturiert.[506] Relevanz bekommt die Beobachtung zweiter Ordnung erst dann, wenn die Gültigkeit der Überzeugung angezweifelt wird und dementsprechend die Systemstruktur analysiert und transformiert werden muss.[507]

Peirces Form pragmatischer Erkenntnis ermittelt also, wie weit die Erwartungsstrukturen des Zeichensystems in Bezug auf ein bestimmtes Objekt operativ überraschungsfrei umgesetzt werden können. Dafür ist weder eine Ähnlichkeit noch eine Übereinstimmung der pragmatischen Erwartungsstruktur mit der erschlossenen Verhaltensgewohnheit des dynamischen Objekts nötig, und der Schlussprozess führt auch nicht zu positivem Wissen über das Objekt.[508] Man kann sogar noch weiter gehen als Luhmann, der ja immerhin konzediert, das System hätte bei der Erfüllung seiner Erwartungen „einen internen Anhaltspunkt, daß es »richtig liegt«" (s. o. Punkt 1c): Da das Zeichensystem, wie auch Luhmann zu Recht sagt, nie die Möglichkeit zu einem direkten Vergleich zwischen dem erschlossenen dynamischen Objekt und der Realität dieses Objekts selbst hat, kann es genau genommen auch nicht beurteilen, dass es im Sinne einer Entsprechung ‚richtig liegt', sondern nur, dass die momentan gewählten (Erwartungs-)Strukturen für den Erhalt der eigenen Autoreproduktion nicht falsch sind.[509] Spätestens diese Überlegung sollte Luhmanns Unterstellung, der pragmatische Erkenntnisbegriff setze Ähnlichkeit, Übereinstimmung oder positives Wissen voraus, aus der Welt schaffen.

---

[506] „Kein moderner Wissenschaftler nimmt an, dass es möglich sein wird, eine Darstellung zu finden, die völlig befriedigend wäre. Bestenfalls können wir erreichen, daß eine Darstellung so zufriedenstellend ist, wie sie selbst zu sein behauptet." (SS 1, 237) Dieser pragmatische Erkenntnisbegriff ist nicht weniger akzeptabel als Luhmanns Begriffe von ‚Wissen' und ‚Erkenntnis', die er lediglich als selbstreferentiell aufgebaute und dann strukturell wirksame systeminterne Konstrukte behandelt.

[507] Zuvor würde sie bei Peirce als bloßer Selbstzweck gelten, der pragmatisch sogar kontraproduktiv sein könnte, indem er unnötigen und damit unnützen Zweifel evoziert: „*Useless* doubts are worse than useless." (S&S, 141) vgl. die Punkte 6f und 12 in Kap. 8.2.8.

[508] vgl. SS 1, 420.

[509] Dementsprechend kann ein Irrtum, der nie aufgrund von Irritationen oder Überraschungen als Irrtum erkannt wird, auch gar nicht als Irrtum gelten, weil ein direkter und unmittelbarer Vergleich nicht durchführbar ist (SPP, 76f.); zu diesem Zusammenhängen s. auch den sehr guten Beitrag von Katherine Hayles (Hayles 1993, hier v. a. 34 – 39).

d) Da Peirce im gesamten kategorial differenzierten Zeichenuniversum von einer generellen Tendenz von der Erst- über die Zweit- zur Drittheit ausgeht (s. Punkt 5 in Kap. 8.3.4), und Realität bei ihm ein Phänomen der letztgenannten Kategorie ist, kann auch in Peirces Semiotik und Pragmatismus die Realität nicht geleugnet werden. Da die Existenz der Objekte in der Zweitheit sogar unmittelbar erfahren werden kann, wird auch sie nicht bestritten. Was allerdings die Erkennbarkeit der Realität angeht, vertritt Peirce das diametrale Gegenteil von Luhmann:

> „Nun ist aber [...] das, was absolut nicht erkannt werden kann, in keiner Weise real." (RS, 102)[510]

Die Begründung für diese Position liegt darin, dass Realität bei Peirce ein allgemeines und regelhaftes Phänomen ist, das in die Drittheit fällt. Diese Kategorie impliziert die beiden unteren Kategorien der Erstheit und Zweitheit, d. h. sie muss sich in irgendeiner geregelten Auswirkung in der Zweitheit manifestieren.[511] Und nur wenn diese Manifestation an der Schnittstelle des Repräsentamens in die Semiose eines Zeichensystems eintritt, kann die hinter dieser Einwirkung vermutete Realität des entsprechenden dynamischen Objekts erkannt werden, weshalb dessen Sein auch mit seinem Zeichen-Sein zusammenfällt.[512] Wenn es dagegen keine derartige Einwirkung in der Zweitheit gibt, kann auch wegen dieser fehlenden kategorialen Voraussetzung in der Drittheit keine Realität angesetzt werden, so dass nur von Realitäten auszugehen ist, die an ihren gesetzmäßigen Auswirkungen erkannt werden können.

Da die systemintern erschlossene Konstruktion externer Realitäten in der Drittheit stattfindet und somit die Zweitheit voraussetzt, dürfte klar sein, dass es sich bei den erkannten Realitäten nie um die ‚Realität an sich' handelt.[513] Denn die ‚Realität als solche' kann gemäß Peirces Selbstanwendung der Kategorien (s. Punkt 5 in Kap. 8.2.2) zwar als die Erstheit der Drittheit der Realität angesprochen, aber als solche weder erfahren noch dargestellt werden (s. o. Punkt 1c).[514] Daher kann sie auch nicht als Vergleichsmaßstab für die Beurteilung einer Erkenntnis als richtig oder falsch herangezogen werden und ist dafür somit irrelevant. Dies zeigt erneut, dass Ähnlichkeit, Übereinstimmung oder Entsprechung entgegen Luhmanns Unterstellung für eine in Peirces Sinne pragmatisch oder semiotisch ausgerichtete Erkenntnistheorie nicht entscheidend sind (vgl. oben Punkt 1c am Ende und Punkt 10 in Kap. 8.3.8).

---

510 „Entsprechend kann es keinen Begriff des absolut Unerkennbaren geben, da nichts dieser Art in der Erfahrung vorkommt." (SPP, 32) „[...]denn eine unerkennbare Realität wäre Unsinn." (SPP, 262) s. auch die Punkte 1 und 3 in Kap. 8.3.1; vgl. Fairbanks 1976, 21.

511 s. Punkt 2 in Kap. 8.2.2; vgl. auch RS, 236f.

512 s. die Punkte 1 und 3 in Kap. 8.3.1 und vgl. FÜ, 143; Die Bedeutung zeichenhafter Manifestation betont auch Matthew Fairbanks (Fairbanks 1976, 19, 26), wobei er aber nicht klar genug zwischen der Manifestation selbst in der Zweitheit und der diese Manifestation regelnden Drittheit unterscheidet; s. auch Corrington 1993, 83f.; Merrell 1996, 61.

513 Auch nach Gérard Deledalle schreitet die Semiose bei Peirce „nicht auf eine Wahrheit hin, welche einer prästabilisierten Realität entsprechen würde, sondern auf die Wahrheit einer Realität hin, welche gleichzeitig konstruiert ist." (Deledalle 2000, 42).

514 Die notwendigen Unterscheidung zwischen Realität, Erkanntem und Erkennbarem führt auch William Gavin durch (Gavin 1980, hier v. a. 346).

e) Betrachtet man Luhmanns Repräsentationsbegriff näher, so fällt auf, dass er ihn stets an Vorstellungen wie Kopie, Analogie, Abbild, Ähnlichkeit oder Isomorphie koppelt. Bei ihm liegt also eindeutig ein Repräsentationsmodell vor, das vom Konzept der Ikonizität nicht nur geprägt ist, sondern sogar auf dieses beschränkt zu sein scheint. Und wenn Luhmann bezüglich einer repräsentationalen Erkenntnistheorie von der „Abbildung des Vorhandenen“ und der „Verdoppelung der Gegenstände“[515] spricht, dann scheint er sogar an eine ikonische Eins-zu-Eins-Darstellung zu denken, die in Peirces Semiotik ohnehin völlig ausgeschlossen ist.[516]

Wenn man Peirces Kategorienschema zugrundelegt, ist Luhmanns Begriff von Repräsentation also ebenso wie sein Realitätsbegriff auf die Erstheit der Drittheit, also deren degenerierteste Stufe, reduziert. Luhmanns prototypische Vorstellung von Repräsentation ist demnach von einem möglichst originalgetreuen ikonischen Objektbezug gekennzeichnet. Da rekursiv operierende Systeme aber keinen Zugriff auf das ‚Originalobjekt an sich‘ haben, der von den eigenen Strukturen unabhängig wäre, ist kein Vergleich mit dem ‚Original‘ und daher laut Luhmann auch keine Repräsentation möglich. Dass Luhmann Konstruktion und Repräsentation so scharf voneinander trennt, liegt also nicht zuletzt an seinem stark beschränkten Repräsentationsbegriff und den unbewältigten Folgelasten seiner rigiden zweiwertigen Differenz- und Beobachtungstheorie.

Bei Peirce ist dagegen die ikonische Repräsentation neben der indexikalischen und symbolischen nur eine von drei Möglichkeiten des Objektbezugs (s. Kap. 8.2.5). Sogar in den beiden degenerierten bzw. durch Erst- und Zweitheit motivierten Objektbezügen des Ikons und des Index treten konstruktive Züge auf, da beide Zeichenarten nicht unabhängig von ihrem jeweiligen Interpretanten sind. Der wird seinerseits im strukturdeterminierten Zeichensystem von der Interpretationsregel und -gewohnheit des finalen Interpretanten bestimmt, so dass es sich auch bei ikonischen Zeichen und Indices trotz ihrer Degeneration zur Erst- bzw. Zweitheit um – freilich nicht beliebige – Konstrukte des Zeichensystems handelt. Daher ist für ein Ikon in Peirces Sinne der absolute Vergleich mit einem externen Original gar nicht nötig, da die relevanten Ähnlichkeitsmerkmale und bestimmte, als ähnlich geltende Objekte ohnehin erst durch die rekursive Semiose im Zeichensystem spezifiziert werden.

Der genuine zeichenhafte Objektbezug wird bei Peirce erst durch das Symbol erreicht, das aufgrund seiner konstitutiv kontingenten Regelhaftigkeit sogar den ausgeprägtesten konstruktiven Charakter aufweist (s. Punkt 3d in Kap. 8.2.5) und am weitesten von der Ikonizität entfernt ist, die bei Luhmann die zentrale Stellung einnimmt. Kategorial steht das Symbol auf der genuinen Stufe der Drittheit der Drittheit (vgl. Punkt 5 in Kap. 8.2.2), und es ist bei Peirce eben diese kategoriale Ebene, die allgemein auch für die Strukturierung und Konditionierung des strukturdeterminierten Zeichensystems (Kap. 8.2.1), für dessen

---

515 Beide Zitate in WissdG, 328

516 vgl. die Punkte 2 in Kap. 8.2.2, 4b in Kap. 8.3.1, 4 in Kap. 8.3.5 und das Fazit von Kap. 8.3.8; auch in Beiträgen, die sich aus psychologischer oder neurologischer Sicht mit Repräsentation auseinander setzen, dominiert ein recht reduziertes Verständnis von Repräsentation als naiver, teilweise sogar materiell gedachter Abbildtheorie (vgl. Engelkamp/Pechmann 1988; Ziemke/Breidbach 1996). Dass dies weit hinter den von Peirce eröffneten Möglichkeiten zurückbleibt, dürfte meine bisherige Darstellung gezeigt haben.

strukturelle Kopplung an die Umwelt (Kap. 8.3.8) und für die semiotische und pragmatische Erkenntnis von Wahrheit und Realität (Kap. 8.2.8) maßgeblich ist.[517]

Daher können in Peirces kategorial differenzierter und auch pragmatisch ausgerichteter Zeichentheorie Repräsentation und Konstruktion gar keine Gegensätze sein, da jede stets mittelbare Repräsentation in der Drittheit immer auch die strukturdeterminierte Konstruktion eines Zeichensystems ist. Wegen der ‚constraints' des dynamischen Objekts in der Zweitheit und ihrer pragmatisch testbaren Konsequenzen können die jeweiligen Konstruktionen nicht beliebig sein, sondern werden vielmehr als Realität behandelt, solange die pragmatische Überzeugung des Zeichensystems nicht angezweifelt wird (s. o. Punkt 2c).[518] Umgekehrt darf auch jedes Konstrukt des Zeichensystems als Repräsentation gelten, da es erstens in dessen rekursiver Semiose mittels Zeichen erstellt wurde, und zweitens Peirces Repräsentationsbegriff weit über Luhmanns einseitige Bindung an Ikonizität hinausgeht.

Fazit: Der spezielle Vergleich zwischen Luhmanns Konstruktivismus und Peirces Repräsentationstheorie hat ein bereits in Kapitel 8.3.5 allgemein erreichtes Ergebnis bestätigt: Repräsentationen der Umwelt bzw. externer, dynamischer Objekte im Zeichensystem sind immer auch Konstruktionen. Darüber hinaus konnte ich für Peirces Semiotik zeigen, dass diese Konstruktionen gegen Luhmanns Bedenken durchaus als Repräsentationen anzusehen sind. Luhmanns strikte Ablehnung dieser Position ist auf seinen zu engen Repräsentationsbegriff, der sich offenkundig auf Ikonizität beschränkt, und auf Aporien zurückzuführen, die sich aus ungelösten Problemen seiner differenztheoretischen Systemtheorie ergeben. Die Einwände, die Luhmann gegen eine naive Repräsentationstheorie erhebt, gehen an Peirce, der dieses theoretisch unzureichende Stadium weit hinter sich lässt, völlig vorbei. Die plausiblen Argumente aus Luhmanns Konstruktivismus können dagegen in Peirces Semiotik kohärent eingepasst werden, so dass diese sich als Basis für den durchaus möglichen Brückenschlag zwischen Konstruktion und Repräsentation eher empfiehlt als Luhmanns Systemtheorie.

8.3.10 Semiotische Weltbegriffe

Bei Luhmann soll ‚Welt' die Einheit der Differenz von System und Umwelt bezeichnen. Daher habe ich in Kapitel 4.1.7 seinen Weltbegriff im Zusammenhang mit dieser systemtheoretischen Leitunterscheidung (s. Kap. 4.1) behandelt. Entsprechend soll die Frage, wie

---

[517] Klaus Oehler weist für Peirces Pragmatismus eindeutig nach, dass dieser keine Abbildtheorie der Wahrheit und Realität enthält (Oehler 1995, 19).

[518] Joseph Margolis trennt Peirces pragmatisch-realistischen Ansatz scharf von konstruktivistischen Modellen, die er favorisiert, ab (Margolis 1993).Carl Hausman, Douglas Anderson und Kelley Wells entkräften Margolis' Position in ihren Entgegnungen überaus überzeugend (Hausman/Anderson 1994; Wells 1994), wobei gerade in dem exzellenten Beitrag von Hausman und Anderson Peirces evolutionärer und pragmatischer Realismus auch als „modified constructivism" (Hausman/Anderson 1994, 830) verstanden wird. Die beiden Autoren arbeiten auch trefflich heraus, welche einschränkende Rolle das dynamische Objekt und überhaupt die Zweitheit zwischen Umwelt und Zeichensystem bei der Erstellung der Konstrukte spielt (Hausman/Anderson 1994, 826 – 833). Die Kombinierbarkeit von Repräsentation und Konstruktion bei Peirce unterstreicht auch Klaus Oehler (Oehler 1995, 232 – 246, hier v. a. 245).

man ausgehend von Peirces Zeichentheorie einen semiotischen Weltbegriff bilden kann, auch dieses zeichentheoretisch korrespondierende Kapiel 8.3 abschließen.

In Kapitel 4.1.7 hatte ich kritisch herausgestellt, dass Luhmanns Weltbegriff terminologisch nicht genügend differenziert ist, da mit diesem einen Terminus gleichermaßen drei recht unterschiedliche Konzepte mit je recht unterschiedlichen Charakterisitka bezeichnet werden. Inwiefern sich diese drei Weltthematisierungsweisen in Peirces Semiotik integrieren lassen, ohne die konzeptionelle und begriffliche Verwirrung Luhmanns in Kauf nehmen zu müssen, möchte ich im Folgenden zeigen. Wie bereits in anderen Problemfeldern ist es auch hier die kategoriale Differenzierung der Peirce'schen Semiotik, die eine Lösung anbietet.

1. Luhmanns Weltbegriff W_1 ist dadurch zu charakterisieren, dass er die differenzlose und azentrische Einheit sein soll, die allen System-Umwelt-Differenzen vorausliegt, in sich weder Unterscheidungen noch Elemente noch Komplexität aufweist und dennoch ein unendliches Potenzial für Formbildungen darstellt.[519]

In Peirces Zeichentheorie ist ein derartiger Weltbegriff entsprechend der Erstheit einzuordnen (s. Punkt 1 in Kap. 8.2.2). Als Kategorie der monadischen Relationen muss die Erstheit differenzlos und in sich unterscheidungslos einheitlich bzw. homogen sein. Daher enthält sie keine distinkten Elemente und kann nur azentrisch sein, da es in ihr auch für die Unterscheidung von Zentrum und Peripherie keinerlei Kriterien gibt.

Die Erstheit liegt auch aus zwei Gründen jeder konkreten System-Umwelt-Differenz voraus: Erstens implizieren sich Peirces Kategorien stets in aufsteigender Reihenfolge (s. Punkt 2a in Kap. 8.2.2), so dass auch die Ausdifferenzierung eines Zeichensystem, die in der Zweit- und Drittheit vollzogen wird, immer auch die Erstheit voraussetzt. Zweitens stellt die Erstheit den allgemeinen Möglichkeitsraum dar, der für alle Zeichensysteme identisch ist und der bei jeder Formbildung genutzt weden muss. Im Unterschied zu Luhmanns Konzept vom unmarked state, das er von Spencer Brown übernommen hat, bleibt das Potenzial der Erstheit trotz aller Aktualisierungen und Systembildungen stets erhalten, da sie als niedrigere Kategorie in den höheren nicht aufgehoben werden kann (s. Punkt 2b in Kap. 8.2.2). Der unmarked state dagegen ist bereits mit der ersten Differenzbildung irreversibel verletzt und aufgehoben, so dass man ihn nicht wie Luhmann als unendliches Potenzial bezeichnen kann.

2. Mit dem Weltbegriff W_2 bezeichnet Luhmann die jeweils systemspezifische Einheit einer speziellen System-Umwelt-Differenz. W_2 muss also im Unterschied zu W_1 multizentrisch gedacht werden, da die entsprechende Einheit ja von jeder einzelnen Systemreferenz aus gebildet werden kann. Somit unterscheiden sich alle Welten W_2 voneinander, indem stets das operative Zentrum der einen Welt W_2 in allen anderen Welten W_2 jeweils auf der Umweltseite situiert weden muss.

Diese Weltvariante entspricht in Peirces Kategorienschema der Zweitheit (s. Punkt 1 in Kap. 8.1.3). In dieser Kategorie manifestiert sich nämlich die Identität eines Zeichensystems durch die Differenz zu seiner Umwelt. Wenn nun die Einheit einer derartigen speziellen dyadischen Relation als Welt bezeichnet werden soll, folgt daraus auch bei Peirce ein multizentrischer Weltbegriff: Denn das operative Zentrum, das sich durch die spezifi-

[519] Diese Charakterisierung ist eine gedrängt zusammenfassende Darstllung von W_1 aus Kap. 4.1.7; es sei hier nochmals auf die Probleme hingewiesen, die Luhmann bei der Ableitung dieser Merkmale aus seiner Differenz- und Beobachtungstheorie hatte und die in Kap. 4.1.7 nachzulesen sind.

sche Art und Weise seiner rekursiv grenzbildenden Semiose von seiner Umwelt abgrenzt (s. Kap. 8.3.1), ist immer das jeweilige Zeichensystem, das ja nur mittels eigener Zeichenprozesse die Einheit seiner selbst und seiner Umwelt als Welt darstellen kann. Diese Darstellungen müssen sich ihrerseits in der Zweitheit voneinander unterscheiden, da jedes Zeichensystem nur in seiner eigenen Weltdarstellung das Zentrum einnimmt, während es in allen anderen der Umweltseite zugerechnet wird, sofern es überhaupt repräsentiert wird.[520] Diese systemrelativen Differenzen sind im Rahmen der Zweitheit unaufhebbar, da sie als die Korrelate ihrer jeweiligen Dyaden stets gleichzeitig existieren und sich gegenseitig definieren. Während also der Möglichkeitsraum der Erstheit als W_1 für alle Zeichensysteme identisch ist, können die verschiedenen Welten W_2 auf der Ebene der Zweitheit nicht zu einer Gesamteinheit integriert werden.

3. W_3 ist bei Luhmann ein Weltbegriff, der nicht wie W_1 ein generell vorauszusetzendes Potenzial meint, sondern die bereits ausdifferenzierte reale Welt, die im Unterschied zu W_2 für alle Systemreferenzen identisch sein soll. Dieser Weltbegriff W_3 ist in Luhmanns Systemtheorie nur als generalisiertes Konstrukt bestimmter Systeme, z. B. sozialer oder psychischer Systeme, beschreibbar.

Diese letztgenannte Möglichkeit ist bei Peirce in Form einer symbolischen Darstellung innerhalb eines bestimmten Zeichensystems auch gegeben: Eine systemrelativ konstruierte Welt W_2 kann symbolisch zur Realität der Welt W_3 schlechthin generalisiert werden, obwohl dadurch freilich in den unterschiedlichen Zeichensystemen die verschiedenen und jeweils identitätsstiftenden Arten, den Semioseprozess zu strukturieren und damit auch die Welt zu konstruieren (s. Kap. 8.3.1), keineswegs aufgehoben werden. Man kann aber mit Peirce darüber noch hinausgehen, indem man gemäß der noch fehlenden Kategorie der Drittheit nach der Realität der Welt fragt: Denn während die Welt als Potenzial in der Erstheit und als Wirklichkeit in der Zweitheit angesprochen werden muss (s. o. die Punke 1 und 2), ist die Realität der Welt wie Realität überhaupt bei Peirce ein Phänomen der Drittheit (vgl. Punkt 2 in Kap. 8.3.3).

a) Anhand der folgenden Definition möchte ich Peirces Realitätsbegriff einführen und im Hinblick auf eine dritte semiotische Weltthematisierungsmöglichkeit näher vorstellen:

> „Die Meinung, die vom Schicksal dazu bestimmt ist, daß ihr letztlich jeder der Forschenden zustimmt, ist das, was wir unter Wahrheit verstehen, und der Gegenstand, der durch diese Meinung repräsentiert wird, ist das Reale. So würde ich Realität erklären." (SPP, 205)[521]

Für Peirce ist Realität also etwas, was letztlich in einer übereinstimmenden Meinung repräsentiert wird. Diese im zweifachen Sinne ‚repräsentative' Meinung kann in der Sachdimension nicht beliebig sein, da sie zum einen an die allgemeine Zustimmung in der Sozialdimension gekoppelt ist. Zum anderen muss auch diese Meinung ein Ergebnis struktureller

---

[520] Zur Möglichkeit und Voraussetzung der Konstitution anderer Zeichensysteme als ‚alter ego' in der Sozialdimension s. Punkt 3 in Kap. 9.1; zur Sozialdimension des Sinns bei Luhmann s. Punkt 2 in Kap. 5.3.4.

[521] „Schicksal" ist hier, wie Peirce selbst in einer Anmerkung zu dieser Stelle betont, nicht in einem abergläubischen Sinne zu verstehen, sondern bezeichnet etwas, dessen Eintreten mit Sicherheit erwartet wird, wie z. B. dass jeder Mensch sterben muss; zur Entwicklung von Peirces Realitätsbegriff von 1865 bis 1878 s. Schumacher 1996; zur ‚Realität' bei Peirce s. auch Oehler 1993, 75 – 95; Short 1980, 325 – 327.

Kopplung sein, da sich die Drittheit der Realität in der Zweitheit durch Aktionen und Reaktionen manifestiert, wobei auch bestimmte Möglichkeiten der Erstheit aktualisiert werden.[522] Durch diese strukturelle Kopplung und v. a. ihre geregelten Auswirkungen in der Zweitheit kann die Realität an der Schnittstelle des Repräsentamens ihre „zwingende Anerkenntnis, ihre beharrliche Aufdringlichkeit"[523] geltend machen und so dem repräsentierenden Konstrukt, das sie darstellen soll, trotz der Strukturdeterminiertheit von Zeichensystemen die Beliebigkeit nehmen.

Peirce koppelt in der obigen Definition seinen Realitätsbegriff an sein pragmatisches Wahrheitskonzept der *final opinion* (s. Punkt 12 in Kap. 8.2.8), so dass auch Realität nie direkt und absolut bezeichnet werden kann, sondern nur in der Form eines „allgemeinen konditionalen Satzes"[524].

Aus der Zuordnung der Realität zur Drittheit und der Kopplung an den Wahrheitsbegriff folgt für Peirce auch, „daß die Realität in der *Zukunft* besteht."[525] Sie koinzidiert also nie mit der jeweils gegenwärtig wirklichen Welt der Zweitheit, sondern ist als das übereinstimmende Repräsentations- und Interpretationsergebnis aller Forscher in die Zukunft verlegt.[526] Bis dieses Ergebnis erreicht ist, sind nach Peirce alle je aktuellen Weltaussagen nur Aussagen über relative und vorläufige Welten W_2, nicht aber über die reale Welt W_3, deren unbezweifelte Darstellung in der Zeitdimension erst für die Zukunft erhofft werden kann.

Die für die Drittheit nötige Allgemeinheit ist auch der Grund dafür, dass die Realität von W_3 nicht in einer Einzeldarstellung repräsentiert werden kann, die in einem spezifischen Zeichensystem konstituiert wird, da diese Darstellung wieder nur ein systemrelatives Weltkonstrukt W_2 wäre. Vielmehr soll, wie Peirce fordert, der Repräsentation der Realität von W_3 jeder zustimmen können, so dass sie in der Sozialdimension generalisierbar sein muss:

> „Ich definiere das *Reale* als das, dessen Eigenschaften sich in der Weise durchhalten, daß es nicht den geringsten Unterschied macht, was ein einzelner oder irgendwelche Menschen darüber *gedacht* haben mögen oder irgendwelche Menschen darüber *gedacht* haben werden." (RS, 288)[527]

---

[522] Wie jedes Phänomen der Drittheit impliziert auch die Realität die niedrigeren Kategorien der Zweit- und Erstheit (vgl. Punkt 2a in Kap. 8.2.2), die sie strukturell regelt. Daher ist die Drittheit zwar die für die Realität ausschlaggebende Kategorie, ist aber aufgrund der kategorialen Implikation nicht die alleinige Basis für deren Darstellung (vgl. SPP, 450f.).

[523] SS 3, 95; vgl. SS 3, 395.

[524] SPP, 473; Dies unterstreicht auch, dass Realität bei Peirce nie unmittelbar erkannt, sondern nur mittelbar repräsentiert werden kann; zu Peirces Realitäts- und Wahrheitskonzept äußert sich auch Alfons Bora aus hermeneutischer und systemtheoretischer Sicht kurz und im Wesentlichen zutreffend, wobei er Peirces Pragmatismus besser rezipiert zu haben scheint als seine Zeichentheorie (Bora 1994, 311ff.).

[525] SPP, 555; vgl. RS, 358; SPP, 446, 448, 578; Als Phänomen der Drittheit ist auch die Realität durch Merkmale wie Wiederholung, Dauerhaftigkeit, Iterierbarkeit und somit Zukunftsbezug zu charakterisieren, da die konstitutive Allgemeinheit und Regelhaftigkeit der Drittheit durch keine Reihe von Aktualisierungen erschöpft werden kann (vgl. Kap. 8.2.1, hier v. a. die Punkte 6 bis 8).

[526] Klaus Oehler weist zu Recht darauf hin, dass die Realität also nicht die vorausliegende Ursache des Erkenntnisprozesses ist, sondern dessen Ziel, und dass Peirces Realitätsbegriff somit eschatologisch konzipiert ist (Oehler 1995, 17).

[527] vgl. SS 1, 415; SPP, 166f., 446, 471.

Bei derartigen Aussagen Peirces gilt es, genau auf die Formulierungen zu achten: Wenn er das Reale oder die Realität als gänzlich unabhängig von Darstellungen, Meinungen oder vom Denken anspricht, dann thematisiert er die Drittheit der Realität unter dem Aspekt ihrer Erstheit, was er gemäß der Selbstanwendung der Kategorien auch durchaus tun kann.[528] Das Ergebnis deckt sich dann mit Luhmanns Position, gemäß der die Realität das ist, was sie ist, unabhängig von etwas anderem und v. a. unabhängig von den Systemoperationen.

Dabei abstrahiert Peirce aber von den geregelten Auswirkungen der Drittheit der Realität in der Zweitheit, die z. B. für strukturelle Kopplungen unverzichtbar sind. Und da bei Peirce einerseits generell Sein und Zeichen-Sein zusammenfallen (vgl. die Punkte 1 und 3 in Kap. 8.3.1, 1 in Kap. 8.3.7 und 2d in Kap. 8.3.9), und andererseits Realität ja der Gegenstand einer Repräsentation sein soll, kann man diese Abstaktion von Zweit- und Drittheit nicht konsequent durchhalten. Die Realität muss sich also durch geregelte Wirkungen in der impliziten Zweitheit zeichenhaft manifestieren, um letztlich in der *final opinion* bzw. im ultimativen finalen Interpretanten repräsentiert werden zu können: Sie ist, so betrachtet, also nicht unabhängig von Darstellungen bzw. Repräsentationen überhaupt, sondern nur von willkürlichen, individuellen oder partikulären Darstellungen, die in einzelnen Systemen oder einer begrenzten Menge von Systemen konstituiert werden.[529]
b) Der Zeichenprozess, der letztlich zu einer wahren Repräsentation der Realität der Welt W_3 führen soll, darf also weder zeitlich begrenzt sein, noch von einer nur beschränkten Zahl von Zeichensystemen getragen werden:

> „So zeigt eben der Ursprung des Begriffs der Realität, daß dieser Begriff wesentlich den Gedanken einer GEMEINSCHAFT einschließt, die ohne definitive Grenzen ist und das Vermögen zu einem definiten Wachstum der Erkenntnis besitzt. Und daher bestehen jene beiden Reihen von Erkenntnissen – das Reale und das Nicht-Reale – aus solchen, die in einer genügend weit in der Zukunft liegenden Zeit kontinuierlich von der Gemeinschaft immer wieder bestätigt werden, und aus solchen, die unter denselben Bedingungen immer wieder geleugnet werden." (SPP, 76)[530]

Die letztliche Darstellung der Realität verlangt also in der Sozialdimension einen umfassenden Konsens, der in der völligen Übereinstimmung einer unbegrenzten Zahl von Forschenden in einem Ergebnis besteht, das auch noch in unbegrenzter Zukunft in der Sachdimension für alle identisch sein wird. Dieses Ergebnis wird vom ultimativen finalen Interpretanten bzw. der *final opinion* repräsentiert und stellt die identische letzte Konklusion aller Semiosen dar, deren logische Gültigkeit von niemandem mehr bezweifelt wird.

Realität ist bei Peirce also wie Wahrheit ein logisch regulativer Begriff, der u. a. auch wegen seiner Bindung an einen allgemeinen Konsens nie auf eine psychische Systemreferenz reduziert werden kann.[531] Peirce vertritt also bei der Frage nach der Realität ebenso

---

[528] s. Punkt 5 in Kap. 8.2.2; Dazu kommt noch, dass der Realität ein Sein sui generis zugeschrieben wird und sie somit kategorial vollständig differenzierbar ist. Sie ist also ohne die Drittheit einer Repräsentation zwar nicht darstellbar, ist aber ohne diese dennoch logisch möglich, da die Darstellung die Realität in ihren drei Kategorien ja nicht konstituiert (vgl. PhLZ, 60).

[529] SS 3, 317f.; SPP, 116, 206, 448; VP, 77.

[530] vgl. SS 1, 240, 242; SS 3, 317f., 395; SPP, 41, 80, 99, 116, 118, 206, 218 – 220, 254; S&S, 117.

[531] Dies wäre außerdem wegen der Betonung von Kontinuität in Peirces Synechismus unmöglich; vgl. SS 1, 373; SPP, 547; zum Zusammenhang von Realität und Konsens s. Oehler 1995, 58 – 76.

wie in der Wahrheitsproblematik eine Konsenstheorie: Die reale Welt W_3 gilt dann als repräsentiert, wenn sich in der Sach- und der Sozialdimension die Differenzen und Divergenzen der unterschiedlichen Weltkonstruktionen W_2 in einem erhofften letzten Konsens aufheben. Insofern könnte man auch von einer Konvergenztheorie der Wahrheit und Realität sprechen, wobei sich die Konvergenz nicht auf eine Anäherung der Repräsentationen an die ‚Realität an sich' bezieht, sondern auf den Zusammenfall und die letztliche Übereinstimmung vormals divergenter Repräsentationen in einem Konsens, der in der Zeitdimension als regulativer Grenzwert in einer unbegrenzten Zukunft angesetzt werden muss.[532]
c) In der Problemstellung dieses Kapitels ist das Objekt dieser letzten, von allgemeinem Konsens getragenen Repräsentation nicht ein einzelnes dynamisches Objekt, sondern wir fragen nach der Realität des Weltbegriffs W_3, also des gesamten Zeichenuniversums. Der Interpretant einer entsprechenden Darstellung kann nur der ultimative finale Interpretant sein, da in ihm alle unterschiedlichen, aber dennoch synechistisch verbundenen Semiosen zusammenlaufen müssen. Da aber sein Objekt eben das Zeichenuniversum sein soll, dem er auch selbst angehört, muss es in ihm zu einer Selbstrepräsentation der Realität eben dieses Universums kommen.

Ich hatte in Punkt 3c von Kapitel 8.2.7 bereits die Fähigkeit des finalen Interpretanten zur diachronen Selbstanalyse, also zur prozessualen Selbstreferenz der Reflexivität, und zur synchronen Selbstbeobachtung angesprochen: Der finale Interpretant kann alle relevanten Teile des Prozesses, der zu ihm als seinem Ergebnis geführt hat, inklusive des Ergebnisses, also seiner selbst, in sich darstellen.[533] Er ist damit als Repräsentation vollkommen, da zu einem vollständigen Semioseprozess auch die Darstellung von dessen Grenze gehört, die eben der finale Interpretant als letzte bedeutungshafte Wirkung bildet.

Der finale Interpretant kann also „sich selbst für sich selbst darstellen",[534] und dies bedeutet im Falle des ultimativen finalen Interpretanten, dass sich in ihm das gesamte Zeichenuniversum, das er zum Objekt hat, selbst für sich selbst repräsentiert, denn es gilt:

> „So ist ein Zeichen, das bloß sich selbst für sich selbst darstellt, nichts anderes als das Ding selbst. Die beiden unendlichen Folgen – die eine zurück zu dem Objekt, die andere vorwärts zum Interpretanten – fallen dann in einer unmittelbaren Gegenwart zusammen." (SS 1, 427)

Wenn man also dem ultimativen finalen Interpretanten das gesamte Zeichenuniversum als Objekt zuspricht, und dieser Interpretant die eben zugesprochenen Eigenschaften aufweist, kommt es in ihm zur Selbstrepräsentation des Zeichenuniversums und damit auch zur Repräsentation der Realität der Welt W_3.

Da es sich auch bei dieser Selbstrepräsentation um eine Darstellung in der Drittheit handelt, wird auch auf dieser höchsten Darstellungsebene nicht die ‚Realität an sich' erreicht, was erneut unterstreicht, dass in Peirces Semiotik jedes Objekt zeichenhaft zu denken ist und jedes Sein mit dem entsprechenden Zeichen-Sein zusammenfällt:

---

532 s. hierzu und überhaupt zu Peirces Wahrheitskonzept Thayer 1996, 2f.

533 vgl. SS 1, 392; SS 3, 87f., 145, 267, 376; zur Reflexivität bei Luhmann s. Punkt 3d in Kap. 5.3.4; H. Thayer weist zu Recht darauf hin, dass der finale Interpretant bzw. die *final opinion* alles Reale, also auch sich selbst, darstellt, so dass er zumindest in dieser Hinsicht selbstreferentiell ist (Thayer 1996, 7, 9).

534 PhLZ, 165.

> „In diesem Fall ist dasjenige, mit dem die Darstellung übereinstimmen soll, selbst etwas von der Art einer Darstellung oder eines Zeichens – etwas Noumenales, Intelligibles, Wahrnehmbares und einem Ding-an-sich völlig unähnlich." (SS 2, 321)[535]

Da aber Realität bei Peirce entsprechend der Definition, die ich oben in Punkt 3a zitiert habe, ohnehin der Gegenstand einer Repräsentation sein soll und nie vom Erreichen der Realität ‚an sich' die Rede ist, kann man den ultimativen finalen Interpretanten als eben die gesuchte Repräsentation der Realität ansehen. Seine Gültigkeit kann in der Sach-, Sozial- und Zeitdimension vollständig generalisiert werden,[536] so dass er auch den Anforderungen von Peirces Konsens- und Konvergenztheorie gerecht wird. Als Selbstrepräsentation des realen Zeichenuniversums, d. h. als Darstellung der Welt W_3, stellt der ultimative finale Interpretant nämlich den nicht überschreitbaren idealen Konvergenzpunkt der synechistisch verbundenen, universellen Semiosen und somit auch, aristotelisch gesprochen, die Entelechie des Zeichenuniversums dar:

> „Die Entelechie des Universums des Seins, das Universum als Tatsache, ist also das Universum in seinem Zeichenaspekt, die »Wahrheit« des Seins. Die »Wahrheit«, die Tatsache, die nicht abstrahiert, sondern vollständig ist, ist der letzte [*ultimate*] Interpretant jedes Zeichens." (NZ, 345)[537]

d) Ob eine derartige Darstellung der Realität der Welt W_3 ihrerseits jemals realisiert werden kann, hat Peirce selbst meist bezweifelt: Jede Darstellung ist ein Phänomen der Drittheit, so dass sie nie völlig exakt, sicher und vollständig bestimmt sein kann, sondern immer eine gewisse unbestimmte und vage Allgemeinheit aufweisen muss.[538] Zweitens kann es gemäß Peirces Fallibilismus keine mit Sicherheit wahre Darstellung der Realität im finalen Interpretanten bzw. der *final opinion* geben.[539] Drittens lehnt auch Peirces Synechismus definite Endergebnisse zugunsten kontinuierlicher Übergänge und Zusammenhänge ab.[540] Zudem könnte man noch auf die Unaufhebbarkeit der Kategorien und den damit verbundenen absoluten universellen Zufall des Tychismus verweisen (s. Punkt 2 in Kap. 8.2.2), der in Kombination mit der ebenfalls universellen evolutionären Tendenz der Kategorien von der Erst- über die Zweit- zur Drittheit (s. Punkt 5 in Kap. 8.3.4) eine endgültig wahre Darstellung der Realität unmöglich erscheinen lässt.[541]

---

[535] s. hierzu auch Olshewsky 1981, 90.

[536] vgl. die Punkte 3a bis 3c und 3j in Kap. 8.2.7 und Kap. 5.3.4; s. auch Oehler 1994, 45f.

[537] vgl. NZ, 377: „ Die Entelechie des Seins liegt im Darstellbarsein.", was wiederum die Identität von Sein und Zeichen-Sein bei Peirce unterstreicht; vgl. Punkt 3 in Kap. 8.3.1; der ultimative finale Interpretant stellt also genau das regulativ verstandene, universelle Weltzeichen dar, dessen Möglichkeit Luhmann in Abrede stellt (s. Kap. 6); vgl. auch DeMarco 1971, 34f.; Parker 1994, 59, 61f., 64, 69.

[538] s. SS 1, 237; SS 2, 261; SS 3, 269f.; NZ, 162; PhLZ, 46, 58; RS, 161, 204, 240f.; zum Zusammenhang zwischen Vagheit, Synechismus und Allgemeinheit bei Peirce s. auch Nadin 1980.

[539] vgl. die Punkte 3d und 3l in Kap. 8.2.7 sowie 7 und 12 in Kap. 8.2.8; s. auch SS 1, 188f.; S&S, 73; RS, 188: „Denn der Fallibilismus ist die Lehre, daß unser Wissen niemals absolut ist, sondern sozusagen im Kontinuum der Ungewißheit und Unbestimmtheit schwimmt."

[540] vgl. SS 1, 373; RS, 189, 204.

[541] Auf diese Faktoren weist zu Recht auch Thomas Short im Anschluss an Carl Hausman hin (Hausman 1993 und Short 1994, 404 – 408). Auch Carl Hausman und Douglas Anderson schieben ausgehend von Peirces Fallibilismus, Tychismus und der evolutionären Dynamik des Universums die

All diesen Zweifeln, die Peirce selbst hatte, zum Trotz geht er an einigen Stellen davon aus, dass eine wahre Repräsentation der Realität gefunden werden könne.[542] Ich würde mich eher Peirces eigener Skepsis als seiner punktuellen Zuversicht anschließen und die letztliche Repräsentation der Realität der Welt W_3 zwar als regulative Idee aufrechterhalten, von ihrer Realisierbarkeit aber nicht ausgehen, zumal auch Peirce den Beweis nicht erbracht hat, dass die unterschiedlichen, je potenziell unendlichen Semioseprozesse selbst in einer unendlichen Zukunft zu einem einzigen, unbegrenzt konsensfähigen Ergebnis hin konvergieren. Eine derartige Konvergenz kann eintreten, muss aber nicht.[543]

Fazit: In Peirces kategorial differenzierter Semiotik können die drei verschiedenen Weltbegriffe, mit denen Luhmann operiert, integriert werden. Da jede dieser drei unterschiedlichen Weltthematisierungsweisen – die Welt als unendliches Potenzial, als systemrelative Wirklichkeit und als letztlich gemeinsame Realität – genau einer der drei Kategorien zuzuordnen ist, kommt es bei Peirce nicht zu der begrifflichen und konzeptionellen Verwirrung Luhmanns. Peirces relationslogisch ausgerichtete Zeichentheorie geht vor allem mit ihrem Realitätsbegriff und dem Konzept der Selbstrepräsentation des Zeichenuniversums deutlich über Luhmanns zweiwertige Differenztheorie hinaus, ohne auch nur ansatzweise in einen naiven Realismus zurückzufallen.

Fazit zu Kapitel 8.3:
Das in Anlehnung an Peirce konstruierte Zeichensystem erfüllt auch hinsichtlich der System-Umwelt-Grenze funktional alle Anforderungen, die Luhmann in seiner allgemeinen Systemtheorie für rekursiv operierende Systeme berechtigerweise erhebt. Aufgrund der kategorialen Differenzierung lassen sich in Peirces Semiotik auch Theorieelemente wie die Identität, Existenz und Realität des Zeichensystems, ein differenzierter Weltbegriff und auch wesentliche Merkmale der Umwelt von Zeichensystemen sogar besser herleiten und integrieren als in Luhmanns Entwurf. Darüber hinaus ist Peirces Zeichentheorie so flexibel und umfassend konzipiert, dass sie auch Probleme und Aporien, die sich für Luhmann in so zentralen Punkten wie der Schnittstelle, der strukturellen Kopplung oder auch dem Komplexitätsvergleich zwischen System und Umwelt ergeben, überzeugend lösen kann. Ihre theoretische Mächtigkeit zeigt sich auch darin, dass sie konstruktivistische und repräsentationalistische Positionen so in sich integrieren kann, dass sie nicht hinter das Reflexions- und Problematisierungsniveau einer der beiden Einzeltheorien zurückfällt.

---

final opinion als unerreichbar in eine unendliche Zukunft (Hausman/Anderson 1994, 833 – 836). Kelly Parker spricht vom wahren Interpretanten als einer endgültigen Darstellung des „objectively determinate character of the object" (Parker 1994, 69), wobei sie die evolutionäre Veränderlichkeit des Objekts offenbar ausblendet oder nicht berücksichtigt; zu weiteren Argumenten, die eine vollständige Realisierung fraglich machen s. u. a. die Punkte 3 und 7 in Kap. 8.3.8 und vgl. Oehler 1993, 93f.

[542] s. z. B. SPP, 115, 167, 260.

[543] vgl. Oehler 1993, 77, 125f.; Kelley Wells weist darauf hin, dass das Erreichen der *final opinion* auch der pragmatischen Maxime widerspräche, da die erreichte *final opinion* nicht ihre eigenen ‚Wirkungen mit praktischer Relevanz' pragmatisch testen könnte, da sie wie der entsprechende ultimative finale Interpretant in allen drei Sinndimensionen vollständig generalisiert wäre (Wells 1994, 851 – 859; vgl. oben Punkt 3c).

Fazit zu Kapitel 8:

Die Untersuchungen von Kapitel 8 haben ergeben, dass das anhand Peirces Semiotik, Kategorienlehre und Pragmatismus entwickelte Zeichensystem in allen wesentlichen Aspekten als autopoietisches System in Luhmanns Sinne beschrieben werden kann: Es ist in der Lage, sich in basaler Selbstreferenz von seiner Umwelt, an die es dennoch an der Schnittstelle des Repräsentamens strukturell gekoppelt ist, abzugrenzen (Kap. 8.3).[544] Durch die rekursive Relationierung seiner Elemente, der Zeichen, produziert das Zeichensystem in einem potenziell unendlichen Prozess eben die ereignishaften Sinzeichen, aus denen es jeweils aktual besteht, und reproduziert damit gleichzeitig sich selbst auf der Ebene seiner konkreten Existenz (Kap. 8.1). Dabei verfügt das Zeichensystem in Peirces kategorial differenzierter Semiotik auch über die notwendige Möglichkeit, diesen autoreproduktiven Prozess zu konditionieren, sich dadurch selbst zu strukturieren und so eine dynamische Systemstabilität aufzubauen (Kap. 8.2). Inwiefern in ein derartiges Zeichensystem eine Binnendifferenzierung eingeführt werden kann, wie Luhmann sie mithilfe seiner Sinnkategorie vorzunehmen versucht hat, ist der Gegenstand des folgenden Kapitels.

[544] Auch Søren Brier sieht wesentliche Gemeinsamkeiten zwischen Peirces Semiotik und den 2nd order cybernetics: Er geht theoretisch allerdings mehr von Heinz von Foerster, Humberto Maturana und Francisco Varela als von Luhmann aus, wenn er versucht die 2nd order cybernetics mit Peirces Zeichentheorie zu seinem neuen Ansatz der ‚Cybersemiotics' zu verbinden (Brier 1996; s. auch Nöth 2000, 215). Manche Aussagen Briers scheinen mir allerdings nicht auf eine allzu gründliche Peircerezeption schließen zu lassen: So ist z. B. keineswegs Peirces Zeichen ein Prozess, wie Brier meint (Brier, 1996, 241), sondern der Zeichenprozess besteht aus einem Kontinuum rekursiv relationierter Sinzeichen (s. Kap. 8.1.2). Außerdem ist Briers Unterscheidung zwischen Interpret und Interpretant unklar (Brier 1996, 241f.).

9. Sinn und seine Merkmale im Zeichensystem

Meine kritische Analyse von Luhmanns Sinnbegriff (s. Kap. 5) hatte ergeben, dass Sinn innerhalb der Menge der autopoietischen Systeme kein tragfähiges Kriterium zur Ausdifferenzierung spezifischer Systemtypen, nämlich psychischer und sozialer Systeme, darstellt. Der entscheidende Unterschied ist vielmehr in der re-entry-Fähigkeit bestimmter Systeme zu sehen, also deren Fähigkeit, die System-Umwelt-Unterscheidung nicht nur operativ zu erstellen, sondern sie auch zur Grundlage ihrer eigenen Beobachtungen zu machen. Sinn ist dann in Abweichung von Luhmann bestenfalls als sekundäres Folgephänomen dieser erhöhten Reflexionskapazität von Systemen anzusprechen. Zudem konnte ich in Kapitel 6.4 zeigen, dass für die Verweisungsstruktur, die Luhmann dem Sinn zusprechen möchte, das Theorieelement des Zeichens unverzichtbar ist.

Um die weiteren Überlegungen nicht im Einzelnen mit den Problemen und Inkonsistenzen von Luhmanns Sinnbegriff zu belasten, werde ich im Folgenden nicht versuchen, den systemtheoretischen Sinnbegriff semiotisch analog zu rekonstruieren und zu konzipieren, sondern werde entwickeln, unter welchen Voraussetzungen das bisher konstruierte Zeichensystem als Sinnsystem fungieren könnte. Unter ‚Sinnsystem' ist unter diesen Umständen in deutlicher Abweichung von Luhmann (vgl. Kap. 5.1 und Kap. 6.4) ein autopoietisches Zeichensystem zu verstehen, das mit Zeichen als ereignishaften Elementen operiert[1] und im Unterschied zu anderen Zeichensystemen die System-Umwelt-Dyade zum Gegenstand, d. h. zum Objekt, seiner Zeichenprozesse machen kann:

Um ein Zeichensystem auf diese Weise als Sinnsystem ansprechen zu können, muss man zuerst zeigen, wie das Zeichensystem eine Zusatzleistung erbringen kann, die funktional etwa Luhmanns re-entry entspricht und entsprechend als Differenzkriterium für zeichenbasierte Sinnsysteme fungiert (Kap. 9.1).

Nach der Klärung dieses grundlegenden Problems ist zu fragen, inwieweit Merkmale, die Luhmann seinem Sinnbegriff zuspricht, funktional in ein zeichenbasiertes Sinnsystem integriert werden können:

Welche Rolle spielt die Unterscheidung von Aktualität und Potenzialität im Zeichensystem? Wie und wo kann diese Unterscheidung bzw. deren Einheit hier verortet werden? (Kap. 9.2)

Inwiefern kann man in einem Zeichensystem von Differenzlosigkeit und Unnegierbarkeit sprechen? (Kap. 9.3)

Kann man Zeichen als Medium bzw. Form thematisieren? (Kap. 9.4)

---

[1] s. Kap. 8.1; Wie ich in Kapitel 5.1 nachgewiesen habe, konnte Luhmann Sinnsysteme nicht als eigenständige autopoietische Systeme sui generis konstruieren, da er für diesen Systemtyp kein Element benennt, obwohl er ihm alle übrigen Merkmale autopoietischer Systeme wie selbstreferentielle Geschlossenheit, temporalisierte Komplexität, Strukturiertheit, ereignis- und rekursiv prozesshaftes Operieren zuspricht. Das bisher konstruierte Zeichensystem weist nicht nur diese Merkmale, sondern auch das erforderliche Systemelement auf, nämlich das Zeichen, und kann daher auch als autopoietisches Sinnsystem angesprochen werden, sofern es zusätzliche Leistungsmerkmale aufweist, die funktional Luhmanns re-entry entsprechen.

Wie können in einem Zeichensystem wiederholbare Sinneinheiten kondensiert und konfirmiert werden? (Kap. 9.5)

Falls sich diese Merkmale als zusätzliche Charakteristika in bestimmte Zeichensysteme integrieren ließen, würde sich aus zeichentheoretischer Sicht bestätigen, was Luhmann über die Kombinierbarkeit und theoretische Nähe von System und Umwelt, Zeichen, Sinn, Medium und Form postuliert hatte (s. Kap. 6). Während Luhmanns systemtheoretischer Entwurf sich als letztlich nicht konsistent und mächtig genug erwiesen hat, um diese Kombinations- und Integrationsleistung erbringen zu können, hoffe ich zeigen zu können, dass das bisher nach Peirce entwickelte Zeichensystem dazu in der Lage ist.

Man muss unter diesen theoretischen Bedingungen nicht mehr Sinn als gemeinsames Medium von Bewusstsein und Kommunikation behandeln, woran auch Luhmann letztlich scheitert (s. Kap. 5.6), sondern es liegt mit dem Zeichensystem genau das Supersystem vor, dessen Möglichkeit Luhmann zwar bestreitet (s. Kap. 5.2), aus dem sich aber dennoch die Spezifika von psychischen und sozialen Systemen ableiten lassen könnten. Bewusstsein und Kommunikation sind dann jeweils als spezifische Semioseformen mit Zeichen als gemeinsamem operativem Medium zu beschreiben (vgl. Kap. 6.3). Beide Arten von Sinnsystemen sind also unter diesen Umständen operativ Zeichen prozessierende Systeme, wobei dieser Zusammenhang auf der Basis von Peirces Semiotik ungleich konsistenter herzuleiten ist, als Luhmann dies mit seiner inkohärenten Kombination von Zeichen-, System-, Sinn- und Medientheorie zu leisten imstande ist (s. Kap. 6.4).

Wenn man sich dieser Lösung anschließt, muss man zwar Luhmann zustimmen, dass es keine Metatheorie gibt, die Systemtheorie und Semiotik gleichermaßen integrieren könnte, ist aber zugleich auf eine derartige Metatheorie gar nicht angewiesen: Denn ein auf der Basis von Peirces Semiotik entwickeltes Zeichensystem ist in der Lage, in sich alle berechtigten systemtheoretischen Anforderungen funktional abzudecken, so dass die Systemtheorie in eine so verstandene Semiotik integriert werden kann. Diese von Luhmann abweichende Zuordnungsentscheidung ist damit zu rechtfertigen, dass der semiotische Ansatz die größere theoretische Mächtigkeit aufweist, indem er nicht nur systemtheoretischen Postulaten gerecht wird, sondern mit seinem Theorieelement des triadischen Zeichens auch Luhmanns offene Probleme lösen und seine Aporien umgehen kann. Es besteht also keinesfalls, wie Luhmann meint, die Notwendigkeit, zwischen den beiden Theorieoptionen ‚Systemtheorie' und ‚Semiotik' im Sinne von sich gegenseitig ausschließenden Alternativen zu wählen, sondern sie erweisen sich im umfassenden semiotischen Rahmen als durchaus kombinierbar (vgl. auch Kap. 6).

Auch der von Luhmann widersprüchlich behandelte evolutionäre Zusammenhang zwischen re-entry-Fähigkeit bzw. Sinn, Bewusstsein und Kommunikation (s. Kap. 5.6) kann in diesem Kontext eindeutig hergestellt werden: In einem ersten Differenzierungsschritt müssen die nachmaligen Sinn-Zeichensysteme eine so erweiterte Darstellungskapazität entwickeln, dass sie die System-Umwelt-Dyade in sich darstellen können, d. h. sie müssen generell in der Lage sein, im Objektbezug mindestens dyadische Relationen zu relationieren und zu repräsentieren. Innerhalb dieser Menge von Zeichensystemen können sich dann wiederum Bewusstsein und Kommunikation als spezifische Systemtypen ausdifferenzieren, die zwar beide mit zeichenhaften Elementen operieren, sich aber dennoch in der Art und Weise, wie die Zeichen systematisch zu einem Zeichenprozess relationiert werden, unterscheiden.

Ich kann die Zusammenhänge zwischen Zeichen, Bewusstsein und Kommunikation im Rahmen dieser Arbeit nicht weiter verfolgen, sie müssen künftigen Anschlussuntersuchungen vorbehalten bleiben.[2] Die notwendigen Grundlagen für diese weiteren Analysen möchte ich aber im Folgenden bereits schaffen, indem ich zeige, wie Luhmanns re-entry und Merkmale seines Sinnbegriffs in funktionaler Analogie für Zeichensysteme herleitbar sind.

9.1 Das re-entry als Relationierung von Relationen

Das Hauptcharakteristikum von Luhmanns system- und differenztheoretischem re-entry-Begriff ist, dass hier die System-Umwelt-Differenz zweimal an einem System beobachtet werden kann: Einmal in Form der operativ erstellten Grenze zwischen System und Umwelt, die es bei allen autopoietischen Systemen wegen deren selbstreferentieller Schließung geben muss (vgl. Kap. 4.1.2 und Kap. 8.3.1). Zweitens tritt die System-Umwelt-Differenz nach dem re-entry auf der Systemseite dieser Unterscheidungsform noch einmal auf, und zwar als die Unterscheidung, die den Beobachtungsoperationen des Systems zugrunde gelegt wird.[3]

1. In Peirces relationslogisch fundierter Semiotik muss diese Konstellation etwas anders hergeleitet werden: Die erhöhte Repräsentationsleistung kann hier nicht differenztheoretisch durch den Wiedereintritt einer Unterscheidung in das durch sie bereits Unterschiedene erzielt werden. Sie entsteht vielmehr dadurch, dass das Zeichenkorrelat des Objekts nicht nur mit einer monadischen Relation, also einem einfachen unmittelbaren Objekt, belegt wird, sondern auch mit höherstufigen Relationen, also Dyaden und Triaden, besetzt werden kann:[4] Das funktionale Pendant zu Luhmanns Denkfigur des re-entry liegt in Peirces Semiotik also darin, dass bestimmte Zeichensysteme in ihrem Objektbezug zur Repräsentation und Relationierung höherstufiger Relationen in der Lage sind.

Als dyadisch strukturierte Objekte könnte man etwa die Relationen von unmittelbarem und dynamischem Objekt oder von Repräsentamen und Objekt einsetzen (s. u. Punkt 4). Ein triadisch aufgebautes Objekt von besonderer Wichtigkeit für das Zeichensystem ist die Zeichentriade selbst: Denn wenn ein Zeichensystem sein eigenes operatives Element, also das Zeichen, selbst mittels Zeichen darstellen kann, dann bekommt dieses Zeichensystem eine autologische Fundierung: Es kommt selbt inklusive seiner Elemente in der Menge seiner Gegenstände vor,[5] und erst auf dieser Ebene kann die Semiotik zu einer Universaltheorie werden.

---

2 Als erste Orientierung und Vorarbeit zu diesem Komplex s. Scheibmayr 2001.

3 „Die Differenz System/Umwelt kommt zweimal vor: als *durch* das System *produzierter* Unterschied und als *im* System *beobachteter* Unterschied.“ (GdG, 45) Für die systemtheoretischen Problemhorizonte, die ich in diesem Kapitel semiotisch behandle, s. v. a. Kap. 4.1.3 und Kap. 5.3.3.

4 Da nach Peirce alle Relationen, die höherstufig sind als Triaden, auf Kombinationen von Triaden zurückgeführt werden können (s. Punkt 4b in Kap. 8.2.2), reicht es für eine maximale Repräsentationskapazität aus, wenn ein Zeichensystem in seinem Objektbezug Triaden darstellen kann.

5 Zur Herleitung der Autologie und Universalität der Semiotik bei Luhmann s. Punkt 3 in Kap. 6.1 und Kap. 6.4; s. auch Bense 1976, 19 – 22; Daube-Schackat 1987, 14. Durch die Darstellung von Zeichen im Zeichensystem gewinnt dieses auch die Möglichkeit, reflektiert über die Zugehörigkeit

Was bei Luhmann das re-entry zu leisten hat, wird bei Peirce durch die Repräsentation und Relationierung dyadischer bzw. triadischer Relationen im Objektbezug der Semiose erreicht. In der Fähigkeit hierzu ist das semiotisch entscheidende Kriterium für die Binnendifferenzierung unter den Zeichensystemen und damit zur Ausbildung komplexerer Zeichensystemtypen wie Bewusstsein und Kommunikation zu sehen.

2. Wenn man nun an dieser komplexeren Objektstelle des Zeichens die System-Umwelt-Dyade einsetzt, ist relationslogisch dasselbe Ergebnis erreicht wie bei Luhmanns re-entry: Die Zeichensystem-Umwelt-Differenz, die das Zeichensystem selbst als Zweitheit durch die rekursive Relationierung von Zeichen im Semioseprozess der Drittheit hervorbringt, kann so im Zeichensystem selbst als Objekt thematisiert und repräsentiert werden.

Dabei können die operativ erstellte und die objekthaft repräsentierte System-Umwelt-Dyade stets eindeutig unterschieden werden, da es sich im ersten Fall um eine genuine Zweitheit handelt, während im zweiten Fall eine Dyade vorliegt, die als Zeichenobjekt nur ein Korrelat einer Zeichentriade bildet und somit nie genuin sein kann, da sie von den beiden anderen Korrelaten, nämlich Repräsentamen und Interpretant, abhängig ist.

Es entspricht ebenfalls Luhmanns re-entry, dass die Repräsentation der System-Umwelt-Dyade operativ nur auf einer Seite dieser Unterscheidung vollzogen werden kann, nämlich auf der Seite des Zeichensystems, das nun in seiner Drittheit seine eigene Differenz zur Umwelt nicht nur hervorbringt, sondern auch darstellt.

3. Wenn das Zeichensystem bei der Darstellung der System-Umwelt-Dyade den Fokus stärker auf das Korrelat des Systems, also auf sich selbst, richtet, kommt es zu einer Selbstrepräsentation des Zeichensystems in sich selbst. Dies entspricht Luhmanns Reflexionsbegriff bzw. der Selbstbeobachtung des Systems, die beide das re-entry voraussetzen. Diese Darstellung der Identität bzw. der Realität des Zeichensystems in sich selbst kann wie jede Darstellung ohnehin nur selektiv sein.[6] Diese Selektivität wird im Falle der Selbstrepräsentation allerdings dadurch verstärkt, dass der Zeichenprozess, in dem das Zeichensystem dargestellt wird, selbst ein aktual operativer Teil des dargestellten Systems ist. Als gegenwärtig aktualer Darstellungsprozess kann aber diese Semiose nicht bereits Teil ihrer eigenen Darstellung sein, obwohl sie ein gleichwertiger Teil des dargestellten Zeichensystems ist, so dass die Selbstdarstellung des Zeichensystems notwendig unvollständig bleibt. Den theoretischen Grenzwert der vollständigen Selbstrepräsentation bildet erst der ultimative finale Interpretant dieser Semiose, der nicht nur den gesamten Repräsentationsprozess reflexiv darstellt, sondern auch dessen Grenze, also sich selbst.[7]

Das Zeichensystem kann diese selbstrepräsentierte und -konstituierte Identität auch als ‚ego' der Sozialdimension in Luhmanns Sinne behandeln (s. Punkt 2 in Kap. 5.3.4). Dies setzt allerdings voraus, dass das Zeichensystem von der Existenz anderer Zeichensysteme in seiner Umwelt ausgeht, die es jeweils als gleichwertigen ‚alter' ansieht. D. h. es muss ihnen dieselbe Fähigkeit zur Repräsentation und Relationierung höherstufiger Relationen,

---

und Anerkennung von etwas als Systemelement, also als Zeichen, zu befinden, was wiederum zu einer Grenzziehung zur Umwelt führt, die das System selbst reflektieren und kontrollieren kann; zur Reflexion bei Luhmann s. Punkt 1d in Kap. 5.3.4.

[6] Zur Identität und Realität des Zeichensystems s. die Punkte 4c in Kap. 8.3.1 und 2 in Kap. 8.3.3; zur prinzipiellen Selektivität von Repräsentationen s. Punkt 4b in Kap. 8.3.1 und Kap. 8.3.5; zur Selbstbeobachtung und Reflexion bei Luhmann s. Punkt 1d in Kap. 5.3.4.

[7] vgl. Punkt 3l in Kap. 8.2.7 und auch Punkt 3c in Kap. 8.3.10; zur Reflexivität bei Luhmann s. Punkt 3d in Kap. 5.3.4.

d. h. zur reflektierten Selbst- und Fremdreferenz, zusprechen wie sich selbst, zudem die Fähigkeit zur kontingent selektiven Gestaltung von Semiosen, zur dynamisch-stabil konditionierten Teilnahme an den universellen, synechistisch verbundenen Zeichenprozessen und zu allen anderen charakteristischen Merkmalen, die ich in Kapitel 8 für Zeichensysteme herausgearbeitet habe und hier in Kapitel 9 noch darstellen werde. In Relation zu diesen anderen Zeichensystemen (alter) könnte sich dann ein bestimmtes Zeichensystem als ‚ego' der Sozialdimension von Zeichenprozessen darstellen. Diese in der Sozialdimension differenzierbaren Zeichensysteme stellen auch die unterschiedlichen Systemreferenzen dar, auf deren unterschiedliche Repräsentationsergebnisse der multizentrische Weltbegriff W_2 zurückzuführen ist, bis potenziell der Konsens des ultimativen finalen Interpretanten als der Darstellung der Wahrheit und der Realität erreicht wird (vgl. die Punkte 2 und 3 in Kap. 8.3.10).

4. Statt der System-Umwelt-Dyade können freilich auch andere Dyaden im Objektbezug repräsentiert werden: Man könnte hier z. B. das Verhältnis von unmittelbarem und dynamischem Objekt einsetzen (vgl. Punkt 1 in Kap. 8.3.1) und bekäme damit im Zeichensystem eine reflektierte Fremdreferenz. Diese Art des Objektbezugs stellt deswegen nach Luhmann eine reflektierte Fremdreferenz dar, weil sie das re-entry der System-Umwelt-Unterscheidung im Zeichensystem voraussetzt. Denn nur so können die beiden Objektarten im Zeichensystem selbst der Systemseite (unmittelbares Objekt) bzw. der Umweltseite (dynamisches Objekt) zugerechnet werden.[8] Wenn ich also in Punkt 9b von Kapitel 8.3.8 davon gesprochen habe, dass das Zeichensystem das kategorial vollständig differenzierte dynamische Objekt als Quelle seiner Irritationen reifizieren und der Umwelt als unabhängige Größe zuschreiben kann, setzt diese Fähigkeit des Zeichensystems bereits das Potenzial zur Relationierung von Relationen im Objektbezug voraus, die ich hier erst nachtrage. Durch diese Möglichkeit, die Relation zwischen unmittelbarem und dynamischem Objekt systemintern zu repräsentieren, wird das Zeichensystem auch in die Lage versetzt, die Selektivität und Kontingenz, mit denen es das dynamische Objekt in komplexitätsreduzierender Simplifikation als das unmittelbare Objekt darstellt (vgl. Punkt 3 in Kap. 8.3.5), selbst zu beobachten und diese Beobachtungen bei Bedarf gezielt strukturell umzusetzen.

Eine weitere Möglichkeit, durch die Repräsentation von Dyaden zu einer reflektierten Fremdreferenz zu kommen, besteht für das Zeichensystem darin, die Dyade von Repräsentamen und Objekt, also den ikonischen, indexikalischen oder symbolischen Objektbezug (s. Kap. 8.2.5), zum Objekt einer Darstellung zu machen.[9] Dadurch kann das Zeichensystem intern kontrollieren, ob der Objektbezug kategorial gemäß der Erst-, Zweit- oder Drittheit hergestellt und entsprechend reflektiert als Ähnlichkeit, tatsächlich aktuale Reaktion oder als konventionell geregelte Relation interpretiert werden soll.

---

[8] Zu Sachdimension und Reflexion bei Luhmann s. Punkt 1 in Kap. 5.3.4.

[9] Die Fähigkeit hierzu dürfte sich evolutionär aus einer Besonderheit des Interpretanten als Darstellung entwickeln: Der Interpretant muss ja nicht nur dasselbe Objekt wie das Repräsentamen darstellen, sondern auch Repräsentamen und Objekt als zwei getrennt Zeichenkorrelate unterscheiden und zugleich darstellen, dass das Repräsentamen dasselbe Objekt darstellt wie er selbst (s. Punkt 5 in Kap. 8.1.1). Somit ist in der komplexeren Darstellungsleistung des Interpretanten schon die Fähigkeit zur Relationierung von Relationen implizit angelegt, die aber in der einfachen Semiose noch nicht den zentralen Objektbezug ausmacht. Erst wenn an der Objektstelle explizit eine Dyade oder Triade eingesetzt wird, liegt eine qualitativ gesteigerte Repräsentationskapazität des Zeichensystems vor.

Dass alle repräsentierenden Objektbezüge bzw. Fremdreferenzen eines strukturdeterminierten Zeichensystems, so reflektiert und kontrolliert sie auch sein mögen, immer auch Konstruktionen sind, mit denen in der Umwelt nichts im Sinne einer Eins-zu-Eins-Entsprechung korrespondiert, habe ich bereits in den Kapiteln 8.3.5 und 8.3.9 zu zeigen versucht (vgl. auch die Punkte 1d und 1e in Kap. 5.3.4). Aufgrund der strukturellen Kopplung des Zeichensystems an seine Umwelt sind diese repräsentativen Konstrukte zwar nicht beliebig (s. Kap. 8.3.8), das Zeichensystem kann aber dennoch aus seiner erfolgreichen strukturellen Kopplung nicht auf positive Entsprechungen in der Umwelt schließen, sondern nur davon ausgehen, dass seine Strukturen zum irritationsfreien Erhalt der eigenen Autoreproduktion zumindest nicht falsch gewählt wird. Der Zustand irritations- und widerstandsfreien Operierens gilt pragmatisch allerdings schon als Erkenntis, da in Peirces pragmatisch-semiotischer Erkenntnistheorie eine Entsprechung mit dem Repräsentationsgegenstand ‚an sich' gar nicht nötig ist (vgl. die Punkte 7 und 10 in Kap. 8.3.8, 2 in Kap. 8.3.9 und 3c in Kap. 8.3.10).

5. Wenn ein Zeichensystem im Objektbezug die System-Umwelt-Dyade zu repräsentieren imstande ist, kann es nicht nur durch die Fokussierung auf eines der beiden Korrelate eine reflektierte Selbst- und Fremdreferenz herstellen (s. o. die Punkte 3 und 4), sondern es gewinnt die generelle Möglichkeit, jeden Gegenstand des Zeichenuniversums zu repräsentieren. Denn wenn die Welt nach Luhmann die Einheit der Differenz zwischen System und Umwelt ist, und ein Zeichensystem durch die Relationierung von Relationen diese beiden dyadischen Korrelate repräsentieren kann, dann wird das Zeichen potenziell zur repräsentativen Weltform (vgl. Kap. 8.3.10) und übernimmt damit die theoretische Position, die Luhmann mit seinem Sinnbegriff besetzt (s. Kap. 5.3.3).[10] Als derartige Weltform stellt nach Peirce der ultimative finale Interpretant tatsächlich die vollständige Selbstrepräsentation des Zeichenuniversums dar, da er gemäß Peirces Synechismus der letzte Konvergenzpunkt aller Semiosen ist, an dem sich alle Divergenzen bisheriger systemrelativer System-Umwelt-Dyaden aufheben (vgl. die Punkte 4 in Kap. 8.1.2 und 3 in Kap. 8.3.10). Bis diese ultimative, universelle Selbstrepräsentation allerdings tatsächlich erreicht ist, fungiert die Welt wie bei Luhmann nur als Letzthorizont aller Einzeldarstellungen.

6. Eine weitere Konsequenz aus der zeichensysteminternen Repräsentation der System-Umwelt-Dyade ist darin zu sehen, dass das Zeichensystem die jeweils auftretenden Irritationen jeweils einem Relat dieser Dyade als Quelle zuschreiben kann. Wird die Irritation der Umweltseite attribuiert, muss das Zeichensystem versuchen, aus ihr auf die Verhaltensgewohnheit bzw. die strukturelle Realität eines entsprechenden dynamischen Objekts zu schließen (vgl. Kap. 8.3.8). Wenn sich dagegen das System selbst als Quelle der Irritation ansieht, muss der Grund für diese systeminerne ‚Selbstüberraschung' in der Binnenkomplexität des Zeichensystems, die nicht ausreichend strukturiert ist, oder in einer unvollständigen, kontingent selektiven und simplifizierenden Selbstrepräsentation gesehen werden. In all diesen Fällen muss bei ausreichender Relevanz der Störung versucht werden, die Systemstrukturen entsprechend zu modifizieren (vgl. die Punkte 7 bis 12 in Kap. 8.2.8).

---

[10] Der ultimative finale Interpretant vereinigt zwei Eigenschaften, die Luhmann Zeichen generell abspricht (s. Kap. 6): Er ist sowohl selbstreferentiell, da er als finaler Interpretant zur reflexiven Analyse seiner selbst und seiner Genese in der Lage sein muss (s. die Punkte 3 in Kap. 8.2.7 und 3d in Kap. 5.3.4), und er ist ein universelles Weltzeichen, da er die vollständige Selbstrepräsentation des Zeichenuniversums darstellt (s. Punkt 3, v. a. 3c in Kap. 8.3.10).

Durch diese Zuschreibungsmöglichkeit einer Irritation an jeweils eine von zwei Alternativen bekommt das Zeichenmöglichkeit eine zwar noch rudimentäre, aber dennoch unverzichtbare und zudem reflektierbare Grundorientierung in der Welt als Einheit der Unterscheidung von System und Umwelt (vgl. Punkt 1, v. a. 1c in Kap. 5.3.4).

7. Wenn die System-Umwelt-Dyade einem Zeichensystem intern operativ erst einmal zur Verfügung steht, kann es diese Unterscheidung auch in seine Umwelt projizieren und dort weitere Systeme mit ihren jeweiligen Umwelten darstellen (s. o. Punkt 3). Diese Umwelten sind jeweils systemrelativ und können nie identisch sein, da sich z. B. Zeichensystem Z_1 zwar nicht in seiner eigenen Umwelt befinden kann, dafür aber in der Umwelt von Zeichensystem Z_2 situiert werden muss, für das mutatis mutandis dasselbe gilt. Aus dieser Konstellation ergibt sich ein multizentrischer Weltbegriff W_2 (vgl. Kap. 4.1.7 und Punkt 2 in Kap. 8.3.10), da sich hier jedes operative Zentrum von jedem anderen durch eine Differenz in der Zweitheit unterscheidet.

Die jeweiligen Unterschiede kommen daher, dass jedes Zeichensystem in kontingenter Selektion andere Möglichkeiten aus der Erstheit heraus aktualisiert und im Laufe seiner Prozessgeschichte in der Drittheit je andere Strukturen aufbaut. Diese Differenzen zwischen den verschieden Zeichensystemen manifestieren sich in unterschiedlichen dynamischen Interpretanten, durch welche die Systeme in der Zweitheit aufeinander einwirken können. Derartige Einwirkungen werden dann als Irritationen registriert, da es für die Gesamtheit der dynamischen Interpretanten keine gemeinsame, systemübergreifende Erwartungs- und Regelstruktur gibt, sondern sie die Ergebnisse je unterschiedlich strukturdeterminiert operierender Zeichensysteme sind. Die Umwelt eines Zeichensystems wird also durch weitere Zeichensysteme, die in ihr situiert sind, unruhig und es gibt kein Zentrum, von dem aus diese Unruhe einer multizentrischen Welt kontrolliert werden könnte, jedenfalls nicht, bis die Realitäten all dieser partikulären Zeichensysteme im ultimativen finalen Interpretanten zu einer vollständig generalisierten Regelstruktur, der Realität des Zeichenuniversums, konvergieren (vgl. Punkt 3 in Kap. 8.3.10).

8. Eine zusätzliche Möglichkeit komplexerer Darstellungen, die sich aus der Fähigkeit zur Repräsentation und Relationierung von Relationen ergibt, wird dadurch geschaffen, dass das Zeichensystem auch Zeichenprozesse, verstanden als rekursive Relationierungen von Zeichen (s. Kap. 8.1.2), in sich repräsentieren kann, d. h. es zur Reflexivität in Luhmanns Sinne (s. Punkt 3d in Kap. 5.3.4) in der Lage ist. Das Zeichensystem ist damit zur prozessualen Selbstreferenz fähig, d. h. zur Darstellung, Analyse oder Auswertung von Semioseprozessen, die in ihm selbst ablaufen. Es kann diese kontinuierlichen Zeichenprozesse auf der Reflexivitätsebene auch gezielt diskontiuieren, indem es bestimmte Episoden und Verlaufstypen definiert, über deren Anfang und Ende es selbst entscheidet: So legt z. B. jeder finale Interpretant das Ende einer bestimmten Semiose fest und muss definitionsgemäß auch zur diachronen Selbstanalyse, also zur Reflexivität, fähig sein (s. Punkt 3, v. a. 3c in Kap. 8.2.7). Dies wiederum trägt zur Strukturierung, Selbstorganisation und Selbstkontrolle des Zeichensystems bei.

Eine derartige Repräsentation von Prozessen kann das Zeichensystem freilich auch hinsichtlich seiner Umwelt durchführen, wenn es zur internen Darstellung der System-Umwelt-Dyade in der Lage ist. Für diese fremdreferentielle Reflexivität stehen dann dieselben Möglichkeiten zur Episodenbildung und prozessualen Schematisierung zur Verfügung wie für die selbstreferentielle, nur dass die Selektion und Bestimmung der Abläufe und Sequenzen der Umwelt und deren dynamischen Objekten zugerechnet werden müssen.

Diese der Umwelt attribuierten Prozesse können dann im Zeichensystem erwartet werden und somit Struktur bildend wirken.

Durch die Kombination von Reflexion (s. o. Punkt 3) und Reflexivität kann das Zeichensystem seine eigenen Regelstrukturen beobachten und so das Maß seiner Selbstkorrektur und gezielten Selbstorganisation steigern,[11] wie es ohne die Fähigkeit zur Relationierung und Repräsentation von Relationen nicht möglich wäre.

Fazit: Wie in Luhmanns Systemtheorie das re-entry kann in Peirces Semiotik die Relationierung und Repräsentation dyadischer und triadischer Relationen als Differenzkriterium innerhalb der rekursiv operierenden Zeichensysteme dienen. Diese komplexere Art der Repräsentation ermöglicht dem Zeichensystem eine reflektierte und reflexive Selbst- und Fremdreferenz, gibt ihm eine autologische Fundierung und macht das Zeichen zur Weltform bzw. die Semiotik zur Universaltheorie.

9.2 Aktualität und Potenzialität

Luhmann hatte Sinn phänomenologisch als die Einheit der Differenz von Aktualität und Potenzialität beschrieben (s. Kap. 5.3.1). Auch wenn dieser Sinnbegriff nicht als taugliches Kriterium zur Ausdifferenzierung von Sinnsystemen wie Bewusstsein oder Kommunikation dienen kann und bei Luhmann wegen seiner Kopplung an den Komplexitäts- und Verweisungsbegriff mit großen Problemen behaftet ist, möchte ich in diesem Kapitel doch die Frage aufgreifen, welche theoretische Position dieses Begriffspaar bei der Konstruktion eines Zeichensystems einnimmt.

Im allgemeinem Rahmen von Peirces Kategorienlehre ist Aktualität ein Phänomen der Zweitheit (s. Punkt 1 in Kap. 8.1.3), während Potenzialität der Erstheit als Kategorie der Möglichkeit zuzurechnen ist (s. Punkt 1 in Kap. 8.2.2). Zeichensysteme und ihre konstitutiven Elemente, die Zeichen, sind nach Peirce Erscheinungen der Drittheit, so dass man im Sinne der Selbstanwendung der Kategorien (s. Punkt 5 in Kap. 8.2.2) nach der Zweitheit der Drittheit des Zeichens fragen muss, wenn man dessen Aktualität bestimmen will, und nach der Erstheit der Drittheit, wenn dessen Potenzialität in Rede steht.

In Punkt 2 von Kapitel 8.1.3 und in Punkt 1 von Kapitel 8.3.3 habe ich gezeigt, dass die ereignishafte Aktualität und die Existenz des Zeichens bzw. des Zeichensystems in Sinzeichen verwirklicht wird, die zur Zweitheit hin degenerierte Zeichen sind. Jedes aktualisierte Sinzeichen stellt eine Selektion aus dem unaufhebbaren Möglichkeitsraum der Erstheit zur Zeichenbildung dar (s. Punkt 2 in Kap. 8.2.3), und eröffnet seinerseits über seinen dynamischen Interpretanten (s. Punkt 2, v. a. 2c in Kap. 8.2.7) ein neues Potenzial zum Anschluss weiterer Zeichen in der rekursiv verlaufenden Semiose. Dieser dynamische Interpretant des Sinzeichens erfährt nämlich im zeitlichen Ablauf der Semiose einen funktionalen Wechsel und fungiert im Anschlusszeichen als Repräsentamen einer neuen Zeichentriade (s. die Punkte 5 in Kap. 8.1.1 und 1 in Kap. 8.1.2). In seiner Doppelfunktion verweist also der Interpretant jedes Zeichens stets auf weitere Möglichkeiten zur Fortsetzung der Semiose, so

[11] vgl. Short 1981b, 220.

dass er eben die Verweisungsfunktion erfüllt, die Luhmann für seinen Sinnbegriff zwar postuliert hatte, aber ohne Rückgriff auf den Zeichenbegriff nicht plausibel herleiten konnte (vgl. Kap. 5.3.1, Kap. 5.4 und Kap. 6.4).

An jedem Sinzeichen als dem ereignishaft operativen Element eines Zeichensystems tritt also die Einheit der Unterscheidung von Aktualität und Potenzialität auf: Jedes Sinzeichen stellt selbst eine Selektion aus dem Möglichkeitsraum zur Aktualisierung von Zeichen dar und eröffnet zugleich ein Anschlusspotenzial, aus dem das nächste, am Interpretanten rekursiv angeschlossene Sinzeichen als „Nachfolgeaktualität“ gewählt werden kann und muss, so dass der Zeichenprozess als „ein Prozessieren der jeweiligen Akualität entlang von Möglichkeitsanzeigen“[12] beschrieben werden kann. Wegen der unaufhebbaren Selektivität dieses Prozesses kann man die Semiose auch an das Thema ‚Komplexität‘ koppeln. Dies ist mit Peirce kohärenter möglich, als Luhmann dies mit seinem Sinnbegriff zu leisten imstande war: Denn während Luhmann kein Element benennen kann, das doch für die Definition der Komplexität von Sinn nötig wäre, liegen bei Peirce mit den Zeichen eben die Elemente vor, die nicht unterschiedslos alle zugleich miteinander relationiert werden können und so Komplexität bilden. Daher ist jede Aktualisierung eines Sinzeichens selektiv und zugleich mit der Virtualisierung weiterer Möglichkeiten verbunden, die ausgehend von diesem Sinzeichen als Anschlusspotenzial zur Verfügung stehen.

Dieses Potenzial ist theoretisch unendlich, da erstens jedes unmittelbare Objekt, das in einer speziellen Semiose systemintern dargestellt wird, stets nur selektiv zu seinem in der Umwelt entsprechend angesetzten dynamischen Objekt repräsentiert wird (vgl. Punkt 3 in Kap. 8.3.5).

Zweitens ist für Peirce das Zeichen eine universelle triadische Form, die im gesamten Universum auftritt (s. Punkt 3 in Kap. 8.3.1), und aufgrund seines synechistischen Konzepts (s. Punkt 4 in Kap. 8.1.2) stehen alle Zeichenprozesse zumindest potenziell in einem kontinuierlichen Zusammenhang, so dass das Zeichen bei ihm zur Weltform wird und so Zugang zu allen Gegenständen des Zeichenuniversums hat (s. Punkt 5 in Kap. 9.1). Im weitesten Sinne verweist also jedes aktuelle Zeichen auf potenziell unendlich viele weitere Möglichkeiten der Semiose, die erst im theoretischen Konvergenzpunkt des ultimativen finalen Interpretanten erschöpft wären, da er die vollständige Selbstrepräsentation des Zeichenuniversums darstellt. Bis dahin regeneriert sich mit jeder Zeichenaktualisierung die Einheit von Aktualität und Potenzialität am Zeichen selbst, das somit die Funktion, die Luhmann dem Sinn zugeschrieben hatte, übernehmen kann.

Fazit: Wie schon die Diskussion des Begriffspaars ‚Aktualität – Potenzialität‘ im Zusammenhang mit Luhmanns Sinnbegriff gezeigt hatte, stellt diese Dyade kein geeignetes Kriterium zur Ausdifferenzierung spezifischer Sinnsysteme dar. Dies gilt auch für Zeichensysteme, da diese Dyade in den operativen Ablauf aller Semiosen eingefügt werden kann, indem sich an jedem Sinzeichen die Einheit von Aktualität und Potenzialiät nachweisen lässt. Dennoch ist diese Unterscheidung bei der Konstruktion eines Zeichensystems gut

---

12 So hatte Luhmann Sinn charakterisiert: „Und Sinn haben heißt eben: daß eine der anschließbaren Möglichkeiten als Nachfolgeaktualität gewählt werden kann und gewählt werden muß. [...] Die Differenz von Aktualität und Möglichkeit erlaubt mithin eine zeitliche versetzte Handhabung und damit ein Prozessieren der jeweiligen Akualität entlang von Möglichkeitsanzeigen.“ (SoSy, 100) vgl. Kap. 5.3.1.

integrierbar und sogar besser mit den Theorieelementen der Komplexität und des Verweises kombinierbar als in Luhmanns Systemtheorie.

9.3 Differenzlosigkeit und Unnegierbarkeit

Hiermit sind zwei weitere Merkmale genannt, die Luhmann seiner Sinnkategorie als exklusive Charakteristika zuspricht. Die kritische Besprechung dieser Zusammenhänge in Kapitel 5.3.2 hat ergeben, dass auch Differenzlosigkeit und Unnegierbarkeit keine plausiblen Trennkriterien für Sinnsysteme darstellen, sondern auf alle rekursiv operierenden Systeme anwendbar sind. Im folgenden Kapitel möchte ich zeigen, dass diese Merkmale auch in das bisher konstruierte Zeichensystem integriert werden können.

1. Für Peirce fallen Sein und Zeichen-Sein zusammen, d. h. was sich nicht in zeichenhafter bzw. semiotisch interpretierbarer Weise manifestiert, dem kann kein Seinsstatus in einer der drei Kategorien zugesprochen werden (s. die Punkte 1 und 3 in Kap. 8.3.1). Daher muss auch die Umwelt, an die das Zeichensystem strukturell gekoppelt ist, als zeichenhaft gedacht werden, wodurch das Zeichen eine universelle triadische Form wird (s. Punkt 3 in Kap. 8.3.1), da das Zeichen innerhalb von Zeichensystemgrenzen ohnehin als ereignishaftes Systemelement auftritt (s. Kap. 8.1). Somit ist das Zeichen differenzlos, da es im Zeichensystem operativ verwendet wird und für Zeichensysteme nur das als Umwelt repräsentierbar bzw. konstruierbar ist, was sich zeichenhaft manifestiert. Dieser Zusammenhang gilt wegen der Universalität des Zeichens allerdings generell und nicht nur für spezifische Sinnsysteme.

2. Aufgrund der Universalität und der autologischen Fundierung der Semiotik (s. die Punkte 3 in Kap. 8.3.1 und 1 in Kap. 9.1) ist das Zeichen auch nicht negierbar. Denn eine Negation ist als Darstellung, dass etwas nicht der Fall ist, eben eine Darstellung und somit auf Zeichengebrauch in der Drittheit angewiesen. Es kann zwar jede bestimmte Einzelaussage, d. h. jedes Dikent (s. Punkt 2 in Kap. 8.2.6), negiert werden, nicht aber der Zeichengebrauch an sich, da die Negation ebenfalls zeichenhaft sein muss. Daher ist das Zeichen nicht nur differenzlos, sondern entsprechend auch unnegierbar.

3. Das Zeichen ist bei Peirce eine triadische Relation mit dem Interpretanten als drittem Relat, das den bedeutungshaften Effekt des Zeichens oder genauer des Repräsentamens darstellt (s. Kap. 8.2.7). Solange also die Semiose als rekursiver Prozess abläuft, kann es in ihr keine Bedeutungs- oder Sinnlosigkeit geben, da stets neue Interpretanten als bedeutsame Anschlussflächen für weitere Zeichen gebildet werden. Selbst ein Zeichen, das als sinnlos angesehen wird, muss einen unmittelbaren Interpretanten als minimalen Bedeutungs- bzw. Sinneffekt aufweisen, da es sonst gar nicht als Zeichen aufgefasst werden könnte (vgl. auch die Einleitung zu Kap. 6): Denn dieser unmittelbare Interpretant zeigt als Interpretantensubklasse der Erstheit an, dass auch bei seinem Zeichen die Möglichkeit zur Interpretation prinzipiell gegeben ist, und diese Annahme der Interpretierbarkeit macht dieses Zeichen erst zum Zeichen. Wenn allerdings das entsprechende Zeichensystem keinen darüber hinausgehenden Interpretanten bilden kann, verfügt es nicht über die strukturelle Kapazität, den potenziellen Sinngehalt, den der unmittelbare Interpretant dem Zeichen unterstellt, interpretativ auch tatsächlich zu entwickeln.

Sinnlosigkeit kann also im Zeichensystem wie auch bei Luhmann nicht als ein Phänomen auf der Ebene der basal selbstreferentiellen Autoreproduktion des Systems angesprochen werden, sondern entweder als Phänomen der Reflexivität, nämlich dann, wenn der finale Interpretant einer Semiose diesen Zeichenprozess gemessen am erwarteten Ziel als unbefriedigend und damit pragmatisch als sinnlos darstellt. Oder man spricht von Sinnlosigkeit auf der Ebene der Reflexion, wenn ein System sich selbst als das historische Produkt seiner Systemgeschichte im Rahmen einer Selbstbeobachtung bzw. -beschreibung als nicht mehr anschlussfähig und damit als sinnlos darstellt.[13]

Fazit: Die drei Merkmale Differenzlosigkeit, Unnegierbarkeit und Unmöglichkeit von Sinnlosigkeit, die Luhmann allerdings ohne Erfolg exklusiv Sinnsystemen zusprechen wollte, können in Zeichensysteme kohärent integriert werden. Sie stellen aber hier ebensowenig tragfähige Differenzkriterien innerhalb der Zeichensysteme dar wie innerhalb Luhmanns autopoietischen Systemen, da sie wegen der Universalität und zumindest rudimentären Bedeutsamkeit aller Zeichen jedem Zeichen unabhängig von einer speziellen Systemreferenz zugeschrieben weden können.

9.4 Das Zeichen als Form und Medium

Luhmann hatte auch versucht, seinen Sinnbegriff an die Medium-Form-Unterscheidung zu koppeln. Dabei war er aber an der fehlenden Benennung eines Elements des Mediums Sinn, an der nötigen Abgrenzung zur rekursiven Operationsweise von Systemen und an der postulierten, aber nicht nachweisbaren Verweisungsstruktur von Sinn gescheitert (s. Kap. 5.4. und Kap. 5.5). Daher werde ich im folgenden Kapitel auch nicht den semiotisch analog aufgebauten Versuch unternehmen, Komponenten von Luhmanns Sinnbegriff und seine Form- und Medientheorie semiotisch zu kombinieren, sondern der Frage nachgehen, wie weit Luhmanns Konzepte von Form und Medium beim Bau eines Zeichensystems berücksichtigt werden können, und ob sich daraus ggf. brauchbare Kriterien für die Binnendifferenzierung der Zeichensysteme ergeben.

1. Eine Form ist nach Luhmann stets eine Zwei-Seiten-Form, die es nur dann gibt, wenn von ihr operativ Gebrauch gemacht wird. Die zwei Seiten der Sinnform sind entsprechend der phänomenologischen Beschreibung von Sinn besetzt durch Aktualität und Potenzialität, wobei erstere Seite die operativ markierte Seite ist (s. Kap. 5.4).

a) Luhmanns Konzept der Zwei-Seiten-Form entspricht in Peirces Kategorienlehre der Zweitheit als Kategorie dyadischer Relationen (s. Punkt 1, v. a. 1b in Kap. 8.1.3). Die triadische Einheit und Identität eines einzelnen Sinzeichens sind nur durch die Unterscheidung von allen anderen möglichen, aber momentan inaktuellen Zeichen und in Differenz zur Umwelt zu bestimmen (vgl. Punkt 2 in Kap. 8.3.1), so dass man das je aktuelle Sinzeichen auch als die operativ markierte Seite von Luhmanns Zwei-Seiten-Form ansehen kann. Zugleich kann man am Sinzeichen die Luhmann'sche Sinnform als Einheit der Differenz von Aktualität und Potenzialität beobachten, da das Sinzeichen selbst eine operativ aktuale

---

[13] Zur Reflexion und Reflexivität bei Luhmann s. die Punkte 1d und 3d in Kap. 5.3.4.

Selektion aus einem Potenzial ist und zugleich einen Möglichkeitsraum für Anschlusszeichen eröffnet: Dieser besteht in allen anderen Zeichen, die durch die Aktualisierung dieses Sinzeichens virtualisiert wurden, nun aber zum rekursiven Anschluss an dessen Interpretanten als Selektionspotenzial zur Verfügung stehen (vgl. Kap. 9.2).
b) Ein Sinzeichen gibt es wie Luhmanns Form jeweils nur im operativen Gebrauch. Denn das Sinzeichen tritt als Zweitheit der Drittheit des Zeichens in seiner konkreten, aktualen Existenz nur als ereignishafte Operation eines Zeichensystems auf. Außerhalb dieses rekursiven, kontinuierlichen Prozesszusammenhangs kann ein Einzelzeichen wie das Sinzeichen nur für definitorische oder theoretisch-analytische Zwecke isoliert werden, stellt aber auch dann eine Form dar, die Gegenstand einer beobachtenden Operation ist, so dass auch bei Peirce Form und Operation nicht völlig getrennt werden können (s. die Punkte 5 in Kap. 8.1.1, 2 und 3 in Kap. 8.1.2 und 2c in Kap. 8.1.3).
c) Luhmann spricht bei der Verwendung der Zwei-Seiten-Form von Aktualität und Potenzialität von einer operativen Asymmetrisierung der Form. Diese ist ebenfalls am Sinzeichen zu beobachten, denn jedes Sinzeichen stellt die gerade ereignishaft aktuelle Operation eines Zeichensystems dar. Somit ist es die operativ markierte Seite im Vergleich zu der anderen Seite der Form, nämlich dem Anschlusspotenzial, das von dem Sinzeichen aus zwar zugänglich, aber zugleich mit dessen Aktualisierung virtualisiert, d. h. gerade nicht operativ markiert wird. Somit sind Sinzeichen und ihr Anschlusspotenzial nicht funktional äquivalent, sondern operativ asymmetrisch.
d) Durch eben diesen Zusammenhang regeneriert sich Luhmanns Sinnform als Einheit der Unterscheidung von Aktualität und Potenzialität im zeitlichen Prozess der Semiose mit jedem Sinzeichen. Denn jedes Anschluss-Sinzeichen stellt eine erneute Selektion aus dem zuvor virtualisierten Potenzial der Erstheit dar, jedoch ohne dass der Möglichkeitsraum der Erstheit zur Zeichenbildung erschöpft werden könnte: Da die Erstheit kategorial nicht in den höheren Kategorien aufgehoben wird (s. Punkt 2b in Kap. 8.2.2), kann wie in Luhmanns Systemtheorie auch in Peirces Semiotik die Differenz von Aktualität und Potenzialität nie zu reiner Aktualität verdichtet werden, da die beiden Phänomene unterschiedlichen Kategorien zugeordent sind.
e) Auch Luhmanns Position, Formen seien eine feste Kopplung von Elementen, die durchsetzungsfähiger, aber zugleich auch flüchtiger sei als das entsprechende Medium (s. u. Punkt 2), lässt sich semiotisch aufgreifen.

Ein Sinzeichen stellt hinsichtlich seiner triadischen Binnenrelation eine feste Kopplung von Repräsentamen, Objekt und Interpretant dar: Repräsentamen und Objekt werden im Interpretanten in bestimmter Weise voneinander unterschieden und zugleich miteinander in Relation gesetzt. So entsteht die Zeichentriade des Sinzeichens, das als Zweitheit der Drittheit des Zeichens in jeder Hinsicht vollständig bestimmt sein muss und somit eine feste Form bildet. Peirces triadisch relationslogisches Denken ist Luhmanns dyadisch-differenztheoretischem Denken insofern überlegen, als Letzteres nur zweiwertige Differenzen beobachten, aber kein Drittes zu bilden imstande ist, das als Motiv der Differenzierung gelten oder die Relation zwischen dem Ersten und dem Zweiten überhaupt erst herstellen könnte.[14] Bei Peirce fungiert der Interpretant als dieses Dritte, das im triadischen Zeichen kategorial unverzichtbar ist, und da an diesem Interpretanten der rekursive Anschluss des Folgezeichens ansetzt, lässt Peirces Semiotik die Kopplung der Formentheorie an die Ope-

---

[14] vgl. auch die Kritik an Luhmann durch Bühl 2000, 232 und Hennig 2000, 160.

rationen des Zeichensystems in vollständiger Kohärenz und Kompatibilität zu, die bei Luhmann ebenso vollständig fehlen (vgl. oben Punkt 1b).

Auch der Prozessverlauf einer konkreten Semiose kann als Form, d. h. eine feste Kopplung von Elementen, nämlich Sinzeichen, mit einer impliziten Zeitdimension beschrieben werden. Denn die Position jedes Sinzeichens ist im Zeichenprozess durch die rekursive Relationierung mit einem bestimmten Vorgänger- und Nachfolgesinzeichen exakt festgelegt, was der Degeneration des Sinzeichens hin zur Zweitheit auch entspricht (vgl. Kap. 8.1.3 und Punkt 2 in Kap. 8.2.3).[15]

Diese fest gekoppelten Formen sind trotz ihrer Fähigkeit zu Aktion, Reaktion oder Widerstand, die ihrem Aspekt der Zweitheit entspricht, dennoch flüchtig und auflösbar, da Sinzeichen nur Ereignisse sind (s. Punkt 2c in Kap. 8.1.3). Sie bauen im Zeichensystem nur eine temporalisierte Binnenkomplexität auf und existieren jeweils nur für einen Moment, d. h. die durch sie gebildeten Formen sind flüchtig und lösen sich selbst in der Zeitdimension schnell auf, weshalb ein Zeichensystem auch nur eine dynamische Stabilität aufweist. Das Potenzial der Erstheit zur Zeichenbildung ist im Vergleich dazu dauerhafter, ja sogar kategorial unaufhebbar.

Diese Ergebnisse bestätigen aus semiotischer Sicht das kritische Ergebnis, das ich bei der Analyse von Luhmanns Sinnkategorie und deren Kopplung an die Formentheorie erzielt hatte: Die Zwei-Seiten-Form von Aktualität und Potenzialität ist mit weiteren formtheoretischen Merkmalen, die Luhmann exklusiv Sinn zuspricht, keineswegs auf Sinn und Sinnsysteme zu beschränken, sondern ist generell auf die Operationsweise rekursiver Systeme übertragbar. Die Kopplung von Formen an Systemoperationen ist in Peirces Semiotik deutlich überzeugender als in Luhmanns Systemtheorie. Luhmanns Aussage, Formen könnten nur als kontingente Selektion in einem Medium gebildet werden, leitet über zu der Frage nach dem Verhältnis zwischen Zeichen und Medialität.

2. Luhmanns Medienbegriff ist eng an seine Formentheorie gekoppelt, da ‚Medium' bei ihm den Gegenbegriff zu ‚Form' in einer Zwei-Seiten-Form bildet. Somit weisen Medien Merkmale auf, die von den Charakteristika der Form zwar deutlich abweichen, aber dennoch konzeptionell auf sie bezogen sind (s. Kap. 5.5). Da Luhmanns Formbegriff erfolgreich auf Peirces Zeichenkonzept bezogen werden konnte (s. o. Punkt 1), lautet die Frage nun, ob und wie sein Medienkonzept bei der Konstruktion von Zeichensystemen berücksichtigt werden kann.[16]

a) Formen können nach Luhmann nur in einem Medium, das den Möglichkeitsraum zur Formbildung darstellt, gebildet werden. Dieses Medium ist nie ‚an sich' zu fassen, sondern

[15] Diese exakte Bestimmtheit und Kontextualisierung ist für alle Degenerationsstufen der Zeichendrittheit zur Zweitheit hin charakteristisch: Sie gilt beim Sinzeichen v. a. dem Repräsentamenbezug, beim Index (s. Punkt 2 in Kap. 8.2.5) dem Objektbezug, beim Dikent (s. Punkt 2 in Kap. 8.2.6) dem Interpretantenbezug und beim dynamischen Interpretanten (s. Punkt 2 in Kap. 8.2.7) der Zeichenwirkung.

[16] In dem 1997 von Winfried Nöth herausgegebenen Sammelband *Semiotics of the Media* werden viele Querverbindungen zwischen allgemeiner Medien- und Zeichentheorie hergestellt, wobei in einer großen Zahl von Beiträgen Peirces Semiotik eine dominante Rolle spielt (Nöth 1997). Auch in dem stärker medienwissenschaftlich ausgerichteten Sammelband *Medientheorie und die digitalen Medien* (Nöth 1998) bildet in manchen Beiträgen (z. B. von Winfried Nöth oder Lucia Santaella) Peirce den zentralen semiotischen Anknüpfungspunkt.

nur aus der Kontingenz der selektiven Formbildungen, die es ermöglicht, zu erschließen. Insofern bedingen sich Medium und Form nicht nur als die zwei Seiten einer gemeinsamen Form gegenseitig, sondern sind auch funktional interdependent.

Dieser Medienbegriff entspricht in Peirces Kategorienschema der Erstheit: Diese Kategorie ist als bloßer Möglichkeitsraum auch nicht ‚an sich' beobachtbar (s. Punkt 1b in Kap. 8.2.2), da sie nicht selbst wirklich existiert, sondern nur die kategoriale Bedingung der Möglichkeit ist, dass sich aus ihr heraus in der Zweitheit etwas verwirklicht. Daran, dass die Möglichkeiten der Erstheit nur in der Zweitheit selektiv aktualisierbar sind und die Phänomene der Zweitheit nur auf dem Hintergrund des Potenzials der Erstheit existieren können, zeigt sich in Peirces Kategorienlehre dieselbe Interdependenz zwischen Erstheit und Zweitheit wie in Luhmanns Konzept zwischen Medium und Form.

b) Die Erstheit bildet also das mediale Potenzial zur Zeichenbildung, das bei jeder Aktualisierung von Sinzeichen selektiv genutzt wird. Diese Selektivität resultiert daraus, dass bei keiner ereignishaften Aktualisierung von Sinzeichen in der Semiose gleichzeitig von allen Möglichkeiten der Erstheit Gebrauch gemacht werden kann, weshalb die Erstheit auch kategorial unaufhebbar ist (s. Punkt 2b in Kap. 8.2.2). Das Potenzial der Erstheit zur Zeichenbildung wird also bei Peirce durch konkrete Zeichenprozesse ebenso wenig aufgebraucht wie Luhmanns Medium bei der Formbildung.

c) Nach Luhmann sind in einem Medium die Elemente lose bzw. gar nicht gekoppelt im Unterschied zur festen Kopplung der Elemente einer Form (s. o. Punkt 1e). Ich habe schon in meiner Kritik von Luhmanns Medienbegriff (s. Kap. 5.5) dafür plädiert, das Konzept der Kopplung von Elementen in einem Medium ganz aufzugeben, was auch mit Peirces Erstheit besser harmonierte: Falls man in dieser Kategorie überhaupt von distinkten Elementen ausgehen will, dann können diese Elemente jeweils nur für sich als monadische Relationen, d. h. ohne jede Kopplung, angesehen werden. Noch besser entspäche dieser Kategorie, in ihr gar keine bereits differenzierten Elemente, d. h. Zeichen, anzusetzen, sondern die Erstheit nur als Potenzial zur Ausdifferenzierung und Aktualisierung von Zeichen zu behandeln. Gekoppelte Elemente kann es in jedem Fall erst ab der Zweitheit geben, da hier ausdifferenzierte Zeichen und die für Kopplungen mindestens nötigen dyadischen Relationen vorliegen. Die Drittheit kann dann zur Konditionierung und Strukturierung der Kopplung herangezogen werden (s. Kap. 8.2.1).

d) Trotz dieser fehlenden Kopplung ist die Medialität der Erstheit dauerhafter als die jeweils in der Zweitheit gebildeten Formen, sie wird durch keine Formbildung konsumiert oder zerstört. Denn die Möglichkeiten der Erstheit bleiben ja trotz ihrer operativen Nutzung bei der Aktualisierung ereignishafter Sinzeichen weiterhin bestehen (vgl. oben die Punkte 1e und 2b).

e) Ein gravierendes Problem von Luhmanns Medientheorie liegt darin, dass er für Formen und Medien dieselbe Art von Elementen postuliert hatte. Dieser Ansatz scheitert zum einen daran, dass die Elemente von Formen nach Luhmann ereignishaft sein sollen, was für mediale Elemente aber völlig ausgeschlossen ist, und zum anderen speziell in Bezug auf Sinn als Medium daran, dass Luhmann überhaupt kein spezifisches Element des Mediums Sinn benennen kann.

Auch bei Peirce ist Ereignishaftigkeit für die Erstheit von Zeichen ausgeschlossen, sie kann nur den bereits konkret und je aktual ausdifferenzierten Zeichenformen der Zweitheit, also den Sinzeichen, zugesprochen werden. Denn wenn man die Erstheit der Zeichen thematisiert, dann haben sie den Bereich bloßer Möglichkeit noch nicht verlassen, sie existieren nicht wirklich und können daher ebenso wie Luhmanns Medienelemente auch nicht ereignishaft sein.

An diesem Befund scheitert aber bei Peirce nicht wie bei Luhmann die theoretische Kopplung der Medium-Form-Unterscheidung an den Elementbegriff. Peirces Zeichen können nämlich sowohl als Medium als auch als Formen angesprochen weden, und zwar je nach ihrer kategorialen Binnendifferenzierung: Zeichen bilden im Möglichkeitsraum ihrer Erstheit ein Medium,[17] während sie in ihrer aktualen Ereignishaftigkeit als Sinzeichen Formen darstellen. Somit weisen nach Peirce Medium und Form tatsächlich dieselben Elemente auf, nämlich Zeichen, wobei ihnen das Merkmal der Ereignishaftigkeit nur auf der kategorialen Ebene der Zweitheit der Zeichendrittheit zugesprochen wird. Dieses Merkmal stellt also bei Peirce keine notwendige Eigenschaft des prototypischen Zeichens, sondern nur eines bestimmten Zeichensubtyps dar, so dass man Zeichen allgemein durchaus als gemeinsames Element von Medium und Form ansehen kann.

Wenn man darüber hinaus mit Luhmann ein spezifisches Medium ‚Sinn' ansetzen will, muss man für dieses Medium auch spezifische Elemente benennen, was Luhmann selbst allerdings zu tun verabsäumt. Auch diese theoretische Position könnte man mit Zeichen besetzen, allerdings nur mit einer bestimmten Art von Zeichen: Es müssen gemäß den Ergebnissen von Kapitel 9.1 Zeichen sein, die in ihrem Objektbezug zur Repräsentation und Relationierung höherstufiger, d. h. dyadischer bzw. triadischer Relationen in der Lage sind, da eben die Fähigkeit hierzu als das entscheidende Differenzkriterium zur Bestimmung von Sinn prozessierenden Zeichensystemen wie Bewusstsein oder Kommunikation anzusehen ist. Derartige Zeichen bilden in ihrer Erstheit ein sinnhaftes Medium, aus dessen Potenzial heraus dann in der Zweitheit Sinnformen durch die selektive Aktualisierung entsprechender ereignishafter Sinzeichen gebildet werden können.

Fazit: Luhmanns Differenzform von Medium und Form kann in all ihren wesentlichen Charakteristika in Peirces Semiotik integriert werden. Aufrund der kategorialen Differenzierbarkeit des triadischen Zeichens kann man Zeichen sowohl als Medium als auch als Form ansprechen. Da Zeichen nach Peirce überdies die Elemente sind, mit denen Zeichensysteme operieren, ist bei ihm eine bruchlose Verbindung zwischen der Medien- und Formentheorie auf der einen Seite und der Theorie rekursiv operierender Systeme auf der anderen Seite möglich. Ernsthafte Probleme, die Luhmann bei dieser Kombination hatte, stellen sich im semiotischen Ansatz nach Peirce gar nicht erst. Ebenfalls bleibt festzuhalten, dass auch nach der Diskussion der Medium-Form-Unterscheidung aus semiotischer Sicht Luhmanns systemtheoretisches re-entry der System-Umwelt-Unterscheidung bzw. die Fähigkeit zur semiotischen Relationierung und Repräsentation von Relationen das einzige tragfähige Kriterium zur Binnendifferenzierung rekursiv operierender (Zeichen-)Systeme bildet.

---

[17] Dies gilt für alle Zeichensubklassen, welche die Erstheit der Drittheit des Zeichens darstellen: Die Medialität ist beim Qualizeichen in der Möglichkeit zur Bildung qualitativ differenzierter Repräsentamina zu sehen (s. Punkt 1 in Kap. 8.2.3), beim Ikon in der Möglichkeit zur Ähnlichkeitsbildung und zum Objektbezug überhaupt (s. Punkt 1 in Kap. 8.2.5), beim Rhema in der Möglichkeit zur Zeicheninterpretation (s. Punkt 1 in Kap. 8.2.6) und beim unmittelbaren Interpretanten in der Möglichkeit einer Zeichenwirkung (s. Punkt 1 in Kap. 8.2.7).

9.5 Die Kondensierung und Konfirmierung wiederholbarer Sinneinheiten

Ein weiteres Problem resultiert bei Luhmann daraus, dass er Medien als Selektionspotenziale anspricht, deren Elemente ereignishaft sein und zugleich zur wiederholten Kombination und Rekombination zur Verfügung stehen sollen (s. Kap. 5.5). Ereignishaftigkeit und Wiederholbarkeit sind aber weder bei Luhmann noch bei Peirce unmittelbar miteinander zu vereinen, da bei Letzterem Ereignishaftigkeit kategorial der Zweitheit und Wiederholbarkeit der Drittheit zuzurechnen ist (s. die Punkte 2 in Kap. 8.1.3 und 8 in Kap. 8.2.1). Während Luhmann für diese Problematik überhaupt keine überzeugende Lösung anzubieten hat, lautet nun die Frage an Peirces Zeichentheorie: Wie können in einem Zeichensystem Sinneinheiten geschaffen werden, die ein Selektionspotenzial bilden, aus dem sie wiederholt in unterschiedlichen Kontexten aktualisiert, also kombiniert und rekombiniert werden können?

Wiederholbarkeit ist generell der Strukturebene eines Systems bzw. nach Peirce kategorial der Drittheit zuzuordnen (s. Punkt 8 in Kap. 8.2.1). Diese Beobachtung fehlt in Luhmanns Medientheorie, weshalb sie auch in diesem Punkt nicht kohärent und tragfähig ist.

Für unsere Problemstellung ist aber nicht nur Wiederholbarkeit in der Drittheit, sondern gleizeitig auch ereignishafte Aktualisierbarkeit in der Zweitheit erforderlich, und wenn man in Peirces Semiotik nach einer derartigen Kombination sucht, stößt man auf den bereits behandelten Zusammenhang von Legizeichen und Replika (s. Punkt 1 in Kap. 8.2.4). Das Zusammenspiel dieser beiden Zeichentypen beantwortet im Wesentlichen schon die oben gestellte Frage: Ein Legizeichen ist eine allgemeine und relativ dauerhafte Sinneinheit der Drittheit bzw. der Strukturebene, die zur wiederholten Anwendung in der Zweitheit zur Verfügung steht, indem sie in Form ihrer Replikas, d. h. als ereignishafte Sinzeichen, in immer neuen Kontexten mit anderen Zeichen kombiniert und rekombiniert werden kann. Ein Legizeichen wird bei jeder dieser Aktualisierungen, deren Bedingungen und Regeln das Legizeichen selbst bestimmt, in Luhmanns Sinne kondensiert und konfirmiert (s. Punkt 2 in Kap. 8.2.4).

Damit ist zwar das Problem der Kombination zwischen Wiederholbarkeit, Ereignishaftigkeit und (Re-)Kombinierbarkeit gelöst, aber es stellt sich noch die Frage nach der Medialität des Legizeichens: Dieses ist nämlich ein Zeichensubtyp der Drittheit, während ich Medialität bisher kategorial Peirces Erstheit zugerechnet habe. Wie sollen also Legizeichen ein mediales Selektionspotenzial bilden?

Diese Frage ist durch die iterative Selbstanwendbarkeit von Peirces Kategorien zu beantworten (s. Punkt 5 in Kap. 8.2.2): Da Legizeichen eine Zeichensubklasse der Drittheit bilden, können sie wiederum differenziert nach allen drei Kategorien analysiert werden: Die genuine Stufe ist die der Drittheit der Legizeichen, in der ihre allgemeine, Struktur bildende Regelhaftigkeit relativ dauerhaft fixiert ist (s. Punkt 3 von Kapitel 8.2.3). Zur Zweitheit hin sind Legizeichen in ihren Replikas als den konkreten und je ereignishaft aktualen Anwendungsfällen ihrer allgemeinen Regelhaftigkeit degeneriert (s. Punkt 1 in Kap. 8.2.4). Wenn sie zur Erstheit hin degeneriert sind, stellen Legizeichen nur noch die Möglichkeit ihrer konkreten, wiederholbaren und zugleich geregelten Anwendung dar und durch diesen Möglichkeitsaspekt der Erstheit bekommen sie einen medialen Charakter:

Die Menge der Legizeichen, thematisiert nach deren Erstheit, bildet nämlich ein mediales Selektionspotenzial, dessen je selektiv aktualisierte Elemente, die Replikas, in der

Zweitheit zu immer neuen Konstellationen kombiniert werden können, und zwar nach den dabei stets weiter kondensierten und konfirmierten Regeln der Legizeichen in ihrer Drittheit.[18] Diese genuine Drittheit des Legizeichens ist die kategoriale Voraussetzung für die erforderliche Wiederholbarkeit der Replikas, so dass die Medialität von Legizeichen als wiederholbaren Sinneinheiten nicht als genuine Erstheit, sondern eben nur als Erstheit der Drittheit dieser speziellen Zeichensubklasse auftritt.

Die Wörter einer Sprache sind symbolische Legizeichen (s. Punkt 3f in Kap. 8.2.5) und an ihnen kann man diese theoretische Konstellation gut verdeutlichen: Wörter stellen in ihrer Erstheit ein mediales Selektionspotenzial dar, aus dem durch die selektive Aktualisierung bestimmter Wortformen in der Zweitheit immer neue Kombinationen von Replikas gebildet werden können, die hinsichtlich ihrer Verwendung und Bedeutung jeweils von den Regeln der Legizeichen in der Drittheit bestimmt werden. In diesem Sinne können Wörter zu immer neuen Junkturen wie Phrasen oder Sätzen (re-)kombiniert werden und aus Sätzen können dann immer neue Texte gebildet werden, die wiederum neue Gattungen hervorbringen können, usw.

Wörter, Sätze oder Texte können also wie bei Luhmann auch bei Peirce sowohl als Medium als auch als Formen fungieren, je nachdem, ob ihre konstitutiv zugrunde liegenden Legizeichen gemäß ihrer Erstheit oder Zweitheit thematisiert werden. Damit ist zugleich aus der Sicht von Peirces relationslogisch ausgerichteter Kategorienlehre Luhmanns Position aufgegriffen, gemäß der die Elemente eines Mediums immer Formen in einem anderen Medium sind: Das universale Medium wird bei Peirce immer durch Zeichen gebildet, die aber aufgrund ihrer iterierbaren kategorialen Differenzierbarkeit auf jeweils unterschiedlichen Ebenen entweder ungekoppeltes mediales Substrat oder fest gefügte Form sein können.

Fazit: Die dreifache kategoriale Differenzierung des Legizeichens ermöglicht in Peirces Semiotik die Konstitution wiederholt und dabei je ereignishaft aktualisierbarer und in unterschiedlichen Kontexten (re-)kombinierbarer Sinneinheiten. Diese können sowohl als mediales Selektionspotenzial dienen als auch als konkrete Formen auftreten. Peirces generell triadischer Theoriebau ist auch hierin Luhmanns lediglich dyadischem Ansatz überlegen, der die nötige Kombination von Wiederholbarkeit, Ereignishaftigkeit und (Re-)Kombinierbarkeit in seiner zweiwertigen Unterscheidung von Medium und Form nicht herleiten kann.

Fazit zu Kapitel 9:

Die Überlegungen dieses Kapitels haben gezeigt, dass in Peirces Semiotik Sinnsysteme in deutlicher Abweichung von Luhmann als autopoietische Zeichensysteme beschrieben werden können, die im Objektbezug zur Relationierung und Repräsentation von dyadischen

[18] Entsprechend den drei Kategorien stellt die Erstheit des Legizeichens die Möglichkeit seiner Aktualisierung dar, seine Zweitheit die konkrete Aktualisierung selbst und seine Drittheit die Regeln der Aktualisierung. Man könnte mit Luhmann auch sagen, dass die Erstheit des Legizeichens sein mediales Potenzial bildet, in der Zweitheit seiner Replikas konkrete Formen aktualisiert werden und seine Drittheit die strukturellen Regeln der Formbildung bestimmt.

und triadischen Relationen in der Lage sind. Diese Fähigkeit entspricht als das entscheidende Differenzkriterium innerhalb der Zeichensysteme dem, was Luhmanns re-entry-Begriff systemtheoretisch zu leisten hat (Kap. 9.1). Die übrigen Merkmale, mit denen Luhmann seinen Sinnbegriff charakterisiert, nämlich Sinn als Einheit der Differenz von Aktualität und Potenzialität (Kap. 9.2), die Differenzlosigkeit und Unnegierbarkeit von Sinn (Kap. 9.3) und Sinn als Medium und Form (Kap. 9.4), sind alle funktional äquivalent in den Entwurf eines Zeichensystems integrierbar. Sie können hier aber ebenso wenig als Differenzkriterien gelten wie in Luhmanns Systemtheorie. Dennoch macht diese funktionale Analyse deutlich, dass Luhmanns differenztheoretisch und zweiwertig angelegte Formen- und Medientheorie über die punktuelle Frage nach dem Sinnbegriff hinaus generell in Peirces dreiwertigem Ansatz bzw. in das neu konstruierte Zeichensystem integriert werden kann.

Peirces triadisches Zeichen fungiert also nicht nur als operatives Element eines Zeichensystems, das durch die rekursive Relationierung seiner ereignishaften Zeichenelemente eine Grenze zu seiner Umwelt aufbaut und in der Lage ist, die Operationen und Prozesse seiner Autoreproduktion selbst zu strukturieren und zu konditionieren (s. Kap. 8), sondern es kann je nach seiner kategorialen Differenzierung auch als Medium, Form oder als kondensierte und konfirmierte Sinneinheit (Kap. 9.5) im Zeichensystem beschrieben werden. Deshalb können in diesem Zeichensystem die Systemoperationen immer aus dem eigenen Medium Formen bilden, eine theoretische Konstellation, die Luhmann nie kohärent und widerspruchsfrei herstellen konnte. Ein derartig konstruiertes Zeichensystem umfasst also Luhmanns System-Umwelt-Unterscheidung, seinen Medien-, Form- und Sinnbegriff und freilich auch eine Zeichentheorie, so dass sich diese verschiedenen theoretischen Ansätze tatsächlich so eng aufeinander beziehen lassen, wie Luhmann dies an manchen Stellen vermutet hat (s. Kap. 6). Sie lassen sich allerdings eher im Rahmen von Peirces universeller, autologischer fundierter und triadisch relationslogisch ausgerichteter Semiotik kombinieren als in Luhmanns Version einer differenzlogisch basierten Systemtheorie.

10. Zusammenfassung

In den Kapiteln 4 bis 9 habe ich die Aufgabenstellung meiner Arbeit im Detail und nach einzelnen Aspekten getrennt bearbeitet.[1] Abschließend möchte ich die erzielten Ergebnisse noch unter einer Gesamtperspektive zusammenfassen.

Die zentrale Fragestellung meiner Untersuchung lautete, ob und, wenn ja, wie weit sich ausgewählte Theoriebausteine der zeichen- bzw. systemtheoretischen Universaltheorien von Charles S. Peirce und Niklas Luhmann miteinander kombinieren lassen.

Als Ziel dieser Kombination strebte ich die Konstruktion eines neuen Systemtyps, nämlich eines Zeichensystems, an.

Dazu wählte ich folgendes methodische Vorgehen: Aus der kritischen Analyse von Luhmanns allgemeiner Systemtheorie inklusive seines Sinn- und Zeichenbegriffs (s. Kap. 4 bis Kap. 6) entwickelte ich ein heuristisches Raster, anhand dessen ich Peirces Semiotik einer funktionalen Analyse unterzog. Diese Analyse hatte in vier Problemkomplexen (s. Kap. 7) zu klären, ob man mit Peirces Zeichen als Systemelement ein autopoietisches Zeichensystem konstruieren kann, das Luhmanns grundlegenden systemtheoretischen Anforderungen genügt (s. Kap. 8) und auch die Merkmale seines Sinnbegriffs abdeckt (s. Kap. 9).

Die gewählte Methode zeigte, dass das gesteckte Ziel erreichbar ist und die gestellte Frage klar beantwortet werden kann: Ausgewählte Theorieelemente von Luhmanns Systemtheorie und Peirces Semiotik sind durchaus kombinierbar, und zwar so, dass sich aus ihnen ein theoretisch kohärentes Zeichensystem konstruieren lässt. Mit Peirces kategorial differenzierter und pragmatisch bereicherter Zeichentheorie konnten alle vier aus Luhmanns Systemtheorie gewonnenen Problemkomplexe erfolgreich behandelt werden:

Mit dem neu konstruierten Zeichensystem liegt ein basal selbstreferentielles bzw. rekursiv operierendes System in Luhmanns Sinne vor. Dieses System operiert mit Peirces Zeichen als ereignishaftem Element; es konditioniert und strukturiert v. a. auf der Ebene der Drittheit durch kategorial differenzierte Zeichen- und Interpretantentypen die Anschlussfähigkeit seiner Elemente; es kann trotz des universellen synechistischen und pansemiotischen Zusammenhangs, von dem Peirce ausgeht, auf seiner Strukturebene eine Grenze zu seiner Umwelt ziehen und umfasst zusätzlich alle wesentlichen Merkmale von Luhmanns Sinnbegriff.

Dieses Zeichensystem wird aber nicht nur den akzeptablen Postulaten von Luhmanns allgemeiner Systemtheorie gerecht, sondern leistet noch deutlich mehr: Die gewählten Theorieelemente können nämlich so kombiniert werden, dass das neue Zeichensystem widerspruchsfrei konstruiert und somit kohärenter ist als Luhmanns Systementwurf und zusätzlich auch Probleme, an denen Luhmann gescheitert ist, lösen kann:

1. Die entscheidende theoretische Neuerung besteht darin, Peirces triadisches Zeichen als operatives Systemelement fungieren zu lassen. Dieser Schritt zieht durch die Umorganisation und neue Hierarchisierung einiger Bausteine von Luhmanns ursprünglicher Theoriearchitektur wesentliche theoretische Vorteile nach sich:

---

[1] Die wesentlichen Zwischenergebnisse der einzelnen Kapitel und z. T. Unterkapitel sind jeweils an deren Ende in einem Fazit zusammengestellt.

Im Zeichensystem hat die Sprache über Peirces Zeichensubklasse des Symbols ihren festen Ort und somit ist hier eine Sprachtheorie besser integrierbar als in Luhmanns Systemtheorie, der bereits mehrfach die Marginalisierung der Sprache vorgeworfen wurde.[2]

Der Komplexitätsvergleich zwischen System und Umwelt kann gemäß Peirces pansemiotischem Konzept in sich schlüssig durchgeführt werden, da Zeichen als universelle triadische Formen auf beiden Seiten der System-Umwelt-Grenze als Bezugsgröße zur Verfügung stehen.

Luhmanns konstruktivistischer und Peirces repräsentationalistischer Ansatz sind im Zeichensystem konsistent zusammenführbar. Denn Luhmanns recht einfache Repräsentationsvorstellung, die hauptsächlich von ikonischen Modellen geprägt ist, lässt sich durch Peirces differenzierteren Repräsentationsbegriff ersetzen, der seinerseits mit konstruktivistischen Positionen kompatibel ist.

Zeichen fungieren im Zeichensystem als ereignishaft operative Elemente und können zugleich als Medium und als Form thematisiert werden. Somit stellt ausnahmslos jede Operation im Zeichensystem immer auch eine Formbildung im systemeigenen Medium dar. Diese generelle Kombination von Formen- und Medientheorie mit der Theorie rekursiver Systeme strebt Luhmann zwar an, verfehlt sie aber, da er nicht imstande ist herzuleiten, wie in einem systemfremden Medium durch die Operationen eines Systems Formen gebildet werden sollen.

Dieses Manko fällt v. a. im Zusammenhang mit der Sinnproblematik auf, wo bei Luhmann auch in anderen wichtigen Punkten erhebliche Inkonsistenzen nachweisbar sind. Diese treten im Zeichensystem nicht auf, da Zeichen als Sinnelemente über die postulierte Verweisungsstruktur von der Aktualität zur Potenzialität verfügen und mit ihnen auch im Sinnzusammenhang das Thema der Komplexität erfolgreich zu behandeln ist.

Daher kann das Zeichensystem auch als Sinnsystem, und zwar als ebenfalls rekursiv operierendes Sinnsystem, angesprochen werden: Die Zeichen, die hier als Elemente dienen, müssen allerdings dazu in der Lage sein, in ihrem Objektbezug dyadische oder triadische Relationen zu repräsentieren und zu relationieren. Da somit Zeichen- und Sinnsystem über den prinzipiell gleichen Typus von Elementen verfügen, ist die Zusammenführung von Systemhaftigkeit, Sinn und Zeichen in dieser Konstellation besser gelungen als in Luhmanns Systemtheorie.

Durch die erfolgreiche Konstruktion eines Zeichensystems ist freilich auch die theoretische Kopplung des Zeichenbegriffs, und zwar dessen von Peirce, und der Semiotik überhaupt an die Systemtheorie stabiler und kohärenter als in Luhmanns Versuch, der nur über eine recht reduzierte Vorstellung von der Zeichentheorie verfügt und dem die Integration des Saussure'schen Zeichens in seinen Systementwurf nicht gelingt.

Das Zeichensystem weist also eine derartige theoretische Mächtigkeit auf, dass es die Konzepte von Repräsentation, Konstruktion, Medium, Form, Sinn, System-Umwelt-Unterscheidung und freilich auch Zeichen in sich kohärent kombinieren kann. Dazu ist weder Luhmanns Systemtheorie noch Peirces Zeichentheorie für sich allein in der Lage.

In Peirces triadischem Zeichen kann das Korrelat des Repräsentamens als Schnittstelle zwischen dem Zeichensystem und seiner Umwelt fungieren und füllt dadurch eine theoretische Lücke, die Luhmanns Systemtheorie gravierende Mängel einbringt. Im Zeichensystem

[2] s. Künzler 1987, 322f., 329 – 331; Künzler 1989, 85 – 87, 102, 106 – 108; Mingers 1995, 150; Schieweck 1992.

können hinsichtlich des System-Umwelt-Verhältnisses Kontakt, Irritation, Widerstand, Kausalität, strukturelle Kopplung und die evolutionäre Änderung und Anpassung der Systemstrukturen völlig konsistent hergeleitet werden, während Luhmann sich in all diesen Punkten in Widersprüchen verfängt und in Aporien gerät. Gerade bei den genannten Problemkreisen stellt auch Peirces Pragmatismus eine Bereicherung für das konstruierte Zeichensystem dar.

Im Repräsentamen wird die bloße Einwirkung der Umwelt auf das System in der Zweitheit transformiert in die Drittheit einer systeminternen Darstellung bzw. Repräsentation. Diese Beobachtung leitet über zu dem theoretischen Mehrwert, den speziell die Verbindung zwischen dem Zeichensystem und Peirces Kategorienlehre erbringt, wozu ich zusammenfassend auch noch ein paar Punkte anführen möchte.

2. Peirces Semiotik und seine Kategorienlehre sind theoretisch eng miteinander verzahnt. Da ich diese Verbindung bei der Konstruktion des Zeichensystems beibehalten habe, lassen sich weitere Probleme, die bei Luhmann offen geblieben waren, lösen:

So können im kategorial differenzierten Zeichensystem nicht nur strukturelle Kopplung und Anpassung erklärt werden, sondern auch die Herkunft der Umweltmerkmale, die hierfür nötig sind. Die Eigenschaften, die Wirklichkeit und die Strukturen bzw. Regelmäßigkeiten der Umwelt lassen sich nämlich von den drei Kategorien und ihrer generellen evolutionären Tendenz von der Erst- über die Zweit- zur Drittheit ableiten. Luhmann kann eine vergleichbare Erklärung in seinem differenztheoretischen Konzept nicht bieten, sondern muss sich darauf beschränken, unabgesicherte Postulate aufzustellen.

Für die Gegenseite der Umwelt, also für das System, können durch die drei Kategorien die Identität des Zeichensystems, seine Existenz und seine Realität differenzierter konzipiert werden als in Luhmanns Theoriebau, der v. a. auf dyadischen Unterscheidungen aufbaut.

Ausgehend von Peirces drei Kategorien sind die drei verschiedenen Weltbegriffe, die bei Luhmann widersprüchlich nebeneinander stehen, ebenfalls besser zu entwickeln als in Luhmanns zweiwertiger Differenz- und Beobachtungstheorie.

Auch Luhmanns allgemeine Form- und Medientheorie lässt sich für das Zeichensystem kategorial erschließen, indem man die monadischen Relationen medialer Elemente der Erstheit und die konkret dyadischen Relationen einer Form der Zweitheit zurechnet.

In Luhmanns Systemtheorie ist die Komplementarität und Interdependenz von ereignishafter Operationsweise und relativ dauerhafter Strukturierung des Systems von zentraler Bedeutung. Die Kombination von Ereignis und Struktur vermag dem System eine dynamische Stabilität zu verleihen. Diese Konstellation ist funktional äquivalent und völlig kohärent für das Zeichensystem aus dem kategorial differenzierten Zeichen als operativem Systemelement ableitbar: Sinzeichen und dynamische Interpretanten, in denen die genuine Drittheit des Zeichens zur Zweitheit hin degeneriert ist, ermöglichen die ereignishafte Operationsweise, während v. a. die Subklassen der Drittheit, also Legizeichen, Symbol, Argument und finaler Interpretant, für die nötige Konditionierung und Strukturierung sorgen.

Um diese Vorteile von Peirces Kategorienlehre und ihrer Kombination mit seiner Zeichentheorie zu erreichen, muss man allerdings die Kategorien nicht unbedingt wie Peirce als ontologische oder phänomenologische Grundstrukturen des Seins ansehen. Es ist völlig ausreichend, wenn man sie relationenlogisch als wichtige triadische Beobachtungsinstrumente in das Zeichensystem übernimmt.

3. Bei Peirce ist aber nicht nur die Kategorienlehre, sondern auch sein restlicher Theoriebau, also seine Pragmatik, evolutionäre Kosmologie und Semiotik, von einem triadischen Grundkonzept und einer entsprechenden Relationenlogik geprägt. Als ein weiteres Ergebnis meiner Arbeit kann man festhalten, dass eine derartig ausgerichtete Theorie flexiblere, kohärentere und vielschichtigere Beobachtungen zulässt und über ein noch höheres Auflöse- und Rekombinationsvermögen verfügt als Luhmanns hauptsächlich zweiwertige und manchmal zu rigide Differenz-, Formen- und Beobachtungstheorie.

Dies zeigt sich darin, dass man ausgehend von Peirces triadischer Semiotik in keinem Punkt hinter Luhmanns Reflexions- und Problematisierungsniveau zurückfällt, sondern vielmehr seine zweiwertigen Ansätze v. a. über die Zweitheit als Kategorie dyadischer Relationen vollständig abdecken und darüber hinaus wesentliche, systemtheoretisch noch offene Probleme befriedigend lösen kann.

Peirces Zeichentheorie profitiert im Gegenzug von der Kombination mit Luhmanns allgemeiner Systemtheorie insofern, als sie hier aus einem ungleich strukturierteren und systematischeren (!) Zusammenhang heraus entwickelt werden kann, als Peirce ihn selbst v. a. aus biographischen Gründen zu schaffen imstande war. Dabei lassen sich zudem manche Positionen wie etwa Peirces Erkenntnisoptimismus, den er zeigt, wenn er von der Annäherung an die Wahrheit spricht oder wenn er die Darstellung der Realität in der *final opinion* bzw. im ultimativen finalen Interpretanten für tatsächlich erreichbar hält, aus Luhmanns konstruktivistischer Sicht relativieren. Indem man an Peirces Zeichentheorie mit Luhmanns systemtheoretischem Problemhorizont herangeht und sie in diesem Rahmen einer funktionalen Analyse unterzieht, bindet man sie nicht nur in die entsprechenden gegenwärtigen wissenschaftstheoretischen Diskussionen ein, sondern leistet auch einen generellen Beitrag für die verstärkte interdisziplinäre Zusammenarbeit zwischen System- und Zeichentheorie.

Eine derartige Zusammenarbeit wäre durchaus wünschenswert, da die vorliegende Arbeit zumindest im Hinblick auf Luhmann und Peirce zeigen konnte, dass die Leistungsfähigkeit eines Zeichensystems, dessen Konstruktion gleichermaßen von diesen beiden Autoren ausgeht, die Leistungsfähigkeit der getrennten Einzeltheorien erkennbar übersteigt.

11. Ausblick

Am Ende meiner Arbeit möchte ich noch auf einige theoretische Anschlussflächen und auch praktische Anwendungsmöglichkeiten des neuen Zeichensystems hinweisen. Einige davon wurden im Laufe der Darstellung schon kurz erwähnt.

Luhmann rechnet Wahrnehmung, Bewusstsein und Kommunikation den Sinnsystemen, also psychischen und sozialen Systemen, zu. Da das Zeichensystem aber so konzipiert ist, dass es alle Merkmale von Luhmanns Sinnbegriff abdeckt, müsste sich zeigen lassen, dass auch Wahrnehmung, Bewusstsein und Kommunikation als unterschiedliche Formen der Semiose aus dem Zeichensystem ableitbar sind und nicht wie bei Luhmann auf zwei verschiedene Systemtypen verteilt zu werden brauchen. Dadurch bildet das Zeichensystem das von Luhmann abgestrittene Supersystem für die drei genannten Operationsmodi, so dass sie sich mit ihren Eigencharakteristika durchaus voneinander abheben, aber dennoch innerhalb eines einzigen Systems, eben des Zeichensystems, homogener aufeinander beziehen lassen als durch Luhmanns problembehaftete Konzeption von struktureller Kopplung im Sinn als gemeinsamem Medium.

Durch die Integration von Bewusstsein und Kommunikation als spezifische Semioseformen in das Zeichensystem kann man auch die Verbindungen zu den Kognitionswissenschaften, die Winfried Nöth schon allein für die Peirce'sche Semiotik herausarbeitet,[3] noch intensivieren. Im kognitiven Paradigma spielt besonders im Hinblick auf Kategorisierungsfragen die Prototypentheorie eine hervorgehobene Rolle. Diese Theorie sollte daher noch detaillierter in das Zeichensystem eingebunden werden, als es bisher im Rahmen dieser Arbeit geschehen konnte. Es wäre sogar darüber hinaus zu prüfen, ob die Integrationskraft des Zeichensystems nicht ausreicht, um bislang meist getrennte Ansätze wie Prototypen-, Stereotypen-, Frame-, Schema- und Script-Theorien zusammenzuführen, ein Forschungsfeld, das Luhmann zu Recht als „schlecht koordiniert"[4] bezeichnet. Hier dürften die semiotisch reformulierten systemtheoretischen Theorieelemente ‚Kondensierung', ‚Konfirmierung', ‚Redundanz', ‚Varietät', ‚Generalisierung', ‚Reflexivität' und ‚Reflexion' eine wichtige Rolle spielen.

Zwischen den Sprachkonzeptionen von Luhmann und Peirce gibt es wesentliche Unterschiede, auf die ich auch schon kurz eingegangen bin: Luhmann behandelt Sprache als Medium, das von Systemoperationen benutzt werden kann, während nach Peirce Sprachzeichen, also v. a. Symbole, selbst spezifische operative Systemelemente darstellen, die aber auch als Medium und Form angesprochen werden können. Man müsste die Unterschiede dieser beiden Sprachkonzeptionen systematisch entfalten und dann die Sprache bzw. eine Sprachtheorie in das Zeichensystem einfügen. So ließen sich Anschlüsse an die Zeichenlinguistik und insbesondere in Kombination mit den oben genannten Theorien auch an die Kognitive Linguistik herstellen.

Weitere interdisziplinäre Zusammenarbeit könnte auch gefördert werden, wenn man den bereits erwähnten Querverbindungen zwischen dem Zeichensystem und der Zeichen- und Interpretationsphilosophie, Heinz von Foersters 2nd order cybernetics und Ernst von Gla-

---

3 Nöth 1994.

4 GdG, 110.

sersfelds Radikalem Konstruktivismus noch weiter nachginge. Siegfried Schmidt hat den Radikalen Konstruktivismus für die Literaturwissenschaft erschlossen, wobei er aber zeichentheoretischen Überlegungen bestenfalls einen marginalen Stellenwert einräumt. Diese unnötige Trennung der Ansätze ließe sich durch die Anbindung des Zeichensystems an Schmidts Radikalen Konstruktivismus überwinden.

Sowohl in Bezug auf Luhmanns Systemtheorie als auch auf Peirces Semiotik sind in der Forschung bereits Vergleiche mit Jacques Derridas Dekonstruktivismus gezogen worden.[5] Es wäre sicher lohnend, Derridas dekonstruktivistische Konzepte von *écriture*, *différance* und *trace* mit ihrem semiotischen Hintergrund aus der Perspektive des neuen Zeichensystems zu untersuchen und dabei die bisher getrennten system- und zeichentheoretischen Argumente zu kombinieren. Die grundsätzlich differenztheoretische Ausrichtung von Luhmanns operativem Konstruktivismus, die Differenz als primär und Identität erst als abgeleitetes, kondensiertes und konfirmiertes Konstrukt ansieht, lässt gerade in der Kombination mit Peirces synechistischer Semiotik auch eine kritische Revision der theoretisch-methodischen Hintergründe der französischen Intertextualitätstheorie von Julia Kristeva und Roland Barthes zu, die beide ebenfalls die Auflösung von Grenzen und Identitäten postuliert hatten.

Viele Beiträge in den Sammelbänden von Winfried Nöth und Karin Wenz[6] zeigen, dass der Rückgriff auf Peirces Semiotik gegenwärtige medientheoretische Diskussionen bereichern kann. Dies müsste für das Zeichensystem, in das auch Luhmanns Medientheorie hauptsächlich über die Kategorie der Erstheit integriert ist, in noch stärkerem Maße gelten, zumal wenn es, wie oben vorgeschlagen, auch noch kommunikationstheoretisch erweitert ist. Im Anschluss an die eben erwähnten Überlegungen zur Intertextualität könnte man sich aus der Warte des Zeichensystems v. a. dem Problemfeld der Hypertextualität oder auch dem generellen Zusammenhang zwischen Medialität, Textualität und Kommunikation zuwenden.

Nach Luhmann kann auch eine Handlungstheorie in sein Modell von sozialen Systemen und Kommunikation übernommen werden, indem sich soziale Systeme in einer simplifizierenden Selbstbeschreibung als Handlungssysteme beobachten. Ich habe bereits kurz erwähnt, dass der dynamische Interpretant und die enge Verbindung von Peirces Semiotik und seinem Pragmatismus die Stellen bilden, an denen eine Handlungstheorie an das Zeichensystem angeschlossen werden könnte. Dieser Zusammmenhang müsste noch weiterverfolgt werden.

Eine Zusammenführung von Peirces zukunftsorientiertem Pragmatismus, seiner auf Kreativität abzielenden Abduktionslogik und allgemeinen Theorien zur Ästhetik könnte das Zeichensystem in Richtung auf eine literarästhetische Semiotik öffnen, deren theoretische Leistungsfähigkeit die getrennten Einzelpositionen sicher überträfe.

Die bezeichnete Seite einer Unterscheidung ist gemäß Luhmanns Differenztheorie nur dann z. B. kommunikativ sinnvoll anschlussfähig, wenn explizit oder zumindest implizit

---

[5] Luhmann selbst hat versucht, das Verhältnis zwischen Dekonstruktivismus und der Theorie der Beobachtung zweiter Ordnung zu bestimmen (Luhmann 1993b) und Benjamin Marius und Oliver Jahraus haben diese beiden Supertheorien miteinander verglichen (Marius/Jahraus 1997); zum Verhältnis von Peirces Semiotik und Derridas Dekonstruktivismus s. Buczynska-Garewicz 1992; Eco 1995, 211 – 216; Merrell 1985, 5 – 27; Oehler 1995, 232 – 234; Pettigrew 1995; Schönrich 1990, 283 – 319; Sheriff 1989, 32 – 50, 128 und passim.

[6] Nöth 1997; Nöth/Wenz 1998.

hinreichend klar ist, wovon diese Seite unterschieden worden ist. Mit diesem Hintergrund wäre es fruchtbar, etwa in dramatischer und erzählender Literatur Ansätze zu alternativen Geschehensverläufen zu untersuchen. Wenn nämlich nicht nur die tatsächlich anschlussfähige Seite bezeichnet wird, sondern auch die nicht faktisch eintretenden Möglichkeiten des Geschehensverlaufs thematisiert werden, fungiert der Rejektionswert der Unterscheidung explizit als Reflexionswert, an dem sich eine Reihe interessanter Beobachtungen machen lässt: Durch die Erwähnung oder gar die Reflexion von Alternativen werden z. B. die tatsächlichen Entscheidungsfaktoren des Geschehens und deren Wahrscheinlichkeit oder auch Hierarchie transparent; es könnten divergierende Attributionsschemata auftreten, die jeweils auf unterschiedlichen Differenzen basieren; bei gleicher bezeichneter Seite könnten unterschiedliche Gegenbegriffe vorliegen, was aber z. B. für die Figuren, die die Unterscheidung nur verwenden, sie aber nicht beobachten, unsichtbar bleibt – u. U. mit entsprechenden Konsequenzen. Es ließe sich also ausgehend von der Theorie des Zeichensystems literatursemiotisch untersuchen, welche Bedeutung die als Reflexionswert dargestellten Alternativen im jeweiligen Werk haben. Sprachlich können derartige Alternativen markiert sein etwa durch (negative) irreale Konditionalsätze, irreale Aussagesätze, Negationen oder Negationshäufungen, die eine enttäuschte Erwartung anzeigen, negative Finalsätze, die Befürchtungen ausdrücken, oder auch durch Partikeln wie ‚fast' oder ‚beinahe'.

Alle diese theoretischen und praktischen Anschlussflächen sollte man künftig unmittelbar aus dem Konzept des Zeichensystems entwickeln. Dadurch wird verhindert, dass bei den durchzuführenden empirischen Anwendungen der praktische Teil zu wenig methodendemonstrativ ausfällt oder der theoretische Teil bloß wie eine unliebsame Pflichtübung unverbunden neben den konkreten Textanalysen steht.

12. Literaturverzeichnis

Das Literaturverzeichnis umfasst die Primärliteratur Luhmanns (Kap. 12.1) und Peirces (Kap. 12.2) und im Abschnitt „Allgemeine Literatur" (Kap. 12.3) Werke speziell zu diesen beiden Autoren sowie auch allgemeiner zu Konstruktivismus, Systemtheorie und Semiotik. Die Vornamen der Autoren werden, soweit in den Originalpublikationen angegeben, nicht abgekürzt, sondern in vollständiger Form angeführt.

12.1 Schriften Niklas Luhmanns

12.1.1 Abgekürzt zitierte Schriften

Die im Darstellungsteil der Arbeit abgekürzt zitierten Schriften von Niklas Luhmann sind hier zur leichteren Orientierung nicht chronologisch, sondern alphabetisch nach der verwendeten Abkürzung aufgeführt:

GdG = Die Gesellschaft der Gesellschaft, Frankfurt a. M. (Suhrkamp) 1997.

GuS 1 = Gesellschaftsstruktur und Semantik. Studien zur Wissenssoziologie der modernen Gesellschaft, Band 1, Frankfurt a. M. (Suhrkamp) ²1998 (zuerst 1980).

GuS 2 = Gesellschaftsstruktur und Semantik. Studien zur Wissenssoziologie der modernen Gesellschaft, Band 2, Frankfurt a. M. (Suhrkamp) 1993 (zuerst 1981).

GuS 3 = Gesellschaftsstruktur und Semantik. Studien zur Wissenssoziologie der modernen Gesellschaft, Band 3, Frankfurt a. M. (Suhrkamp) 1993 (zuerst 1989).

GuS 4 = Gesellschaftsstruktur und Semantik. Studien zur Wissenssoziologie der modernen Gesellschaft, Band 4, Frankfurt a. M. (Suhrkamp) 1999 (zuerst 1995).

KdG = Die Kunst der Gesellschaft, Frankfurt a. M. (Suhrkamp) ²1998 (zuerst 1995).

RdG = Das Recht der Gesellschaft, Frankfurt a. M. (Suhrkamp) ²1997 (zuerst 1993).

SA 2 = Soziologische Aufklärung 2: Aufsätze zur Theorie der Gesellschaft, Opladen (Westdeutscher Verlag) 1975. Darin:
- Einfache Sozialsysteme, 21–38 (zuerst in: Zeitschrift für Soziologie 1, 1972, 51–65).
- Systemtheorie, Evolutionstheorie und Kommunikationstheorie, 193–203 (zuerst in: Sociologische Gids 22, 1975, 154–168).
- Komplexität, 204–220.

SA 3 = Soziologische Aufklärung 3: Soziales System, Gesellschaft, Organisation, Opladen (Westdeutscher Verlag) 1981. Darin:
- Die Unwahrscheinlichkeit der Kommunikation, 25–34 (zuerst als: The Improbability of Communication, International Social Science Journal 33, 1981, 122–132).
- Interpenetration – Zum Verhältnis personaler und sozialer Systeme, 151–169 (zuerst in: Zeitschrift für Soziologie 6, 1977, 62–76).

SA 4 = Soziologische Aufklärung 4: Beiträge zur funktionalen Ausdifferenzierung der Gesellschaft, Opladen (Westdeutscher Verlag) 1987. Darin:
- „Distinctions directrices". Über Codierung von Semantiken und Systemen, 13–31 (zuerst in: Neidhardt, Friedhelm u. a. (Hgg.), Kultur und Gesellschaft, Sonderheft 27 der Kölner Zeitschrift für Soziologie und Sozialpsychologie, 1986, 145–161).

SA 5 = Soziologische Aufklärung 5: Konstruktivistische Perspektiven, Opladen (Westdeutscher Verlag) 1990. Darin:
- Identität – was oder wie?, 14–30.
- Das Erkenntnisprogramm des Konstruktivismus und die unbekannt bleibende Realität, 31–58.
- Haltlose Komplexität, 59–76.
- Gleichzeitigkeit und Synchronisation, 95–130.

SA 6 = Soziologische Aufklärung 6: Die Soziologie und der Mensch, Opladen (Westdeutscher Verlag) 1995. Darin:
- Probleme mit operativer Schließung, 12–24.
- Die operative Geschlossenheit psychischer und sozialer Systeme, 25–36 (zuerst in: Fischer, Hans Rudi u. a. (Hgg.), Das Ende der großen Entwürfe, Frankfurt a. M. (Suhrkamp) 1992, 117–131).
- Wie ist Bewußtsein an Kommunikation beteiligt?, 37–54 (zuerst in: Gumbrecht, Hans Ulrich, K. Ludwig Pfeiffer (Hgg.), Materialität der Kommunikation, Frankfurt a. M. (Suhrkamp) 1988, 884–905).
- Die Autopoiesis des Bewußtseins, 55–112 (zuerst in: Hahn, Alois, Kapp, Volker (Hgg.), Selbstthematisierung und Selbstzeugnis: Bekenntnis und Geständnis, Frankfurt a. M. (Suhrkamp) 1987, 25 - 94).
- Was ist Kommunikation?, 113–124 (zuerst in: Information Philosophie 1, 1987, 4–16).
- Intersubjektivität oder Kommunikation: Unterschiedliche Ausgangspunkte soziologischer Theoriebildung, 169–188 (zuerst in: Archivio di Filosofia 54, 1986, 41–60).

SoSy = Soziale Systeme. Grundriß einer allgemeinen Theorie, Frankfurt a. M. (Suhrkamp) [6]1996 (zuerst 1984).

WirtdG = Die Wirtschaft der Gesellschaft, Frankfurt a. M. (Suhrkamp) [2]1996 (zuerst 1988).

WissdG = Die Wissenschaft der Gesellschaft, Frankfurt a. M. (Suhrkamp) [2]1994 (zuerst 1990).

12.1.2 Weitere Schriften

Diese Schriften von Niklas Luhmann sind im Darstellungsteil in der auch sonst verwendeten Form ‚Name, Jahr, Seitenangabe' nachgewiesen. Falls mehrere Publikationen Luhmanns aus demselben Jahr einschlägig sind, werden sie durch den Zusatz von Kleinbuchstaben differenziert, also z. B. Luhmann 1979a und Luhmann 1979b. Die folgende Liste ist chronologisch angeordnet, innerhalb eines Jahres alphabetisch nach dem Titel.

- Suche der Identität und Identität der Suche – Über teleologische und selbstreferentielle Prozesse, in: Marquard, Odo, Stierle, Karlheinz (Hgg.), Identität (= Poetik und Hermeneutik 8), München (Fink) 1979, 593f. [= Luhmann 1979a]
- Wie man Erwartungen bündeln kann, in: Marquard, Odo, Stierle, Karlheinz (Hgg.), Identität (= Poetik und Hermeneutik 8), München (Fink) 1979, 594–596.[= Luhmann 1979b]
- Die Voraussetzungen der Kausalität, in: Luhmann, Niklas, Schorr, Karl Eberhard (Hgg.), Zwischen Technologie und Selbstreferenz. Fragen an die Pädagogik, Frankfurt a. M. (Suhrkamp) 1982, 41–50.
- Systeme verstehen Systeme, in: Luhmann, Niklas, Schorr, Karl Eberhard (Hgg.), Zwischen Intransparenz und Verstehen. Fragen an die Pädagogik, Frankfurt a. M. (Suhrkamp) 1986, 72–117.
- Sprache und Kommunikationsmedien. Ein schieflaufender Vergleich, Zeitschrift für Soziologie 16, 1987, 467f.
- Erkenntnis als Konstruktion, Bern (Benteli) 1988.

- Essays on Self-Reference, New York, Oxford (Columbia University Press) 1990.[= Luhmann 1990a]
- Sthenographie, in: Luhmann, Niklas u. a. (Hgg.), Beobachter. Konvergenz der Erkenntnistheorien? (= Materialität der Zeichen, Reihe A, Band 3), München (Fink) 1990, 119–137. [= Luhmann 1990b]
- Wie lassen sich latente Strukturen beobachten?, in: Watzlawick, Paul, Krieg, Peter (Hgg.), Das Auge des Betrachters. Beiträge zum Konstruktivismus. Festschrift für Heinz von Foerster, München (Piper) 1991, 61–74.
- Stellungnahme, in: Krawietz, Werner, Welker, Michael, Kritik der Theorie sozialer Systeme. Auseinandersetzungen mit Luhmanns Hauptwerk, Frankfurt a. M. (Suhrkamp) ²1992 (zuerst 1992), 371–386. [= Luhmann 1992a]
- Zeichen der Freiheit – oder Freiheit der Zeichen?, in: Lischka, Gerhard (Hg.), Zeichen der Freiheit, Bern (Benteli) 1992, 54–77. [= Luhmann 1992b]
- Bemerkungen zu „Selbstreferenz" und zu „Differenzierung" aus Anlaß von Beiträgen im Heft 6, 1992, der Zeitschrift für Soziologie, Zeitschrift für Soziologie 22, 1993, 141–146. [= Luhmann 1993a]
- Deconstruction as Second-Order-Observing, New Literary History 24, 1993, 763–782.[= Luhmann 1993b]
- Die Paradoxie der Form, in: Baecker, Dirk, Kalkül der Form, Frankfurt a. M. (Suhrkamp) 1993, 197–212. [= Luhmann 1993c]
- Zeichen als Form, in: Baecker, Dirk, Probleme der Form, Frankfurt a. M. (Suhrkamp) 1993, 45–69. [= Luhmann 1993d]
- Die Form der Schrift, in: Jäger, Ludwig, Switalla, Bernd (Hgg.), Germanistik in der Mediengesellschaft, München (Fink) 1994, 405–425 (aus dem Englischen von Kerstin Behnke; zuerst als: The Form of Writing, Stanford Literature Review 9, 1992, 25–42). [= Luhmann 1994a]
- Der „Radikale Konstruktivismus" als Theorie der Massenmedien? Bemerkungen zu einer irreführenden Debatte, Communicatio Socialis 27, 1994, 7–12. [= Luhmann 1994b]
- Selbstreferentielle Systeme, in: Simon, Fritz (Hg.), Lebende Systeme. Wirklichkeitskonstruktionen in der systemischen Therapie, Frankfurt a. M. (Suhrkamp) 1997, 69–77.

12.2 Schriften Charles S. Peirces

12.2.1 Werkausgaben (mit den verwendeten Abkürzungen)

CP = Collected Papers of Charles Sanders Peirce:
Volumes 1–6 edited by Charles Hartshorne and Paul Weiss, Cambridge/ Massachusetts (Harvard University Press) 1931–1935.
Volumes 7/8 edited by Arthur Burks, Cambridge/Massachusetts (Harvard University Press) 1958.

W = Writings of Charles S. Peirce. A Chronological Edition:
Volume 1: 1857–1866, edited by Max Fisch u. a., Bloomington (Indiana University Press) 1982.
Volume 2: 1867–1871, edited by Edward Moore u. a., Bloomington (Indiana University Press) 1984.
Volume 3: 1872–1878, edited by Christian Kloesel u. a., Bloomington (Indiana University Press) 1986.

Volume 4: 1879–1884, edited by Christian Kloesel u. a., Bloomington, Indianapolis (Indiana University Press) 1989.
Volume 5: 1884–1886, edited by Christian Kloesel u. a., Bloomington, Indianapolis (Indiana University Press) 1993.
Volume 6: 1886–1890, edited by Nathan Houser u. a., Bloomington, Indianapolis (Indiana University Press) 2000.

12.2.2 Einzelausgaben und Übersetzungen (mit den verwendeten Abkürzungen)

Die im Darstellungsteil der Arbeit abgekürzt zitierten Schriften von Charles Peirce sind hier zur leichteren Orientierung nicht chronologisch, sondern alphabetisch nach der verwendeten Abkürzung aufgeführt:

Photometric Researches. Made in the Years 1872–1875 (= Annals of the Astronomical Observatory of Harvard College, Vol. 9), Leipzig (Wilhelm Engelmann) 1878. [ohne Abkürzung]

FÜ = Die Festigung der Überzeugung und andere Schriften, herausgegeben und übersetzt von Elisabeth Walther, Baden-Baden (Agis-Verlag) 1967.

KG = Über die Klarheit unserer Gedanken (How to Make Our Ideas Clear). Einleitung, Übersetzung, Kommentar von Klaus Oehler, Frankfurt a. M. (Vittorio Klostermann) 1968.

MS = Manuskripte Peirces nach der Zählung von Robin, Richard, Annotated Catalogue of the Papers of Charles S. Peirce, Amherst (The University of Massachusetts Press) 1967.
– The Peirce Papers: A Supplementary Catalogue, Transactions of the Charles Sanders Peirce Society 7, 1971, 37–57.

NZ = Naturordnung und Zeichenprozeß. Schriften über Semiotik und Naturphilosophie, mit einem Vorwort von Ilya Prigogine, herausgegeben und eingeleitet von Helmut Pape, übersetzt von Bertram Kienzle, Frankfurt a. M. (Suhrkamp) 1991.

PhLZ = Phänomen und Logik der Zeichen, herausgegeben und übersetzt von Helmut Pape, Frankfurt a. M. (Suhrkamp) ²1993 (zuerst 1983).

RS = Religionsphilosophische Schriften, übersetzt unter Mitarbeit von Helmut Maaßen, eingeleitet, kommentiert und herausgegeben von Hermann Deuser, Hamburg (Meiner) 1995.

SPP = Schriften zum Pragmatismus und Pragmatizismus, herausgegeben von Karl-Otto Apel, übersetzt von Gert Wartenberg, Frankfurt a. M. (Suhrkamp) 1991.

S&S = Semiotic and Significs. The Corresponence Between Charles S. Peirce and Victoia Lady Welby, edited by Charles Hardwick with the Assistance of James Cook, Bloomington, London (Indiana University Press) 1977.

SS 1 = Semiotische Schriften, Band 1: 1865 - 1903, herausgegeben und übersetzt von Christian Kloesel und Helmut Pape, Frankfurt a. M. (Suhrkamp) 2000 (zuerst 1986).

SS 2 = Semiotische Schriften, Band 2: 1903 - 1906, herausgegeben und übersetzt von Christian Kloesel und Helmut Pape, Frankfurt a. M. (Suhrkamp) 2000 (zuerst 1990).

SS 3 = Semiotische Schriften, Band 3: 1906 - 1913, herausgegeben und übersetzt von Christian Kloesel und Helmut Pape, Frankfurt a. M. (Suhrkamp) 2000 (zuerst 1993).

VP = Vorlesungen über Pragmatismus, mit Einleitung und Anmerkungen neu herausgegeben von Elisabeth Walther, Hamburg (Meiner) 1991.

12.3 Allgemeine Literatur

Abel, Günter, Interpretationswelten: Gegenwartsphilosophie jenseits von Essentialismus und Relativismus, Frankfurt a. M. (Suhrkamp) 1995.
– Sprache, Zeichen, Interpretation, in: Trabant, Jürgen (Hg.), Sprache denken. Positionen aktueller Sprachphilosophie, Frankfurt a. M. (Fischer) 1997 (zuerst 1995), 165–190.
Alborn, Timothy, Peirce's Evolutionary Logic: Continuity, Indeterminacy, and the Natural Order, Transactions of the Charles S. Peirce Society 25, 1989, 1–28.
Almeder, Robert, Peirce's Theory of Perception, Transactions of the Charles S. Peirce Society 6, 1970, 99–110.
Baecker, Dirk, „Explosivstoff Selbstreferenz". Eine Paraphrase zu Niklas Luhmann, Soziale Systeme: Grundriß einer allgemeinen Theorie, Archiv für Rechts- und Sozialphilosophie 72, 1986, 246–256.
– u. a. (Hgg.), Theorie als Passion. Niklas Luhmann zum 60. Geburtstag, Frankfurt a. M. (Suhrkamp) 1987.
– Die Unterscheidung zwischen Kommunikation und Bewußtsein, in: Krohn, Wolfgang, Küppers, Günter (Hgg.), Emergenz: Die Entstehung von Ordnung, Organisation und Bedeutung, Frankfurt a. M. (Suhrkamp) ^{2}1992 (zuerst 1992), 217–268.
– (Hg.), Kalkül der Form, Frankfurt a. M. (Suhrkamp) 1993. [= Baecker 1993a]
– (Hg.), Probleme der Form, Frankfurt a. M. (Suhrkamp) 1993. [= Baecker 1993b]
Balke, Friedrich u. a. (Hgg.), Zeit des Ereignisses – Ende der Geschichte? (= Materialität der Zeichen, Reihe A, Band 9), München (Fink) 1992.
Baltzer, Ulrich, Erkenntnis als Relationengeflecht: Kategorien bei Charles S. Peirce, Paderborn u. a. (Schöningh) 1994.
Baraldi u. a., GLU: Glossar zu Niklas Luhmanns Theorie sozialer Systeme, Frankfurt a. M. (Suhrkamp) ^{2}1998 (zuerst 1997).
Bateson, Gregory, Öklologie des Geistes. Anthropologische, psychologische, biologische und epistemologische Perspektiven, übersetzt von Hans Günter Holl, Frankfurt a. M. (Suhrkamp) ^{6}1996 (zuerst 1985).
Bender, Christiane, Identität und Selbstreflexion: zur reflexiven Konstruktion der sozialen Wirklichkeit in der Systemtheorie von N. Luhmann und im Symbolischen Interaktionismus von G. H. Mead (= Europäische Hochschulschriften, Reihe 22, Band 175), Frankfurt a. M. u. a. (Peter Lang) 1989.
– Selbstorganisation in Systemtheorie und Konstruktivismus, in: Rusch, Gebhard, Schmidt, Siegfried (Hgg.), Konstruktivismus und Sozialtheorie (= Delfin 1993), Frankfurt a. M. (Suhrkamp) 1994, 263–281.
Benedict, George, What are Representamens?, Transactions of the Charles S. Peirce Society 21, 1985, 241–270.
Bense, Max, Vermittlung der Realitäten. Semiotische Erkenntnistheorie, Baden-Baden (Agis-Verlag) 1976.
Berg, Henk de, Die Ereignishaftigkeit des Textes, in: Berg, Henk de, Prangel, Matthias, Kommunikation und Differenz: systemtheoretische Ansätze in der Literatur- und Kunstwissenschaft, Opladen (Westdeutscher Verlag) 1993, 32–52.
– Prangel, Matthias, Kommunikation und Differenz: systemtheoretische Ansätze in der Literatur- und Kunstwissenschaft, Opladen (Westdeutscher Verlag) 1993.
– Sinn und Unsinn einer systemtheoretischen Literatur- und Kommunikationswissenschaft, Hallische Medienarbeiten 2, 1997.
Berger, Johannes, Autopoiesis: Wie ‚systemisch' ist die Theorie sozialer Systeme?, in: Haferkamp, Hans, Schmid, Michael (Hgg.), Sinn, Kommunikation und soziale Differenzierung. Beiträge zu Luhmanns Theorie sozialer Systeme, Frankfurt a. M. (Suhrkamp) 1987, 129–152.

Bohnen, Alfred, Die Systemtheorie und das Dogma von der Irreduzibilität des Sozialen, Zeitschrift für Soziologie 23, 1994, 292–305.

Bora, Alfons, Konstruktion und Rekonstruktion. Zum Verhältnis von Systemtheorie und objektiver Hermeneutik, in: Rusch, Gebhard, Schmidt, Siegfried (Hgg.), Konstruktivismus und Sozialtheorie (= Delfin 1993), Frankfurt a. M. (Suhrkamp) 1994, 282–330.

Borsche, Tilman (Hg.), Klassiker der Sprachphilosophie: von Platon bis Noam Chomsky, München (Beck) 1996.

Brier, Søren, From Second-order Cybernetics to Cybersemiotics: A Semiotic Re-entry into the Second-order Cybernetics of Heinz von Foerster, Systems Research 13, 1996, 229–244.

Buchholz, Michael, „Person" und „Identität" in Luhmanns Systemtheorie. Eine kritische Auseinandersetzung, System Familie 6, 1993, 110–122.

Buczynska-Garewicz, Hanna, The Idea of Object of Knowledge in Peirce's Theory of Signs, in: Ketner, Keneth u. a. (Hgg.), Proceedings of the C. S. Peirce Bicentennial International Congress (= Graduate Studies No. 23 of the Texas Tech University), Lubbock/Texas (Texas Tech Press) 1981, 35–43.

– Does Semiotics lead to Deconstruction?, Semiosis 17, 1992, 55–60.

Bühl, Walter, Luhmanns Flucht in die Paradoxie, in: Merz-Benz, Peter-Ulrich, Wagner, Gerhard (Hgg.), Die Logik der Systeme. Zur Kritik der systemtheoretischen Soziologie Niklas Luhmanns, Konstanz (Universitätsverlag Konstanz) 2000, 225–256.

Burks, Arthur, Icon, Index, and Symbol, Philosophy and Phenomenological Research 9, 1948, 673–689.

Bußmann, Hadumod, Lexikon der Sprachwissenschaft, Stuttgart (Kröner) ^{2}1990 (zuerst 1983).

Ceynowa, Klaus, Zwischen Pragmatismus und Fiktionalismus: Hans Vaihingers „Philosophie des Als Ob" (= Epistemata, Reihe Philosophie, 129), Würzburg (Königshausen und Neumann) 1993 (zugleich Diss. Münster 1991).

Colapietro, Vincent, Inwardness and Autonomy: A Neglected Aspect of Peirce's Approach to Mind, Transactions of the Charles S. Peirce Society 21, 1985, 485–512.

– Peirce's Approach to the Self. A Semiotic Perspective on Human Subjectivity, Albany (State University of New York Press) 1989.

– Olshewsky, Thomas (Hgg.), Peirce's Doctrine of Signs. Theory, Applications and Connections (= Approaches to Semiotics 123), Berlin, New York (Mouton de Gruyter) 1995.

Corrington, Robert, An Introduction to C. S. Peirce: Philosopher, Semiotician and Ecstatic Naturalist, Lanham (Rowman & Littlefield) 1993.

Daube-Schackat, Roland, Zur Anwendung der Peirceschen Zeichentheorie auf Grundprobleme der Hermeneutik, Diss. Hamburg 1987.

Deledalle, Gérard, Semiotik als Philosophie, in: Wirth, Uwe, (Hg.), Die Welt als Zeichen und Hypothese. Perspektiven des semiotischen Pragmatismus von Charles S. Peirce, Frankfurt a. M. (Suhrkamp) 2000, 31–43.

DeMarco, Joseph, Peirce's Concept of Community: It's Development & Change, Transactions of the Charles S. Peirce Society 7, 1971, 24–36.

Deuser, Hermann, Charles Sanders Peirce. Kategoriale Semiotik und Pragmatismus, in: Fleischer, Margot, Hennigfeld, Jochem (Hgg.), Philosophen des 19. Jahrhunderts. Eine Einführung, Darmstadt (Wissenschaftliche Buchgesellschaft) 1998, 220–240.

Dreyer, Klaus u. a. (Hgg.), Lebens-Welt, Zeichen-Welt. Festschrift für Martin Krampen zum 65. Geburtstag, Band 1, Lüneburg (Jansen) 1994.

Dürr, Renate, Lenk, Hans, Referenz und Bedeutung als Interpretationskonstrukte, in: Trabant, Jürgen (Hg.), Sprache denken. Positionen aktueller Sprachphilosophie, Frankfurt a. M. (Fischer) 1997 (zuerst 1995), 191–223.

Eckes, Thomas, Psychologie der Begriffe. Strukturen des Wissens und Prozesse der Kategorisierung, Göttingen u. a. (Hogrefe) 1991.

Eco, Umberto, Semiotik. Entwurf einer Theorie der Zeichen. Übersetzt von Günter Memmert (= Supplemente 5), München (Wilhelm Fink) ²1991 (zuerst als: A Theory of Semiotics, Bloomington, Ind. (Indiana University Press) 1976).

– Unlimited Semeiosis and Drift: Pragmaticism vs. *„Pragmatism"*, in: Ketner, Kenneth (Hg.), Peirce and Contemporary Thought. Philosophical Inquiries, New York (Fordham University Press) 1995, 205–221.

Elgin, Catherine, Index and Icon Revisited, in: Colapietro, Vincent, Olshewsky, Thomas (Hgg.), Peirce's Doctrine of Signs. Theory, Applications and Connections (= Approaches to Semiotics 123), Berlin, New York (Mouton de Gruyter) 1995, 181–189.

Engelkamp, Johannes, Pechmann, Thomas, Kritische Anmerkungen zum Begriff der mentalen Repräsentation, Sprache & Kognition 7, 1988, 2–11.

Eschbach, Achim, Rader, Wendelin (Hgg.), Literatursemiotik: Methoden, Analysen, Tendenzen, Tübingen (Narr) 1980.

Eschbach, Achim, Signifiant und Signifié. Einige Bemerkungen zu einer relationslogischen Interpretation des Zeichenbegriffs bei Ferdinand de Saussure, in: Jäger, Ludwig, Stetter, Christian (Hgg.), Zeichen und Verstehen. Akten des Aachener Saussure-Kolloquiums 1983 (= Aachener Studien zur Semiotik und Kommunikationsforschung, Band 3), Aachen (Rader) 1986, 97–108.

Esser, Hartmut, Der Doppelpass als soziales System, Zeitschrift für Soziologie 20, 1991, 153–166.

– Kommunikation und ‚Handlung', in: Rusch, Gebhard, Schmidt, Siegfried (Hgg.), Konstruktivismus und Sozialtheorie (= Delfin 1993), Frankfurt a. M. (Suhrkamp) 1994, 172–204.

Fairbanks, Matthew, Peirce on Man as Language: A Textual Interpretation, Transactions of the Charles S. Peirce Society 12, 1976, 18–32.

– „My Language is the Sum Total of Myself": A Timed Interpretation, in: Ketner, Keneth u. a. (Hgg.), Proceedings of the C. S. Peirce Bicentennial International Congress (= Graduate Studies No. 23 of the Texas Tech University), Lubbock/Texas (Texas Tech Press) 1981, 353–358.

Feilke, Helmuth, Common sense-Kompetenz: Überlegungen zu einer Theorie des ‚sympathischen' und ‚natürlichen' Meinens und Verstehens, Frankfurt a. M. (Suhrkamp) 1994.

– Schmidt, Siegfried, Denken und Sprechen. Anmerkungen zur strukturellen Kopplung von Kognition und Kommunikation, in: Trabant, Jürgen (Hg.), Sprache denken. Positionen aktueller Sprachphilosophie, Frankfurt a. M. (Fischer) 1997 (zuerst 1995), 269–297.

Filippov, Alexander, Wo befinden sich Systeme? Ein blinder Fleck der Systemtheorie, in: Merz-Benz, Peter-Ulrich, Wagner, Gerhard (Hgg.), Die Logik der Systeme. Zur Kritik der systemtheoretischen Soziologie Niklas Luhmanns, Konstanz (Universitätsverlag Konstanz) 2000, 381–410.

Fisch, Max, Peirce, Semiotic and Pragmatism. Essays by Max H. Fisch, edited by Keneth Ketner and Christian Kloesel, Bloomington (Indiana University Press) 1986.

Fitzgerald, John, Peirce's Doctrine of Symbols, in: Colapietro, Vincent, Olshewsky, Thomas (Hgg.), Peirce's Doctrine of Signs. Theory, Applications and Connections (= Approaches to Semiotics 123), Berlin, New York (Mouton de Gruyter) 1995, 161–172.

Fleischer, Margot, Hennigfeld, Jochem (Hgg.), Philosophen des 19. Jahrhunderts. Eine Einführung, Darmstadt (Wissenschaftliche Buchgesellschaft) 1998.

Foerster, Heinz von, Erkenntnistheorie und Selbstorganisation, in: Schmidt, Siegfried (Hg.), Der Diskurs des Radikalen Konstruktivismus, Frankfurt a. M. (Suhrkamp) ⁷1996 (zuerst 1987), 133–158 (zuerst in: Delfin 1984, 6–19).

– Was ist Gedächtnis, daß es Rückschau *und* Vorschau ermöglicht?, in: Schmidt, Siegfried, (Hg.), Gedächtnis. Probleme und Perspektiven der interdisziplinären Gedächtnisforschung, Frankfurt a. M. (Suhrkamp) ³1996 (zuerst 1991), 56–95 (zuerst als Vortrag am 2.5.1968).

– Wissen und Gewissen. Versuch einer Brücke, Autorisierte Übersetzung aus dem Amerikanischen von Wolfram Köck, hg. von Siegfried Schmidt, Frankfurt a. M. (Suhrkamp) ⁴1997 (zuerst 1993).

– Entdecken oder Erfinden. Wie läßt sich Verstehen verstehen?, in: Gumin, Heinz, Meier, Heinrich (Hgg.), Einführung in den Konstruktivismus, München (Piper) ⁴1998 (zuerst 1985), 41 - 88.

– Das Konstruieren einer Wirklichkeit, in: Watzlawick, Paul (Hg.), Die erfundene Wirklichkeit. Wie wissen wir, was wir zu wissen glauben? Beiträge zum Konstruktivismus, München (Piper) [11]1999 (zuerst 1981), 39–60 (zuerst als: On Constructing a Reality, in: Preiser, W. F. E., Environmental Design Research, Vol. 2, Stroudsburg (Dowden, Hutchinson & Ross) 1973, 35–46). [= von Foerster 1999a]

– Sicht und Einsicht. Versuche zu einer operativen Erkenntnistheorie, Heidelberg (Carl-Auer-Systeme-Verlag) 1999. [= von Foerster 1999b]

Fohrmann, Jürgen, Müller, Harro (Hgg.), Systemtheorie der Literatur, München (Fink) 1996.

Freadman, Anne, Peirce's Second Classification of Signs, in: Colapietro, Vincent, Olshewsky, Thomas (Hgg.), Peirce's Doctrine of Signs. Theory, Applications and Connections (= Approaches to Semiotics 123), Berlin, New York (Mouton de Gruyter) 1995, 143–159.

Friedman, Lesley, C. S. Peirce's Transcendental and Immanent Realism, Transactions of the Charles S. Peirce Society 31, 1995, 374–392.

– Doubt & Inquiry: Peirce and Descartes Revisited, Transactions of the Charles S. Peirce Society 35, 1999, 724–746.

Fuchs, Peter, Die moderne Beobachtung kommunikativer Ereignisse: Eine heuristische Vorbereitung, in: Balke, Friedrich u. a. (Hgg.), Zeit des Ereignisses – Ende der Geschichte? (= Materialität der Zeichen, Reihe A, Band 9), München (Fink) 1992, 111–128.

– Moderne Kommunikation. Zur Theorie operativer Displacements, Frankfurt a. M. (Suhrkamp) 1993.

Ganßmann, Heiner, Kommunikation und Reproduktion. Über Niklas Luhmanns Buch: Soziale Systeme. Grundriß einer allgemeinen Theorie, Frankfurt 1984, Leviathan 14, 1986, 143–156.

Gavin, William, Peirce and „The Will to Believe", The Monist 63, 1980, 342–350.

Giegel, Hans-Joachim, Interpenetration und reflexive Bestimmung des Verhältnisses von psychischem und sozialem System, in: Haferkamp, Hans, Schmid, Michael (Hgg.), Sinn, Kommunikation und soziale Differenzierung. Beiträge zu Luhmanns Theorie sozialer Systeme, Frankfurt a. M. (Suhrkamp) 1987, 212–244.

Giesecke, Michael, Die „Grundfragen der Allgemeinen Sprachwissenschaft" und die alternativen Antworten einer systemischen Kommunikationstheorie, in: Baecker, Dirk u. a. (Hgg.), Theorie als Passion. Niklas Luhmann zum 60. Geburtstag, Frankfurt a. M. (Suhrkamp) 1987, 269–297.

– Von der ‚Rede' über die ‚Langue' zu einer Vielfalt von ‚Programmen': Die Germanistische Sprachwissenschaft auf dem Weg ins Informationszeitalter, in: Jäger, Ludwig, Switalla, Bernd (Hgg.), Germanistik in der Mediengesellschaft, München (Fink) 1994, 343–348.

Gilgemann, Klaus, Sozialisation als Evolution psychischer Systeme. Ein Beitrag zur systemtheoretischen Konstruktion von Sozialisationstheorie, in: Unverferth, Hans-Jürgen (Hg.), System und Selbstreproduktion. Zur Erschließung eines neuen Paradigmas in den Sozialwissenschaften (= Europäische Hochschulschriften, Reihe 22, Band 120), Frankfurt a. M. u. a. (Peter Lang) 1986, 91–165.

Glanville, Ranulph, Distinguished and Exact Lies, in: Trappl, Robert (Hg.), Cybernetics and Systems Research 2, Amsterdam u. a. (Elsevier Science Publishers B.V.) 1984, 655–662. [deutsch in: Glanville, Ranulph, Objekte, herausgegeben und aus dem Englischen übersetzt von Dirk Baecker, Berlin (Merve) 1988, 175–194.]

– Das Selbst und das andere: Der Zweck der Unterscheidung, in: Baecker, Dirk, Kalkül der Form, Frankfurt a. M. (Suhrkamp) 1993, 86–95.

Glasersfeld, Ernst von, Wissen, Sprache und Wirklichkeit. Arbeiten zum Radikalen Konstruktivismus, Braunschweig, Wiesbaden (Vieweg) 1987.

– Abschied von der Objektivität, in: Watzlawick, Paul, Krieg, Peter (Hgg.), Das Auge des Betrachters. Beiträge zum Konstruktivismus. Festschrift für Heinz von Foerster, München (Piper) 1991, 17–30.

– Konstruktion der Wirklichkeit und des Begriffs der Objektivität, in: Gumin, Heinz, Meier, Heinrich (Hgg.), Einführung in den Konstruktivismus, München (Piper) [4]1998 (zuerst 1985), 9–39. [= von Glasersfeld 1998a]
– Radikaler Konstruktivismus: Ideen, Ergebnisse, Probleme. Übersetzt von Wolfram Köck, Frankfurt a. M. (Suhrkamp) [2]1998 (zuerst als: Radical Constructivism. A Way of Knowing and Learning, London (The Falmer Press) 1995). [= von Glasersfeld 1998b]
– Einführung in den Radikalen Konstruktivismus, in: Watzlawick, Paul (Hg.), Die erfundene Wirklichkeit. Wie wissen wir, was wir zu wissen glauben? Beiträge zum Konstruktivismus, München (Piper) [11]1999 (zuerst 1981), 16–38.
Greenlee, Douglas, Unrestricted Fallibilism, Transactions of the Charles S. Peirce Society 7, 1971, 75–92.
Greshoff, Rainer, Wie vergleichbar ist Luhmanns Theorie des Sozialen? Exemplarische Überlegungen zu Luhmanns grundlegendem ‚Sinn(system)', Sociologia Internationalis 35, 1997, 217–245.
– Lassen sich die Konzepte von Max Weber und Niklas Luhmann unter dem Aspekt „Struktur und Ereignis" miteinander vermitteln?, in: Ders., Kneer, Georg (Hgg.), Struktur und Ereignis in theorievergleichender Perspektive. Ein diskursives Buchprojekt, Opladen, Wiesbaden (Westdeutscher Verlag) 1999, 13–50.
– Kneer, Georg (Hgg.), Struktur und Ereignis in theorievergleichender Perspektive. Ein diskursives Buchprojekt, Opladen, Wiesbaden (Westdeutscher Verlag) 1999.
Gripp-Hagelstange, Helga, Vom Sein zur Selbstreferentialität. Überlegungen zur Theorie autopoietischer Systeme Niklas Luhmanns, Deutsche Zeitschrift für Philosophie 39, 1991, 80–94.
Gromitsaris, Athanasios, Symbolische und soziale Generalisierung von Erwartungen als Strukturelemente gesellschaftlichen Sinns, in: Krawietz, Werner, Welker, Michael, Kritik der Theorie sozialer Systeme. Auseinandersetzungen mit Luhmanns Hauptwerk, Frankfurt a. M. (Suhrkamp) [2]1992 (zuerst 1992), 133–146.
Gumbrecht, Hans Ulrich, Pfeiffer, K. Ludwig (Hgg.), Materialität der Kommunikation, Frankfurt a. M. (Suhrkamp) 1988.
– Materialität der Kommunikation?, in: Ders., Pfeiffer, K. Ludwig (Hgg.), Materialität der Kommunikation, Frankfurt a. M. (Suhrkamp) 1988, 15–38.
– Pfeiffer, K. Ludwig (Hgg.), Paradoxien, Dissonanzen, Zusammenbrüche. Situationen offener Epistemologie, Frankfurt a. M. (Suhrkamp) 1991.
Gumin, Heinz, Meier, Heinrich (Hgg.), Einführung in den Konstruktivismus, München (Piper) [4]1998 (zuerst 1985).
Habermas, Jürgen, Charles S. Peirce über Kommunikation, in: Ders., Texte und Kontexte, Frankfurt a. M. (Suhrkamp) 1991, 9–33 (zuvor unveröffentlichter Vortrag Cambridge, Massachusetts, September 1989).
Haferkamp, Hans, Autopoietisches soziales System oder konstruktives soziales Handeln? Zur Ankunft der Handlungstheorie und zur Abweisung empirischer Forschung in Niklas Luhmanns Systemtheorie, in: Ders., Schmid, Michael (Hgg.), Sinn, Kommunikation und soziale Differenzierung. Beiträge zu Luhmanns Theorie sozialer Systeme, Frankfurt a. M. (Suhrkamp) 1987, 51–88.
– Schmid, Michael (Hgg.), Sinn, Kommunikation und soziale Differenzierung. Beiträge zu Luhmanns Theorie sozialer Systeme, Frankfurt a. M. (Suhrkamp) 1987.
Hahn, Alois, Sinn und Sinnlosigkeit, in: Haferkamp, Hans, Schmid, Michael (Hgg.), Sinn, Kommunikation und soziale Differenzierung. Beiträge zu Luhmanns Theorie sozialer Systeme, Frankfurt a. M. (Suhrkamp) 1987, 155–164.
Harris, James, Hoover, Kevin, Abduction and the New Riddle of Induction, The Monist 63, 1980, 329–341.
Harris, Roy, Reading Saussure. A Critical Commentary on the *Cours de linguistique générale*, London (Open Court) 1987.

Hartshorne, Charles, A Revision of Peirce's Categories, The Monist 63, 1980, 277–289.
Hausman, Carl, Charles S. Peirce's Evolutionary Philosophy, Cambridge, USA (Cambridge University Press) 1993. [Rez.: Short, Thomas, Transactions of the Charles S. Peirce Society 30, 1994, 401–413.]
– Anderson, Douglas, The Telos of Peirce's Realism: Some Comments on Margolis' „The Passing of Peirce's Realism", Transactions of the Charles S. Peirce Society 30, 1994, 825–838.
Hayles, N. Katherine, Constrained Constructivism: Locating Scientific Inquiry in the Theater of Representation, in: Levine, George (Hg.), Realism and Representation. Essays on the Problem of Realism in Relation to Science, Literature and Culture, Madison Wisconsin (The University of Wisconsin Press) 1993, 27–43.
Hejl, Peter, Fiktion und Wirklichkeitskonstruktion. Zum Unterschied zwischen Fiktionen im Recht und in der Literatur, in: Watzlawick, Paul, Krieg, Peter (Hgg.), Das Auge des Betrachters. Beiträge zum Konstruktivismus. Festschrift für Heinz von Foerster, München (Piper) 1991, 101–115.
– Selbstorganisation und Emergenz in sozialen Systemen, in: Krohn, Wolfgang, Küppers, Günter (Hgg.), Emergenz: Die Entstehung von Ordnung, Organisation und Bedeutung, Frankfurt a. M. (Suhrkamp) ²1992 (zuerst 1992), 269–292.
– Soziale Konstruktion der Wirklichkeit, in: Merten, Klaus u. a. (Hgg.), Die Wirklichkeit der Medien. Eine Einführung in die Kommunikationswissenschaft, Opladen (Westdeutscher Verlag) 1994, 43–59.
Helm, Bertrand, The Nature and Modes of Time, The Monist 63, 1980, 375–385.
Hempfer, Klaus, Schwierigkeiten mit einer ‚Supertheorie': Bemerkungen zur Systemtheorie Luhmanns und deren Übertragbarkeit auf die Literaturwissenschaft, SPIEL 9, 1990, 15–36.
Henning, Boris, Luhmann und die Formale Mathematik, in: Merz-Benz, Peter-Ulrich, Wagner, Gerhard (Hgg.), Die Logik der Systeme. Zur Kritik der systemtheoretischen Soziologie Niklas Luhmanns, Konstanz (Universitätsverlag Konstanz) 2000, 157–198.
Herbenick, Raymond, Peirce on Systems Theory, Transactions of the Charles S. Peirce Society 6, 1970, 84–98.
Homberger, Dietrich, Sachwörterbuch zur Sprachwissenschaft, Stuttgart (Reclam), 2000.
Horányi, Özséb, Remarks on Peirce's Term ‚Icon', in: Ketner, Keneth u. a. (Hgg.), Proceedings of the C. S. Peirce Bicentennial International Congress (= Graduate Studies No. 23 of the Texas Tech University), Lubbock/Texas (Texas Tech Press) 1981, 59–62.
Houser, Nathan, Das semiotische Bewußtsein nach Peirce, in: Wirth, Uwe, (Hg.), Die Welt als Zeichen und Hypothese. Perspektiven des semiotischen Pragmatismus von Charles S. Peirce, Frankfurt a. M. (Suhrkamp) 2000, 44–67.
Hulswit, Menno, A Guess at the Riddle of Semeiotic Causation, Transactions of the Charles S. Peirce Society 34, 1998, 641–688.
– Semeiotic and the Cement of the Universe: A Peircean Process Approach to Causation, Transactions of the Charles S. Peirce Society 37, 2001, 339–363.
Jäger, Ludwig, Zu einer historischen Rekonstruktion der authentischen Sprach-Idee F. de Saussures, Diss. Düsseldorf 1975.
– Ferdinand de Saussures historisch-hermeneutische Idee der Sprache, Linguistik und Didaktik 27, 1976, 210–244.
– Der saussuresche Begriff des Aposème als Grundlagenbegriff einer hermeneutischen Semiologie, in: Ders., Stetter, Christian (Hgg.), Zeichen und Verstehen. Akten des Aachener Saussure-Kolloquiums 1983 (= Aachener Studien zur Semiotik und Kommunikationsforschung, Band 3), Aachen (Rader) 1986, 7–33.
– Stetter, Christian (Hgg.), Zeichen und Verstehen. Akten des Aachener Saussure-Kolloquiums 1983 (= Aachener Studien zur Semiotik und Kommunikationsforschung, Band 3), Aachen (Rader) 1986.
– Die semiologische Kritik des linguistischen Segmentalismus. Die Sprachidee F. de Saussures und die kognitivistische Herausforderung der Linguistik, in: Amacker, René, Engler, Rudolf (Hgg.),

Présence de Saussure. Actes du Colloque international de Geneve (21-23 Mars 1988), Genève (Librairie Droz) 1990, 73–86.

– Sprache oder Kommunikation? Zur neuerlichen Debatte über das Erkenntnisobjekt der Sprachwissenschaft, in: Heringer, Hans Jürgen, Stötzel, Georg (Hgg.), Sprachgeschichte und Sprachkritik. Festschrift für Peter von Polenz zum 65. Geburtstag, Berlin, New York (Walter de Gruyter) 1993, 11–33.

– Die Linguistik des Innern. Historische Anmerkungen zu den zeichen- und erkenntnistheoretischen Grundlagen der kognitivistischen Sprachwissenschaft, in: Ders., Switalla, Bernd (Hgg.), Germanistik in der Mediengesellschaft, München (Fink) 1994, 291–326.

– Die Medialität der Sprachzeichen. Zur Kritik des Repräsentationsbegriffs aus der Sicht des semiologischen Konstruktivismus, in: Lieber, Maria, Hirdt, Willi (Hgg.), Kunst und Kommunikation. Betrachtungen zum Medium Sprache in der Romania. Festschrift zum 60. Geburtstag von Richard Baum, Tübingen (Stauffenburg) 1997, 199–220.

Jahraus, Oliver, Ort, Nina (Hgg.), Bewußtsein – Kommunikation – Zeichen. Wechselwirkungen zwischen Luhmannscher Systemtheorie und Peircescher Zeichentheorie (= Studien und Texte zur Sozialgeschichte der Literatur 82), Tübingen (Niemeyer) 2001.

Joswick, Hugh, The Object of Semeiotic, in: Colapietro, Vincent, Olshewsky, Thomas (Hgg.), Peirce's Doctrine of Signs. Theory, Applications and Connections (= Approaches to Semiotics 123), Berlin, New York (Mouton de Gruyter) 1995, 93–102.

Ketner, Keneth u.a. (Hgg.), Proceedings of the C.S. Peirce Bicentennial International Congress (= Graduate Studies No. 23 of the Texas Tech University), Lubbock/Texas (Texas Tech Press) 1981.

– (Hg.), Peirce and Contemporary Thought. Philosophical Inquiries, New York (Fordham University Press) 1995.

– His Glassy Essence. An Autobiography of Charles Sanders Peirce, Nashville, London (Vanderbilt University Press) 1998.

Khurana, Thomas, Supertheorien, theoretical jetties und die Komplizenschaft von Theorien. Zu Verständnis- und Konstruktionsweisen im Feld selbstbezüglicher Theorien, in: Merz-Benz, Peter-Ulrich, Wagner, Gerhard (Hgg.), Die Logik der Systeme. Zur Kritik der systemtheoretischen Soziologie Niklas Luhmanns, Konstanz (Universitätsverlag Konstanz) 2000, 327–380.

Kleiber, Georges, Prototypensemantik. Eine Einführung, Tübingen (Narr) [2]1998 (zuerst 1993).

Kneer, Georg, Nassehi, Armin, Verstehen des Verstehens. Eine systemtheoretische Revision der Hermeneutik, Zeitschrift für Soziologie 20, 1991, 341–356.

Köck, Wolfram, Autopoiese, Kognition und Kommunikation. Einige kritische Bemerkungen zu Humberto R. Maturanas Bio-Epistemologie und ihren Konsequenzen, in: Riegas, Volker, Vetter, Christian (Hgg.), Zur Biologie der Kognition. Ein Gespräch mit Humberto R. Maturana und Beiträge zur Diskussion seines Werkes, Frankfurt a. M. (Suhrkamp) 1990, 159–188.

– Sprache als neurale Repräsentation? in: Ziemke, Axel, Breidbach, Olaf (Hgg.), Repräsentationismus – Was sonst? Eine kritische Auseinandersetzung mit dem repräsentationistischen Forschungsprogramm in den Neurowissenschaften, Braunschweig, Wiesbaden (Vieweg) 1996, 63–98.

Köller, Wilhelm, Der sprachtheoretische Wert des semiotischen Zeichenmodells, in: Spinner, Kaspar (Hg.), Zeichen, Text, Sinn: Zur Semiotik des literarischen Verstehens, Göttingen (Vandenhoeck und Ruprecht) 1977, 7 - 77.

– Der Peircesche Denkansatz als Grundlage für die Literatursemiotik, in: Eschbach, Achim, Rader, Wendelin (Hgg.), Literatursemiotik: Methoden, Analysen, Tendenzen, Tübingen (Narr) 1980, 39–63.

Konerding, Klaus-Peter, Frames und lexikalisches Bedeutungswissen. Untersuchungen zur linguistischen Grundlegung einer Frametheorie und zu ihrer Anwendung in der Lexikographie (= Germanistische Linguistik 142), Tübingen (Niemeyer) 1993.

Konopka, Melitta, Das psychische System in der Systemtheorie Niklas Luhmanns (= Europäische Hochschulschriften, Reihe 22, Band 287), Frankfurt a. M. u. a. (Peter Lang) 1996.

Krämer, Sybille, Sprache und Schrift oder: Ist Schrift verschriftete Sprache?, Zeitschrift für Sprachwissenschaft 15, 1996, 92–112.

– (Hg.), Medien – Computer – Realität. Wirklichkeitsvorstellungen und Neue Medien, Frankfurt a. M. (Suhrkamp) 1998. [= Krämer 1998a]

– Das Medium als Spur und als Apparat, in: Dies. (Hg.), Medien – Computer – Realität. Wirklichkeitsvorstellungen und Neue Medien, Frankfurt a. M. (Suhrkamp) 1998, 73–94. [= Krämer 1998b]

Kraft, Volker, Systemtheorie des Verstehens, Frankfurt a. M. (Haag + Herchen) 1989.

Krampen, Martin, De Saussure und die Entwicklung der Semiologie, Zeitschrift für Semiotik 1, 1979, 23–36.

Krause, Detlef, Luhmann-Lexikon. Eine Einführung in das Gesamtwerk von Niklas Luhmann mit 27 Abbildungen und über 500 Stichworten, Stuttgart (Enke) ^{2}1999 (zuerst 1996).

Krawietz, Werner, Welker, Michael, Kritik der Theorie sozialer Systeme. Auseinandersetzungen mit Luhmanns Hauptwerk, Frankfurt a. M. (Suhrkamp) ^{2}1992 (zuerst 1992).

Krippendorff, Klaus, Der verschwundene Bote. Metaphern und Modelle der Kommunikation, in: Merten, Klaus u. a. (Hgg.), Die Wirklichkeit der Medien. Eine Einführung in die Kommunikationswissenschaft, Opladen (Westdeutscher Verlag) 1994, 79–113.

Krohn, Wolfgang, Küppers, Günter (Hgg.), Emergenz: Die Entstehung von Ordnung, Organisation und Bedeutung, Frankfurt a. M. (Suhrkamp) ^{2}1992 (zuerst 1992).

Krohn, Wolfgang u. a., Selbstorganisation – Zur Genese und Entwicklung einer wissenschaftlichen Revolution, in: Schmidt, Siegfried (Hg.), Der Diskurs des Radikalen Konstruktivismus, Frankfurt a. M. (Suhrkamp) ^{7}1996 (zuerst 1987), 441–465.

Kruse, Peter, Stadler, Michael, Der psychische Apparat des Menschen, in: Merten, Klaus u. a. (Hgg.), Die Wirklichkeit der Medien. Eine Einführung in die Kommunikationswissenschaft, Opladen (Westdeutscher Verlag) 1994, 20–42.

Künzler, Jan, Grundlagenprobleme der Theorie symbolisch generalisierter Kommunikationsmedien bei Niklas Luhmann, Zeitschrift für Soziologie 16, 1987, 317–333.

– Medien und Gesellschaft. Die Medienkonzepte von Talcott Parsons, Jürgen Habermas und Niklas Luhmann, Stuttgart (Enke) 1989.

Larsen, Svend Erik, Saussure und seine Nachfolger, in: Posner, Roland u. a. (Hgg.), Semiotik. Ein Handbuch zu den zeichentheoretischen Grundlagen von Natur und Kultur, 2. Teilband, (= Handbücher zur Sprach- und Kommunikationswissenschaft, 13.2), Berlin, New York (Walter de Gruyter) 1998, 2040–2073.

Lenk, Hans, Interpretation als funktionales Fundament der Zeichen. Bemerkungen zu Peirce' [sic!] Zeichentheorie im Lichte des Interpretationskonstruktionismus, Allgemeine Zeitschrift für Philosophie 18, 1993, 63–68.

– Interpretation und Realität: Vorlesungen über Realismus in der Philosophie der Interpretationskonstrukte, Frankfurt a. M. (Suhrkamp) 1995.

Levine, George (Hg.), Realism and Representation. Essays on the Problem of Realism in Relation to Science, Literature and Culture, Madison Wisconsin (The University of Wisconsin Press) 1993.

Lieber, Maria, Hirdt, Willi (Hgg.), Kunst und Kommunikation. Betrachtungen zum Medium Sprache in der Romania. Festschrift zum 60. Geburtstag von Richard Baum, Tübingen (Stauffenburg) 1997.

Liszka, James, Peirce's Interpretant, Transactions of the Charles S. Peirce Society 26, 1990, 17–62.

Locke, Gordon, Peirce's Metaphysics: Evolution, Synechism, and the Mathematical Conception of the Continuum, Transactions of the Charles S. Peirce Society 36, 2000, 133–147.

Lohmann, Georg, Autopoiesis und die Unmöglichkeit von Sinnverlust. Ein marginaler Zugang zu Niklas Luhmanns Theorie ‚Soziale Systeme', in: Haferkamp, Hans, Schmid, Michael (Hgg.), Sinn, Kommunikation und soziale Differenzierung. Beiträge zu Luhmanns Theorie sozialer Systeme, Frankfurt a. M. (Suhrkamp) 1987, 165–184.

– ‚Beobachtung' und Konstruktion von Wirklichkeit. Bemerkungen zum Luhmannschen Konstruktivismus, in: Rusch, Gebhard, Schmidt, Siegfried (Hgg.), Konstruktivismus und Sozialtheorie (= Delfin 1993), Frankfurt a. M. (Suhrkamp) 1994, 205–219.

Lorenz, Kuno, Abduktion, in: Mittelstraß, Jürgen (Hg.), Enzyklopädie Philosophie und Wissenschaftstheorie, Bd. 1: A - G, Mannheim u. a. (Bibliographisches Institut) 1980, 28.

Lübbe, Weyma, Legitimität kraft Legalität. Sinnverstehen bei Max Weber und seinen Kritikern (= Die Einheit der Gesellschaftswissenschaften, Band 67), Tübingen (Mohr) 1991.

Margolis, Joseph, The Passing of Peirce's Realism, Transactions of the Charles S. Peirce Society 29, 1993, 293–330.

– Peirce's Fallibilism, Transactions of the Charles S. Peirce Society 34, 1998, 535–569.

Marius, Benjamin, Jahraus, Oliver, Systemtheorie und Dekonstruktion. Die Supertheorien Niklas Luhmanns und Jacques Derridas im Vergleich (= Lumis-Schriften 48), Siegen 1997.

Martens, Ekkehard (Hg.), Pragmatismus. Ausgewählte Texte von Charles Sanders Peirce, William James, Ferdinand Canning Scott Schiller, John Dewey, Stuttgart (Reclam) 1997.

Martens, Will, Die kulturelle und soziale Ordnung des Handelns: Eine Analyse der Beiträge Parsons' und Luhmanns, in: Greshoff, Rainer, Kneer, Georg (Hgg.), Struktur und Ereignis in theorievergleichender Perspektive. Ein diskursives Buchprojekt, Opladen, Wiesbaden (Westdeutscher Verlag) 1999, 71–117.

– Gegenstände und Eigenschaften. Vom Nutzen einer einfachen philosophischen Unterscheidung, in: Merz-Benz, Peter-Ulrich, Wagner, Gerhard (Hgg.), Die Logik der Systeme. Zur Kritik der systemtheoretischen Soziologie Niklas Luhmanns, Konstanz (Universitätsverlag Konstanz) 2000, 257–302.

Maturana, Humberto, Erkennen: Die Organisation und Verkörperung von Wirklichkeit. Ausgewählte Arbeiten zur biologischen Epistemologie. Autorisierte deutsche Fassung von Wolfram Köck, Braunschweig, Wiesbaden (Vieweg) ²1985 (zuerst 1982).

– Varela, Francisco, Der Baum der Erkenntnis. Die biologischen Wurzeln des menschlichen Erkennens, Bern, München (Goldmann) 1987 (zuerst 1984).

– Kognition, in: Schmidt, Siegfried (Hg.), Der Diskurs des Radikalen Konstruktivismus, Frankfurt a. M. (Suhrkamp) ⁷1996 (zuerst 1987), 89–118 (zuerst in: Hejl, Peter u. a. (Hgg.), Wahrnehmung und Kommunikation, Frankfurt a. M. u. a. (Peter Lang) 1978, 29–49).

Merrell, Floyd, Deconstruction Reframed, West Lafayette, Indiana (Purdue University Press) 1985.

– Signs Becoming Signs. Our Perfusive Pervasive Universe, Bloomington, Indianapolis (Indiana University Press) 1991.

– Sign, Textuality, World, Bloomington, Indianapolis (Indiana University Press) 1992.

– Peirce's Semiotics Now. A Primer, Toronto (Canadian Scholar's Press) 1995. [= Merrell 1995a]

– Semiosis in the Postmodern Age, West Lafayette, Indiana (Purdue University Press) 1995. [= Merrell 1995b]

– Signs Grow: Semiosis and Life Process, Toronto u. a. (Toronto University Press) 1996.

– Peirce, Signs and Meaning, Toronto u. a. (University of Toronto Press) 1997.

– Sensing Semiosis. Toward the Possibility of Complementary Cultural „Logics", Hampshire, London (Macmillan) 1998.

Merten, Klaus, Wirkungen der Massenkommunikation. Ein theoretisch-methodischer Aufriß, Publizistik 27, 1982, 26–48.

– u. a. (Hgg.), Die Wirklichkeit der Medien. Eine Einführung in die Kommunikationswissenschaft, Opladen (Westdeutscher Verlag) 1994.

Merz-Benz, Peter-Ulrich, Wagner, Gerhard (Hgg.), Die Logik der Systeme. Zur Kritik der systemtheoretischen Soziologie Niklas Luhmanns, Konstanz (Universitätsverlag Konstanz) 2000.

Miller, Marjorie, Peirce's Conception of Habit, in: Colapietro, Vincent, Olshewsky, Thomas (Hgg.), Peirce's Doctrine of Signs. Theory, Applications and Connections (= Approaches to Semiotics 123), Berlin, New York (Mouton de Gruyter) 1995, 71–77.

Miller, Max, Selbstreferenz und Differenzerfahrung. Einige Überlegungen zu Luhmanns Theorie sozialer Systeme, in: Haferkamp, Hans, Schmid, Michael (Hgg.), Sinn, Kommunikation und soziale Differenzierung. Beiträge zu Luhmanns Theorie sozialer Systeme, Frankfurt a. M. (Suhrkamp) 1987, 187–211.

Mingers, John, Self-Producing Systems: Implications and Applications of Autopoiesis, New York (Plenum Press) 1995.

Moore, A.W. (Hg.), Meaning and Reference, Oxford (Oxford University Press) 1993.

Moore, Edward, Charles S. Peirce and the Philosophy of Science, Tuscaloosa, London (The University of Alabama Press) 1993.

Morris, Charles, Grundlagen der Zeichentheorie. Ästhetik der Zeichentheorie, Frankfurt a. M. (Fischer) 1988 (zuerst 1938/1939).

Müller, Ralf, On the Principles of Construction and the Order of Peirce's Trichotomies of Signs, Transactions of the Charles S. Peirce Society 30, 1994, 135–153.

– Die dynamische Logik des Erkennens von Charles S. Peirce (= Würzburger Wissenschaftliche Schriften 239), Würzburg (Königshausen & Neumann) 1999.

Muoio, Patricia, Peirce on the Person, Transactions of the Charles S. Peirce Society 20, 1984, 169–181.

Mussil, Stephan, Literaturwissenschaft, Systemtheorie und der Begriff der Beobachtung, in: Berg, Henk de, Prangel, Matthias, Kommunikation und Differenz: systemtheoretische Ansätze in der Literatur- und Kunstwissenschaft, Opladen (Westdeutscher Verlag) 1993, 183–202.

Nadin, Mihai, The Logic of Vagueness and the Category of Synechism, The Monist 63, 1980, 351–363.

Nagl, Ludwig, Peirce im deutschsprachigen Gegenwartsdiskurs. Ein Literaturbericht, Information Philosophie 1, 1993, 20–29.

Nassehi, Armin, Wie wirklich sind Systeme? Zum ontologischen und epistomologischen Status von Luhmanns Theorie selbstreferentieller Systeme, in: Krawietz, Werner, Welker, Michael, Kritik der Theorie sozialer Systeme. Auseinandersetzungen mit Luhmanns Hauptwerk, Frankfurt a. M. (Suhrkamp) ²1992 (zuerst 1992), 43–70.

Nöth, Winfried, Semiotic Foundations of the Cognitive Paradigm, Semiosis 73, 1994, 5–16.

– (Hg.), Semiotics of the Media. State of Art, Projects, and Perspectives (= Approaches to Semiotics 127), Berlin, New York (Mouton de Gruyter) 1997.

– Wenz, Karin (Hgg.), Medientheorie und die digitalen Medien (= Intervalle 2), Kassel (Kassel University Press) 1998.

– Peircean Semeiotics in the Study of Iconicity in Language, Transactions of the Charles S. Peirce Society 35, 1999, 613–619.

– Handbuch der Semiotik, Stuttgart, Weimar (Metzler) ²2000 (zuerst 1985).

Nüse, Ralf (Hg.), Über die Erfindung/en des Radikalen Konstruktivismus. Kritische Gegenargumente aus psychologischer Sicht. Unter Mitarbeit von Norbert Groeben, Burkhard Freitag und Margrit Schreier, Weinheim (Deutscher Studien Verlag) ²1995 (zuerst 1991).

Oehler, Klaus, Idee und Grundriß der Peirceschen Semiotik, Zeitschrift für Semiotik 1 1979, 9–22.

– Peirce oder Habermas, in: Walther, Elisabeth, Bayer, Udo (Hgg.), Zeichen von Zeichen für Zeichen. Festschrift für Max Bense, Baden-Baden (Agis-Verlag) 1990, 42–47.

– Charles Sanders Peirce, München (Beck) 1993.

– Peirce und die Theorie der Kommunikation. Eine Erwiderung auf Habermas, in: Dreyer, Klaus u. a. (Hgg.), Lebens-Welt, Zeichen-Welt. Festschrift für Martin Krampen zum 65. Geburtstag, Band 1, Lüneburg (Jansen) 1994, 40–46.

– Sachen und Zeichen. Zur Philosophie des Pragmatismus, Frankfurt a. M. (Klostermann) 1995.

– Einführung in den semiotischen Pragmatismus, in: Wirth, Uwe, (Hg.), Die Welt als Zeichen und Hypothese. Perspektiven des semiotischen Pragmatismus von Charles S. Peirce, Frankfurt a. M. (Suhrkamp) 2000, 13–30.

Olsen, Len, On Peirce's Systematic Division of Signs, Transactions of the Charles S. Peirce Society 36, 2000, 563–578.

Olshewsky, Thomas, Realism and Semiosis, in: Ketner, Keneth u. a. (Hgg.), Proceedings of the C. S. Peirce Bicentennial International Congress (= Graduate Studies No. 23 of the Texas Tech University), Lubbock/Texas (Texas Tech Press) 1981, 87–92.

Ort, Nina, Peter, Markus, Niklas Luhmann: ‚Sign as Form'–A comment, Cybernetics & Human Knowing 6, 1999, 39–46.

Pape, Helmut, Laws of Nature, Rules of Conduct and their Analogy in Peirce's Semiotics, Transactions of the Charles S. Peirce Society 20, 1984, 209–239.

– Erfahrung und Wirklichkeit als Zeichenprozeß. Charles S. Peirces Entwurf einer Spekulativen Grammatik des Seins, Frankfurt a. M. (Suhrkamp) 1989.

– Object and Final Causation in Peirce's Semeiotic, in: Colapietro, Vincent, Olshewsky, Thomas (Hgg.), Peirce's Doctrine of Signs. Theory, Applications and Connections (= Approaches to Semiotics 123), Berlin, New York (Mouton de Gruyter) 1995, 103–117.

– Charles Sanders Peirce (1839–1914), in: Borsche, Tilman (Hg.), Klassiker der Sprachphilosophie: von Platon bis Noam Chomsky, München (Beck) 1996, 307–324.

– Peirce and his Followers, in: Posner, Roland u. a. (Hgg.), Semiotik. Ein Handbuch zu den zeichentheoretischen Grundlagen von Natur und Kultur, 2. Teilband, (= Handbücher zur Sprach- und Kommunikationswissenschaft, 13.2), Berlin, New York (Walter de Gruyter) 1998, 2016 - 2040.

– Die Ontologie des logischen Idealismus in der Peirceschen Semiotik, in: Wirth, Uwe, (Hg.), Die Welt als Zeichen und Hypothese. Perspektiven des semiotischen Pragmatismus von Charles S. Peirce, Frankfurt a. M. (Suhrkamp) 2000, 68–89.

Parker, Kelly, Peirce's Semeiotic and Ontology, Transactions of the Charles S. Peirce Society 30, 1994, 51–75.

Pettigrew, David, Peirce and Derrida: From Sign to Sign, in: Colapietro, Vincent, Olshewsky, Thomas (Hgg.), Peirce's Doctrine of Signs. Theory, Applications and Connections (= Approaches to Semiotics 123), Berlin, New York (Mouton de Gruyter) 1995, 365–378.

Pfütze, Hermann, Theorie ohne Bewußtsein. Zu Niklas Luhmanns Gedankenkonstruktion, Merkur 42, 300–314.

Pharies, David, Charles S. Peirce and the Linguistic Sign (= Foundations of Semiotic 9), Amsterdam/Philadelphia (John Benjamins) 1985.

Plumpe, Gerhard, Werber, Nils (Hgg.), Beobachtungen der Literatur. Aspekte einer polykontexturalen Literaturwissenschaft, Opladen (Westdeutscher Verlag), 1995.

Posner, Roland u. a. (Hgg.), Semiotik. Ein Handbuch zu den zeichentheoretischen Grundlagen von Natur und Kultur, 2. Teilband, (= Handbücher zur Sprach- und Kommunikationswissenschaft, 13.2), Berlin, New York (Walter de Gruyter) 1998.

Potter, Vincent, Shields, Paul, Peirce on Continuity, in: Ketner, Keneth u. a. (Hgg.), Proceedings of the C. S. Peirce Bicentennial International Congress (= Graduate Studies No. 23 of the Texas Tech University), Lubbock/Texas (Texas Tech Press) 1981, 135–139.

Prangel, Matthias, Zwischen Dekonstruktionismus und Konstruktivismus. Zu einem systemtheoretisch fundierten Ansatz von Textverstehen, in: Berg, Henk de, Prangel, Matthias, Kommunikation und Differenz: systemtheoretische Ansätze in der Literatur- und Kunstwissenschaft, Opladen (Westdeutscher Verlag) 1993, 9–31.

Putnam, Hilary, Peirce's Continuum, in: Ketner, Kenneth (Hg.), Peirce and Contemporary Thought. Philosophical Inquiries, New York (Fordham University Press) 1995, 1–22.

Reynolds, Andrew, The Incongruity of Peirce's Tychism, Transactions of the Charles S. Peirce Society 33, 1997, 704–721.

Richards, John, Glasersfeld, Ernst von, Die Kontrolle von Wahrnehmung und die Konstruktion von Realität. Erkenntnistheoretische Aspekte des Rückkoppelungs-Kontroll-Systems, in: Schmidt,

Siegfried (Hg.), Der Diskurs des Radikalen Konstruktivismus, Frankfurt a. M. (Suhrkamp) [7]1996 (zuerst 1987), 192–228 (zuerst in: Delfin 1984, 4–25).
Richter, Ansgar, Der Begriff der Abduktion bei Charles Sanders Peirce (= Europäische Hochschulschriften, Reihe 20, Band 453), Frankfurt a. M. u. a. (Peter Lang) 1995.
Riegas, Volker, Vetter, Christian (Hgg.), Zur Biologie der Kognition. Ein Gespräch mit Humberto R. Maturana und Beiträge zur Diskussion seines Werkes, Frankfurt a. M. (Suhrkamp) 1990.
Riley, Gresham, Peirce's Theory of Individuals, Transactions of the Charles S. Peirce Society 10, 1974, 135–165.
Robin, Richard, Annotated Catalogue of the Papers of Charles S. Peirce, Amherst (The University of Massachusetts Press) 1967.
– The Peirce Papers: A Supplementary Catalogue, Transactions of the Charles Sanders Peirce Society 7, 1971, 37–57.
Rohr, Susanne, Über die Schönheit des Findens. Die Binnenstruktur menschlichen Verstehens nach Charles S. Peirce: Abduktionslogik und Kreativität, Stuttgart (M & P, Verlag für Wissenschaft und Forschung) 1993.
Roth, Gerhard, Die Entwicklung kognitiver Selbstreferentialität im menschlichen Gehirn, in: Baecker, Dirk u. a. (Hgg.), Theorie als Passion. Niklas Luhmann zum 60. Geburtstag, Frankfurt a. M. (Suhrkamp) 1987, 394–422.
– Kognition: Die Entstehung von Bedeutung im Gehirn, in: Krohn, Wolfgang, Küppers, Günter (Hgg.), Emergenz: Die Entstehung von Ordnung, Organisation und Bedeutung, Frankfurt a. M. (Suhrkamp) [2]1992 (zuerst 1992), 104–133.
– Das konstruktive Gehirn: Neurobiologische Grundlagen von Wahrnehmung und Erkenntnis, in: Schmidt, Siegfried (Hg.), Kognition und Gesellschaft. Der Diskurs des Radikalen Konstruktivismus 2, Frankfurt a. M. (Suhrkamp) 1992, 277–336.
– Ist der Mensch in der Natur etwas Besonderes? Versuch einer Antwort aus der Sicht der Hirnforschung, in: Jäger, Ludwig, Switalla, Bernd (Hgg.), Germanistik in der Mediengesellschaft, München (Fink) 1994, 327–342.
– Die Konstitution von Bedeutung im Gehirn, in: Schmidt, Siegfried (Hg.), Gedächtnis. Probleme und Perspektiven der interdisziplinären Gedächtnisforschung, Frankfurt a. M. (Suhrkamp) [3]1996 (zuerst 1991), 360–370.
– Neuronale Grundlagen des Lernens und des Gedächtnisses, in: Schmidt, Siegfried (Hg.), Gedächtnis. Probleme und Perspektiven der interdisziplinären Gedächtnisforschung, Frankfurt a. M. (Suhrkamp) [3]1996 (zuerst 1991), 127–158.
– Entstehen und Funktion von Bewußtsein, Deutsches Ärzteblatt 96, 1999 (A), 1957–1961.
– Das Gehirn und seine Wirklichkeit: Kognitive Neurobiologie und ihre philosophischen Konsequenzen, Frankfurt a. M. (Suhrkamp) [3]1999 (zuerst 1994).
Rusch, Gebhard, Verstehen verstehen. Ein Versuch aus konstruktivistischer Sicht, in: Luhmann, Niklas, Schorr, Karl Eberhard (Hgg.), Zwischen Intransparenz und Verstehen. Fragen an die Pädagogik, Frankfurt a. M. (Suhrkamp) 1986, 40–71.
– Auffassen, Begreifen und Verstehen. Neue Überlegungen zu einer konstruktivistischen Theorie des Verstehens, in: Schmidt, Siegfried (Hg.), Kognition und Gesellschaft. Der Diskurs des Radikalen Konstruktivismus 2, Frankfurt a. M. (Suhrkamp) 1992, 214–256.
– Phänomene, Systeme, Episteme. Zur aktuellen Diskussion systemtheoretischer Ansätze in der Literaturwissenschaft, in: Berg, Henk de, Prangel, Matthias, Kommunikation und Differenz: systemtheoretische Ansätze in der Literatur- und Kunstwissenschaft, Opladen (Westdeutscher Verlag) 1993, 228–244.
– Kommunikation und Verstehen, in: Merten, Klaus u. a. (Hgg.), Die Wirklichkeit der Medien. Eine Einführung in die Kommunikationswissenschaft, Opladen (Westdeutscher Verlag) 1994, 60–78.
– Schmidt, Siegfried (Hgg.), Konstruktivismus und Sozialtheorie (= Delfin 1993), Frankfurt a. M. (Suhrkamp) 1994.

Sanders, Gary, Peirce's Sixty-six Signs?, Transactions of the Charles S. Peirce Society 6, 1970, 3–16.
Santaella, Lucia, Der Computer als semiotisches Medium, in: Nöth, Winfried, Wenz, Karin (Hgg.), Medientheorie und die digitalen Medien (= Intervalle 2), Kassel (Kassel University Press) 1998, 121–157.
Saussure, Ferdinand de, Grundfragen der allgemeinen Sprachwissenschaft, herausgegeben von Charles Bally und Albert Sechehaye unter Mitwirkung von Albert Riedlinger, übersetzt von Herman Lommel, 2. Auflage mit neuem Register und einem Nachwort von Peter v. Polenz, Berlin (Walter de Gruyter) 1967 (zuerst 1916).
– Cours de linguistique générale, herausgegeben von Tullio de Mauro, Paris (Payot) 1972.
– Cours de linguistique générale, herausgegeben von Rudolf Engler, Band 1 & 2, Wiesbaden (Harrassowitz) 1968, 1974.
Scheibmayr, Werner, Zeichen, Bewußtsein und Kommunikation, in: Jahraus, Oliver, Ort, Nina (Hgg.), Bewußtsein – Kommunikation – Zeichen. Wechselwirkungen zwischen Luhmannscher Systemtheorie und Peircescher Zeichentheorie (= Studien und Texte zur Sozialgeschichte der Literatur 82), Tübingen (Niemeyer) 2001, 101–128.
Scherer, Bernd, Prolegomena zu einer einheitlichen Zeichentheorie. Ch. S. Peirces Einbettung der Semiotik in die Pragmatik (= Probleme der Semiotik 3), Tübingen (Stauffenburg) 1984.
Schieweck, Werner, Zum vernachlässigten Zusammenhang von ‚symbolischer Generalisierung' und ‚Sprache' in der Theorie sozialer Systeme, in: Krawietz, Werner, Welker, Michael, Kritik der Theorie sozialer Systeme. Auseinandersetzungen mit Luhmanns Hauptwerk, Frankfurt a. M. (Suhrkamp) ²1992 (zuerst 1992), 147–161.
Schmalriede, Manfred, Bemerkungen zu den Interpretanten bei Ch. S. Peirce, Semiosis 3, 1976, 26–31.
Schmid, Hans-Jörg, Cottage und Co., idea, start vs. begin. Die Kategorisierung als Grundprinzip einer differenzierten Bedeutungsbeschreibung (= Linguistische Arbeiten 290), Tübingen (Niemeyer) 1993.
Schmid, Michael, Autopoiesis und soziales System: Eine Standortbestimmung, in: Haferkamp, Hans, Schmid, Michael (Hgg.), Sinn, Kommunikation und soziale Differenzierung. Beiträge zu Luhmanns Theorie sozialer Systeme, Frankfurt a. M. (Suhrkamp) 1987, 25–50.
Schmidt, Siegfried, Die Selbstorganisation des Sozialsystems Literatur im 18. Jahrhundert, Frankfurt a. M. (Suhrkamp) 1989.
– Der beobachtete Beobachter. Zu Text, Kommunikation und Verstehen, in: Riegas, Volker, Vetter, Christian (Hgg.), Zur Biologie der Kognition. Ein Gespräch mit Humberto R. Maturana und Beiträge zur Diskussion seines Werkes, Frankfurt a. M. (Suhrkamp) 1990, 308–328.
– (Hg.), Kognition und Gesellschaft. Der Diskurs des Radikalen Konstruktivismus 2, Frankfurt a. M. (Suhrkamp) 1992. [= Schmidt 1992a]
– Medien, Kultur: Medienkultur. Ein konstruktivistisches Gesprächsangebot, in: Ders. (Hg.), Kognition und Gesellschaft. Der Diskurs des Radikalen Konstruktivismus 2, Frankfurt a. M. (Suhrkamp) 1992, 425–450. [= Schmidt 1992b]
– Über die Rolle von Selbstorganisation beim Sprachverstehen, in: Krohn, Wolfgang, Küppers, Günter (Hgg.), Emergenz: Die Entstehung von Ordnung, Organisation und Bedeutung, Frankfurt a. M. (Suhrkamp) ²1992 (zuerst 1992), 293–333. [= Schmidt 1992c]
– Konstruktivismus in der Medienforschung: Konzepte, Kritiken, Konsequenzen, in: Merten, Klaus u. a. (Hgg.), Die Wirklichkeit der Medien. Eine Einführung in die Kommunikationswissenschaft, Opladen (Westdeutscher Verlag) 1994, 592–623. [= Schmidt 1994a]
– Die Wirklichkeit des Beobachters, in: Merten, Klaus u. a. (Hgg.), Die Wirklichkeit der Medien. Eine Einführung in die Kommunikationswissenschaft, Opladen (Westdeutscher Verlag) 1994, 3–19. [= Schmidt 1994b]
– (Hg.), Der Diskurs des Radikalen Konstruktivismus, Frankfurt a. M. (Suhrkamp) ⁷1996 (zuerst 1987). [= Schmidt 1996a]

– (Hg.), Gedächtnis. Probleme und Perspektiven der interdisziplinären Gedächtnisforschung, Frankfurt a. M. (Suhrkamp) ³1996 (zuerst 1991). [= Schmidt 1996b]
– Kognitive Autonomie und soziale Orientierung. Konstruktivistische Bemerkungen zum Zusammenhang von Kognition, Kommunikation, Medien und Kultur, Frankfurt a. M. (Suhrkamp) ²1996 (zuerst 1994). [= Schmidt 1996c]
– Der Radikale Konstruktivismus: Ein neues Paradigma im interdisziplinären Diskurs, in: Ders. (Hg.), Der Diskurs des Radikalen Konstruktivismus, Frankfurt a. M. (Suhrkamp) ⁷1996 (zuerst 1987), 11–88. [= Schmidt 1996d]
– Medien: Die Kopplung von Kommunikation und Kognition, in: Krämer, Sybille (Hg.), Medien – Computer – Realität. Wirklichkeitsvorstellungen und Neue Medien, Frankfurt a. M. (Suhrkamp) 1998, 55–72.
Schneider, Wolfgang, Die Beobachtung von Kommunikation. Zur kommunikativen Konstruktion sozialen Handelns, Opladen (Westdeutscher Verlag) 1994.
– Struktur und Ereignis in Systemtheorie und objektiver Hermeneutik, in: Greshoff, Rainer, Kneer, Georg (Hgg.), Struktur und Ereignis in theorievergleichender Perspektive. Ein diskursives Buchprojekt, Opladen, Wiesbaden (Westdeutscher Verlag) 1999, 143–175.
Schönrich, Gerhard, Zeichenhandeln. Untersuchungen zum Begriff einer semiotischen Vernunft im Ausgang von Ch. S. Peirce, Frankfurt a. M. (Suhrkamp) 1990.
Schulte, Günter, Wie ist Systemtheorie möglich? Zur erkenntnistheoretischen Problematik der Selbstbeschreibung bei Maturana und Luhmann, in: Ellermann, Rolf, Opolka, Uwe (Hgg.), Was bringen uns die Theorien selbstorganisierender Prozesse? Natur- und Sozialwisenschaftler im Gespräch. Tagung der Theodor-Heuss-Akademie vom 20.–22. September 1985, Sankt Augustin (COMDOK-Verlagsabteilung) 1987, 107–124.
Schumacher, Ralph, Realität, synthetisches Schließen und Pragmatismus. Inhalt, Begründung und Funktion des Realitätsbegriffs in den Theorien von Charles S. Peirce in der Zeit von 1865 bis 1878, Weinheim (Beltz Athenäum) 1996.
Schwanitz, Dietrich, Selbstreferentielle Systeme, Zeitschrift für Literaturwissenschaft und Linguistik 77, 1990, 100–125.
– Kommunikation und Bewußtsein. Zur systemtheoretischen Rekonstruktion einer literarischen Bestätigung der Systemtheorie, in: Berg, Henk de, Prangel, Matthias, Kommunikation und Differenz: systemtheoretische Ansätze in der Literatur- und Kunstwissenschaft, Opladen (Westdeutscher Verlag) 1993, 101–113.
Schwinn, Thomas, Ereignisse – Strukturen – Geschichte. Weber und Luhmann im Vergleich, in: Greshoff, Rainer, Kneer, Georg (Hgg.), Struktur und Ereignis in theorievergleichender Perspektive. Ein diskursives Buchprojekt, Opladen, Wiesbaden (Westdeutscher Verlag) 1999, 177–201.
Sebeok, Thomas (Hg.), A Perfusion of Signs, Bloomington, London (Indiana University Press) 1977.
– Indexikalität, in: Wirth, Uwe, (Hg.), Die Welt als Zeichen und Hypothese. Perspektiven des semiotischen Pragmatismus von Charles S. Peirce, Frankfurt a. M. (Suhrkamp) 2000, 90–111.
Seiter, Ellen, Semiotics, Structuralism and Television, in: Allen, Robert (Hg.), Channels of Discourse, Reassembled. Television and Contemporary Criticism, Chapel Hill, London (The University of North Carolina Press) ²1992 (zuerst 1987), 31–66.
Sfendoni-Mentzou, Demetra, Peirce on Continuity and Laws of Nature, Transactions of the Charles S. Peirce Society 33, 1997, 646–678.
Shanon, Benny, Metaphors for Language and Communication, Revue Internationale de Systémique 3, 1989, 43–59.
Sheriff, John, The Fate of Meaning. Charles Peirce, Structuralism and Literature, Princeton, New Jersey (Princeton University Press) 1989.
Short, Thomas, Peirce and the Incommensurability of Theories, The Monist 63, 1980, 316–328.
– Peirce's Concept of Final Causation, Transactions of the Charles S. Peirce Society 17, 1981, 369–382. [= Short 1981a]

- Semiosis and Intentionality, Transactions of the Charles S. Peirce Society 17, 1981, 197–223. [= Short 1981b]
- (Rez.), *Charles S. Peirce's Evolutionary Philosophy* by Carl R. Hausman, Cambridge: Cambridge University Press, 1993, XVII + 230 pp., Transactions of the Charles S. Peirce Society 30, 1994, 401–413.

Simon, Fritz (Hg.), Lebende Systeme. Wirklichkeitskonstruktionen in der systemischen Therapie, Frankfurt a. M. (Suhrkamp) 1997.

Simon, Joseph, Philosophie des Zeichens, Berlin, New York (Walter de Gruyter) 1989.
- (Hg.), Zeichen und Interpretation, Frankfurt a. M. (Suhrkamp) 1994.
- (Hg.), Distanz im Verstehen. Zeichen und Interpretation II, Frankfurt a. M. (Suhrkamp) 1995.
- (Hg.), Orientierung in Zeichen. Zeichen und Interpretation III, Frankfurt a. M. (Suhrkamp) 1997.
- Stegmaier, Werner (Hgg.), Fremde Vernunft. Zeichen und Interpretation IV, Frankfurt a. M. (Suhrkamp) 1998.

Singer, Marcus, Truth, Belief, and Inquiry in Peirce, Transactions of the Charles S. Peirce Society 21, 1985, 383–406.

Skidmore, Arthur, Peirce & Triads, Transactions of the Charles S. Peirce Society 7, 1971, 3–23.

Spangenberg, Peter, Mediale Kopplungen und die Konstruktivität des Bewußtseins, in: Gumbrecht, Hans-Ulrich, Pfeiffer, K. Ludwig (Hgg.), Paradoxien, Dissonanzen, Zusammenbrüche. Situationen offener Epistemologie, Frankfurt a. M. (Suhrkamp) 1991, 791–808.
- Ereignisse und ihr Medium. Über das Verhältnis von Wahrnehmung, Interaktion und audiovisueller Kommunikation, in: Balke, Friedrich u. a. (Hgg.), Zeit des Ereignisses – Ende der Geschichte? (= Materialität der Zeichen, Reihe A, Band 9), München (Fink) 1992, 89–109.

Spencer Brown, George, Laws of Form, London (Allen & Unwin) 1969.

Spinks, C. W., Peirce and Triadomania. A Walk in the Semiotic Wilderness (= Approaches to Semiotics 103), Berlin, New York (Mouton de Gruyter) 1991.

Spinner, Kaspar (Hg.), Zeichen, Text, Sinn: Zur Semiotik des literarischen Verstehens, Göttingen (Vandenhoeck und Ruprecht) 1977.

Stachowiak, Herbert, Zur Pragmatik kognitiver Prozesse, Dialectica 47, 1993, 291–304.

Stadler, Michael, Kruse, Peter, Über Wirklichkeitskriterien, in: Riegas, Volker, Vetter, Christian (Hgg.), Zur Biologie der Kognition. Ein Gespräch mit Humberto R. Maturana und Beiträge zur Diskussion seines Werkes, Frankfurt a. M. (Suhrkamp) 1990, 133–158.

Starnitzke, Dierk, Theoriebautechnische Vorentscheidungen, Differenzhandhabung und ihre Implikationen, in: Krawietz, Werner, Welker, Michael, Kritik der Theorie sozialer Systeme. Auseinandersetzungen mit Luhmanns Hauptwerk, Frankfurt a. M. (Suhrkamp) ^{2}1992 (zuerst 1992), 71–85.

Stetter, Christian, Peirce und Saussure, Kodikas/Code 1, 1979, 124–149.
- Sprachwissenschaft und Schrift, in: Jäger, Ludwig, Switalla, Bernd (Hgg.), Germanistik in der Mediengesellschaft, München (Fink) 1994, 349–372.
- Strukturale Sprachwissenschaft (20. Jahrhundert), in: Borsche, Tilman (Hg.), Klassiker der Sprachphilosophie: von Platon bis Noam Chomsky, München (Beck) 1996, 421–445.

Tejera, Victorino, Has Habermas understood Peirce?, Transactions of the Charles S. Peirce Society 32, 1996, 107–125.

Thayer, H., Peirce and Truth: Some Reflections, Transactions of the Charles S. Peirce Society 32, 1996, 1–10.

Thibauld, Pierre, Peirce on Proper Names and Individuation, Transactions of the Charles S. Peirce Society 23, 1987, 521–538.

Thomas, Günter, Welt als relative Einheit und als Letzthorizont. Zum azentrischen Weltbegriff in Niklas Luhmanns Soziale Systeme [sic!], in: Krawietz, Werner, Welker, Michael, Kritik der Theorie sozialer Systeme. Auseinandersetzungen mit Luhmanns Hauptwerk, Frankfurt a. M. (Suhrkamp) ^{2}1992 (zuerst 1992), 327–354.

Trabant, Jürgen (Hg.), Sprache denken. Positionen aktueller Sprachphilosophie, Frankfurt a. M. (Fischer) 1997 (zuerst 1995).

Udwin, Victor, Der materiale Signifikant, in: Gumbrecht, Hans Ulrich, Pfeiffer, K. Ludwig (Hgg.), Materialität der Kommunikation, Frankfurt a. M. (Suhrkamp) 1988, 858–877.

Vigener, Gerhard, Die zeichentheoretischen Entwürfe von F. de Saussure und Ch. S. Peirce als Grundlagen einer linguistischen Pragmatik (= Kodikas/Code, Supplement 2), Tübingen (Narr) 1979.

– Was machen wir eigentlich mit den Saussureschen Zeichen?, in: Jäger, Ludwig, Stetter, Christian (Hgg.), Zeichen und Verstehen. Akten des Aachener Saussure-Kolloquiums 1983 (= Aachener Studien zur Semiotik und Kommunikationsforschung, Band 3), Aachen (Rader) 1986, 109–125.

Wagner, Gerhard, Zipprian, Heinz, Identität oder Differenz? Bemerkungen zu einer Aporie in Niklas Luhmanns Theorie selbstreferentieller Systeme, Zeitschrift für Soziologie 21, 1992, 394–405.

Walther, Elisabeth, Die Haupteinteilungen der Zeichen von C. S. Peirce, Semiosis 3, 1976, 32–41.

– Charles Sanders Peirce. Leben und Werk, Baden-Baden (Agis-Verlag) 1989.

– Bayer, Udo (Hgg.), Zeichen von Zeichen für Zeichen. Festschrift für Max Bense, Baden-Baden (Agis-Verlag) 1990.

– The Sign as Medium, the Medium Relation as the Foundation of the Sign, in: Nöth, Winfried (Hg.), Semiotics of the Media. State of Art, Projects, and Perspectives (= Approaches to Semiotics 127), Berlin, New York (Mouton de Gruyter) 1997, 79–85.

Watzlawick, Paul, Krieg, Peter (Hgg.), Das Auge des Betrachters. Beiträge zum Konstruktivismus. Festschrift für Heinz von Foerster, München (Piper) 1991.

Watzlawick, Paul (Hg.), Die erfundene Wirklichkeit. Wie wissen wir, was wir zu wissen glauben? Beiträge zum Konstruktivismus, München (Piper) [11]1999 (zuerst 1981).

Wells, Kelley, Contra Margolis' Peircean Constructivism: A Peircean Pragmatic *Logos*, Transactions of the Charles S. Peirce Society 30, 1994, 839–860.

– An Evaluation of Hartshorne's Critique of Peirce's Synechism, Transactions of the Charles S. Peirce Society 32, 1996, 216–246.

Willke, Helmut, Differenzierung und Integration in Luhmanns Theorie sozialer Systeme, in: Haferkamp, Hans, Schmid, Michael (Hgg.), Sinn, Kommunikation und soziale Differenzierung. Beiträge zu Luhmanns Theorie sozialer Systeme, Frankfurt a. M. (Suhrkamp) 1987, 247–274.

– Systemtheoretische Strategien des Erkennens: Wirklichkeit als interessierte Konstruktion, in: Götz, Klaus (Hg.), Theoretische Zumutungen: Vom Nutzen der systemischen Theorie für die Managementpraxis, Heidelberg (Carl Auer) 1994, 97–116.

Wirth, Uwe, Die zeitliche Dimension beim abduktiven Schlußfolgern, Semiosis 79/80, 1995, 93–99.

– (Hg.), Die Welt als Zeichen und Hypothese. Perspektiven des semiotischen Pragmatismus von Charles S. Peirce, Frankfurt a. M. (Suhrkamp) 2000.

Wunderli, Peter, Saussure-Studien. Exegetische und wissenschaftsgeschichtliche Untersuchungen zum Werk von F. de Saussure, Tübingen (Narr) 1981.

Ziemke, Axel, Breidbach, Olaf (Hgg.), Repräsentationismus – Was sonst? Eine kritische Auseinandersetzung mit dem repräsentationistischen Forschungsprogramm in den Neurowissenschaften, Braunschweig, Wiesbaden (Vieweg) 1996.

Zeman, Jay, Peirce's Theory of Signs, in: Sebeok, Thomas (Hg.), A Perfusion of Signs, Bloomington, London (Indiana University Press) 1977, 22–39.

13. Index

Bei Fragen zur Produktsicherheit wenden Sie sich bitte an:
If you have any questions regarding product safety,
please contact:

Walter de Gruyter GmbH
Genthiner Straße 13
10785 Berlin
productsafety@degruyterbrill.com